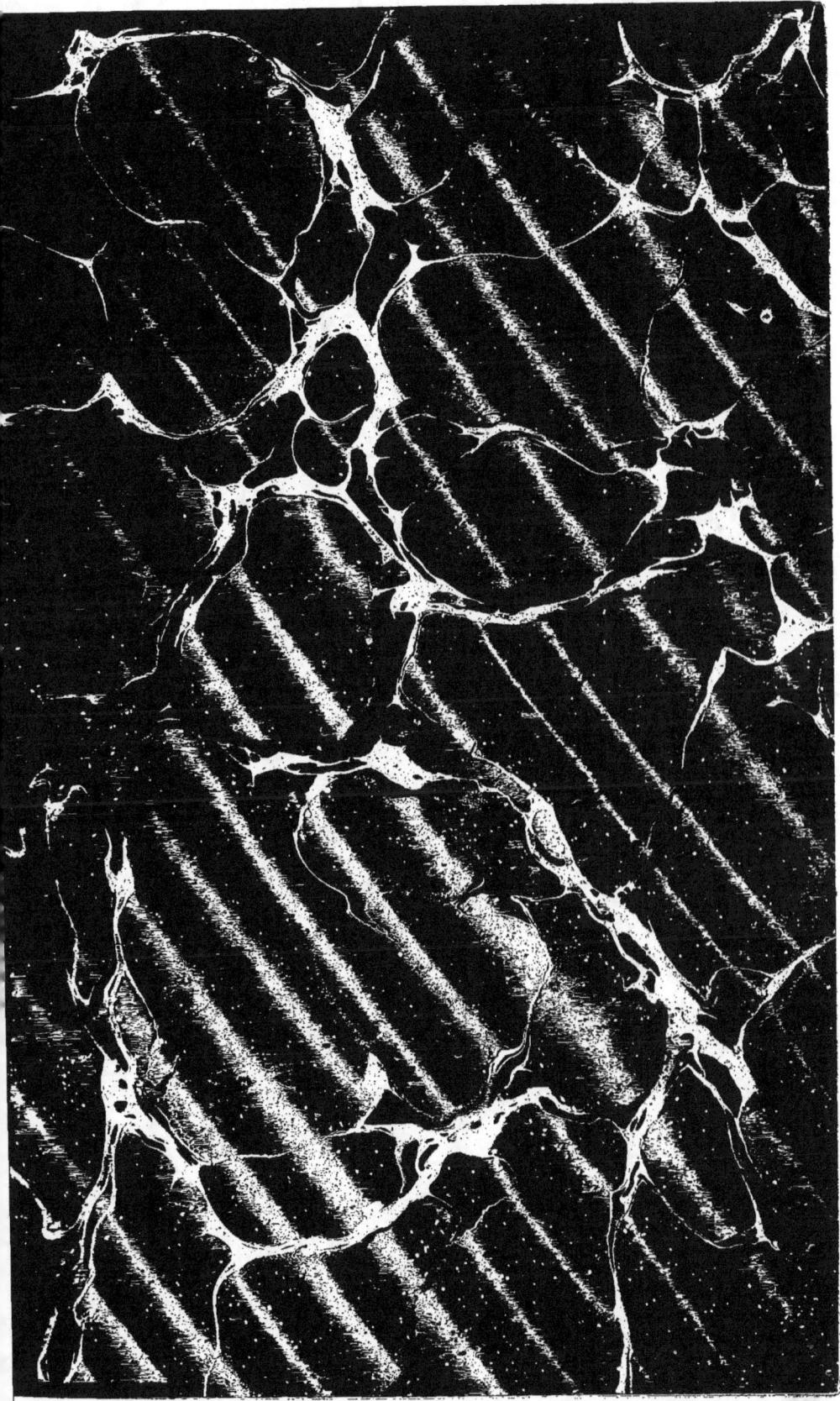

8º V
1362

COURS D'EXPLOITATION

DES MINES

Coulommiers. — Typ. ALBERT PONSOT et P. BRODARD.

COURS D'EXPLOITATION
DES MINES

DEUXIÈME ÉDITION, REVUE ET AUGMENTÉE

PAR

AMÉDÉE BURAT

PROFESSEUR A L'ÉCOLE CENTRALE DES ARTS ET MANUFACTURES

AVEC UN ATLAS IN-4° DE 130 PLANCHES

TEXTE

PARIS

LIBRAIRIE POLYTECHNIQUE

J. BAUDRY, LIBRAIRE-ÉDITEUR

RUE DES SAINTS-PÈRES, 15

LIÉGE, MÊME MAISON

1876

Tous droits de traduction et de reproductions réservés.

COURS
D'EXPLOITATION DES MINES

INTRODUCTION

Un cours d'exploitation des mines embrasse des sujets très-divers et complexes. Les premiers sont relatifs au gisement des minéraux utiles; nous les avons développés sous le titre de *Géologie appliquée*, en y comprenant tout ce qui est relatif à l'exécution des travaux de recherche dont le but est de reconnaître et de définir les gîtes.

La géologie appliquée doit être considérée comme la première partie d'un cours d'exploitation : c'est une introduction nécessaire à l'étude des questions techniques de l'art des mines.

En séparant toute la partie géologique, y compris les travaux de recherche, l'exploitation des mines se trouve ramenée à l'étude des questions spéciales : méthodes, procédés et appareils. Ces questions se présentent dans l'ordre suivant :

1° Les *méthodes générales d'exploitation*, c'est-à-dire les dispositions diverses suivant lesquelles sont tracés les chantiers d'abatage et les voies de service;

2° Les *méthodes spéciales appliquées à l'exploitation*

de la houille, c'est-à-dire l'application des méthodes générales à l'industrie la plus importante en France ;

3° Les *procédés de percement et de revêtement des galeries* de toutes dimensions, depuis les plus étroites jusqu'aux plus vastes tunnels consacrés au passage des canaux ou des chemins de fer ;

4° Les *procédés de fonçage des puits,* leur *soutènement,* et surtout leur *cuvelage* à travers les terrains aquifères ;

5° L'*aérage,* comprenant à la fois la description des appareils de *ventilation mécanique* et l'étude de tous les moyens qui peuvent assurer la salubrité et la sécurité des travaux souterrains ;

6° Les *transports souterrains,* dont le perfectionnement a été le moyen le plus actif du développement de la production minière ;

7° Les *appareils d'extraction,* qui mettent en communication les mines avec la surface ;

8° L'*exhaure,* comprenant les appareils et les *machines d'épuisement,* qui doivent protéger les travaux souterrains contre les eaux ;

9° L'*installation des siéges d'extraction,* c'est-à-dire la construction de véritables usines qui doivent assurer l'économie des classifications et des manutentions ;

10° Les *transports et manutentions du jour,* c'est-à-dire l'*installation des rivages* et *ports secs,* destinés à livrer les produits des mines aux grandes voies de communication, canaux, rivières ou chemins de fer.

Si l'on voulait exposer méthodiquement tous les détails relatifs à ces divers sujets, indiquer les conditions si variées de la construction des appareils mécaniques, un traité d'exploitation serait une véritable encyclopédie ou plutôt un dictionnaire, que l'on pourrait consulter utilement, mais qu'il serait difficile de lire. Nous avons pensé qu'il était préférable d'adopter une autre marche.

INTRODUCTION. 3

Ce *Cours d'exploitation des mines* s'adresse à des jeunes gens qui étudient en même temps les sciences qui doivent leur donner le titre d'ingénieur. Laissons donc de côté les préliminaires, les minuties des procédés et des appareils, enfin tous les détails sur lesquels on s'entend de suite à demi-mot ; allons droit aux procédés et aux appareils les plus nouveaux et les plus perfectionnés, laissant de côté ceux qui sont abandonnés ou n'ont pu conquérir leur place dans la pratique.

Pour que les descriptions soient débarrassées de tout détail fastidieux, il faut évidemment faire un grand usage des planches. Nous admettons que nos lecteurs ont l'habitude de lire un dessin, et qu'après le leur avoir mis sous les yeux il ne reste plus qu'à indiquer les points intéressants et particuliers de l'appareil. Nous débarrasserons donc les dessins des lettres dont on les surcharge souvent, n'usant de descriptions détaillées que lorsqu'elles nous paraîtront nécessaires.

L'historique du matériel d'exploitation peut être suivi dans plusieurs ouvrages : l'atlas d'Héron de Villefosse (1815) ; le Traité de M. Combes (1844) ; l'atlas du *Matériel des houillères* (1860) et le *Supplément au matériel des houillères* (1865), mettent en évidence les transformations successivement réalisées. Ces transformations ne sont pas à leur terme, car si l'on compare l'atlas que nous avons publié en 1871 à ceux du matériel des houillères, on pourra constater que nous avions déjà été amené à considérer une partie des appareils et des dispositions cités il y a dix ans, comme ayant subi des modifications importantes. L'atlas de 1876 contient des exemples encore plus modernes de toutes les parties du matériel et des constructions.

Cette marche nous a amené à présenter cette partie de notre *Cours d'exploitation* sous la forme d'un texte très-concis et d'un atlas assez développé. Nous avons cherché surtout à choisir les dessins de telle sorte que chaque sujet soit représenté par les exemples les plus intéressants au point de vue de l'art de l'ingénieur.

Parmi les nombreux ingénieurs qui sortent de l'Ecole centrale, il n'en est qu'un petit nombre qui soient spécialement employés dans les mines ; mais beaucoup sont appelés à étudier des mines, à en apprécier les conditions, à indiquer les travaux qu'il convient d'exécuter ; il en est quelques-uns qui s'occupent particulièrement du percement des tunnels et du fonçage des puits ; il en est surtout un grand nombre qui se consacrent à la construction des machines et appareils d'aérage, d'extraction, d'épuisement, de perforation mécanique, etc.

Aussi avons-nous cherché à spécifier d'une manière aussi complète que possible les progrès réalisés dans ces constructions et ceux qui sont encore à obtenir.

CHAPITRE I

MÉTHODES GÉNÉRALES D'EXPLOITATION

Le but d'une exploitation de *mine, minière* ou *carrière* est toujours :

Un gîte minéral étant donné, sous une forme quelconque, obtenir ce minéral dans les conditions demandées par le commerce ou l'industrie, *au plus bas prix possible*, sans compromettre la *sécurité* des travaux ni le *bon aménagement* du gîte.

Bas prix de revient et de vente ; sécurité assurée aux travailleurs ; bon aménagement de la richesse minérale : telles sont les trois conditions que l'ingénieur d'une mine ne doit jamais perdre de vue, auxquelles il doit subordonner toutes ses décisions lorsqu'il adopte une méthode ou un matériel d'exploitation.

Les procédés employés pour réaliser ces conditions sont tellement importants et en dehors des autres études industrielles, qu'ils constituent un art spécial que tout ingénieur doit connaître ; il trouve, en effet, son application non seulement pour diriger des travaux de mine, mais toutes les fois qu'il s'agit d'apprécier la valeur d'un gîte, l'opportunité d'une exploitation à créer, les perfectionnements qu'on peut introduire dans une mine en activité, la valeur qu'elle peut avoir, l'avenir de son développement.

Les études géologiques définissent les formes des gîtes

minéraux, qui, sous le point de vue de l'exploitation, doivent être distingués en deux classes :

Les *gîtes réguliers*, c'est-à-dire en *couches* ou en *filons*;

Les *gîtes irréguliers*, c'est-à-dire en *amas, veines* ou *stockwerks*.

Les gîtes en couches ou en filons, si nettement caractérisés sous le rapport de l'origine et des minéraux constituants, sont des masses minérales aplaties, comprises sous deux plans parallèles ou à peu près parallèles, dits *toit* et *mur*. Ces gîtes sont définis par leur *puissance*, leur *inclinaison* et leur *direction*.

Les gîtes irréguliers, amas ou stockwerks, ont encore des formes définissables par leur épaisseur, par leur longueur en direction et par leur inclinaison. Les amas couchés ou debout, les stockwerks les plus enchevêtrés dans les roches du toit et du mur, suivent des allures qui peuvent être mesurées et tracées, ces allures concordant presque toujours avec celles des roches dans lesquelles ils se trouvent.

En présence d'un gîte quelconque, le mineur n'a pas seulement à étudier les conditions de puissance et d'allure : la composition de ce gîte en roches tendres, traitables ou dures a nécessairement une grande influence sur les procédés et méthodes d'exploitation.

Le mineur, armé de son outillage pour attaquer les roches tendres, traitables ou dures, conduira son travail de manière différente, suivant que la puissance du gîte sera plus ou moins grande. Supposons, par exemple, une couche horizontale : le but du mineur sera d'en enlever toute l'épaisseur comprise entre toit et mur. Or la hauteur d'action du mineur est de 2 mètres environ, il ne peut guère atteindre au delà, après avoir enlevé devant lui 2 mètres d'épaisseur, qu'en faisant ce qu'on appelle un *rabatage*, c'est-à-dire en détachant du toit, à l'aide des outils ou de coups de mine, une épaisseur qui sera de 1 mètre environ. Sa *hauteur d'action* est donc limitée à 3 mètres.

En d'autres termes, le mineur procédant au dépouillement d'une couche horizontale pourra enlever une épaisseur de 3 mètres au plus en une seule passe. C'est là son action normale.

Supposons une couche fortement inclinée ou un filon : le mineur, en procédant au dépouillement du gîte, se trouvera arrêté par la nécessité de soutenir le toit contre le mur. Sa hauteur d'action n'est plus limitée verticalement, parce qu'il peut s'élever dans une taille, mais elle se trouve limitée par la longueur des étais qui doivent être placés entre le toit et le mur, par la dimension des bois de soutènement. Comme ces bois ne peuvent guère avoir plus de 2 à 3 mètres de longueur, pour conserver des conditions de solidité suffisante, dans ce cas, comme dans le précédent, le mineur ne pourra enlever en une seule passe entre toit et mur que la même épaisseur maximum de 2 à 3 mètres.

De ces considérations, basées sur les facultés de l'homme, résulte une première distinction à établir dans les gîtes à exploiter, suivant que leur puissance est *au-dessus ou au-dessous de* 3 *mètres*.

Les gîtes les plus nombreux sont au-dessous de 3 mètres, et l'on applique à ces gîtes un grand nombre de méthodes d'exploitation. Mais ce grand nombre est plus apparent que réel, car les différences résultent seulement des tracés ou dessins suivant lesquels sont découpés les fronts d'abatage. Toutes les méthodes sont dirigées de manière à enlever le gîte par une seule passe, en laissant à sa place des bois et des remblais.

Les gîtes au-dessus de 3 mètres, réguliers ou irréguliers, présentent une bien plus grande difficulté, en admettant toujours ce principe, que les méthodes doivent avoir pour but l'enlèvement complet de toute la puissance du gîte, quelque considérable qu'elle puisse être.

Pour les gîtes puissants qui affleurent au jour, l'exploitation a presque toujours commencé à *ciel ouvert* jusqu'à ce que la profondeur devienne un obstacle qui oblige à procéder par travaux souterrains. La méthode à ciel ouvert est d'ailleurs la plus simple de toutes et nous citerons quelques exemples de gîtes exploités de cette manière.

EXPLOITATIONS A CIEL OUVERT.

Toutes les premières exploitations entreprises avant l'existence de l'art des mines, furent à *ciel ouvert*.

C'est encore de cette manière que l'on procède aujourd'hui pour exploiter la plupart des pierres de construction dont le peu de valeur ne comporte pas les frais d'exploitation par travaux souterrains. Ces pierres, soit qu'elles appartiennent aux terrains stratifiés, soit qu'elles appartiennent aux roches massives, éruptives ou métamorphiques, se présentent fréquemment sous forme d'arêtes saillantes ou de protubérances plus ou moins escarpées; on peut dès lors procéder directement à leur abatage, en disposant les fronts d'abatage par entailles verticales, simples ou par gradins.

La fig. 2, *planche* II, indique d'après Sganzin la disposition d'une carrière ouverte par gradins élevés, dans des roches basaltiques, de manière à obtenir les blocs dans les conditions les plus économiques. Les massifs attaqués se trouvent en effet dégagés sur deux faces, de telle sorte qu'on peut tailler les blocs à détacher, sur de grandes dimensions et avec des formes déterminées. Nous avons choisi cet exemple parce qu'il met en évidence une structure particulière qui se rencontre quelquefois dans les roches ignées. Les fissures qui sillonnent la masse se contournent autour d'un centre, de telle sorte que la structure coordonnée à ce centre semble globulaire.

Toutes les fois qu'on ouvre une carrière, on doit étudier

la direction et l'inclinaison des fissures de la roche, et disposer les gradins de manière à tirer parti de ces fissures pour faciliter l'abatage.

Les carrières de granites et de porphyres dans lesquelles les Égyptiens et les Romains préparaient les grands blocs destinés à être taillés en obélisques, colonnes, etc., étaient exploitées par gradins disposés d'après cette étude.

Lorsque les roches, au lieu de se présenter en saillies au-dessus du niveau du sol environnant, sont disposées horizontalement et même recouvertes par une certaine épaisseur de roches détritiques ou décomposées, l'exploitation à ciel ouvert devient plus difficile et plus coûteuse. Il faut, en effet, déblayer la roche à exploiter, y foncer des entailles plus ou moins profondes en forme de fossé, puis attaquer à droite et à gauche les fronts dégagés. Ces excavations entraînent la nécessité de disposer des appareils spéciaux pour extraire les roches abattues en les élevant du fond de la carrière au-dessus du niveau du sol environnant; il faut de même enlever et rejeter au dehors les déblais inutiles, enfin épuiser les eaux de pluie ou d'infiltration qui tendent à gagner les fonds.

La carrière ouverte dans les grés de Marcoussis, aux environs de Paris, fig. 2, *planche* II, exprime la disposition ordinaire de ces exploitations par défoncement.

Cette figure, empruntée à l'ouvrage de Sganzin, indique l'ancienne disposition de la carrière, modifiée depuis par des moyens perfectionnés pour élever les grès débités et les déblais ; elle indique les procédés les plus simples et les plus ordinairement employés : 1° déblai des roches incohérentes de manière à obtenir un découvert suffisant de la roche à exploiter ; 2° exploitation de cette roche par foncées, larges fossés à parois verticales qui forment une succession de gradins.

L'exploitation à ciel ouvert peut seule fournir des pierres de grandes dimensions ou de formes déterminées.

Sur les gradins dégagés, on peut en effet tracer à l'avance les blocs qu'on se propose d'obtenir, les isoler par des entailles et des rigoles, puis les dégager par les efforts simultanés de coins placés dans ces entailles. C'est ainsi que les Romains procédaient pour obtenir les grands blocs, qui étaient ensuite taillés en colonnes, en obélisques, socles, etc., c'est ainsi qu'on exploite aujourd'hui les carrières qui fournissent les pierres d'appareils, les blocs de marbre, etc...

La plus grande partie des pierres de construction est fournie par les bancs calcaires qui se trouvent dans les terrains tertiaires et secondaires. Les calcaires jurassiques sont ceux qui réunissent au plus haut degré les qualités que l'on recherche dans ces pierres : solidité, tenacité et résistance aux actions atmosphériques, sans que cependant la taille soit trop coûteuse. Les carrières des environs de Caen, d'Euville près Commercy, de Tonnerre et de Ravières en Bourgogne, de Ste-Ylie près Dôle, de l'Echaillon près Grenoble, etc., sont l'objet d'exploitations très-actives dont les produits s'expédient dans une grande partie de la France.

Lors même qu'il s'agit d'obtenir une roche en petits blocs, l'exploitation à ciel ouvert est la plus économique et celle qui permet de développer la production le plus rapidement. On peut citer comme exemple les ardoisières que l'on exploite en détachant d'abord des blocs aussi grands que possible, ces blocs étant ensuite débités, sous les formes et dimensions demandées par le commerce.

Parmi les carrières à ciel ouvert il n'en est pas de plus intéressantes que les ardoisières d'Angers qui expédient leurs ardoises à la moitié de la France. Nous résumerons les caractères principaux de ces carrières types, d'après les ingénieurs qui les ont successivement décrites.

Les schistes ardoisiers d'Angers qui fournissent des ardoises à la moitié de la France, sont compris dans une large zone de schistes siluriens dont les couches redressées s'étendent à l'ouest vers la Pouéze; les carrières sont ouvertes sur une longueur de cinq kilomètres, entre l'Authion et le chemin de fer, dans deux bancs d'ardoises, l'une au nord, dite les *Petits carreaux;* l'autre au sud, dite les *Grands carreaux.*

Le banc des petits carreaux est compris entre un banc de schistes noirâtres et des couches moins fissiles et plus pyriteuses; celui des Grands carreaux est enclavé dans des schistes siluriens ordinaires dits schistes rudes. L'épaisseur des bancs d'ardoises est de 40 à 60 mètres.

L'exploitation d'une ardoisière à ciel ouvert n'est autre chose qu'une excavation creusée jusqu'à la profondeur de 100 à 125 mètres, dans toute l'épaisseur du banc, et sur une longueur de 150 à 200 mètres.

On commence par déblayer les terres, puis ensuite on fait le découvert des schistes décomposés, jusqu'à ce qu'on ait atteint la roche franche et saine. La surface, étant ainsi régulièrement décapée, présente la forme d'un rectangle. On a pris les dispositions nécessaires pour obtenir sur un des petits côtés du rectangle, perpendiculairement à la stratification des schistes, une paroi verticale dite *chef de règle,* au-dessus de laquelle on monte les charpentes des molettes, les appareils et les câbles d'extraction indiqués sur la coupe, figure 4, *planche* II.

L'exploitation procède par *foncées,* ou tranchées de 3 m. 30 de profondeur, creusées suivant le fil de la roche, dans toute la longueur de la carrière. La première foncée ouverte, dégage de chaque côté un gradin d'exploitation de 3 m. 30 de hauteur. Pour exploiter, on isole par deux rigoles verticales, un prisme de 7 à 8 mètres de longueur et de 3 m. 30 de hauteur; dans la base du prisme ainsi dégagé on place une série de coups de mine de 1 m. de profondeur, de manière à déterminer des fissures horizontales, c'est-à-dire un véritable havage.

On procède ensuite au détachement du prisme par des

coups verticaux placés à 1 mètre de la paroi. Ces coups de mine de 3 mètres de profondeur, déterminent une fente verticale que l'on complète en enfonçant une série de longs coins en fer. Le prisme une fois détaché il ne reste plus qu'à le renverser par efforts simultanément exercés au moyen de leviers. Le prisme ou bloc obtenu, est débité en petits blocs que l'on extrait et expédie aux ateliers de fendeurs.

On abat ainsi de proche en proche tout un gradin. Pour rétablir ensuite le chantier de manière à préparer l'abatage en dessous des prismes enlevés, il faut nécessairement niveler la roche dont les arrachements présentent une surface très-inégale; ce qui permet de procéder à l'abatage successif par blocs de 7 à 8 mètres de longueur, 3 m. 30 de hauteur et 1 m. d'épaisseur.

Après 30 ou 40 foncées au plus, la carrière ayant de 110 à 130 m. de profondeur ne présente plus de conditions de solidité suffisantes. On établit alors une autre carrière contiguë, la carrière abandonnée étant utilisée pour recevoir tous les déblais de la nouvelle. On exploite ainsi le banc de schistes ardoisiers en suivant sa direction.

L'idée d'une exploitation par carrières souterraines est ancienne et présente en effet des avantages sérieux. Les déblais de surface, pour enlever les terres et les schistes altérés, ne sont plus nécessaires; la profondeur peut être plus considérable, condition importante sur un grand nombre de points où la qualité de l'ardoise s'améliore en profondeur ; enfin dans les parties submersibles de la plaine, on peut se passer d'endiguer les carrières pour les préserver des inondations.

Tous ces motifs ont déterminé l'entreprise de *carrières souterraines*, sorte de transition entre l'exploitation à ciel ouvert et les méthodes par travaux souterrains, car on y procède exactement comme à ciel ouvert.

Ces carrières souterraines ont la forme de prismes verticaux, carrés, de 25 à 50 mètres de côté. La seule difficulté de leur établissement consiste dans la taille de la voûte qui doit les préserver des éboulements.

Pour tailler cette voûte, on creuse d'abord au centre un puits vertical : arrivé au point où le schiste ardoisier est de qualité convenable, on procède à la taille d'une voûte plein cintre, en découpant le schiste en petits gradins.

Sous la protection de cette voûte on exploite l'ardoise par foncées suivant le fil de la pierre et abatage des gradins jusqu'à des profondeurs qui ont dépassé 150 mètres. Cette méthode tendait à se généraliser lorsque l'écroulement d'une des principales carrières des Grands carreaux, a jeté une grande incertitude sur ses conditions de sécurité.

Cependant à Fresnais on a exécuté deux chambres voûtées l'une au dessous de l'autre, en dessous d'une première exploitation à ciel ouvert et l'on a pu atteindre une profondeur totale de 250 m. l'ardoise étant toujours de bonne qualité.

La figure 4 de la *planche* II résume les dispositions que nous venons d'indiquer pour la carrière à ciel ouvert et pour la carrière souterraine.

EXPLOITATION DE LA HOUILLE A CIEL OUVERT.

L'exploitation étant beaucoup plus économique à ciel ouvert que par travaux souterrains, il en résulte que dans certains cas, les combustibles minéraux peuvent être exploités de cette manière lorsque les frais de *découvert* ne sont pas trop élevés.

Pour apprécier l'opportunité d'une exploitation à ciel ouvert, il faut donc faire le devis exact de ce que coûtera le découvert d'une surface déterminée, et comparer ce devis à l'économie qui serait obtenue comparativement à l'exploitation par travaux souterrains.

Supposons, par exemple, que le mètre cube de découvert

coûte un franc et que l'exploitation du gîte à ciel ouvert présente un avantage de 4 francs par tonne.

Si le gîte a 1 mètre d'épaisseur on pourra consacrer quatre francs par mètre carré de surface aux frais du découvert et par conséquent enlever 4 mètres d'épaisseur des terrains superposés. Si le gîte a 5 ou 10 mètres d'épaisseur, on pourra enlever 20 ou 40 mètres.

Dans certains cas, le découvert se trouve facilité par l'emploi des déblais, soit comme remblais soit comme matériaux de construction.

Dans plusieurs de nos bassins houillers et notamment dans ceux de Commentry, de Firminy, de Blanzy, de Decazeville, des surfaces notables ont pu être ainsi découvertes au-dessus de couches de houille puissantes, qui dès lors ont été exploitées avec avantage à ciel ouvert.

L'exemple le plus complet et nous pouvons ajouter le plus actuel, est celui du découvert de Lavaysse, dans le bassin de Decazeville (Aveyron).

La compagnie de Decazeville a entrepris sur ce point un découvert qui doit mettre à jour une couche dont l'épaisseur moyenne est de 30 mètres, sur une étendue d'environ 18 hectares. L'épaisseur des terrains schisteux, superposés à la houille, atteint un maximum de 60 mètres pour la partie la plus élevée de la colline.

La longueur de ce champ d'exploitation est de 500 mètres, il contient plus de quatre millions de tonnes de houille. Le travail est organisé de manière à produire environ 100.000 tonnes par année, sous la condition d'un déblai qui est en ce moment de 400.000 mètres cubes, mais que l'on peut évaluer à une moyenne de 300.000, soit 3 mètres cubes par tonne de charbon.

La fig. 1, *planche* II, est une coupe transversale, qui indique la disposition de la couche et des roches du toit, et l'avancement des abatages dans la partie qui est aujourd'hui en grande partie découverte. La couche est percée d'anciennes galeries à l'aide desquelles plusieurs exploitations et dépilages ont été pratiqués, travaux qui ont dû être interrompus à la suite des feux qui les ont envahis et qui en ont nécessité le barrage ; la méthode à ciel ouvert permet d'amener de l'eau sur les charbons en feu et par conséquent d'exploiter complètement la couche sans danger.

L'attaque des roches superposées à la houille se fait par trois gradins de 15 à 17 mètres de hauteur ; un quatrième de quelques mètres seulement réserve un banc schisteux superposé à la couche. Ce dernier gradin reste toujours en arrière et ne s'abat qu'au moment où la couche va être attaquée ; on protége ainsi les chantiers de houille contre les éboulements des chantiers de déblais (*Planche* I.)

L'abatage des déblais se fait par galeries de 1ᵐ 50 de largeur séparées par des piliers de même force. On attaque un front d'environ 25 mètres en menant les galeries à 6 mètres d'avancement.

Lorsque le chantier a atteint cet avancement, on se retire en affaiblissant les piliers autant que le comporte la solidité de la roche. On provoque ensuite l'effondrement par des coups de mine *simultanés* placés dans tous les piliers.

A cette première opération succède celle du *débit des blocs et du chargement* sur wagon, puis ensuite le *transport* et le *déchargement*. Les divers éléments du prix de revient du découvert se chiffrent dans les conditions ci-après.

	Par mètre cube mesuré au massif.
Abatage { travail des galeries.......................	0,35
{ attaque des piliers et effondrement........	0,08
Débit des blocs....................................	0,20
Chargement sur wagons.............................	0,333
Transport...	0,133
Déchargement......................................	0,107
Entretien des voies et du matériel................	0,08
Total par mètres cubes...........	1,283
Surveillance......................................	0,07
Fournitures diverses..............................	0,067
Soit........	1,420

La couche de houille est exploitée par 5 gradins de 5 à 6 mètres de hauteur, l'abatage se faisant de haut en bas par coups de mine de 1 mètre à 1ᵐ 50 de profondeur, chargés de 3/4 à 1 kilog de poudre.

Cette couche percée de vieux travaux incendiés et barrés, présentait des dangers de feux. On a établi une prise d'eau à 100 mètres en contre-bas du toit de la couche et refoulé ces eaux par une machine spéciale, au-dessus du toit, de manière à les conduire et les injecter partout où besoin serait.

Le prix de revient des charbons livrés par cette exploitation est par tonne, soit par mètre cube en place :

Abatage	0,95
Transport local	0,48
Fournitures	0,50
Distribution d'eau	0,20
Total	2,13
Mais à ce prix il faut ajouter pour le découvert, une moyenne de 3 mètres cubes de roches déblayées à 1,42, soit	4,26
Prix total	6,39

La *Planche* I reproduit d'après une photographie prise en 1873, l'aspect de l'exploitation de Lavaysse. On y distingue les gradins taillés dans les schistes superposés à la couche de houille et les galeries couvertes pour leur avancement suivant la marche indiquée ci-dessus.

Au-dessous de ces gradins supérieurs on voit ceux qui sont entaillés pour l'exploitation de la couche de houille. Les wagons chargés sur les divers gradins d'exploitation sont dirigés par un chemin de fer spécial à l'atelier central de criblage et triage des charbons.

Cette vaste exploitation explique tout le parti que l'on peut tirer de gîtes minéraux suffisamment rapprochés de la surface. Les chiffres cités précisent les résultats obtenus et permettent d'établir pour tout autre gîte, le mode de calcul préalable qui doit indiquer l'opportunité d'un ciel ouvert.

La méthode à ciel ouvert est la plus rationnelle pour

l'exploitation des gîtes superficiels ou très-rapprochés de la surface, surtout pour les roches qui doivent être livrées à bas prix sous formes de blocs de grandes dimensions, mais toutes les fois que des gîtes de minerais, ou de combustibles minéraux sont peu puissants, fortement inclinés, ou se trouvent à de grandes profondeurs, on ne peut les exploiter que par travaux souterrains.

TRAVAUX SOUTERRAINS

Lorsqu'on se propose d'exploiter par travaux souterrains, on doit nécessairement commencer par des travaux préparatoires, dont le but est :

D'abord, reconnaître le gîte, c'est-à-dire en définir la puissance en épaisseur et la continuité soit en direction, soit en inclinaison ;

En second lieu, préparer les voies de transport et d'aérage nécessaires à l'exploitation.

Ces travaux préparatoires consistent en *puits* et *galeries*, percés dans le gîte ou en dehors, en *descenderies* ou *montages* suivant l'inclinaison du gîte.

Étant donné, par exemple, l'affleurement d'un filon incliné à 75 degrés, le travail qui se présente le plus naturellement à l'esprit est d'y pénétrer directement, c'est-à-dire d'y ouvrir un puits incliné suivant le mur ou le toit. Ce puits sera une *descenderie* à 75 degrés, dans laquelle on ne pourra circuler que par des échelles appliquées contre la paroi du mur.

Cette descenderie fournira une certaine quantité de minerai ; permettra d'examiner la proportion de ces minerais ainsi que celle des gangues, de constater la structure du gîte et les niveaux auxquels il paraîtra le plus avantageux d'ouvrir des galeries, afin d'en reconnaître la continuité.

Mais si l'on examine les conditions de circulation des ouvriers, d'extraction des matières abattues et d'épuisement des eaux d'infiltration plus ou moins abondantes qui suintent des parois, on reconnaîtra que l'inclinaison de ce puits est un obstacle à ces divers services, et que, pour atteindre une profondeur déterminée, un *puits vertical* percé en dehors du gîte eût été bien plus avantageux.

L'avantage d'un puits vertical sera encore mieux démontré si le gîte, au lieu de suivre un plan régulier incliné à 75 degrés, subit une inflexion ou bien un rejet, accidents si fréquents dans les filons. S'il y a pli et inflexion formant un angle, il faut en effet que la descenderie suive ce mouvement, et les divers services deviennent d'autant plus difficiles.

C'est ainsi pourtant que procédaient les anciens; leurs travaux maintenus dans le gîte avaient un caractère d'irrégularité tel, que les transports et l'épuisement devenaient bientôt impossibles. Dans les anciennes exploitations du Pérou et du Mexique, la circulation ne pouvait s'effectuer que par des renvois d'échelles d'un parcours si difficile, que les mineurs étaient obligés d'emporter le minerai dans des sacs attachés à leur corps. Dès qu'il y avait de l'eau, les travaux devaient s'arrêter.

Dans les mines de l'Italie et de l'Espagne, les travaux attribués à l'époque de la domination romaine, consistaient aussi en excavations irrégulières, reliées par des galeries et des descenderies sinueuses. Ces grandes excavations, telles que celles des mines de cuivre du Campigliese en Toscane, donnent une haute idée de la persévérance et de la patience des mineurs de cette époque. Sans l'aide de la poudre, ils ont creusé des vides immenses dans des roches dures et tenaces; ils ont vidé successivement de vastes poches de minerai, allant ensuite à la découverte de nouvelles accumulations par des travaux sinueux et d'un parcours difficile. Nous avons eu occasion de parcourir les excavations souterraines du Campigliese lorsqu'elles furent découvertes en 1842; et nous avons surtout été frappé des difficultés que devaient présenter la circulation des ouvriers et la sortie des minerais. Ces travaux étendus et complexes n'avaient pu être exécutés que grâce à l'absence d'eau d'infiltration; tout service d'épuisement y eût été impossible.

C'est seulement dans les exploitations du moyen âge que l'on trouve des travaux préparatoires placés en dehors du gîte; timidement encore, mais assez bien tracés pour que l'on comprenne que les mineurs avaient alors une connaissance plus assurée des gîtes minéraux et qu'ils savaient que le plan d'un filon une fois déterminé, il était plus logique d'aller recouper ce plan dans sa profondeur, par une galerie ou par un puits, de manière à disposer les travaux d'exploitation à partir de ce point de recoupe.

Les filons étant situés le plus souvent en pays montagneux et accidentés, il est possible en général de les recouper à une certaine profondeur, en contre-bas des affleurements, par des galeries prises dans une vallée voisine. Ces galeries, dites *galeries d'écoulement*, sont inclinées de 3 à 5 millimètres par mètre, de manière à donner issue aux eaux d'infiltration des terrains supérieurs; elles peuvent, en outre, servir au transport des produits abattus, la pente se trouvant dans le sens de la charge.

Les galeries d'écoulement ont été autrefois d'un usage général, mais depuis la grande impulsion donnée aux mines par l'industrie moderne, les *puits verticaux* sont préférés.

Un puits vertical pourra en effet, dans l'hypothèse précitée, recouper le plan du filon à une profondeur déterminée à l'avance au choix de l'ingénieur. Cette recoupe une fois obtenue, le puits sera approfondi de manière à obtenir des niveaux d'exploitation inférieurs à la recoupe. Pour cela, il suffira de rejoindre le plan du filon, à partir du puits, au moyen de galeries de traverse.

Le tube du puits, muni d'appareils d'extraction et d'épuisement, d'échelles, etc., devient dès lors une voie facile pour tous les services de l'exploitation. Les moyens mécaniques peuvent y être installés dans les meilleures conditions, proportionnés à l'activité et à la profondeur des travaux.

Tel est, en réalité, le moyen normal d'atteindre les gîtes minéraux et de les poursuivre à de grandes profondeurs, en conservant les conditions essentielles de sûreté et d'économie des services. On trouvera peu d'exceptions à cette manière de procéder. Nous devons cependant mentionner celle des puits inclinés du Hartz, parce qu'elle existe dans une contrée classique, justement considérée comme modèle sous le rapport des travaux souterrains.

Les filons du Hartz sont presque verticaux et puissants. Beaucoup de puits ont été commencés par les anciens suivant les inclinaisons de 80 degrés. Ces puits rectangulaires à grande section (3 mètres sur 8) ont coûté fort cher, et lorsque la profondeur atteinte eut fait regretter la verticalité, il n'était plus temps; on a dû accepter franchement le legs du passé. Les appareils mécaniques ont donc été adaptés aux exigences de cette position inclinée, mais ils ont mis en évidence plus que partout ailleurs les avantages des puits verticaux.

Une fois le *filon* recoupé, les travaux de reconnaissance et de préparation sont ouverts par deux niveaux : le premier pris au niveau même de la recoupe et le second environ 30 mètres au-dessus ou au-dessous, au moyen d'une galerie de traverse ouverte dans le puits. On procède ainsi par galeries suivant la direction du filon, à droite et à gauche des recoupes, de manière à dégager une tranche de 40 à 50 mètres suivant l'inclinaison.

Les *galeries d'allongement* suivent toutes les inflexions du filon et le recherchent si un rejet ou un accident quelconque vient à le faire dévier.

Elles satisfont par conséquent à un double but : exploration de la richesse du filon, que l'on peut examiner pas à pas, en suivant les deux niveaux; préparation de massifs à exploiter, que l'on découpe au moyen de *montages* pratiqués de distance en distance, suivant l'inclinaison, de manière à joindre les deux niveaux d'allongement.

Si, au lieu d'un *filon*, il s'agissait d'une *couche* de minerai, les travaux préparatoires seraient exactement les mêmes.

Pour une couche de houille, on procède encore de la même manière; seulement, si la couche est peu inclinée, on espace les niveaux de manière à obtenir entre deux, des montages dont la longueur ne dépasse pas 100 mètres.

Pour ces préparations, les galeries de recoupe prises du puits vers le gîte, sont perpendiculaires à la stratification; ce sont des *traverses* ou *galeries à travers bancs*. Dans les houillères du Nord, c'est ce que l'on appelle *bowettes* ou *bouveaux*.

Les galeries d'*allongement* prises dans le gîte, sont souvent désignées sous la dénomination de *chasses* ou *chassages*; on les appelle aussi *costresses*.

L'exécution de galeries suivant la direction et suivant l'inclinaison constitue une première exploitation, surtout lorsqu'il s'agit de couches peu inclinées dans lesquelles on peut facilement les multiplier. Cette période est ce que l'on appelle dans nos houillères du centre le *traçage*.

En général elle est peu productive, parce que l'ouvrier, travaillant toujours sur un *front* de faible étendue, se trouve placé dans les conditions les plus défavorables. La roche, soutenue par le rapprochement des parois, résiste aux outils et à la poudre, tandis que lorsqu'on procédera à l'abatage des massifs, c'est-à-dire au *dépilage* et par conséquent sur un front étendu et dégagé, le mineur produira le double et quelquefois le triple.

On voit dans cette différence des conditions du travail d'abatage le principe fondamental des travaux préparatoires et des méthodes : *dégager des massifs par les travaux préparatoires,* afin que la proportion des mineurs appliqués à l'abatage de ces massifs, c'est-à-dire aux *tailles* en *dépilages,* compense les conditions défavorables du traçage.

MÉTHODES D'EXPLOITATION.

L'acte le plus important des travaux préparatoires est sans contredit le placement d'un puits. Ce puits engage, en effet, l'avenir, par le capital à dépenser pour le foncer et le pourvoir de tous les appareils mécaniques nécessaires à l'extraction, à l'épuisement et à l'aérage ; sa position par rapport au gîte et par rapport aux conditions de la surface déterminera ensuite les dépenses à faire en travaux souterrains préparatoires pour l'exploitation, en travaux superficiels à exécuter pour le transport des produits.

On se laisse trop souvent influencer par les conditions extérieures : ce sont les plus apparentes et celles qui agissent le plus sur la résolution à prendre. Les conditions souterraines n'ont pas la même précision ; on aime à se persuader que les allures les plus favorables seront celles qui existeront réellement, et on se laisse entraîner à placer le piquet décisif, indiquant le centre du puits à foncer, d'après les idées les plus optimistes sur les allures du fond.

C'est, dans notre pensée, la considération inverse qui doit prévaloir. En plaçant un puits, on ne doit songer absolument qu'au gîte à exploiter et à ses allures probables en profondeur. Pour s'éclairer sur ces allures, on doit exécuter tous les travaux préliminaires qui peuvent être utiles : fonçages d'essai, descenderies, sondages ; on doit procéder autant que possible du connu à l'inconnu et ne pas compter sur les chances les plus favorables. Il faut songer, par exemple, que des bouveaux allongés de 200 ou 300 mètres, par suite d'un choix trop influencé par des conditions de surface, déterminent pour l'exploitation une double charge, en argent à dépenser pour l'exécution de ces bouveaux et en temps perdu pour l'exploitation. Or le temps est une considération essentielle, car les travaux de mine sont longs, surtout lorsqu'ils ne produisent pas. On peut accepter patiemment de longs travaux à exécuter dans une mine qui est en activité; ces travaux, soldés par les produits, sont facilement supportés; mais lorsqu'il s'agit d'obtenir les premiers produits, le temps est une considération décisive. Une année de travail ne représente, suivant la nature des terrains à traverser, que 150 ou 200 mètres de bouveau; on ne doit s'imposer, sous ce rapport, que les travaux nécessaires au bon aménagement.

Lorsqu'un gîte est atteint et que le mineur qui a pénétré dans son épaisseur se propose de l'enlever, il comprend aussitôt qu'il ne pourra le faire qu'à la condition de déterminer à l'avance une *méthode d'exploitation* qui protégera les chantiers d'abatage et substituera à la masse enlevée un mode de soutènement des roches du toit. A cette condition seulement il évitera les éboulements qui pourraient l'atteindre jusque dans les *tailles*.

Ces tailles, ou ateliers d'abatage, doivent en effet avoir une certaine longueur, afin d'obtenir le minerai dans des conditions économiques. Le mineur sait par expérience que l'abatage d'une roche, fût-elle seulement de consistance moyenne, est coûteuse en galerie, lorsqu'il agit sur un front de 2 mètres de hauteur sur 2 mètres de largeur. Il sait que les havages, les entailles, les pics, coins et leviers, les coups de mine n'auront un grand effet et n'obtiendront le minéral à bas prix que si le front de taille est dégagé sur une grande longueur. Cette longueur sera de 10 à 15 mètres au moins; dans certains cas on a trouvé avantage à la porter à 100 mètres et au delà.

Les ouvriers rangés devant ce front de taille doivent, en général, avancer d'une distance fixée à l'avance pendant le poste de travail, et par conséquent abattre un cube déterminé. Mais le gîte dépouillé sur de pareilles longueurs laisse le toit sans soutien, et les mineurs seraient atteints par des éboulements subits et irrésistibles, si, en même temps qu'ils avancent, il n'était pourvu au soutènement des vides qu'ils laissent derrière eux, par des bois, des murs ou des remblais. Les matières abattues doivent être aussitôt enlevées et *transportées* jusqu'au jour par des voies faciles ; il faut pourvoir à *l'aérage* des galeries et des tailles de manière à se débarrasser des gaz délétères et de l'air vicié par la combustion des lampes, la respiration des ouvriers, les coups de mine, la décomposition des bois ou de certains minerais ; enfin il faut rassembler les eaux d'infiltration ou des sources rencontrées par tous les travaux, les réunir en un point où elles seront *exhaurées*, c'est-à-dire épuisées et rejetées au jour.

Une *méthode d'exploitation* sera le tracé, ou dessin théorique, qui satisfera non-seulement aux conditions d'un abatage productif et économique, mais aux services essentiels que nous venons de signaler. Ce tracé théorique fait abstraction de toutes les ondulations que peuvent présenter la direction et l'inclinaison d'un gîte, ainsi que de tous les accidents qui peuvent en modifier ou en interrompre l'allure.

De là une différence entre les tracés théoriques, dont les lignes sont toujours droites et régulières, et les plans réels des mines, dont les lignes sont le plus souvent ondulées pour suivre les variations d'allure, et quelquefois brisées et interrompues, pour franchir les accidents.

Un tracé théorique s'applique d'une manière générale à tous les gîtes compris dans des conditions spécifiées de puissance et d'inclinaison ; le plan réel d'une mine est un cas particulier, d'autant plus exceptionnel que l'allure sera plus accidentée.

Un simple coup d'œil jeté sur le plan d'une mine suffit pour apprécier la régularité d'un gîte. Lorsqu'on est habitué, par exemple, à l'examen des plans de nos houillères et de celles de la Belgique, où les allures sont ondulées et souvent interrompues par des crains ou des failles, et que l'on voit les plans presque théoriques des houillères de l'Angleterre et du bassin de la Ruhr, on comprend aussitôt les différences qui existent au point de vue des méthodes d'exploitation, entre une couche régulière et une couche accidentée.

Les méthodes sont très-diverses, suivant la nature et la valeur du minéral exploité, suivant la puissance du gîte, suivant son inclinaison. Nous avons essayé de les classer en distinguant celles qui s'appliquent aux gîtes dont la puissance est inférieure à 3 mètres, filons ou couches de faible épaisseur, et celles qui peuvent être appliquées aux gîtes puissants dont l'épaisseur va souvent à 10 mètres et au delà. Cette distinction établie, les méthodes varient :

1° Dans les gîtes de faible épaisseur, suivant que l'inclinaison est plus ou moins forte ;

2° Dans les gîtes puissants, suivant que les minéraux constituants sont solides ou ébouleux.

On est conduit, d'après cette classification générale, à grouper les méthodes, ainsi qu'il est indiqué par le tableau ci-dessous :

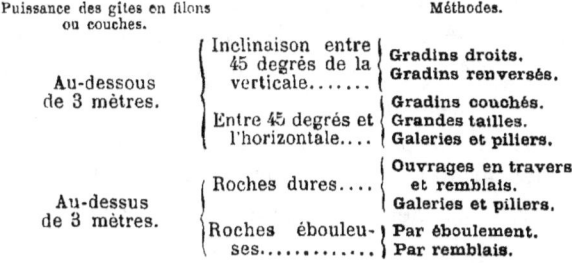

Ce tableau permet de choisir, pour un minéral déterminé, les méthodes les plus convenables, dont nous indiquons ci-après, les avantages ou les inconvénients par une description générale.

Quant aux méthodes qui sont appliquées aux couches de combustibles minéraux, anthracite, houille et lignites, elles sont tellement spéciales, qu'il sera nécessaire d'en faire une description particulière.

EXPLOITATION DES MINERAIS.

Les gîtes métallifères sont en général composés de roches consistantes et solides, dont l'exploitation présente rarement de sérieuses difficultés. Cependant l'application des méthodes, bien que plus facile, ne perd rien de son importance, car on doit dès le principe se préoccuper de tous les services auxquels cette application doit satisfaire ; ce sont :

1° L'*aérage*. Préparer des voies spéciales pour l'entrée de l'air pur, l'air vicié devant sortir par des voies spéciales et les moins fréquentées ;

2° Les *transports*. Diriger les produits des chantiers vers les accrochages des puits, par des voies directes et dont les pentes seront, autant que possible, dans le sens de la charge ;

3° L'*exhaure*. Diriger les eaux sur un même point où seront établis les moyens d'épuisement ;

4° Les *chantiers d'abatage*. Les disposer de telle sorte que les massifs se présentent dégagés sur deux faces, les fronts de taille étant d'autant moins longs que la roche à abattre est plus résistante.

Lorsque les chantiers auront un certain développement, les ouvriers seront placés de telle sorte qu'ils avancent chaque jour de la même longueur en conservant le dessin méthodique adopté.

Ces principes posés, examinons leur application aux *filons métallifères* dont la puissance est inférieure à 3 mètres et dont l'inclinaison est comprise entre 45 degrés et la verticale, conditions dominantes des filons métallifères dans toutes les contrées du globe.

FILONS MÉTALLIFÈRES D'UNE PUISSANCE INFÉRIEURE A 3 MÈTRES. INCLINAISON COMPRISE ENTRE 45 DEGRÉS ET LA VERTICALE.

Les travaux préparatoires consistent en plusieurs galeries d'allongement prises à des profondeurs distantes de 30 à 50 mètres en verticale.

Ces galeries, dites *niveaux*, sont réunies de distance en distance, par des montages suivant l'inclinaison ; de telle sorte que le gîte est divisé en massifs rectangulaires dont on a pu apprécier à l'avance la richesse probable.

La division en massifs constitue l'ensemble des *travaux préparatoires* ; l'*exploitation* sera l'enlèvement complet de ces massifs.

Cet enlèvement peut se faire par *gradins droits* ou par *gradins renversés*.

Gradins droits. — Cette méthode procède en abattant successivement chacun des massifs préparés, en parallélipipèdes d'environ 2 mètres de hauteur sur 4 mètres de longueur, ce qui se fait en plaçant autant de fronts d'abatage qu'on a dégagé de ces parallélipipèdes, et donnant à l'ensemble de l'atelier la disposition en gradins.

A mesure qu'on avance dans l'abatage, on boise le vide qui résulte de cet avancement avec des étais appuyés du toit au mur. Ces étais, solidement assujettis dans les entailles et calés avec des coins, supportent des planchers sur lesquels on accumule les déblais stériles résultant du premier triage qui se fait dans la mine.

La figure 3, *planche* III, représente la disposition des

tailles, des boisages et des remblais dans un massif exploité par gradins droits.

On voit que dans cette méthode, les roches abattues sont jetées de gradin en gradin jusqu'au puits ou jusqu'à la galerie qui sert à les enlever. Ce transport irrégulier est un des inconvénients des gradins droits.

Cette méthode convient en général pour les minerais qui ont besoin d'être triés avec soin, triage qui peut se faire sur chaque gradin. Cependant le piétinement continuel des mineurs sur le minerai qu'ils vont abattre est un obstacle à ce triage ; aussi ne peut-on l'appliquer aux minéraux dont la valeur serait amoindrie par l'écrasement et la boue qui résultent de la circulation des ouvriers.

Gradins renversés. — Dans la méthode par *gradins renversés*, la disposition est inverse ; les massifs sont attaqués par la partie inférieure.

Un boisage solide est établi au-dessus de la galerie d'allongement inférieure, ce boisage devant être assez fort pour supporter tous les déblais qui seront produits par l'abatage et le triage du massif à exploiter.

Pour l'abatage, les mineurs, montés sur des remblais ou sur des planchers mobiles, entaillent le massif, en maintenant la disposition en gradins. Si le toit est peu solide, il est soutenu par des boisages qui servent en même temps à la circulation des ouvriers ; ces boisages avancent avec la taille, et sont, autant que possible, successivement enlevés pour être reportés en avant, à mesure qu'ils peuvent être remplacés par des remblais.

La figure 4, *planche* III, représente la disposition des tailles, des boisages et des remblais dans l'exploitation d'un filon par gradins renversés. On voit, d'après cette disposition, que les matières abattues tombent naturellement sur le plan incliné formé par les remblais qui sont substitués à mesure de l'avancement à l'épaisseur du filon. Ils sont d'abord triés, puis transportés vers la galerie de roulage qui se trouve au-dessous du chantier.

Les méthodes par gradins droits ou renversés ont pour avantages communs le dépouillement complet du filon. Dans les deux procédés, le filon évidé se trouve, après l'exploitation, rempli de déblais stériles, maintenus par des lignes de bois. Enfin, dans les deux cas, les roches se présentent toujours à l'abatage dégagées sur deux faces; les ouvriers sont constamment rassemblés, faciles à surveiller et parfaitement en sûreté. Les figures 1 et 2, *planche* III; la figure 3, *planche* IV, démontrent, par des exemples pris au Hartz, que les deux méthodes peuvent être appliquées aux diverses portions d'un même filon.

En comparant les détails des deux méthodes, on trouve que, dans les gradins renversés, l'abatage est facilité par le poids des masses, ce qui est un avantage essentiel; les boisages abandonnés dans les déblais sont en outre moins coûteux; mais, d'autre part, le triage est souvent difficile, parce que les minerais tombent sur les déblais, où ils peuvent se perdre, ces minerais étant généralement plus fragiles que les gangues. Cette considération est importante; elle suffit, dans beaucoup de cas, pour assurer la préférence aux gradins droits, sur lesquels tout peut être, sinon trié, du moins recueilli après l'abatage, même les poussières et les boues.

Lorsqu'on applique la méthode par gradins renversés à des minerais précieux, on étend sur les déblais des planches et des toiles qui reçoivent les produits de l'abatage et empêchent les petits fragments de se perdre.

Le choix entre les gradins droits ou renversés ne peut donc être déterminé que par les considérations spéciales qui résultent de la composition des gîtes. Les gradins renversés sont d'un usage plus répandu parce que l'abatage y est moins coûteux; c'est ainsi que sont exploités la plupart des filons du Cornwall, du Hartz, de la Saxe, et ceux de Villefort, de Pontgibaud, etc., en France. On peut d'ailleurs, ainsi qu'on le fait au Hartz, combiner les deux méthodes, en réservant les gradins droits pour les parties les plus riches, tandis que les parties moins métallifères sont abattues par gradins renversés.

Une exploitation par gradins renversés ou par gradins droits a pour résultat l'enlèvement de toutes les parties des filons considérées comme rémunératrices, et suivant l'expression anglaise, de toutes celles qui *payent*. A leur place on a laissé des planchers en bois, supportant les remblais. Les massifs qui sont jugés trop pauvres sont abandonnés.

Dans la plupart des filons, les déblais sont trop abondants, de telle sorte que tout se trouvant remblayé, sauf les voies de service, l'excédant des remblais doit encore être monté au jour et versé à proximité des haldes.

Les travaux par gradins renversés sont faciles à conduire sous le rapport de la méthode; une seule difficulté est à prévoir, c'est la solidité des planchers qui supportent les remblais.

Cette solidité est facilement obtenue dans les filons dont la puissance ne dépasse pas 1 mètre à 1m. 50 et dont les épontes sont solides; mais pour des filons de 2 mètres et au delà, il faut des bois tellement forts, que dans plusieurs cas des écroulements se sont produits qui ont écrasé les voies de service et rendu des quartiers inaccessibles. Dans ce cas, il est plus sûr et même plus économique, de poursuivre la méthode par gradins renversés, en construisant sur les galeries de service, des voûtes en maçonnerie assez solides pour soutenir les déblais.

Considérons dans son ensemble, une exploitation par gradins droits ou renversés, ouverte dans un filon, ainsi que l'indiquent les figures 1 et 2, *planche* III, en coupe et en projection verticale.

On a successivement passé d'un étage ou niveau, à un

étage inférieur, enlevant tous les massifs jugés rémunérateurs, laissant en place ceux qui sont trop pauvres, et l'on est arrivé au neuvième niveau, soit à une profondeur d'environ 160 mètres; profondeur encore peu considérable, mais destinée à s'accroître progressivement par l'ouverture d'étages inférieurs. La galerie de *roulage*, pour chaque étage, est la galerie située à la base des massifs en exploitation, la galerie supérieure étant maintenue comme voie d'aérage pour le *retour d'air*. Les eaux suivent l'approfondissement successif des travaux; elles sont dirigées vers le puits d'exhaure supposé à certaine distance.

Un filon peut être exploité sur plusieurs kilomètres de longueur, par des puits plus ou moins rapprochés. Plus l'exploitation sera étendue, plus on obtiendra des produits constants. On doit, en effet, en parcourant ainsi toute l'étendue d'un filon, trouver des zones plus ou moins riches et subir des alternatives de richesse ou de pénurie; lorsque les niveaux seront très-étendus, les champs d'exploitation étant en nombre d'autant plus grand, on pourra plus facilement compenser les espaces stériles.

Cette condition d'un produit moyen régulièrement soutenu, est considérée comme tellement essentielle, que dans les exploitations du Hartz et de la Saxe, on ferme par des portes l'accès des chantiers les plus riches, afin de pouvoir, à un moment donné, compléter les produits d'une année et en maintenir le caractère rémunérateur.

Si, au lieu d'un seul filon, on peut exploiter à la fois un groupe de plusieurs filons, les compensations s'établissent plus facilement, et les travaux préparatoires exécutés en dehors des filons prennent alors un développement d'autant plus considérable. La proportion des produits obtenus permet en effet de foncer des puits d'autant plus profonds et des galeries d'écoulement qui servent à la fois pour l'assèchement des mines et pour l'établissement de machines hydrauliques destinées à tous les services.

Que l'on examine les travaux préparatoires exécutés au Hartz, pour l'exploitation des filons de Clausthal et Zellerfeld, *planche* V, on aura idée de ce que peuvent être ces créations de l'industrie minière.

Les districts métallifères sillonnés par les filons, sont en général formés de terrains accidentés qui dominent les pays de plaine; on peut dès lors y drainer les eaux par des galeries d'écoulement, qui, à mesure de l'approfondissement des travaux, deviendront d'autant plus longues.

Au Hartz, ces galeries, telles que la Galerie de treize toises, ont d'abord été prises dans les vallées voisines; on a ensuite pris la galerie Georges, à Grund, au pied des accidents principaux; enfin, on s'est décidé à en exécuter une qui part de la plaine, à Gittelde, qui a dû franchir un trajet de 17 kilomètres avant d'atteindre le premier filon, et qui, pour recouper tout le faisceau, a atteint un développement de 23 kilomètres.

Si ces galeries, sur lesquelles nous aurons à revenir en parlant de leur exécution, n'avaient d'autre raison d'être que le drainage du terrain et l'assèchement des mines, on aurait pu arriver au même but d'une manière plus simple, par les machines d'exhaure. Mais les contrées à filons sont en général les moins favorisées sous le rapport des voies de communication, et le charbon y est cher; d'autre part, la fonction des galeries d'écoulement va bien au delà, ainsi qu'il résulte des *planches* IV et V, qui indiquent à la fois les galeries étagées les unes au-dessus des autres ainsi que les travaux annexes pour créer des forces hydrauliques.

La galerie de Gittelde recoupe les filons à une profondeur d'environ 400 mètres au-dessous de la surface; mais les puits principaux, ainsi qu'il est indiqué par la coupe longitudinale, fig. 1, *planche* IV, ont de beaucoup dépassé cette profondeur : ils sont à plus de 600 mètres ; toute la région inférieure des travaux doit donc être exhaurée par les machines.

Chaque puits doit en outre être muni d'appareils mécaniques, destinés à l'extraction des minerais ou des déblais, aux appareils d'aérage, aux fahrkunst pour la descente et la remonte des ouvriers. Toutes ces machines sont hydrauliques et alimentées par une circulation des eaux aménagées sur la surface du Hartz.

Les eaux courantes ont été captées dès leur origine, dans les vallées supérieures; elles ont été aménagées de manière à alimenter, en toutes saisons, de nombreux étangs obtenus par des barrages. Ces étangs étant placés à proximité des puits d'extraction, permettent d'introduire dans les mines les eaux qui mettent en mouvement les roues hydrauliques et les machines à colonne d'eau, *Planche* V.

Les eaux motrices, après avoir été ainsi utilisées, sont ensuite rejetées à la surface par les galeries d'écoulement.

Grâce à cet aménagement des eaux, le mineur trouve partout à sa disposition les forces les plus énergiques et les plus économiques. On les emploie non-seulement pour le service des mines, mais pour la préparation mécanique des minerais, pour les fonderies et pour toutes les usines dépendant des exploitations; on en dispose même pour les distributions d'eau dans les villes et les villages.

Que l'on suppose le Hartz, ainsi pourvu de forces hydrauliques, grâce aux travaux préparatoires, obligé d'avoir recours au charbon et aux machines à vapeur; les mines cesseraient d'y être productives.

Les exploitations transportées entre les niveaux de 400 et de 600 mètres sont, en effet, exhaurées dans les conditions les plus économiques par de puissantes machines à colonne d'eau; une galerie sise à 620 mètres, dite *la profonde galerie d'eau*, fig. 1, *planche* IV, sert à relier entre eux les filons principaux; une profondeur d'eau de 1m. 50 y est toujours maintenue, de manière à la transformer en *réservoir* dans lequel puisent les pompes d'épuisement et en *canal souterrain* pour le transport des minerais.

Les travaux préparatoires du Hartz peuvent servir de modèle pour tous les districts métallifères. Ceux de Freyberg en Saxe, de Schemnitz en Hongrie, conçus dans le même esprit, peuvent également être cités comme ayant pu maintenir les exploitations à de grandes profondeurs. Ces travaux peuvent seuls compenser les charges onéreuses qui résultent de l'approfondissement des mines, approfondissement qui marche vite dans les filons dont l'inclinaison se rapproche de la verticale.

COUCHES INCLINÉES ENTRE 45 DEGRÉS ET L'HORIZONTALE.

Le gisement en masses aplaties comprises entre deux plans parallèles, avec une inclinaison au-dessous de 45 degrés, appartient généralement à des couches. Pour les exploiter, la position des mineurs est sensiblement différente : ils peuvent marcher sur le *mur*, y déposer les remblais, sans qu'il soit nécessaire de les soutenir par des boisages ou des voûtes. Dans ce cas, les conditions plus ou moins faciles de l'exploitation dépendent principalement de la puissance du gîte et de la solidité du *toit*.

Dans une couche de 1 à 2 mètres de puissance, une galerie suivant l'inclinaison ou montage, et même une galerie d'allongement, pourront être entaillées dans l'épaisseur du gîte sans presque attaquer les éponles. Si le toit est solide, on pourra dépouiller le gîte en soutenant ce toit par des bois ou des murs de remblais, et régler à volonté les conditions de l'affaissement qui se produira toujours par le tassement des remblais ou par l'écrasement des étais, mais à une certaine distance en arrière des ouvriers qui travailleront aux *tailles*.

La disposition et les dimensions de ces tailles donnent un caractère distinctif à chacune des méthodes d'exploitation, désignées sous les dénominations de *grandes tailles, gradins couchés, galeries et piliers.*

Grandes tailles. — Dans les conditions de puissance de 1 à 3 mètres et en admettant une solidité suffisante du toit, la méthode par *grandes tailles* se présente comme la plus avantageuse.

Supposons un front de 30 à 50 mètres : on placera en ligne un nombre suffisant de mineurs espacés régulièrement, de telle sorte que chacun d'eux ait 3 ou 4 mètres de front à abattre. Ces mineurs avanceront d'environ 1 mètre dans leur journée ; derrière eux, trois lignes de bois soutiendront le toit sur une distance de 1m. 50 à 2 mètres, et entre ces bois on rejettera, ou même on disposera sous forme de murs les déblais et les écarts provenant du triage. A mesure que s'éloigne le front de taille, ligne qui soutient le toit, les bois plient et se brisent sous la charge, le toit s'éboule ou s'affaisse sur les déblais entassés ou sur les murs que l'on a disposés pour en régler la chute.

De chaque côté des massifs dépilés, on maintient par de bons murs construits en pierres sèches les voies nécessaires au roulage ou à l'aérage ainsi qu'il est indiqué par la figure 4, *planche* IV.

On remarquera que les tailles qui enlèvent ainsi les massifs ou piliers, sont disposées de telle sorte qu'une taille est toujours en retraite sur la suivante afin de ne pas briser le toit suivant une ligne droite trop étendue.

Gradins couchés. — Lorsque le toit du gîte ne présente pas assez de solidité pour être ainsi attaqué sur des fronts étendus, on dispose les tailles de 10 à 12 mètres de longueur, en retraite les unes par rapport aux autres, de manière à obtenir une série de *gradins couchés*.

Avec un front de taille ainsi brisé en trois ou quatre gradins, on peut obtenir plus de sûreté dans les tailles et une certaine économie dans le boisage.

Nous aurons à décrire en détail cette méthode, souvent appliquée à la houille, lorsque le toit manque de solidité;

elle a moins d'importance pour les minerais composés de roches en général assez dures; les grandes lignes ont alors l'avantage de concentrer le travail, de rendre la marche de l'exploitation plus régulière, plus rapide et plus facile à surveiller.

Galeries et piliers. — Cette méthode consiste à tracer dans le gîte une série de galeries parallèles suivant la *direction ;* puis à recouper ces galeries par une série d'autres galeries parallèles, prises suivant l'*inclinaison* ou suivant des lignes diagonales entre la direction et l'inclinaison. On divise ainsi le gîte en *piliers* ou *massifs* que l'on abandonne comme soutènement si la roche a peu de valeur ; que l'on enlève en procédant au dépilage, si, au contraire, elle en a assez pour que l'exploitation complète puisse être avantageuse.

La division du gîte en massifs d'une longueur plus ou moins grande, et la faculté de dépiler au besoin ces massifs, permettent d'ailleurs de suivre une disposition en gradins, dont le tracé tend à se rapprocher de celui de la méthode précédente ; les deux méthodes ne diffèrent alors que par une condition particulière, c'est que chaque pilier a dû être dégagé par un *traçage* préalable.

Le traçage peut, suivant les conditions du gîte, être ou ne pas être onéreux. Si le gîte a une puissance telle qu'il ne soit pas nécessaire d'entailler le toit ou le mur ; si la solidité du toit permet de donner aux galeries de traçage une certaine largeur, 3 ou 4 mètres, sans les boiser ; la division en massifs de 10 à 15 mètres de longueur suivant la direction, et de 30 à 50 mètres suivant l'inclinaison, s'exécute dans de très-bonnes conditions ; le dépilage peut ensuite être conduit suivant les lignes qui paraissent les plus convenables pour la solidité des tailles.

Telle est la méthode suivie dans la plupart des couches de minerais de fer exploitées autour du plateau central. Le travail d'abatage y est organisé méthodiquement par galeries très-larges, de telle sorte qu'il y a peu de différence entre l'exploitation par traçage dit *au massif*, et l'exploitation par dépilage.

Pour ces larges traçages, les haveurs font d'abord le havage au mur, d'autres ouvriers spéciaux percent ensuite au toit les coups de mine d'une profondeur correspondante à celle du havage de manière à enlever toute l'épaisseur du gîte. Pour le *dépilage*, l'abatage est facilité par le dégagement des massifs, mais les frais de soutènement sont assez coûteux. Les minerais ont en général une valeur suffisante pour que tout le gîte doive être enlevé; il se présente d'ailleurs, dans la couche des parties pauvres ou stériles que l'exploitation contourne et laisse en piliers.

Les roches destinées à fournir des matériaux de construction, ont en général une valeur si faible, que l'on évite le dépilage.

Dans ce cas, la méthode d'exploitation consiste simplement en deux systèmes de traçages, croisés à angles droits ou obliques, laissant en place des piliers assez résistants pour qu'ils puissent soutenir la pression du toit; de là la dénomination de méthode par *galeries* et *piliers*. C'est sous cette forme que se présentent, autour de quelques grandes villes, les anciennes exploitations dites *catacombes*, carrières souterraines qui ont fourni les matériaux de leur construction.

Il est difficile d'indiquer des dimensions pour les galeries et les piliers; cela dépend de la solidité du gîte et du terrain encaissant. En prenant une moyenne, on peut découper une couche en laissant 5 mètres de plein et perçant les galeries de 3 à 4 mètres, parallèlement entre elles. On recoupera ensuite toutes ces galeries par galeries perpendiculaires aux premières et disposées de la même manière, de sorte qu'on ne laissera plus, pour supporter le toit, que des piliers de 5 mètres sur 5 mètres, espacés de 3 à 4 mètres et disposés en damier.

Lorsqu'une couche est inclinée, on doit donner aux piliers une plus grande longueur dans le sens de l'inclinaison que dans le sens de la direction, afin d'éviter tout effet de glissement.

GÎTES D'UNE PUISSANCE SUPÉRIEURE A 3 MÈTRES.

Dans les gîtes puissants, l'exploitation se trouve dans des conditions bien différentes de celles qui viennent d'être définies. A moins d'avoir pour toit des roches d'une solidité exceptionnelle, 5, 10 et 20 mètres d'épaisseur ne peuvent être enlevés d'une manière complète qu'à la condition de remblayer tous les vides.

Il faut donc que le triage des minerais abattus fournisse assez de déblais, ou bien faire des emprunts à l'extérieur pour obtenir le complément des remblais nécessaires.

Ouvrages en travers. — L'exploitation par remblais se fait le plus souvent par *ouvrages en travers*, c'est-à-dire par galeries de traverse, successivement remplies de déblais, de manière à enlever une tranche horizontale.

A cette tranche horizontale succède une seconde tranche prise en s'élevant sur les remblais de la première et ainsi de suite.

La méthode consiste à ouvrir au mur de la masse minérale une galerie d'allongement qui en suit toutes les ondulations, puis à pratiquer dans cette galerie des tailles d'exploitation perpendiculaires à la direction moyenne de la galerie d'allongement, et, par conséquent, dirigées du toit au mur.

Ces tailles, prises en travers du gîte, sont d'abord séparées par des massifs pleins qui font l'office de piliers pour soutenir les parties supérieures; ainsi, par exemple, on divisera le gîte en massifs de 9 mètres de front, puis ces massifs seront enlevés *de deux en deux*, par trois galeries contiguës. Ces galeries accolées et successives peuvent être disposées de manière à former par leur avancement inégal des gradins horizontaux ; elles sont remblayées à mesure qu'elles arrivent au toit du gîte, de sorte qu'à la fin du travail, c'est-à-dire lorsque le toit a été atteint, les trois galeries contiguës soient complétement remplies par les déblais bien tassés et bourrés.

Lorsqu'on a enlevé et remblayé les premiers massifs, on attaque les massifs intermédiaires qui les séparaient, de telle sorte que l'on arrive à enlever toute une tranche horizontale, en lui substituant une tranche de remblais.

Une première tranche étant enlevée et remblayée : on s'élève sur les remblais et on procède de la même manière à l'enlèvement d'une seconde. On passe ensuite à une troisième et ainsi de suite jusqu'à l'épuisement de l'étage.

Telle est la marche suivie pour les méthodes par ouvrages en travers, appliquées à l'exploitation des filons argentifères de Schemnitz en Hongrie, filons puissants de 8 à 10 mètres et inclinés à 70 degrés.

Lorsqu'il se rencontre quelque partie stérile dans ces filons, on la laisse en pilier en la contournant par les excavations. Le triage est fait dans la mine, de manière à y laisser les remblais nécessaires pour remplir les tailles.

La méthode par ouvrages en travers a pour résultat de substituer à la masse du gîte exploité une masse de remblais incohérents, dont l'ensemble est d'autant plus pesant que la hauteur est plus considérable.

Lorsqu'on doit attaquer un étage inférieur et que l'on se rapproche des remblais de l'étage supérieur, on craint naturellement de voir le plafond, aminci, céder subitement sous le poids des remblais qui pèsent dessus. La tradition des mines a conservé plusieurs exemples d'étages ainsi écrasés par le poids des remblais; c'est un danger dont on doit se préserver.

Le plus souvent on laisse intacts, entre toit et mur, des parties de filons qui deviennent ainsi des massifs de sûreté, en choisissant, pour remplir cette fonction, les niveaux qui paraissent les moins riches. Il n'est pas nécessaire d'ailleurs de laisser ces parties adhérentes sur toute l'étendue d'un même niveau : on en laisse à des niveaux différents et disposées en quinconces, de telle sorte que leur ensemble maintienne l'écartement du toit et du mur et protége efficacement les niveaux inférieurs.

Cette disposition fractionnée facilite le choix des parties pauvres ou stériles destinées à servir de massifs de sûreté. Mais il est des mines où cet abandon serait en réalité très-coûteux, vu l'égale répartition du minerai dans tout l'ensemble et la valeur de ce minerai.

Citons pour exemple les filons d'Almaden en Espagne, où les zones métallifères montent presque verticalement des profondeurs du sol dans des conditions de richesse telles, que sur des longueurs de plus de 100 mètres on ne saurait trouver des massifs de filon qui puissent être logiquement abandonnés.

Les deux filons principaux d'Almaden, San Francisco et San Nicolas, ont 8 à 9 mètres de puissance moyenne, vers le niveau de 300 mètres; ils sont séparés par une zone schisteuse stérile et concordante, d'environ 3 mètres d'épaisseur (*planche* IV, fig. 5).

Ces deux filons ont d'abord été exploités isolément, et pour supporter les remblais, on jetait de distance en distance des voûtes de 7 à 8 mètres de portée, entre toit et mur, en choisissant les points où les roches étaient le plus résistantes. Vers le niveau de 300 mètres, le mur du filon ayant présenté une ondulation saillante et solide, on se décida à construire une voûte de 20 mètres de portée, en enlevant ainsi toute l'épaisseur des deux filons, ainsi que la couche intercalée. Grâce à ce grand travail, on put ensuite enlever en dessous toute l'épaisseur des filons San Francisco et San Nicolas, sans avoir à redouter l'écroulement des remblais supérieurs.

Cette méthode dont la coupe explique suffisamment la disposition, met en évidence l'importance du soutènement dans les gîtes puissants et la nécessité d'y pourvoir non-seulement pour assurer les voies de service, mais au point de vue de la sécurité des étages inférieurs.

La *méthode par ouvrages en travers et remblais* peut être appliquée par galeries contiguës, prises dans le gîte suivant n'importe quelle direction.

Ainsi, pour exploiter les amas calaminaires de la Belgique, on commençait par définir le gîte au moyen d'une galerie de contour. Ensuite on le traversait par une ou plusieurs galeries, et le parement de chaque galerie devenait une taille, que l'on conduisait jusqu'à limite en bourrant chaque jour les remblais à la place du minerai enlevé, de manière à laisser un espace libre très-étroit entre ces remblais, et le front d'abatage. On enlevait ainsi une tranche horizontale et l'on s'élevait ensuite de tranche en tranche en montant sur les remblais, jusqu'à ce que l'on atteignît les remblais de l'étage précédemment exploité.

L'exploitation par remblais, conduite soit par tailles en travers, soit par galeries contiguës prises obliquement dans le gîte, suppose que la roche exploitée a une valeur suffisante pour payer toutes ces dépenses. Si la roche est au contraire abondante, et par conséquent sans autre valeur que celle qui résulte des frais d'exploitation, on peut supprimer l'usage des remblais en abandonnant une partie du gîte, et suivant les méthodes dites *par piliers et galeries* ou *par éboulements*.

Galeries et piliers. — Cette méthode, qui consiste à exploiter un niveau par deux systèmes de galeries croisées, peut être appliquée aux couches puissantes, en abandonnant des piliers assez forts pour supporter le toit des excavations; mais, dans ce cas, on doit donner aux galeries de traçage les plus grandes dimensions possibles en hauteur aussi bien qu'en largeur.

Pour cela on attaque les galeries de traçage au moyen de trois à cinq gradins qui se suivent à distance, en donnant à ces galeries 6 et 10 mètres de hauteur, sur une largeur de 3 à 5. On laisse ensuite des piliers qui, en plan, doivent représenter un peu plus de la moitié de la surface.

Si le gîte est fortement incliné ou vertical : lorsqu'un étage a été exploité sur cette hauteur, on en exploite un second en laissant une *sole* intacte entre les deux et ayant soin de faire correspondre les piliers à ceux de l'étage supérieur ou inférieur, afin d'éviter les éboulements.

Cette méthode est évidemment très-imparfaite, puisqu'elle occasionne l'abandon de la plus grande partie du gîte; mais c'est la seule qui puisse être employée pour les substances de peu de valeur qui ne fournissent pas de déblais et ne supporteraient pas la dépense de remblais venus de l'extérieur. Tels sont les pierres de construction, le gypse, l'ardoise, etc.

Dans les ardoisières souterraines de Fumay (Ardennes), on attaque une couche de 20 mètres de puissance inclinée de 20 à 30 degrés, en donnant aux galeries toute la hauteur du gîte et 10 mètres de largeur. Les piliers longitudinaux ont en général 12 mètres d'épaisseur. Les galeries de 20 mètres de hauteur se poursuivent par gradins. Sur chaque gradin, les rigoles pour l'abatage se font perpendiculairement à la stratification, et le havage ou souschèvement suivant la stratification.

Dans plusieurs de ces ardoisières on a donné à la section horizontale des piliers des formes obliques ou découpées en gradins, afin d'augmenter leur résistance.

Les cavages ou exploitations souterraines de gypse aux environs de Paris, se font également par deux systèmes de galeries croisées qui ont jusqu'à 15 mètres de hauteur et 5 de largeur, soutenues par des piliers de 5 mètres de côté.

Exploitation du sel gemme. — La nature minéralogique du sel gemme, son gisement ordinaire en couches puissantes, soit en amas stratifiés, le rendent tout particulièrement apte à l'exploitation par galeries et piliers. Après y avoir creusé des galeries de 10 et 20 mètres de hauteur, à voûte ogivale, on a pu successivement défoncer les soles, de manière à leur donner des hauteurs de plus de 30 mètres. Tout le monde connaît les descriptions des salines de Wieliczka, dans lesquelles on a encore exagéré les dimensions de ces vastes galeries, comparées à des cathédrales. Cette exploitation se poursuivait de temps immémorial suivant les habitudes et traditions du passé, lorsque des sources abondantes rencontrées en profondeur ont déterminé l'inondation des travaux inférieurs.

Dans l'Est de la France, les salines de Vic et de Dieuze ont aussi leur légende d'exploitation directe, qui mérite d'être conservée comme le type le plus parfait de la méthode par galeries et piliers.

Une couche de 5 mètres de puissance fut le siége de l'exploitation principale, le traçage étant fait par galeries de 6 mètres de largeur et de 5 mètres de hauteur, taillées en voûte de manière à laisser 1 mètre de sel à la clef. On craignait en effet de donner issue aux eaux des niveaux supérieurs, dont on avait constaté l'abondance en établissant les puits cuvelés.

Afin de se préserver du danger de l'irruption des eaux, l'exploitation fut divisée en *compartiments* isolés les uns des autres par des massifs pleins dits *murs de sûreté*. Ces murs n'étaient percés que par des galeries de $1^m,50$ de largeur et de $1^m,80$ de hauteur, de telle sorte qu'on pût y établir rapidement des barrages ou serrements, dans le cas où l'exploitation pratiquée dans l'intérieur aurait donné issue aux eaux.

La figure 2, *planche* VI, indique trois périodes distinctes de la méthode par galeries et piliers avec *compartiments*, appliquée à la couche principale de Dieuze. Cette méthode fut établie dans les conditions suivantes :

1° Division en grands massifs carrés de 90 mètres de côté, par des tailles de 6 mètres de largeur et de 4 mètres de hauteur, prises en deux gradins et laissant 1 mètre du sol à la clef de voûte des galeries;

2° Division de l'intérieur de chaque massif de 90 mètres en neuf gros piliers de 26 mètres de côté, avec une investison de 5 mètres d'épaisseur qui ne communique avec les galeries extérieures que par des ouvertures de section réduite;

3° Division des gros piliers en cinquante-six piliers de 5 mètres de côté.

On arrivait à enlever plus de la moitié du gîte, et l'on procédait ainsi depuis trente ans, lorsque, en 1865, malgré toutes les précautions prises, les eaux firent irruption et remplirent tous les travaux.

Cette inondation dut d'abord être considérée comme un malheur : elle mettait fin subitement au système d'exploitation établi par galeries et piliers. Mais ce système fut avantageusement remplacé par une exploitation *par dissolution*.

L'exploitation par dissolution exige de vastes surfaces de contact des eaux avec le sel, surfaces qui se trouvaient préparées par la division de la couche en piliers nombreux, de telle sorte que ce procédé peut être considéré comme un véritable dépilage de tous les massifs préparés par les traçages précédemment exécutés.

La solubilité du sel gemme est mise à profit même dans les mines où il est exploité par abatage direct. A Varangeville, on exécute à l'aide de jets d'eau continus, projetés sur le sel, des havages et des entailles qui permettent d'abattre les masses, ainsi dégagées, dans les conditions les plus économiques.

Le sel gemme est souvent mélangé d'argile, de gypse ou de calcaire, à tel point que l'abatage direct de la roche salifère ne pourrait donner aucun bénéfice. Ces mélanges de sel et de roches sont tellement intimes et enchevêtrés, qu'il n'y a de triage possible que par voie de dissolution; dès lors, le procédé le plus simple est de rassembler les eaux existantes dans la mine et même d'en introduire de la surface, afin de former des lacs souterrains dans lesquels on laisse l'eau se saturer de sel.

Pour mettre cette méthode à exécution, il est nécessaire de pénétrer dans la masse salifère; car le sel est tellement peu soluble à l'état compacte ou cristallin, qu'il faut une action prolongée des eaux et une surface de contact très-étendue pour qu'elles puissent se saturer.

Les salines d'Hallein, dans le pays de Salzbourg, peuvent être considérées comme présentant le type de cette méthode; une description rapide donnera idée des moyens employés et des résultats obtenus.

Le terrain salifère est contenu dans une série de collines assez élevées, dans lesquelles, lorsqu'on veut créer une exploitation, on ouvre une galerie de recherche. De distance en distance on pousse, à droite et à gauche de cette galerie principale, des galeries latérales qui étendent et facilitent l'exploration du sol. Sur les points reconnus riches en sel et d'une exploitation avantageuse, on ouvre des *lacs* ou *salons*, vastes chambres destinées à devenir des ateliers de dissolution, en procédant ainsi qu'il suit.

Les parois d'une galerie ayant été reconnues assez riches pour qu'il soit utile de la convertir en lac, on y introduit de l'eau douce provenant des infiltrations supérieures ou même de la surface, en la maintenant par un barrage.

Cette eau ronge les parois de la galerie et l'élargit; on en augmente peu à peu le volume, et l'on finit par attaquer de cette manière le plafond lui-même, en élevant successivement la digue.

Un lac définitivement établi, a la forme d'une excavation allongée, fermée par la digue. On pénètre vers l'extrémité de cette excavation au moyen d'une petite descenderie communiquant avec les travaux supérieurs, par laquelle on fait arriver l'eau douce. Un escalier permet de venir constater le niveau des eaux et l'état des parois.

On surveille constamment l'action des eaux. Si on veut attaquer le plafond, on élève leur niveau de manière à en faire baigner les aspérités sans les noyer complétement; si l'on veut attaquer les parois latérales, on baisse progressivement le niveau. Le sel se dissout, et les roches dont il est mélangé tombent désagrégées au fond du lac. A mesure que le fond du lac s'exhausse, on exhausse également la digue et l'entaille qui est au-dessus.

La principale action s'exerce sur le plafond, de telle sorte que le tuyau de dégorgement, qui était d'abord dans la partie supérieure, se rapproche progressivement du fond.

L'eau est regardée comme saturée quand elle contient 20 pour 100 de sel. Lorsqu'elle est arrivée à ce point de saturation, on vide complétement le lac pour le remplir de nouveau, après avoir nettoyé le fond qui est toujours très-encombré par les argiles délitées. Les eaux salées sont élevées à la surface par des moyens mécaniques, ou conduites par galeries d'écoulement à des usines évaporatoires.

L'action dissolvante des eaux sur le sel s'exerce très-lentement, et il faut par conséquent, pour entretenir le travail continu et actif des usines évaporatoires, avoir un assez grand nombre de lacs. La mine de Durenberg a renfermé jusqu'à trente-trois lacs salés dont la contenance moyenne était de 20,000 mètres cubes.

Le temps de saturation est très-variable et proportionné,

indépendamment de la richesse salifère du terrain, au rapport qui existe entre les surfaces de contact et le cube total des eaux. Il y a de petits lacs qui sont saturés au bout de deux mois, et qu'on remplit cinq ou six fois par an ; d'autres ne sont vidés qu'une fois l'an ; tandis que les plus grands exigent deux et trois années pour arriver à saturation complète.

On voit, en résumé, que ce genre d'exploitation par dissolution nécessite, dans les travaux souterrains, un niveau supérieur pour l'entrée des eaux douces, et un niveau inférieur pour la sortie des eaux salées. Il faut avoir soin d'isoler les eaux des lacs des eaux d'infiltration qui pourraient apporter des perturbations dans le régime adopté. Deux lacs doivent toujours être séparés de 20 à 30 mètres.

Cette méthode d'exploitation convient aux terrains argileux, dans lesquels le sel se trouve le plus souvent mélangé. A Bex, le sel étant disséminé en veines et nodules dans des calcaires non délitables, on était obligé, pour créer des lacs de dissolution, d'exploiter la roche salifère, d'en accumuler les fragments dans des excavations qui, une fois remblayées de cette manière, étaient noyées et converties en lacs. Par ce moyen l'eau pouvait pénétrer dans les anfractuosités des fragments, et y dissoudre le sel qui les pénétrait.

Méthode par éboulements. — Les divers procédés d'exploitation précédemment décrits prouvent que les méthodes doivent se modifier suivant les propriétés des roches exploitées ; nous en trouverons un autre exemple dans l'exploitation des roches ébouleuses. Admettant que ces roches aient si peu de valeur que toute méthode par remblai ne puisse être appliquée, on peut leur appliquer la *méthode par éboulement.*

Cette méthode a été appliquée, par exemple, dans la vallée de la Meuse, à l'exploitation des schistes alumineux destinés à la fabrication de l'alun. La couche, de 25 à 30 mètres de puissance, est inclinée à 70 ou 80 degrés; elle est formée de schistes feuilletés et fendillés très-peu consistants. La coupe, fig. 6, *planche* IV, indique à la fois la disposition du gîte et le système d'exploitation.

Après avoir exploité à ciel ouvert, on a foncé des puits dans les roches formant le mur du gîte, que l'on rejoignait ensuite par des traverses. Une galerie d'allongement était ensuite ouverte dans le mur, et l'on perçait, à partir de cette galerie, des traverses fortement boisées, conduites jusqu'au toit des schistes alumineux, ces traverses étant séparées par 3 ou 4 mètres de parties pleines.

Une fois le toit atteint, les mineurs enlevaient l'extrémité du boisage et laissaient ébouler les parties supérieures. Un simple pelletage opéré sur le talus d'éboulement fournissait les schistes. Lorsque ce talus ne fournissait plus assez, on se reculait en enlevant quelques paires de bois. Les éboulements se propageaient ainsi à 4 ou 5 mètres de hauteur sur une largeur totale de 4 à 5 mètres, et l'on reculait progressivement jusque vers la galerie d'allongement.

Lorsqu'un niveau ne fournissait plus dans des conditions assez faciles, on en établissait un autre 6 ou 7 mètres plus bas, et l'on arrivait ainsi à obtenir environ le quart du gîte, à des conditions très-économiques.

La méthode *par remblais* et galeries contiguës, précédemment indiquée, est en réalité la seule qui pourrait être appliquée aux roches ébouleuses, dans le cas où ces roches auraient assez de valeur pour supporter les frais qui en résultent.

Nous avons successivement exposé les conditions générales des méthodes d'exploitation, en évitant les détails qui ne s'appliquent qu'à des cas particuliers, en cherchant surtout à définir le tracé et le but de chacune de ces méthodes, de manière à bien apprécier les caractères comparatifs et la raison d'être de chacune. Les détails ne peuvent être utiles dans ces descriptions, qu'à la condition de les appliquer à des substances minérales définies, dont on a d'abord précisé les conditions minéralogiques et géologiques.

En ce qui concerne les minerais, il n'y a d'ailleurs que bien peu de latitude dans la marche et le tracé de l'exploitation. La méthode se trouve imposée par les conditions de composition et d'allure du gîte.

Nous trouverons dans les combustibles minéraux les méthodes plus nombreuses, ou du moins plus variées, parce qu'en partant des méthodes générales qui viennent d'être exposées, les conditions de détails y prennent de l'importance suivant les variations que peuvent présenter non-seulement la puissance et l'inclinaison des couches, mais aussi leur composition et leur allure.

C'est en appliquant les méthodes générales aux combustibles minéraux, dont l'exploitation présente d'ailleurs un si grand intérêt, que l'on pourra définir toutes les nuances dont elles sont susceptibles.

CHAPITRE II

EXPLOITATION DE LA HOUILLE.

Pour bien saisir tous les détails des méthodes d'exploitation, il faut les appliquer à des substances telles que les combustibles minéraux, dont les propriétés sont bien connues et qui doivent être produites en grandes masses et aux prix les plus réduits. La nécessité de l'économie dans toutes les parties du service fait ressortir l'importance de la méthode, car toute fausse manœuvre, tout procédé défectueux se traduit par une surcharge du prix de revient.

Les mines de houille doivent d'ailleurs satisfaire à certaines conditions spéciales, résultant de la nature minéralogique du combustible exploité.

1° Il faut éviter l'entretien des vieux travaux et s'en isoler autant que possible à mesure que le déhouillement progresse.

2° Remblayer les vides laissés par l'exploitation, afin d'éviter le brisement du terrain et l'infiltration des eaux supérieures.

3° Il faut enfin disposer les chantiers d'abatage de manière à obtenir la plus grande proportion possible de gros et de gailletteries, la valeur de ces qualités étant double ou triple de celle des menus.

Une couche de houille est d'autant plus facile à exploiter

que le toit et le mur sont mieux réglés et plus solides, et que la stratification est plus régulière dans son allure.

Admettant ces conditions remplies, l'*inclinaison*, la *puissance* et la *composition* de la couche sont les éléments qui peuvent faire varier les méthodes.

Les couches les plus avantageuses seront celles qui auront une puissance comprise entre 1 et 3 mètres ; un toit et un mur solides, bien réglés et bien nettement détachés de la houille ; une inclinaison comprise entre 0 degré et 30 degrés et même 45 degrés.

La solidité du charbon est aussi une condition précieuse au double point de vue de la facilité des travaux d'exploitation et de la qualité des produits obtenus.

Ces conditions sont celles des contrées privilégiées, telles que les bassins de Newcastle et du pays de Galles en Angleterre, le bassin de la Ruhr en Westphalie.

Dans les bassins du nord de la France et de la Belgique, les couches, de $0^m,35$ à $0^m,80$, sont beaucoup plus difficiles à exploiter, non-seulement à cause de leur faible puissance mais encore à cause des conditions plus accidentées des terrains. Dans nos bassins du Centre et du Midi, les couches de 2 à 3 mètres sont fréquentes, mais moins pures et moins régulières. Les couches puissantes de 5 à 10 et 20 mètres, assez nombreuses dans les bassins de l'Allier, de la Loire, de Saône-et-Loire et de l'Aveyron, présentent des conditions tellement difficiles, que malgré l'abondance de la matière à exploiter, la production des mines ouvertes dans ces couches est, en général, moins avantageuse.

En présence de ces conditions extrêmes on doit distinguer pour l'application des méthodes d'exploitation, comme pour les autres substances minérales, les gîtes *au-dessous* et *au-dessus* de 3 mètres. Il faut ensuite poser les diverses hypothèses d'inclinaisons que peut présenter la stratification des couches, et les méthodes peuvent dès lors se classer ainsi que l'indique le tableau ci-après :

Couches au-dessous de 3 mètres.

Inclinaison.	Méthodes.
De la verticale à 60 degrés.	Gradins renversés en maintenages, avec couloirs.
De 70 degrés à 35 degrés.	Gradins renversés avec plans automoteurs. Traçages et dépilages sans remblais.

Gradins couchés en chassage.

De 35 degrés à 0 degré.	Tailles montantes	Voies tiernes. Voies sur quartier.
	Traçages et dépilages.	Simples. par compartiments.

Couches puissantes de 4 à 20 mètres.

Inclinaison.	Méthodes.
De 0 degré à 30 degrés.	Traçages et dépilages sans remblais. Tranches inclinées avec remblais.
De 30 degrés à 90 degrés.	Tranches horizontales avec remblais. Tranches horizontales doubles ou triples avec rabatages et remblais. Tranches verticales avec remblais.

EXPLOITATION DES COUCHES DE HOUILLE DE FAIBLE PUISSANCE.

La plupart des méthodes appliquées aux couches de faible puissance nous ont été transmises par des usages traditionnels, usages presque toujours justifiés par les conditions de stratification et par la nature de la houille.

La pratique a devancé ainsi la discussion rationnelle des méthodes.

Quant aux procédés d'entaille et d'abatage, ils nous ont été légués par les premiers exploitants, à tel point que si l'on examine les plans et descriptions des houillères du nord de la France, de la Belgique et de la Prusse, publiés par Héron de Villefosse il y a près de soixante ans, on reconnaît que les méthodes étaient alors bien peu différentes de ce qu'elles sont aujourd'hui.

Les plans théoriques ou réels, représentés *planches* VII, VIII et IX, résument les caractères de ces méthodes. Ceux de ces plans qui ne sont pas accompagnés de coupes et indiqués comme projections, sont supposés tracés dans le plan même de la couche et rabattus sur le plan horizontal, de manière à reproduire les proportions exactes des tailles.

Nous avons puisé les éléments de ces planches dans des documents aussi récents que possible : pour ce qui concerne les houillères de l'Angleterre, dans le Mémoire de M. Havrez; pour celles de la Belgique, dans le Mémoire de M. E. Tonneau; pour ce qui concerne les houillères de la France, dans les documents qui nous ont été directement fournis par les exploitants.

La moyenne des couches exploitées dans le nord de la France et la Belgique n'a pas plus de $0^m,60$ à $0^m,80$ d'épaisseur en charbon.

La plupart présentent dans les tailles, une *ouverture* plus considérable, parce que leur puissance comprend des lits ou barres de schistes qui divisent la couche en plusieurs *sillons*, dans lesquels on fait le havage ou que l'on abat avec la houille.

Supposons une de ces couches en *droit* ou *droiteure*, c'est-à-dire inclinée entre la verticale et 60 degrés; ce sera bien, suivant l'expression quelquefois conservée, un *filon* de houille, et les méthodes d'exploitation appliquées aux filons se présentent aussitôt à l'esprit.

Mais les conditions spéciales imposées aux exploitations houillères écartent les gradins droits, qui livreraient la houille en partie écrasée et dépréciée par la nécessité de marcher sur les gradins en abatage.

Il faut donc avoir recours aux *gradins renversés*.

Ces gradins sont de dimensions d'autant plus restreintes que l'inclinaison est plus forte.

Dans les positions rapprochées de la verticale, de 60 à

80 degrés, on ne donne en général à ces gradins, dits *maintenages*, que 2 mètres environ de hauteur, sur 4 mètres d'avancement.

Maintenages. — On désigne habituellement ces gradins sous le nom de *maintenages*, parce qu'il faut souvent y maintenir la houille, qui tend à se détacher du toit et du mur, afin de l'enlever sans qu'il se produise aucun désordre dans le tracé de la méthode représentée *planche* VII, fig. 4.

A mesure que les tailles avancent, les mineurs calent des bois entre toit et mur, afin d'en maintenir l'écartement. Les déblais qui sont fournis par le triage du charbon, par les sillons et bancs de schistes que l'on détache avec le charbon, sont tassés entre ces bois et soutenus par le boisage de la galerie inférieure. On a soin de ménager des couloirs vides tous les 4 mètres; ces couloirs, avec garnissages en planches, servant à la descente des charbons depuis les tailles jusqu'à la voie de roulage.

Chaque gradin trouve ainsi un de ces couloirs à sa portée, et lorsque les tailles ont enlevé tout le massif compris entre la voie de roulage inférieure et la voie de retour d'air supérieure, les couloirs sont abandonnés et même remblayés, s'il se trouve à portée des remblais en excès.

Pour que la descente des charbons se fasse en brisant le moins possible les gros et les gailletteries, on maintient les couloirs toujours pleins jusqu'à la partie supérieure. A la base, un clapet règle la descente et permet de vider les charbons dans les chariots.

L'exploitation avance ainsi en *chassage*, c'est-à-dire suivant la direction de la couche, enlevant tout le massif compris entre les deux voies qui limitent la hauteur de l'étage.

Chaque jour doit enlever à chaque gradin et sur la direction, un avancement déterminé, environ 1 mètre, et ajouter une longueur équivalente aux remblais, en conservant toujours les dispositions indiquées.

Au-dessous de 60 degrés et jusqu'à 30 degrés, le tracé des maintenages se modifie et devient la méthode par *gradins renversés en chassage*.

Gradins renversés en chassage. — Cette méthode est celle qui est le plus souvent appliquée pour les *droits* ou *dressants* au-dessus de 30 degrés et au-dessous de 60 ; elle est représentée *planche* VII, fig. 3.

Une couche est recoupée par deux bouveaux ou bowettes à 30 ou 50 mètres de distance verticale, ce qui suppose pour l'étage un développement de couche de 50 à 70 mètres suivant l'inclinaison. Une fois la couche recoupée, on a procédé au *coupage des voies*, c'est-à-dire au percement des galeries d'allongement ou *costresses*.

L'établissement de ces voies demande un examen attentif des conditions du toit et du mur de la couche. Ainsi la voie de fond ou de roulage, qui est la plus importante, doit être établie de manière à présenter les meilleures conditions de solidité. Supposons que la couche ait 1 mètre de puissance : la galerie, qui devra avoir environ 1^m,70 de hauteur sous bois, sur 1^m,40 de largeur dans œuvre, entaillera nécessairement le toit ou le mur. Si le toit est solide, on évitera de le couper ; on le laissera comme toit de la galerie, et l'entaille nécessaire à la section de la galerie se trouvera dans le mur. S'il y a, au contraire, manque de solidité au toit et qu'il y ait avantage à l'entailler, on le coupera jusqu'à une assise plus solide, et le mur ne se trouvera entaillé que de la quantité nécessaire pour établir le sol horizontal de la galerie.

Les deux galeries ayant un avancement suffisant, il faut préparer les tailles ; pour cela, un montage est d'abord ouvert qui dégage latéralement la tranche à exploiter, et l'on dispose, à portée de ce montage, un plan automoteur destiné à descendre sur la voie de roulage les charbons qui seront abattus dans les parties supérieures. Les gradins seront ensuite découpés de manière à donner au profil de la taille la forme qu'elle doit conserver en avançant.

Le profil en gradins a l'avantage de rompre la ligne d'affaiblissement du sol, de manière à en rendre le soutènement plus facile, et d'isoler en même temps les chantiers. Cette disposition n'est pas de rigueur, et dans beaucoup d'exploitations on dispose les tailles presque droites, ce qui est plus commode lorsque par exemple l'inclinaison est telle, que les charbons puissent glisser du haut en bas de la taille jusqu'à la voie de fond sans tomber violemment. On règle au besoin cette descente en arrêtant le charbon par des planches transversales, qui sont enlevées lorsque la taille se trouve encombrée et que les ouvriers inférieurs se sont retirés.

Pour l'abatage, une taille est divisée en longueurs égales, ayant 3 ou 4 mètres de front, longueurs qui sont confiées chacune à un ouvrier, et qui sont calculées de telle sorte que dans son poste de travail il puisse avancer d'environ 1 mètre.

Le travail de la taille est généralement divisé en deux parties : le *havage* et l'*abatage*.

Le havage est l'entaille parallèle à la stratification, qui doit permettre ensuite d'abattre la partie dégagée, en la brisant le moins possible en petit et en menu charbon, qui n'a pas la valeur du gros; il se fait de préférence au mur de la couche, si ce mur est facile à entailler; il se fait dans la couche, lorsqu'elle présente un lit d'*escaille* ou *gore* interposé, qui la divise en deux *sillons;* il se fait dans le charbon, lorsqu'il n'y a pas moyen de procéder autrement.

Le *haveur* prolonge son entaille aussi loin que le permettent les circonstances, c'est-à-dire la hauteur qu'elle comporte et la facilité de son exécution. A mesure que cette entaille avance, il la soutient par de petits étais pour empêcher la chute subite de la partie supérieure. Lorsque le havage est terminé, on dégage la partie havée par des entailles latérales, et il suffit de chasser des coins au toit pour faire tomber la couche dégagée. S'il y a une banquette inférieure, on la découpe par des entailles et on l'abat ensuite après avoir chassé des coins dans le mur pour détacher la base.

En général les mêmes ouvriers havent, abattent et boisent. Cependant il a des *boiseurs* spéciaux pour les galeries de service, pour les tremaillis destinés à soutenir les cloches qui se produisent par éboulement du plafond, enfin pour tous les boisages qui exigent des ouvriers spéciaux.

On adjoint aux mineurs, pour accélérer le travail, des *bouteurs* et des *serveurs*, qui déblayent le charbon abattu et amènent les bois sur les emplacements où ils doivent être placés; des *remblayeurs* ou *reculeurs*, qui font tout le travail en arrière, c'est-à-dire construisent les murs en pierre sèche et entassent les remblais en ménageant les galeries ou les conduits de charbon qui doivent être pratiqués d'après le tracé d'exploitation.

Enfin, pour compléter l'organisation de la taille, il faut nécessairement avancer les voies de fond et d'aérage et entretenir, par conséquent, à chacune de ces galeries des *coupeurs de mur* ou *bosseyeurs* qui font les voies, les boisent et construisent les murs latéraux avec les plus grosses pierres que fournit l'atelier.

Une taille étant organisée, il est facile d'en calculer la dépense et le produit. Ainsi une taille de 36 mètres de longueur suivant l'inclinaison, divisée en trois gradins, occupera neuf mineurs ou haveurs et trois serveurs; elle exigera en outre deux coupeurs de voies et deux remblayeurs. L'avancement étant supposé de 1 mètre par poste, chaque mineur aura déhouillé environ 4 mètres carrés; reste à calculer ce que la couche produit en charbon trié et transporté, par mètre carré de déhouillement, chiffre qui résulte de sa puissance et de sa composition.

La figure 4, *planche* VIII, indique les conditions détaillées d'une exploitation par gradins renversés. Dans cet exemple, on a cherché à réunir les traits caractéristiques de la méthode : les deux voies du fond et d'aérage sont recoupées par les bouveaux ; ces deux voies étant mises en communication par un montage ménagé à travers les remblais et muni d'échelles.

Un second montage plus large est disposé en plan automoteur et ne s'élève que jusqu'au niveau inférieur du premier gradin ; il est destiné à recevoir les charbons tombant des deux gradins supérieurs, et sert à descendre sur la voie du fond les chariots chargés qui sont amenés par les voies intermédiaires ouvertes dans les remblais.

On remarquera sur ce plan le tracé des gradins ouverts de chaque côté. Sur les gradins de gauche, les entailles sont prises en dessous, ce qui est le cas le plus ordinaire ; sur les gradins de droite, elles sont prises en dessus, ce qui est quelquefois plus favorable, lorsque les délits du charbon facilitent le déhouillement.

Dans la galerie du fond, on pratique dans la couche un défoncement ou *rebanchage* d'environ 1 mètre de profondeur, qui est immédiatement remblayé de manière à recevoir les rails de la voie. Ce rebanchage procure du charbon et l'empêche d'être détérioré par le roulage.

Enfin ce plan indique la disposition des remblais fournis par l'abatage, ces remblais étant rangés entre les bois d'étai et de garnissage de manière à soutenir la pression du toit et à protéger toutes les voies de service.

L'exploitation, une fois organisée soit en maintenages, soit en gradins renversés, peut être poursuivie en *chassage*, c'est-à-dire suivant la direction, tant qu'aucun accident de la couche ne vient pas l'arrêter. On suit ainsi une couche sur des distances de 500, 700 et 1000 mètres, quelquefois même au delà.

La méthode ainsi définie peut varier par le dessin des gradins, qui auront plus ou moins de front d'abatage et plus ou moins d'avancement l'un sur l'autre; par la disposition des remblais, suivant que la couche en fournit plus ou moins; par la manière de faire descendre le charbon abattu sur la voie de fond, suivant que l'inclinaison est plus ou moins forte.

Les méthodes par gradins renversés exigent que le puits d'extraction soit foncé au-dessous de la galerie de fond, et que cette galerie ait elle-même un certain avancement suivant la direction de la couche, de manière à dégager le massif à exploiter. Cette condition est souvent difficile à remplir. Pour approfondir un puits d'un étage, il faut à la fois du temps et une dépense assez forte, et l'exploitant, qui marche en quelque sorte sur le charbon, dans la voie de fond, n'a pas toujours la patience d'attendre qu'une galerie de fond ait dégagé un nouvel étage. De là, l'habitude fréquente de prendre une tranche inférieure, de 10 à 20 mètres de hauteur, par une *exploitation en vallée*.

Une *vallée* est une descenderie, organisée avec un double treuil, de manière à remonter un wagon plein et à descendre un wagon vide, suivant l'inclinaison de la couche. A partir de cette descenderie, on prend les tailles à droite et à gauche, suivant la méthode ordinaire, c'est-à-dire en pratiquant une voie de fond à la partie inférieure.

L'exploitation se poursuit donc comme d'habitude, seulement elle est grevée d'un montage à bras qui est onéreux et ne permet guère, pour la houille, de dépasser une profondeur verticale de 15 à 20 mètres, entre la galerie de roulage qui conduit au puits d'extraction et la nouvelle voie de fond de la vallée.

Aujourd'hui cependant, lorsqu'on a à sa disposition un moteur mécanique pour le service de la descenderie, on peut exploiter en vallée dans des conditions normales.

Dépilages sans remblais. — Lorsque la couche a plus de 1^m,20 de puissance, il devient très-difficile de se procurer les remblais nécessaires au soutènement, et l'on a dû chercher, dans certains cas, une méthode moins exigeante sous ce rapport. Cette méthode procède par *dépilages*.

Les couches de 1^m,50 à 3 mètres de puissance, dont l'inclinaison est comprise entre 75 degrés et 35 degrés, peuvent, en effet, être exploitées par deux systèmes de galeries croisées, suivies de l'enlèvement des piliers. Pour enlever un pilier, on prend sous les écrasées des étages supérieurs une certaine hauteur de taille, que l'on boise solidement à mesure que l'on avance, en laissant à la partie supérieure un mur d'environ 1 mètre d'épaisseur de charbon, qui soutient les écrasées et les empêche de glisser dans la taille.

Lorsqu'on est arrivé à l'extrémité du pilier, la taille se trouvant uniquement soutenue par les bois, on décale d'abord un certain nombre d'étais vers l'extrémité supérieure; le mur de charbon se brise et l'on bat en retraite, en enlevant une partie des bois et recueillant les plus gros fragments du mur de charbon qui glissent vers la partie inférieure de la taille.

Le remplissage est ainsi obtenu par le glissement des écrasées supérieures, soit par les éboulements du toit, et sans *remblais*.

On attaque de même une taille inférieure, toujours en descendant, suivant l'inclinaison.

Cette méthode, qui n'a été appliquée que dans des conditions exceptionnelles, est entièrement basée sur l'inclinaison de la couche et sur la possibilité de faire descendre naturellement les déblais supérieurs dans les tailles, suivant l'inclinaison de la couche.

Méthodes appliquées aux couches peu inclinées. Gradins couchés. — Lorsqu'une couche n'a plus que 30 degrés ou au-dessous d'inclinaison, elle est en *plateure*.

Les charbons abattus ne descendent plus naturellement des tailles vers la voie de fond, il faut les y transporter. Si la couche est peu puissante, les voies dans lesquelles on doit circuler doivent être exhaussées par le coupage du toit ou du mur.

Dans ces allures en plateures, les remblais pèsent peu sur les bois, mais le toit est d'un soutènement plus difficile. La méthode le plus souvent employée est celle des *gradins couchés*, suivant la direction.

Les *gradins couchés*, employés dans les couches minces du Nord, ne conviendraient pas à une couche de plus de $1^m,50$, à moins qu'elle ne fournît par le triage une très-grande proportion de déblais. Dans les couches ordinaires, qui ont 1 mètre au plus, on fait le havage au mur, on entaille ensuite le toit pour chasser les coins, et faire ainsi tomber à la fois toute l'épaisseur de la couche. Ce mode d'abatage fournit les remblais nécessaires.

L'avantage spécial des gradins couchés (souvent appliqués dans les houillères de Mons et de Valenciennes, où les *plats* passent si souvent aux *droits* et réciproquement), c'est que, l'exploitation pouvant se faire par gradins couchés dans les plats, et par gradins renversés dans les droits, le changement d'allure de la couche n'oblige pas à changer la marche du travail. On peut d'ailleurs appliquer cette méthode lors même que la couche ne fournit pas assez de remblais, en soutenant le toit par une grande quantité de bois ; on enlève une partie de ces bois lorsqu'ils se trouvent à une certaine distance des tailles, de manière à laisser le toit briser ceux qui restent et s'affaisser le mur.

Une exploitation par gradins couchés, conduite en chassage, sur toute la hauteur d'un niveau compris entre la galerie de roulage à la partie inférieure et la galerie de retour d'air à la partie supérieure, présente exactement le même dessin, rabattu sur un plan horizontal, qu'une exploitation par gradins renversés. La différence résulte seulement de l'inclinaison, qui dans le cas des gradins renversés est supérieure à 30 degrés et permet de faire glisser le charbon sur toute la hauteur d'une taille jusqu'à la voie inférieure, tandis que dans les gradins couchés, l'inclinaison étant inférieure à 30 degrés, l'approchage et le chargement des charbons dans les wagons seront d'autant plus difficiles que le chiffre de cette inclinaison sera moindre.

Il faut donc, dans le cas de faible inclinaison, multiplier les voies horizontales ménagées à travers les remblais, qui conduisent les chariots au plan automoteur destiné à les descendre sur la voie de roulage ; ou les voies diagonales à faible pente, qui permettent de faire descendre directement les chariots pleins sur la voie de roulage et de ramener ensuite les vides en les remontant jusqu'aux tailles.

Les figures 2 et 3, *planche* VII, peuvent être considérées comme représentant les tracés des gradins couchés avec voies horizontales ou *voies sur quartier*, rabattus sur le plan horizontal.

L'exploitation se poursuit suivant les tracés indiqués, en enlevant méthodiquement la couche entre les deux galeries de l'étage et lui substituant des remblais dans lesquels se perdent successivement les voies ménagées pour les transports. La limite du champ d'exploitation se trouvant déterminée par une limite de concession ou par un accident arrivé à cette limite, on attaque ensuite un étage inférieur pour lequel on ouvre une nouvelle galerie de roulage, la précédente devenant une galerie de retour d'air.

Tailles montantes. — Au lieu d'enlever ainsi un étage en suivant la direction de la couche, on peut procéder par tailles *montantes* suivant l'inclinaison. La figure 1 de la *planche* VII indique quelle est alors la disposition de la méthode.

Cette méthode, dite méthode *montoise,* parce qu'elle est appliquée dans les houillères du couchant de Mons, pour les inclinaisons au-dessous de 30 degrés, diffère sous tous les rapports des tailles en chassage.

En attaquant le charbon en montant, le poids des masses aide l'abatage, et dans le cas particulier des couches de Mons, ce mode, par suite des clivages de charbons, favorise à la fois l'abatage et la proportion obtenue en gros et gailletteries.

Tels sont les avantages de la méthode, et il faut qu'ils soient bien réels pour compenser les inconvénients qui en résultent pour le roulage.

Les charbons doivent en effet être descendus sur les voies montantes ou voies *tiernes*, ménagées dans les remblais. Cette descente se fait en enrayant les roues des wagonnets et les faisant glisser sur les rails; mais il faut ensuite remonter les wagons vides sur ces mêmes voies, ce qui exige des rouleurs vigoureux.

Lorsque le roulage devient trop difficile par suite de l'inclinaison de la couche, au lieu de prendre les voies *tiernes* suivant cette inclinaison, on les prend obliques, par exemple *demi-tiernes*, c'est-à-dire suivant une diagonale, ou *sur quartier*. Malgré ces tracés obliques, le roulage facile pour la descente des pleins, est toujours pénible pour la remonte des vides, et ne peut être effectué que par de jeunes ouvriers habitués à ce travail.

Ainsi le roulage est fait à Mons par les *sclauneurs* de dix-huit à vingt-cinq ans, c'est-à-dire par la partie la plus vigoureuse de la population ouvrière; tandis qu'à Charleroi, où l'on exploite par gradins en chassages, le roulage horizontal est exécuté avec la plus grande facilité par les femmes. Le développement rapide et l'économie de la production des houillères de Charleroi résultent en grande partie de la facilité de leur roulage par les *hercheurs*, c'est-à-dire par les enfants et les femmes.

Traçages et dépilages. — Dans les bassins du centre et

du midi de la France, les couches de houille sont, en général, plus puissantes et moins pures que celles des bassins du nord de la France et de la Belgique. Les méthodes appliquées aux couches de moins de 3 mètres sont différentes et se rapprochent beaucoup de celles qui sont en usage dans les bassins de l'Allemagne et de l'Angleterre. Ce sont les méthodes par *tracages* et *dépilages*.

Une couche de houille étant atteinte, on y établit deux galeries de direction, l'une inférieure, l'autre supérieure, délimitant ainsi une tranche à enlever jusqu'aux limites du champ d'exploitation. De distance en distance, des montages découpent l'étage en gros piliers, qui sont ensuite recoupés par de nouvelles galeries de direction.

Cette préparation est ce qu'on appelle le *traçage*. Lorsqu'elle est terminée, on procède au *dépilage*, en commençant à enlever les piliers à l'extrémité du champ d'exploitation et se rabattant vers le puits d'extraction.

Ce dépilage ramène l'exploitant, mètre par mètre, vers son point de départ. A mesure qu'il recule, il laisse le toit de la couche s'affaisser sur son mur, en protégeant le travail et réglant l'affaissement par des bois ou quelques murs de remblais, et soutenant par de la houille laissée en piliers de sûreté, toutes les voies nécessaires à la circulation et à l'aérage.

Les méthodes procédant par dépilages comprennent ainsi deux périodes de travail : le *traçage*, qui découpe les piliers et prépare toutes les voies d'accès, de roulage et d'aérage, et le *dépilage* proprement dit.

La période de traçage est d'autant moins productive que la section des galeries est plus réduite. Il importe donc de ne faire que les traçages nécessaires.

Les conditions de l'abatage conduisent d'ailleurs à la même conclusion. Il ne faut pas que les traçages aient augmenté d'une manière sensible les pressions que supportent les piliers. Ces pressions tendent en effet à écraser le charbon et à diminuer les proportions obtenues en gros et gailletteries.

Lorsque les piliers ont été préparés, on choisit un ordre de dépilage qui détermine une ligne d'affaissement du sol. On cherche en général la disposition qui paraît la plus apte à retarder les coups de charge et par conséquent à les éloigner des fronts de taille où ils pourraient amener des éboulements. En général cette ligne est parallèle à la direction ; quelquefois elle est diagonale. Dans les deux cas elle peut être brisée en gradins plus ou moins prononcés.

Quelle que soit la position de cette ligne, le dépilage bat en retraite, en abandonnant toutes les voies qui deviennent inutiles, et laissant les vieux travaux barrés et isolés, autant que cela est possible, du reste de la mine.

La méthode par traçages et dépilages est celle qui est employée dans presque toutes nos houillères du Centre et du Midi, lorsque les plateures dominent et que l'épaisseur des couches permet d'exécuter les galeries sans entailler le toit ou le mur. C'est également la méthode préférée dans les bassins de Newcastle et de la Ruhr, c'est-à-dire dans ceux qui produisent la houille au prix le plus réduit.

Méthodes en Angleterre. — L'Angleterre est le pays classique de la production houillère. Sa production dépasse les productions réunies de toutes les autres contrées du globe ; elle livre la houille à un prix inférieur de 40 pour 100 aux prix moyens des ventes en France et en Belgique ; la pensée vient donc naturellement d'aller étudier en Angleterre les méthodes et les procédés qui obtiennent des résultats si avantageux au double point de vue des quantités produites et du prix de revient.

Beaucoup d'ingénieurs français et belges ont fait ce pélerinage, cherchant ce que nous pourrions utilement emprunter aux méthodes anglaises ; tous sont revenus avec les mêmes conclusions. La supériorité de l'Angleterre, c'est la régularité des couches, qui permet d'exploiter et d'aménager méthodiquement la richesse houillère; c'est la solidité des terrains et des toits, qui réduit la consommation des bois à des chiffres insignifiants, et facilite l'établissement des roulages souterrains dans les conditions les plus économiques; c'est enfin la richesse même des gîtes, qui permet à un puits de fournir le double de ce qu'il peut fournir en moyenne dans les houillères du continent.

La supériorité de ces conditions naturelles des houillères anglaises se résume d'une manière simple et expressive par le chiffre de la production moyenne de l'ouvrier mineur; ce chiffre est de 320 tonnes par année.

En France, la production moyenne de l'ouvrier mineur est de 145 tonnes, c'est-à-dire qu'elle n'est pas la moitié de celle de l'ouvrier anglais.

En d'autres termes, une mine qui dispose en France de mille ouvriers du fond, produira à peine 150 000 tonnes; en Angleterre cette même production est obtenue par moins de cinq cents ouvriers.

Une méthode quelconque peut-elle compenser des conditions aussi différentes? Il est évident que non, et si l'on examine les plans des mines anglaises, on voit que l'on y procède à peu près de même qu'à Saint-Etienne, dans les couches analogues; mêmes traçages et dépilages, avec cette distinction que la régularité et la solidité du terrain permettent de leur donner plus de largeur et de suivre un tracé plus géométrique.

Cette condition de 3 à 4 mètres de largeur pour les galeries de traçage favorise la production, la rend plus gailletteuse et plus économique; il n'y a pas entre les périodes de traçage et de dépilage la grande différence d'effet utile qui existe dans les houillères françaises.

Enfin la régularité des traçages, possible en Angleterre, n'est applicable que par exception dans les houillères de la France, où une galerie de direction présente toutes sortes d'inflexions déterminées par les ploiements de la couche, où la multiplicité des failles crée à chaque pas des problèmes dont la solution n'est pas toujours assurée.

Les failles sont la plaie de tous nos bassins du Centre, où les couches sont si puissantes et si avantageuses en apparence. Elles occupent des espaces considérables du terrain houiller, isolent et amoindrissent les champs d'exploitation ; elles entraînent la multiplicité des puits et la complication des travaux préparatoires, qui doublent ou triplent les frais d'extraction et le capital nécessaire pour organiser l'exploitation.

Malgré les différences qui existent dans les conditions de composition et d'allure des gîtes houillers, nous prendrons pour types des méthodes de dépilages celles qui sont suivies en Angleterre. Ce sont, en effet, des types de régularité vers lesquels on doit tendre autant que le permet l'allure des couches.

Dépilages et compartiments. — La première méthode, celle qui est suivie d'une manière presque exclusive à Newcastle, est celle des traçages et dépilages par compartiments, dite *méthode par panneaux*, ou *pannels works*.

Les grandes dimensions que la solidité du terrain permet de donner aux galeries de traçage font disparaître l'objection qui résulte de la grande proportion de ces galeries dans la méthode des *pannels works*. Un mineur, dans une galerie en traçage de 2 mètres sur 2 mètres, produit à peine la moitié du charbon qu'il pourra produire au dépilage ; mais lorsque cette galerie peut avoir 3 à 4 mètres de front, la différence de l'effet utile du mineur est à peine de 25 pour 100. Cette grande largeur permet en outre de conduire et distribuer le courant d'air de manière à conserver dans les tailles les garanties d'un bon aérage. Les figures 2 et 3, *planche* VIII, indiquent la disposition des portes et des cloisons établies dans ce but.

Beaucoup de houillères du bassin de Newcastle, du Staffordshire et du Lancashire sont sujettes au grisou; c'est pourquoi les méthodes sont conduites par panneaux ou compartiments, de telle sorte que l'exploitation puisse procéder isolément dans chacun d'eux, sous la protection des murs de sûreté et d'un aérage indépendant.

La figure 2, *planche* VIII, indique la disposition type des travaux préparatoires et des panneaux. Trois voies partent du puits, de manière à distribuer l'air dans chacun d'eux; ces voies sont protégées par de larges massifs qui maintiennent la solidité des voies de roulage, malgré les dépilages qui sont pratiqués de chaque côté.

Beaucoup des plateures du bassin de Newcastle ont une étendue et une régularité telles, que le tracé de leurs travaux ne diffère presque pas d'un tracé théorique de ce genre. Le plan d'Eppleton-Colliery, *planche* IX, est dans des conditions que l'on peut considérer comme moyennes.

A partir des deux puits qui ont recoupé la couche, une double galerie de direction a été poussée vers le nord, de manière à exploiter l'amont pendage.

L'aval pendage, dont l'inclinaison est de 3 et demi pour 100, est exploité par une double descenderie, dont l'une est pourvue d'un roulage mécanique remontant les trains chargés sur la pente.

Cette descenderie communique avec les voies à chevaux qui pénètrent de chaque côté dans les compartiments.

Les massifs de réserve qui séparent les compartiments, figurés, ainsi que les parties intactes, par une teinte plus claire (*planche* IX), n'ont pas la régularité théorique, mais ils ont été ménagés partout, de manière à assurer l'indépendance des chantiers.

On remarquera que chacun des compartiments est pourvu d'une double voie avec piliers de sûreté, qui assure le roulage et l'aérage indépendant.

Le champ d'exploitation se trouve divisé par une petite faille qui a été mise à profit pour l'isolement des panneaux. Au-dessus de cette faille, la partie nord a été préparée par une double galerie diagonale consacrée à la fois à l'aérage et à la remonte des charbons ; on y a établi un roulage mécanique qui a servi à l'exploitation de toute cette région.

La méthode des traçages et dépilages avec ou sans panneaux est presque générale en Angleterre. Cependant on trouve quelques exemples, notamment dans le Staffordshire, d'une méthode anciennement pratiquée sur le continent, sous la dénomination de *massifs longs*, et désignée en Angleterre par celle de *longs walls* (fig. 1, *planche* VIII).

De grandes tailles sont menées dans la couche en plateure, tantôt suivant la direction, tantôt suivant l'inclinaison, quelquefois suivant une diagonale entre les deux. Ces tailles sont conduites sur 15 à 25 mètres de largeur, avec remblais disposés dans le milieu, de manière à maintenir trois galeries. Les deux extrêmes servent au courant d'air qui suit les parements et le front de la couche entaillée ; celle du centre, ménagée à travers les remblais, est consacrée au roulage.

Dans cette méthode, les tailles sont séparées les unes des autres par des piliers de 8 à 12 mètres de largeur, qui les isolent parfaitement. Lorsqu'elles sont arrivées à limite, ainsi qu'il est supposé pour les deux tailles de droite, sur le plan figure 1, on enlève le pilier de séparation en battant en retraite.

Cette méthode, très-bonne au point de vue de l'exploitation des tailles, est défectueuse au point de vue de celle des massifs de séparation ; ces massifs, ayant éprouvé une charge énorme, ne fournissent que des charbons menus. Elle peut s'appliquer à des charbons pour gaz ou pour forge, qui conservent malgré cet écrasement la plus grande partie de leur valeur; mais dans les houillères du continent, elle a été presque entièrement abandonnée.

Dans ces derniers temps, on a cherché à obvier à cet inconvénient en supprimant les piliers et conduisant les tailles sur des fronts de 50 à 100 mètres; le terrain est de même soutenu en arrière par des murs de remblai de 5 à 6 mètres de largeur, laissant entre eux des galeries de roulage dont les parements sont solidement construits en pierres sèches.

La méthode des long-walls par grandes tailles est préférable à la précédente, mais elle ne peut être employée que dans les couches dont le toit est solide, qui fournissent les remblais plateux et résistants nécessaires pour la construction des murs.

MÉTHODES APPLIQUÉES AUX COUCHES PUISSANTES.

L'exploitation des couches de houille puissantes, telles que celles de 10 mètres et au delà qui existent dans les bassins de l'Allier, de Saône-et-Loire, de la Loire, de l'Aveyron, du Gard, etc., se présente sous des conditions spéciales, tout à fait différentes de celles des couches de 3 mètres et au-dessous.

Dans les couches de petite et de moyenne puissance, le mineur enlève par un seul passage de tailles, soit par un seul dépilage méthodique, toute l'épaisseur comprise entre toit et mur. Les espaces une fois déhouillés sont abandonnés, et il est bien rare qu'on ait à repasser dans les vieux travaux éboulés, plus ou moins remblayés, ou *staples* des anciennes exploitations.

Dans les couches puissantes, on ne peut enlever l'épaisseur du gîte que par tranches successives, de telle sorte que la plus grande partie des voies de service ont pour toit, mur et parois, la houille elle-même. De là des obstacles qui résultent du voisinage des vieux travaux; des pressions que supporte le gîte évidé; des mouvements et des éboulements de la houille; enfin des échauffements et des feux spontanés qui le plus souvent sont la conséquence inévitable de ces mouvements.

Dans ce cas, les méthodes doivent avoir pour caractère exclusif la *sécurité*.

Toutes les exploitations ouvertes dans les grandes couches présentent des parties inaccessibles, soit que les voies aient été barrées contre les feux, soit que la houille, brisée et fissurée par des mouvements multiples, devienne en certains points un foyer de gaz délétères, souvent inflammables et détonants.

Un soutènement exact et des remblais incompressibles pourraient seuls prévenir ces périls. Or, ces conditions n'étant pas réalisables, on ne peut tracer à l'avance une méthode absolue. C'est à l'ingénieur de surveiller la marche des travaux et de trouver les moyens de parer aux obstacles qui se présentent. Sa profession s'élève en proportion de ces obstacles; un coup d'œil sûr, l'appréciation expérimentée d'une difficulté, l'initiative rapide des mesures à prendre et la rapidité de leur exécution, sont des qualités qu'il n'aurait pas eu occasion de montrer dans l'exploitation des petites couches.

Lorsque les couches sont très-puissantes, l'inclinaison plus ou moins forte n'est pas aussi décisive pour le choix des méthodes d'exploitation, et cependant elle exerce une très-grande influence sur les résultats obtenus. Une faible inclinaison permet en effet de faire marcher les travaux d'exploitation, de manière à les soustraire au voisinage toujours dangereux des vieux travaux. De plus, lorsqu'un pendage est assez faible pour que l'on puisse établir les voies sur les plans de stratification, les méthodes peuvent être dirigées en considérant la couche comme divisible en plusieurs couches superposées, qui peuvent être exploitées successivement.

On doit donc distinguer les couches inclinées entre 35 degrés et l'horizontale, de celles qui sont comprises entre 35 degrés et la verticale.

Nous examinerons d'abord le premier cas, celui d'une faible inclinaison, en suivant pour l'exposé des méthodes l'ordre chronologique des applications. Voyons d'abord ce qui s'est passé dans les premiers temps de l'exploitation, pour les grandes couches des bassins de la Loire, de l'Allier, de Saône-et-Loire, de l'Aveyron, etc.

Dépilages sans remblais. — Les premiers travaux furent de simples traçages ; on exploitait par larges galeries croisées, les parties qui paraissaient les plus faciles et de meilleure qualité, et partout on avait affaibli les piliers, de telle sorte que des éboulements se produisirent et les feux se déclarèrent. De là, les houillères embrasées et les terrains calcinés dont nos bassins du Centre contiennent de si nombreux exemples.

Quelques années après 1830, le développement de la production ne permettait déjà plus d'abandonner ainsi plus de la moitié des gîtes en piliers, et des méthodes furent étudiées pour obtenir un déhouillement plus complet. Nous indiquerons d'abord celle qui fut appliquée pour les couches de Montceau-les-Mines et de Lucy, dont les inclinaisons plongeaient assez régulièrement de 15 à 20 degrés.

La puissance moyenne de la couche de Lucy est de 10 à 12 mètres ; son inclinaison varie depuis 10 jusqu'à 35 degrés. Cette couche est divisée en trois parties distinctes par deux barres de schiste placées, en moyenne, l'une à $4^m,50$ du toit, l'autre à 6 mètres du mur ; de telle sorte que, n'ayant chacune que $0^m,30$ d'épaisseur, elles étaient elles-mêmes séparées par environ $1^m,50$ de houille.

L'exploitation fut d'abord commencée sur la première

barre par un traçage, les tailles ayant 3 mètres de largeur et $2^m,50$ de hauteur, les piliers ayant 12 mètres en direction et 25 mètres suivant l'inclinaison. Après ce travail préparatoire, on attaquait à la fois les piliers et le rabatage de 2 mètres laissé au couronnement des galeries.

Supposons une série de piliers situés vis-à-vis des anciens travaux de l'amont-pendage : on attaquait les piliers les plus rapprochés des écrasées et du côté qui leur faisait face, par des havages suivis de l'abatage de la houille sur la hauteur de $2^m,50$. Des lignes de bois étaient établies pour soutenir le toit, auquel adhère le reste de la couche. Pendant que deux mineurs commençaient le havage, deux autres plaçaient des coups de mine vers le toit de la couche ; ces coups de mine avaient $1^m,50$ à 2 mètres de profondeur, ils étaient chargés d'un demi-kilogramme de poudre de manière à déterminer la chute de tout le couronnement. Le *rabatage*, c'est-à-dire l'abatage du couronnement, était conduit de cette manière, aussi régulièrement que possible, à 3 ou 4 mètres de distance du front d'abatage du pilier, et tout le pilier se trouvait abattu par sections rectangulaires, menées parallèlement à la direction.

Cette méthode de dépilage, sans soutènement et sans autres remblais que ceux qui servent à faire des murs de sûreté et des barrages pour s'isoler des écrasées, est encore appliquée dans quelques mines lorsque le terrain est solide et son inclinaison faible. Dans ce cas, le toit des excavations se soutient assez bien, et après un avancement du dépilage de 4 ou 5 mètres, on attend sa chute, qui arrive au bout de deux ou trois jours; plus il tarde à tomber, et plus il faut redoubler de précautions, parce qu'il doit céder tout à coup. Lorsque les ouvriers sont au travail, l'oreille est pour eux le meilleur moyen de surveillance; ils entendent très-distinctement les roches se fissurer avant de tomber, et il est très-rare qu'un écrasement se produise sans avoir *averti* par des mouvements et des bruits précurseurs.

Un pilier de 12 mètres sur 25 mètres, y compris le rabatage, pouvait occuper pendant cinquante à soixante jours quatre mineurs faisant 50 hectolitres par jour, ces mineurs posant les bois et le chemin de fer à mesure que la taille avançait.

Le pilier enlevé, on fermait l'entrée des galeries de traverse par de bons murs, afin que les éboulements, qui vont se propager lorsqu'on enlèvera le second pilier, ne puissent les envahir et atteindre les ouvriers. Lorsque enfin on était parvenu, dans une série de piliers, jusqu'à la galerie d'allongement consacrée au service, on l'isolait complétement des dépilages par de nouveaux murs, en ayant soin de les garnir tous d'argile, afin d'empêcher le feu de se développer dans les menus et les houilles de mauvaise qualité que le triage a fait abandonner.

On pouvait ainsi, par le dépilage et le rabatage, enlever la houille sur toute son épaisseur de $4^m,50$ au-dessus de la première barre.

L'enlèvement de ce premier étage terminé, il restait encore à exploiter plus de la moitié de la couche, pour laquelle on procédait ainsi qu'il suit. Après avoir laissé les déblais de l'étage supérieur se tasser pendant environ deux années, les travaux préparatoires étaient ouverts dans l'étage inférieur sur le mur de la couche; ces travaux consistaient en une galerie d'allongement et en montages pratiqués de 10 en 10 mètres, sur le mur, à mesure de l'avancement des dépilages, afin de ne pas altérer d'avance la solidité de la houille. Dans ce but, on laissait aux piliers toute la longueur des montages. Les écrasées étaient beaucoup moins dangereuses dans cet étage que dans l'étage supérieur, parce qu'on était en quelque sorte maître de les diriger.

C'est ainsi que la connaissance du terrain et la régularité des travaux rendent souvent faciles les opérations qui, au premier abord, paraissent entourées des plus grands obstacles. Le toit, qui ne tombait qu'à des distances de 4 à 6 mètres dans l'étage supérieur, suivait de très-près les ouvriers dans l'étage inférieur ; et cette méthode de travail sous des roches fracturées, qui avait d'abord paru douteuse, a été suivie pendant vingt ans avec succès, toutes les fois que les couches étaient peu inclinées et que les roches du toit étaient solides. La régularité de la marche était accusée à la surface par l'affaissement du terrain, qui se propageait régulièrement et formait au-dessus de la ligne du dépilage un bourrelet dont on pouvait suivre la marche. La culture n'en éprouvait aucun dommage, et le sol ne se défonçait par des éboulements en entonnoirs, que dans le cas où les dépilages étaient très-rapprochés de la surface.

Pour une exploitation ainsi conduite, le détail des procédés d'abatage est subordonné aux conditions spéciales des roches, conditions très-variables dans chaque localité, et dont la connaissance est essentielle pour la réussite de ce genre de travaux. Dans l'exemple précédent, les roches qui forment le toit de la houille étaient solides et se soutenaient bien ; la condition essentielle de la méthode était de savoir gouverner et régulariser son affaissement.

Dans certaines parties, le travail s'exécutait si régulièrement sous un toit solide, que l'on tenta le dépilage de toute la couche en une seule fois.

Pour cela, il suffisait de haver et décaler par une galerie l'extrémité supérieure d'un pilier ; toute l'épaisseur de la couche s'écroulait et formait sur le mur et sur l'aval-pendage un talus que l'on enlevait jusqu'à ce qu'une autre havée fût nécessaire. Ce toit se brisait et s'affaissait à 5 ou 6 mètres de distance, et à la surface il était facile de voir et de suivre le bourrelet qui indiquait cet affaissement.

Cette méthode sans remblais ne s'appliquait pas partout avec le même succès. Lorsque le toit était ébouleux, il s'écroulait trop promptement, devenait dangereux, mélangeait des pierres aux charbons et déterminait des pertes considérables dans les déblais abandonnés. Mais l'obstacle principal vint de l'inclinaison toujours croissante de la couche, à mesure que les travaux se développaient en profondeur.

Lorsqu'en effet l'inclinaison dépasse 30 degrés, le dépilage méthodique devenait à peu près impossible et l'on procédait différemment.

Une galerie, ou plutôt un montage étant percé suivant l'inclinaison et dans le milieu d'un pilier, on arrivait à son extrémité, c'est-à-dire aux écrasées supérieures; on décalait à droite et à gauche l'extrémité du pilier par deux larges galeries, en laissant une épaisseur de houille entre ces galeries et les écrasées, puis on augmentait progressivement la largeur de ces galeries en reculant suivant la pente, de manière à les convertir en une vaste chambre d'éboulement au centre de laquelle le montage formait un couloir descendant à la galerie de roulage. Les éboulements qui se produisaient amenaient le charbon à portée des mineurs, qui l'enlevaient par un simple déblai, jusqu'à ce que, le vide étant fait, on attendait, en le provoquant même au besoin, un second éboulement.

Cette méthode est dite par *foudroyages,* désignation qui exprime assez bien les coups de charge qui se produisent et font tomber les charbons suivant l'inclinaison. Tant que les éboulements suivent le déblai, il n'est pas de travail plus économique; mais il se produit des situations où les excavations deviennent dangereuses, les éboulements étant subits et pouvant atteindre les galeries de service.

Lorsque les toits sont solides et que la couche de houille s'en détache facilement, cette méthode n'est pas aussi imparfaite qu'il semble au premier abord; mais avec des toits ébouleux, elle est dangereuse et en même temps très-défectueuse au point de vue de l'aménagement.

Feux spontanés. — Il est d'ailleurs des obstacles qui, presque toujours, viennent rendre impraticable la méthode par foudroyages : ce sont les échauffements, le mauvais air et les feux. Ces obstacles sont tellement généraux, qu'il importe d'examiner les causes qui les produisent et les moyens de les amoindrir, sinon de les éviter.

Les feux résultent d'inflammations spontanées qui se produisent dans les couches puissantes ; ils se développent surtout dans les houilles maigres à longue flamme.

Il est d'usage de dire que les inflammations spontanées de la houille résultent de la présence des pyrites qui s'y trouvent mélangées, ce qui n'est pas exact. Souvent les houilles les plus inflammables sont les plus pures et les moins pyriteuses. D'autres fois on voit, au contraire, des charbons très-chargés de pyrites ne pas s'échauffer. Ce sont surtout les houilles très-oxygénées qui sont sujettes à s'échauffer et à s'enflammer, propriété qui peut se vérifier dans les bassins de l'Allier, de Saône-et-Loire, de l'Aveyron, etc., où les feux sont si fréquents.

La grande puissance des couches de houille détermine, par le fait de l'exploitation, des fractures et des éboulements, dans lesquels l'air peut s'introduire et circuler, et presque toujours, après un temps plus ou moins long, les houilles riches en oxygène, lorsqu'elles sont fracturées et éboulées, s'échauffent, puis finissent par prendre feu.

Il se produit ainsi dans la houille une sorte de fermentation et de décomposition ; des gaz s'en exhalent, et cette fermentation se termine souvent par une inflammation complète et flambante. On comprend les graves conséquences d'une pareille propriété, dans les exploitations dont les travaux se trouvent en pleine couche. Un feu dans une galerie de roulage ou d'aérage suffit pour tout arrêter et tout compromettre.

Enfin les feux peuvent se produire dans tous les charbons, par les fractures et les mouvements que déterminent l'affaissement ou les éboulements. La chaleur développée par les frottements des charbons sur les surfaces fracturées suffit pour les échauffer au point d'amener l'inflammation.

Les traités d'exploitation se bornent à recommander de masquer les feux à l'aide de murs imperméables ou *corrois* et de les circonscrire ainsi, en les abandonnant à eux-mêmes et les surveillant.

Cette prescription résume en effet d'une manière générale les précautions les plus essentielles; mais les propriétés inflammables de certains charbons et la puissance des gites imposent à l'exploitation une nouvelle étude des méthodes. On ne peut procéder dans ces charbons comme on le ferait dans des couches non inflammables, et l'on doit donner aux travaux d'abatage des dispositions toutes spéciales.

Pour les couches puissantes et sujettes aux feux, les périls résultent principalement de ce que les galeries de service, les plans inclinés et les bures qui raccordent les étages, se trouvent dans la houille même.

Si ces excavations devaient toujours rester dans le ferme, on pourrait probablement éviter les inflammations spontanées; mais il faut exploiter, c'est-à-dire décaler des massifs qui se fendent et s'écroulent, qui prennent feu et transmettent ce feu dans les galeries de service, soit en dessus soit en dessous. Les feux se transmettent dans ces galeries à travers l'une des parois, à travers la sole ou le plafond; ils se manifestent par un échauffement plus ou moins violent, par des émissions de gaz odorants et délétères, puis enfin par des flammes.

Les gaz exhalés par les feux, quelque bien masqués et barrés qu'ils puissent être, s'annoncent par des odeurs caractéristiques qui rappellent celles des produits de la distillation de la houille. Mélangés à l'air ambiant, ils accusent la présence de l'acide carbonique, de l'oxyde de carbone et de l'hydrogène protocarboné. Dans quelques cas, alors que l'on s'occupait de fermer les feux par des barrages et des corrois, l'air s'est enflammé sans explosion, et a déterminé des brûlures analogues à celles du grisou.

On ne doit évidemment pas attendre l'inflammation du charbon, et dès les premiers symptômes on établit des barrages qui masquent la partie échauffée. Mais ces barrages interceptent le passage dans la galerie et il faut percer à la hâte une nouvelle voie latérale qui puisse remplacer le tronçon condamné. Cette substitution demande du temps, et cependant le service de roulage ou d'aérage auquel était consacrée la galerie se trouve interrompu. Dès lors, le travail productif doit nécessairement être aussi interrompu et tout un étage peut se trouver paralysé.

Ce n'est là que le commencement des difficultés et des périls que doit subir l'exploitation. Les barrages appuyés et entaillés dans les charbons s'échauffent eux-mêmes. On est obligé de bourrer des remblais devant et de les doubler par de nouveaux murs que l'on enduit de mortier mélangé de ciment; des surveillants sont en permanence occupés à boucher les fissures et souvent à rafraichir les parois par des injections d'eau.

A partir de ce moment, l'existence d'un étage dépend d'une fissure et d'un soufflard de gaz.

Pour affranchir l'exploitation d'une situation pareille, il faut évidemment changer de méthode et placer *en dehors* de la couche, c'est-à-dire dans les rochers, toutes les galeries essentielles aux services de transport et d'aérage.

Les feux isolés par des *barrages* et des *corrois* s'amortissent et s'éteignent à la longue par l'isolement, mais ils se rallument promptement, aussitôt qu'on y remet des courants d'air.

Une mine abandonnée à la suite d'un de ces feux rapides et énergiques avait été complétement barrée et bouchée. Après cinq ou six années d'abandon, on jugea que les feux devaient être amortis; les barrages furent enlevés et l'on put en effet rentrer dans les travaux, que l'on trouva complétement refroidis. Au bout de quelques jours, alors que l'on préparait la reprise de l'exploitation, on sentit quelques mauvais airs et les feux se déclarèrent de nouveau, d'une manière si soudaine qu'on eut à peine le temps de refaire les barrages. Quelques jours avaient suffi au courant d'aérage pour raviver toutes les causes préexistantes de décomposition et d'inflammation des charbons.

Une longue pratique avait appris aux mineurs de Blanzy, qu'il faut éviter de soumettre les charbons disposés à s'échauffer à des courants d'air très-vifs. Ainsi les abords des grands dépilages étaient munis de portes et les mineurs, avant de se retirer, avaient le plus grand soin de fermer ces portes. Le lendemain matin ils les rouvraient à un aérage par diffusion, c'est-à-dire des moins actifs.

Les courants d'air des galeries n'étaient donc pas introduits dans les chambres de dépilage, et cette défiance des mineurs a été justifiée par de nombreux exemples.

Il suffit, en effet, d'un courant d'air un peu plus vif pour déterminer une plus grande activité des feux masqués et barrés, et souvent des feux nouveaux.

En voyant persister pendant des années et se raviver sous une influence si minime des feux entourés de corrois et barrés d'une manière hermétique, en songeant que ces feux devraient être éteints par l'acide carbonique qu'ils développent et dans lequel ils se trouvent noyés, on a peine à comprendre qu'il soit si difficile de s'en rendre maître. L'origine de leur développement peut seule expliquer cette persistance. Un feu se déclare spontanément dans un chantier, souvent même dans l'intérieur d'un pilier : le point en combustion est d'abord très-circonscrit, et si on réussit à l'isoler, il se maintient sans s'étendre. Dans ce cas, on l'attaque directement; on l'éteint par des projections d'eau et souvent on parvient à défourner le coke déjà formé.

Pourquoi et comment le feu a-t-il pu se produire sur un point isolé? Il est impossible d'expliquer le fait, si on ne l'attribue à la composition même de la houille.

La houille maigre à longue flamme peut contenir de 15 à 17 pour 100 d'oxygène. Elle possède donc tous les éléments de la combustion. Les principes constituants, étant peu stables, tendent à se séparer; la décomposition détermine la fermentation et l'inflammation.

Cette décomposition n'est pas générale, elle se manifeste surtout dans les masses les plus oxygénées. Tout mélange de roches et par conséquent de cendres dans la houille, tend à amoindrir ou même à annuler cette propriété.

Il ne résulte pas de cet exposé que la nature inflammable de certains charbons ne puisse être dominée; mais il faut suivre rigoureusement une méthode qui permette de neutraliser les feux dès qu'ils se produisent. Pour cela, il faut procéder par tranches exactement *remblayées*, de telle sorte que les ouvriers aient autant que possible, un plafond assez rapproché, formé par les remblais bien tassés des tranches précédemment enlevées, et sous les pieds le massif solide et sans aucun évidement.

De cette manière, si les feux viennent à se déclarer, ce qui déjà sera plus rare, ces feux seront en général, dans les parois, de peu d'étendue, et dès lors faciles à éteindre ou à masquer. Ce sont les feux des plafonds qui résistent à tous les moyens d'extinction et qui ont déterminé des abandons si fréquents.

Les feux supérieurs tendent en effet à se développer, malgré toutes les précautions, malgré les voûtes et les murs; ils reçoivent de l'air par les fissures que l'exploitation détermine infailliblement. Les obstacles accumulés contre eux maintiennent quelquefois les gaz distillés à l'état de pression, et l'irruption subite de ces gaz peut amener les accidents les plus graves.

C'est pour cela que l'aérage par aspiration devient quelquefois un élément de péril. Il détermine en effet dans la mine, une pression moindre que la pression extérieure et produit comme conséquence, une succion générale de l'air et des gaz cantonnés dans les fissures. Par suite de cette succion, l'air, toujours renouvelé dans les fissures, tend à souffler et activer les feux.

Admettons au contraire une ventilation par pression, c'est-à-dire par l'action d'un ventilateur soufflant : la pression tend à refouler sur eux-mêmes les gaz de la combustion et les maintient dans leurs fissures en noyant les feux dans leur acide carbonique.

L'aérage par refoulement ne peut être, sans doute, que d'un faible secours dans le cas d'un feu flambant et poussant devant lui des gaz délétères ; il permet cependant d'approcher ces feux de plus près et de les serrer par des barrages plus facilement que dans le cas où l'aérage est produit par aspiration. Les bons effets de cet aérage se font principalement sentir dans les conditions usuelles et normales : meilleur air, moins de gaz délétères, feux d'une surveillance plus facile. Ces conditions se traduisent dans une mine, par une production plus régulière et mieux assurée.

Examinons maintenant les méthodes d'exploitation par remblais qui peuvent être appliquées à une couche de houille d'une grande puissance.

Si l'on trace une coupe d'une couche de 10 à 15 mètres, dans une position d'inclinaison moyenne (*planche* VI, fig. 3), et si l'on cherche, le crayon à la main, à découper le gîte en tranches prismatiques que le mineur puisse successivement enlever, il n'y a guère que trois positions logiques pour les *tranches* ainsi prises : elles seront *horizontales*, *inclinées* suivant le plan de la stratification, ou *verticales*.

Nous examinerons d'abord la *méthode par tranches horizontales*.

MÉTHODE PAR REMBLAIS ET TRANCHES HORIZONTALES.

Cette méthode a été appliquée avec un succès remarquable dans la grande couche de Commentry, dont la puissance moyenne est de 10 mètres, et dont les inclinaisons varient de 60 degrés à l'horizontale.

Prenons le cas d'une forte inclinaison, qui est toujours le plus difficile parce qu'on ne peut éviter, si l'on attaque la couche en plein charbon, de mettre en mouvement une grande masse de charbon supérieure, et que c'est précisément ainsi que les anciens travaux par foudroyages avaient déterminé des feux très-étendus.

Les anciens vides étant supposés remblayés avec soin, on prépare l'exploitation en-dessous, au moyen de deux galeries d'allongement prises dans la couche, l'une vers le toit et l'autre vers le mur, ainsi que l'indique la figure 3 de la *planche* XII, qui représente une projection horizontale. Ces deux galeries parallèles GG', sont jointes de distance en distance, par de petites traverses qui permettent d'établir l'aérage.

Arrivé à la limite du champ d'exploitation, une complète traversée de couche, qui avait dans cette partie une longueur moyenne de vingt mètres, servait de front de taille pour enlever une tranche de 2 mètres de hauteur et battre en retraite vers le puits situé vers GG'. Chaque journée permettait d'enlever un avancement indiqué sur le plan : les mineurs laissant leurs tailles boisées ; la nuit, les remblayeurs amènent et bourrent entre les bois les remblais pris au jour, en ne laissant devant le front de taille qu'environ 1^m,20, espace nécessaire pour le double service de l'abatage et des transports.

Avançant chaque jour de travail, ainsi qu'il est indiqué, on arrivait à enlever et remblayer une tranche complète. On pouvait ensuite monter sur les remblais et enlever une seconde tranche, puis une troisième, et jusqu'à dix tranches, qui représentaient l'étage ou stock dégagé.

Ce travail est une exploitation *en travers, par galeries contiguës*. Il est pratiqué à Commentry avec un succès qui a permis à cette mine d'atteindre une production de 700 000 tonnes par année.

Le service le plus essentiel après l'abatage, est celui des remblais, qui sont pris à l'extérieur à l'entreprise à $0^f,50$ environ le mètre cube. Versé, relevé et bourré dans les tailles, avec quelques parements en pierres sèches, il coûte de 1 fr. 10 à 1 fr. 20.

Toutes les précautions sont prises pour que les terres ne salissent pas les charbons; il suffit pour cela de laisser au plafond, lorsqu'on approche des remblais supérieurs, des appliques d'environ $0^m,20$ de charbon, qu'on n'enlève qu'en dernier lieu.

La méthode de Commentry a servi de type pour l'application des tranches horizontales remblayées à la plupart des grandes couches de nos bassins du Centre; mais cette application a souvent rencontré des obstacles qui ont nécessité des modifications. Nous prendrons pour exemple les exploitations qui furent organisées à Montceau-les-Mines, avec l'expérience acquise par des applications faites au Creusot.

La figure 3 de la *planche* VI indique la position la plus ordinaire des grandes couches du Montceau, dont la traversée est de 40 à 50 mètres.

La méthode de Commentry rencontra d'abord au Montceau de grandes difficultés résultant de la situation des voies de service (galeries de roulage et plans inclinés) en plein charbon. Ce charbon étant sujet à s'échauffer et à s'enflammer, les voies de service étaient souvent prises et devenaient inaccessibles, jusqu'à ce que les feux eussent pu être masqués par les *corrois* et tournés par d'autres voies.

Souvent on fut obligé de percer sur d'assez grandes longueurs, des galeries de contour dans les roches encaissantes, et l'on fut amené à employer, comme base de la méthode, des galeries de roulage placées entièrement *dans les roches du mur*.

Ces galeries permettent d'établir d'une manière tout à fait indépendante et *en dehors de la couche* les services de roulage des charbons, de roulage des remblais et d'aérage.

La figure 3, *planche* VI, qui est une coupe des puits Saint-François, à Montceau-les-Mines, indique la disposition des travaux par tranches horizontales. Les charbons sont pris en *descendant*, par tranches remblayées de $2^m,30$ de hauteur; ces charbons étant amenés par un plan automoteur établi dans la descenderie *au rocher*, jusqu'au niveau inférieur, qui conduit au puits d'extraction. Les remblais, descendus d'un niveau supérieur, sont distribués par les galeries d'allongement ouvertes dans le mur.

Cet ensemble de travaux préparatoires ouverts dans les roches du mur constitue tout un système d'exploitation. Les galeries du mur s'étendent sur toute la longueur du champ d'exploitation et permettent d'assurer les services d'aérage et de transport, quels que soient les accidents qui se produisent; elles sont établies à des distances verticales de deux ou trois tranches et mises en communication avec la descenderie ouverte au rocher.

Les divers services étant ainsi assurés par les travaux préparatoires, il ne reste plus qu'à déterminer la marche de l'exploitation par tranches horizontales remblayées. Sous ce rapport on a suivi des méthodes différentes, suivant la nature du charbon, le but se trouvant compliqué par la condition d'obtenir la plus grande proportion possible de gros et de gailletteries.

On a d'abord exploité par tranches horizontales, enlevées par traverses contiguës et successivement remblayées, ces tranches étant prises de deux en deux en descendant. Ainsi, sur une hauteur de 4,60 mètres, on prenait d'abord à la base une tranche de 2,30 mètres, laissant ainsi au plafond 2,30 mètres de charbon entre la tranche exploitée et les remblais supérieurs; lorsque cette première tranche était enlevée et complétement remblayée, on attaquait la tranche supérieure, au-dessus de laquelle les remblais avaient eu le temps de se tasser.

A la suite d'une longue application, on put porter sur cette méthode le jugement suivant : les charbons de la première tranche enlevée (tranche inférieure) ont fourni une bonne proportion de gros charbon; l'effet utile des ouvriers a été normal et le travail marchait régulièrement. L'exploitation de la tranche supérieure s'est presque toujours effectuée dans des conditions désavantageuses. Le charbon était comprimé par la pression, le soutènement était difficile et coûteux, la chaleur et le mauvais air empêchaient les ouvriers d'obtenir une production normale. Dans plusieurs cas, et malgré les remblais superposés, des feux se déclaraient. Ces feux et ces mauvais airs furent d'abord attribués à des envahissements de feux supérieurs, se frayant un passage à travers les remblais; un examen plus attentif fit reconnaitre que le plus souvent, ils se développaient dans la tranche même, et d'autant plus facilement que les charbons avaient été plus broyés par la pression des remblais supérieurs.

Ces observations conduisirent à modifier la méthode en procédant à la base d'un massif à prendre par 4 à 6 tranches superposées.

Lorsque les charbons sont moins inflammables, la méthode considérée comme normale dans les mines de Blanzy est celle de Commentry. Elle consiste à prendre des étages de 10 à 15 mètres, établissant la première tranche d'exploitation à la base, puis remontant successivement sur les remblais, jusqu'à ce qu'on arrive aux remblais de l'étage précédent. Dans beaucoup de cas, on a pu prendre six et huit tranches successives. On a même exploité de cette manière, des anciennes mines non dépilées, après avoir eu soin de remblayer et bourrer les vieux travaux. Lorsqu'on rencontrait des parties enflammées, on les masquait jusqu'à ce qu'on ait pu passer en dessus, les noyer et les enterrer définitivement dans les remblais.

Il y a une seule différence à signaler entre la méthode suivie à Blanzy, pour l'enlèvement d'une tranche horizontale, et celle que nous avons indiquée comme suivie à Commentry. Dans beaucoup de cas, on a trouvé plus avantageux dans les couches du Montceau, de pousser, à partir de la galerie du mur qui sert de galerie de roulage, des traverses espacées de 10 ou 15 mètres, puis de prendre les fronts de taille à partir du toit, *suivant la direction*, en les ramenant ainsi jusqu'au mur.

Les charbons de ces couches se présentent dans des conditions variables : ordinairement ils s'abattent plus facilement en direction, quelquefois en traverse. Accidentellement ils sont fissurés dans divers sens obliques, de telle sorte que les fragments sont enchevêtrés les uns dans les autres et forment coins; ils sont alors *noués*, suivant l'expression des mineurs, et très-difficiles à abattre, de telle sorte qu'on préfère les prendre par des tailles diagonales.

La méthode par tranches horizontales, telle que nous venons de la définir, présente quelques difficultés qui, dans certains charbons, peuvent amener des inconvénients sérieux. La principale résulte du relevage et du bourrage des remblais faits à niveau et par jets de pelle; ce procédé est coûteux, et de plus il y a impossibilité, en procédant ainsi, de ne pas laisser des vides à la partie supérieure des remblais. Une tranche n'est réellement remblayée qu'après que la charge s'est produite. La couche de remblai est alors réduite aux deux tiers et même à la moitié de la hauteur de la tranche. Ainsi les charbons qui se trouvent au-dessus des tailles ont baissé d'environ 1 mètre par tranche, ce qui conduit à des affaissements considérables et détermine le brisement des charbons supérieurs qui doivent être pris en dernier lieu.

Au point de vue de l'abatage, les délits qui résultent de ces mouvements rendent les tailles plus difficiles à gouverner; les mineurs produisent moins de charbon et une moindre proportion de gros, en tranche brisée qu'en première tranche prise dans le ferme.

Le caractère essentiel de la méthode par tranches horizontales, appliqué à Montceau-les-Mines, résulte, ainsi qu'il a été dit précédemment, de la disposition toute particulière des galeries, plans inclinés et bures, nécessaires au transport des charbons, au transport des remblais et à l'aérage : *ces ouvrages sont percés dans les roches du mur*.

Pour bien apprécier cette méthode, il faut suivre les détails de son application. Nous prendrons pour exemple l'exploitation d'un massif de 28^m de hauteur verticale, que l'on exploite au puits Ste-Eugénie, entre les niveaux de 231 et de 259 mètres.

Le programme que l'on s'était tracé était de déhouiller toute cette partie de la couche, en divisant la hauteur de 28 mètres en deux massifs, et prenant deux séries de tranches, l'une en commençant au niveau de 259; l'autre en commençant au niveau de 235; les travaux étant disposés ainsi qu'il est indiqué par la coupe, *planche* X.

La galerie d'allongement percée dans les roches du mur au niveau de 259, fut reliée aux galeries également au rocher des deux niveaux supérieurs, par un plan incliné, l'ensemble devant servir de base pour l'exploitation de tout l'étage. C'est par cette galerie de 259, que les charbons, descendus des étages supérieurs, sont conduits au travers-banc et à l'accrochage du puits.

Le gîte est divisé horizontalement en massifs de 75 mètres de longueur; chacun de ces massifs devant former un champ d'exploitation, isolé des champs voisins par des piliers de réserve. Ces piliers sont délimités par les galeries de traverse destinées au service des transports.

La *planche* X indique le tracé de toutes les galeries préparatoires nécessaires à l'exploitation d'un étage de 28 mètres de hauteur, ces travaux devant être exécutés successivement à mesure des besoins.

La marche progressive de ces préparations est marquée sur le plan : en *traits forts* pour l'étage de 259 ; en *traits fins* pour l'étage de 245 ; en *traits ponctués* pour l'étage de 231.

L'exploitation a été commencée à la base de la série supérieure, au niveau de 245.

La galerie de 231, A, B, qui a été percée pour l'exploitation des niveaux supérieurs, est destinée au transport et à la distribution des remblais. Elle est reliée au plan automoteur E,F par la traverse G, de telle sorte qu'on peut y descendre les chariots jusqu'au niveau de 259; ce service de descente étant réservé pour les charbons.

Pendant l'exploitation de la première série, les remblais destinés aux tranches successives entrent dans les traverses de 231, et sont descendus par des balances indiquées sur le plan.

Les balances sont mises en communication avec la tranche exploitée par des traverses I, I, assez longues pour qu'on puisse, en cas de feu, s'isoler par un barrage solide et imperméable au gaz.

Pour une tranche mise en exploitation, aussitôt que la traverse I, I, est percée, l'aérage se trouve établi. Le courant d'air arrivant par la galerie C,D est envoyé dans chaque massif par des portes régulatrices, *e,e,* passe par les chantiers et remonte par les bures de balance, qui le conduisent à la galerie supérieure A,B.

Une traverse I,I, peut servir pour deux tranches, en rabaissant le sol pour la seconde, et établissant une pente. On a soin de tracer ces traverses successives de telle sorte qu'elles ne se trouvent pas superposées et n'affaiblissent pas le terrain. On doit d'ailleurs remblayer les galeries, dès qu'elles ne servent plus.

On exploite ainsi la première série de cinq tranches jusqu'à la dernière, pour laquelle on peut supprimer la tête de la balance, et se servir d'une rampe descendante en rabaissant le sol de la traverse.

En ce qui concerne le service des charbons, le plan et la coupe indiquent les divers moyens qui peuvent être employés. Le niveau de 231 a été exploité avec la faculté de conduire directement les charbons au plan automoteur; de même, la première tranche du niveau 245 a pu diriger horizontalement ses charbons sur la partie inférieure de ce plan.

Pour la deuxième tranche, on a pu rabattre une rampe sur une longueur suffisante afin d'assurer le passage facile des hommes et des chevaux. Pour les tranches trois, quatre et cinq, on ouvrira une rampe descendante partant d'un point P, situé entre le mur de la couche et la tête de la balance. Il est préférable, pour ces trois tranches, de faire passer le charbon par le même chemin que les remblais, c'est-à-dire par les traverses I,I, en se servant des balances, de manière à conserver l'horizontalité du service.

Pour l'exploitation de la série inférieure, les mêmes procédés se répètent, la galerie C,D de 245 servant à la distribution des remblais, la galerie de 259 servant d'issue aux charbons, et les balances se trouvant reportées en avant, aux points indiqués sur le plan.

Les services des charbons, des remblais et de l'aérage, assurés par le réseau des galeries au rocher contre les dégagements de mauvais air et les feux, se poursuivent ainsi de tranche en tranche, avec toutes les garanties que peut donner la science de l'ingénieur. Les piliers de sûreté, qui ne sont enlevés à chaque tranche qu'après le remblai du massif, complètent la sécurité des travaux.

Cette méthode n'a pu être appliquée à Sainte-Eugénie suivant le programme d'abord indiqué, des feux s'étant produits dans les charbons supérieurs aux deux premières tranches qui furent enlevées. On fut obligé de revenir au système précédemment cité pour Saint-François, c'est-à-dire prendre les tranches par deux.

Dans la mine de Sainte-Marie on a pu au contraire suivre le programme et prendre successivement cinq et six tranches superposées.

Si l'on se reporte aux méthodes pratiquées encore il y a trente ans, pour lesquelles tous les travaux préparatoires étaient faits dans la couche elle-même, en plein charbon, on comprendra que les travaux préparatoires nécessaires pour la nouvelle méthode imposent des dépenses considérables de temps et d'argent.

Ainsi, pour une partie de couche telle que celle de l'ouest de Sainte-Eugénie, qui a 350 mètres de longueur en direction et dont la hauteur verticale est de 28 mètres, les préparations comprennent 2 250 mètres de travaux au rocher, soit en galeries de direction percées dans le mur, soit en traverses, bures et rampes.

Si, de plus, on tient compte du temps nécessaire aux premières préparations pour entrer en exploitation, la couche étant supposée recoupée par les deux travers-bancs de 231 et 259, on trouvera qu'il faut environ deux années de travaux stériles avant la période de pleine production.

Il semble, surtout pour les bassins où il existe des couches de 10 à 15 mètres de puissance, que l'exploitant n'a plus à remplir qu'une tâche bien facile. L'examen de la méthode que nous venons de décrire démontre que, pour accomplir cette tâche comme elle doit l'être dans l'intérêt de la sécurité des ouvriers et d'un bon aménagement du gîte, il faut au contraire exécuter des travaux très-complexes et très-coûteux, il faut par conséquent réunir les trois conditions souvent citées en Angleterre comme nécessaires aux travaux des mines : capital, courage, conduite.

Rabatages et remblais. — Lorsque les charbons sont naturellement solides, on a trouvé un avantage marqué à prendre en une seule passe, des tranches horizontales de 4 à 6 mètres d'épaisseur par la *méthode des rabatages*.

Le but de l'exploitation par rabatages est d'exploiter par tranches horizontales de 4 à 6 mètres d'épaisseur qui, comme dans la méthode précédente, sont successivement enlevées et remblayées. La marche de cette méthode est représentée par le plan et les coupes, *planche* XI.

L'épaisseur à donner aux tranches exploitées par rabatage dépend de la nature des charbons : plus ils seront durs et solides, plus on pourra augmenter cette épaisseur, qui doit être au minimum de 4 mètres, c'est-à-dire deux hauteurs de galeries, et au maximum de 6 mètres, parce qu'au delà on n'est plus maître de la conduite des chantiers.

Dans la *planche* XI, qui représente le plan et les coupes de la méthode appliquée à Montceau-les-Mines, on a supposé qu'une première tranche de 6 mètres, ayant été enlevée et remblayée, on en avait mis une seconde en exploitation immédiatement au-dessous.

Pendant que s'exploitait la tranche supérieure remplacée par les remblais r,r,r (fig. 1 et 4), les charbons étaient enlevés par la galerie n° 1 (fig. 1 et 2), la galerie n° 2 se traçait dans le mur, et des travers-bancs T et T' rejoignaient la couche. La galerie d'allongement était ouverte dans le mur.

Cette galerie d'allongement devait servir d'origine à toutes les traverses découpant des piliers de 15 mètres de largeur, représentés figure 2.

En même temps, de la galerie n° 1 partaient un certain nombre de rampes R, qui rachetaient la hauteur de la galerie n° 1 et l'épaisseur de $0^m,50$ de charbon, nécessaire pour assurer une croûte protectrice au-dessous des remblais. Une galerie, en direction sur le mur, était ensuite attaquée par divers points pour servir de point de départ à toutes les voies de rabatage.

La figure 2 représente un quartier de quatre piliers de 15 mètres en pleine exploitation; les galeries de rabatage a, b, d, g les traversent dans leur milieu et arrivent, en s'infléchissant un peu à la rencontre du toit, jusqu'à $1^m,80$ ou 2 mètres du sol des voies inférieures.

Toute la partie triangulaire située sous le toit, que les traverses de rabatage ne peuvent atteindre, est exploitée et remblayée à niveau par les galeries du bas. Cette partie est représentée sur la *planche* XI (fig. 2) par la surface s, s', s'', s'''.

Les traverses préparatoires, inférieures ou supérieures, indiquées figure 4, doivent être tracées avec le moins de largeur et de hauteur possible; cela est surtout nécessaire pour les traverses de rabatage.

Dès que l'exploitation à niveau, au-dessous du toit, est terminée, on procède suivant la méthode ci-après. De l'extrémité de chaque traverse inférieure d'un pilier, on pratique des galeries de direction à la rencontre de la traverse de rabatage; ces galeries, de $2^m,50$ de hauteur et de largeur que comporte la solidité des charbons, sont dites *préparation de rabatage;* elles sont représentées en P dans les figures 3, 4, 5 et 6. Cette préparation joint les remblais d'un côté et s'arrête à l'axe de la galerie de rabatage, avec laquelle le premier ouvrier arrivé se met en communication en crevant le plafond par une petite cheminée. C'est ce qui est indiqué en *a*, fig. 3 et 4; les deux ouvriers étant supposés avoir terminé en même temps, leur préparation de rabatage P. Un premier tas de remblais est alors amené et versé par la galerie de rabatage, les ouvriers montent sur ce remblai et commencent le rabatage du charbon.

Ce rabatage est indiqué à ses divers degrés d'avancement dans la coupe figure 3, ainsi que le remblayage correspondant.

La principale difficulté du travail est le soutènement. Voici comment il s'opère :

L'entrée de la voie des remblais, à son débouché dans le chantier, est assurée par trois ou quatre cadres, au bout desquels se fait un deuxième boisage par cadres transversaux, perpendiculaires aux premiers, cadres très-évasés, dont les montants s'appuient d'un côté sur le charbon massif et de l'autre sur le remblai tassé. C'est ce qui explique comment, dans la figure 3, on voit des étais qui semblent reposer sur le vide.

Reste la question du boisage au point de vue du soutènement des remblais, et des précautions à prendre pour que ces remblais ne se mélangent pas aux charbons abattus.

Les remblais sont terreux et compactes, ou bien il sont sableux; ce dernier cas est le plus difficile, et c'est celui qui est indiqué dans les coupes. Avec des remblais sableux, d'ailleurs bien préférables au point de vue du moindre tassement et de l'isolement des feux, la conduite des chantiers qui doivent exploiter au-dessous présente, en effet, plus de difficulté au point de vue du soutènement.

Pour attaquer le rabatage, on enlève successivement les chapeaux et l'un des montants des cadres qui maintiennent le chantier, en ne laissant que les montants appuyés sur le charbon massif et ayant soin de les relier au dedans de la galerie de préparation, par les planches ou *dosses* clouées. Ce sont ces montants abandonnés, que l'on voit dans les figures 5 et 6, garnis de dosses tournées du côté des remblais. Au besoin, on les maintient dans leur position, lors du tracé de la préparation suivante, par des poussards appuyés sur les nouveaux cadres.

Dans le cas de remblais terreux et compactes, on ne prend aucune de ces précautions et l'on enlève en entier les cadres des galeries de préparation P. Lorsqu'on revient faire les galeries de préparation suivantes et contiguës, les remblais sont assez tassés pour se maintenir seuls ; dans le cas contraire, ils sont assujettis par quelques dosses que l'on appuie sur le nouveau boisage.

Lorsqu'en procédant ainsi par l'enlèvement de prismes successifs de la largeur des galeries de préparation, les piliers se trouvent rabattus jusque sur la direction inférieure, et même un peu au delà, on enlève par la galerie mère des tranches de rabatage, le prisme triangulaire restant sur le mur, en amassant les charbons par versement sur les points encore accessibles de la galerie de direction inférieure.

Les postes se succèdent comme il vient d'être dit : pendant le jour, abatage et enlèvement des charbons, disposition et calage des bois et des cloisons ; pendant la nuit, versage et arrangement des remblais, qui, se trouvant accumulés sur une grande épaisseur, se tassent et laissent peu de vides, si ce n'est au plafond, où la charge du toit ne tardera pas à les serrer.

La méthode par rabatages, employée dans plusieurs exploitations du bassin de la Loire, a été appliquée à Montceau-les-Mines, dans les conditions d'ensemble et de détail précisées par la *planche* XI, mais on a généralement donné la préférence à la méthode par tranches horizontales simples.

Les préparations par galeries et plans inclinés à ouvrir dans les roches du mur, sont d'ailleurs les mêmes pour la méthode par rabatage, que pour la méthode par tranches horizontales simples de 2m.30 de hauteur.

MÉTHODE PAR TRANCHES INCLINÉES ET REMBLAIS.

La méthode des rabatages n'est pas toujours applicable, même aux charbons solides. Les délits de la stratification peuvent être un obstacle, et il peut être plus rationnel, si l'inclinaison est faible, de profiter de ces délits, pour enlever les tranches parallèlement aux plans de la stratification.

L'idée d'exploiter les grandes couches par tranches remblayées, prises suivant le plan de stratification, est assez ancienne. A Blanzy, on avait apprécié par plusieurs essais, les avantages que pouvait présenter cette méthode, au double point de vue de l'abatage du charbon du versage et du tassement des remblais. Elle permet en effet d'utiliser pour l'abatage les délits de la stratification, puis de verser les remblais d'un niveau supérieur, de manière à en faciliter la mise en place et le bourrage.

Les premières tentatives d'application furent faites au Montceau sur des charbons mal stratifiés, dans lesquels cette méthode ne put être poursuivie normalement. Les charbons s'entaillaient mal, leur soutènement était très-difficile; des éboulements ne tardèrent pas à se reproduire et déterminèrent des feux qu'on ne put dominer.

Il y a quelques années, la méthode fut reprise et appliquée à la mine de Lucy dans les parties peu inclinées. Les charbons de la première grande couche de Lucy sont nettement stratifiés, de telle sorte que leur abatage et leur soutènement n'ont pas présenté les difficultés qui avaient fait abandonner cette méthode à Montceau-les-Mines.

La méthode, représentée d'une manière générale en plan et coupe, fig. 1 et 2, *planche* XII, est détaillée par le plan et les coupes, fig. 4, 5 et 6.

MÉTHODE PAR TRANCHES INCLINÉES ET REMBLAIS

Cette méthode est prise d'abord à partir du mur, par un plan incliné PP, fig. 1 et 2. Les galeries n° 1 sont poussées sur le mur de la couche jusqu'à limite de la tranche à enlever ; ces galeries, réunies par des montages dont tous les parements en direction (mm), deviendront les fronts de taille des chantiers. Les fronts de taille, pris sur une hauteur de 2m.50, sont ramenés vers le plan incliné et suivis par les remblais ; ils sont conduits jusqu'au pilier de sûreté destiné à maintenir ce plan.

Dans chaque taille, la galerie inférieure sert à l'enlèvement des charbons ; la galerie supérieure sert au transport et au versage des remblais.

Ces remblais, ainsi versés vers la partie supérieure de la taille, sont plus faciles à relever et à bourrer que dans la méthode par tranches horizontales.

Une première tranche ayant été ainsi enlevée et remblayée, une traverse est ouverte à chaque niveau, contre les remblais, et menée jusqu'à ce qu'une seconde direction puisse être prise de manière à préparer une deuxième tranche. Ces galeries sont marquées n° 2 ; elles serviront à enlever la deuxième tranche et à la remblayer, en suivant la même marche que pour la première.

On procédera de même pour les tranches supérieures, de telle sorte qu'on enlèvera toute la partie de couche comprise entre les plans H et H'.

Une considération particulière s'applique à l'enlèvement d'une portion de couche comprise entre deux plans horizontaux H et H' par une méthode quelconque.

Un prisme de charbon à section triangulaire $a\,d\,c$, fig. 1, *planche* XII, se trouve superposé à la partie de couche enlevée par l'exploitation. Ce prisme sera par conséquent brisé par les tassements successifs de toutes les tranches ; de là des échauffements et des feux d'autant plus dangereux que leur position dans les plafonds les rend très-difficiles à barrer. Il faut donc enlever ce prisme jusqu'à la verticale *ac*.

Pour cela, une fois la première tranche enlevée, on prend une galerie (3) à l'aplomb du traçage supérieur, soit par une rampe, soit par une traverse latérale partant du plan incliné.

Les galeries (3), superposées de tranche en tranche aux galeries précédentes, permettent d'amener l'exploitation jusqu'à la verticale et d'en assurer la sécurité.

Le prisme enlevé se trouve ainsi limité à la partie supérieure par un plan vertical a, c, à la partie inférieure par un plan horizontal H' H'.

La *planche* XII, fig. 4, 5 et 6, représente en coupes et en plan tous les détails de l'exploitation par *tranches inclinées et remblais*, telle qu'elle a été établie dans la mine de Lucy.

Les champs d'exploitation sont préparés sur une longueur de 60 mètres suivant l'inclinaison, partagée en trois massifs de 25 mètres suivant la direction, ainsi qu'il est indiqué par les figures 4, 5 et 6. La longueur totale du chantier suivant la direction est par conséquent de 75 mètres depuis l'origine des tailles jusqu'au pilier de sûreté.

La première tranche, prise suivant cette méthode, est enlevée et remblayée dans de très-bonnes conditions. En seconde tranche, les remblais ayant tassé, on trouve les charbons brisés en blocs très-gros et descendus sur les remblais comprimés, de quantités un peu inégales ; l'abatage est plus difficile, et l'effet utile des mineurs se trouve réduit. En troisième tranche, ces effets se sont accrus et les charbons sont sujets à s'échauffer.

Ces conditions ont quelquefois conduit à chercher les moyens de déhouiller très-rapidement un massif.

Ainsi, pour une longueur en direction de 25 à 30 mètres, quatre mineurs peuvent exécuter les traçages en un mois et deux mineurs les ramener en deux mois. Total, trois mois pour une tranche et un an pour l'épaisseur supposée de 10 mètres ou quatre tranches.

Pour accélérer le travail, on peut ouvrir dans le milieu des massifs des montages intermédiaires qui permettent de doubler les tailles. En général on choisit, pour placer ces montages, les parties les plus brisées et qui commencent à s'échauffer ; on peut ainsi arrêter la marche de la fermentation et déhouiller rapidement une partie menacée.

Il existe dans la couche de Lucy une division naturelle par une barre très-régulière. Cette barre, placée aux deux cinquièmes de la hauteur (fig. 4 et 5), a donné l'idée de modifier la méthode générale en commençant l'exploitation au-dessus de la barre. Cette portion de couche de 4 à 5 mètres d'épaisseur est enlevée en deux tranches.

La partie inférieure, de 6 à 7 mètres de puissance, est ensuite enlevée en trois tranches.

En procédant ainsi, c'est-à-dire en divisant la couche en deux et commençant par exploiter la couche supérieure, on évite, ou du moins on réduit beaucoup le danger des feux, qui, pour cinq tranches superposées, seraient difficiles à éviter. La pratique a démontré que pour trois tranches superposées ce danger était de peu d'importance, les embarras sérieux ne s'étant produits en général que dans la quatrième.

Les phases successives de cette méthode sont exprimées par le plan et par les coupes *planche* XII. Trois quartiers de 25 mètres en direction et de 60 mètres suivant l'inclinaison, y sont représentés en exploitation successive et plus ou moins avancée. Ces tranches sont divisées, suivant l'inclinaison, en quatre massifs par quatre systèmes de galeries.

La première tranche, immédiatement placée sur la barre, est presque complétement exploitée et remblayée ; la seconde, placée sous le toit, est en exploitation moins avancée, précisée par la projection faite suivant la ligne brisée A, B, C, D.

En dessous de la barre, on a d'abord attaqué la tranche du mur, puis les deux tranches superposées qui se poursuivent, de telle sorte que les remblais d'une tranche s'exploitent toujours en montant sur les remblais de la tranche sous-jacente supposée exploitée (coupe fig. 5).

Les ponctués marqués sur le plan indiquent le tracé des tailles dans les tranches inférieures, dont l'avancement est indiqué par la coupe figure 5.

En examinant la disposition des galeries préparatoires qui communiquent avec le plan incliné, on voit que chaque tranche trouvera, pour communiquer avec ce plan, deux galeries de direction traversant le pilier de sûreté : l'une inférieure, pour emmener les charbons des tailles ; l'autre supérieure pour y amener les remblais. Le plan incliné est automoteur et parcouru par un truc à contre-poids, disposé pour recevoir deux chariots sur sa plate-forme.

Pour l'exploitation d'une couche puissante, les moindres circonstances d'inclinaison, d'allure, de composition, de structure du gîte ou du terrain encaissant, exercent sur les méthodes une influence souvent décisive. Que l'on parcoure les nombreux mémoires publiés sur des méthodes nouvelles essayées dans plusieurs contrées, et l'on trouvera des exemples tellement variés par les détails, que l'on aurait peine à les classer. Mais en examinant ces détails, on les trouve toujours motivés par quelques circonstances spéciales de la composition ou du gisement, par la nature des roches du toit, etc.

Il en est des méthodes d'exploitation comme des grands appareils mécaniques exployés dans les mines : ce qu'il faut principalement considérer dans leur étude, ce sont les traits généraux ; les détails peuvent se modifier et varier suivant les conditions locales ; l'ensemble reste toujours caractérisé de telle sorte qu'on y reconnaît facilement le type qui a servi de base.

MÉTHODE PAR TRANCHES VERTICALES.

Quelques essais ont été entrepris pour l'établissement de méthodes procédant par *tranches verticales* sur une certaine hauteur, en substituant des prismes de remblais à des prismes ou piliers de houille disposés de manière à rester isolés et indépendants.

La première méthode par tranches verticales a été indiquée par M. Rouquayrol, et essayée dans le bassin de l'Aveyron. Elle est basée sur l'enlèvement d'un pilier auquel on donne, par exemple, une base de 15 × 15, sur une hauteur variable, suivant la disposition du charbon à se maintenir en paroi verticale; on peut supposer, par exemple, une hauteur de 12 ou 15 mètres.

Le pilier est attaqué par une taille en travers, d'une largeur de 1^m,50 à 3 mètres, suivant la cohésion du charbon, et de 2 mètres de hauteur; cette taille, remblayée lorsqu'elle est arrivée à limite du pilier, est remplacée par une taille supérieure prise en s'élevant sur le remblai; et ainsi de suite, en s'élevant verticalement, jusqu'à la hauteur déterminée du prisme, c'est-à-dire de 12 à 15 mètres.

Ce prisme vertical une fois enlevé, on exploite de la même manière un second, contigu au premier et qui est remblayé de même; on procède ainsi de suite, par prismes contigus jusqu'à l'extrémité du pilier.

Pour cette exploitation, il faut : 1° ouvrir une galerie inférieure dans l'axe du pilier, destinée au roulage des charbons; 2° préparer une galerie supérieure pour amener les remblais; 3° relier ces deux galeries par un bure qui sert à recevoir les remblais jetés par le haut sur le niveau de la taille en exploitation, et à jeter en bas les charbons des rabatages sur le niveau de roulage.

Théoriquement, cette méthode est rationnelle ; l'abatage se fait en montant et sur les masses bien dégagées ; le remblai est complet et bien tassé. Pratiquement, le jet et la reprise des charbons au pied du bure présentent des inconvénients sérieux au double point de vue de la main-d'œuvre et des déchets. De plus, on met à découvert des surfaces verticales très-étendues, appuyées sur des remblais compressibles ; de là des mouvements qui suffisent pour déterminer des échauffements et des feux.

On dut réduire, dans plusieurs circonstances, la hauteur des piliers à 6 mètres, et dès lors la méthode perdait la plus grande partie de ses avantages.

Une méthode analogue a été appliquée avec succès, à la mine du col Malpertus, dans le bassin du Gard, sous la direction de M. Castanié.

La couche du col Malpertus est en dressant et fortement inclinée ; sa puissance, de 10 à 14 mètres, atteint jusqu'à 30 mètres dans les renflements.

Les variations de puissance et d'allure, auxquelles sont sujettes les couches puissantes, rendent difficile la description d'une méthode qui doit naturellement se plier à toutes ces variations. Le procédé le plus simple est d'adopter une allure type et régulière, c'est-à-dire théorique, et de spécifier la marche des travaux pour cette hypothèse. Les modifications qui résultent des changements d'allures sont ensuite faciles à déduire pour les diverses conditions de la couche. Nous extrayons la description suivante d'une étude communiquée par M. Castanié et de Reydellet. Soit une couche verticale et régulière de 14 mètres d'épaisseur ; admettons deux puits creusés *en dehors du gîte*, l'un pour l'extraction, l'autre pour la descente des remblais. Les divisions à établir dans la couche par les travaux préparatoires sont (*planche* XIII) :

1° *Massifs* ou *étages*, dégagés sur 55 mètres de hauteur

par deux bouveaux d'accès; la longueur de ces massifs sera celle du champ d'exploitation ;

2° Ces étages sont subdivisés en *quartiers* de 240 mètres de longueur en direction ;

3° Les quartiers se subdivisent en *cinq sous-étages*, ayant chacun 11 mètres de hauteur ;

4° Les sous-étages en *vingt piliers*, ayant 12 mètres de longueur en direction ;

5° Les piliers en *cinq tranches horizontales*, qui doivent enlever la hauteur de 11 mètres ;

6° Enfin les tranches elles-mêmes sont enlevées *verticalement* par des *tailles* juxtaposées dont le nombre, la direction et la largeur varient suivant la solidité et les clivages du charbon.

Dans toutes ces subdivisions, l'*unité* de l'exploitation est le *pilier* de 12 mètres de longueur et de 11 mètres de hauteur à enlever par *cinq tranches horizontales remblayées*, conduites *verticalement*. Le pilier se trouve divisé en *sept tranches verticales* juxtaposées, ainsi que l'indiquent les deux coupes verticales figures 3 et 4.

Chaque *massif* ou étage est desservi par une galerie d'allongement ouverte dans le mur, de laquelle part un travers-banc ou bouveau recoupant le milieu de chaque *quartier* de 240 mètres. Cette galerie d'allongement et les bouveaux sont les travaux préparatoires incombant à chaque étage. Ce sont les voies de roulage pour l'enlèvement des charbons.

Les mêmes voies créées pour le massif supérieur servent pour l'accès et la distribution des remblais.

Un quartier de 240 mètres en direction, contient $240 \times 55 \times 14 = 184\,800$ mètres cubes, soit un peu plus de 200 000 tonnes. Le déhouillement est conduit dans chacun de ces quartiers par tailles prises à l'extrémité et ramenées vers le bouveau du milieu.

On peut considérer, au point de vue de l'isolement, un

quartier comme subdivisé en deux, chaque partie pouvant, en cas d'incendie, être fermée et isolée par des barrages.

Chaque sous-étage de 11 mètres de hauteur, représente environ 40 000 tonnes, et chacun des vingt piliers qui le composent contient 2 000 tonnes.

Ces piliers sont groupés par séries verticales de cinq. Le déhouillement est commencé par le plus élevé, et la méthode est caractérisée par la conduite de ce déhouillement et des remblais substitués à la houille.

L'exploitation d'un quartier est représentée *planche* XIII. Vers une extrémité, la première série verticale de cinq piliers est enlevée; cinq autres séries sont en dépilage plus ou moins avancé; à l'extrémité opposée, le travail est seulement commencé par l'attaque de trois piliers, dont un seul est enlevé.

On voit, d'après le tracé, que l'enlèvement des tranches dont se compose chaque pilier, se fait *verticalement* de bas en haut, en montant sur les remblais.

Le travail se présente ainsi en gradins *renversés* pour l'abatage du charbon, et en gradins *droits* pour la mise en place du remblai. Dans l'ensemble du plan de déhouillement, les piliers attaqués sont, au contraire, disposés par gradins droits, surplombés par les remblais disposés en gradins renversés.

Les *travaux de traçage* comprennent :

1° Les traverses ouvertes jusqu'au milieu de la couche;

2° Les galeries d'allongement ouvertes suivant l'axe de la couche et simultanément des deux côtés : celles du niveau supérieur a' sont immédiatement prolongées jusqu'à 12 mètres des limites du quartier, et celles du niveau inférieur a jusqu'à distance suffisante pour ouvrir le débouché aux deux cheminées m, o, destinées au service des remblais venant par a';

3° Les deux cheminées *m*, *o*, ouvertes sur le parement de la galerie, à 12 mètres des travers-bancs *a* et *a'* ;

4° A l'aplomb de ces travers-bancs, la cheminée *ea*, qui doit servir à la descente des charbons exploités jusqu'au niveau de la galerie de roulage ;

5° Les galeries d'allongement de chaque sous-étage, percées suivant l'axe de la couche, ces galeries étant successivement ouvertes, conformément à la marche indiquée pour l'exploitation des piliers.

Pour le cas supposé d'une couche verticale, ces galeries se trouvent toutes à l'aplomb de la galerie de roulage. Dans le cas d'une couche inclinée, elles se trouveront dans un plan parallèle à l'inclinaison.

A ces travaux de traçage général, il faut ajouter, pour chaque pilier, une cheminée spéciale à l'aplomb des galeries de roulage. Ces cheminées sont ouvertes à l'avance, de manière à assurer l'aérage et la circulation des ouvriers.

Un pilier est subdivisé en cinq tranches horizontales qui doivent être successivement enlevées par tranches verticales de bas en haut, en montant sur les remblais. Pour l'abatage, chaque tranche est subdivisée en autant de tailles que le permettent la consistance et les clivages du charbon. Dans le cas particulier représenté par la coupe horizontale figure 5, on a supposé sept tailles prises exactement en direction. Ces tailles sont numérotées de 1 à 7, dans l'ordre de leur attaque.

Le *dépilage* est représenté en cours d'exécution par les figures 3, 4 et 5.

La cheminée *rs*, ouverte dans le pilier lui-même, réunit les deux galeries d'allongement nécessaires à l'exploitation. On s'élève dans cette cheminée, au niveau de la première tranche, soit de 2 mètres, et l'on pratique une *traverse* qui doit servir de point de départ aux *tailles* en direction.

On prend successivement les sept tailles indiquées sur le plan, et on les remblaye à mesure qu'elles sont terminées, en alternant le travail de chaque côté de la cheminée, de telle sorte qu'il y ait toujours en même temps une taille en abatage et l'autre en remblayage.

Pour la dernière tranche n° 7, on procède en sens inverse, en la rabattant au moyen de l'une des tailles voisines dont le remblayage s'opère progressivement, en même temps que celui des tronçons de la taille n° 7. Cette période est représentée sur le pilier 18.

Le *remblai* est arrivé par la cheminée *rs*, dans laquelle il a été jeté par la galerie supérieure, puis chargé dans des paniers ou *couffins*, et transporté au moyen de petits *trucs* jusqu'aux avancements.

Le *charbon* a été chargé, roulé et transbordé par les mêmes moyens, jusqu'à la cheminée *rs* ; il y est versé et repris au bas dans des wagons ordinaires, puis conduit par la galerie de direction à la cheminée centrale du quartier *ea*. Cette cheminée est disposée de manière à recevoir une balance.

Ces explications, ainsi que les tracés de la *planche* XIII, indiquent le caractère général de la méthode par tranches verticales, telle qu'elle est résultée des applications faites par M. Castanié dans le Gard. Quelques détails sont encore nécessaires pour en préciser la marche.

La première tranche enlevée à la base d'un pilier exige des soins particuliers. C'est en dessous des remblais de cette tranche que viendront s'étendre les travaux du sous-étage inférieur, et l'on doit prendre à l'avance les précautions qui permettront d'éviter l'éboulement de ces remblais.

Pour cela, on place à la base des vieux bois qui formeront plus tard un grillage en dessous des remblais, et l'on recouvre ces bois d'une certaine épaisseur de terre végétale ou argileuse dont la compression formera un toit factice. Ces terres, lorsqu'elles sont convenables, acquièrent une telle dureté par la pression à laquelle elles sont soumises, que les bois sont même inutiles.

Le remblayage de cette première tranche détermine l'obstruction de la cheminée rs, sur 2 mètres de hauteur ; pour donner issue aux charbons de la deuxième tranche, on emprunte dans le pilier suivant le passage d'une seconde cheminée g.

La deuxième tranche étant enlevée de la même manière que la première, moins les précautions précitées pour le remblayage, un second tronçon de cheminée g' est creusé pour la troisième tranche, qui est enlevée à son tour comme les précédentes. Le plan et les deux coupes verticales précisent ces divers détails.

Lorsque toutes les tranches ont été enlevées, la cheminée à remblais rs a disparu et se trouve remplacée par la cheminée à charbon g, g', g''. Cette cheminée et les 12 derniers mètres de la galerie, se trouvant sans utilité, sont à leur tour remblayés.

Comme isolement des chantiers et comme déhouillement complet, cette méthode satisfait évidemment aux conditions cherchées ; les remblais superposés dans chaque tranche verticale sont tassés par le piétinement des mineurs. La méthode reste seulement discutable au point de vue des transports secondaires et des transbordements qu'elle impose aux charbons et aux remblais.

En ce qui concerne les remblais, c'est un supplément de manutention et de dépense qui est de faible importance. Mais, au point de vue des charbons, c'est à la fois une dépense et un déchet. Les charbons tendres et friables ne peuvent évidemment être exploités de cette manière, si l'on tient à conserver une bonne proportion de gailletteries.

Il faudrait, dans ce cas, établir une balance dans la cheminée centrale, ou bien ouvrir un plan incliné en dehors de la couche, dans les roches du mur.

On a supposé, dans la description qui précède, sept tailles prises successivement en direction, une seulement étant en abatage. Dans beaucoup de cas, surtout si la couche était plus puissante, on pourrait mener deux tailles en abatage, une de chaque côté du pilier. Quant au sens de l'abatage, si le clivage du charbon devait le rendre plus facile en travers qu'en direction, on pourrait percer d'abord en direction la taille du milieu, puis attaquer de chaque côté des tailles en travers dirigées d'un côté sur le toit, et de l'autre vers le mur ; ces tailles étant prises à partir de l'extrémité et se rabattant vers la cheminée.

SERVICE DES REMBLAIS.

L'obligation de substituer à la houille, extraite dans des couches puissantes, une autre roche servant à remblayer tous les vides, constitue une charge très-onéreuse. Il est essentiel de se rendre un compte exact du chiffre de cette charge, chiffre qui sera évidemment le même quelle que soit la roche exploitée, minerai ou combustible, de telle sorte qu'après l'avoir déterminé, il sera facile d'apprécier l'influence et l'opportunité du remblai.

La question des remblais est d'ailleurs de la plus grande importance ; elle exige l'organisation d'un service spécial qui comprend :

1° L'exploitation des terres qui doivent être substituées à la houille enlevée et le chargement en wagons ;

2° Le transport de ces wagons de la carrière à remblai, à pied d'œuvre, c'est-à-dire dans les tailles d'abatage ;

3° Le versage avec ou sans relevage et le bourrage du remblai, de manière à laisser le moins de vides possible en arrière des tailles.

Beaucoup d'essais ont été faits pour exploiter des remblais dans la mine même, afin d'éviter les frais de descente dans les puits et une partie du transport. Pour cela, on ouvre des chambres d'éboulement dans les roches du *toit* qui paraissent le mieux convenir à cet usage. Mais ces chambres d'éboulement deviennent bientôt dangereuses; les remblais qu'elles fournissent sont difficiles à manier et bien moins convenables que ceux qu'on peut choisir au jour, et, après de nombreux essais, on est toujours revenu aux emprunts faits à la surface.

On ouvre donc à la surface, des carrières dont la disposition permet un abatage économique. La roche abattue doit être en outre facile à pelleter, un peu sablonneuse pour qu'elle puisse s'épandre dans tous les vides, un peu argileuse, afin que sous la pression elle prenne de la consistance et soit imperméable. Les parties les plus argileuses sont réservées pour les remblais au-dessous desquels on doit venir exploiter.

En général, ces roches sont enlevées par des wagons de 4 à 5 hectolitres, et le service est organisé par des entreprises qui en effectuent toutes les opérations à 0 fr. 55 ou 0 fr. 65 par wagon, soit 1 fr. 65 le mètre cube. Ce prix peut se trouver encore réduit par les remblais provenant de l'intérieur, c'est-à-dire fournis par les travaux au rocher ou par le triage des charbons.

Les frais de remblai ne se bornent pas aux dépenses directes de l'abatage, du transport et du bourrage; il est essentiel de tenir compte du matériel employé dans tous ces mouvements. La dépense principale résulte de l'entretien plus onéreux des chemins de fer, des câbles et des machines.

Partout où passent les wagons de remblai, les voies sont d'un entretien dispendieux; les wagons sont maltraités à cause des renversements incommodes pour en vider le contenu; les câbles s'usent en raison du travail supplémentaire qui leur est imposé; enfin, quant aux machines, nous verrons que, pour descendre un poids donné de remblais dans un puits, la dépense est à peu près aussi grande que s'il s'agissait d'extraire ce poids.

Il est difficile de préciser les quantités de remblais nécessaires dans un chantier, cela est très-variable suivant les méthodes. Mais en rapportant simplement le nombre de wagons de remblais qui entrent dans une mine, au nombre des wagons de charbon qui en sortent, on obtient une moyenne qui peut servir de base. Ainsi dans une exploitation par tranches horizontales, pour une descente de 223 000 wagons de remblais de 4 hectolitres et demi, nous trouvons une sortie de 450 000 wagons de charbon de 5 hectolitres. C'est 9 935 mètres cubes de remblais, pour 22 500 mètres cubes de charbon obtenu ; mais il faut ajouter aux remblais descendus du jour, ceux qui sont fournis par les travaux souterrains.

Le charbon extrait subit une perte notable par le triage, de telle sorte que, tout compte fait, on arrive à constater une dépense d'au moins 0 fr. 12 en frais de remblais, par hectolitre de charbon sorti, non compris les frais généraux précédemment indiqués. On ne peut donc se dissimuler que le remblai ne soit une condition onéreuse dont on doit se dispenser lorsqu'elle n'est pas exigée au point de vue de la sécurité.

On doit éviter de poser pour le choix des méthodes des principes trop exclusifs. Ainsi depuis trente ans on a réagi, avec raison, contre les méthodes par *foudroyages* appliquées à toutes les grandes masses; le principe de la méthode par remblais a été justement recommandé. Mais il ne faut pas en conclure que les *grands dépilages* méthodiques et sans remblais doivent être proscrits d'une manière absolue.

Supposons une couche de 8 à 9 mètres d'épaisseur, plateuse et stratifiée, régulièrement inclinée de 0 à 20 degrés, avec un toit de grès puissant et solide, dont elle se détache facilement.

Les méthodes par remblais seront-elles les seules applicables pour ce cas? Dans notre conviction, le dépilage méthodique et sans remblais sera préférable, parce que s'il est bien conduit, il sera plus économique et répondra tout aussi bien aux conditions de bon aménagement du gîte et de sécurité des ouvriers. Nous avons vu enlever environ un hectare de couche dans ces conditions de composition et d'allure, sans perte qui puisse être évaluée à plus d'un douzième, et sans qu'il se soit produit aucun accident.

Une exploitation par remblais exige environ un tiers d'ouvriers en plus; ce tiers, employé à l'abatage, au transport et au relevage des remblais, est exposé aux accidents à un degré peut-être encore plus prononcé que le personnel exploitant, parce qu'il se compose de véritables manœuvres qui n'ont pas l'expérience et la prudence des mineurs. Les accidents, dans les chantiers de mine, sont toujours en raison du nombre des ouvriers employés et proportionnés aux masses abattues ou manutentionnées; les méthodes qui exigent l'exploitation et la mise en place de remblais dont l'ensemble représente 35 à 40 pour 100 du produit de l'extraction, offrent par conséquent une prise d'autant plus considérable à ces accidents.

CHAPITRE III

PERCEMENT DES GALERIES ET DES TUNNELS.

Les galeries sont horizontales ou inclinées. L'inclinaison est en général très-faible, son but n'étant que de donner un écoulement aux eaux. Elle n'est très-forte que dans les cas où elle suit la stratification des gites.

Le sol des galeries peut être parcouru par les ouvriers, tant que l'inclinaison ne dépasse pas 30 degrés; encore faut-il, en approchant de ce chiffre, disposer le sol en escaliers, pour faciliter la circulation. Les galeries inclinées sont désignées sous les dénominations de *fendues, descenderies* ou *montages*.

Les galeries de roulage, soit en bouveaux, soit en chassages, ont en général des pentes de $0^m,003$ à $0^m,005$ par mètre dans le sens de la charge. Ces pentes facilitent le transport des wagons pleins et ne sont pas très-dures à remonter pour les vides; en même temps elles servent à l'asséchement des travaux en déterminant un drainage rapide de toutes les eaux d'infiltration.

Percer une galerie, est le travail le plus simple des mines, et cependant ce travail peut présenter des difficultés pour lesquelles on doit faire appel à l'expérience de l'ingénieur. Ces difficultés résultent de la nature des terrains à traverser ou de la grande section à donner, dans certains cas, aux galeries, pour le passage des canaux ou des chemins de fer.

Nous examinerons d'abord le cas le plus général pour les mines, c'est-à-dire le percement des galeries de 2 à 3 mètres de hauteur, sur une largeur de 1ᵐ,50 à 2 mètres, galeries destinées soit à l'écoulement des eaux, soit à l'exploration du sol.

Pour percer une galerie dans un terrain solide, l'intervention de l'ingénieur se borne à en fixer les dimensions, à déterminer et contrôler sa direction. Des mineurs qui, sans être très-expérimentés, savent placer leurs coups de mine, pratiquer des entailles pour en augmenter l'effet, ont bientôt trouvé les meilleurs moyens pour attaquer une paroi. Ils savent mettre à profit les différences de dureté, la disposition des strates et les délits des roches. S'ils tâtonnent un peu en commençant, ils se forment promptement par le travail.

Dans les roches solides qui n'ont pas besoin de soutènement, l'organisation du travail pour le percement rapide et économique est la question dominante. Lorsqu'il s'agit seulement de percer dans une mine des galeries de service, l'exécution est, en effet, successive; elle est la conséquence des travaux d'exploitation qui en soldent le prix, et l'on arrive ainsi à créer des réseaux d'une grande étendue.

Le point de vue change lorsqu'il s'agit de créer *à priori* une longue galerie de roulage ou d'écoulement; le travail si simple du percement prend une importance considérable par l'échelle de son exécution. Nous citerons comme exemple la grande galerie d'écoulement, dite *Ernest-Auguste,* qui a été terminée en 1867 pour assurer l'exploitation des mines du Hartz.

Voici plus de trois siècles que les mines du Hartz sont exploitées. L'obstacle principal ayant toujours été l'affluence des eaux, quatre galeries d'écoulement furent successivement exécutées dans le courant du seizième siècle, afin d'assécher le massif dans lequel sont compris les filons.

Les plus basses de ces galeries, dites des *Neuf* et *Treize-Toises*, ont déjà une certaine importance (*planches* IV et V).

En 1777, les exploitations se trouvant gênées par les eaux, on se décida à entreprendre la *galerie Georges*, débouchant près de Grund et passant à 140 mètres au-dessous de la galerie des Treize-Toises. Le réseau de cette galerie comprenait un développement total de 10 960 mètres, et ce grand travail fut terminé en 1799; l'exécution avait donc exigé vingt-deux ans.

La galerie Georges sauvait les mines du Hartz, mais ne leur assurait pas encore un très-long avenir. Les travaux souterrains avaient en effet dépassé de beaucoup son niveau, et dès l'année 1803, les principaux filons étaient déjà recoupés à 140 mètres au-dessous, par une galerie dite *profonde galerie d'eau*, qui servait à relier les divers centres d'exploitation. En 1817, M. de Reichenbach établissait au-dessus de cette galerie d'écoulement deux machines à colonne d'eau, pour épuiser les eaux des niveaux inférieurs.

Les galeries d'écoulement du Hartz n'ont pas, en effet, pour unique but le drainage des terrains métallifères : ainsi que nous l'avons précédemment expliqué et que l'indique la *planche* V, elles servent d'issue aux eaux superficielles que l'on introduit dans les puits, de manière à obtenir des forces motrices par des chutes souterraines. Une grande quantité de roues hydrauliques ont été établies pour les services d'extraction et d'épuisement, et les machines à colonne d'eau sont surtout applicables pour l'utilisation des hautes chutes qui sont ainsi obtenues. C'est grâce à ce système de machines à colonne d'eau que l'on a pu créer en contre-bas des galeries d'écoulement, les *profondes galeries d'eau*, qui recoupent les divers systèmes de filons. Ces galeries, sans issue au jour, sont disposées de manière à servir de canaux souterrains et de voies de communication, pour conduire les minerais abattus à tel ou tel puits d'extraction :

La galerie Georges n'ayant pas une profondeur suffisante pour assurer l'avenir des exploitations, on avait déjà ouvert à 140 mètres au-dessous, la *profonde galerie d'eau* dont le développement a successivement atteint une longueur de 6850 mètres et qui a été exécutée sous la protection des deux machines à colonne d'eau.

Le niveau de cette galerie, en contre-bas de la galerie Georges, n'était pas arbitraire : il devait se relier au projet de la plus profonde galerie d'écoulement que puisse comporter la configuration du Hartz, et dont le débouché devait être à Gittelde, dans le Brunswick. On avait prévu depuis longtemps que cette galerie serait nécessaire, et cette nécessité se faisait déjà sentir lorsque son exécution fut commencée en 1851.

La longueur de la galerie de Gittelde devait être de 16 794 mètres pour l'artère principale, ce qui, avec la profonde galerie d'eau, représentait un développement de 23 638 mètres.

L'artère principale de 16 794 mètres est presque entièrement dans la grauwacke ; les dimensions adoptées furent :

$$\text{Hauteur} \ldots \ldots 2^m.70$$
$$\text{Largeur} \ldots \ldots 1^m,90$$

La galerie dont le tracé fut d'abord jalonné à la surface, a été commencée en 1851, au moyen de huit puits qui fournirent seize chantiers, ce qui, avec le chantier de Gittelde et celui qui fut pris dans la mine, sous Zellerfeld, représentait un total de dix-huit chantiers.

Le travail était organisé en 1851 sur les bases ordinaires : chaque chantier était attaqué par trois ouvriers à la fois, se succédant de huit heures en huit heures. Total, neuf ouvriers qui en six jours (on ne travaillait pas le dimanche), perçaient cent vingt-six trous de mine et avançaient en moyenne de $2^m,40$ par semaine.

En 1856, l'urgence de la galerie commençait à se faire

sentir; le travail fut organisé par poste de six heures; chaque chantier étant ainsi pourvu de douze ouvriers travaillant sept jours par semaine. On arriva à percer 252 trous de mine et à avancer de 4 mètres par semaine.

En 1861, l'urgence étant devenue plus pressante, on organisa seize ouvriers par chantier : chaque ouvrier travaillait quatre heures au forage des trous de mine et deux heures aux travaux accessoires. On obtint ainsi le percement de 378 trous de mine par semaine et un avancement de 6 mètres, soit près de $0^m,90$ par jour.

Ce travail énergique obtint l'achèvement des 16 794 mètres en quatorze ans; la galerie put être inaugurée en août 1864 et complétée en 1866 et 1867. Les dépenses avaient été de 2 258 000 fr. pour l'artère principale, et de 1 012 000 fr. pour la galerie d'eau. Ensemble, 3 270 000 fr.

Chaque mètre d'avancement a coûté 153 fr. 90. On a employé en moyenne $7^k,375$ de poudre par mètre courant de galerie.

Le Markscheider Borchers, préposé à la direction de la galerie, exécuta les jonctions sans autre erreur que 4 centimètres dans la direction et 7 millimètres dans les niveaux. Il est vrai que ces jonctions furent singulièrement facilitées par l'emploi d'un aimant puissant, dont l'action se faisait sentir sur une aiguille sensible, à une distance de 20 mètres à travers les rochers.

La galerie Ernest-Auguste n'est pas le dernier mot de l'art des mines pour assurer l'avenir du Hartz, car il existe déjà des travaux qui dépassent la profondeur de 600 mètres, et qui se trouvent à plus de 200 mètres en contre-bas de cette galerie.

En conséquence, une nouvelle profonde galerie d'eau est déjà commencée à 240 mètres au-dessous de la galerie d'écoulement, à une profondeur moyenne de 600 à 620 mètres au-dessous de la surface du sol. Cette galerie se trouve à un niveau inférieur aux terrains les plus aquifères; mais comme néanmoins il faut s'attendre à ce que, dans les vastes exploitations des districts de Clausthal et de Zellerfeld réunies par la galerie dont il s'agit, il se rassemblera encore des masses d'eau assez considérables et que ces eaux devront être élevées jusqu'au niveau de la galerie Ernest-Auguste, on établit à l'instar de l'organisation qui existait autrefois pour élever les eaux de la première galerie d'eau jusqu'au niveau de la galerie Georges, deux machines à colonne d'eau plus puissantes que les premières.

Ces machines sont placées dans un puits vertical fait exprès et qui sert en même temps de puits d'extraction. Tous ces travaux, dont le devis s'élève à 1 125 000 francs, sont en voie d'exécution très-avancée; leur ensemble est la clef de voûte sur laquelle repose l'avenir des mines du Hartz.

Cet historique des travaux du Hartz et de leur développement successif se trouve résumé par les coupes du Markscheider Borchers, *planches* IV et V.

On voit sur ces coupes, les niveaux successivement dégagés par les galeries d'écoulement, et en dernier lieu par la galerie Ernest-Auguste, cette galerie étant la dernière que comporte le relief du sol.

La position de la nouvelle profonde galerie d'eau est indiquée au-dessous du niveau de la mer. Ce ne sera pas la seule, mais, pour créer de nouveaux étages à de plus grandes profondeurs, c'est aux machines à colonne d'eau qu'incombera l'exhaure des travaux.

On voit qu'une simple galerie peut, par son développement et par son but, s'élever à la hauteur des plus grands travaux d'art; lors donc que des difficultés se présenteront, ressortant de la nature ébouleuse des terrains, de la présence des eaux dans les roches, il importe de bien connaître les procédés qui permettent de surmonter ces difficultés.

Dans les conditions ordinaires, le terrain est assez solide pour que le mineur avance son percement d'environ un mètre avant de soutenir les parois.

Derrière les mineurs qui percent la galerie, les boiseurs établissent le soutènement, toutes les fois que cela est nécessaire, au moyen de *cadres* placés à des distances variables, sur lesquels s'appuient des *bois de garnissage* destinés au soutènement des parois.

Ces garnissages, appuyés sur les cadres, sont établis par des coins et des serrages, dans un état de tension général contre les roches. Il importe, en effet, de prévenir autant que possible les fissures et fractures des roches et leur délitage par l'action de l'air humide.

La plupart des terrains, lorsqu'on les perce, semblent avoir des conditions de solidité qui dispensent de soutènement. Mais en général, les parois latérales ne tardent pas à se gonfler et à se fendre, et l'on est étonné de voir tomber par écailles des rochers que l'on a eu tant de peine à percer.

Cet effet très-fréquent paraît devoir être attribué à la pression des terrains supérieurs dont on a troublé la répartition. Un vide de deux mètres de largeur reporte en effet sur les parois latérales la pression qui était soutenue par la roche enlevée. Une fois que la première action est passée, un état plus stable succède à l'effet produit et l'on n'a plus guères à redouter que le gonflement de certaines roches au contact de l'air humide.

Quoi qu'il en soit, il importe de prévenir les mouvements des roches par un boisage bien serré et tendu contre les parois.

Supposons un cadre complet formé d'un chapeau, de deux montants et d'une sole (*planches* XIV, fig. 1, et XV, fig. 4) en bois rond écorcé, ou en bois équarri : l'énergie du soutènement dépendra principalement du rapprochement plus ou moins grand des cadres et des dimensions des bois.

Les cadres sont espacés de 1 mètre dans les terrains moyennement solides, de 0^m,50 dans les terrains fissurés et peu solides; ils sont à peu près contigus dans les terrains ébouleux. Le boisage est déterminé par les circonstances, et souvent il arrive que dans une galerie dont les cadres étaient d'abord espacés, ils ont dû être successivement doublés et triplés, de manière à devenir contigus.

Le boisage se fait très-rarement en bois équarris; on préfère employer des bois ronds, écorcés sur pied de manière à durcir l'aubier. Quant aux assemblages, la *planche* XV indique tous ceux qui ont été essayés; celui auquel on donne généralement la préférence est l'assemblage n° 1.

On doit naturellement chercher à simplifier le boisage suivant les conditions des parois. Ces conditions sont tellement variables, qu'il serait bien difficile de les indiquer; nous prendrons seulement quelques exemples dans les exploitations du Nord-de-Charleroi (*Planche* XIV).

Le soutènement le plus variable est celui des galeries en chassage ou costresses. Il est de ces galeries qui ont plusieurs kilomètres de développement, et qui servent de voies de transport par chevaux; ces voies desservent par des recoupes ou bouveaux l'exploitation des autres couches. On choisit donc, parmi les couches, celle qui présente le meilleur toit et l'on combine pour le soutènement, le boisage et les murs construits en pierres sèches choisies parmi les meilleurs matériaux que fournit l'avancement de la voie. La galerie, suivant les diverses conditions du toit, est soutenue par les moyens indiqués *planche* XIV, fig. 1, 2, 3, 4, 5 et 6.

Cet emploi des murs en pierres sèches, choisies parmi les roches que fournissent les avancements de galeries et les percements de bouveaux, a permis d'obtenir une notable économie dans les consommations de bois, économie importante, car dans nos exploitations houillères, ces consommations deviennent très-onéreuses.

La *planche* XIV indique toutes les dispositions que l'on peut adopter, suivant la consistance du toit, pour combiner ensemble les murs et les étais.

Dans l'hypothèse posée figure 1, le toit et le mur manquent de solidité, les cadres sont complets, le garnissage plus ou moins serré, suivant la nature des parois.

La figure 3 satisfait à la même hypothèse, avec une muraille latérale plus efficace et plus durable que la partie supprimée du boisage.

La figure 2 et la figure 5 représentent l'hypothèse d'un toit solide, tandis que le mur de la couche doit être soutenu, soit par le boisage, soit par le muraillement.

Dans la figure 4, le toit schisteux est résistant dans le sens normal à la stratification, mais il tendrait à s'exfolier et à tomber dans la galerie, si des chapeaux transversaux ne le soutenaient.

Enfin, dans la figure 6, toutes les parois sont solides et l'on ne s'est préoccupé que du glissement des *staples*.

PERCEMENT DES GALERIES DANS LES TERRAINS ÉBOULEUX.

La plupart des roches qui, dans les galeries, ont besoin d'être soutenues, présentent assez de solidité pour qu'on puisse percer environ 1 mètre, puis poser le boisage, c'est-à-dire un cadre et ses garnissages ; mais lorsqu'on perce des roches véritablement ébouleuses, les conditions changent complétement. Non-seulement les parois et le plafond ne se soutiennent pas, mais la paroi du fond forme elle-même un talus d'éboulement.

Si, après avoir rencontré un terrain de cette nature, par exemple des argiles coulantes ou des sables mouvants, on tentait d'enlever le talus d'éboulement, les matières enlevées seraient bientôt remplacées par d'autres ; il se formerait des affouillements soit dans les parties latérales, soit le plus souvent dans les parties supérieures, de telle sorte que les ouvriers se trouveraient bientôt en présence du danger d'un écrasement total des travaux.

En pareil cas, il faut simplement relever l'éboulement, et appliquer des madriers horizontaux contre la roche, de manière à rétablir la verticalité des parois ; on procédera ensuite à l'avancement. Pour cela, un cadre étant établi devant la paroi verticale du fond, soutenue par les madriers formant *bouclier*, on chasse suivant le périmètre extérieur du cadre, des *palplanches contiguës divergentes*, qui pénètrent d'autant plus facilement dans le terrain, que ce terrain est plus meuble. Cette méthode de percement est indiquée *planche* XV par les figures 7, 8 et 9.

Les palplanches contiguës et divergentes sont formées de planches de chêne dont l'extrémité est taillée en coin, de telle sorte qu'en frappant sur la tête à grands coups de masse, on les chasse successivement les unes à côté des autres. On obtient ainsi un garnissage contigu, à l'aide duquel on isole le prisme de terrain qui doit être enlevé. Le garnissage, c'est-à-dire le *soutènement*, a précédé l'excavation.

On peut alors démonter le bouclier et enlever une certaine partie du terrain. Mais à mesure que le vide se fait à l'intérieur des palplanches, la poussée du terrain tend à ramener le garnissage, et avant que ce mouvement soit complet, on place un second cadre contre lequel on coince les palplanches. Ce second cadre, placé à une certaine distance du premier, permet d'enfoncer un second garnissage de palplanches divergentes qui dépassera le premier. On recommence comme précédemment, et l'on procède à l'avancement de la galerie pas à pas, toujours sous la protection du boisage qui précède l'excavation, et en démontant seulement le bouclier par parties, de manière à ne découvrir à la fois, que de petites surfaces du terrain ébouleux.

Les figures 7, 8 et 9, de la *planche* XV, expliquent le système des *coins divergents* et les détails de son exécution.

La divergence des palplanches est obtenue en les enfonçant entre l'intrados d'un cadre et l'extrados de celui qui suit, les faces des cadres étant taillées et dressées de manière à donner la direction convenable. Le bouclier, établi verticalement, lorsqu'on arrive à l'extrémité d'une passe, est démonté par parties, en commençant par les madriers du haut; il forme un gradin, coupe fig. 8, que l'on descend jusqu'au bas en rétablissant progressivement les madriers à l'avancement, de manière à obtenir la coupe fig. 9.

C'est en opérant ainsi qu'on a pu traverser les argiles coulantes et les sables mouvants, en ayant soin, à mesure que l'on avance, de doubler ou tripler les cadres, afin d'obtenir la solidité désirable.

On comprend dans les terrains ébouleux, des roches très-fendillées et par suite incohérentes en grand, mais non coulantes; ces roches peuvent être considérées comme des accumulations de fragments et blocs de toutes dimensions, non liés entre eux, et par conséquent pouvant, par leur glissement, exercer des poussées très-énergiques.

Dans la traversée de ces roches fendillées par une galerie, la difficulté n'est pas, comme dans les terrains véritablement ébouleux, le percement ou plutôt l'avancement de la galerie; c'est le soutènement proprement dit. Comme exemple, nous citerons les galeries de $2^m,50$ sur $2^m,50$ qui furent percées dans les craies fendillées en *fondis*, c'est-à-dire déjà éboulées, pour l'établissement du canal en tunnel près de Saint-Quentin. Ces galeries reçurent un boisage renforcé, composé de cadres équarris suivant le tracé indiqué *planche* XVIII, fig. 2, et de garnissages formés de forts madriers appuyés sur ces cadres. Cette disposition, facile à monter malgré les difficultés de chaque phase de l'avancement, permettant d'ailleurs de doubler au besoin les cadres ou même de les placer contigus, eut un plein succès dans les circonstances les plus difficiles du percement.

Dans les terrains ébouleux, le boisage ne peut être considéré que comme un soutènement provisoire : les efforts qu'il supporte ne tarderaient pas à le déformer et à le rompre; il faut donc le remplacer par un muraillement.

Le *muraillement* d'une galerie, lorsqu'il s'exécute à titre de simple soutènement, dans des terrains que l'on peut excaver, boiser légèrement, puis murailler en démontant le boisage pour lui substituer le nouveau revêtement en maçonnerie, est un travail très-simple et sans difficulté; ce procédé est donc préférable au boisage, lorsqu'une galerie doit durer très-longtemps et lorsque les terrains sont sujets à se gonfler et à se déliter par le contact de l'air humide.

Le plus souvent, le muraillement consiste en deux pieds-droits verticaux soutenant une voûte à plein cintre. Les maçons ont eu soin de bourrer des pierres dans les vides qui restent entre le terrain et l'extrados de la maçonnerie, de manière à exercer un serrage général et à prévenir toute fissure du terrain. Dans ces conditions on obtient un soutènement résistant et durable, si toutefois la galerie n'est pas dans des terrains exposés à être mis en mouvement par l'exploitation.

Dans les terrains ébouleux et humides, le muraillement doit être complet, c'est-à-dire que le sol doit être maintenu par une voûte renversée. Des *gabarits* formés par des arcs de cercle raccordés permettent aux maçons de suivre bien régulièrement les courbes adoptées. Dans ce cas, le muraillement est exécuté en briques faites sur modèles spéciaux, de manière à réduire l'épaisseur des joints et à ne pas avoir à les tailler.

La figure 6, *planche* XV, indique la forme le plus souvent adoptée pour un muraillement complet. La forme indiquée fig. 1, *planche* XVIII, présente également de bonnes conditions de résistance.

Les détails de l'exécution du muraillement se lient nécessairement aux conditions du percement et du boisage, les maçons devant suivre les mineurs à une distance déterminée, de manière à ne pas les gêner. Dans les terrains très-ébouleux, l'œuvre de l'établissement de la galerie ne peut être considérée comme complète que lorsque le muraillement est terminé.

Pour indiquer la marche suivie, le mieux est de prendre un exemple spécial et d'en étudier les détails.

Nous prendrons de préférence la galerie d'écoulement d'Engis sur la Meuse, parce que toutes les difficultés s'y trouvèrent accumulées, et parce que nous avons pu en suivre l'exécution. Cette galerie a dû traverser des *sables boulants aquifères*, dans lesquels avaient déjà échoué nombre d'ouvrages de mines, puits ou galeries.

Que l'on se représente des sables fins et meubles, pénétrés d'eau sous une pression telle, qu'un simple trou de sonde leur permettait de sortir avec impétuosité et d'envahir la portion de la galerie déjà exécutée; il est évident que les précautions du boisage par les palplanches, et d'un bouclier appliqué contre la paroi verticale du fond pour la maintenir, ne pouvaient être suffisantes, et qu'une galerie arrivée devant un pareil obstacle aurait dû être abandonnée, si l'on n'avait eu un procédé spécial pour la combattre.

La galerie d'écoulement d'Engis avait été commencée pour recouper en profondeur le gîte calaminaire du Dos, un des plus importants de la vallée de la Meuse par ses dimensions. Cette galerie avait atteint 550 mètres de longueur sur 650 qu'elle devait avoir ; elle avait coûté plus de 80 000 francs et quatre années d'un travail incessant. Les exploitants pouvaient fonder à juste titre des espérances sur sa terminaison prochaine, lorsqu'à ce point de 550 mètres, la rencontre des sables mouvants aquifères sembla devoir compromettre tout le travail. Il fallait traverser à tout prix ces sables mouvants, et l'on y parvint par le procédé que nous allons décrire, qui fut appliqué sous la direction de M. Victor Simon.

Pour bien comprendre les difficultés du travail, il faut se représenter d'abord la nature du sable à traverser. Ce sable était quartzeux, très-fin et homogène, pénétré d'eau sous une pression considérable, et par suite tellement *vif* et fluide, que les trous de sonde horizontaux pratiqués pour le reconnaître donnèrent lieu à des jets d'eau sablonneuse de plusieurs mètres de longueur. En prenant le sable dans la main et le serrant de manière à expulser l'eau qui le pénétrait, on reconnaissait qu'il était tellement friable, qu'il suffisait d'une petite secousse pour que la pelote, ainsi formée sous la pression, tombât en poudre désagrégée. Cette grande fluidité fut d'ailleurs mise en évidence par le fait même de la découverte des sables : un ouvrier faisait une entaille au sol de la galerie pour y placer un montant du boisage, lorsque tout à coup il atteignit, non pas même les sables, ainsi qu'on le reconnut par la suite, mais une fissure de l'argile schisteuse qui leur ouvrit une issue. Le sable fit irruption comme une source artésienne, et remplit la galerie sur 10 mètres de longueur.

Après cette irruption des sables, on les enleva rapidement, on boucha l'ouverture par laquelle ils arrivaient, et l'on établit contre la paroi du fond, que l'on craignait de voir céder sous la pression, une armature solide, consistant en une digue d'argile maintenue par des madriers jointifs. La digue une fois établie, on pratiqua plusieurs sondages horizontaux afin de reconnaître exactement la position des sables : il fut constaté qu'ils constituaient un banc incliné, dont la paroi du fond se trouvait encore séparée par une épaisseur moyenne de 2 mètres d'argile.

Les trous de sonde percés débitaient tous une quantité plus ou moins grande d'eau et de sable, et, pour empêcher le sable de sortir ainsi avec l'eau, on bourra dans chacun d'eux du foin qui établissait une sorte de filtre. Quelques-uns de ces trous s'obstruèrent par le mélange de fragments d'argile; on fut obligé d'en boucher d'autres, à travers lesquels on ne pouvait empêcher le sable de sortir avec l'eau. En résumé, le débit de l'eau se trouva réglé à 3 mètres cubes par heure, sans que ce débit parût diminuer.

La première idée fut d'assécher les sables. Les trous de sonde ne pouvaient pas évidemment suffire à cet assèchement. Il y avait d'ailleurs un grand intérêt à ne pas se servir pour cela du fond de la galerie; l'eau entraînait, en effet, des quantités de sable plus ou moins grandes, quelles que fussent les précautions prises, et déjà les quantités ainsi soustraites avaient dû déterminer des vides et des éboulements dans les terrains à traverser. Les vides ainsi produits créaient des difficultés nouvelles, il importait de ne pas les augmenter.

Deux petites galeries latérales de $1^m,80$ de hauteur sur 0,80 de largeur furent prises à droite et à gauche sur les parois de la galerie d'écoulement, à 5 mètres en arrière du fond. Ces galeries, après un parcours de 5 à 6 mètres perpendiculaire à l'axe de la galerie, furent dirigées obliquement vers les sables; elles étaient muraillées à mesure que l'on avançait. La galerie de l'ouest, arrivée à $0^m,30$ du sable, fournit une quantité d'eau considérable dont on favorisa l'écoulement, et, afin d'augmenter le débit, on perça même un second embranchement pour rejoindre les sables sur un nouveau point. Du côté de l'est, on réussit moins bien : le sol de la galerie se souleva en approchant des sables, le muraillement fut écrasé, et une masse d'argile sablonneuse ne tarda pas à obstruer la section du percement sans avoir déterminé un débit d'eau notable.

Deux mois s'étaient écoulés pendant ces travaux préparatoires et les sables ne paraissaient pas sensiblement asséchés. Des masses argileuses mélangées de sable venaient souvent obstruer la sortie des eaux dans la galerie latérale; ces masses argileuses provenaient évidemment des éboulements déterminés au toit des sables par leur soutirement prolongé, car il était très-difficile de les empêcher de couler avec les eaux. Il fallait donc attaquer directement le problème du percement; imaginant des procédés nouveaux pour ces difficultés toutes nouvelles, M. Victor Simon établit le programme suivant pour la conduite du travail :

La section de la galerie sera attaquée par un garnissage de coins divergents ou palplanches contiguës; on démontera ensuite par portions, le barrage qui soutient la paroi du fond, et, à mesure qu'une petite partie de la section du terrain meuble sera mise à découvert, on y enfoncera des picots horizontaux et contigus, de manière à former dans l'intérieur des palplanches un garnissage très-serré. Ces picots contigus auront $1^m,20$ de longueur au moins; ils seront coniques, et, comme ils laisseront entre eux des intervalles par lesquels le sable pourrait couler, on picotera ces intervalles avec de petits picots ayant seulement $0^m,15$ à $0^m,25$ de longueur, de telle sorte que toute la paroi du fond de la galerie ne présentera plus qu'un garnissage de picots contigus, bouclier imperméable au sable et même à l'eau.

Pour que ce garnissage de picots ne soit pas chassé au dehors par la pression des sables aquifères, on le maintiendra par une armature de madriers horizontaux appuyés contre la partie du muraillement déjà exécutée ; cette armature sera d'ailleurs disposée de manière à pouvoir se démonter partiellement et à mettre successivement à découvert les diverses parties de la surface picotée.

Ces préparatifs étant achevés, on découvrira le milieu de la paroi et on chassera en avant les picots mis à découvert, de manière à les avancer de $0^m,20$ à $0^m,30$; on procédera ainsi de proche en proche, faisant marcher un à un les picots à coups de masse; toute fuite d'eau chargée de sable, sera immédiatement bouchée par des picots de la dimension la plus convenable.

Lorsque toute la partie inférieure de la galerie sera assez avancée, on posera la semelle d'un nouveau cadre et on attaquera la partie supérieure en procédant de bas en haut et posant les diverses parties du nouveau cadre à mesure que leur place sera préparée. On arrivera ainsi à pousser le picotage en avant, de toute l'épaisseur d'un cadre, et l'on cuvellera la galerie par des cadres équarris et contigus, ayant soin, de trois en trois cadres, de chasser un nouveau garnissage en palplanches divergentes.

Ainsi donc, on se proposait d'avancer dans le terrain mouvant, sans l'extraire au dehors, refoulant en quelque sorte ce terrain en avant, à l'aide du bouclier formé par les picots, en comptant d'ailleurs sur les fuites qui ne manqueraient pas de se produire, pour l'assèchement des sables et pour leur raréfaction. On prévit qu'on serait obligé d'ouvrir de temps en temps des issues aux sables afin de diminuer leur pression et de faciliter l'avancement des picots ; pour cela, on devait retirer deux ou trois picots, lorsque leur avancement éprouverait trop de résistance, à l'aide d'une tarière préparée *ad hoc*, laisser couler l'eau et les sables pendant quelque temps, puis reboucher les trous en remettant les picots à leur place.

Ce fut, en effet, en suivant cette marche, que les sables purent être traversés.

Tout étant bien ferme et soutenu, on poussa en avant de $0^m,25$ la rangée supérieure de picots sur une hauteur de $0^m,30$, puis une deuxième rangée, une troisième, etc., ainsi que l'indiquent les figures 1 et 2 de la *planche* XV. Arrivé sur le sol, on enfonça obliquement dans le terrain, des picots de $0^m,60$ à 1 mètre de longueur, au fur et à mesure que l'on faisait avancer horizontalement les autres, dans la crainte d'une affluence de sable par ce point. On procédait de même pour les parois latérales.

Très-souvent, pendant ce travail d'avancement, les picots se déchiraient, prenaient une mauvaise direction ou refusaient d'avancer ; il fallait alors les remplacer après avoir enlevé avec la tarière l'argile ou les sables qui se trouvaient desséchés par la pression.

Ces opérations furent continuées jusqu'à ce que tous les picots fussent assez avancés pour que l'on pût placer un nouveau cadre contre la taille.

En résumé, l'avancement était obtenu par deux opérations successives : 1° le chassage de palplanches autour des cadres; 2° celui du garnissage en picots, toujours poussé en avant, en remplaçant par de nouveaux picots, enfoncés à la partie supérieure de la galerie, tous ceux qui descendaient dans le sol ou qui se perdaient latéralement dans les sables.

Après divers accidents qui interrompirent l'avancement, on est enfin parvenu à traverser toute la masse des sables, qui avait environ 15 mètres d'épaisseur.

L'avancement moyen était de $0^m,10$ par jour, lorsque le travail marchait régulièrement. Pour accélérer le percement, on fit marcher les picots à l'aide d'une pièce de bois suspendue qui servait de bélier. Toutes les fois que cela était nécessaire, c'est-à-dire lorsque le sable comprimé empêchait les picots d'avancer, on en retirait quelques-uns et on laissait couler le sable de manière à le raréfier. Le picotage, ainsi poussé en avant, ne laissait passer que très-peu de sable; la quantité extraite n'a presque jamais dépassé 3 mètres cubes par jour.

La galerie, une fois percée, fut redressée et muraillée, travail qui ne présenta pas une grande difficulté, les sables ayant été suffisamment desséchés par le percement pour qu'on pût les retailler et relever les cadres déformés.

La forme de la galerie, avant la rencontre des sables, est représentée par la figure 5, *planche* XV, qui indique la voie de roulage établie au milieu et de chaque côté des rigoles pour l'écoulement des eaux. Cette forme ne pouvait plus être conservée pour la traversée des sables; on dut adopter celle qui est représentée figure 3, avec muraillement double et complet, de section circulaire.

On n'employa que des briques de choix, très-dures, pour les revêtements, les remplissages intérieurs étant faits en briques communes. Le mortier fut l'objet de soins tout spéciaux, préparé à l'avance et travaillé de nouveau au moment de la mise en œuvre.

Cet exemple résume toutes les difficultés que peut rencontrer le percement d'une galerie. Sans doute il est très-exceptionnel, le procédé des picots n'ayant été appliqué dans aucun autre cas, à notre connaissance; mais les précautions prises pour le boisage, le chassage des palplanches et le muraillement sont au contraire d'une application fréquente.

Dans beaucoup de cas, les terrains traversés par des galeries se tiennent assez bien pour qu'on puisse les percer; puis les boiser ou les murailler par les procédés ordinaires. D'autres fois ils sont mis en mouvement par les travaux d'exploitation et exercent des poussées telles que les muraillements en briques ou en pierres, sont écrasés.

Ces effets, signalés dans un grand nombre de mines, donnent lieu à des entretiens coûteux et à des précautions difficiles; généralement, on préfère le boisage, qui présente plus d'élasticité et se prête mieux à ces mouvements qu'il est d'ailleurs impossible de prévenir.

C'est ainsi qu'un bouveau, qui dans la mine de Sars-Lonchamp traversait huit couches de houille, a subi des mouvements tels que les briques du muraillement tombaient exfoliées et écrasées par la compression. On avait pourtant laissé de chaque côté des massifs de protection de 50 mètres en direction, et de 20 mètres suivant l'inclinaison. Ce bouveau dut être rétabli avec un boisage en chêne dont les cadres avaient $0^m,25$ à $0^m,30$ d'équarrissage et qui sur plusieurs points, étaient contigus.

En présence de pareilles difficultés on a dû chercher des revêtements plus résistants.

Aux mines de Mariemont, dans le Centre belge, on a construit des revêtements en *briques de bois*. Ces briques avaient la forme de claveaux de voûtes en pierre. Elles avaient 0^m,16 de longueur, 0^m,20 de largeur et 0^m,20 de hauteur moyenne. Les fibres du bois, qui se trouvaient dans le sens de la plus grande dimension, étaient placées normalement aux parois des excavations. On a construit de cette manière des chambres d'accrochage, des galeries à chevaux, et même on a rétabli certaines parties de galerie qui menaçaient ruine, malgré la forte maçonnerie de briques dont elles étaient revêtues. Ces constructions ont bien résisté.

M. Robert a appliqué sur quelques points difficiles un revêtement en fer représenté *planche* I, dont il a donné la description suivante :

« Le principal but de cette disposition est d'appliquer au soutènement des galeries souterraines les rails hors de service, soit des chemins de fer de la surface, soit des chemins de fer de l'intérieur des mines, pour remplacer le boisage ordinaire et même la maçonnerie, dans les galeries de longue durée qui doivent être établies dans de très-mauvais terrains. Essayé depuis quelque temps déjà en différents endroits très-difficiles des travaux du charbonnage de Mariemont, ce nouveau procédé remplit parfaitement son but par l'énergique résistance qu'il oppose à la poussée des roches et aux autres causes de destruction auxquelles sont assujettis les procédés ordinaires. Bien que son installation soit un peu plus coûteuse que celle du boisage et du muraillement, son emploi n'en est pas moins avantageux et économique dans beaucoup de circonstances, à cause de sa durée pour ainsi dire indéfinie et du peu de frais d'entretien qu'il exige.

Cette disposition consiste (fig. 1, *planche* XVI) :

« 1° En des cercles en fer formés de trois parties courbées à chaud (*a, a*), suivant le rayon adopté pour la galerie, réunis par des éclisses (*c, c*), et séparés par des tasseaux en bois (b, b) dont l'écrasement a pour but de recevoir la première poussée des terrains. Les trous percés dans ces cercles pour l'assemblage des éclisses sont très-allongés, de manière à permettre cet écrasement en diminuant quelque peu le rayon de la galerie. Les cercles sont réunis entre eux par des tirants en fer boulonnés de deux côtés, de manière à en rendre l'écartement invariable :

« 2° En des clames minces, placées sur les cercles de manière à recevoir directement la poussée des terrains. Elles sont supportées par deux ou trois cercles, et dépassent les cercles extrêmes, de manière à pouvoir céder, jusqu'à une certaine limite, sous les pressions extérieures.

« Ces clames sont plus ou moins espacées, suivant la nature du terrain; mais leur écartement est toujours suffisant pour permettre de placer entre elles les extrémités des clames appuyées sur les cercles suivants. Les vides restant entre ces clames et le terrain sont soigneusement remblayés par des terres ou autres matériaux disposés avec soin, de manière à répartir le plus uniformément possible la pression sur toute la circonférence de la galerie.

« La partie inférieure de la galerie est remblayée sur une certaine hauteur, de manière à former un sol horizontal sur lequel doivent se poser les chemins de fer propres au transport souterrain.

« Les rails des chemins de fer de la surface, hors d'usage, et n'ayant plus, par conséquent, qu'une valeur relativement faible, sont éminemment propres à la construction des cercles; les rails des chemins de fer du fond, également hors de service, sont avantageusement employés comme clames. Les coupes *planche* XVI supposent l'emploi des rails Vignole pour les cercles, et des rails du petit modèle des chemins de fer du fond du charbonnage de Mariemont pour les clames; mais tous les fers de sections analogues pourront également être employés, tels que rails à simple ou à double bourrelet, poutrelles en fer des différents modèles, et généralement tous les fers dont la section opposerait une résistance énergique à la pression intérieure. »

M. Briart recommande ce procédé comme solide et ne coûtant pas beaucoup plus que le muraillement ordinaire. Ainsi une galerie à section circulaire, de 2^m,40 de diamètre intérieur, coûtant 126 francs le mètre courant (creusement et muraillement), a coûté, pour un revêtement en fer sur le modèle indiqué, 148 francs le mètre. Cette même galerie revêtue en briques de bois a coûté 241 francs.

Cette question de galeries stables et solides est aujourd'hui une des plus importantes pour les mines de houille; nos terrains les meilleurs n'ont pas en effet la solidité qu'ils présentent en Angleterre, et lorsqu'il s'agit de descenderies pour plans inclinés, de galeries de longue durée dans lesquelles on veut organiser un roulage économique et une traction mécanique, il importe d'y établir un soutènement qui présente toutes garanties.

L'usage du fer tend à se propager dans les travaux de mine; nous en verrons des applications heureuses pour le percement des tunnels et pour le fonçage des puits. Dans les cas de pressions et de poussées inégales, le fer, en vertu de sa malléabilité, résiste plus efficacement que la fonte.

Un revêtement en fonte a cependant été appliqué avec succès par M. Roger, dans des terrains ébouleux et aquifères où l'on avait essayé, sans succès, diverses combinaisons de boisages. Ce revêtement se compose de six segments en fonte renforcés par des nervures; l'élasticité nécessaire à tout revêtement employé avantageusement dans les mines, est obtenue par l'emploi de joints en bois qui relient les six segments de fonte constituant l'ensemble du système représenté par les coupes : fig. 2, *planche* XVI.

Pour éviter qu'une pointe de roche ne vienne exercer une pression très-puissante en un seul point de la conférence, pression qui aurait pour résultat de déformer la section, on a employé, pour séparer la fonte du rocher, une matière meuble, tendre et qui se tasse facilement, comme des terres menues ou des déchets de lavage de charbon.

Bien que l'on doive descendre ces derniers dans la mine, ils ont paru cependant être la matière la plus convenable; c'est celle qui a été employée de préférence à toute autre, car, après avoir passé ces déchets aux cylindres concasseurs, on obtient des fragments de faible volume et à peu près réguliers; cette enveloppe pouvant se tasser répartit la pression presque uniformément sur toute la circonférence. Le revêtement ainsi établi peut résister aux mouvements de terrain qui se produisent en général lorsque les travaux d'exploitation sont rapprochés des galeries.

L'application de ce revêtement a été faite sur une longueur de 20 mètres, et il n'a été constaté qu'une seule altération résultant de l'amincissement des joints en bois. Ces joints, qui avaient primitivement une épaisseur de $0^m,08$, ont été réduits à $0^m,04$, ce qui prouve qu'ils ont été soumis à une pression considérable.

PERCEMENT DES TUNNELS.

La dénomination de *tunnel* s'applique aux galeries de grandes dimensions, destinées au passage des canaux ou des chemins de fer à travers les lignes de faîte. Les dimensions de ces tunnels et la difficulté de leur exécution les placent parmi les plus grands ouvrages de l'art des mines.

Un tunnel pour chemin de fer à une seule voie, exige déjà une largeur de 5 mètres et une hauteur de plus de 6 mètres. Pour un chemin à deux voies il faut 8 mètres de largeur sur 7 mètres de hauteur.

Le percement de ces galeries à grandes sections, est simplement un travail de force et de patience, lorsqu'on traverse un terrain solide; lorsque les terrains sont ébouleux ou aquifères, ce travail exige des méthodes spéciales dont l'étude et la pratique ont posé les principes.

Le terrain étant supposé consistant et solide, la disposition d'un chantier pour le percement d'un tunnel se déduira simplement des moyens employés pour les chantiers d'abatage.

Il s'agit d'appliquer sur le front de taille tout le personnel que comporte la section à attaquer, et sous ce rapport la disposition par gradins droits donne entière satisfaction. Sur la hauteur de 7 à 8 mètres à entailler, on disposera donc trois ou quatre gradins, auxquels on donnera assez d'avance les uns sur les autres, pour que les ouvriers ne se gênent pas.

L'avancement du gradin supérieur est plus difficile et plus lent, parce que la paroi attaquée se présente sans aucun dégagement, tandis que sur les gradins inférieurs le rocher est dégagé sur deux faces. Cependant un chantier bien conduit peut avancer de $0^m,25$ par jour dans les roches scintillantes, telles que des granites ou des quartzites, et de $0^m,50$ à $0^m,75$ et même un mètre, dans les calcaires plus ou moins compactes.

Le tunnel de la Nerthe, près Marseille, d'une longueur de 4800 mètres a été percé au moyen de vingt-deux puits qui, avec les deux chantiers extrêmes, ont fourni un total de quarante-six chantiers. Ce tunnel fut exécuté avec toute la célérité possible, et l'on admettait que l'avancement normal d'un chantier en percement devait être de $0^m,50$ par journée de travail.

La résistance des roches au percement d'un tunnel dépend à la fois de la nature minéralogique et de leur structure. Pour une même roche, l'existence d'un système de fissures et leur disposition favorable à l'abatage peut diminuer dans la proportion du simple au double le temps nécessaire pour la traverser. On ne peut donc formuler aucune règle qui puisse permettre d'établir *à priori* le devis du temps nécessaire pour l'établissement d'un tunnel. Cependant le tunnel de la Nerthe, ouvert dans les calcaires compactes du système crétacé, peut être présenté comme un type des circonstances les plus favorables. La roche n'est ni scintillante ni même cristalline; elle présente des fissures nombreuses, mais pas en assez grande quantité pour que le percement ait eu besoin d'être muraillé.

Dans ces conditions, le tunnel de la Nerthe, confié à des entrepreneurs actifs, ne put être achevé qu'en trente-quatre mois de travail. On a donc fait, en moyenne, 150 mètres par mois, soit environ 3 mètres un tiers par mois et par chantier. Il est vrai qu'au temps nécessaire pour le percement du tunnel se trouve ajouté celui qui fut nécessaire pour le fonçage et l'installation des puits. Nous nous sommes donc enquis auprès des entrepreneurs de l'avancement qu'ils avaient obtenu dans les chantiers bien installés et dans de bonnes conditions de travail. Cet avancement est évalué par eux, dans les conditions moyennes, à 10 mètres par mois, le maximum ayant été de 14 mètres.

L'exécution du tunnel du mont Cenis, au moyen de perforateurs mécaniques, a modifié toutes ces conditions de percement. Grâce à l'emploi de ces appareils, on a pu obtenir 2 mètres d'avancement par jour, dans les alternances argilo-calcaires du lias de Bardonnèche, plus de 1 mètre dans les grès houillers de Modane; $0^m,50$ et $0^m,60$ dans les quartzites compactes, triasiques qui leur sont superposés, et qui ont eu 300 mètres d'épaisseur.

L'emploi de la perforation mécanique a conduit à modifier la disposition des travaux, et ce tunnel a été percé au moyen de trois chantiers successifs.

Le premier était consacré à l'ouverture d'une galerie de 3 mètres de hauteur, sur 4 mètres de largeur, placée dans l'axe du tunnel et au niveau des rails. En arrière, à une distance de 150 à 200 mètres, des chevalets en charpente permettaient d'ouvrir le reste de la section, en rabatage sur cette galerie. Un troisième chantier était composé des maçons qui construisaient le muraillement. Cette organisation obtint un succès remarquable, car le tunnel de 12200 mètres de longueur, fut percé, muraillé et livré à la circulation en moins de quatorze ans.

Le tunnel du Saint-Gothard, en voie d'exécution, a été entrepris après de notables perfectionnements obtenus dans les appareils de perforation mécanique. Ces perfectionnements ont permis à l'entrepreneur de s'engager à terminer ce tunnel en huit ans, bien que sa longueur soit de 14,755 mètres.

Les deux extrémités de ce tunnel ont traversé des roches très-différentes. A Gœschenen ce sont des granites-gneiss massifs, tandis que du côté d'Airolo, ce sont des terrains schisteux généralement fendillés. Le percement a toujours marché plus vite et plus régulièrement dans les roches massives où l'on obtenu un avancement moyen de plus de 2 mètres par jour ; il a été organisé dans les conditions suivantes :

La première attaque est faite par une galerie de 2,50 de hauteur sur $2^m,40$ de largeur, placée dans l'axe, à la partie supérieure, au clavage de la voûte. *Planche* XVII, fig. 1.

A cent mètres environ du front d'attaque de cette galerie d'avancement, succède l'*élargissement* des deux côtés, suivant la courbe de la voûte.

En arrière de ce chantier d'élargissement, et à même distance on établit le troisième qui consiste à creuser sur toute la hauteur du tunnel et dans l'axe, une foncée de $2^m,50$ de largeur. *Planche* XVII, fig. 2.

Deux chantiers, 4 et 5, suivent le troisième en ouvrant par l'abatage du gradin, toute la section du tunnel.

Enfin au moyen du sixième on creuse dans l'axe un aqueduc destiné à recueillir les eaux d'infiltration et devant servir en outre à l'aérage du tunnel.

Cette disposition des chantiers est évidemment préférable à celle qui a été suivie au mont Cenis. La galerie d'avancement qui sert à dégager la roche, est à section réduite et peut être menée plus rapidement; les attaques latérales de la voûte sont facilitées par le dégagement sur deux faces des roches traversées; la tranchée suivant l'axe est exécutée par des coups de mine verticaux que la perforation mécanique permet de foncer rapidement; enfin les deux banquettes latérales dégagées sur trois faces permettent d'enlever le déblai de toute la section dans les conditions les plus favorables. La méthode suivie pour ce tunnel peut donc être présentée comme l'exemple le plus pratique et le mieux étudié.

L'organisation du percement est basée sur l'emploi de l'outillage mécanique : air comprimé et perforateurs.

Cet outillage tend aujourd'hui à se généraliser dans les mines non-seulement pour les galeries, les descenderies, puits, ou bures, mais même pour l'abatage. L'air comprimé est en outre appliqué aux tractions mécaniques pour les transports souterrains et nous nous réservons de présenter la description de cet outillage dans un chapitre spécial.

Si maintenant nous examinons les conditions du percement des tunnels dans les terrains qui ont besoin d'être soutenus, il est évident que l'établissement d'une galerie dont la section est de 45 à 50 mètres carrés présente des difficultés considérables.

Deux cas doivent être distingués : ou bien le terrain est de consistance moyenne, tel qu'il est par exemple pour des galeries ordinaires boisées par cadres avec garnissages à claires-voies; ou bien le terrain est ébouleux, c'est-à-dire de ceux où le front de taille doit être soutenu, et où les garnissages doivent être jointifs.

Dans le premier cas, on emploie généralement la méthode par *section divisée*, qui consiste à exécuter l'évidement de la section par parties successivement, et son muraillement par tronçons successivement raccordés.

Dans les terrains ébouleux, on emploie les méthodes par *section entière*, ce qui semble au premier abord constituer une anomalie; mais dans ce cas, le muraillement doit être exécuté par anneaux complets, car les tronçons du revêtement, s'ils étaient excutés isolément, se trouveraient inégalement soutenus dans des terrains ébouleux et pourraient subir des mouvements et des déviations qui empêcheraient un raccordement régulier.

Ces diverses méthodes se sont constituées par l'expérience, et pour bien en apprécier les détails, il est nécessaire d'examiner les procédés successivement adoptés dans les principales applications.

TUNNEL DU CANAL DE BOURGOGNE.

Le canal de Bourgogne franchit, par un souterrain de 3350 mètres de longueur, la crête de partage des eaux des bassins de la Seine et de la Saône. Ce souterrain a dû traverser les calcaires et les marnes du lias dans des conditions de consistance moyenne. Les marnes surtout avaient besoin de soutènement, parce qu'elles absorbent rapidement l'eau, se renflent et s'éboulent.

La ligne du canal fut jalonnée à la surface et l'on y plaça seize puits jumeaux, disposés de manière à tomber à l'aplomb des pieds-droits. Chacun des groupes de deux puits jumeaux est espacé, en moyenne, de 200 mètres.

Le plus élevé de ces puits n'avait que 55 mètres de profondeur, ce qui explique pourquoi on les multiplia au nombre de trente-deux, au lieu de foncer seulement seize puits simples comme on l'aurait fait dans les conditions habituelles.

Les opérations spécifiées par la *planche* XVIII, se sont ensuite succédé dans l'ordre suivant :

1° Les puits une fois à profondeur, on y perça les galeries de $2^m,60$ de hauteur sur 2 mètres de largeur, qui successivement exhaussées, servirent à fonder et à monter les pieds-droits jusqu'à la naissance de la voûte ;

2° De la partie supérieure des pieds-droits on se porta, par des galeries inclinées, établies de distance en distance, dans l'axe du tunnel, de manière à percer une galerie centrale vers le clavage de la voûte ;

3° Cette galerie étant percée, on battit au large de chaque côté, de manière à ouvrir des chambres de 3 mètres de longueur, ayant les dimensions nécessaires pour la construction de la voûte. Ces chambres étaient séparées par des piliers de 4 mètres ; le plafond était soutenu par un *boisage en éventail* appuyé sur le stross central ;

4° Les chambres étant faites, on y établit les cintres, entre les boisages en éventail ; on cala sur les couchis les longrines du grillage de soutènement au moyen de poinçons,

5° On construisit la voûte en partant de chaque côté de la naissance du pied-droit et terminant par le clavage ;

6° On attaqua ensuite les terrains laissés en piliers qui séparaient les chambres voûtées, à fin d'y construire la voûte par les mêmes procédés ; les portions de voûte furent raccordées de manière à compléter le muraillement :

7° On procéda au décintrage et à l'enlèvement du stross.

Cette méthode suivie pour le souterrain du canal de Bourgogne est rationnelle ; elle procède de la base au sommet du muraillement. Cependant en général, elle n'a pas été suivie pour l'établissement des tunnels de chemins de fer, parce qu'elle est longue et que, dans ce cas, on est toujours conduit à choisir les procédés qui peuvent abréger la durée du travail. La voûte est la partie qui exige le plus de temps, il faut donc commencer par la voûte, et à mesure qu'elle sera construite et clavée, on la reprendra en sous-œuvre pour la construction des pieds-droits.

Nous chercherons à préciser cette seconde méthode, en

prenant un exemple classique : le percement du tunnel de Blaisy.

TUNNEL DE BLAISY.

Cinquante ans après l'établissement du tunnel du canal de Bourgogne, on dut percer encore la crête de partage des bassins hydrographiques de la Seine et de la Saône, pour le passage du chemin de fer de Paris à Dijon, et l'on y établit le tunnel de Blaisy.

La coupe géologique, *planche* XIX, et les coupes transversales qui l'accompagnent, détaillent les conditions dans lesquelles le tunnel a été percé et muraillé.

Du côté de Malain, apparaît un soulèvement granitique qui fait affleurer les marnes irisées et les gypses triasiques, auxquels succèdent le calcaire à gryphés du lias et les marnes supraliasiques très-développées. Au-dessus, la coupe indique la série des calcaires jurassiques, qui fut traversée par les puits.

Cette coupe présente un double intérêt : elle indique les terrains très-différents sous le rapport de la consistance, que le percement a dû traverser, et résume la composition et la structure géologique de la crête de partage.

Le tunnel de Blaisy, situé au nord de Dijon, a une longueur de 3900 mètres, il a été percé à l'aide de vingt-deux puits, dont les ateliers, joints aux deux ateliers extrêmes, ont constitué quarante-six ateliers. Le plus profond de ces puits a 197 mètres de profondeur; huit puits seulement ont moins de 100 mètres, et la profondeur additionnée des vingt-deux puits est de 2458 mètres. Sur la coupe, dix-neuf de ces puits sont numérotés; les deux autres sont des puits supplémentaires placés vers les têtes de tunnels pour en accélérer l'achèvement, les terrains ayant présenté plus de difficultés sur ces deux points.

Les puits n'ont pas été foncés, ainsi que cela se fait souvent, sur l'axe même du tunnel; on les a placés à côté et en dehors des pieds-droits. Le tunnel terminé, une partie de ces puits ont été mis en communication avec toute la hauteur du tunnel par une fendue étroite, de manière à en assurer l'aérage. *Planche* XIX (fig. 2).

Le tunnel a 8 mètres de hauteur (7^m,50 au-dessus des rails), 8 mètres de largeur dans œuvre. Sa forme est une voûte à plein cintre, posée sur deux pieds-droits verticaux.

Les matériaux du muraillement furent : pour la pierre de taille et les moellons, le calcaire à entroques et le calcaire à gryphées des carrières voisines; pour les mortiers, le sable de la Saône et la chaux hydraulique fabriquée sur place par la cuisson des calcaires siliceux à bélemnites et à possidonies; pour les chapes, le ciment de Pouilly et un ciment analogue à celui de Vassy, fabriqué sur les lieux.

Les opérations successives du percement furent ensuite organisées de la manière suivante dans chacun des quarante-six chantiers :

1° Percement dans l'axe du tunnel et au clavage de la voûte, d'une galerie de 4 mètres de hauteur et de 3 mètres de largeur, fortement boisée avec cadres épontillés dans le milieu, de manière à former une double galerie, chacune étant pourvue d'une voie de chemin de fer;

2° Élargissement par chambres de 4 mètres de longueur, séparées par des piliers équivalents, jusqu'aux dimensions nécessaires pour loger l'extrados de la voûte. Boisage en éventail appuyé sur le sol et sur les cadres de la galerie centrale;

3° Montage des cintres et placement des couchis, en soutenant les bois de garnissage par des poinçons appuyés sur les couchis, substitués aux bois en éventail;

4° Fondation et contruction de la voûte, dont les conditions d'épaisseur varient suivant la nature des terrains traversés, ainsi qu'il est indiqué par les coupes; pose du clavage;

5° Déblai du stross par deux gradins, en laissant la voûte appuyée sur deux pieds-droits en terrain blindé;

6° Reprise de la voûte en sous-œuvre par l'ouverture de tranchées verticales également espacées, construction des pieds-droits par piliers montés dans ces tranchées; attaque progressive des piliers formés par le reste du terrain et construction du complément de pieds-droits.

Les six coupes du tunnel (*Planches* XIX, fig. 3 à 8) sont tracées de manière à présenter douze cas différents du muraillement, suivant la nature des terrains traversés. Les deux cas spécifiés par la figure 3 indiquent le muraillement vers les deux têtes : la tête de Blaisy dans les marnes du lias très-ébouleuses; la tête de Malain dans des alternances triasiques de dolomies, marnes et gypses. Viennent ensuite les coupes dans les marnes du lias (fig. 4); celles qui rencontrent les calcaires à gryphées solides où l'on a pu supprimer une partie du revêtement. Dans les sections suivantes, la base du tunnel entre dans des alternances moins solides de grès et marnes infraliasiques; la voûte renversée est rétablie. Les gypses et les dolomies du lias permettent de la supprimer, l'épaisseur de la voûte supérieure ayant été au contraire renforcée, de manière à soutenir les stratifications irrégulières et peu adhérentes du terrain (fig. 8).

Le tunnel de Blaisy fut terminé en trois ans et quatre mois.

Le nombre des ouvriers employés a varié entre huit cents et deux mille trois cents; 150 000 mètres cubes de matériaux furent employés à la construction, et la dépense totale s'est élevée à 7 790 000 francs, soit environ 1 900 francs par mètre.

TUNNELS DE SAINT-CLOUD, DE RILLY, DE MONTREUIL, ETC.

Les tunnels des Batignolles et de Saint-Cloud, qui ont traversé la partie supérieure du calcaire grossier et la partie inférieure du calcaire d'eau douce, ont été exécutés suivant une méthode mixte, dans les conditions suivantes :

1° Percement d'une galerie de 4 mètres de hauteur sur

2 mètres de largeur placée dans l'axe, au clavage de la voûte; blindage de cette galerie;

2° Élargissement par chambres de 5 mètres de longueur jusqu'à la naissance de la voûte; blindage de ces chambres par trois boisages en éventail, soutenant un grillage appliqué contre le plafond;

3° Montage de quatre cintres. Pose de couchis solides, sur lesquels le grillage de soutènement est appuyé au moyen de poinçons successivement calés à la place des étais en éventail;

4° Construction de la voûte, qui est fondée sur des longrines destinées à faciliter la reprise en sous-œuvre. La maçonnerie est montée symétriquement de chaque côté, jusqu'à ce qu'il ne reste plus que $0^m,70$ pour le clavage.

La pose de ce clavage a été facilitée par des couchis transversaux, placés sur des longrines supportées par les cintres. De cette manière, les maçons peuvent appareiller et placer les matériaux avec la plus grande précision;

5° Percement de deux galeries le long des pieds-droits. Élargissement de ces deux galeries et construction de ces pieds-droits en sous-œuvre, par piliers qui vont rejoindre les longrines sur lesquelles repose la voûte. Ces longrines sont coupées et remplacées par les pierres de raccordement;

6° Décintrage et enlèvement du stross central.

Les figures 1, 2 et 3 de la *planche* XXIII suffisent, d'après les explications qui précèdent, pour se rendre compte de la marche suivie.

La figure 3 donne le détail de la disposition des couchis transversaux, placés sur les cintres, pour le clavage de la voûte.

Entre les deux méthodes types, celle du canal de Bourgogne, qui commence la construction par la base et laisse un stross central à déblayer en dernier lieu; celle de Blaisy, qui commence par construire la voûte, déblaye le stross et prend en sous-œuvre la construction des pieds-droits, on peut trouver quelques variantes, dont les principales se trouvent exprimées par les exemples dessinés *planche* XX.

Les travaux indiqués par les coupes ont été exécutés dans l'ordre suivant :

Pour le tunnel de Rilly figure 6 :

1° Galerie d'écoulement dans l'axe et à la base, de manière à drainer et assécher le terrain ;

2° Grande galerie supérieure dans l'axe avec fort blindage en bois équarris ;

3° Élargissement avec blindage indiqué, jusqu'à la naissance de la voûte;

4° Cintrage et construction de la voûte ;

5° Déblai du stross et construction des pieds-droits en sous-œuvre.

Pour l'exécution du tunnel de Montreuil (figure 4) :

1° Galerie inférieure dans l'axe, avec chemin de fer ;

2° Galerie supérieure dans l'axe jusqu'au clavage ;

3° Élargissement avec boisage en éventail;

4° Pose des cintres et construction de la voûte ;

5° Déblai des stross latéraux et construction des pieds-droits.

Pour les tunnels exécutés sur la ligne de Vienne-Trieste (fig. 5, 7 et 8), une autre méthode que nous décrirons sous la dénomination de *méthode autrichienne* a été mise en essai. On a laissé subsister (fig. 5 et 7) un stross central autour duquel le terrain est évidé par galeries exécutées dans l'ordre indiqué et successivement boisées. Puis le muraillement a été monté par anneaux complets, depuis la pierre de fondation jusqu'au clavage.

Ces divers exemples, représentés *planche* XX, indiquent comment peuvent être disposés, suivant la marche des méthodes, les *blindages* ou boisages provisoires qui doivent soutenir les excavations successives, ainsi que la disposition des cintres pour le muraillement.

TUNNEL DU CANAL DE SAINT-QUENTIN.

La méthode par section divisée est la plus ancienne de toutes. Elle fut, dans le principe, appliquée au percement de plusieurs tunnels dans les terrains ébouleux et semble convenir, en effet, mieux que toute autre dans les terrains sans consistance, puisqu'elle met à découvert les sections les plus réduites. Le percement du canal de Saint-Quentin dut traverser en quelques points des craies fendillées, rendues très-mobiles par les eaux qui circulaient dans une multitude de fissures ; les excavations avaient déterminé dans ces craies, des éboulements qui les rendaient encore plus mobiles et qui avaient produit des *fondis*, c'est-à-dire des espaces dans lesquels la craie fragmentaire et incohérente avait pris le caractère fluant.

Pour traverser ces fondis, on perça d'abord à la base des pieds-droits, de petites galeries fortement boisées, ainsi que l'indique la figure 2, *planche* XVIII.

Les bois étaient équarris et solidement assemblés, de manière à servir de supports aux cadres qui devaient être établis en dessus, pour les galeries superposées.

Trois galeries furent ainsi percées et superposées de manière à amener successivement la construction des deux arcs pieds-droits, jusqu'à la partie supérieure de la voûte.

Cette partie supérieure fut ensuite établie au moyen de galeries transversales contiguës, qui réunissaient les galeries latérales contenant les naissances. Ces galeries permirent de fermer successivement les anneaux de la voûte.

La coupe de l'ensemble, fig. 3, *planche* XVIII, indique si nettement les conditions et la marche du travail, qu'il est inutile de les détailler.

La méthode suivie pour le canal de Saint-Quentin à travers les fondis, éboulis, est rationnelle, sûre, et pourrait être toujours employée si la longueur de l'exécution n'en réduisait l'application à des longueurs très-restreintes, comme celles de ces fondis, dont l'épaisseur maximum ne dépassait pas 50 mètres.

TUNNEL DU CANAL DE CHARLEROI.

Le tunnel du canal de Charleroi à Bruxelles, percé à travers les sables, sur une longueur de 1 280 mètres, mit encore en évidence toutes les difficultés qui pouvaient résulter de la nature ébouleuse des terrains. Tant que les sables furent assez consistants, le travail de percement put en effet se poursuivre; mais vers l'axe culminant on rencontra, suivant l'expression du pays, des *sables vifs et boulants*, aquifères, tellement mobiles et coulants, que si l'on venait à enlever 1 mètre cube sur un front de taille, il était remplacé par 2 mètres qui coulaient en avant, et laissaient un affouillement à l'avancement. Ces sables ont une certaine analogie avec ceux qui ont été traversés par la galerie d'Engis.

Après divers essais pour continuer la galerie, on s'arrêta au procédé suivant :

1° Creusement d'une petite galerie à la partie supérieure et dans l'axe du tunnel, à laquelle on donnait seulement $1^m, 50$ d'avancement. Le plafond de cette galerie était successivement soutenu par des *chapeaux* longitudinaux, placés suivant la direction. Ces chapeaux étaient eux-mêmes soutenus d'un côté sur la maçonnerie déjà faite, et de l'autre par des piliers avec semelles appuyés sur le sol ;

2° Élargissement de la galerie à la dimension et forme de l'extrados de la voûte, en continuant à soutenir le plafond par des longrines placées suivant la direction et par un boisage en éventail fortement contre-venté. Ce boisage, appliqué contre le terrain à l'avancement, permettait de soutenir e front de taille en paroi verticale.

La conclusion de ce travail était l'établissement d'une chambre étroite jusqu'aux naissances de la voûte.

Toutes les parois de cette chambre étaient soutenues par un garnissage contigu et serré, soit en fagots, soit en planchettes ;

3° Pose de deux cintres et construction de la voûte sur 1 mètre d'avancement, en abandonnant à l'extrados les chapeaux longrines, ainsi que le garnissage et picotant les vides de manière à établir une tension générale du terrain contre la maçonnerie ;

4° Déblai du stross inférieur en deux gradins placés à distance convenable du chantier de voûte, et reprise en sous-œuvre pour la construction des pieds-droits, qui furent ainsi construits en deux fois. Le chantier de la dernière reprise construisait en même temps le radier et les banquettes de halage.

Les phases successives de ce travail se trouvent indiquées par la *planche* XX.

La partie la plus difficile du tunnel de Charleroi était en percement en 1828, et la méthode adoptée par tâtonnement pour la construction de la voûte, en plaçant au plafond des chapeaux en direction, appuyés d'un côté sur la maçonnerie déjà faite, de l'autre sur des piliers droits ou en éventail, contenait le principe de la méthode plus complète qui fut employée plus tard en Angleterre, pour traverser en tunnel les sables verts de la craie inférieure.

MÉTHODE ANGLAISE.

La méthode anglaise, préparée par des essais nombreux, fut appliquée, dans des conditions qui peuvent être considérées comme complètes, aux tunnels de Saltwood et de Blekingley, sur les chemins de Douvres et Folkestone à Londres ; cette méthode a été décrite par Simms avec les plus grands détails. Son but est d'avancer par une excavation à *section entière*, et de construire la voûte par *anneaux complets* et successifs.

Une galerie directrice fut ouverte à la base de la section et percée de manière à mettre les divers chantiers en communication et à donner des axes précis. Les sections furent ensuite attaquées et progressivement pourvues d'un boisage complet dont les *planches* XXIII et XXIV indiquent la disposition en coupe et en élévation.

Ce boisage se compose de deux parties distinctes :

1° Un bouclier appliqué contre la paroi du fond et destiné à en maintenir la section régulière et verticale. Ce bouclier est composé de bois verticaux ou inclinés en éventail, maintenus par deux grandes traverses formées de deux morceaux assemblés de telle sorte qu'on puisse les introduire dans l'excavation. Ces deux traverses sont soutenues par des poussards inclinés et appuyés sur le sol. Les pièces verticales ou inclinées de ce bouclier soutiennent elles-mêmes un garnissage de planches ou madriers horizontaux et contigus, appliqué contre le front de taille vertical ;

2° Un garnissage destiné à soutenir les parois et la voûte. Ce garnissage est composé de pièces de bois horizontales, engagées d'un côté derrière la maçonnerie déjà faite, et soutenues à leur autre extrémité par les pièces verticales ou en éventail du bouclier.

Ces bois horizontaux soutiennent des planches imbriquées qui forment, contre la voûte et les parois, un garnissage aussi serré que l'exige la nature plus ou moins ébouleuse du sol.

Les bois horizontaux sont ronds et, autant que possible, exempts de nœuds et d'irrégularités. Ils sont, en effet, destinés à servir pendant tout le temps du travail, et, dans ce but, il n'y a d'autre assemblage que des cales et quelques clous, de telle sorte qu'on puisse rapidement démonter ou remonter telle ou telle partie du boisage.

La première situation d'un chantier est celle du soutènement ; c'est un état stable à l'aide duquel, si le chantier est dans l'état indiqué par les *planches* XXIII et XXIV, on peut procéder au muraillement de toute la partie vide. Pour cela on monte les cintres, on pose les couchis et on construit l'anneau complet du muraillement.

Ce travail terminé, les bois horizontaux se trouvent engagés presque entièrement derrière la maçonnerie ; on a eu soin, en construisant, de les maintenir au moyen de tasseaux placés entre les briques et le garnissage. Il s'agit ensuite de procéder à l'avancement.

L'attaque de la section se fait par la partie supérieure. Les ouvriers, pour démonter par parties successives le haut du bouclier et enlever quelques madriers, creusent d'abord le sol en face des pièces rondes horizontales. A mesure que l'excavation avance, ils font avancer ces pièces au moyen de leviers qu'ils engagent dans le bois et qu'ils appuient contre la maçonnerie, fig. 4 ; ils font glisser ainsi successivement toutes les pièces en avant et leur superposent des planches de garnissage.

A l'aide de cette manœuvre, on peut enlever les madriers du bouclier, par portions, que l'on rétablit successivement, et pratiquer un gradin supérieur qui doit avoir pour avancement la longueur disponible des bois ronds horizontaux. Pendant tout le cours du travail, ces bois restent engagés derrière la maçonnerie, et, lorsqu'on procède à l'avancement, on les appuie sur le sol du gradin en remontant les bois verticaux et en éventail. Les *Planches* XXIII et XXIV expliquent les diverses phases et les détails de ce travail.

L'avancement du gradin supérieur étant supposé complet et le garnissage rétabli, on démonte la partie inférieure du bouclier et l'on procède à l'abatage du stross, en remontant progressivement les boisages latéraux.

On rétablit ainsi, tel qu'il était, le soutènement stable et complet, figure 1, qui a servi de point de départ pour une première passe d'excavation et de muraillement.

L'avancement s'obtient donc par la succession d'anneaux complets de maçonnerie. Ces anneaux, qui ont eu jusqu'à trois et quatre briques d'épaisseur, ont conservé dans les terrains sablonneux et inconsistants de Blekingley et de Saltwood les conditions d'unité et de stabilité qu'il n'eût pas été possible d'obtenir par les méthodes précédemment décrites.

La méthode anglaise, appliquée aux tunnels, qui ont dû traverser les sables ébouleux du grès vert, a été évidemment inspirée par les moyens appliqués pour le percement du tunnel sous la Tamise. Ce tunnel, qui devait passer sous les eaux et sous les alluvions perméables de la Tamise, fut entrepris à une époque où il n'existait aucun précédent, de telle sorte que Brunel, qui conçut et exécuta le travail, dut en régler à l'avance toutes les conditions.

Le terrain avait été exploré par trois lignes parallèles de sondages, qui indiquaient l'existence d'une couche d'argile assez dense et assez épaisse pour contenir le percement. Mais les sondages avaient également indiqué au-dessous de ce banc d'argile une couche puissante de sables aquifères qu'il fallait éviter. Le tunnel devait donc cheminer au-dessous des alluvions et des eaux de la Tamise et au-dessus du niveau d'eau contenu dans les sables inférieurs.

Pour excaver et construire cette galerie, on ne pouvait guère subdiviser la section totale en plusieurs galeries à l'aide desquelles on aurait successivement monté les diverses parties du revêtement. Cette méthode était en effet d'une application difficile pour un muraillement de cette importance ; il était à craindre que le muraillement, établi par portions, dans un terrain dont on n'était pas sûr, ne fût dérangé par des mouvements partiels, et que l'ensemble n'eût pas l'unité et la solidarité qui pouvaient seules conduire à un résultat durable.

Pour construire les deux galeries voûtées du tunnel, il

fallait creuser une galerie rectangulaire de 10^m, 60 de largeur sur 6^m, 30 de hauteur ; or une pareille excavation pouvait d'autant moins être tentée par des procédés ordinaires, que, dans le milieu du fleuve, la galerie qui devait passer à 13^m, 50 en-dessous des plus hautes eaux, n'était protégée que par des terrains dont quelques mètres seulement étaient de nature argileuse et imperméable.

Pour vaincre ces difficultés, M. Brunel employa un bouclier composé de douze châssis en fonte, semblables à celui qui est figuré en perspective fig. 6, *Planche* XXV.

Ces châssis, simplement posés les uns à côté des autres, étaient divisés en trois compartiments dans lesquels étaient étagés les ouvriers, de telle sorte que, sur la face de la galerie, ils se trouvaient au nombre de trente-six, disposés sur trois niveaux. Les châssis étaient butés contre la maçonnerie déjà faite au moyen de vis de pression qui permettaient de les faire avancer ; à leur partie supérieure étaient des pièces de bois qui soutenaient le plafond. Enfin, le front de taille vertical était maintenu par un bouclier formé de madriers d'étai, superposés et fortement serrés contre le terrain, au moyen de vis appuyées sur toute la hauteur des châssis.

Les ouvriers enlevaient successivement, et une à une, les madriers du garnissage, excavaient derrière jusqu'à environ 0^m, 20 de profondeur et les replaçaient ; de cette façon, la paroi verticale restait toujours soutenue. On ne laissait jamais à découvert et sans soutien, dans chaque compartiment d'ouvrier, que la surface correspondant aux dimensions d'un madrier d'étai.

Lorsque l'abatage était terminé sur toute la surface du rectangle faisant face à un châssis, on en desserrait les vis d'étai et on le faisait avancer au moyen des grandes vis opposées, butées contre la maçonnerie. On faisait ainsi avancer l'un après l'autre tous les châssis du bouclier, et après cet avancement la maçonnerie pouvait être augmentée d'un rang de briques.

Un chariot mobile amenait les matériaux à hauteur, de sorte que les diverses opérations de l'excavation et du muraillement étaient conduites simultanément.

Malgré les difficultés de l'entreprise et la complication des moyens, 160 mètres furent excavés et muraillés en dix-huit mois; mais, en s'approchant du fond du fleuve, la couche protectrice d'argile s'amincit sensiblement, et deux irruptions de la rivière envahirent les travaux, qui furent longtemps interrompus. Pour les rétablir, il fallut opérer dans le lit même de la Tamise, où il s'était formé des entonnoirs; on les boucha en y jetant de l'argile, et l'un deux en exigea plus de 3 000 mètres cubes. Après avoir ainsi réparé le lit effondré de la Tamise, les eaux furent épuisées dans le tunnel. Le travail fut ensuite repris en établissant, au moyen d'un garnissage en coins, un serrage entre les voûtes construites et le terrain, de manière à réduire considérablement l'affluence des eaux. Le bouclier put être ainsi progressivement rétabli et remis en marche normale, de manière à traverser le sol jusqu'à la rive opposée.

On voit que le procédé de M. Brunel n'est autre que la méthode anglaise employée à Bleckingley pour traverser les terrains ébouleux, avec toutes les modifications opposées par la science de l'ingénieur aux difficultés spéciales de l'entreprise. Le bouclier, au lieu d'être en bois, fut formé de solides pièces de fonte; les anneaux successivement ajoutés au muraillement, au lieu d'avoir 3 ou 4 mètres de longueur, n'avaient que la longueur d'une brique. En un mot, on s'était appliqué à suivre le plus rigoureusement possible les principes de la méthode, qui sont :

1° Etablir dans le chantier de percement, un soutènement général, constamment et uniformément tendu contre toutes les parois ;

2° Faire avancer ce soutènement par reprises successives, qui permettent d'ajouter en arrière un anneau au muraillement, sans que la tension générale du soutènement se trouve affaiblie en aucun point, pendant les diverses périodes de ce travail.

MÉTHODE AUTRICHIENNE.

Dans la région du Nord de l'Allemagne, où dominent les plaines et les larges vallées, on n'a pas eu beaucoup à se préoccuper des difficultés du percement des tunnels ; en Autriche, au contraire, on a dû établir les chemins de fer dans des contrées accidentées où les tunnels ont joué un rôle important. L'ingénieur Rziha a publié le traité le plus complet sur l'exécution de ces tunnels, ouvrage remarquable qui permet d'apprécier les procédés suivis en Autriche et les progrès réels qui en résultent pour la précision et la bonne exécution du travail.

Nous désignons sous la dénomination de *méthode autrichienne* la méthode principale, qui se trouve expliquée par le seul examen des *planches* XXI et XXII.

On voit que la marche suivie procède à la fois des deux méthodes par section divisée et par section entière, en ce sens que les galeries et les élargissements *successivement exécutés* ont pour but l'*évidement total* de la section.

Le boisage, successivement mis en place, à mesure que l'évidement est fait, est combiné de telle sorte que le soutènement partiel de chaque galerie est une partie du soutènement d'ensemble.

Les figures 1, 2, 3, 4, 5 de la *planche* XXI représentent les excavations numérotées dans l'ordre de leur exécution et le montage successif du boisage d'ensemble, qui présente à la fois les meilleures garanties de solidité et la plus grande simplicité d'assemblage. Les bois sont ronds, préparés et assemblés à l'avance, puis descendus et montés dans les chantiers à mesure de leur avancement.

La *planche* XXII représente le profil de l'avancement, les cadres espacés et leurs garnissages, la pose des cintres dès que l'évidement de la section est suffisamment avancé, et la construction du muraillement complet, dans ses diverses périodes. L'étude de cette représentation graphique n'a besoin d'aucune explication.

L'ingénieur Rziha est lui-même l'auteur d'une méthode nouvelle, basée sur l'emploi de cintres métalliques.

L'idée d'employer des cintres en fonte, composés d'une série de panneaux boulonnés, pour le percement des galeries à grande section, est assez ancienne. Le tunnel d'Herecastle en Angleterre a été percé à l'aide de cintres ainsi formés, portant à l'extrados un garnissage composé de fers méplats percés de trous. Ce garnissage pouvait glisser sur les cintres, les trous servant à faire avancer les fers qui étaient enfoncés dans le front de taille, de manière à former un garnissage préalable.

Dans ce procédé, les cintres font en réalité l'office de cadres de soutènement, et après en avoir placé deux ou trois, il fallait monter entre eux d'autres cintres, pour y placer les couchis et construire un anneau de voûte, ce qui obligeait à un démontage difficile, parce qu'il fallait établir des poinçons de soutènement sur les couchis. En pareil cas, la fonte est toujours d'un maniement plus difficile et plus long que le bois.

M. Rziha a résolu le problème en employant des cintres doubles et concentriques dont la *planche* XXV indique la construction.

Le cintre supérieur se compose de voussoirs en fer. Il soutient la poussée des terres par l'interposition d'un garnissage de planchettes longitudinales.

Ce premier cintre devant être à la fois solide, élastique et facile à démonter, la fonte ne pouvait convenir. On a fabriqué les voussoirs avec des rails Vignole, courbés et soudés, le boudin se trouvant à l'intérieur, tandis qu'à l'extérieur la patte présente une large surface d'appui.

Ces voussoirs sont réunis par des brides boulonnées.

Le second cintre destiné à soutenir la pression des terrains et à donner la forme de la voûte, est en fonte. Il est composé de plusieurs pièces à section double T, boulonnées entre elles. Les voussoirs supérieurs y sont appuyés et fixés par des boulons à crochets.

Des rails transversaux divisent la hauteur du tunnel en trois étages; ils jouent le rôle de traverses solidement ancrées dans des portées spéciales. Ces traverses supportent d'autres rails disposés de manière à former des voies pour les transports.

Pour obtenir plus de stabilité, on a supporté les traverses par des tirants accrochés au cintre en fonte.

Des supports en fonte, boulonnés sur la partie inférieure du cintre, soutiennent le rang inférieur des rails traverses.

On établit ordinairement un plancher sur la largeur entière du tunnel. Ce plancher facilite la ventilation des travaux, la circulation et la surveillance; il supporte trois voies de roulage, multiplie les points d'attaque et permet d'obtenir la rapidité d'exécution.

Ces dispositions établies dans un chantier d'excavation, on commence l'attaque du terrain en enfonçant des palplanches sur tout le périmètre, autour du cintre en fer.

Les palplanches étant enfoncées à la partie supérieure, on attaque le front par gradins. Un garnissage en madriers est posé contre le front de taille de ces gradins, et l'on soutient ces madriers par des poussards à vis, appuyés d'une part sur les madriers verticaux du bouclier, et d'autre part sur l'ensemble des cintres, fig. 4 et 5, pl. XXV.

Pour assurer la résistance des cintres on les réunit entre eux par un contre-ventement formé de rails; dans ce but, les rails traverses sont réunis entre eux par des rails horizontaux et obliques. La solidité des assemblages s'obtient par des fers d'angle boulonnés.

Les cintres étant établis, ainsi que la possibilité de faire par l'excavation la place d'un nouveau cintre à poser en avant, le travail ne consiste plus que dans le démontage d'un cintre rendu libre par l'avancement de la maçonnerie, et le remontage de ce cintre dans l'espace préparé par le travail d'avancement.

Quant au muraillement, le simple examen des dessins de M. Rziha montre la manière de procéder. On enlève successivement les voussoirs en fer en leur substituant les pierres du muraillement, ces pierres ayant la même épaisseur et s'appuyant sur des couchis disposés sur les cintres en fonte.

Dès que la maçonnerie est bien prise, pieds-droits et voûte, on démonte l'arc renversé pour compléter l'anneau.

M. Rziha, dans les tunnels qu'il a fait exécuter, employait par chantier, huit cintres complets.

La construction du muraillement met en évidence les avantages spéciaux du système Rziha. Les cintres de soutènement restent fixes, et l'on démonte successivement, un par un et à mesure qu'il est nécessaire, les voussoirs qui tiennent la place du revêtement.

CONDITIONS GÉNÉRALES D'EXÉCUTION DES TUNNELS.

Les tunnels destinés au passage des chemins de fer à deux voies ont tous à peu près les mêmes dimensions : environ 8 mètres de largeur et 7 mètres de hauteur ; ils sont donc dans des conditions d'exécution et de prix de revient tout à fait comparables.

La condition qui influe le plus directement sur le prix de revient d'un tunnel, est évidemment la nature minéralogique des roches traversées.

Ainsi, dans les roches calcaires les plus tendres, telles que la craie peu fissurée des environs de Rouen, les tunnels avec un muraillement de deux à quatre briques d'épaisseur ont coûté de 1 000 à 1 200 francs le mètre courant.

Dans les calcaires compactes traversés par le tunnel de la Nerthe, le mètre courant a coûté en moyenne 2 000 francs, bien que les parties muraillées soient de peu d'importance; c'est la dureté de la roche qui a en quelque sorte réglé les prix d'avancement.

Le tunnel de Blaisy qui traverse des roches de consistance diverse, mais dans lequel dominent les marnes du Lias qui ont exigé des boisages complexes et un muraillement très-solide, a coûté en moyenne 2 000 francs le mètre courant, comme celui de la Nerthe.

Dans les roches sablonneuses et aquifères traversées par la méthode anglaise, les tunnels de Saltwood et de Blekingley ont coûté 3 500 francs.

Ces prix de revient comprennent toutes les dépenses et par conséquent les puits, le matériel de service, les déblais et construction de têtes, enfin les bénéfices des entrepreneurs.

Peut-on prendre ces prix comme bases certaines? Rien ne serait moins exact, car les prix de revient dépendent de bien des conditions. Nous prendrons par exemple le temps accordé pour l'exécution.

Si l'on eût accordé un temps indéfini pour l'exécution du tunnel de Blaisy, on aurait supprimé la dépense de vingt-deux puits avec vingt-deux appareils d'extraction, vargues ou machines à vapeur; on aurait évité les frais d'extraction des terres et de descente des matériaux de soutènement et le tunnel n'aurait pas coûté 1,500 francs le mètre. La vitesse de l'exécution figure donc dans le prix de revient pour une proportion considérable.

CHAPITRE IV

FONÇAGE DES PUITS.

Foncer un puits, peut être le travail le plus simple ou le plus difficile; quelquefois les difficultés s'élèvent jusqu'à l'impossibilité. Il faut, en effet, non-seulement excaver le sol, mais soutenir les parois sur des hauteurs considérables; il faut traverser tous les terrains qui peuvent se présenter; il faut enfin dominer, masquer, autant que possible, les eaux des terrains aquifères.

Dans une exploitation, c'est par les puits que des centaines d'ouvriers respirent et communiquent avec le jour, c'est par là qu'ils envoient à la surface les produits de leur travail et qu'ils reçoivent tous les matériaux nécessaires aux constructions à exécuter à l'intérieur. On ne saurait donc entourer ces voies essentielles de trop de garanties, et l'on doit non-seulement percer les puits, mais assurer la solidité de leurs parois par tous les moyens que peut suggérer l'art de la construction.

Les puits doivent avoir une section telle, qu'ils puissent satisfaire aux services de la montée et descente du personnel, de l'aérage, de l'extraction des produits de l'exploitation, de l'épuisement des eaux.

Il s'agit, en effet, de traverser les terrains, quelle que soit leur nature ; durs ou peu consistants ou même ébouleux ;

lors même qu'ils contiennent des eaux ou des niveaux. Il s'agit de les établir dans des conditions telles que tous les services précités soient assurés et que la profondeur puisse être successivement augmentée suivant les exigences de l'exploitation. Les puits de 5, 6 et 700 mètres de profondeur commencent à être nombreux; au Hartz on a été à 880 mètres; à Charleroi on a atteint 900 mètres.

Que doivent être la forme et la section d'un puits? telle est la première question posée.

La forme dépend de la nature des terrains à traverser.

La section dépend de la division en compartiments nécessaires aux divers services et de la dimension de ces compartiments. Il faut ajouter, en outre, pour la section excavée, l'espace occupé par le boisage, le muraillement ou le cuvelage, car il n'est pas de puits profond qui n'ait besoin de soutènement.

La division peut d'abord s'établir suivant les terrains en :

Puits *boisés*, rectangulaires.

Puits *muraillés*, ronds ou elliptiques.

Puits *cuvelés*, ronds ou polygonaux.

Les puits boisés rectangulaires conviennent aux terrains solides. C'est la forme préférée pour les terrains de transition métallifères, composés de roches semi-cristallines. Le bois est ordinairement à bas prix dans les districts métallifères, et le boisage présente en outre l'avantage d'une exécution rapide et d'un entretien facile.

Les puits rectangulaires sont en général divisés en trois compartiments : deux pour le service alternatif des bennes d'extraction et un pour les échelles.

La section des puits dépend des services que l'on veut y établir. Lorsqu'on veut les y concentrer tous, on arrive à des dimensions considérables. Ainsi au Hartz, beaucoup de puits rectangulaires sont creusés à la section de 24 mètres carrés, 3 mètres sur 8; dimensions qui se trouvent réduites à 2 mètres sur 7 par l'épaisseur du boisage, soit 14 mètres carrés de section libre.

Les puits ronds les plus grands ont 5 mètres de diamètre intérieur. Tel est le puits dit de l'Alma, à Rhein-Elbe, dans le bassin de la Ruhr. Ce puits, planche XXXII, a donc une section de plus de 19 mètres carrés.

En France et en Belgique, le diamètre de 4 mètres est le plus usité. La surface libre y est de plus de 12 mètres carrés; mais la section circulaire n'étant pas favorable aux divisions, un siége d'exploitation comprend habituellement deux puits. Un de ces puits est exclusivement consacré à l'extraction, l'autre étant réservé à l'aérage et à l'exhaure.

Les *planches* XXVI et XXVII présentent plusieurs exemples de puits dont les dimensions et les destinations sont indiquées. Les siéges d'exploitation d'Haveluy (Anzin) et de la fosse n° 4 à Sart-les-Moulins (Charleroi), sont desservis par deux puits dans lesquels se trouvent établis les divers services, ces puits étant assez rapprochés pour être placés dans le même bâtiment.

Dans beaucoup de cas, les terrains étant très-difficiles, on a jugé préférable de réduire la section, même pour l'extraction, et de faire ce service par deux *puits jumeaux*. Ainsi la section de 12 mètres étant jugée nécessaire pour l'extraction, on a préféré l'établir par deux puits jumeaux de $2^m,40$ de diamètre, plutôt que par un puits de 4 mètres.

Les *planches* XXVI, XXVII et suivantes représentent les formes et les sections les plus usitées, sections qui diffèrent suivant la nature des terrains traversés et suivant les services auxquels on doit satisfaire. Dans l'exécution de ces puits, le soutènement est la condition essentielle; nous en étudierons successivement les détails.

Le boisage d'un puits rectangulaire est établi comme celui d'une galerie, avec cette seule différence que les cadres d'une galerie posent sur le sol, tandis que dans un puits ils doivent être soutenus. Pour cela, les abouts des quatre pièces assemblées à mi-bois, qui forment le cadre, sont en saillie et solidement encastrés dans des entailles pratiquées dans la roche.

Lorsqu'on rencontre une roche solide et que les roches supérieures le sont peu ou point, les entailles ou *potelles* doivent être profondes et des cadres *porteurs* plus forts et plus solides servent de soutien aux boisages supérieurs.

Les cadres sont en outre fortement *colletés*, c'est-à-dire serrés contre les garnissages appliqués sur les parois, de manière à établir le boisage dans un état général de tension contre les terrains.

On établit enfin une solidarité entre tous les cadres, en clouant sur toute la hauteur des *coulants*, qui permettent aux plus forts de soutenir les moins solides.

Lorsqu'un puits n'a pas plus de 3 mètres de côté, les cadres de construction ordinaire suffisent au soutènement. Lorsque les longs côtés du rectangle atteignent des longueurs de 5 et 6 mètres et même au delà, on consolide les cadres par des pièces verticales contreventées et portées de distance en distance par des traverses potelées. Ce mode de soutènement empêche toute flexion et consolide l'ensemble du boisage en fournissant des points d'appui que l'on a soin d'établir dans les meilleures conditions.

Les figures 1 et 2 de la *planche* XXIX indiquent la disposition de ce boisage et le soutènement que l'on peut obtenir par les pièces verticales.

Le muraillement est préférable au boisage lorsque les terrains sont mauvais, parce que le boisage cesse de présenter les garanties suffisantes. Dans ce cas, les puits sont *ronds* ou *elliptiques*.

Pour construire un muraillement, on procède par *reprises* ou *passes* successives.

Chaque passe est fondée sur des cadres ou rouets encastrés,

aussi solidement que possible, dans les parties de terrain jugées les plus résistantes. Ces cadres ou rouets peuvent en outre être soutenus par le haut, à l'aide de tirants en fer. On élève ensuite la tonne de maçonnerie, soit en briques, soit en pierres appareillées, en ayant soin de bien remplir les espaces vides à l'extrados. De temps en temps, on place une trousse colletée et encastrée, ou bien on augmente progressivement l'épaisseur de le maçonnerie, de manière à lui donner la forme d'un cône renversé qui devient un point d'appui pour les parties supérieures. A mesure que l'on monte la maçonnerie, on enlève les cadres du boisage provisoire qui peuvent ainsi servir plusieurs fois.

La figure 1 de la *planche* XXVIII indique la forme et le boisage provisoire d'un puits maçonné, exécuté à Sart-les-Moulins, près Charleroi. Cette forme est tracée par arcs de cercle raccordés. La maçonnerie est composée de deux briques, avec mortier hydraulique et bourrage de ciment à l'extrados. Dans l'épaiseur du briquetage, on ménage des caniveaux pour conduire les eaux de suintement au bas du puits, ces eaux étant recueillies par des *roulisses* en fonte placées de distance en distance.

La figure 3 de la *planche* XXIX représente le boisage provisoire d'un grand puits circulaire. Les cadres, placés à $0^m,30$ ou $0^m,50$ de distance, soutiennent le garnissage ; leur solidarité est établie par des entretoises ainsi que par des coulants cloués et chevillés.

FONÇAGE DANS LES TERRAINS ÉBOULEUX.

Pour pénétrer dans les terrains ébouleux, la méthode la plus employée est celle des *palplanches divergentes*. Cette méthode est représentée, fig. 7 et 8, *planche* XXIX, par le plan et la coupe de l'avaleresse de Marles.

Des planchettes de $0^m,60$ à 1 mètre de longueur, de $0^m,10$ à $0^m,15$ de largeur, et de $0^m,03$ d'épaisseur, taillées en biseau tranchant, sont enfoncées dans le sol sous une inclinaison de 10 à 15 degrés. Elles sont contiguës et forment sur chaque face du boisage polygonal un garnissage en éventail qui précède l'excavation.

Ce garnissage préalable une fois enfoncé dans le terrain, on peut déblayer une certaine profondeur, 0^m,50 par exemple, avant que les palplanches poussées par la pression du terrain aient pu prendre une position trop rapprochée de la verticale; on pose alors un second cadre, autour duquel on procède comme précédemment, en chassant un nouveau garnissage divergent.

Les palplanches conservant leur position inclinée, on passe derrière les cadres un second garnissage normal en planchettes contiguës, en ayant soin de bourrer et de serrer avec des petits bois les vides qui peuvent rester entre les deux garnissages.

Pour traverser les terrains meubles et facilement pénétrables, on fait grand usage des *trousses coupantes*, procédé presque toujours suivi lorsque les terrains ébouleux sont à la surface.

On ne peut mieux les définir qu'en indiquant la méthode employée par les puisatiers de Londres pour foncer les puits à travers le terrain d'alluvion superficiel.

Une bague en fonte, du diamètre du puits, est posée sur la surface décapée du sol. La partie inférieure de cette bague est tranchante; la partie supérieure porte une bride intérieure percée de trous, destinée à recevoir une seconde bague pourvue de brides similaires. Un ouvrier se place dans l'intérieur du tube posé sur le sol, sape et excave le terrain en dessous de la bague tranchante, qui, en vertu de son poids ou de poids additionnels dont on la charge, pénètre et descend progressivement. Lorsque la première bague est suffisamment descendue, on en superpose une seconde que l'on boulonne sur la précédente à l'aide des ***brides intérieures***, de telle sorte que l'extérieur de la colonne reste toujours lisse.

A mesure que le tube formé de bagues superposées et boulonnées ensemble, descend et pénètre dans le sol, on superpose toujours des bagues nouvelles à la partie supérieure. On arrive ainsi à traverser l'épaisseur du terrain meuble et à atteindre le terrain solide, où le tube s'encastre plus ou moins. Le terrain ébouleux étant traversé, le fonçage est continué avec un diamètre réduit.

Au lieu de bagues en fonte, on peut faire descendre et pénétrer dans le sol un tube ou *trousse* en maçonnerie. Ce genre de *trousse coupante* se construit sur un anneau en fonte dont la base est tranchante, et dont la surface plane supérieure reçoit un cylindre en briques. Cet anneau ou *rouet tranchant* étant établi sur la surface bien nivelée de la couche meuble, on construit une certaine hauteur du cylindre ou *tonne* de briques, qui doit former le muraillement du puits. Les ouvriers descendent alors dans l'intérieur du tube et procèdent à l'excavation et à l'enlèvement du sol meuble, en sapant bien régulièrement à la base du rouet; les déblais sont rejetés au dehors, la tour descend par son poids et pénètre dans le terrain. Alors on recharge la maçonnerie d'une nouvelle hauteur et les mineurs recommencent leur travail, de manière à faire descendre la tour d'une quantité correspondante à celle qui a été construite.

On peut ainsi faire pénétrer dans les terrains meubles une tour que l'on construit à la surface, à mesure qu'elle descend. Lorsqu'elle est à fond, comme la maçonnerie a pu souffrir dans cette descente par suite des frottements latéraux, on double la trousse par un nouveau revêtement à l'intérieur.

C'est ainsi que l'on procède dans la Ruhr pour traverser les sables superficiels sur des hauteurs considérables; mais pour faire descendre ces tours, on doit prendre des précautions sur lesquelles nous reviendrons en décrivant le fonçage et le cuvelage d'un de ces puits.

C'est par un procédé analogue, c'est-à-dire en construisant la trousse coupante en maçonnerie sur toute sa hauteur et la faisant ensuite descendre dans le terrrain, que Brunel put établir les puits de 16 mètres de diamètre qui permettent de descendre dans le tunnel de la Tamise.

Le grand diamètre de l'excavation rendait le fonçage difficile, et voici comment procéda Brunel.

Un rouet en bois, qui devait servir de base au muraillement, fut établi sur un anneau de fonte construit de manière à présenter à sa partie inférieure le plan incliné d'un biseau. Cette base annulaire avait $0^m,90$ de largeur ; elle fut posée non pas directement sur le sol, mais sur un double cercle de pilotis qui y furent préalablement enfoncés. La tour en maçonnerie fut ensuite construite complétement, sur la hauteur de 12 mètres qu'elle devait avoir. Elle fut consolidée par plusieurs rouets intermédiaires et par un rouet supérieur, ces rouets étant maintenus par des boulons verticaux qui rendaient parfaitement solidaire tout l'ensemble de la tour.

On établit à la partie supérieure de cette tour une machine pour l'extraction des terres, et l'on procéda au déblai intérieur, en ayant soin d'attaquer le sol au-dessous de la trousse, qui arrivait à porter uniquement sur les pilotis. Les pilotis s'enfonçaient sous la pression et permettaient de régler la descente bien verticale de la tour. Lorsqu'ils se refusaient à descendre, on les recépait.

On put traverser ainsi toute l'épaisseur du terrain meuble et asseoir la maçonnerie dans la position qu'elle devait occuper.

Lorsqu'en fonçant un puits, on vient à rencontrer en profondeur une couche de sable ou d'alluvions incohérentes, on peut, après en avoir mesuré l'épaisseur par un sondage, construire et monter dans l'intérieur du puits un tube ou *trousse en tôle*, un peu plus élevée que l'épaisseur constatée ; puis faire descendre cette trousse en exerçant une pression à la partie supérieure, au moyen de vis butées contre le terrain ou contre la partie du puits déjà boisée ou muraillée. On obtient par ce procédé, des résultats remarquables sous le rapport de la sûreté d'exécution, mais le diamètre du puits se trouve diminué de toute l'épaisseur de la trousse, à moins qu'on n'ait pris le parti d'élargir la hauteur nécessaire pour lui faire place.

Le fonçage par trousses coupantes ou palplanches divergentes, n'est applicable que dans les terrains pénétrables; tels que les sables, les marnes sablonneuses, les argiles, mais il est des terrains ébouleux composés de roches dures en gros fragments incohérents, dans lesquels il serait impossible d'enfoncer aucun garnissage.

La solution du problème à résoudre, celui d'un soutènement immédiat et rapidement placé, se trouvera indiquée par l'exposé de ce qui s'est passé en 1868 au puits Sainte-Elisabeth près Blanzy.

Ce puits muraillé était en réparation, lorsque les ouvriers ayant enlevé une certaine surface de l'ancien muraillement pour le remplacer, furent surpris par un éboulement tellement subit, qu'ils eurent peine à se retirer. Cet emplacement se trouvait dans des schistes à parois lisses, brisés et incohérents, en couches inclinées à 45 degrés. Les schistes ébouleux s'étaient précipités par l'ouverture, en renversant le reste du muraillement, et avaient rapidement comblé plus de 100 mètres de puits situés en contre-bas. Pour rétablir le tube on devait donc traverser ces rochers incohérents entassés avec les débris du muraillement et du guidage, sous un sol rendu encore plus mobile par les affouillements qui s'étaient produits.

Comme on ne pouvait aborder sans péril la zone éboulée, on commença par combler le puits avec des cendres et crasses de fourneau, jusqu'aux parties solides. On reprit ensuite le fonçage dans ce remplissage, en soutenant par des tirants la partie supérieure du muraillement. On arriva ainsi à la partie comblée par l'éboulement.

Pour y pénétrer, on faisait une rigole circulaire dans laquelle on plaçait aussitôt un cercle en fer. Ce cercle était formé de quatre segments, dont les abouts présentaient des talons juxtaposés que l'on butait les uns contre les autres, en les maintenant par des fourreaux en tôle. Le cercle ainsi monté était colleté contre les parois et soutenu par des agrafes aux parties supérieures. Aussitôt un cercle placé, on déblayait et on faisait la place d'un second, qui était de même colleté contre les parois et agrafé au précédent. Entre deux cercles, on plaçait un garnissage en planchettes.

On obtenait ainsi un soutènement formé d'une tonne de cercles en fer, suspendus et solidaires, avec garnissage en douelles. Cette tonne rapidement placée était très-résistante, et tenait très-peu de place, de manière à ne pas exiger d'élargissement. Aussitôt que l'on arrivait à une stratification résistante, on plaçait un cadre colleté et encastré, sur lequel on montait une passe de muraillement en bétonnant derrière et laissant en place les cercles et les garnissages; on arriva ainsi à franchir un éboulement dont les figures 4 et 5, *planche* XXIX, représentent à la fois le caractère ébouleux et le soutènement.

Il en est des puits comme des galeries : foncer dans des terrains solides ou même de consistance moyenne, les boisant ou les muraillant à mesure que l'on descend, est une œuvre de patience et de dépense. Pour les terrains ébouleux, il y a cette seule différence que la position verticale du puits rend toutes les opérations plus difficiles; l'attaque par les outils ou la poudre, l'extraction des déblais, la pose des cadres dont on est obligé d'encastrer les abouts et qu'il faut souvent suspendre aux parties supérieures, puis caler fortement contre les parois du tube par un coinçage énergique, tout demande plus de temps, d'efforts, de dépense.

Si l'on examine les conditions de poussée des terrains qui tendent à déformer ou à faire ébouler un puits lorsque les roches sont sans consistance, on reste effrayé des efforts auxquels le soutènement doit résister. Il suffit pour cela de supposer les terrains aquifères sur une grande hauteur, le tube de soutènement doit alors non-seulement maintenir les terrains, mais il doit être imperméable et résister à la pression des eaux. Une pression de 80 à 100 mètres d'eau, c'est-à-dire de 8 à 10 kilogrammes par centimètre carré, n'est pas rare; on a dû, même dans plusieurs cas, supporter des pressions encore plus fortes.

Il en sera de même des terrains ébouleux, tels que les sables coulants, dans lesquels non-seulement le tube du puits sera très-difficile à établir, mais qui exerceront sur ce tube une pression considérable.

PUITS CUVELÉS DANS LE NORD.

Un puits *cuvelé* est revêtu d'un tube imperméable à l'eau, assez solide pour résister à la fois à la pression des eaux et à celle des terrains ébouleux qu'il traverse.

Le *cuvelage* peut s'exécuter en bois ou en fonte.

Quels que soient les matériaux employés, on prévoit que l'ingénieur se trouve, pour l'exécution de ces revêtements imperméables, en présence des plus grands obstacles que puisse rencontrer l'art des mines.

Comme les terrains ébouleux ne présentent de difficultés sérieuses que lorsqu'ils sont aquifères, ce qui est le cas ordinaire, nous confondrons dans la même étude le fonçage à travers ces terrains et la construction des cuvelages.

Nous examinerons d'abord les conditions de construction d'un cuvelage en bois, tel qu'on l'exécute dans le Nord où les puits, pour atteindre le terrain houiller, doivent traverser les couches à *niveaux* du terrain crétacé.

Les houillères du Nord et du Pas-de-Calais sont, en

France, l'expression la plus complète et la plus méritante de l'art des mines. Ces exploitations sont arrivées à produire le tiers des extractions du pays, et cependant toutes ont dû être successivement conquises par les travaux les plus difficiles à travers les terrains aquifères.

Les exploitations du couchant de Mons dont nos houillères du Nord sont le prolongement, datent des temps les plus reculés ; le terrain houiller forme, de Frameries jusque vers Dour, des affleurements qui contiennent un grand nombre de couches. Ces couches devaient être très-apparentes avant que le pays fût couvert de constructions; les premiers mineurs n'eurent que des travaux très-simples à exécuter pour exploiter la houille.

Ces travaux permirent de constater que le terrain houiller était beaucoup plus étendu qu'il ne le semblait par les affleurements; il s'enfonçait sous des épaisseurs de craies et marnes d'abord très-faibles, mais plus épaisses à mesure qu'on s'éloignait. Dès le principe, la distinction fut établie entre les terrains houillers et les *morts-terrains* qui les recouvraient. Il fut également constaté que lorsque ces morts-terrains avaient une certaine épaisseur, ils étaient aquifères et contenaient des *niveaux d'eau*.

Les travaux, en s'étendant de Frameries à Wasmes, indiquèrent immédiatement la direction générale des couches houillères, de l'est à l'ouest, et leur pendage rapide. On devait naturellement reculer devant l'extension de ces travaux en profondeur et préférer s'engager suivant la direction, vers Dour et Elouges. Mais les épaisseurs de 15 à 20 mètres de morts-terrains que devaient traverser les puits, renfermaient déjà des niveaux assez difficiles à franchir ; de là l'origine des puits cuvelés. On fonçait de petits puits carrés, sous la protection des pompes à bras, jusqu'au terrain houiller ; là on plaçait dans le terrain imperméable des cadres jointifs avec ce terrain, on y faisait les joints avec de la mousse et on élevait sur cette base imperméable, des cadres équarris et calfatés qui formaient un *cuvellement* et empêchaient les eaux de passer.

Telle était la situation des connaissances acquises, lorsqu'en 1715 le comte Desandrouin, s'appuyant sur la direction générale du terrain houiller de l'est à l'ouest, reconnue jusqu'au delà de Saint-Ghislain ; sur l'enfouissement progressif de ce terrain au-dessous des *morts-terrains* crétacés : posa le principe d'une continuité probable sous le territoire de Condé et de Valenciennes et commença les premiers travaux de recherche. En 1718, ces travaux avaient déjà constaté l'existence du terrain houiller à Fresnes.

Les charbons du territoire de Fresnes étaient maigres et d'un débouché très-restreint à cette époque. Il fallait trouver les couches plus grasses, et ce fut seulement en 1730, après quatorze années de travaux persévérants, que les couches d'Anzin furent atteintes, sous des épaisseurs de morts-terrains de 70 et 80 mètres. A cette époque, Desandrouin était complétement ruiné, mais ses travaux logiques et persévérants avaient doté la France du bassin houiller du Nord atteint par une dizaine de fosses ; ils avaient en outre créé le *cuvelage* des puits. Ses procédés ont été perfectionnés, en ce sens que le matériel des pompes a été rendu plus puissant, que les dimensions des puits ont été agrandies ; mais leurs caractères essentiels sont restés tels qu'il les a légués à la génération suivante. On les désigne toujours sous le nom de *cuvelage d'Anzin;* ils servent encore de type pour tous les détails de la construction.

Le terrain houiller est recouvert, dans les départements du Nord et du Pas-de-Calais, par une épaisseur de 60 à 150 mètres d'alternances calcaires et argileuses, appartenant au terrain crétacé. Les couches calcaires sont fendillées et perméables ; des niveaux puissants y circulent et sont maintenus dans leur plan par des couches imperméables de glaise; le terrain crétacé se termine en général par une de ces couches argileuses et imperméables dites *dièves*, qui recouvrent une assise arénacée dite *tourtia*, immédiatement superposée au terrain houiller.

Un fonçage ouvert dans les couches crétacées ne prend le nom de *puits* que lorsqu'il est arrivé au terrain houiller et qu'il a été cuvelé ; tant que son existence n'a pas été assurée, il reste désigné sous le nom d'*avaleresse*.

Après avoir déterminé l'emplacement d'un puits et préparé cet emplacement, le terrain est défoncé et excavé par les moyens ordinaires ; les roches sont soutenues par des boisages provisoires qui sont en même temps disposés de manière à rejeter les eaux vers les parois. Les eaux, rassemblées au fond, dans un puisard, sont enlevées immédiatement par des pompes manœuvrées à la surface, et ces pompes, suspendues à l'orifice de l'avaleresse au moyen de chaînes ou de tirants, sont descendues à mesure qu'elle s'approfondit. Les eaux croissent en raison de la surface mise à nu par le fonçage et les moyens d'épuisement doivent suivre cette progression. La promptitude du travail est une des principales conditions de réussite ; car, lorsqu'un premier niveau vient d'être traversé, les eaux s'élèvent dans le puits, et leur débit croit à mesure qu'on les épuise, parce qu'elles se frayent un passage plus facile dans les fissures du terrain.

Dès que l'équilibre a pu être rétabli par les pompes, le creusement est repris ; on entame la couche imperméable et solide sur laquelle coule le niveau ; on pénètre d'environ 1 mètre dans cette couche et l'on taille une banquette bien nivelée tout autour du fonçage, ainsi qu'un puisard dans lequel les aspirants de pompes sont établis. Ces pompes, au nombre de deux, trois ou quatre, suivant l'affluence des eaux, sont des pompes *élévatoires*, suspendues à des traverses placées à l'orifice du puits par des chaînes ou des tirants qui permettent de les descendre progressivement et de suivre le fonçage à mesure qu'il s'approfondit.

La banquette étant préparée et la section du puits étant évasée au-dessus, figures 4 et 5, *planche* XXVIII, on pose sur la banquette un premier cadre dit *trousse à picoter*. Ce cadre, en bois de chêne, de fort équarrissage, soigneusement dressé et assemblé, laisse un vide d'environ $0^m,06$ entre sa face extérieure et la roche, qui doit être bien saine et imperméable ; (si elle présente quelques cavités ou fissures, on les bouche avec de l'argile). Dans ce vide d'environ $0^m,06$, on place la *lambourde*, cadre un peu plus haut que la trousse et composé de planches de sapin ayant $0^m,04$ d'épaisseur.

La lambourde est d'abord serrée sur la trousse par des coins chassés contre la roche, puis on bourre de la mousse jusqu'à refus dans le vide qui reste entre elle et les parois ; on complète ensuite le joint en enlevant les coins, dont on remplit de même la place avec de la mousse.

Le joint étant ainsi préparé, il ne s'agit plus que de le serrer et de rendre la pression entre la mousse et la roche telle, que ce joint ne puisse jamais céder, et que la trousse, encastrée dans le terrain, puisse devenir la base imperméable du cuvelage. Tel est le but de l'opération dite *picotage*.

Entre la lambourde et la trousse on enfonce des coins plats en bois blanc dits *plats-coins*. Ces coins sont d'abord faiblement engagés sur tout le pourtour, de manière à être bien contigus. On les enfonce ensuite simultanément et aussi également que possible. Lorsque l'écartement déterminé entre la trousse et la lambourde par la compression de la mousse contre les parois, est suffisant pour que les coins puissent être retournés la tête en bas, on chasse sur chaque face un coin en fer plus épais que les plats-coins, de manière à pouvoir dégager le coin voisin, qu'on remplace par un autre placé la tête en bas. On double chaque coin retourné par un second superposé, et de proche en proche, on dégage tous les premiers coins, qu'on remplace par des doubles coins superposés. Le serrage est ensuite forcé jusqu'à refus d'enfoncement.

A ce moment la zone extérieure du cadre présente trois lignes concentriques, l'une formée par les coins, l'autre par la lambourde et la troisième par la mousse déjà serrée contre les parois du puits; ces trois zones sont indiquées *planche* XXVIII.

On prend alors un coin quadrangulaire en acier, dit *agrape à picoter*, on l'enfonce entre les plats-coins, et dans le vide produit on enfonce des coins en bois dits *picots*. Les premiers picots sont en sapin, et on les chasse jusqu'à refus, entre tous les interstices des plats-coins. Alors tout est déjà serré; le joint de mousse, d'abord large, est devenu à peine visible. On recèpe toutes les têtes des picots et plats-coins, puis on refend avec une agrape les têtes de chaque plat-coin pour y enfoncer des *picots en bois de chêne* préalablement séchés au four. On continue ensuite à picoter partout où l'agrape peut entrer, et c'est seulement lorsqu'elle-même ne peut pénétrer en aucun point que le picotage est regardé comme complet. Il ne reste plus alors qu'à picoter les angles de la lambourde pour que la trousse soit définitivement établie, c'est-à-dire pour que le joint soit fait entre l'extrados du cadre et le terrain imperméable.

On place habituellement l'une sur l'autre deux trousses ainsi picotées, quelquefois trois, afin d'avoir toute sécurité sur la solidité de ce joint inférieur, qui est la base du cuvelage. Lorsque la pression du picotage a déversé les pièces, on a soin de donner une pente aux surfaces inférieures du cadre superposé, afin de rétablir la verticalité des trousses. On monte ensuite le cuvelage, qui est composé de cadres contigus en bois de chêne, d'environ $0^m,20$ d'épaisseur et $0^m,25$ à $0^m,35$ de hauteur. Ces cadres doivent être bien dressés, afin que les joints puissent être faits par un simple calfatage. Il n'est pas nécessaire que toutes les pièces des cadres soient de même hauteur; on préfère même les faire de hauteurs différentes, de sorte que les lignes des joints horizontaux ne soient pas continues.

Les pièces qui forment une trousse sont simplement assemblées à onglets; mais quelquefois on réunit en outre ces onglets par tenon et mortaise, fig. 11. L'épaisseur des pièces doit être proportionnée à la pression qu'elles doivent supporter; on la réduit à mesure que le cuvelage s'élève.

Derrière les cadres, c'est-à-dire entre le cuvelage et les parois du puits, il reste un vide dans lequel se trouve le boisage provisoire; on y jette et on y pilone du mortier hydraulique. Ce mortier s'insinue dans tous les vides, et protége le cuvelage contre l'effort des eaux, en formant une enveloppe d'un secours précieux pour l'entretien et les réparations.

Lorsqu'on monte une passe élevée de cuvelage, on établit de distance en distance une *trousse porteuse*. C'est un cadre *colleté*, c'est-à-dire serré contre les parois à l'aide de coins. Les cadres colletés, espacés de 5 à 10 mètres, rendent le cuvelage adhérent au puits, de telle sorte qu'il pèse moins sur les trousses picotées de la base.

Pour continuer le fonçage, après une première passe de cuvelage, on laisse d'abord au-dessous des trousses picotées une console de 1 mètre environ de hauteur, puis on reprend le premier diamètre, et l'on traverse le banc aquifère inférieur comme on a traversé le premier.

Arrivé au terrain solide et imperméable, on établit dans ce terrain un nouveau picotage double, et l'on monte les cadres contigus du cuvelage jusqu'à la console. Alors on sape successivement les diverses parties de cette console, et on arrive à lui substituer un dernier cadre dit *clef*, qui laisse nécessairement un petit vide horizontal. Ce vide est rempli par un picotage horizontal fait entre le cadre-ciel et la trousse picotée supérieure.

Enfin, lorsqu'on a atteint les *dièves*, grand banc de glaise qui est la base de tous les niveaux, on y fonde tout le cuvelage sur un picotage triple ou quadruple, et l'on rend le cuvelage complétement imperméable en calfatant les joints de tous les cadres entre eux.

Il est facile de prévoir, d'après cette description succincte, combien le fonçage d'une avaleresse renferme de difficultés, par suite des accidents qui peuvent survenir. Un ingénieur, chargé pour la première fois d'un pareil travail, ne peut manquer d'être effrayé en voyant les eaux envahir le puits et monter rapidement au moindre dérangement des pompes. Même dans les phases régulières du fonçage, la chute bruyante des eaux, la situation pénible des mineurs, obligés de travailler dans l'eau, la confusion inévitable qui résulte de leur accumulation et de la nécessité de les remplacer souvent, enfin certains moments d'efforts infructueux pendant lesquels le travail semble rétrograder, tout se réunit pour placer cette opération au rang de celles qui exigent le plus d'habileté et de persévérance.

Il est des cas où des niveaux n'ont pu être franchis, malgré l'emploi de plus de 300 chevaux de force pour tenir les eaux *à plat*. D'autres fois, au contraire, le fonçage s'exécute facilement; un picotage se fait en moins de vingt-quatre heures, et un niveau de 5 à 10 mètres est franchi et cuvelé en moins d'un mois.

Nous avons donné dans la *Géologie appliquée* les documents recueillis jusqu'à ce jour sur le régime des niveaux. Leur débit varie dans des limites très-larges; les plus forts niveaux atteignent 10, 20 et jusqu'à 30 mètres cubes par minute. Les pressions ne sont pas moins variables : celles de 30 à 60 mètres de hauteur peuvent être considérées comme représentant les conditions moyennes; les plus fortes sont de 100 et même 200 mètres.

Lorsque les eaux sont abondantes et qu'on monte un cuvelage, il est essentiel de percer dans les cadres inférieurs, des trous de section suffisante pour laisser les eaux s'écouler par la base du cuvelage; sans cette précaution, l'eau remonterait derrière, en délayant et entraînant le béton. Il est bon aussi de laisser monter les eaux dans l'intérieur du puits à mesure que le cuvelage s'élève, afin de ne pas le mettre en pression, tant que les calfatages ne sont pas établis.

Dans la plupart des puits, les niveaux qui pressent contre le cuvelage sont indépendants les uns des autres et sujets à de très-grandes variations, suivant les saisons. Ces variations sont inégales, de telle sorte que certains niveaux deviennent très-faibles, alors que d'autres conservent leur pression.

Comme les diverses parties d'un cuvelage se trouvent isolées par les trousses picotées, il résulte de ces variations que, tandis que certaines parties sont soumises à des pressions considérables, d'autres se distendent par la diminution des eaux. Lorsque la pression vient ensuite à se rétablir, les joints laissent passer l'eau, le calfatage est affaibli et les fuites deviennent difficiles à maîtriser.

Il importe donc d'établir dans un cuvelage une solidarité générale, en rendant la pression aussi constante que possible. On arrive à ce but en perçant la partie des trousses picotées qui se trouve derrière le cuvelage, de plusieurs trous de tarière, et mettant tous les niveaux en communication les uns avec les autres. Afin de rendre les réparations plus faciles dans certains cas, on se réserve le moyen de supprimer cette communication par des robinets. Quant aux cuvelages pour lesquels ces précautions n'ont pas été prises dès le principe, on peut établir la communication au moyen de tuyaux coudés placés à l'extérieur.

La figure 10, *planche* XXIX, indique la disposition des trous qui mettent en communication les niveaux au-dessus et au-dessous d'une trousse. Cette communication est assurée au moyen de conduites verticales en bois, qui empêchent le béton de l'interrompre.

Les niveaux paraissent d'ailleurs soumis aux influences qui régissent ordinairement le volume des sources. Ainsi on a souvent observé que les pièces d'un cuvelage fléchissent et se rompent aux époques de la hauteur maximum des eaux, c'est-à-dire au printemps, et que, par un effet inverse, c'est-à-dire par un relâchement de tension, des accidents se manifestent également après un été très-sec. Les ruptures ont surtout lieu dans les pièces défectueuses ; aussi ces pièces doivent-elles être remplacées dès qu'on s'aperçoit qu'elles fléchissent et qu'elles laissent filtrer l'eau à travers leurs pores ; l'action mécanique des fuites désagrégeant de plus en plus les fibres de bois, la flexion augmenterait et une rupture subite pourrait se produire. Il faut procéder immédiatement au remplacement de la pièce altérée, et c'est dans ce cas de réparation qu'on apprécie l'utilité d'un bon garnissage en béton, qui modère l'irruption des eaux et facilite le remplacement.

Lorsqu'on doit entreprendre des réparations importantes à un cuvelage, de même que dans le cas où l'on commence le fonçage d'une avaleresse qui doit, à une certaine profondeur, traverser des couches à niveau, il faut autant que possible conduire le travail de manière à n'arriver aux couches aquifères qu'à l'époque des plus basses eaux, c'est-à-dire en automne.

Quelle que soit la forme du puits, les procédés ne changent pas. Les grands puits de 4 mètres de diamètre sont ordinairement polygonaux, à douze ou seize pans, *planches* XXVIII et XXX ; on a même, dans quelques cas, porté le nombre des côtés du polygone jusqu'à vingt-deux.

Cette forme polygonale des puits a l'avantage de diminuer la portée des bois.

La planche XXX représente toutes les conditions de l'établissement du cuvelage pour une des fosses de Nœux dans le Pas-de-Calais.

La succession des passes est indiquée fig. 2, avec les renvois de niveau établis à travers les trousses picotées fig. 7. Les figures 5 et 6 expliquent la disposition et les détails de construction des trousses picotées de la base.

CUVELAGES EN FONTE.

Le cuvelage en fonte a pris naissance en Angleterre. Une grande partie du terrain houiller de Newcastle est recouverte par des morts-terrains à niveaux, qui furent d'abord traversés et cuvelés suivant les procédés en usage en France. La rareté et le prix élevé des bois de chêne denses et sans défauts, tels qu'ils sont nécessaires pour le cuvelage; d'autre part, le bas prix de la fonte et l'habitude de l'appliquer à tous les emplois, ont conduit les ingénieurs anglais au procédé de cuvelage en fonte, tel qu'il a été ensuite importé sur le continent.

Les puits cuvelés en fonte sont ronds. Le tubage est composé d'une série de panneaux circulaires, portant sur tout leur périmètre des brides extérieures, de telle sorte qu'en les juxtaposant et les superposant on peut construire un cylindre lisse à l'intérieur, *planche* XXXII.

Les trousses picotées de la base sont elles-mêmes en fonte et composées de segments dont la juxtaposition forme le cercle du puits. Supposons ces trousses mises en place et picotées suivant la méthode ordinaire.

Un cercle de cuvelage, composé de dix ou douze panneaux à brides extérieures, est placé sur la trousse. Les brides, de $0^m,13$ à $0^m,15$ de largeur, portent des petits rebords saillants de $0^m,005$, de telle sorte que leurs surfaces juxtaposées, verticales ou horizontales, présentent un vide régulier, dans lequel on place des planchettes de sapin. Ces planchettes sont taillées et disposées de telle sorte que le fil du bois se présente toujours vers l'axe du puits. On les place donc entre les brides des panneaux, de manière à faire *par le picotage* tous les joints horizontaux et verticaux.

Ces joints picotés ont la longueur des brides et une épaisseur de $0^m,005$ à $0^m,01$. Pour les grandes pressions, cette dernière épaisseur est un maximum.

Les joints horizontaux forment des cercles picotés, mais on a soin de disposer les joints verticaux de façon que chacun tombe vers le milieu du panneau inférieur ou supérieur, de telle sorte que ces joints ne se trouvent pas en lignes verticales.

Chaque panneau porte un trou central qui permet de le descendre, de le mettre en place, et qui donne issue aux eaux pendant le montage, de manière à ne pas gêner la confection des joints.

En montant le cuvelage, on bourre avec soin un mortier hydraulique entre l'extrados du tube et le terrain, de manière à former un garnissage extérieur. On laisse monter les eaux dans le puits à mesure que le cuvelage s'élève, de manière à laisser prendre le mortier.

Une *passe* ou portion de cuvelage étant ainsi montée, on épuise et baisse les eaux progressivement et de cercle en cercle, en picotant successivement les joints qui n'étaient que colletés et bouchant les trous circulaires du centre des panneaux au moyen de chevilles dont on picote la tête.

Ces opérations suivies méthodiquement conduisent ainsi aux cercles de la base, dont on fait les picotages en laissant toujours pour la sortie des eaux du niveau une issue suffisante par les trous circulaires, puis on finit par fermer le cuvelage par l'obturation de ces trous.

C'est à ce moment qu'on peut apprécier l'énergie d'un niveau d'eau. Sous une pression de 9 à 10 atmosphères, l'eau sort des derniers trous avec une force que l'on peut calculer. La surface de ces trous étant de 6 à 8 centimètres carrés, le choc, à la sortie, représente une force de 60 à 80 kilogrammes. Quatre hommes qui présentent l'obturateur placé à l'extrémité d'une longue pièce de bois, ont peine à soutenir ce choc et à chasser les dernières chevilles.

Un cuvelage en fonte est plus difficile à monter qu'un cuvelage en bois; mais, une fois établi, il est plus solide et plus durable, et demande moins d'entretien.

Pour les niveaux moyens de 50 à 70 mètres, la préférence peut être accordée au bois; mais pour les niveaux dont la hauteur est supérieure à 80 mètres, qui ont été jusqu'à 150 et au delà, et qui devront, dans l'avenir, atteindre 200 et 300 mètres, la fonte présente des garanties bien plus complètes; on peut en effet lui donner les épaisseurs que l'on veut, et elle se maintient toujours dans des conditions de résistance constantes, tandis que le bois, sous l'influence de ces grandes pressions, se fissure et s'exfolie.

Dans certains cas, l'exécution des joints picotés entre les brides a présenté de sérieuses difficultés. Elles provenaient de la trop grande épaisseur de ces joints, qui subissent dans ce cas, des pressions qui les chassent au dehors. C'est ce qui est arrivé pour un puits du Gard; des joints de 0^m,02 n'ont pu être maintenus étanches. La précision des pièces de fonte est donc une condition essentielle au succès, aussi bien que leur nature saine, sans soufflures ni fissures. La perfection atteinte aujourd'hui par les fonderies présente d'ailleurs toutes les garanties désirables pour les cuvelages à grandes pressions.

Dans plusieurs cas, on a exécuté des cuvelages en fonte, formés par la superposition de bagues d'une seule pièce, avec brides intérieures. Ces bagues sont boulonnées les unes sur les autres avec un joint soit en plomb, soit en caoutchouc.

On obtient ainsi des cuvelages d'autant plus sûrs, que les bagues peuvent être essayées à la presse hydraulique, et les brides tournées de manière à obtenir un montage de précision. Nous aurons occasion de citer plus loin les puits de Trazegnies (Charleroi), cuvelés avec des bagues de 4^m,25 de diamètre à l'intérieur des brides. Ce système est susceptible d'applications nombreuses pour toutes les parties de cuvelage qui peuvent être descendues du jour; toute reprise exécutée en dessous devant se faire par panneaux.

L'établissement d'un puits cuvelé est un travail d'autant

plus difficile que les niveaux sont plus abondants et que leur pression est plus considérable. Le mode d'exécution varie non-seulement en raison de ces conditions principales, mais aussi d'après la nature des roches traversées.

Lorsqu'il ne s'agit que de traverser des niveaux superficiels et de peu de hauteur, une description générale et succincte des procédés employés, telle que celle qui précède, sera certainement suffisante; mais aujourd'hui on doit surtout se préoccuper des conditions les plus difficiles devant lesquelles l'art des mines a reculé jusqu'à présent. Les puits exécutés ou à exécuter dans le Pas-de-Calais, dans la Moselle, dans le pays de Mons et le Centre belge, etc., se présentent à la fois comme les plus difficiles et les plus essentiels à l'avenir des mines. Pour apprécier dans ces divers cas, les moyens d'exécution du fonçage et du cuvelage, il faut laisser les généralités et en étudier les détails pratiques d'après des exemples.

Nous passerons successivement en revue les exemples de fonçage et de cuvelage qui nous paraissent le mieux résumer les difficultés qui peuvent se présenter et les détails de construction des cuvelages.

FONÇAGE ET CUVELAGE DE L'AVALERESSE DE MARLES (PAS-DE-CALAIS).

Un mémoire de M. Glepin sur le fonçage et le cuvelage de la fosse de Marles (Pas-de-Calais), est un véritable traité sur le cuvelage en bois. Le fonçage de cette fosse a été conduit dans les conditions suivantes :

Un boisage provisoire permit de pénétrer dans la craie fendillée, rendue très-ébouleuse par les eaux qui sortaient de toutes les fissures. Ce boisage fut composé de cadres, dits *croisures à seize pans*, de $4^m,10$ de diamètre pour le cercle inscrit. Ces cadres, espacés de $0^m,55$, assemblés à tiers bois et boulonnés, étaient *cognetés* contre un garnissage en palplanches jointives dites *stiffles*, en hêtre, de $0^m,03$ d'épaisseur, $0^m,15$ de largeur et $0^m,60$ de longueur. Les croisures étaient reliées entre elles par des porteurs de $0^m,09$ d'équarrissage, et surtout des fers méplats dits *molles-bandes*, cloués du haut en bas.

La *planche* XXIX indique la disposition de ce boisage.

Toutes les fois que le terrain devenait mouvant, les palplanches ou stiffles, fig. 7 et 8, étaient enfoncées dans le terrain, de manière à former à l'avance un garnissage en éventail qui arrêtait les mouvements et permettait de foncer et de placer la croisure.

On pénétra de cette manière, sous la protection des pompes, dans toute l'épaisseur du niveau, jusqu'à la rencontre de roches jugées assez solides et assez peu perméables pour qu'on pût arrêter les eaux. Au-dessus du point où durent être placées les trousses picotées, on établit un *cariou*, sorte d'auge destinée à recueillir les eaux et à les conduire aux aspirants des pompes sans qu'elles tombent sur les ouvriers occupés au picotage.

Les figures 6 à 9 de la *planche* XXIX expliquent les dispositions prises pour établir le cariou et pour préparer la pose des trousses picotées. On place contre le terrain une trousse picotée qui doit former le fond de l'auge ; puis on construit cette auge en planches. Deux conduits en bois avec appendices en cuir, permettent de conduire les eaux ainsi rassemblées jusqu'au fond du puits.

La figure 6 représente un cariou double établi au-dessous des picotages de la troisième passe. Nous citerons, d'après M. Glepin, quelques détails qui permettront d'apprécier les procédés d'exécution de ces picotages.

La base a été établie par la superposition de quatre trousses dans les conditions suivantes, fig. 6 :

La trousse de la base, dite *fausse trousse*, est destinée à préparer le travail ; elle a été cependant établie non comme une trousse *colletée*, mais dans les conditions d'une véritable trousse picotée. Sa position avait été déterminée par seize fils à plomb descendant du cadre régulateur placé à la partie supérieure du puits, en dessous de la tonne de briques.

Les opérations se succédèrent ensuite dans l'ordre suivant, pour la pose des trois siéges picotés :

1° Préparation de l'emplacement, en enlevant le boisage provisoire et entaillant le terrain suivant les formes indiquées par un gabarit spécial. Aussitôt qu'une partie était taillée, on appliquait sur le terrain des stiffles jointives verticales dont on engageait la tête derrière le boisage provisoire supérieur. Ces stiffles avaient été revêtues, du côté appuyé sur le terrain, d'une couche de mousse uniforme, de $0^m,04$ d'épaisseur, appliquée au moyen de goudron bouillant, de manière à former une couche régulière et compressible.

2° Pose du premier siége de : $0^m,24$ verticale, sur $0^m,33$ horizontale. Ce siége est composé de seize pièces assemblées à onglets, avec tenons et mortaises ;

3° Pose de seize lambourdes ou madrilles de $0^m,025$ d'épaisseur et $0^m,24$ de hauteur, fixées par des coins à $0^m,04$ de la trousse et à $0^m,025$ des stiffles formant parois. Tassement d'une couche de mousse dans l'espace compris entre les lambourdes et les stiffles;

4° Cognetage et picotage. Le cognetage s'est effectué en plaçant et serrant des plats-coins contigus et superposés en sens inverse, dans l'espace compris entre la trousse et la lambourde. Le picotage a ensuite été fait avec des picots carrés en bois blanc, puis par des picots octogonaux également en bois blanc. La dureté est devenue telle, que, pour enfoncer l'aiguille ou *agrape* à fond, afin de préparer la place des derniers picots, il fallait de trente à trente-cinq coups de marteau appliqués par un mineur robuste. On prit alors une agrape plus petite et des picots en chêne, et l'on continua le picotage au point que l'aiguille ne pouvait plus être enfoncée qu'après quarante-cinq coups de marteau;

5° Récépage du picotage, de manière à en dresser la surface; pose successive du deuxième siége de : $0^m,24$ sur $0^m,33$, et du troisième de : $0^m,24$ sur $0^m,34$, en suivant la même marche que pour le premier;

6° Montage du cuvelage. Ce cuvelage, de $0^m,17$ d'épaisseur à la base et de $0^m,15$ à la partie supérieure, était en bois de chêne. Les cadres ont été composés de pièces de hauteurs différentes, de manière à supprimer la continuité des joints horizontaux. Cette disposition enchevêtrée établit la solidarité et augmente la résistance de l'ensemble.

A mesure que le cuvelage montait, on pilonait, dans l'intervalle compris entre l'extrados et le terrain, un béton hydraulique composé d'un tiers de chaux hydraulique, un tiers de marne concassée et un tiers de cendres de houille. Le cuvelage étant monté jusqu'à la rencontre du rouet sur lequel repose la tonne de briques, le dernier cadre placé, dit *clef*, laissait nécessairement un vide horizontal que l'on a fermé par un picotage;

7° Le brondissage est la dernière opération, qui ferme définitivement la colonne du cuvelage. C'est un calfatage à l'étoupe que l'on enfonce jusqu'à *refus*, entre tous les joints horizontaux des pièces de cuvelage.

Lorsque la première colonne ou passe de cuvelage a été posée, on l'a suspendue aux parties supérieures du puits à l'aide de tirants en fer fixés sur les trousses inférieures à l'aide de vis à bois, et en clouant du haut en bas deux lignes de longrines sur chacun des pans.

On a ensuite repris le fonçage jusqu'aux bancs qui ont reçu les trousses picotées de la seconde passe.

On procéda ainsi de suite, de passe en passe, jusqu'à la huitième, toujours par les mêmes procédés, de manière à construire 75 mètres de cuvelage assurés à la base, dans le terrain houiller, par huit siéges picotés.

Ces 75 mètres coûtèrent 4,210 francs par mètre, non compris les frais généraux.

On trouvera dans le mémoire de M. Glepin les détails les plus circonstanciés sur l'exécution de ce travail, dont nous nous sommes borné à indiquer les procédés généraux. La description détaillée se termine par le journal des travaux jour par jour, depuis le 19 décembre 1854, jusqu'au 15 octobre 1856, époque à laquelle le puits a été terminé à la profondeur totale de 83 mètres. La dépense avait été de 406,000 francs.

Dix ans après l'exécution de ce travail, le 29 avril 1866, un mouvement violent se produisait dans la fosse de Marles vers la profondeur de 56 mètres; le cuvelage se resserrait sur 4 à 5 mètres de hauteur en se tordant; quelques joints s'ouvraient, et plusieurs pièces du cuvelage étaient emportées. Aussitôt l'eau se précipita dans les travaux considérables des exploitations, emportant successivement des séries de pans; les argiles sableuses étaient entraînées par les eaux, et bientôt la fosse s'écroula en laissant à sa place une dépression conique de 10 mètres de profondeur et de 25 mètres de diamètre.

Cet immense désastre est attribué par M. Glepin, aux mouvements que des dépilages trop rapprochés avaient déterminé dans les terrains superposés au terrain houiller. Il a tenu à prouver, par une description minutieuse, que la manière dont cette fosse avait été foncée et cuvelée, présentait toutes les garanties désirables.

CUVELAGE EN FONTE DES AVALERESSES DE RHEIN-ELBE (BASSIN DE LA RUHR).

Le bassin de la Ruhr, limité dans ses produits tant que les exploitations sont restées concentrées dans les terrains houillers découverts, s'est étendu sous les morts-terrains crétacés, à des distances dont on n'a pas encore trouvé les limites. Le fonçage des avaleresses s'avance progressivement sur l'aval pendage.

Les procédés établis par la pratique dans le bassin de la Ruhr ont une importance réelle, car ils sont appliqués à des terrains souvent très-difficiles. Les niveaux, quelquefois très-abondants, circulent dans des fissures qui sillonnent le terrain crétacé, ces fissures paraissant suivre une zone linéaire parallèle à la ligne de Ruhrort à Essen, Gelsenkirchen, etc. L'épaisseur des morts-terrains traversés sur cette zone varie de 80 à 100 mètres ; on y a rencontré toutes les difficultés qui peuvent résulter de l'affluence des eaux et de la mobilité des terrains, tandis que plus à l'est, des avaleresses situées en dehors des fissures ont franchi des épaisseurs plus considérables sans rencontrer de niveau abondant.

Les roches sont souvent ébouleuses, surtout à la surface, et l'usage est de les traverser à l'aide de trousses coupantes en maçonnerie.

Une trousse coupante construite en briques, est montée sur une bague tranchante composée de panneaux de fonte fortement assemblés. Des boulons verticaux permettent de serrer la maçonnerie sur cet anneau et l'on assure, en outre, l'unité de l'ensemble par des rouets placés de distance en distance. La tour une fois montée à une certaine hauteur, on la fait descendre en sapant et enlevant le terrain au-dessous de l'anneau tranchant, et on en continue la construction à mesure qu'elle descend, de manière à augmenter le poids de la trousse. Le plus souvent même on surcharge la partie supérieure de poids additionnels, que l'on dispose de manière à faciliter et régler la descente verticale.

Ce moyen, qui réussit très-bien jusqu'à une profondeur de 15 ou 20 mètres, devient ensuite très-difficile, à cause des frottements qui résultent de la pression des terrains sur l'extrados de la tour. Les terrains argileux exercent surtout une résistance considérable par leur adhérence, et souvent les tours ou trousses prennent des inclinaisons difficiles à redresser.

Dans quelques cas, on a entouré l'extrados des trousses en maçonnerie d'une enveloppe en tôle, afin de réduire ces frottements, et lorsque les terrains sont favorables, on a pu conduire ainsi une trousse à grande profondeur. A Homberg on a été au delà de 60 mètres.

Aujourd'hui, dans le bassin de la Ruhr, on emploie d'une manière presque exclusive le cuvelage en fonte. Il y a été importé par des compagnies anglaises qui ont fait venir de Newcastle des ouvriers spéciaux.

Le cuvelage est composé d'anneaux formés de dix à douze panneaux à brides extérieures. Ces brides sont disposées de telle sorte que leur juxtaposition laisse au plus $0^m,01$ de vide, une des brides portant un onglet saillant qui ferme le fond de la fente.

Tous les joints verticaux et horizontaux de $0^m,10$ à $0^m,11$ de profondeur, sont garnis de planchettes de sapin et picotés avec le plus grand soin.

Les trousses à picoter sont en fonte.

Le niveau recoupé par la fosse de Rhein-Elbe, près la station de Gelsenkirchen, a été de 100 à 140 hectolitres par minute entre 45 et 62 mètres de profondeur ; le terrain houiller, qui se trouve à 98 mètres, pouvant seul présenter des roches assez imperméables pour établir les siéges définitifs du cuvelage.

La tour en maçonnerie fut construite par les procédés ordinaires, après boisage provisoire, et montée sur un rouet picoté. Au-dessus de ce rouet en retraite, un second fut établi au diamètre du puits, de manière à faciliter la reprise en dessous et la pose des *tubings* de raccord (*planche* XXXI, trousse n° 1).

La planche XXXI représente treize séries de trousses

picotées, depuis la tonne de briques jusqu'aux siéges picotés établis dans les marnes imperméables de la base, au-dessous desquels on a fait une quatorzième reprise pour établir un siége définitif composé de trois trousses picotées dans les schistes du terrain houiller.

Les trousses 2 et 4 sont disposées de manière à prolonger le revêtement en fonte sur la tonne de briques, la trousse 3 ayant été placée de manière à supporter le cercle de raccordement.

Les siéges 9, 10 et 13 indiquent les dispositions employées pour l'établissement des trousses picotées et pour la construction du cuvelage.

Parmi les joints dont la coupe indique les dispositions, on en remarquera plusieurs contre lesquels des cercles ont été appliqués.

Le cerclage est un expédient destiné à consolider des joints horizontaux. Un cercle en fer méplat, de $0^m,10$ de hauteur, est placé devant un joint que l'on suppose présenter des garanties insuffisantes ; un intervalle de $0^m,005$ qui sépare l'extrados du cercle reçoit un double picotage, un en haut et l'autre en bas. On obtient ainsi un joint supplémentaire qui lui-même est assez médiocre, mais qui cependant ajoute à la solidité de celui que l'on suspecte.

On remarquera sur cette *planche* XXXI plusieurs particularités du fonçage, notamment la réparation d'un éboulement qui se produisit vers la base du puits par suite d'une déviation du sondage à petit diamètre qui amena les eaux du niveau dans le terrain houiller. Le puits avait été foncé en prenant pour centre le trou de sonde qui avait reconnu la houille, mais le forage avait dévié de manière à se trouver dans la position indiquée.

Le fonçage de la fosse n° 2 de Rhein-Elbe, dite *fosse de l'Alma*, peut nous servir de type pour la description plus détaillée d'un cuvelage en fonte, type anglais. Quelques innovations introduites dans la forme des pièces donnent à cet exemple un intérêt particulier.

Le diamètre du puits est 5 mètres (*planche* XXXII).

La hauteur de la partie cuvelée entre la tonne de brique du jour et les picotages de la base devant être de 98 mètres, cette hauteur a été divisée en sept sections. Les épaisseurs du cuvelage ont été calculées d'après la formule :

$$e = 13 + \frac{hd}{24}.$$

$e =$ épaisseur en millimètres;
$h =$ hauteur de la colonne d'eau en mètres;
$d =$ diamètre du cuvelage en mètres.

Les diverses sections ont, dès lors, été établies dans les conditions résumées par le tableau suivant :

SECTION.	HAUTEUR de section.	NOMBRE de segments.	ÉPAISSEUR des segments.	POIDS d'un segment.	POIDS des sections.
1	8^m	192	0^m,017	194^k,4	37324^k,8
2	15	360	0 ,020	208 ,7	75132 ,0
3	15	360	0 ,023	223 ,0	80280 ,0
4	15	360	0 ,026	237 ,2	85392 ,0
5	15	360	0 ,029	251 ,5	90540 ,0
6	15	360	0 ,032	265 ,9	95724 ,0
7	15	360	0 ,036	285 ,0	102600 ,0

Les segments ou *panneaux* sont au nombre de douze pour former le cercle du cuvelage, ainsi que l'indique le plan, fig. 1, *planche* XXXII.

La forme de ces segments, la disposition des brides et des nervures, sont détaillées par les coupes et élévations de chaque pièce.

Les panneaux sont tous percés au centre d'un trou destiné à les saisir pour les descendre et les mettre en place et à laisser passer les eaux pendant le montage.

Les trousses à picoter sont également en fonte et composées de douze segments. Ce sont des poutres creuses à section rectangulaire de 0^m,15 de hauteur sur 0^m,40 de largeur.

Chaque poutre ou segment de trousse est formée de deux compartiments creux; le sable de moulage étant retiré de l'intérieur par un trou de 0^m,13 de diamètre.

Chaque segment de trousse, de 0^m,025 à 0^m,030 d'épaisseur, pèse 317 kilogrammes, de telle sorte que le poids total d'une trousse est de 3,704 kilogrammes.

Les segments étant juxtaposés sur la banquette, sont d'abord assurés dans leur position. Entre chacun d'eux on a placé une planchette de sapin de 0^m,005 d'épaisseur moyenne afin de préparer les joints ; on procède ensuite, suivant la méthode ordinaire, au picotage de l'extrados. Trois de ces trousses ont été superposées et picotées pour établir le siége de la base.

Dans les trousses intermédiaires qui séparent les différents niveaux, on a établi des renvois de niveaux par soupapes, dont la pièce essentielle, représentée *planche* XXXII à demi-grandeur, se place sur le trou de 0^m,091 de diamètre intérieur indiqué sur le segment. Il y a seulement deux de ces soupapes sur chaque trousse.

Ces renvois de niveaux à soupapes ont l'avantage d'être automatiques; une fois en place, on n'a plus à s'en occuper, le clapet s'ouvrant ou se fermant suivant que l'exige l'équilibre des niveaux.

La *planche* XXXII donne les détails de construction des pièces du cuvelage, de telle sorte qu'il n'y a aucune explication à y ajouter. Nous insisterons seulement sur la manière dont les joints doivent être exécutés.

Ainsi qu'il a été dit, les joints horizontaux et les joints verticaux sont tous faits en bois picotés. Leur épaisseur normale est de 0^m,005 et dans aucun cas cette épaisseur ne doit dépasser 0^m,010.

Les planchettes de sapin sont placées de manière à bien

remplir le vide et à présenter le fil du bois au picotage; tous les interstices qui résultent de juxtapositions sont remplis avec de longs picots en sapin. On picote ensuite suivant la méthode ordinaire. Le picotage des joints détermine une tension générale de toutes les pièces du cuvelage, dont la solidarité se trouve ainsi établie.

En superposant les pièces de chaque cercle du cuvelage, on a soin que chaque joint vertical des panneaux corresponde au milieu du panneau qui se trouve au-dessus, de telle sorte que les joints verticaux ainsi *quinconcés* ne présentent aucune file continue.

A Rhein-Elbe on n'a pas bourré de mortier hydraulique, derrière les panneaux on s'est borné à caler extérieurement toutes les pièces au moyen de bois, planches, coins, etc.

Les fontes employées pour ce cuvelage ont été soumises à divers essais destinés à vérifier leur solidité et leur imperméabilité.

La vérification des panneaux se fait au marteau; le défaut de solidité ou d'imperméabilité ne peut en effet provenir que de fissures, félures ou soufflures, défauts qui se démasqueront par le son que rendra la pièce lorsqu'on frappera sur le point défectueux. Pour cette vérification, l'ouvrier prend un barreau d'acier carré d'environ $0^m,03$ de côté et $0^m,20$ de longueur; il en pose la base sur la pièce et frappe un coup sec avec le marteau. En promenant l'outil et le frappage par lignes successives, de manière à parcourir toute la surface de la pièce, il découvrira infailliblement tout défaut intérieur.

AVALERESSES DE TRAZEGNIES (CHARLEROI).

Le cuvelage en fonte, tel que les Anglais l'ont exécuté et importé sur le continent, ne peut-il pas être heureusement modifié? Est-il logique de composer un cercle de dix ou douze panneaux, lorsqu'on peut le fondre d'une seule pièce?

Est-il logique de faire les joints par des picotages d'une exécution difficile, qui exigent un entretien, tandis qu'en mettant les brides en dedans on pourrait faire ces joints comme tous ceux des pièces mécaniques? Enfin est-il utile d'avoir le tube du puits lisse à l'intérieur et sans aucune saillie, tandis qu'en plaçant les brides saillantes à l'intérieur on a la facilité de s'appuyer partout pour le guidage, pour les réparations, etc.?

Telles sont les questions que beaucoup d'ingénieurs se posent aujourd'hui, et qui sont en partie résolues par quelques applications.

L'ingénieur Briart, directeur des houillères de Mariemont et Bascoup, dans le Centre belge, avait à établir à Trazegnies, un siége d'exploitation comprenant trois puits; ces trois puits devant atteindre le terrain houiller, recouvert par 30 mètres de terrains crétacés, sablonneux et très-aquifères.

Les trois puits ont été successivement foncés et cuvelés par la méthode suivante :

Une trousse coupante à brides intérieures, a été établie pour un fonçage de $4^m,55$, cette trousse étant adaptée à une première bague de cuvelage, qui se terminait à la partie inférieure par une forte épaisseur taillée en biseau tranchant. Comme toutes les bagues qui lui furent superposées, cette bague tranchante avait $1^m,20$ de hauteur et $4^m,25$ de diamètre en dedans des brides; ces brides étaient tournées et les joints boulonnés.

Une colonne de cuvelage ainsi composée de bagues superposées, sans joints verticaux, avec joints horizontaux boulonnés, est tellement simple, qu'elle est évidemment préférable à la construction anglaise. Les joints se font, soit au plomb, soit avec des bandes de caoutchouc qui ont été très-heureusement employées à Trazegnies.

Lorsqu'il s'agit de faire descendre une colonne de cuvelage sous forme de trousse coupante, cette construction par anneaux complets est en outre solide et d'une pose rapide.

Pour la faire pénétrer dans le sol, on a établi au-dessus du puits, un plancher solide, sur lequel on a posé une machine d'épuisement à traction directe, un chevalement à molettes et des masses de fonte dont le poids fut évalué à 400 000 kilogrammes.

En dessous du plancher ainsi chargé, on suspendit huit vis de pression manœuvrées à bras par quatre hommes, au moyen de clefs de 2 mètres de longueur et serrant des traverses appuyées sur la bague supérieure du cuvelage.

Pour faire descendre la trousse, on attaqua d'abord le terrain à l'intérieur, à niveau plat, au moyen de pompes et de bennes d'extraction. Lorsqu'on fut arrivé aux sables aquifères, les eaux remontant à 2 mètres du jour, les sables furent dragués de temps en temps. Lorsque la résistance devenait trop considérable, on épuisait de manière à faire baisser le niveau des eaux et appeler les sables de la circonférence; on exerçait ensuite, au moyen des vis, une pression aussi énergique que possible sur le tube de cuvelage.

En octobre 1868, dix-huit bagues de $1^m,20$ de hauteur, soit 21 mètres de cuvelage, avaient pénétré dans le sol; cette colonne pesait près de 100,000 kilogrammes et la pression des vis avait été portée à un point tel, que les 400,000 kilogrammes superposés étaient parfois soulevés. Le terrain à niveau put ainsi être traversé jusqu'à 30 mètres. La trousse, lorsqu'elle avait rencontré des silex, les avait nettement coupés; elle traversa un banc argileux et pénétra de plus de 1 mètre dans le terrain houiller. Les eaux furent alors épuisées et l'on put procéder à l'approfondissement dans le terrain houiller, puis à la pose d'une série de trousses picotées qui furent raccordées avec le cuvelage supérieur par un cuvelage à panneaux.

L'exécution des puits de Trazegnies est à citer comme un des meilleurs exemples de l'emploi de la trousse coupante aussi bien que pour la construction du cuvelage à bagues.

Une particularité importante s'est produite dans l'exécution de l'avaleresse.

La bague coupante ayant traversé un petit banc d'argile, de 0^m,30, superposé au terrain houiller, a pénétré d'environ 1^m,30 dans les schistes houillers imperméables. Elle était tellement serrée et adhérente dans ces terrains, que les eaux supérieures ne purent se faire jour autour d'elle lorsqu'elles furent mises à plat pour continuer le creusement et établir les trousses picotées. Ce travail put se faire sous la protection d'un exhaure très-réduit.

Si l'on avait démonté la bague terminée en biseau tranchant, pour opérer le raccordement du cuvelage superposé aux siéges picotés avec le cuvelage descendu sous forme de trousse coupante, on aurait pu altérer les conditions du joint qui s'était formé à l'extrados de la trousse, et amener dans le puits une venue d'eau considérable. M. Briart, après avoir monté son cuvelage à panneaux, jusqu'à hauteur du dernier cercle, fit fondre les panneaux de ce cercle sous une forme telle, que sa partie supérieure présentât un plan incliné faisant face à celui du tranchant de la bague et en sens inverse. Il obtint ainsi entre les deux plans inclinés, un vide conique qui fut solidement picoté et soutint parfaitement la pression.

AVALERESSE DE RHEIN-RUHR (WESTPHALIE).

Entre la Ruhr et le Rhin, près de la ville de Ruhrort, on avait à traverser 82 mètres de morts-terrains pour atteindre le terrain houiller. Ces morts-terrains présentaient de sérieuses difficultés, moins par l'abondance des niveaux que par la nature ébouleuse des terres et des argiles sablonneuses; ces terrains exerçaient de telles pressions contre tous les moyens de soutènement, que quatre avaleresses des environs avaient dû être abandonnées.

Le travail fut attaqué par une trousse coupante en maçonnerie, montée sur un sabot en fonte. Cette trousse circulaire avait $8^m,40$ de diamètre intérieur et une épaisseur de $0^m,83$, ce qui nécessita une excavation de plus de 10 mètres de diamètre. On ne pouvait espérer que l'on traverserait toute l'épaisseur des morts-terrains avec cette trousse; on se lançait un peu à l'aventure, avec l'espoir de parer aux accidents à mesure qu'ils se présenteraient.

La tour fut d'abord descendue à niveau plein, en draguant les roches, conformément à la méthode usitée dans la Ruhr, c'est-à-dire avec des dragues à sacs accompagnant un outil qui désagrége les roches par un mouvement de rotation. Arrivé à la profondeur de 15 mètres, le dragage devenant très-difficile à cause de la grande longueur de la tige, on épuisa les eaux jusqu'à moitié de la hauteur, et l'on établit à ce niveau un plancher de manœuvre. On put descendre ainsi jusqu'à 23 mètres, profondeur à laquelle la tour s'arrêta dans un banc d'argile.

Une seconde trousse coupante de $5^m,80$ de diamètre, et de $0^m,55$ d'épaisseur, fut montée dans la première et descendue de $7^m,70$, point où elle atteignit la profondeur totale de $31^m,40$, et s'arrêta, sans qu'il fût possible d'aller plus loin. Elle était en effet arrivée à l'argile. A ce moment, on eut l'idée regrettable d'épuiser les eaux, de masquer le fond du puits par un bouclier, et de procéder à l'approfondissement du puits à niveau plat, par l'enfoncement de palplanches contiguës en forme de cuve. Des palplanches en bois furent donc battues autour de la cuve en maçonnerie, puis on enfonça à l'intérieur du cercle ainsi formé, un cercle inscrit de palplanches en fer, lorsque tout à coup, la pression des sables rompant le masque et l'enceinte des palplanches, détermina une irruption intérieure et le bris des deux pompes d'épuisement.

Tous ces accidents avaient porté un certain désordre dans les positions des tours en maçonnerie. Elles étaient déviées et excentrées, ainsi que l'indiquent les coupes et plans figurés *planches* XXXIII et XXXIV.

On se décida à établir à l'intérieur une trousse coupante en fonte, en la faisant pénétrer le plus possible dans les argiles sur lesquelles reposaient les sables mouvants. La base de la trousse en fonte fut établie dans les conditions indiquées *planche* XXXIV, fig. 1 et 4.

Le diamètre extérieur était de $4^m,30$; l'épaisseur de la fonte, $0^m,052$. Chaque rang était formé de dix segments boulonnés, le rang inférieur étant à bords tranchants.

Tous les joints furent faits en planchettes de sapin de $0^m,005$ d'épaisseur.

On appliqua sur le pourtour de la trousse mise en place six vis de pression butées sur des traverses, et l'on commença à la faire descendre en creusant autant que possible sous la bague tranchante. A mesure de la descente, on ajoutait à la partie supérieure des anneaux de $0^m,32$ de hauteur. On fut bientôt obligé de porter le nombre des vis à douze.

Malgré la puissance de ces appareils, on ne put guère faire pénétrer le tubage que de 2 mètres dans les argiles.

A ce moment on s'aperçut de mouvements qui se produisaient dans la tonne de briques; les argiles soulevées tendaient à sortir de la zone autour du cuvelage en fonte. On arrêta l'enfoncement après avoir masqué le fond du puits par un bouclier solide, et l'on procéda à la construction du cuvelage en fonte jusqu'à la partie supérieure. Ce travail terminé, on put considérer la partie supérieure du puits comme assurée et l'on reprit le fonçage direct, avec toutes les précautions qu'inspirait le voisinage des sables.

La partie inférieure fut attaquée dans les argiles, à niveau plat, et, après avoir démonté la bague tranchante, on put foncer environ 3 mètres, que l'on cuvelait aussitôt que la place d'une couronne de tubings était dégagée. On avait soin d'injecter derrière les tubings du ciment hydraulique, de manière à ne laisser aucun vide par lequel les sables pussent se frayer un passage.

A cette profondeur de 38 mètres, la colonne de tubings pesait plus de 50,000 kilogrammes. On jugea prudent de la suspendre, puis d'en fixer la base par la pose d'une *fausse* trousse à angles saillants.

On approfondit ensuite en dessous de cette fausse trousse et l'on établit un siége picoté dans les argiles, de telle sorte que, les raccordements et joints une fois faits, le tube du puits fût complétement asséché (*planche* XXXIII, fig. 10).

On espérait alors pouvoir achever le puits à niveau plat par reprise en dessous du cuvelage, lorsqu'une irruption de sables gris verdâtres se fit jour par le fond et remplit le tube sur 6 mètres de hauteur.

A ce moment, la continuation du fonçage direct fut jugée impossible, et il fut décidé que le puits serait continué à *niveau plein*, par la descente d'une seconde colonne de cuvelage en fonte, inscrite dans la précédente.

Pour placer cette nouvelle trousse, on couvrit le fond du puits d'une couche de mousse, au-dessus de laquelle on versa 10 à 12 mètres de gravier. On établit la trousse sur ce fond surexhaussé et l'on monta dessus environ 22 mètres de cuvelage, on procéda ensuite au fonçage en employant la drague à sacs (*planche* XXXIV, figures 3 et 7). Cette drague était manœuvrée à la surface par un simple manége à chevaux.

Le cuvelage descendit facilement tant que l'on fut dans le gravier et les sables; mais lorsqu'il rencontra des bancs d'argile, on dut le forcer à l'aide de vis de pression, et charger la colonne de poids additionnels qui furent portés successivement jusqu'à 100 tonnes.

La descente s'opéra ainsi jusqu'à 80 mètres et l'on atteignit à cette profondeur les marnes solides et imperméables superposées au terrain houiller.

On dut songer alors au joint de la base. Si l'on épuisait les eaux, n'avait-on pas à craindre leur infiltration autour de la colonne du cuvelage?

On creusa la marne avec une drague cylindrique, coupante jusqu'à 2 mètres environ au-dessous du cuvelage, puis l'on ajouta à cette drague deux lames élargisseuses qui permirent d'élargir ces 2 mètres à un diamètre plus grand d'environ 0m,30.

On descendit alors dans le puits un béton hydraulique que l'on vidait au fond à l'aide d'un tube à clapet. La couche de béton étant jugée suffisante, on reprit le travail de pression et de chargement sur la colonne, que l'on parvint à enfoncer dans toute la hauteur du béton. On laissa ce béton durcir pendant six semaines, puis les eaux furent épuisées et l'on put reprendre la trousse en sous-œuvre, atteindre le terrain houiller et établir les derniers siéges du cuvelage sous une venue d'eau qui atteignit à peine 1 hectolitre par minute.

L'avaleresse de Rhein-Ruhr commencée en 1856, abandonnée dans les sables supérieurs après la descente de la seconde trousse au commencement de 1860, reprise en 1861 et terminée seulement en 1864, fournit des enseignements précieux. Elle met en évidence le procédé normal du travail à niveau plein par trousses coupantes en fonte, ainsi que l'usage des dragues à sacs, qui continue à rendre de très-bons services en Allemagne. Cette construction de drague cylindrique à claire-voie, portant, suivant le besoin, des sacs ou des lames agissant sur le fond ou sur les parois, est évidemment logique ; son action est lente, mais elle est sûre et permet de produire les effets voulus.

Les *planches* XXXIII et XXXIV donnent l'explication des procédés et dispositions précités pendant les diverses périodes de ce fonçage laborieux.

L'exposé de cette lutte prolongée contre les sables aquifères et les argiles alternantes, fait ressortir l'importance des procédés de fonçage que nous avons encore à décrire.

EMPLOI DE L'AIR COMPRIMÉ.
AVALERESSE N° 4 DE CHALONNES (MAINE-ET-LOIRE).

L'air comprimé est aujourd'hui un procédé tout à fait pratique pour des niveaux supérieurs. Ce procédé a pris naissance dans les mines de Chalonnes, dont les puits ont dû traverser les alluvions perméables de la Loire, superposées au terrain houiller.

La première application fut faite par M. Triger. Un cylindre en tôle, servant de trousse coupante, fut enfoncé dans les alluvions; il était séparé en trois compartiments par deux cloisons horizontales. Le compartiment supérieur restait toujours ouvert; le compartiment inférieur était l'atelier de fonçage; celui du milieu servait de chambre d'équilibre, destinée à être mise en communication tantôt avec le compartiment du haut, tantôt avec celui du bas.

Les choses étant ainsi disposées, on faisait arriver dans le compartiment du fond l'air comprimé par une machine à vapeur. Cet air chassait l'eau par un tube dont la partie inférieure plongeait jusqu'au fond de l'excavation et dont la partie supérieure s'élevait au-dessus du sol. Les ouvriers pouvaient donc pénétrer du premier compartiment, ouvert au jour, dans le second, qui était ensuite fermé hermétiquement, et dans lequel l'air à la pression ordinaire était mis en communication avec l'air comprimé du troisième; arrivés dans le troisième compartiment, ils excavaient les sables et faisaient descendre la trousse, puis ils accumulaient les débris de l'excavation dans le compartiment du milieu, et n'avaient, pour les sortir, qu'à fermer la communication avec le bas et ouvrir la porte du haut. Une pression, suffisante pour équilibrer les eaux extérieures, était maintenue pendant le travail, sans incommoder sensiblement les ouvriers.

Le procédé Triger fut appliqué au fonçage de la fosse

n° 4 de Chalonnes, par l'ingénieur Fagès, qui sut mettre à profit l'expérience acquise, et dont l'esprit méthodique et ingénieux devait encore ajouter à la précision des travaux. L'appareil et la partie cuvelée de l'avaleresse sont représentés *planche* XXXV.

Le puits devait dépasser la profondeur de 200 mètres et servir à une extraction peu considérable; le diamètre de $2^m,80$ fut jugé suffisant. Mais ce diamètre fut encore considéré comme trop grand par M. Fagès, pour la partie qui devait être creusée dans les terrains aquifères; et comme il est facile d'établir un service de cages en profondeur, en rapprochant les guides à la partie supérieure, le diamètre de la trousse fut réduit à 2 mètres. Cette réduction déterminait une notable économie et surtout facilitait l'exécution de la partie la plus difficile du fonçage.

La trousse, de 2 mètres de diamètre et $0^m,015$ d'épaisseur, fut battue dans les sables à l'aide d'un mouton de grande dimension, et pour faciliter sa descente, les sables étaient dragués à l'intérieur, à l'aide d'une tarière à soupape de $0^m,30$ de diamètre.

A 14 mètres de profondeur, la descente à niveau plein fut arrêtée par un banc de galets. On se servit alors d'un appareil de plongeur à l'aide duquel les ouvriers purent pénétrer au fond du puits, saper les galets et obtenir une descente jusqu'à 15 mètres. A ce moment, le travail à niveau plein fut suspendu, et l'on établit le sas à air à la partie supérieure du puits, en construisant l'appareil non plus mobile comme avait fait M. Triger, mais fixe, dans les conditions détaillées par la coupe *planche* XXXV. Nous empruntons aux rapports de M. Fagès la description suivante qui précise les détails des opérations successives.

<small>Le sas à air, de forme arrondie, est boulonné, le joint étant formé d'une lame de plomb matée, par-dessus laquelle on avait chassé un joint d'étoupes, le tout couvert d'une couche de terre grasse entretenue humide et lissée pendant tout le temps du travail.

Les deux ouvertures du sas à air, en forme de trous d'homme, sont placées l'une dans le fond et l'autre sur le côté; la manœuvre pour les fermetures et</small>

les ouvertures se faisait très-facilement par le moyen d'une vis de pression, pressant sur un étrier. Les joints formés d'une forte rondelle en caoutchouc ont parfaitement tenu, malgré la manœuvre souvent réitérée des ouvertures et fermetures.

Les deux petits robinets, l'un placé au bas, pour l'introduction de l'air comprimé dans le sas, et l'autre placé en haut pour sa sortie, avaient une section réduite, de sorte que la compression et la dépression de l'air pour l'entrée ou la sortie de l'ouvrier, ne pouvaient jamais se faire en moins de dix minutes. Deux soupapes de sûreté chargées à 2 atmosphères seulement, étaient placées, l'une sous le sas à air, en communication directe avec le puits, et l'autre sur le sas même.

Un manomètre à air comprimé se trouvait dans l'intérieur du sas à air; un second, à air libre, était à l'extérieur en communication avec le puits, et un troisième sur la pompe à air en vue du machiniste.

Le fond du sas à air était garni d'un plancher dans lequel on avait ménagé une ouverture, de manière à laisser passer les petits seaux de vidange de quart d'hectolitre, et à en recevoir une vingtaine sur ledit plancher. La montée des seaux se faisait au moyen d'un câble passant sur une petite poulie accrochée en haut du sas, et tiré par deux manœuvres. A 1 mètre en dessous du sas à air, se trouvait un second plancher suspendu, également percé d'une ouverture correspondante aux deux autres. Ce plancher servait à faciliter la descente de l'ouvrier, pour aller prendre l'échelle attachée aux parois du puits, et en même temps pour surveiller et entretenir la terre grasse sur le grand joint du sas à air avec le tube.

La colonne de tuyaux, qui évacue l'eau du fond, par l'effet direct de la pression, et aidée d'*une petite introduction d'air*, est formée d'une suite de tuyaux en cuivre de $0^m,05$ de diamètre, et communiquant à la surface, en dessous du sas à air. Un robinet se trouve à l'extrémité desdits tuyaux, et à l'extérieur du puits il est ouvert et fermé par un signal donné du fond du puits.

A l'extrémité inférieure des tuyaux, il s'en trouve un plus gros de quelques centimètres qui s'emboîte dans le dernier du bas; le raccord de ces deux tuyaux est fait de telle sorte que cette jonction puisse glisser très-facilement de manière à permettre d'allonger le tuyau au fur et à mesure de l'approfondissement du puits. De plus, cette jonction ainsi faite, avec un bout de tuyau en toile, laisse introduire la quantité d'air nécessaire à l'*allégissement de la colonne d'eau*, sans avoir besoin de robinet ni d'autre introduction d'air.

C'est dans ces conditions d'installation que l'appareil à air comprimé a été mis en mouvement le 25 mai 1858. L'eau a été refoulée et les ouvriers ont commencé leur travail.

Après avoir creusé environ 1 mètre dans la roche tendre, quelques gros morceaux de rochers se sont détachés en dessous, de manière à donner de trop grands passages à l'air. Ces fuites n'ayant pu être bouchées convenablement, on a employé avec avantage un *cadre fonceur*, cadre qui consiste en un tube de 1 mètre environ de hauteur, concentrique au grand tube du puits que l'on a glissé sur la partie défectueuse; cette partie a été recouverte sur $0^m,60$ de hauteur, puis au moyen d'un bourrage d'étoupes et de terre grasse, on a rendu facilement étanche le haut et le bas dudit cadre fonceur. Depuis lors, les pertes d'air ont cessé de se produire.

Deux ouvriers mineurs par poste étaient occupés au fond du puits, et soumis à l'air comprimé, dans une pression de 2 atmosphères et demie, pendant quatre heures de temps.

En moins de trois semaines on a creusé $4^m,50$ dans du grès houiller à délits schisteux. Le 25 juin, on a commencé à poser les deux trousses à picoter et le 15 juillet, la trousse de jonction avec le tube, opération la plus importante de tout le travail, était définitivement posée. Il y a eu, pour la pose de cette jonction avec le tube, une opération très-délicate, consistant à obtenir l'emboîtement du tube (de $0^m,08$ en moyenne) dans le cuvelage à dix pans et le joint de la tôle avec le bois. Ce joint a été fait avec une tresse d'une seule pièce en fil de chanvre, bouillie dans du suif, et introduite au fond de la rainure au fur et à mesure de la pose de chaque pièce, et qui était mise à fond, au moyen d'un *petit vérain* ou *vis de pression* qui poussait la pièce de bas en haut, jusqu'à la pression voulue pour obtenir un bon joint.

La clef du cuvelage a ensuite été placée en dessous de la trousse de jonction, et la pose de cette clef a terminé le travail dont l'exécution n'a rien laissé à désirer. Cependant, un peu plus tard, pour conserver et consolider le joint du cuvelage, il a été placé sur la trousse de jonction un cercle en fer de $0^m,16$ de hauteur sur $0^m,02$ d'épaisseur.

Après la pose de la trousse de jonction et le calfatage de la clef, on a cru pouvoir se passer de l'air comprimé et continuer le travail à air libre, mais un délit schisteux de quelques centimètres, situé derrière la trousse picotée, ayant donné passage à une forte venue d'eau, on a repris l'air comprimé pour continuer le fonçage. $6^m,10$ ont encore été creusés, toujours en grès régulier à délits schisteux.

Dans cette seconde partie du fonçage, on a dû faire jouer la mine, et le 5 septembre on a commencé la pose de la seconde trousse à picoter, qui, cette fois, s'est trouvée dans un endroit plus convenable. Le 12 septembre, les $6^m,10$ de cuvelage étaient posés et parfaitement raccordés aux $4^m,40$ de cuvelage déjà faits plus haut, en tout $10^m,50$ de cuvelage terminé, plus $15^m,50$ jusqu'au niveau du sol, soit 26 mètres de profondeur totale dans le sol immergé d'eau et maintenu à sec pendant l'opération, avec une pression de moins de 2 atmosphères et un quart.

Cette fois le puits s'est trouvé parfaitement étanche, et l'on a pu continuer le fonçage à air libre et par les moyens ordinaires.

D'après les dates ci-dessus indiquées, le travail à l'air comprimé n'a duré que trois mois et vingt jours, y compris le retard occasionné au commencement de l'opération, après la pose de la première partie de cuvelage.

Les mineurs, effrayés d'abord de ce qu'ils appelaient *entrer dans la boîte à air*, ont bientôt pris intérêt à ce genre de travail ; c'était à qui entrerait dans cette boîte. Aucun accident ni aucun genre de maladie n'ont eu lieu, si n'est un bourdonnement plus ou moins sensible dans les oreilles, que quelques-uns d'entre eux ont éprouvé au moment de l'entrée en pression et au moment de la dépression ; mais une fois la pression équilibrée avec les organes, on se trouvait, pour ainsi dire, comme à l'air libre, sauf quelques particularités sur lesquelles nous reviendrons.

Ce bon résultat est dû principalement au perfectionnement de la pompe à air et des accessoires, à la pose parfaite de tout le système en général, enfin à la surveillance active et sévère qui a toujours été exercée sur tous les moindres détails.

Voici les particularités observées dans l'air comprimé. La transmission du son de la voix se faisait beaucoup plus difficilement, un sifflement très-prononcé avait lieu dans l'articulation des mots ; il était très-difficile de pouvoir siffler avec la bouche. Les moindres coups portés sur le tube, sur la tôle, sur les tuyaux, ou toute autre partie métallique, étaient excessivement sonores. Les oiseaux, les chiens, les chats, étaient étourdis et restaient immobiles. Les étoupes, le coton, le tabac, l'amadou, etc., brûlaient rapidement avec beaucoup d'intensité.

Le mode d'éclairage est ce qui a laissé le plus à désirer. Malgré l'emploi des bougies de première qualité, la suie formée par la flamme entrait dans l'estomac par le nez et par la bouche et occasionnait des crachements désagréables.

L'emploi de la poudre pour la mine se faisait de la manière ordinaire et l'ouvrier n'en était pas incommodé.

La température au fond du puits était très-fraîche, tandis que dans le haut du tube, elle était parfois très-chaude. La paroi du cylindre à air de la machine se trouvait aussi brûlante que celle du cylindre vapeur ; cette température diminuait en suivant le développement des tuyaux d'air. En mettant la pression dans le sas lorsque le puits était encore frais, et soulevant la soupape inférieure, il en sortait des petits glaçons et les ailes de la soupape en étaient garnies.

De nombreuses expériences ont été faites sur l'allègissement de la colonne d'eau par l'air introduit à la base. Ce mélange lui permettait de monter d'une profondeur de 26 mètres, sous une pression inférieure à 2 atmosphères. Ce résultat a rendu l'opération beaucoup plus facile, car avec cette faible pression on offrait une résistance suffisante aux venues d'eau des parois. Les venues d'eau devenaient naturellement moins fortes et pouvaient être enlevées par les tuyaux élévatoires, tandis que, théoriquement, pour étancher complétement le puits, il eût fallu une pression bien plus considérable.

Une autre expérience plus frappante était de voir l'eau du fond du puits, soumise à la pression de 1 atmosphère et trois dixièmes seulement, monter avec force à 45 mètres de hauteur, conduite par des tuyaux placés jusqu'au haut de la grande chèvre à battre. L'eau sortait par intermittence et mélangée d'une assez grande quantité d'air, tandis que le jet d'eau de 26 mètres de hauteur fournissait à plein tuyau et presque à jet continu.

AVALERESSE DE STREPY-BRACQUEGNIES (CENTRE BELGE).

L'avaleresse de Strepy-Bracquegnies, foncée à travers les sables boulants aquifères du Centre belge, sables dans lesquels beaucoup d'avaleresses ont échoué, est un exemple heureusement conduit d'un fonçage à niveau plein et d'un cuvelage avec l'air comprimé.

Le fonçage fut attaqué, en mai 1843, de manière à obtenir un diamètre définitif de $3^m,50$.

On traversa d'abord 18 mètres d'argiles et sables peu aquifères, qui furent pourvus d'un boisage provisoire formé de cadres à 16 pans, avec un garnissage en fascines maintenues par des planches. Ces cadres furent réunis par des planches clouées ou *coulants,* qui servaient à la fois à rendre le boisage solidaire et à faciliter le guidage des cuffats. On rencontra ensuite 16 mètres de sables verts avec silex, contenant un peu d'eau, qui furent de même traversés et boisés, puis l'on pénétra dans les sables du *tourtia,* qui, dans cette région, sont ébouleux et très-aquifères.

On arrêta le fonçage, on posa un rouet dans la partie la plus solide, et l'on monta jusqu'au jour une tonne ou revêtement d'une brique et demie d'épaisseur. Une machine à vapeur fut ensuite établie à l'orifice du puits avec des pompes de $0^m,38$ de diamètre.

Examen fait de la composition des sables du tourtia dans lesquels on devait pénétrer, on se détermina à y enfoncer, à mesure que l'on approfondirait le puits, une trousse coupante, composée de tronçons en tôle superposés et successivement boulonnés les uns sur les autres à mesure qu'ils descendaient.

Les tronçons cylindriques avaient 3m,50 de diamètre intérieur et 2 mètres de hauteur; ils étaient en tôle de 0m,015 d'épaisseur, pourvus à leurs extrémités de collets ou brides d'assemblage en fers d'angle rivés à la tôle; ces collets étant percés de cent trente trous de 0m,023 de diamètre pour les boulons qui devaient les réunir de manière à ne former qu'un seul tube. Comme ce cuvelage devait supporter des efforts considérables de frottement et de pression, les tronçons qui devaient le composer par leur superposition étaient munis, dans leur milieu, d'un cercle en fonte rivé à l'intérieur, et renforcés par des lames de fer verticales; enfin, un anneau en tôle, dit *de recouvrement*, de 0m,40 de hauteur, dépassait les brides d'assemblage de manière à permettre de river les tronçons les uns aux autres. Des dispositions furent prises dans le puits, au-dessus du niveau des eaux, pour pouvoir exécuter cette rivure au moyen d'une petite galerie circulaire, extérieure au cuvelage.

Toutes ces dispositions étant prêtes, le cuvelage fut descendu et superposé par tronçons successifs, à mesure qu'il pénétrait dans le sable.

Comme le poids de ce cuvelage devint promptement insuffisant pour le faire descendre, il fallut exercer à sa partie supérieure une pression qui fut obtenue au moyen de six vis de 1 mètre de longueur et de 0m,12 de diamètre. Les têtes de ces vis étaient appuyées contre des pièces de bois horizontales, de 0m,40 d'équarrissage, solidement encastrées dans le terrain. Les vis, munies d'écrous de 0m,15 de hauteur, traversaient deux autres pièces de bois placées en travers du cuvelage; en faisant successivement tourner les écrous, on développait une pression qui obligeait le cuvelage à descendre. Lorsque la descente avait amené les vis à l'extrémité de leur course, on plaçait sous les bois transversaux supérieurs, des tasseaux qui permettaient de recommencer une nouvelle opération, et, lorsqu'une descente suffisante avait été obtenue, un nouveau tronçon était descendu, boulonné et rivé sur le cuvelage.

Après avoir enfoncé 12 mètres de cuvelage, on atteignit, vers la fin de septembre, la tête d'un banc de sable de 22 mètres d'épaisseur, rendu très-mouvant par la présence d'une quantité d'eau considérable; jusque-là, le travail avait été exécuté en tenant les eaux *à plat*, c'est-à-dire en épuisant les eaux affluentes, mais l'expérience acquise dans un fonçage précédent, ne permettait plus de procéder ainsi dans les sables mouvants.

En effet, la pression des eaux et l'affluence des sables dans le puits auraient eu pour effet de créer autour du cuvelage des vides et par suite des éboulements subits, qui dans un fonçage voisin avaient brisé le tube du cuvelage et compromis la réussite du travail. On continua donc l'enfoncement du puits à *niveau plein*, en enlevant les sables du fond avec des dragues.

Par ce moyen, aucune force ne tendait à chasser les sables vers l'intérieur du puits, et le sable, raréfié par le dragage, permettait de continuer l'enfoncement du cuvelage. Cet enfoncement était cependant de plus en plus pénible, à mesure que les frottements extérieurs devenaient plus considérables par l'approfondissement. Vers la fin de septembre 1846, c'est-à-dire après une année de ce travail, l'avaleresse n'avait encore que 64 mètres de profondeur; on y avait établi 32 mètres de cuvelage en tôle et il restait seulement 1^m,40 à foncer pour arriver au terrain houiller. Le cuvelage était arrêté par la pression des sables. Pour vaincre cette pression, on épuisa les eaux de manière à faire baisser leur niveau de 6 mètres. Cet abaissement suffit pour faire remonter les sables dans l'intérieur du cuvelage, les raréfia à l'extérieur et permit de faire descendre la trousse coupante jusqu'au terrain houiller.

On descendit alors dans le puits un alésoir avec lequel on attaqua les schistes houillers, et l'on parvint à faire pénétrer la trousse coupante dans ces schistes.

Il restait à fermer la base du niveau; c'est-à-dire à y établir des trousses picotées, pour fermer toute issue aux eaux et aux sables vers l'intérieur du cuvelage. Cette opération exigeait qu'on épuisât les eaux. Mais on s'exposait en les épuisant, à voir les sables faire irruption, avec elles, dans le tube du puits par la zone annulaire de la base. Afin d'éviter ce danger, on se décida à faire usage de l'*air comprimé*.

Pour établir ce procédé dans les meilleures conditions, on chercha d'abord à diminuer la pression des eaux, qui était de 31 mètres; une galerie d'écoulement permit de la réduire à 22 mètres, pression qui devait être aisément dominée avec une pression de l'air comprimé à 2 atmosphères et demie.

Un sas à air fut établi à la partie supérieure du cuvelage en tôle, au moyen de deux cloisons jointives en madriers croisés.

Après avoir éprouvé le sas à air, à une pression de 4 atmosphères et demie, le 8 mars 1847, on commença à comprimer l'air dans le puits. Sous l'influence de la compression de l'air, les eaux furent refoulées dans le tuyau de décharge; à mesure de leur abaissement, les ouvriers établissaient deux systèmes d'échelles verticales; le 21 mars, le puits était à sec et l'on arrivait sur le schiste houiller.

On visita d'abord le cuvelage, qui était en bon état, à l'exception des six tronçons inférieurs dont les cercles de renfort avaient été brisés. On les répara, et, après avoir calfaté et glaisé le mieux possible la zone inférieure comprise entre le cuvelage et le terrain, on enfonça le puits dans les schistes houillers en y cherchant un banc assez dur et imperméable pour y asseoir les trousses picotées. On trouva ce banc à 3ᵐ, 50 de profondeur et l'on y établit une trousse circulaire à vingt-deux pans. On éleva ensuite le cuvelage jusqu'au cylindre en tôle au-dessous duquel on plaça encore une trousse picotée, puis on monta le cuvelage dans l'intérieur même du cylindre en tôle, en le consolidant par des trousses colletées, placées de 6 en 6 mètres.

Les conditions de construction du cuvelage ont été établies ainsi qu'il suit :

La première trousse picotée fut composée de vingt-deux pièces en bois de chêne de 0ᵐ, 30 de hauteur et de 0ᵐ, 45 de largeur, assemblées à onglets avec tenons et mortaises. Les plats-coins en sapin avaient 0ᵐ, 22 de longueur, 0ᵐ, 06 de largeur et 0ᵐ, 015 d'épaisseur à la tête. La lambourde avait 0ᵐ, 025 d'épaisseur sur 0ᵐ, 30 de hauteur. La mousse fut matée comme d'habitude, puis les plats-coins posés, les premiers la tête en bas, les autres superposés. On enfonça ensuite les picots d'abord en hêtre, puis en chêne ; ces picots avaient 0ᵐ, 15 de longueur et 0ᵐ, 015 de côté à la tête.

Les trousses, colletées dans le tube en tôle, furent réduites à 0ᵐ, 25 sur 0ᵐ, 26. Les pièces de cuvelage, de hauteurs différentes et quinconcées, eurent 0ᵐ, 17 d'épaisseur. On coula, entre elles et le tube en tôle, un béton hydraulique. On laissait monter les eaux à mesure que le cuvelage s'élevait, puis lorsqu'il fut établi jusqu'à la partie supérieure, on les chassa de nouveau par la compression de l'air et l'on procéda au calfatage.

Cette description succincte laisse de côté un grand nombre d'incidents ; elle suffit pour préciser les conditions générales de la conduite de ce fonçage qui fut terminé en mai 1847, après deux années d'un travail incessant.

CREUSEMENT DES PUITS PAR LA SONDE. — CUVELAGE A NIVEAU PLEIN. — PROCÉDÉ CHAUDRON.

Le cuvelage à *niveau plat,* c'est-à-dire en creusant le puits et le cuvelant sous la protection de pompes assez puissantes pour dominer les venues d'eau et les tenir à plat, devient d'autant plus difficile que les eaux sont plus abondantes et les puits plus profonds.

Sous l'influence de l'appel des eaux vers le point d'épuisement, tous les terrains environnants se trouvent asséchés; les puits des fermes et des fabriques sont taris, d'où résultent des indemnités onéreuses. La venue des eaux augmente progressivement par le fait même de l'épuisement; les fissures des terrains s'agrandissent, les sables raréfiés deviennent plus perméables et plus mobiles, d'où résultent des affouillements et des mouvements du sol.

Les pompes placées dans un seul puits, ne pouvant plus suffire pour une grande venue d'eau, on est obligé de foncer *deux* et même *trois* puits, rapprochés les uns des autres afin d'accroître les moyens d'épuisement.

La profondeur à laquelle peuvent se trouver les niveaux, augmente surtout les difficultés et les chances d'insuccès. Passé 70 ou 80 mètres, la hauteur d'action des pompes élévatoires se trouve insuffisante; il faut avoir dans le puits deux relais étagés l'un au-dessus de l'autre, condition onéreuse par la multiplicité des réparations et surtout par les arrêts qui en résultent.

Dans la construction d'un cuvelage à niveau plat, la possibilité d'opérer par reprises successives qui masquent plus ou moins complètement les eaux à mesure que l'on descend, a été un grand élément de succès. A défaut de cette faculté on a songé à forer le puits par la sonde, par conséquent sans épuiser les eaux, puis à y descendre un cuvelage en fonte, en plaçant à la base un joint préparé à l'avance, que le poids du cuvelage devait serrer contre les parois. Le programme de ce travail pouvait se formuler ainsi :

1° Forer le puits avec la sonde; 2° descendre un cuvelage composé d'anneaux de fonte superposés et boulonnés, et le poser sur une banquette creusée dans une roche imperméable, en dessous des niveaux traversés, de manière à faire le joint entre la roche imperméable et la base du cuvelage, par le fait même de la descente et de la pose.

Pour l'exécution de ce programme, divers procédés furent essayés dans la Moselle et la Westphalie, tous échouèrent par l'insuffisance du joint de la base. Il fallait trouver un joint plus énergique et plus sûr, qui pût remplacer celui des trousses picotées, et ce joint fut obtenu par les dispositions que M. Chaudron appliqua successivement dans le Centre belge, dans la Moselle et plus récemment dans le nord de la France.

Le procédé de M. Chaudron consiste dans l'emploi d'une *boîte à mousse* (*Planche* XXXV, fig. 1 et 2). Le cuvelage porte à sa partie inférieure un cylindre rentrant à l'intérieur et muni d'une bride extérieure; le tube principal porte lui-même une bride semblable, placée à $1^m,60$ environ au-dessus de celle du cylindre inscrit. Lors donc que l'appareil viendra se poser sur la banquette, les deux brides tendront à se rapprocher. Cette disposition est représentée par la *planche* XXXV, sur laquelle se trouve figuré l'appareil placé à la base du cuvelage avant et après le serrage.

Que l'on suppose entre les deux brides une garniture en mousse bien comprimée et retenue par un filet. Cette mousse devra supporter toute la pression résultant du poids du cuvelage et cette pression chassera la mousse contre les parois cylindriques du sol imperméable, dans lequel la sonde a préparé le siége du joint.

On peut comparer cette disposition à celle d'une boîte à étoupes avec stuffingbox : en effet, la paroi du puits est le cylindre, la bride saillante du cuvelage est le presse-étoupe.

Le joint résultant de l'énorme pression exercée sur la mousse sera plus hermétique et plus étanche que celui qui aurait pu être obtenu par les procédés ordinaires du picotage.

Telle est l'idée que M. Chaudron réalisa d'abord pour traverser et cuveler les morts-terrains à Péronne et Saint-Vaast dans le Centre belge. Mais ces morts-terrains n'avaient que 70 mètres environ d'épaisseur, et dans la Moselle ils avaient 160 mètres. Les puits belges étaient de petites dimensions ; dans la Moselle, il s'agissait de creuser avec la sonde et de cuveler un puits d'aérage de $2^m,56$, avec cuvelage de $1^m,80$ de diamètre intérieur ; et de plus, un puits d'extraction de $4^m,10$, avec cuvelage de $3^m,40$ de diamètre intérieur.

Ce travail important fut confié à la direction de M. C. Lévy, ingénieur, qui avait déjà foncé et cuvelé le puits de Carling par les procédés ordinaires, et dont l'expérience était une précieuse garantie. Nous empruntons au compte rendu qu'il a publié, quelques détails d'exécution auxquels l'importance du procédé donne un intérêt spécial.

Les roches à traverser étaient le grès des Vosges aquifère sur une hauteur de 140 mètres; puis le grès rouge, d'abord quartzeux et compacte, mais avec fissures qui laissent passer les eaux, ensuite argileux, et présentant vers son contact avec le terrain houiller des bancs imperméables.

Un petit trépan de $1^m,37$ de diamètre, à fourche, traversa très-bien les grès des Vosges. Il pesait 2 085 kilogrammes et l'on faisait par jour $0^m,35$ à $0^m,50$ et jusqu'à $0^m,75$. Mais, vers 135 mètres de profondeur, on aborda des bancs de grès rouge quartzeux, fortement agrégés, dans lesquels l'avancement tomba à $0^m,11$, à $0^m,15$ par jour.

On substitua dès lors au trépan à fourche un trépan à lame pleine, dont le poids était de 3 858 kilogrammes.

Dès que ce nouveau trépan fut employé, l'avancement moyen fut pendant les deux mois suivants de $0^m,39$ par jour, c'est-à-dire triplé. Le poids du trépan a donc une influence décisive sur la marche du forage, et dans le cas particulier, un trépan pesant, aussi massif que possible, armé de dents peu allongées (0^m, 20 environ), convenait spécialement pour le forage des grès rouges.

Plus tard, lorsque ce trépan fut employé au puits n° 2, on put, en effet, obtenir un avancement moyen de 0^m, 80 par jour.

Le trépan élargisseur, à fourche, qui servit à porter le diamètre du puits à 2^m, 56, pesait 3 980 kilogrammes.

Ce trépan n'était relevé pour le frappage, que de 0^m, 20, afin d'éviter la rupture fréquente des dents. L'expérience, ajoute M. Lévy, a prouvé qu'un trépan massif de 6 000 kilogrammes eût été bien préférable, l'élargissement ayant toujours marché beaucoup moins vite que le forage central. Ce forage exécuté avec le trépan à lame pleine, avançait de 0^m, 80, tandis que pour l'élargissement, qui se présentait cependant dans de meilleures conditions, on ne put avancer que de 0^m, 15 à 0^m, 35 par jour.

Le diamètre primitif du puits était....................	2^m,56
A 134 mètres on a réduit ce diamètre à...............	2 ,45
A 155 mètres on l'a réduit à.........................	2 ,40
De 155 mètres à 155^m,50 à...........................	2 ,33
De 155^m,50 à 158 mètres (2^m,50) à	2 ,25

A cette profondeur de 158 mètres, le petit puits central de 1^m, 37 se continuait dans les terrains imperméables, de manière à obtenir au fond de la partie conique, une banquette circulaire de 0^m, 40, disposée pour recevoir la base du cuvelage, c'est-à-dire la boîte à mousse.

Ces travaux étant terminés et la banquette préparée, on procéda à la descente du cuvelage, composé de bagues d'un seul morceau avec brides intérieures, ainsi qu'il est figuré *planche* XXXV. Cette planche indique le mode de suspenion du cuvelage au moyen d'un cercle engagé sous les brides et de tiges verticales.

Le poids du cuvelage allant toujours en augmentant à mesure qu'il descend, on serait bientôt arrivé à ne pouvoir le soutenir. On eut recours à un faux fond qui transforma le tube en un bateau. Une colonne centrale, dite *d'équilibre*, servait à ajouter de l'eau dans la zone annulaire, de telle sorte que le poids à soutenir et manœuvrer fut d'environ 10 tonnes au maximum.

Le cuvelage fut descendu d'abord assez lentement : on mit environ quinze jours pour les douze premiers anneaux ; mais cette manœuvre s'accéléra, et l'on arriva à descendre facilement deux anneaux par jour, soit 4 mètres de longueur du cuvelage. En six semaines environ, soixante et dix anneaux furent mis en place.

Jusqu'à la descente du trentième anneau, le cuvelage avait toujours été plus lourd que l'eau déplacée autour du tube central, qui n'avait que $0^m,25$ de diamètre ; à partir de ce point, on fut obligé d'introduire de l'eau dans l'espace annulaire.

Lorsque la boîte à mousse toucha la banquette, la compression se fit, et la colonne conservant bien son aplomb, on put espérer le succès. L'espace annulaire autour de la colonne d'équilibre fut graduellement rempli d'eau pendant deux jours, afin d'arriver progressivement à la compression maximum de la mousse.

On s'était préoccupé, à l'avance, du bétonnage à faire autour du cuvelage. Le béton fut composé comme suit :

```
200 mètres cubes de trass en poudre.
200     —      de chaux hydraulique du lias.
200     —      de sable.
 50     —      de ciment de Rapp (Haute-Saône).
```

Ce béton représenta une dépense d'environ 12 888 francs, non compris la mise en place.

Cette mise en place fut organisée au moyen de trois caisses qui prenaient la forme de la zone annulaire à remplir, et qui étaient descendues par des treuils jusqu'au fond ; elles s'ouvraient et se vidaient au moyen d'un second câble de manœuvre. Chaque caisse contenait environ 200 litres de béton. Le mètre courant du vide à remplir étant d'environ 2 200 litres, il fallait par conséquent onze à douze caisses dites *cuilleres*, par mètre.

On arriva à descendre d'abord trente, puis quarante cuilleres par journée. Le travail exigea environ un mois, en opérant jour et nuit, et descendant soixante-dix à quatre-vingts cuilleres par vingt-quatre heures. Cela fait, on laissa le béton durcir pendant un autre mois.

On procéda enfin à l'épuisement et au démontage de la colonne d'équilibre et du faux fond.

La boîte à mousse fut trouvée bien assise et parfaitement étanche. On put donc franchir la banquette et continuer le fonçage du puits par les procédés ordinaires.

Ce premier succès, obtenu en deux années, avait coûté 270,000 francs, de sorte qu'il était aussi complet qu'on pût l'espérer, au double point de vue industriel et économique; il leva toute espèce de doute quant à la réussite du grand puits d'extraction, dont le forage se poursuivait en même temps.

Le puits d'extraction avait été commencé peu de temps après le puits d'aérage. Il a été creusé en trois passes, au moyen des deux trépans de 1^m, 37 et de 2^m, 56 qui servaient au petit puits; il fut ensuite élargi par un grand trépan au diamètre de 4^m, 10.

Le forage ainsi exécuté en trois passes successives, ne présenta aucune circonstance particulière, mais la composition et la descente du cuvelage, plus grand et plus lourd qu'aucun de ceux qui avaient précédé, était plus difficile. Ce cuvelage avait été préparé dans les conditions suivantes, que nous extrayons du cahier des charges accepté par les fonderies d'Hayange.

Le cuvelage a été formé de quatre-vingt-quatorze tronçons cylindriques de 1ᵐ,50 de hauteur et de 3ᵐ,40 de diamètre à l'intérieur des collets.

Les tronçons, unis à l'extérieur, présentaient, à l'intérieur, deux collets d'assemblage de 0ᵐ,04 d'épaisseur, faisant saillie de 0ᵐ,08; entre les collets, deux nervures de 0ᵐ,04 de hauteur et de 0ᵐ,04 de saillie consolidaient l'assemblage.

Les deux collets de chaque tronçon furent tournés à surfaces planes exactement perpendiculaires à l'axe, de manière à présenter des surfaces rigoureusement parallèles. Les tronçons superposés et ajustés formaient ainsi, après l'assemblage, un cylindre vertical de 141 mètres de hauteur.

Chacun des collets fut percé de cinquante trous, pour boulons de 0ᵐ,03 de diamètre.

Les épaisseurs des tronçons furent réglées comme suit :

```
14 tronçons de la base................  0ᵐ,060
10     —    ............................  0 ,056
10     —    ............................  0 ,052
10     —    ............................  0 ,048
10     —    ............................  0 ,044
10     —    ............................  0 ,040
10     —    ............................  0 ,036
10     —    ............................  0 ,032
10     —    ............................  0 ,028
```

Toutes ces pièces furent coulées en seconde fusion, avec conditions de rebut pour celles qui présenteraient des défauts de fonte ou des différences d'épaisseur de 0ᵐ,002. On leur fit en outre subir des expériences de pression de 28, 24, 21, 18, 15, 12, 9, 6 et 3 atmosphères, suivant les séries d'épaisseurs; ces épreuves furent faites à la presse hydraulique.

La boîte à mousse placée à la base, formait une zone de 1ᵐ,60 de hauteur et de 0ᵐ,17 de largeur.

La colonne d'équilibre, placée à 4ᵐ,50 au-dessus de la bride inférieure, avait 0ᵐ,42 de diamètre intérieur. Le faux fond était boulonné sur un cercle de raccord.

Les dispositions de la partie inférieure du cuvelage et de

la boîte à mousse sont représentées *planche* XXXV; quant à la partie supérieure simplement composée de tronçons superposés, elle n'a pas besoin d'être figurée.

La descente de la colonne s'opéra dans des conditions analogues à celles qui ont été indiquées pour le premier puits; la boîte à mousse ayant touché le fond, la colonne descendit normalement en comprimant la mousse; on admet que la hauteur du joint fut réduite à $0^m,35$.

Le bétonnage fut ensuite exécuté par les procédés indiqués pour le puits d'aérage, et les premières tentatives faites pour épuiser les eaux démontrèrent que le résultat était obtenu.

Les cuvelages des deux puits une fois terminés, les fonçages ont été continués par les méthodes ordinaires; mais, pour plus de sûreté, on a établi dans chaque puits, en dessous de la boîte à mousse, deux trousses picotées en fonte, placées sur deux trousses en bois simplement colletées et surmontées de deux anneaux de cuvelage à panneaux. Ces deux anneaux ont été raccordés à la base de la boîte à mousse au moyen d'un picotage horizontal, de manière à confirmer, par un nouveau joint, les garanties d'imperméabilité.

La planche XXXV indique la disposition des siéges picotés ainsi construits et raccordés.

Les trousses en fonte ont une forme particulière. Elles ont été composées de segments ajustés, assemblés par des brides intérieures et boulonnés de manière à ne former qu'un seul anneau.

En y comprenant cette addition, les deux puits de l'Hôpital ont coûté 750 000 francs.

Le puits n° 1 a coûté 270 000 francs, dont 65 000 pour les fontes du cuvelage. Le puits n° 2 a coûté 480 000 francs, dont 142 000 pour les fontes du cuvelage.

Depuis l'établissement des puits de la Moselle, beaucoup

d'autres ont été forés par la sonde et cuvelés par le procédé Chaudron. Ce procédé est aujourd'hui employé pour établir des puits dans des terrains à niveaux que l'on n'avait pas osé attaquer par les procédés ordinaires.

En ce moment, M. Chaudron fait exécuter à Ghlin sur les combles nord du bassin de Mons, deux grands puits dont le cuvelage sera établi à plus de 200 mètres de profondeur, dans les schistes du terrain houiller. Tous les ingénieurs avaient jusqu'à présent considéré comme presque impossible l'établissement d'un cuvelage dans des morts-terrains aquifères d'une pareille épaisseur, et si le succès est obtenu, ce procédé aura ouvert à l'exploitation un tiers du bassin houiller de Mons, jusqu'alors resté inaccessible.

Le forage des grands puits par la sonde devenu, pour les mines, un procédé pratique et précieux, a été l'objet de perfectionnements importants; nous les résumerons en décrivant le matériel de MM. Mauget et Lippmann, successeurs de Degousée, qui ont récemment exécuté et entrepris plusieurs de ces grands forages. Ils ont déjà creusé avec ce matériel deux avaleresses de grand diamètre, dans le bassin de la Ruhr : l'une à Rhein-Elbe, de 90 mètres de profondeur sur $4^m,30$ de diamètre, cuvelée par le procédé Chaudron; l'autre en cours d'exécution au même diamètre de $4^m,30$, à Kœnigsborn, près Unnah, qui doit être cuvelée sur une hauteur de 180 mètres.

Les planches XXXVI et XXXVII représentent les dispositions générales et les détails principaux de ce matériel.

L'ensemble comprend une machine à vapeur horizontale à changement de marche, de force variable suivant la profondeur à atteindre, qui commande un tambour de treuil pour monter et descendre la sonde. Par un débrayage, cette machine abandonne le treuil, et met en marche un plateau-manivelle actionnant le balancier qui imprime à la sonde le mouvement vertical alternatif nécessaire pour opérer par *chute libre* le battage de la roche. Ce balancier est attelé à un autre, placé dans une fosse sous le treuil de manœuvre, et destiné à recevoir les contre-poids équilibrant toute la sonde. Les tiges sont à emmanchement à vis, en fer carré de 0,08, et leur longueur est de 11 mètres. La chèvre qui porte la poulie moufflée pour la manœuvre de la sonde, a une hauteur de 18 mètres.

La *coulisse* de *chute libre* qui est placée sur le trépan (*Planche* XXXVI, fig. 1 et 2) est mise en action par deux tiges parallèles et couplées reposant sur le fond du puits, et portant à la partie supérieure deux glissières guidées. Dans ces glissières passent les queues saillantes des taquets. Ces taquets, pendant l'ascension de la sonde, restent engagés, par la tension de ressorts à boudin, entre les crochets qui sont maintenus fermés pour soulever le trépan, jusqu'à ce que le haut des glissières les fasse basculer; les crochets s'ouvrent alors en laissant tomber le trépan, qu'ils ressaisissent pendant la descente de la sonde, et ainsi de suite. Après chaque chute on imprime à la sonde, et par suite au trépan, un mouvement de rotation du 1/20 environ de la circonférence.

L'extrémité supérieure de la sonde est terminée par *une suspension à vis* (figures 4 et 5) qui porte le grand levier servant à faire tourner la sonde; son point d'attache aux chaînes du balancier est à anneau tournant. La vis à laquelle est emmanchée la sonde sert à faire descendre celle-ci progressivement, à mesure qu'on prend du fond, pour que les crochets de la coulisse de chute libre puissent toujours saisir la tête du trépan.

Le *trépan* est composé d'un fût à cinq branches muni d'une tête en forme de champignon, donnant prise aux crochets de la coulisse, et d'un porte-lame en double Y, s'assemblant au fût par queues d'aronde et fortes cales. Une profonde rainure porte un jeu de dix lames, en acier fondu, fixées par un clavetage double. Les quatre lames qui forment les extrémités, sont à fortes gouges extérieures pour éviter de laisser des aspérités dans les parois. Les deux lames centrales excèdent les autres de 0,40 environ et forment ensemble une ligne de taillant convexe, de telle manière qu'on fore un avant-trou qui maintient le fonctionnement du trépan parfaitement dans le même axe.

L'ensemble du trépan, non compris la coulisse de chute libre, ne pèse pas moins de 22 000 kilogrammes.

La *soupape* (*planche* XXXVII, fig. 2) employée pour retirer les détritus produits par le trépan, est un vaste récipient en tôle, de 4^m,20 de longueur sur 1^m,50 de largeur, divisé en trois compartiments par 2 cloisons, et dont le fond est percé d'ouvertures circulaires qui se ferment au moyen de clapets : chacun de ces clapets porte une tige à poignée qui le guide et sert à le soulever, pour opérer, au jour, la vidange et le nettoyage des soupapes.

La forme donnée au trépan et la disposition des lames assurent la verticalité parfaite du forage et permettent de le faire fonctionner avec sécurité à travers les roches les plus fissurées.

La hauteur de chute est en moyenne de 0,40; on bat de 10 à 15 coups à la minute, et on obtient ainsi un approfondissement, en section pleine, de 10 à 15 mètres par mois. Cet avancement est obtenu, même dans les roches très-résistantes, parce qu'il s'y produit beaucoup moins de foisonnement que dans les autres, ce qui permet de diminuer le nombre de voyages de soupape, et prolonge d'autant la période de battage; on compense ainsi, pour une même durée de travail, le ralentissement d'approfondissement résultant de la dureté de la roche.

Les outils de sauvetage sont, comme dans les autres forages, la caracole et la cloche. Pour extraire les fragments ou petites pièces de fer ou d'acier tombées ou restées au fond, on a recours à un râteau-drague qui, en pivotant sur son axe, formé d'une pointe d'acier, ramène l'objet à retirer dans l'avant-trou central; c'est là qu'on vient le saisir avec la *Pince à vis*, figure 3. Cet outil est formé de 4 branches terminées chacune par une griffe en acier, articulées par de petites bielles, à une douille, dans laquelle tourne la tige d'une vis dont l'écrou porte les axes de rotation des quatre branches; de cette manière la vis manœuvrée par la sonde, descend dans l'écrou en fermant les bras de la pince. Deux des articulations diamétralement opposées sont plus courtes que les deux autres, en proportion telle, que le rapprochement des griffes correspondant aux deux dernières, se fasse avec une plus grande vitesse pour arriver au contact.

Le forage exécuté à Rhein-Elbe, avec ce matériel, ayant dépassé les niveaux d'eau et atteint les couches solides et imperméables, on a procédé au cuvelage du puits par le procédé Chaudron.

Le bétonnage destiné à remplir et rendre étanche toute la zone laissée libre, au-dessus de la boîte à mousse, entre l'extérieur du cuvelage et les parois du forage, a été exécuté très-rapidement par l'emploi de 2 tubes en fer creux de 12 centimètres de diamètre, servant de conduits jusqu'au fond, au béton composé des mêmes matières que celles employées jusqu'alors à cet usage. Le mélange se faisait dans deux bétonnières manœuvrées par machine à vapeur, déversant le béton directement et d'une manière continue dans des sortes de trémies placées sur les tuyaux en fer. Ces tuyaux étaient ainsi maintenus toujours pleins et à mesure de la montée du béton dans l'espace à remplir, on les soulevait et les sortait.

Après quelques jours laissés pour la prise du béton, l'eau de l'intérieur du cuvelage a été épuisée et le puits est resté complétement à sec.

La dépense totale du forage et du cuvelage a été de 500 560 francs, y compris le matériel pouvant être utilisé pour d'autres travaux. Dans ce chiffre la dépense se rapportant à la main-d'œuvre proprement dite du forage, y compris tout l'entretien et la réparation du matériel, ne figure que pour la somme de 77,700 francs.

A Konigsborn on peut, dès maintenant, estimer que le puits coûtera relativement moins cher, et c'est en se basant sur les conditions générales dans lesquelles peut aujourd'hui s'exécuter un semblable travail, que MM. Mauget Lippmann et Cie établissent comme suit l'évaluation des dépenses à faire, pour un puits foré à 4^m 30 de diamètre, jusqu'à 140 mètres de profondeur, et cuvelé sur toute la hauteur avec diamètre utile de 3^m 60 comme à Rhein-Elbe et à Konigsborn.

Installation de l'atelier, charpentes, chaudières, etc.	50,000^{fr} »
Matériel de forage, pièces de rechange, accessoires, machines à vapeur, etc.	165,000 »
Main-d'œuvre, charbon, entretien et réparation du matériel, frais divers.	100,000 »
Cuvelage, y compris les appareils de descente, boulons, joints, etc.	175,000 »
Main-d'œuvre pour la descente du cuvelage	8,000 »
Matériaux pour le bétonnage, engins divers	16,000 »
Main-d'œuvre pour le bétonnage	4,000 »
Frais de voyage, primes, indemnités, réception dans les usines, surveillance, bénéfice des entrepreneurs	85,000 »
Total	603,000^{fr} »

PROFONDEUR DES PUITS.

La profondeur des puits n'est limitée que par le temps et le capital nécessaires pour les foncer et en organiser le service. Parmi les mines métalliques, le puits Samson d'Andréasberg au Hartz a dépassé 800 mètres ; à Pzibram, en Bohême, le puits Adalbert est actuellement approfondi à 1,000 mètres.

Les puits de certaines houillères ont des profondeurs comparables. Le puits Saint-Luc, à Saint-Chamond, est foncé à 685 mètres; le puits Rosebridge de Wigan, en Lancashire, est à 745 mètres ; les puits de la houillère des Viviers réunis à Charleroy sont à 863 mètres, et par un bure intérieur on est descendu jusqu'à 1070 mètres.

Dans ces grandes profondeurs, la chaleur des roches qui s'élève suivant la profondeur, à 35, à 40 degrés, rendrait le travail très-difficile ou même impossible, si des courants d'air actifs ne rafraîchissaient l'atmosphère des mines et les parois des galeries.

Les puits qui atteignent de grandes profondeurs ont été établis par des approfondissements successifs, à mesure de la progression de l'exploitation qui, après avoir enlevé un niveau, doit en avoir préparé un au-dessous. Cette succession de niveaux et d'approfondissements procède en général par hauteurs de 30 à 60 mètres.

Lorsqu'un puits est en extraction, il n'est guère possible d'interrompre les travaux d'exploitation pour reprendre le fonçage. L'usage est de le foncer *sous stock*, de manière à éviter le chômage.

Pour un fonçage sous stock, on doit creuser à partir du niveau de fond en exploitation et dans le voisinage du puits, par exemple à distance de 20 ou 25 mètres, un bure d'environ $1^m,20$ de diamètre dont la profondeur est calculée d'après celle du puisard, de manière à venir recouper l'emplacement du puits par une galerie, à 7 ou 8 mètres au-dessous du fond. Ce stock de 7 à 8 mètres suffit en général pour retenir les eaux du puisard.

La galerie qui traverse le massif dans lequel le puits doit être prolongé, permet de fixer le centre du fonçage et de commencer l'approfondissement sous stock à l'aide d'un treuil à bras. L'approfondissement de 30 à 40 mètres étant obtenu, on peut rompre le stock en montant et établir le raccordement des deux parties avec un chômage aussi réduit que possible.

Un autre procédé, dû à M. Lisbeth, est en usage dans les mines du Nord.

Les puits de 4^m de diamètre sont, en général, divisés en deux compartiments : l'un consacré à la circulation des cages d'extraction et à l'entrée d'air ; l'autre servant de compartiment d'aérage pour l'aspiration de l'air vicié par les ventilateurs. Au fond de ce compartiment d'aérage, on fonce un petit puits elliptique d'environ 1^m, 60 sur 1 mètre, jusqu'à ce qu'on ait traversé le stock, c'est-à-dire 6 à 8 mètres. Dans cette excavation on place deux tubes en forte tôle, l'un de 1^m de diamètre et l'autre de 0^m, 40, et l'on soude ces deux tubes au terrain en coulant à l'extrados du ciment et un béton hydraulique.

Le tube de 1^m est monté dans toute la hauteur du puisard jusqu'au niveau de l'accrochage; le tube de 0^m, 40 est monté jusqu'au niveau de retour d'air.

L'installation est complétée par un câble en fil de fer, mû par une machine placée au jour, portant une benne de fonçage qui fait le service du petit puits et permet d'exécuter le fonçage sous stock du grand puits, de le murailler et de le guidonner, de telle sorte que le chômage se trouve réduit au temps nécessaire pour rompre le stock.

CONSTRUCTION DES BARRAGES ET DES SERREMENTS.

On a souvent à exécuter dans les mines des barrages, digues ou *serrements*, travaux que nous ne pouvions décrire qu'après avoir exposé les procédés de cuvelage des puits et surtout les picotages. Toutes les fois qu'il s'agit de faire des joints solides contre les eaux, le mineur a recours, en effet, à des joints de bois, c'est-à-dire à des picotages.

L'exploitation des couches de houille d'une grande puissance, exige la construction d'un grand nombre de barrages contre les feux. Ces barrages n'ont pas besoin d'être très-solides, mais ils doivent être imperméables à l'air et aux gaz, et surtout être montés très-rapidement. Ils se font généralement en briques avec des terres argileuses pour mortier; on les enduit de manière à obtenir une surface lisse et facile à surveiller. Dans beaucoup de circonstances, nous avons vu percer, vers le faîte des barrages construits contre les feux, des trous de sonde qui permettent d'y introduire un jet d'eau sous grande pression, de manière à prévenir un trop grand échauffement.

Lorsqu'il ne s'agit que d'arrêter des gaz délétères et qu'il n'y a pas encore échauffement bien sensible, on se contente quelquefois de monter des barrages en voliges superposées et imbriquées, avec joints en terre grasse. Ce genre de barrage est très-rapidement fait et donne ensuite le temps nécessaire pour en construire un en maçonnerie.

La condition essentielle des barrages contre les feux est d'être en *corrois*, c'est-à-dire imperméables au gaz.

Pour contenir les eaux, les barrages doivent être à la fois imperméables et assez solides pour résister à la pression. Ils sont généralement construits avec des madriers en chêne, bien dressés et superposés, les joints étant calfatés ou picotés, suivant les pressions à soutenir.

On peut ainsi fermer une galerie par un barrage vertical qui prend le nom de *serrement,* ou fermer un puits par un barrage horizontal dit *plate-cuve.*

Ces barrages obturateurs s'obtiennent facilement avec des madriers juxtaposés, dont les joints avec les parois sont faits comme pour les cuvelages au moyen de mousse serrée par des picotages.

L'exemple le plus spécial est la construction des *serrements* dits *sphériques*, qui servent à isoler d'une mine certains travaux dans lesquels les eaux s'accumulent et s'élèvent en exerçant une pression considérable.

Admettons, par exemple, qu'on ait à boucher une galerie communiquant avec des travaux que l'on veut abandonner et dans lesquels les eaux pourront s'élever à 200 ou 300 mètres. Une pression de 20 ou 30 atmosphères sur une surface de 4 mètres carrés que présente une galerie, produit un total de 800 000 à 1 200 000 kilogrammes, et le *serrement* destiné à soutenir un pareil poids devra être construit avec des précautions qui lui donnent un caractère tout particulier.

Ce genre de barrage ou serrement porte le nom de *serrement sphérique*, parce qu'en effet, c'est une portion de voûte sphérique, composée de voussoirs en bois et placée de manière à résister à la poussée des eaux.

Un serrement sphérique a été établi, dans la mine du Creusot, sous la direction de M. Petitjean, ingénieur en chef, pour soutenir une pression de 215 mètres ; il peut être indiqué comme type de construction.

Son emplacement fut d'abord choisi sur le parcours de la galerie dans la roche imperméable la plus dure et la plus saine.

Le rayon de la sphère fut fixé à 5^m, 04 pour l'extrados et à 3^m, 34 pour l'intrados de la voûte ; la longueur des bois étant de 1^m, 70. Ces bois furent choisis avec soin parmi les bois de pins du pays.

Dans les serrements analogues exécutés en Saxe, le rayon choisi était de 7 mètres au lieu de 5 mètres. Pour le cas particulier, le rayon a été réduit à 5 mètres, afin de reporter principalement la pression sur le rocher. La pression que peut supporter le bois sans s'écraser étant évaluée à 68 kilogrammes par centimètre carré, la longueur des pièces eût été suffisante à 1^m, 05 ; celle de 1^m, 70 offrait toute garantie.

L'entaille destinée à recevoir la voûte fut dressée avec soin. Pour cela, une pièce verticale ayant été calée à 5^m, 04 de l'extrados et une pointe en acier fixée à l'intersection des deux axes de la galerie, on a entaillé les parois suivant les rayons de la sphère. On les dressa à la boucharde et quelques cavités de la roche furent bouchées au ciment. La longueur de l'entaille fut portée à 2^m, 20, par un excédant ajouté vers le centre, afin que le serrement, une fois mis en place et soumis à la pression, pût s'avancer dans l'entaille en se comprimant. L'entaille dut être également prolongée mais non dressée en arrière, de telle sorte que les bois pussent être successivement introduits.

On ne s'est pas appliqué à obtenir les parois d'un secteur régulier, les ondulations de ces parois pouvant être facilement suivies par les voussoirs. Pour cela, on prit un gabarit exact de la forme de la galerie, après la taille des parois, et les pièces de bois furent taillées et disposées au jour, suivant les exigences des contours.

Entre les pièces on a placé deux tuyaux tronc-coniques en fonte, munis de robinets en fonte, d'un diamètre suffisant pour débiter toute la venue d'eau contenue derrière le serrement dans le cas où l'on voudrait le réparer, soit même rentrer dans les travaux condamnés. Cette venue d'eau étant de 1258 mètres par vingt-quatre heures, un seul robinet aurait dû avoir un diamètre de $0^m,20$; la construction en eût été difficile et l'on préféra placer dans le serrement deux tuyaux avec robinets de $0^m,12$. Les deux rangées de voussoirs, dans lesquels étaient placés ces tuyaux, étaient un peu plus fortes, de manière à ne pas se trouver affaiblies par les entailles.

Le serrement a été composé de treize rangées horizontales de voussoirs, chaque rangée devant être serrée par une *pièce-clef* taillée de manière à être forcée. Les pièces, numérotées et reparées, furent descendues bien sèches et enveloppées; on les présenta sur la roche enduite de minium liquide, et on les dressait au besoin jusqu'à ce que l'impression régulière du minium sur toute la surface vînt attester le contact d'une juxtaposition parfaite. Entre la roche et le bois on mit un lit de mousse d'environ $0^m,01$ d'épaisseur, cette mousse étant appliquée sur un enduit de goudron qui la faisait adhérer.

Chaque pièce du serrement fut ainsi mise en place et montée, en serrant les pièces-clefs et calfatant la mousse jusqu'à refus entre le bois et la roche. Les pièces de la dernière assise furent placées avec un soin tout particulier, afin d'obtenir une parfaite juxtaposition au contact de la roche ; pour cela, ces pièces enduites de mousse étaient d'abord appliquées et en dessous de chacune on introduisait un plateau-clef déterminant un serrage général jusqu'à refus de toutes les pièces-clefs.

Le serrement une fois monté, il ne restait plus, pour l'achever, que l'opération du *picotage*, dont le but est d'augmenter la densité du bois, de le rendre imperméable et d'augmenter encore, en le régularisant, le serrage contre les parois.

On commença par enfoncer des coins en sapin à 2 centimètres environ des lignes de joint. Ces coins, bien secs et enduits de suif, entraient d'abord complétement, puis ils se brisaient à moitié ou au tiers, et après en avoir chassé 1 689, on procéda à l'enfoncement des picots en bois de chêne, dont 2550 de diverses formes et longueurs furent successivement enfoncés. Arrivé à refus, on put encore chasser 552 coins d'acier, principalement autour du rocher.

M. Petitjean a résumé dans les termes suivants les conditions de cette construction : 13 assises composent le serrement et comprennent 142 pièces dont la plus faible a $0^m,15$ sur $0^m,15$ au petit bout. La plus grosse assise a $0^m,33$ de hauteur ; les moins fortes de $0^m,17$ formant la partie supérieure.

La surface convexe de l'extrados est de $10^{m2},422$; la surface de l'intrados est de $4^{m2},580$.

Après le serrage des clefs, le serrement pouvait être considéré comme formé d'une seule pièce dont le volume était $16^{m3},111$; il y est entré 4 799 coins cubant ensemble $1^{m3},655$; la densité de l'ensemble, qui était de 671 kilogrammes, a été portée à $717^k,633$, c'est-à-dire augmentée de 7 pour 100. Le serrement mis sous pression ayant marché de $0^m,28$, son volume s'est trouvé réduit à $13^{m3},572$, et sa densité portée à $939^k,395$.

Le serrement une fois fermé l'air fut expulsé par un petit tuyau placé à la partie supérieure. Quatre heures après la venue de l'eau, il y avait déjà 15 mètres de pression, et des jets d'eau capillaires s'échappèrent du bois ; dans les vingt-quatre heures qui suivirent, on a pu évaluer à 200 ou 300 mètres cubes, l'eau ainsi projetée à l'état de brouillard. Cet effet disparut lorsque le serrement se comprima en avançant, effet qui se produisit après cent trente-deux jours, l'eau étant à 173 mètres de hauteur. Au bout d'un an et quatre-vingt-cinq jours, la hauteur de l'eau était de 190 mètres, et le serrement s'arrêtait, après avoir marché de 0^m, 28. La section droite était de 8^{m^2}, 96, et le poids total supporté de 1 800 432 kilogrammes.

Le prix de revient de cet ouvrage avait été de 12 014 francs, soit 676 francs par mètre cube. Quant au résultat obtenu, il fut aussi complet que possible, le serrement ne laissant passer aucune venue d'eau appréciable.

L'exécution du serrement du Creusot présente plusieurs particularités qu'il est bon de noter. C'est d'abord le picotage effectué dans les bois à 2 ou 3 centimètres des joints et non plus dans ces joints mêmes. Les grands coins de pin de 0^m, 03 de largeur, de 0^m, 35 de longueur et de 0^m, 012 d'épaisseur, entraient d'abord sur toute leur longueur ; ils se brisaient et s'écrasaient sous les coups de masse, d'abord vers les deux tiers, puis vers la moitié, puis enfin au tiers de leur longueur ; il en était de même des plus petits, et en général la quantité totale des coins en pin pouvait être considérée comme ayant pénétré en moyenne sur les trois quarts de leur longueur. Les coins en chêne de même épaisseur, mais de 0^m, 20 de longueur, d'abord plats et de 0^m, 03 de largeur, puis carrés et de 0^m, 012 de côté, pouvaient être considérés comme généralement chassés à fond.

Malgré l'énergie de ce picotage, le serrage principal et, par conséquent, la plus grande compression du bois furent obtenus par la marche totale du serrement dans l'entaille ; d'où l'on peut conclure que c'est principalement sur la préparation de ce serrage que doit se porter l'attention.

L'exécution du serrement du Creusot a pu se faire dans des conditions telles, que les ouvriers travaillant à l'extrados pouvaient se retirer par un puits situé de ce côté. Il n'en est pas toujours ainsi.

Lors donc que, le travail une fois terminé à l'extrados, les ouvriers doivent se retirer du côté opposé, on dispose dans l'épaisseur du serrement un voussoir en fonte, formé d'un tuyau assez grand pour donner passage aux ouvriers lorsque le moment de se retirer est venu. Ce tuyau se ferme par un long tampon conique, en bois cerclé et picoté, que l'on tire à l'aide d'un crochet lorsque le dernier ouvrier est passé ; la pression en assure la fermeture.

La fabrication de ce voussoir-tube doit être surveillée avec un soin tout particulier, afin qu'il soit exempt de soufflures et présente toutes les garanties de solidité et d'imperméabilité, conditions que d'ailleurs on obtient facilement aujourd'hui dans nos fonderies. Ce tube de grande dimension, peut être construit de manière à dispenser des tubes de décharge.

Nous n'avons pas décrit les précautions prises pendant le montage du serrement pour donner passage à la venue d'eau, c'est-à-dire la disposition d'un barrage provisoire et d'un tuyau de décharge à travers la construction ; tous ces détails, ainsi que ceux qui sont relatifs à l'assèchement des parois, etc., sont naturellement indiqués par les conditions du terrain dans lequel on opère, et par celles auxquelles le serrement doit satisfaire.

Aujourd'hui, dans la plupart des cas qui se sont présentés, on a préféré exécuter des serrements en maçonnerie, auxquels on donne une grande longueur et qui sont logés dans une série de redans *tronc-coniques.* En construisant ainsi une alternance de voûtes appareillées et de bourrages en argile plastique, on obtient des barrages à la fois solides et imperméables. Les détails d'exécution de ces serrements varient suivant la section et la disposition des galeries; l'emploi des pierres d'appareil, des briques, des bétons, des argiles pilonées, rentre dans les conditions ordinaires des constructions et n'a pas besoin d'être détaillé.

Les serrements en maçonnerie ont des longueurs de 8 à 16 mètres et conviennent particulièrement au cas où les parois de la galerie présenteraient des chances de fissures, et par conséquent ne paraîtraient pas assez complétement imperméables sur une petite étendue.

CHAPITRE V

AÉRAGE.

L'aérage est une condition d'existence pour une mine; c'est la respiration et la vie du personnel qui l'habite.

Les bonnes conditions de cet aérage, c'est-à-dire un air frais et salubre, incessamment renouvelé dans toutes les parties de la mine, et une température aussi basse que possible, n'ont pas seulement une grande importance pour la vie et la santé des ouvriers; ces conditions sont encore nécessaires au travail.

C'est par une bonne ventilation qu'on peut arriver à obtenir de la main-d'œuvre le maximum de l'effet utile. Lorsque l'air des mines est surchargé d'acide carbonique ou suréchauffé par la combustion des lampes, par la respiration des ouvriers, les explosions de la poudre, etc... les ouvriers perdent nécessairement une partie de leurs forces et de leurs facultés de travail.

Dans les mines qui communiquent avec le jour par deux orifices, deux puits par exemple, il s'établit presque toujours un aérage naturel.

Le courant d'air naturel est, en général, d'autant plus vif que les deux orifices se trouvent à des altitudes plus différentes.

Cet aérage spontané s'explique facilement. L'air des mines est presque toujours plus chaud que l'air extérieur;

il en résulte que les colonnes d'air extérieur qui pèsent sur les deux puits ne se font pas équilibre; l'air frais et dense entre par l'orifice le plus bas, l'air échauffé et moins dense de la mine sort par l'orifice le plus élevé.

En hiver, ces courants d'aérage spontané sont très-actifs, à tel point que l'on est obligé, dans beaucoup de cas, de les modérer par des portes.

En été, si la température extérieure se rapproche de celle de la mine, les courants d'air se ralentissent ou deviennent nuls. Il peut même arriver que l'air de la mine soit le plus froid et le plus dense, auquel cas, après un moment de stagnation, les courants deviendraient inverses; l'air extérieur entrerait par le puits le plus élevé et sortirait par le puits inférieur. Ce cas est tout à fait rare et exceptionnel, car dans l'intérieur des mines, la combustion des lampes, les coups de mine et la respiration des ouvriers suréchauffent toujours l'air.

Dans les houillères, la température de l'air intérieur est encore surélevée par les décompositions et les échauffements spontanés, souvent même par les feux qui se déclarent et qui continuent à brûler malgré les *corrois*.

L'aérage spontané, lorsqu'il est établi dans de bonnes conditions, est préférable à tous les systèmes de ventilation mécanique. Il résulte d'un état de choses permanent; il n'est pas sujet aux arrêts et chômages auxquels sont exposées les machines.

Pour obtenir ces conditions favorables de l'aérage spontané, le point essentiel est d'avoir des voies de retour à grandes sections, par lesquelles l'air surchauffé et dilaté puisse trouver un passage facile.

Quelquefois, il est avantageux d'augmenter la dénivellation des orifices, en surmontant le puits de sortie d'air d'une cheminée à grand diamètre. Ce moyen est coûteux, mais il y a tant d'avantages attachés à un aérage spontané et permanent, qu'on le préfère aux ventilateurs mécaniques, toutes les fois qu'on peut obtenir ainsi des courants d'air suffisants.

Que doivent être ces courants d'air et par conséquent quel est le volume nécessaire à une mine? Ici il faut distinguer les divers cas qui peuvent se présenter, et cette distinction fera ressortir les plus grandes différences, suivant les minerais exploités et suivant la qualité et la nature des gaz délétères qui tendent à se produire.

Dans une galerie ou dans une taille envahie soit par le grisou, soit par l'acide carbonique, il faut de $0^m,60$ à 1 mètre de vitesse par seconde pour diluer et entraîner immédiatement les gaz au moment de leur production. C'est un aérage d'environ 3 à 4 mètres cubes d'air par seconde, et dans les conditions ordinaires des mines, il existe plusieurs galeries ou tailles qui exigent de pareils courants. Une mine peut donc avoir besoin de 20 ou 30 mètres cubes d'air par seconde.

Mais la quantité de 3 à 4 mètres cubes, nécessaire dans telle houillère pour une seule taille, suffirait pour l'aérage d'une mine entière, si cette mine est ouverte dans un filon métallique duquel il ne se dégage aucun gaz délétère, et où il ne s'agit que d'entraîner l'air vicié par la respiration des ouvriers, l'éclairage et les coups de mine.

Entre ces deux extrêmes, se placeront les mines dont le plus grand nombre peut être ventilé avec un volume d'air de 6 à 20 mètres cubes par seconde, et avec les vitesses de $0^m,30$ à $0^m,60$ dans les tailles et galeries.

Pour se rendre compte du courant d'air qui convient à une mine, et des différences de pression nécessaires pour le déterminer, le moyen le plus simple est de choisir comme exemple, une mine bien ventilée par un courant d'air naturel et d'en apprécier le régime.

La mine du Magny était dans cette condition, bien que les deux puits qui déterminaient le courant d'air (l'un qui, suivant l'expression des mineurs, *avalait,* c'est-à-dire par lequel entrait l'air extérieur ; l'autre par lequel sortait l'air vicié) fussent tous deux au même niveau.

Le courant d'air fut mesuré en septembre, au bas du puits d'entrée, dans la traverse qui recoupait la couche. L'anémomètre Biram accusait 312 tours par minute pour une section de 2^m, 36 de largeur, sur 1^m, 66 de hauteur, soit 3^{m2}, 92.

D'après cette expérience, répétée plusieurs fois, la vitesse étant donnée par la formule $V = 0^m, 304\ N + 1^m,03$.

N, nombre de tours par seconde étant égal à $\frac{312}{60} = 5^{\text{tours}}, 2$;
$V = 5, 2 \times 0, 304 \times 1, 03 = 2^m, 61$.

Le volume d'air était $2^m, 61 \times 3^{m2}, 92 = 10^{m3}, 200$ par seconde.

Telles étaient les conditions du courant d'aérage. On pouvait en apprécier les causes par les considérations suivantes.

La température de l'air entrant par un puits était de 17 degrés ; celle de l'air sortant par l'autre, de 25 degrés ; la profondeur des travaux était de 257 mètres.

La hauteur d'air (h) qui produit l'écoulement est :

$$h = \frac{H\alpha\ (t-t')}{1+\alpha t};$$

H étant la profondeur de 257, le coefficient $\alpha = 0,00367$, d'où

$$h = \frac{257 \times 0,00367\ (25-17)}{1+0,00367 \times 17} = 7^m, 10.$$

Cette colonne de 7^m, 10 d'air représente une colonne d'eau de 0^m, 0092.

La vitesse V, que peut produire une colonne d'air de 7^m, 18, fournirait un débit de 11^{m3}, 780. La différence n'est pas grande avec le chiffre indiqué par l'anémomètre, 10^{m3}, 200 ; l'imperfection de l'instrument peut l'expliquer.

L'orifice de sortie d'air de la mine a une section de $2^m, 26 \times 3^m, 06 = 6^{m2}, 62$. Comme il débite les $10^{m3}, 20$ qui passent par les travaux, la vitesse à la sortie est de $1^m,54$.

Cette vitesse exige, pour être produite, une charge de $0^m,000157$. La différence : $0^m,0092 - 0^m,000157 = 0^m,009043$ représente la perte de charge qui a lieu par les frottements de l'air, dans le parcours des travaux.

AÉRAGE PAR FOYERS.

Cet examen des conditions dynamiques d'un aérage naturel montre que les dépressions nécessaires pour déterminer un aérage artificiel ne sont pas considérables. L'aérage par foyers qui peut déterminer des dépressions de $0^m,02$, sera donc bien suffisant si les voies d'aérage sont à larges sections dans tout le parcours du courant.

Le moyen le plus simple pour déterminer un aérage artificiel est en effet de venir en aide aux conditions supposées insuffisantes de l'aérage naturel, en diminuant la densité de l'air du puits d'appel, en le *surchauffant*.

Dans certaines mines, par exemple, on a mis le puits d'appel en communication avec la cheminée des générateurs de vapeur, mais ce moyen ne peut déterminer qu'un aérage faible, vu la section très-réduite des cheminées.

Une installation plus efficace dans cet ordre d'idées, a été celle du Boubier, près Châtelet. La cheminée en tôle était enveloppée d'une cheminée en briques, laissant entre elle et le cylindre en tôle, une zone dont la surface était égale à celle du puits d'appel. Ce puits étant mis en communication avec la zone annulaire chauffée par la cheminée centrale, l'appel se trouvait accéléré à la fois par le suréchauffement et par une surélévation de 40 mètres.

Ces procédés de feux ou de calorifères *placés près de la surface* ne sont guères applicables à des puits profonds, la colonne d'air surchauffé n'étant qu'une petite partie de la colonne d'air du puits. Ils ne peuvent être considerés que comme des moyens d'accélérer le courant d'air naturel.

Pour établir une ventilation artificielle, il faut pouvoir

déterminer dans un puits d'appel, une dépression manométrique de $0^m,02$ ou $0^m,03$ d'eau, et par conséquent chauffer l'air plus énergiquement et sur une plus grande hauteur. On y arrive en plaçant un foyer vers le bas d'un puits qui se trouve ainsi transformé en une véritable cheminée d'appel.

Si l'air de la mine ne contient pas de gaz inflammable, on en fait passer une partie sur la grille pour alimenter la combustion, le reste se trouvant appelé par toutes les galeries qui aboutissent au puits, en vertu d'une dilatation qui sera d'autant plus grande que la température moyenne de l'air sortant sera plus élevée. Ce moyen peut même être employé dans les mines à grisou, en ayant soin d'alimenter le foyer par une veine d'air spéciale qui ne puisse contenir aucun gaz inflammable et détonant.

En France, dans les mines du Nord où l'on emploie encore quelques foyers, l'air qui les alimente est pris à l'extérieur par un compartiment spécial dit *goyau*, isolé dans le puits au moyen d'une cloison. La *planche* VI, figure 1, indique la disposition générale d'un de ces foyers.

En Angleterre, où le procédé des foyers d'aérage est encore préféré à tous les autres, l'air entrant dans la mine est divisé en plusieurs veines qui vont aérer les divers chantiers, et parmi ces veines on choisit, pour alimenter les foyers, celles qui ne circulent pas dans les chantiers sujets au grisou.

L'aérage par foyers peut être excellent pour les mines sans grisou, lorsque les voies sont simples et à grandes sections. On détermine en effet un courant d'air assez énergique avec $0^m,02$ à $0^m,03$ de dépression, dépression facilement obtenue par un suréchauffement de 15 à 20 degrés.

A la houillère Hetton, en Angletere, un puits d'appel de $4^m,27$ de diamètre, muni de trois foyers placés à la profondeur de 275 mètres, débitait 80 mètres cubes d'air par seconde.

AÉRAGE PAR FOYERS

Mais en général les puits d'aérage sont des puits de petit diamètre, et quelques-uns, servant de puits d'extraction, sont en outre obstrués par les guidages et les cages en circulation.

En chauffant l'air d'une mine on diminue sa densité, c'est ce qu'il faut pour activer le courant d'air; mais on augmente son volume. Dans le cas où ce volume dilaté ne trouve pas une voie large et facile, l'effet utile se trouve réduit suivant une proportion rapide.

Si, pour un puits de section donnée, on met en regard la température de l'air ascendant, les nombres proportionnels à la vitesse du courant et les nombres proportionnels au combustible brûlé (Peclet) :

Température de l'air ascendant.	Nombres proportionnels à la vitesse du courant.	Nombres proportionnels au combustible brûlé.
30 degrés	43	86
40 —	51	153
50 —	58	232
60 —	64	320
100 —	79	711

on arrive à conclure : que si, pour déterminer un courant d'air, la température de l'air ascendant doit dépasser 45 à 50 degrés, le combustible est très-mal employé. Pour surchauffer de 50 à 60 degrés, il faudrait par exemple brûler 40 pour 100 en sus de combustible, et le courant d'air se trouverait augmenté seulement dans la proportion de 10 pour 100.

On obtiendrait au contraire un effet utile convenable du combustible brûlé, si l'on pouvait augmenter la section du puits, le volume d'air appelé croissant en proportion de cette section.

Dans les mines métalliques, l'aérage est une question très-secondaire. Il n'y a, en effet, dans ces mines, d'autre air vicié que celui qui résulte de l'éclairage, de la respiration des ouvriers et de l'emploi de la poudre; les quantités d'air frais nécessaires sont facilement fournies par des foyers ou des appareils mécaniques de peu d'importance. Dans les mines de houille, où se dégagent spontanément des gaz délétères ou explosifs, tels que l'acide carbonique, l'oxyde de carbone et les carbures d'hydrogène compris sous la dénomination de *grisou*, il faut au contraire des courants d'air actifs de 20 à 30 mètres cubes par seconde et même au-delà. Il faut que ces courants, s'ils peuvent être obtenus par l'aérage spontané de l'hiver, puissent être déterminés en été par des ventilateurs mécaniques ; si l'aérage spontané fait défaut, il faut que ces machines fonctionnent continuellement.

AÉRAGE MÉCANIQUE.

L'aérage mécanique comprend tous les ventilateurs qui exigent l'application d'une force. Ces ventilateurs sont nombreux et se divisent en trois classes :

1° Les ventilateurs à force centrifuge ;
2° Les pompes rotatives ;
3° Les appareils à pistons.

Tous ces ventilateurs peuvent être employés, soit en aspirant l'air vicié par un puits d'appel, soit en insufflant l'air pur : c'est-à-dire en agissant dans le puits d'aérage, soit par *aspiration* et par une dépression manométrique, soit par *refoulement* en déterminant une pression.

L'aérage par aspiration et dépression est le plus généralement employé ; les machines agissant dans ce sens paraissent produire un effet utile plus avantageux, les courants étant plus faciles à déterminer, sans qu'on puisse en expliquer les causes.

C'est donc seulement par exception qu'on détermine un aérage par refoulement.

Dans le premier cas, l'air de la mine se dilatant sous l'influence de l'appel, la pression barométrique est moindre dans la mine qu'à l'extérieur. Dans le second cas, le refoulement de l'air extérieur étant obtenu par compression, la pression barométrique est plus élevée dans la mine qu'à l'extérieur.

Cette considération a fait quelquefois préférer l'aérage par refoulement. Dans les mines à grisou, on pense que cette compression de l'air peut ralentir dans certains cas le dégagement du gaz; mais c'est surtout dans les charbons sujets aux décompositions, échauffements et feux spontanés que ce mode d'aérage paraît applicable.

L'aérage par aspiration déterminant une dépression dans la mine, fait sortir toutes les fois qu'il est mis en train, les gaz renfermés dans les fissures de la houille, c'est-à-dire l'air déjà plus ou moins désoxygéné par la fermentation. Cet appel renouvelle donc les contacts, et amène dans la houille de nouveaux éléments qui accélèrent sa décomposition; l'échauffement se trouve progressivement augmenté et des feux peuvent se déclarer.

Si l'on procède au contraire par refoulement, la pression maintient dans les fissures les gaz qui s'y trouvent, refoule et emprisonne l'acide carbonique déjà formé, et par conséquent, tend beaucoup moins à développer les causes qui déterminent d'abord l'échauffement puis l'inflammation spontanée de la houille.

Du reste, un ventilateur de mine peut être établi dans des conditions qui permettent d'agir à volonté, par aspiration ou par refoulement, de telle sorte que l'on ait la faculté de *retourner l'aérage.*

En résumé, les ventilateurs de mine doivent satisfaire aux conditions suivantes :

1° Déplacer de grands volumes d'air, de 10 à 30 mètres cubes par seconde, et au-delà;

2° Déterminer des dépressions ou des pressions de $0^m,03$ à $0^m,10$ et même $0^m,15$ d'eau;

3° Agir à volonté, soit par aspiration, soit par refoulement.

On voit, par cette énumération, que les ventilateurs doivent être établis dans des conditions très-différentes de celles des machines soufflantes employées dans la métallurgie, machines qui déplacent des volumes d'air beaucoup moindres sous des pressions bien plus considérables.

Une mine étant donnée avec 5 ou 6 kilomètres de galeries et un certain nombre de chantiers, qui doivent être ventilés de manière à diluer et entraîner tous les gaz délétères; comment pourra-t-on calculer la quantité d'air débitée par le ventilateur? quelle sera la dépression nécessaire pour déterminer ce courant?

Il y a là deux questions distinctes : le *volume* qui peut se calculer; la *dépression* qui ne peut, au contraire, être déterminée que par la pratique, car elle dépend de l'étendue, des sinuosités, des sections, de l'état des parois des galeries, des divisions et brisements du courant en veines plus ou moins nombreuses; ensemble de circonstances qui constituent ce que M. Guibal appelle *le tempérament* d'une mine.

Les conditions de la ventilation d'une même mine sont d'ailleurs très-variables; nous en citerons un exemple : à Charleroi, dans la période de 1850 à 1865, pendant laquelle les procédés d'aérage mécanique ont été successivement établis et étudiés.

L'exploitation du Boubier, près Châtelet, commençait vers 1850, en assurant son aérage par un calorifère; l'air du puits d'appel était surchauffé ainsi qu'il a été dit précédemment, autour de la cheminée en tôle des générateurs, au moyen d'une cheminée concentrique; le courant d'air était d'environ 5 mètres cubes par seconde; la dépression était évaluée de $0^m,01$ à $0^m,2$ d'eau.

Cet appareil fut bientôt insuffisant, et l'on dut monter au Boubier un des premiers ventilateurs Fabry, qui débitait 7 à 8 mètres cubes d'air sous une dépression de $0^m,04$.

Au bout de quelques années, l'extension des travaux détermina la nécessité non pas d'un plus grand volume d'air, mais d'une dépression supérieure; le ventilateur Fabry fut par conséquent remplacé par un ventilateur à pistons, du système Mahaut, qui débitait 8 mètres cubes sous une dépression de $0^m,07$.

En 1865, cet appareil était lui-même insuffisant comme volume débité, et l'on installait un ventilateur Guibal pouvant fournir 25 mètres cubes par seconde sous une dépression de $0^m,07$ à $0^m,10$.

Ainsi, dans une période de moins de vingt années, l'honorable M. Goret, qui a si longtemps présidé à Charleroi le comité des exploitants et dont la direction industrielle a laissé de si bons souvenirs, avait parcouru malgré lui, toutes les étapes de la ventilation et changé quatre fois ses appareils.

Un même ventilateur appliqué à deux mines différentes et marchant à la même vitesse pourra donner des débits différents avec des dépressions différentes. Si l'une des mines a des voies simples, régulières et à grandes sections, quelques centimètres de dépression suffiront pour obtenir un débit rapproché du maximum; si l'autre mine présente, au contraire, des voies longues, sinueuses, étroites, avec des divisions multiples, le débit effectif sera diminué, et les résistances éprouvées par le courant pourront doubler ou tripler la dépression nécessaire pour l'obtenir, de telle sorte que, pour arriver au même débit, il faudra augmenter la vitesse.

Quel que soit le ventilateur employé, le travail théorique de l'aérage mécanique est exprimé par V. D. P;

V étant le volume d'air échauffé et vicié débité par seconde;

D, la densité de l'air mis en mouvement qui varie de 1,10 à 1,20;

P, la différence des pressions mesurées par le manomètre à eau, différence qui s'élève en général de 0,2 à 0,10 et au-delà, mais qui doit être exprimée en *colonne d'air*.

Un courant d'aérage déterminé par le ventilateur Fabry a donné par exemple : $8^{m3},774 \times 1,157 \times 43,967$ (en eau $0,057$) $= 446^{km},41 = 5,95$ chevaux.

Un grand aérage, déterminé par un ventilateur à force centrifuge, fournissait : $30^m \times 1,15 \times 80 = 2,760$ kilogrammètres $= 30$ chevaux.

Mais les ventilateurs n'obtiennent que 0,45 à 0,55 d'effet utile; par conséquent, il faudrait compter dans le premier cas sur un travail réel de 12 chevaux-vapeur, travail qui s'élèverait dans le second cas, à 60 chevaux.

L'aérage mécanique a-t-il sur l'aérage spontané des avantages qui doivent lui assurer la préférence?

Les accidents causés par l'explosion du grisou ont donné depuis quelques années une importance nouvelle à l'aérage mécanique. Ces accidents se sont produits en Angleterre, en Belgique, en France, en Westphalie, avec un caractère tellement meurtrier, que l'administration des mines en France crut devoir adresser des circulaires pour recommander l'emploi des ventilateurs. Il était dit par exemple aux exploitants de la Loire :

> Que les courants d'air naturels, dont on se contente dans le bassin de la Loire, ne sont pas assez forts ni assez réguliers pour assurer constamment une bonne ventilation dans tous les quartiers d'une grande mine, et qu'il est nécessaire d'établir des ventilateurs destinés à augmenter les courants naturels.

Ces critiques ont été réfutées dans les termes suivants par le comité des houillères de la Loire :

> La supériorité de l'aérage naturel sur l'aérage artificiel est incontestable.
> L'aérage naturel repose sur un état de choses fixe, persistant, que des accidents graves et heureusement fort rares peuvent seuls troubler; l'aérage artificiel suppose l'action constante de l'homme et se trouve dès lors soumis à des perturbations multiples, inhérentes à cette action. C'est un des avantages dont on a fait le plus souvent honneur aux mines de Saint-Etienne, que leur aérage naturel, qui tient précisément aux sacrifices devant lesquels les exploitants de ce bassin n'ont jamais reculé.
> Peut-on dire qu'en général cet aérage est insuffisant? D'après quelle base? L'aérage n'est point une chose absolue, et l'on ne nous indique pas même dans

AÉRAGE MÉCANIQUE

quelles conditions de volume et de vitesse il doit être maintenu, à quels signes certains on peut reconnaître son insuffisance. Il est évidemment relatif et subordonné à ce qu'exigent la nature et la position des travaux. D'un autre côté, l'usage des ventilateurs n'est pas lui-même sans danger, et dans les mines à grisou une accélération trop grande imprimée à l'air peut amener des résultats déplorables.

L'allégation générale d'un aérage insuffisant et la nécessité de ventilateurs appliqués au bassin tout entier, ne sauraient donc être acceptées. Si l'insuffisance de l'aérage existe quelque part, c'est là une exception spéciale à quelque exploitation, qu'il appartient à MM. les ingénieurs de reconnaître et de désigner. La question nous semble donc devoir sortir de ses termes absolus pour être ramenée dans un cercle restreint aux exploitations qu'elle peut concerner, et c'est alors à celles-ci seulement qu'il appartiendrait de discuter soit le principe, soit la nature des mesures qu'il s'agirait de leur imposer. Nous croyons inutile d'insister davantage sur ce point. Si néanmoins on pensait devoir persister dans la formule générale donnée à la question, il serait nécessaire, selon nous, qu'elle fût précédée d'explications préalables indiquant quelles sont, d'après MM. les ingénieurs, les règles à suivre pour calculer, dans chaque cas particulier, la quantité d'air à introduire dans la mine, eu égard à l'étendue des travaux, à l'abondance du grisou, au nombre des ouvriers, à la vitesse que le courant d'air ne doit pas dépasser, à la température; en précisant en même temps les caractères à l'aide desquels on peut reconnaître si l'aérage d'une mine est suffisant.

Cette réponse met en évidence toutes les difficultés de l'aérage des mines. L'aérage spontané a été souvent préféré par tous les motifs cités dans la lettre précédente; d'autres considérations, qui n'y sont pas mentionnées, plaident en sa faveur.

Beaucoup d'exploitations ouvertes dans les couches puissantes de nos bassins du Centre et du Midi ont en effet à se préserver des dangers spéciaux qui résultent de la facilité avec laquelle les charbons s'échauffent et prennent feu spontanément. Ce sont les houilles qui contiennent 12 à 17 pour 100 d'oxygène qui ont surtout ces propriétés dangereuses, à tel point que dans beaucoup de houillères de l'Allier, de Saône-et-Loire, de la Loire, de l'Aveyron, etc., en se reportant à ce qui a été dit en décrivant les méthodes d'exploitation, les feux spontanés sont les ennemis les plus redoutables et les plus difficiles à combattre.

Les inconvénients et les périls ne résultent pas seulement des feux flambants qui peuvent se déclarer; les charbons qui s'échauffent sans prendre feu, se distillent plus ou moins et dégagent de l'acide carbonique, de l'hydrogène carboné et de l'oxyde de carbone, gaz à la fois délétères et dangereux.

Un fait constaté par la pratique, est qu'un courant d'air forcé peut, dans beaucoup de cas, développer ces feux et leur donner une intensité funeste.

Nous avons la conviction qu'il y a tout avantage à laisser la direction de l'aérage d'une mine à ceux qui y travaillent et qui y respirent, qui subissent les dangers et les dommages, et qui ont par conséquent un tel intérêt dans la question, qu'ils trouveront toujours les meilleures solutions du problème.

Cependant il ne faut pas se dissimuler qu'une circulaire conçue en termes généraux, réclamant la ventilation mécanique et blâmant l'aérage spontané, est de nature à imposer cette ventilation. Il en résulte en effet des réflexions pénibles sur les incertitudes qui règnent encore dans ces questions d'aérage et sur les responsabilités qui pèsent sur l'exploitant; beaucoup d'entre eux se sont décidés à monter des ventilateurs, en conservant la conviction que leur action ne peut être préférable à celle des courants spontanés, et qu'il peut en résulter des inconvénients au point de vue des feux.

Pour éteindre les feux lorsqu'ils se sont déclarés dans un massif en exploitation, il n'est que deux moyens certains : les entourer par des barrages et des corrois hermétiques, et les priver ainsi de tout accès d'air; ou bien les inonder et les noyer.

L'extinction par l'eau n'est pas définitive, en ce sens que des charbons mouillés peuvent s'échauffer et s'enflammer de nouveau lorsqu'on en a retiré les eaux; mais l'action est immédiate; lorsqu'un feu gêne et ne peut être isolé, il n'est pas d'autre moyen de le combattre. Avec de l'eau à sa disposition on est souvent parvenu à défourner et éteindre des feux très-intenses.

Il faut donc organiser, dans les mines sujettes à ces feux, des conduites d'eau, recevant les eaux du jour et les conduisant sur les points menacés. Ce mode de canalisation souterraine a rendu les plus grands services dans les houillères où l'on exploite des couches puissantes.

La colonne verticale de tuyaux qui prend les eaux à la surface, doit être d'un diamètre notablement plus grand que les conduites horizontales qui amènent l'eau dans les diverses parties d'une mine. Il faut en effet, pour surmonter les résistances de ces conduites, que la colonne verticale soit à la fois un réservoir d'eau et un réservoir de pression.

Les conduites souterraines horizontales sont en général composées de tubes en fer étiré, de $0^m,033$ et de $0^m,027$ de diamètre intérieur, avec emmanchements à vis. En supposant sur ces conduites, des charges d'eau de 200 à 300 mètres, on peut obtenir, même à de grandes distances des puits, des débits très-énergiques.

Dans un pilier échauffé ou même brûlant à l'intérieur, on peut percer un trou de sonde vers la position présumée du feu. Un tuyau d'eau est ensuite placé et fortement luté à l'entrée de ce trou où l'on projette l'eau sous pression, jusqu'à ce qu'elle ait pu se propager dans toutes les fissures. Souvent on entend l'eau ainsi projetée, déterminer un bruissement significatif, et l'on voit la vapeur se faire jour à travers les fissures. En répétant ces projections d'eau partout où il est nécessaire, on est parvenu à dominer les feux les plus menaçants.

CONDITIONS DE L'AÉRAGE MÉCANIQUE.

L'aérage mécanique étant aujourd'hui presque général pour les mines à grisou, il importe de déterminer les conditions auxquelles il doit satisfaire.

A la suite des explosions qui arrivèrent dans plusieurs

mines de l'Angleterre, en 1866, notamment dans celle des Oaks, M. Coince, ingénieur des mines, fut envoyé par la compagnie des houillères d'Anzin, pour étudier les conditions de l'aérage. Il trouva dans le bassin de Newcastle les aérages établis par des foyers et par quelques ventilateurs, dans des conditions généralement normales. En comparant ces conditions à celles qui existaient dans la mine des Oaks, il put même constater la supériorité de cette mine sur la moyenne des houillères les mieux ventilées.

Dans la pratique, l'ingénieur, pour apprécier l'efficacité de l'aérage, ne s'occupe en général, que d'une question : la vitesse du courant d'air dans les chantiers ou galeries qui peuvent recevoir du grisou.

M. Coince posa une considération nouvelle, celle d'une proportion qui doit exister entre la proportion de houille abattue et la quantité d'air frais introduit dans la mine.

Ainsi le grisou se dégage principalement des fronts de taille, c'est-à-dire des surfaces nouvellement mises à découvert; or ces surfaces sont proportionnelles à l'abatage. Si donc on calcule la quantité de mètres cubes d'air vicié extraite d'une mine par seconde, en la comparant au nombre de fois 1,000 hectolitres de houille extraits par jour, on obtiendra un rapport qui sera un moyen d'appréciation ajouté à ceux que l'on possède déjà.

Parmi les houillères les plus importantes du bassin de Newcastle et celles qui sont le plus souvent visitées par nos ingénieurs :

La houillère de Ryhope est ventilée par des foyers dont la section est de $7^{m2},42$, sur lesquels on brûle 4 tonnes de charbon en vingt-quatre heures. Le débit d'air sortant est de 40 mètres cubes pour une extraction journalière de 22,090 hectolitres, ce qui représente $1^{m3},800$ par 1,000 hectolitres d'extraction.

A Seaton-Delaval, la ventilation se fait par des jets de vapeur dans un puits de $2^m,40$ de diamètre, et débite

46 mètres cubes pour une extraction de 14,000 hectolitres, soit 2,80 pour le rapport cherché.

A Waldridge, l'aérage est déterminé par les foyers de chaudières intérieures; le débit est de 22 mètres cubes pour 7,400 hectolitres, soit un rapport de 3.

A Elswick, un ventilateur Guibal débite 56 mètres cubes pour 10,600 hectolitres d'extraction. Le rapport est par conséquent de 5,3.

A Hetton, les foyers de quatre chaudières intérieures placées à 275 mètres de profondeur et consommant 19 tonnes de charbon par jour, déterminaient dans un puits de $4^m,27$ de diamètre, un débit d'aérage de 88 mètres cubes, pour une extraction de 14,000 hectolitres, soit un rapport de 6,3.

Enfin, aux Oaks, où s'est produit l'accident, des foyers de $4^{m2},70$ de section, placés à 260 mètres de profondeur et consommant 7 tonnes de charbon par jour, déterminaient une ventilation de 67 mètres cubes par seconde, pour une production de 6,500 hectolitres, soit un rapport de 7,9. Cette houillère était par conséquent la mieux ventilée.

Malgré ces exemples de ventilation énergique, les méthodes anglaises paraissent critiquables, car la portion des ouvriers tués par les accidents y est sensiblement plus considérable qu'en France. Ainsi la proportion ordinaire est en France de 2,3 à 2,7 pour 1,000, tandis qu'en Angleterre elle était de 3,1 pour 1865, et s'élevait pour 1866 à 4,8 pour 1,000.

	France.	Angleterre.
Production annuelle par ouvrier....	147 tonnes.	318 tonnes.
Nombre d'ouvriers tués............	186	984
Rapport des ouvriers tués au nombre total des ouvriers................	0,0024	0,0031
Quantité de houille produite correspondante à un ouvrier tué........	60 444 tonnes.	102 127 tonnes.

M. Coince, en comparant les conditions d'aérage des diverses mines du bassin de Newcastle et celles de la mine des Oaks, a cherché une formule d'appréciation et proposé, ainsi qu'il vient d'être dit, le rapport qui existe entre le nombre de mètres cubes d'air introduits par seconde et la quantité de charbon extraite. Voici comment il expose cette idée ingénieuse :

> La quantité d'air réclamée par telle ou telle mine dépend *essentiellement* de circonstances *locales* très-variables; on ne peut donc qu'établir des rapprochements ; une comparaison exacte est impossible. Dans ces rapprochements, si l'on suppose d'ailleurs des conditions analogues au point de vue de l'absence ou de la présence du grisou, et si l'on suppose également que le volume total d'air est *convenablement distribué* dans les travaux *suivant les besoins* de chaque région, on peut, dans une certaine mesure, prendre pour terme de comparaison le rapport entre le *volume d'air total* circulant dans les travaux et le *volume de charbon enlevé* chaque jour : par exemple, le nombre de *mètres cubes d'air par seconde* correspondant à une *production de* 1,000 *hectolitres*.
>
> C'est ce rapport que je vais expliciter dans le tableau ci-dessous, qui résumera les détails précédemment donnés. En raison de la perte en *menu* laissé dans la mine et de la nature des charbons sortis (composés presque entièrement de *gros*), le coefficient de conversion des tonnes en hectolitres a été pris un peu élevé : 12^h,5 par tonne (ou 80 kilogrammes à l'hectolitre); les nombres d'hectolitres sont donnés en chiffres ronds :

NOMS DES HOUILLÈRES.	QUANTITÉ de GRISOU.	DIAMÈTRE du puits de sortie d'air.	VOLUME D'AIR utile.	PROFONDEUR à laquelle est établi le foyer.	SECTION du foyer.	CONSOMMATION en 24 heures	ÉCHAPPEMENT de vapeur, chaudières au fond.	EXTRACTION journalière.	RAPPORT cherché.
		m.	m³.	m.	m².	quint.		hect.	
Netherton......	pas	2,40	»	60	4,46	52	»	7600	»
West-Slekburn..	très-peu	2,70	14	210	5,02	20	»	13300	1,05
North-Seaton...	—	3,10	42	219	5,58	66	éch^t de va.	14000	3
Cowpen-Hartley (puits A)....	peu	3,60	33	180	»	25	»	10000	3,3
Seaton-Delaval.	—	2,40	46	183	»	Jets de vapeur.		14600	2,8
Killingworth...	—	»	19	»	»	»	—	8709	2,2
Burradon (1860)	—	3,05	11	208	»	»	—	»	»
Elswick.	—	»	56	311	Ventilateur Guibal.			10600	5,3
Townley.......	—	2,70	9	87	—			14600	2,1
Hebburn (1852).	beaucoup.	3,66	33	»	»	»	»	»	»
Harton-Hilda...	—	3,66	46	274	8,94	30	éch. de va.	19000	2,4
Ryhope........	—	»	42	464	7,42	40	—	22900	1,8
Hetton.........	—	4,27	88	274	20,08	196	—4 chaud.	14000	6,3
Eppleton......	—	3,35	72	318	14,60	100	—2 chaud.	14000	5,1
Elemore	—	2,64	37	257	10,84	85	—2 chaud.	10000	3,7
Waldridge.....	—	»	22	135	»	»	—	7400	3
Pelton	—	2,75	32	95	»	40	—	6700	4,8
Oaks..........	—	3,28	67	261	4,70	71	—	8500	7,9

Quant aux *sections* des voies d'aérage, l'*épaisseur* des couches et la *facilité d'entailler* le toit sans donner lieu à un boisage d'entretien dispendieux, ont fait donner aux grandes voies (plans inclinés, galeries principales dans chaque *compartiment* des travaux) une hauteur de 2 mètres à 2m,50. Si l'on se reporte aux largeurs indiquées pour diverses mines, on trouvera que la *section moyenne* des voies d'aérage est *considérable* et peut se chiffrer ainsi :

>   Plans inclinés, galeries principales..... 8 à 9 mètres carrés.
>   Galeries secondaires................... 5 à 6   —
>   Voies de retour....................... 5 à 6   —

Les sections des voies d'aérage étant, en Angleterre, généralement supérieures à celles que peuvent obtenir les houillères du continent, nous arrivons à conclure que notre moindre proportion d'accidents est due à l'aérage spontané ou mécanique et que la ventilation par foyers doit être écartée lorsqu'il s'agit de mines sujettes au grisou.

Cette conclusion semble démontrée par ce fait, que nous voyons aujourd'hui beaucoup d'ingénieurs anglais adopter les ventilateurs mécaniques, de préférence aux foyers.

VENTILATEURS A FORCE CENTRIFUGE.

Les ventilateurs à force centrifuge se présentent en première ligne comme les plus aptes pour satisfaire aux conditions énoncées : débiter de grands volumes d'air sous des dépressions peu considérables.

Les premiers insuccès de ces ventilateurs démontrèrent combien il est difficile d'arriver de prime abord, à des conditions pratiques, pour les appareils d'aérage.

Les ventilateurs appliqués aux cubilots et aux forges pour des débits moindres étaient parfaitement étudiés, mais pour les appliquer aux grands débits des mines, il fallait évidemment en augmenter les dimensions dans des proportions considérables. C'est ce que fit M. Letoret. Ses ventilateurs étaient enveloppés; l'ouïe d'une section, peu différente de celle du puits d'aérage, aspirait l'air de la mine et un orifice de sortie à section constante et tangente au coursier rejetait au dehors l'air aspiré.

M. Guibal a donné un caractère plus complet à ces ventilateurs. Il a démontré que la section de l'orifice de sortie devait varier avec la vitesse des ailes, et complété l'appareil par une vanne mobile; il y a ajouté, en outre, une cheminée à section croissante, de telle sorte que le courant d'air, lancé avec une grande vitesse, perd graduellement cette vitesse dans la cheminée et est débité à l'extérieur sans les contractions et les remous qui peuvent faire perdre une grande partie de l'effet utile.

Les dispositions prises par M. Guibal sont démontrées avantageuses par des applications multipliées, et la *planche* XXXVIII, qui représente un ventilateur établi sur ses plans à Montceau-les-Mines, donne les détails de construction d'une disposition qui permet à volonté d'aspirer ou de refouler.

Pour satisfaire à cette double condition, deux cheminées à section croissante, en *pavillon de cor*, suivant l'expression de M. Guibal, sont disposées en sens inverse; un système de portes permet à volonté d'aspirer l'air de la mine par l'ouïe, en le rejetant au dehors par la cheminée extérieure, ou bien d'aspirer l'air extérieur par l'ouïe en le refoulant dans la mine par la cheminée souterraine renversée.

On remarquera en outre, dans le dessin de M. Guibal, la disposition des palettes autour d'une armature polygonale, ces palettes étant d'ailleurs courbées de manière à prendre et abandonner la veine d'air sans la briser.

La vitesse que doit avoir un ventilateur à force centrifuge pour déterminer une dépression indiquée est fournie par la formule $V = \sqrt{2gh}$; d'où on tire $h = \frac{V^2}{2g}$ pour le cas où l'on se donne la vitesse du ventilateur à l'extrémité des ailes.

M. Guibal, après de nombreuses expériences, assure que, grâce aux perfectionnement introduits, c'est-à-dire la *vanne mobile* qui permet de régler la pression à la limite convenable pour l'appel, grâce à la cheminée à *section crois-*

sante, en pavillon de cor, qui s'oppose à toute rentrée d'air, à tout remous préjudiciables et qui rend l'air dans l'atmosphère à la vitesse de son introduction dans l'ouïe, c'est-à-dire à la vitesse qu'il a dans le puits d'aérage, il obtient, dans la pratique, $H = h\,1,25$. La formule, en transformant la pression en colonne d'eau exprimée en millimètres, devient :

$$H = 0{,}082\, V^2.$$

Or la vitesse est exprimée par :

$$V = \frac{3{,}14 \times D \times N}{60},$$

effectuant la substitution, la formule Guibal est :

$$H = 0{,}00023\, D^2 N^2.$$

On peut donc déterminer le diamètre d'un ventilateur, étant données une vitesse et une dépression, par la formule

$$D = \sqrt{\frac{H}{0{,}00023\, N^2}}.$$

Ainsi, par exemple : des exploitants ayant demandé 90 tours et 80 millimètres de dépression :

$$D = \sqrt{\frac{80}{0{,}00023 \times 90^2}} = \sqrt{43} = 6^m,55.$$

On a donc adopté pour ce cas, le diamètre de 7 mètres.

7 mètres de diamètre, 100 tours par minute, $1^m,70$ de largeur, ont fourni 30 mètres cubes.

Pour un débit de 80 mètres demandé en Angleterre, on a pris 9 mètres de diamètre et 4 mètres de largeur, en supposant 100 tours par minute, obtenus au moyen de deux machines motrices conjuguées, directement attelées sur l'arbre du ventilateur.

Avant les expériences faites par M. Guibal sur ces ventilateurs, on connaissait le ventilateur à force centrifuge comme faculté de débit, on ne le connaissait pas comme faculté de pression ou de dépression.

Un ventilateur de 7 mètres de diamètre, appliqué à la mine de Sart-les-Moulins, et réglé à 50 tours, la vanne toute grande ouverte sur un quart de la circonférence, déterminait une dépression de $0^m,04$. La vitesse ayant été augmentée progressivement jusqu'à 100 tours, cette dépression monta jusqu'à $0^m,09$, le mouvement du manomètre étant d'environ $0^m,01$ par 10 tours d'accélération.

En rétrécissant l'orifice de sortie d'air au moyen de la vanne, on arrivait encore à augmenter ces dépressions d'environ $0^m,01$, le volume débité subissant une diminution.

Un ventilateur de même dimension, appliqué à l'insufflation, c'est-à-dire pour refouler l'air extérieur dans la mine, n'a fourni qu'une pression égale aux trois cinquièmes de la dépression déterminée par aspiration. Ici la théorie est en défaut, car rien ne justifie cette différence.

Cette différence bien constatée dans l'effet utile de plusieurs ventilateurs agissant par aspiration ou par refoulement, explique pourquoi on les emploie généralement pour aspirer l'air de la mine par un puits d'appel.

Le ventilateur Guibal se construit sur un diamètre de 7 à 9 mètres; il est enveloppé sur les trois quarts de sa circonférence, l'autre quart portant une vanne mobile, de telle sorte qu'on puisse régler à volonté la section de l'orifice de sortie. L'air de la mine, aspiré par l'ouïe centrale dont le diamètre est égal à celui du puits d'aérage, est refoulé dans une cheminée verticale à section croissante, afin qu'il soit versé dans l'atmosphère avec une vitesse progressivement réduite. Telles sont les conditions de la généralité de ces ventilateurs, il s'agissait de les modifier afin de pouvoir les employer à volonté, soit pour aspirer l'air de la mine, soit pour y refouler l'air pur, de manière à faire sortir l'air vicié par les autres orifices.

M. Guibal, après un premier essai de construction aux

mines de la Chazotte, a fait établir aux mines de Blanzy le ventilateur représenté *planche* XXXVIII, dont la disposition paraît devoir satisfaire à toutes les données du programme.

Ce ventilateur est pourvu de deux cheminées, l'une pour rejeter dans l'atmosphère l'air aspiré dans la mine; l'autre renversée, de manière à refouler dans la mine l'air aspiré à l'extérieur.

L'aspiration de l'ouïe puise l'air, soit dans la mine, soit à l'extérieur, au moyen d'un système de portes qui sont à volonté ouvertes ou fermées. La porte, placée vis-à-vis de l'ouïe, est ouverte seulement dans le cas où l'on veut puiser l'air à l'extérieur pour le refouler dans la mine, auquel cas la cheminée extérieure est bouchée, et l'air est refoulé par la cheminée semblable et renversée.

La Compagnie des mines de Blanzy a construit un ventilateur Guibal à la mine Sainte-Eugénie, avec quelques simplifications qui ont paru logiques. Le premier type de construction a l'inconvénient d'exiger des maçonneries considérables; les portes en bois placées sur les voies d'aspiration et de refoulement sont coûteuses et d'un entretien difficile. Lorsqu'après avoir marché pendant six mois en aspirant on veut manœuvrer ces portes pour agir par refoulement, on ne les trouve presque jamais en état convenable pour l'obturation des galeries.

On a simplifié la construction en enterrant la moitié du ventilateur et disposant les voies d'air ainsi qu'il est indiqué par les plans et coupes, *planche* XXXIX.

Le ventilateur est indiqué pour agir par insufflation.

Si l'on veut agir par aspiration, on détruit le mur en briques figuré en B sur le plan, dans la galerie souterraine, ainsi que les voûtes qui bouchent la cheminée, et l'on construit le mur indiqué en A.

Ces changements peuvent être faits dans une demi-journée; ils ont l'avantage de fournir des conduits solides et imperméables débarrassés de tout encadrement et battant de porte et présentent aux courants d'air des surfaces plus lisses.

L'idée de construire les ventilateurs horizontaux avec axe vertical est déjà fort ancienne. Le ventilateur *Duvergier*, en usage dans certaines mines du centre pour les aérages de peu d'importance, est établi sur ce principe dont l'avantage est la facilité de faire un joint entre la partie mobile et l'entrée de l'ouïe.

En 1867, il existait en Angleterre un ventilateur dit *Brunton*, représenté *planche* XLII, fig. 1. Ce ventilateur déterminait une faible dépression, mais fournissait un débit considérable. Il ne pouvait convenir par conséquent, qu'à une mine dont les voies d'aérage étaient à grandes sections.

On a construit à Blanzy sur ce même principe un ventilateur enveloppé, de 7 mètres de diamètre, dont les dispositions paraissent avoir surmonté les difficultés qui résultent des grandes dimensions.

Cet appareil est représenté en plan et en coupe, *planche* XL.

Le ventilateur tourne dans un coursier qui n'est autre chose qu'une fosse circulaire creusée dans le sol et maçonnée; il peut être, par conséquent, établi souterrainement, de manière à ne pas gêner les abords du puits.

Le coursier de 7 m. de diamètre, est hermétiquement fermé à la partie supérieure, par un plancher qui ne laisse passer que l'extrémité de l'axe vertical.

L'air est aspiré par une ouïe centrale, dont le diamètre est égal à celui du puits d'aérage et dont le bord porte une rainure circulaire remplie d'eau, dans laquelle plonge le cercle mobile sur lequel s'appuient les ailes du ventilateur. On obtient ainsi un joint hydraulique qui s'oppose à toute rentrée d'air lorsque le ventilateur est mis en mouvement.

Les ailes, au nombre de huit, sont recouvertes par une tôle pleine et courbée à l'extrémité, de telle sorte que la masse de l'air, mise en mouvement, soit projetée dans la partie inférieure du coursier dans lequel se trouvent les issues par lesquelles elle doit sortir. Ces issues conservent des sections égales à celle de l'ouïe.

La machine horizontale qui met le ventilateur en mouvement est établie sur le plancher.

La difficulté principale de la construction résulte du poids de l'appareil mis en mouvement, poids qui est d'environ 12 000 kilogrammes, entièrement supporté par l'axe vertical tournant dans une crapaudine. L'extrémité de cet axe est en acier et tourne sur une série de disques en acier, superposés les uns sur les autres dans la boîte à huile. Pour diminuer la pression sur ces rondelles, on a employé une boîte à cannelures qui sert à la fois de coussinet et de soutien.

Les deux systèmes de ventilateurs du diamètre de 7 m., se trouvant placés à Blanzy sur deux mines voisines, des expériences comparatives ont été faites sur leur puissance d'insufflation. Voici quelques chiffres fournis par ces expériences :

	Nombre de tours.	Pression.	Volume à la sortie du ventilateur.
Axe horizontal	41	0^m,007	11^{m3}
	55	0 ,024	14
	60	0 ,033	17
Axe vertical	40	0 ,010	11
	55	0 ,020	15
	60	0 ,025	19

On voit que ces résultats, obtenus par insufflation, sont peu différents. Le plus grand volume débité à 60 tours par le ventilateur Guibal, sous une pression moindre, provient des moindres résistances opposées par la mine.

Après ces expériences comparatives, on a forcé progressivement la vitesse du ventilateur à axe vertical jusqu'à 70 tours, et l'on a obtenu les pressions suivantes :

	Pression.
Pour 67 tours	0^m,032
Pour 70 tours	0 ,034

Les résistances ayant été augmentées dans la mine, on a obtenu :

Nombre de tours.	Pression.	Volume.
Pour 45 tours	0,016	9^{m3},65
Pour 64 tours	0,032	17 ,60

D'où il résulte que les conditions de pression et de débit se règlent d'après les résistances que les puits et galeries opposent à l'entrée du courant d'air insufflé.

Plusieurs expériences de vitesse, faites pour suivre l'augmentation de la pression, ont donné :

	Pression.
Pour 84 tours	0^m,053
Pour 95 tours	0 ,060

On a pu conclure, en comparant ces pressions à celles qui ont été obtenues en agissant par aspiration : que pour une vitesse donnée, les chiffres des pressions obtenues par insufflation, sont, ainsi que M. Guibal l'avance, inférieurs de 25 à 30 pour 100 aux chiffres des dépressions obtenues lorsque le ventilateur agit par aspiration.

Une série d'expériences a ensuite été faite sur les deux ventilateurs pour déterminer une question encore incertaine : le rapport qui doit exister entre le volume *engendré* par le ventilateur et le volume *débité*.

Les résultats ont été :

	Nombre de tours.	Rapport du volume engendré au volume débité.
Axe horizontal	32	2,70 : 1
	51	2,84 : 1
	60	2,74 : 1
	70	2,84 : 1
Axe vertical	31	2,40 : 1
	39	2,54 : 1
	58	2,80 : 1
	67	2,80 :

La constance des rapports entre le volume engendré et le volume débité démontre qu'il existe une loi que l'on peut formuler ainsi :

Un volume étant demandé, on déterminera la largeur des ailes, de telle sorte que le volume engendré à la vitesse normale, soit à peu près triple du volume débité que l'on veut obtenir.

De cette série d'expériences, en comparant les ventilateurs à axe horizontal aux ventilateurs à axe vertical, nous sommes arrivés à conclure que, pour les marches de vitesse, la première disposition était préférable ; le poids total de l'appareil qui est d'environ 12 000 kilogrammes pour le diamètre de 7 mètres, pèse sur une crapaudine qui, pour les vitesses qui dépassent 50 tours, devient une cause de réparations fréquentes.

Cependant la disposition verticale de l'axe a séduit beaucoup d'ingénieurs ; un ventilateur de cette nature, et dont la construction est analogue à celle du système Brunton, a été employé pour l'aérage du tunnel du mont Cenis, pendant son exécution.

L'étude de cet appareil a conduit M. Harzé, ingénieur à Liége, à proposer pour les mines une construction assez complexe, mais rationnelle dont les traits généraux sont représentés *planche* XLII, fig. 2 et 3.

Le ventilateur Harzé est horizontal, avec axe vertical ; il se compose de deux couronnes reliées entre elles par des ailes courbes, inclinées à 45 degrés. L'air est reçu à la sortie, dans un diffusoir, composé d'une couronne formée de deux parois horizontales entre lesquelles des ailes immobiles et recourbées, redressent l'échappement de l'air dans le sens des rayons. Ces ailes directrices favorisent l'extinction de la force vive de l'air, par l'épanouissement des veines fluides dans des sections croissantes.

Le diffusoir jette l'air dans une zone circulaire dont

toute la partie supérieure est découverte ; la machine étant pourvue d'une enveloppe pour ne pas se trouver dans l'air vicié.

L'emploi d'un diffusoir vient ici remplacer la cheminée à section croissante du ventilateur Guibal, avec cette particularité que chaque ailette du ventilateur rencontre toujours une cheminée qui recueille l'air propulsé, tandis que dans le ventilateur Guibal l'air mis en mouvement ne trouve issue que sur un quart de la circonférence.

Le système proposé par M. Harzé est d'ailleurs un retour vers les ventilateurs sans enveloppe. Lorsqu'on n'a besoin que d'une faible dépression, $0^m,02$ ou $0^m,03$ par exemple, cette disposition peut sans doute être considérée comme normale ; mais il nous paraît impossible d'obtenir ainsi les dépressions de $0^m,08$ à $0^m,10$ que l'on demande aujourd'hui pour les mines sujettes au grisou. L'air ne peut atteindre ces pressions élevées qu'à la condition d'être comprimé sous l'action de la force centrifuge, par le double moyen d'une enveloppe et d'un orifice de sortie de section réduite.

En résumé, tout ventilateur à force centrifuge est un volant d'air, dont la jante doit avoir une certaine densité. Cette densité ne peut être obtenue qu'à la condition d'y maintenir l'air, pendant quelque temps, par une enveloppe sur laquelle on doit faire les prises d'air de section d'autant moindre qu'on voudra conserver plus de pression.

POMPES PNEUMATIQUES ROTATIVES.

Après les ventilateurs à force centrifuge, les appareils d'aérage, que l'on peut désigner sous la dénomination de *pompes rotatives*, se présentent dans des conditions assez favorables. Le moteur qui doit les activer est lui-même à rotation, avec volant pour régulariser le mouvement, c'est-à-dire dans les conditions que l'art mécanique a rendu les plus sûres et les plus économiques.

C'est un avantage précieux pour les machines qui doivent marcher constamment, et cet avantage a fait le succès des pompes rotatives, comme il a fait celui des ventilateurs à force centrifuge.

Le ventilateur Fabry a été, pendant une période de dix ans, le plus fréquemment employé. Il se compose de deux roues d'engrenage à trois dents, tournant dans un coursier fermé latéralement par deux bajoyers.

M. Fabry, ingénieur à Charleroi, a donné à ses roues $1^m,70$ de rayon et 3 mètres de largeur. Chaque roue est ainsi composée de trois volets, engrenés de telle sorte, qu'il y en a toujours deux en contact qui ferment la communication avec le conduit d'air de la mine, tandis que deux autres joignant les parois et les bajoyers du coursier, ferment toute communication avec l'air extérieur.

Les surfaces de contact des roues sont garnies de cuir ou de feutre, et des bandes clouées sur les extrémités des volets tangentes au coursier et aux bajoyers établissent un joint suffisant pour éviter les rentrées d'air. On n'a d'espace nuisible que celui qui se trouve rabattu au centre par les volets en contact, ce qui a conduit, dans quelques appareils, à remplir par des cloisons les espaces angulaires des plans de contact (voir le *Matériel des houillères*).

Le ventilateur Fabry a une vitesse limitée à 25 tours ; on l'a poussé, il est vrai, à 30 dans les expériences, mais c'est une vitesse qu'il ne soutiendrait pas sans inconvénient.

Le modèle de 1^m, 70 de rayon et de 3 mètres de largeur a débité à 25 tours environ 10 mètres cubes par seconde, sous des pressions d'eau de 0^m, 04 à 0^m, 06.

On pourrait à la rigueur augmenter encore ces dimensions, afin d'augmenter le débit ; cependant on ne l'a pas fait, de telle sorte que cette limite de 10 mètres cubes par seconde, imposée par les dimensions adoptées, a fait renoncer à son emploi.

Le ventilateur Lemielle, représentée *planche* XLI, est une pompe rotative dont la construction s'est mieux prêtée aux grands débits exigés aujourd'hui dans la plupart des houillères.

Un tambour tourne autour d'un axe vertical, fixe et dont la partie moyenne est excentrée de manière à former une manivelle.

Ce tambour hexagonal, à surface pleine, porte trois volets à charnières, symétriquement disposés et dont les positions, ouvertes ou fermées, sont réglées pour chaque volet, au moyen de deux bielles fixées sur la partie excentrée de l'arbre-manivelle.

Le tambour étant mis en mouvement, la disposition des volets dans le coursier permet d'établir une fermeture constante entre les deux conduits d'arrivée et de sortie d'air et chaque passage de volet fournit un débit représenté par la capacité de la partie comprise entre le tambour et le coursier.

Ces ventilateurs ont été établis sur des dimensions variables.

Les premiers, montés dans des cuves de 4 à 5 mètres de diamètre et de $2^m,50$ à 3 mètres de hauteur, étaient pourvus de volets ayant la hauteur de la cuve et une largeur de $1^m,30$ à $1^m,40$. Les tambours hexagonaux, hermétiquement clos, étaient formés de douves en bois de chêne, tangents au sol de la cuve et au plafond fermé. Les bielles passaient dans des fentes avec joints à ressorts, garnis de cuir. On a obtenu dans ces conditions des débits de 8 à 12 mètres cubes avec dépressions de $0^m,05$ à $0^m,07$.

En dernier lieu, M. Lemielle a construit des ventilateurs avec cuves de 7 mètres de diamètre sur 5 de hauteur. Les volets ont 5 mètres sur $2^m,50$, soit 12 mètres carrés de surface.

Les joints du tambour avec le sol et le plafond de la cuve sont hydrauliques et l'on a pu obtenir des débits de 30 à 40 mètres cubes, sous des dépressions de $0^m,10$ d'eau.

Ce ventilateur ne peut guère faire en pratique que 15 à 16 tours par minute et pour en maintenir les organes assez complexes en bon état d'entretien, il a fallu tous les soins et les moyens ingénieux employés par l'inventeur.

Ces grandes dimensions ont nécessité des modifications notables dans les détails de construction, modifications qui se trouvent indiquées par le plan et la coupe, *planche* XLI, que nous devons à l'obligeance de M. Lemielle.

Un perfectionnement essentiel résulte de la disposition de deux joints hydrauliques qui établissent une fermeture complète entre les deux surfaces horizontales fixes et les deux surfaces tournantes. Ces joints empêchent les rentrées d'air et permettent d'obtenir les dépressions les plus considérables.

On remarquera également sur le dessin, le soin tout particulier avec lequel sont établies les fermetures en cuir, avec ressorts, laissant passer les six bielles qui maintiennent les volets.

Enfin, le cylindre à vapeur, fixé sur un massif spécial tangent à la cuve, permet d'atteler à l'axe moteur, des forces de 60 à 80 chevaux, de manière à obtenir le débit indiqué et des dépressions qui ont été poussées au delà de $0^m,10$ d'eau.

Dans ces conditions de construction, le ventilateur Lemielle répond à toutes les exigences de l'aérage des mines les plus étendues. Il a obtenu la préférence dans beaucoup d'occasions, notamment pour plusieurs fosses de la compagnie d'Anzin.

La société du Grand-Hornu ayant eu récemment, à déterminer un aérage de 20^{m3} par seconde, sous une dépression de $0^m,15$, a reçu deux propositions : l'une de M. Guibal offrant un ventilateur de 12 mètres de diamètre, faisant

90 tours par minute ; l'autre de M. Lemielle proposant un ventilateur de son système dans les conditions suivantes :

> Hauteur de la cuve .... 7 mètres.
> Diamètre de la cuve........................... 4^m,30
> Diamètre du tambour en tôle .... 2 ,63
> Rayon d'excentricité........................... 0 ,50
> Largeur des volets............................. 1 ,48

Ce ventilateur a été construit. Soumis à une série d'essais, il a obtenu les résultats suivants :

> Nombre de tours.............................. 22 par minute.
> Volume débité................................. 27 mètres cubes.
> Dépression .... 0^m,16
> Travail utile................................... 59 chevaux.
> Travail dépensé............................... 92 —
> Effet utile .... 0 ,64

On voit que M. Lemielle a augmenté dans une proportion notable la hauteur de l'appareil et diminué son diamètre, de manière à obtenir une plus grande solidité.

La vis hydraupneumatique appliquée par M. Guibal à un puits de l'Agrape près Mons, est encore une pompe rotative, qui n'a été appliquée qu'une seule fois, mais dont l'insuccès est résulté seulement de défauts de construction. Le tracé de cet appareil est figuré *planche* XLII.

Les résultats obtenus ont été tels, que cet appareil doit être maintenu comme un des plus logiques et des plus recommandables ; ces résultats ont été arrêtés par les déformations de la vis qui était en bois et qui aurait dû être construite en fer et tôle.

La vis hydraupneumatique de l'Agrape avait les dimensions suivantes :

> Diamètre à l'extérieur des spires................ 5 mètres.
> Diamètre du noyau............................ 1^m,80
> Longueur du pas.............................. 2 ,40

Elle faisait seize tours par minute. Le volume engendré par minute étant 11^{m3}, 300, le volume pratique jaugé fut de 11^{m3}, 200, la dépression étant 0, 039.

On comprend, en effet, que dans cet appareil il ne peut se produire de rentrée d'air ; l'eau entraînée par la vis et projetée contre les parois établit un joint hydraulique réel. Ses dimensions pourraient, d'ailleurs, être augmentées de manière à obtenir un débit plus considérable.

APPAREILS PNEUMATIQUES A PISTONS.

Les ventilateurs à pistons ne sont autre chose que des machines pneumatiques, construites sur les types des diverses machines soufflantes.

L'origine de ces appareils remonte au ventilateur du Hartz, décrit par Héron de Villefosse et composé d'un tonneau mobile, renversé dans un tonneau fixe en partie rempli d'eau. Un mouvement alternatif, imprimé au tonneau renversé, aspire une certaine quantité d'air en montant et l'expulse en descendant ; deux clapets, l'un posé sur le tonneau mobile et l'autre sur le tuyau qui conduit des chantiers à aérer au-dessus de l'eau du tonneau fixe, suffisent pour déterminer le courant d'aérage.

Le joint, dans cette construction, est hydraulique, et l'on a cherché à mettre ce joint à profit dans les appareils destinés aux grands aérages. Un ventilateur a été établi à Seraing, avec deux cloches de $3^m,60$ de diamètre et 2 mètres de course ; une machine placée entre les deux cuves en déterminait le mouvement alternatif.

De nombreuses tentatives ont ensuite été faites pour construire des ventilateurs à pistons ; mais les premiers essais n'ont pu créer un appareil pratique. Ils ont échoué contre les difficultés que présente la construction des clapets.

Pour mettre en mouvement des masses d'air aussi considérables que celles des grands aérages, il faut en effet leur ouvrir de larges issues. Or des clapets horizontaux, de très-grandes dimensions, ne peuvent se manœuvrer que sous des dépressions supérieures à celles qui sont nécessaires pour déterminer le courant d'air, surtout lorsque ces clapets sont horizontaux.

Dans les appareils Mahaux et Nixon, ceux qui ont été plus près du succès, les pistons marchent horizontalement et les surfaces verticales qui forment les fonds sont couvertes de clapets multiples.

La *planche* XLII, fig. 5 et 6, indique la division des clapets pour ces deux appareils, en même temps que la disposition générale des caisses à pistons et des conduits d'air.

Les clapets suspendus verticalement sont dans les conditions les plus favorables, sous le double rapport de l'équilibre et de l'entretien, et pourtant leur mouvement exige encore une force très-notable; on en a pour preuve non-seulement les indications du manomètre, mais les chocs assourdissants auxquels ils donnent lieu.

Peut-être pourrait-on trouver une solution de la difficulté des clapets en adoptant des tiroirs automatiques, mais on en rencontre encore une autre dans le mouvement alternatif à imprimer aux pistons. Il faut, en effet, à ces appareils une course proportionnée à leurs dimensions, et cette grande course ne peut guère être obtenue que par le mouvement direct du piston à vapeur.

A chaque coup de piston, il faut donc vaincre l'inertie des masses à mettre en mouvement et détacher les clapets de leur siége, ce qui nécessite l'emploi d'une détente très-développée dans les cylindres à vapeur à traction directe. Le mouvement saccadé qui en résulte est une condition peu favorable au bon entretien des machines.

M. Nixon a construit plusieurs appareils dont les pistons sont mis en mouvement par des manivelles de 3 mètres, de manière à obtenir une course de 6 mètres par des machines à rotation. Lorsque les courses deviennent trop courtes, les influences des clapets à mettre en mouvement et celle des espaces nuisibles sont alors d'autant plus désavantageuses.

En résumé, cette classe d'appareils doit être réservée pour les cas où l'on aurait besoin de pressions ou dépressions plus considérables que celles qui sont jusqu'à présent nécessaires pour l'aérage des mines.

TRACÉ DES COURANTS D'AÉRAGE.

Le courant d'aérage d'une mine étant déterminé comme volume et comme pression ou dépression, il ne reste plus à déterminer que le tracé de son parcours.

Si le tracé que doit suivre le courant d'air se trouve le plus court, il n'y a aucune précaution à prendre, ce sera celui qu'il suivra tout naturellement ; mais il n'en est pas ainsi. Dans la plupart des mines, le courant d'air, descendant par le *puits d'appel*, doit se diviser entre différents étages et en plusieurs districts à chaque étage. Il doit parcourir un chemin qui est en général le plus long. Il doit en effet remonter les voies de roulage, se bifurquer de manière à aller dans tous les chantiers, puis se réunir dans les *voies de retour* ou *troussages*, pour gagner le puits de sortie, d'où on le voit s'élever dans l'atmosphère chargé de poussières, d'humidité, de miasmes et de gaz plus ou moins délétères.

La densité de cet air sortant est ordinairement de 1,10 à 1,20, l'acide carbonique y étant toujours en quantité notable. Une odeur caractéristique, produit de tous les miasmes intérieurs et des fumées de la poudre, atteste son état vicié.

Le courant d'air une fois obtenu, il est facile de le conduire et de le diviser suivant l'exigence des méthodes. Il suffit de lui barrer par des *portes*, tout chemin qu'il ne doit pas prendre, et lorsqu'on veut le bifurquer, de barrer par des *portes à guichet* la voie par laquelle il tendrait à passer en entier. Ces opérations sont tellement simples et faciles, que les maîtres mineurs s'en acquittent très-exactement, sans le secours d'aucun anémomètre pour apprécier la vitesse des courants.

Est-il besoin d'apprécier ou de vérifier la vitesse des courants; c'est alors qu'intervient l'emploi des anémomètres. Il existe plusieurs types d'anémomètres pour ces opérations; le meilleur est, suivant nous, celui dit de *Biram*.

La vitesse de l'air doit, en général, être réglée de $0^m,60$ à 1 mètre par seconde.

Les portes destinées à barrer complétement les courants d'air doivent être l'objet d'une attention spéciale.

Une porte isolée laisse toujours passer un peu d'air lorsqu'elle est fermée; une différence de pression de quelques centimètres d'eau suffit pour déterminer des sifflements prononcés, et lorsqu'on l'ouvre pour les besoins du service, une masse d'air se précipite violemment pendant le temps de l'ouverture, de manière à troubler le régime et l'intensité des courants. Les portes doivent donc être *doubles* et placées de telle sorte, que lorsqu'on vient à en ouvrir une pour passer, l'autre reste toujours fermée.

Les portes établies pour diriger et distribuer les courants d'aérage peuvent être détruites par un coup de grisou. On s'est souvent préoccupé des dangers qui en résultent, les courants d'air ne pouvant plus être ramenés vers les chantiers qu'il importe de ventiler.

Lorsqu'on prévoit un danger de ce genre, on peut disposer des portes *flottantes,* c'est-à-dire suspendues au plafond et relevées par une corde dans une position telle, que l'explosion aurait pour effet de briser l'attache, de telle sorte qu'une porte, retombant verticalement, fermerait la galerie. Ces portes flottantes ont été souvent placées, et cependant nous ne connaissons pas un seul cas d'explosion de grisou où le résultat désiré ait été obtenu. Il en est de même des portes tournantes qui ont été quelquefois établies.

Malgré les doutes que l'on peut avoir sur les précautions de ce genre, il est cependant essentiel de les employer.

Maintenir les courants d'aérage dans des conditions telles qu'ils soient toujours *ascendants*, est un principe généralement recommandé et suivi.

Ce principe n'a peut-être pas l'importance qu'on lui suppose. Oui, dans une taille inclinée, son application est essentielle ; l'air doit entrer par la partie inférieure de la taille et être entraîné par la partie supérieure ; à cette condition, le grisou sera engagé par le chemin le plus court et le courant aura moins de peine à l'entraîner. Les inégalités de section des tailles, les anfractuosités nombreuses qui s'y trouvent, viennent ajouter des raisons décisives en faveur d'un aérage ascensionnel ; le courant d'air ne peut en effet atteindre aisément le fond de ces anfractuosités, la liquation naturelle des gaz facilitera leur sortie.

Mais là se borne l'utilité du principe ascensionnel. L'air vicié est en effet et de toute nécessité amené dans les voies de retour ou troussages, voies souvent longues et sinueuses, qui ne peuvent être ascendantes ; il faut que la ventilation fasse sortir le courant malgré les résistances qu'il éprouve.

La condition la plus désirable est que ces voies de retour soient à larges sections, que leurs parois ne soient pas recoupées d'excavations montantes et fermées ; en un mot, que le courant d'air n'y trouve pas trop de résistance ni d'anfractuosités en cul-de-sac dans lesquelles le grisou puisse se liquater et s'accumuler.

Si le courant doit traverser une voie descendante ; que cette voie soit à parois lisses et régulières, et cette infraction au principe du tracé ascensionnel ne présentera aucun inconvénient. Une voie ascendante avec des cloches au plafond et des anfractuosités latérales serait beaucoup plus vicieuse et dangereuse qu'une voie descendante à parois lisses et régulières.

L'éclairage est organisé pour les mines à grisou, dans des conditions qui se lient à l'aérage.

Les lampes doivent être de sûreté, et leur construction doit présenter toutes les garanties possibles. Ces garanties sont, il faut le dire, souvent illusoires. Nous voyons, par exemple, beaucoup d'ingénieurs s'appliquer à perfectionner les moyens de fermeture des lampes, dans la pensée que les mineurs étudient les moyens de les ouvrir. De toutes les fermetures, celle du système Dubrulle nous paraît la plus satisfaisante; mais, malgré la difficulté qui leur est opposée, les mineurs peuvent ouvrir leurs lampes et se servir d'allumettes qu'ils ont souvent dans leur poche, ce qui neutralise les précautions de fermeture.

Ce qui importe dans une lampe de sûreté, c'est qu'elle soit réellement de sûreté dans un mélange de grisou, c'est qu'un coup de vent ne puisse projeter la flamme au dehors. Sous ce rapport, l'expérience a démontré que la lampe Davy ne présentait pas de garanties suffisantes, et que les lampes à enveloppe de cristal, notamment celles des systèmes Boty et Mueseler, leur étaient préférables.

Les lampes de sûreté ont surtout le précieux avantage d'être l'avertisseur le plus simple et plus précis de la présence du grisou et de la proportion qui peut en exister dans l'atmosphère.

Lorsque, malgré toutes les précautions prises, un accident se produit, le premier effet sur l'aérage est une stagnation résultant de la rupture des conditions d'équilibre qui déterminaient le courant. La température élevée de l'intérieur des chantiers brûlés, l'expansion qui a projeté par le puits d'appel un courant souvent inverse de celui qui existait, enfin l'énorme quantité d'acide carbonique qui vient d'être produite, expliquent les phénomènes de stagnation ou de courants inverses qui se manifestent ordinairement à la suite d'une explosion.

Les conditions d'aérage naturel ou l'action des ventilateurs rétablissent bientôt le courant, mais le temps de l'interruption a suffi pour déterminer les accidents les plus graves. Les relations de tous ces accidents nous montrent les sauveteurs rentrant dans la mine en suivant le courant d'air rétabli, franchissant les éboulements déterminés par l'explosion et ramenant successivement les morts et les asphyxiés. Il importe donc de pouvoir refouler de l'air dans un puits, par un moyen supplémentaire et toujours prêt à agir. Ce moyen est infaillible, c'est d'avoir à proximité du puits un réservoir d'eau qui permet d'y faire tomber une pluie abondante; cette pluie entraîne une quantité notable d'air rafraîchi et dense qui détermine le courant de sauvetage. Un appareil mécanique ne pourrait être mis en mouvement qu'après un temps plus ou moins long, tandis que l'ouverture d'un robinet communiquant avec le réservoir d'eau, transforme le puits d'entrée d'air en une trompe d'aérage dont l'action est immédiate.

Peut-on admettre qu'avec les précautions indiquées pour l'aérage et l'éclairage, on puisse éviter tout accident par l'inflammation du grisou? Un grand nombre de faits répondent négativement à cette assertion.

Sans doute, il résulte de ces précautions une sécurité théorique, et les accidents de chantier seront évités. Lorsque le grisou est constaté sur tel point d'une mine, les lampes de sûreté ont accusé sa présence et les ouvriers ont dû se retirer; on s'occupe alors de *drainer* ce grisou par une ventilation énergique, et au bout de quelque temps le danger doit avoir disparu.

Mais admettons qu'une mine soit mise subitement en communication avec des soufflards ou magasins de grisou. La ventilation accroît rapidement le danger, car elle accélère la formation du mélange détonant, et en quelques minutes la plus grande partie d'une mine peut se trouver envahie par ce mélange. Qui peut répondre qu'en ce moment toute la population de cette mine va se trouver parfaitement dans les règles prescrites pour la sûreté, qu'aucune imprudence ne sera commise? Les explosions meurtrières qui se sont produites depuis dix ans prouvent qu'il n'en est pas ainsi, de telle sorte que la vive impulsion imprimée aux exploitations et l'agglomération des ouvriers qui en résulte dans les chantiers d'abatage sont devenues des circonstances aggravantes des accidents.

Dès qu'un accident de ce genre arrive, on en recherche les causes avec le soin le plus minutieux, et chaque fois ces causes échappent à l'analyse. La mine a été envahie par le grisou d'une manière subite, cela paraît incontestable, car en supposant des ouvriers négligents et insouciants, les maîtres mineurs et souvent les ingénieurs étaient là, qui, si l'envahissement avait été graduel, auraient donné le signal de la retraite dans les chantiers où ils se trouvaient.

En présence du désastre, il serait d'ailleurs bien peu utile de savoir que tel ouvrier avait ouvert sa lampe, que tel autre avait allumé sa pipe. L'intérêt réel de l'enquête doit toujours porter sur les circonstances de l'irruption du grisou. Provenait-il de soufflards rencontrés inopinément dans des terrains failleux? Provenait-il de vieux travaux avec lesquels on s'est trouvé mis en communication? Une baisse barométrique rapide, souvent citée comme ayant coïncidé avec l'irruption du grisou, a-t-elle pu réellement la déterminer ou l'aggraver?

Les années 1866, 1867 et 1868 ont été particulièrement funestes à l'industrie des mines.

La houillère des chênes, *Oaks-Colliery*, près Barnsley, dans le Yorkshire, était desservie par deux puits d'extraction placés à 50 mètres de distance et un puits d'aérage activé par un foyer, situé à environ 500 mètres plus loin. Le 12 décembre 1866, une explosion terrible se produisait alors que trois cent quarante ouvriers se trouvaient dans la mine. A peine était-on arrivé près des puits, qu'une seconde se faisait entendre. Trois cent trente-quatre ouvriers restèrent ensevelis dans ces travaux, le sauvetage n'ayant pu en retirer que quelques-uns.

Vingt-huit ingénieurs, porions et ouvriers étaient descendus le lendemain pour tenter de pénétrer dans les travaux, lorsque deux détonations se produisirent et ajoutèrent vingt-sept victimes à celles de la veille, dont trois ingénieurs et deux porions. Les explosions se succédèrent ensuite dans la houillère abandonnée, où le feu se propageait ; la dix-septième et dernière eut lieu le 18 décembre.

Quelques jours après, on apprenait qu'à la houillère de Talk-of-the-Hill, près Kidsgrowe, dans le North-Staffordshire, une nouvelle explosion venait de se produire. Deux cents ouvriers étaient descendus le matin dans la mine, quand vers midi, et sans aucun indice précurseur, on entendit une détonation violente, à la suite de laquelle une épaisse colonne de fumée sortit du puits. Le sauvetage fut effectué avec les plus grandes difficultés et cent trente-sept victimes furent ajoutées à celles de Barnsley. Cet accident resta, comme le précédent, sans aucune explication. L'enquête put seulement constater que dans cette mine où le grisou existait d'une manière permanente, on avait trouvé sur les ouvriers frappés vingt-sept clefs de lampes, une douzaine de pipes, et du tabac, et sur presque tous des allumettes chimiques. L'absence de discipline fut signalée d'une manière spéciale par les inspecteurs comme la cause la plus fréquente des accidents par le grisou.

La France devait payer son tribut à ces déplorables accidents. En octobre 1867, dans le bassin de la Loire, sur quarante ouvriers qui se trouvaient dans la mine de Villars, trente-neuf sont frappés par un coup de grisou, un seul parvient à s'échapper.

A Montceau-les-Mines, le 12 décembre, une explosion meurtrière frappe quatre-vingt-neuf ouvriers dans le puits Cinq-Sous ; l'ingénieur et le maître mineur en chef étaient dans la mine ; ils avaient visité un quart d'heure avant le quartier où l'on présume que le grisou fit irruption et prit feu, et n'en avaient trouvé aucune trace. On approchait dans ce quartier d'une faille et les ouvriers avaient ordre de quitter le chantier dès qu'ils verraient les lampes accuser la présence du grisou. L'invasion dut être bien rapide, car pas un seul ne se conforma à cet ordre, et pourtant l'étendue de l'explosion semblait attester que le mélange explosif avait atteint un volume considérable.

A la même époque, les houillères de l'Allemagne ont également fourni la preuve que les précautions de toute nature peuvent échouer contre les irruptions soudaines de grandes quantités de grisou.

Le 15 janvier 1868, la houillère de New-Iserlohn, près Dortmund (Ruhr), était le théâtre d'un sinistre aussi meurtrier. Deux cent dix ouvriers étaient présents à cinq heures du matin pour descendre dans la fosse ; il en restait encore une centaine au jour, attendant leur tour pour descendre, lorsqu'une violente détonation chassa du puits une colonne gazeuse chargée de poussière et de fumée. L'aérage put être presque immédiatement rétabli, et pourtant près de cent personnes restèrent victimes de cet accident.

A la suite d'un examen minutieux des travaux, on ne put trouver d'autre explication que celle qui est donnée par le rapport, dont les conclusion ont été :

Après inspection des travaux, les ingénieurs ont reconnu que le gaz a été allumé dans une des galeries supérieures du deuxième plan incliné de la couche n°5. Or, le 14, le grisou n'avait pas gêné les ouvriers dans cette partie de la mine, et le fort courant d'air n'a pu permettre au gaz qui s'en dégage habituellement de s'y amasser en aussi grande quantité.

Il faut donc admettre que, par suite de l'élévation brusque de la température atmosphérique et de la diminution de la pression barométrique, phénomènes qui ont eu lieu ici dans la nuit du 14 au 15 courant, l'appel, qui se faisait ordinairement de bas en haut dans le vieux puits d'aérage, s'est fait de haut en bas peu de temps avant la catastrophe ; c'est-à-dire que, par suite d'une dépression, le gaz détonant qui occupait les anciens travaux *au-dessus de l'étage d'aérage a dû descendre jusqu'aux niveaux inférieurs*, où l'un des ouvriers qui arrivaient pour commencer leur travail l'aura allumé par imprudence. (On se sert à New-Iserlohn de lampes de sûreté). L'explosion se serait ainsi communiquée de haut en bas.

Le 2 août suivant, une explosion survenue à Plauen ajoutait un fait sans précédent dans les annales des accidents attribués au grisou : toute la population d'une mine était soudainement frappée de mort.

Le 2 août, à cinq heures du matin, le poste entier, comprenant trois cent vingt-six mineurs, était descendu par les deux fosses en communication, portant les noms de *Segen-Gottes-Schacht* (banlieue de Kleinaundorff) et de *Segen-Hoffnung* (banlieue de Hanichen); déjà les ouvriers avaient gagné les galeries et chantiers où ils travaillaient, quand un peu avant cinq heures et quart une explosion violente se fit entendre et se manifesta au jour par une épaisse colonne de fumée sortant de la fosse *Segen-Gottes*.

Dans les premières heures qui suivirent l'explosion, il fut impossible de pénétrer dans les travaux, soit par les puits, soit par une galerie à ciel ouvert qui communique avec chacun d'eux. Ce n'est que vers huit heures que l'on put commencer à rétablir la circulation de l'air par le puits *Segen-Gottes*, et, un peu après neuf heures, on put s'avancer dans les galeries. De la première fosse on put retirer les cadavres du chef maître mineur et de deux maîtres mineurs, surpris sans doute au moment où ils s'entendaient sur la marche générale des travaux. En pénétrant plus avant, on put se rendre compte de la force de l'explosion par les débris des wagons servant au transport de la houille, et dont six ne formaient plus qu'un amas confus de ferrailles tordues et de déchets infimes. Une galerie transversale en maçonnerie massive et voûtée fut trouvée praticable, ses parois lisses ayant offert peu de prise au courant; mais les galeries boisées aboutissant à celle-ci étaient éboulées.

Après ces efforts infructueux, on ne put mettre en doute la perte de tout le personnel descendu dans la mine, résultat fatal que les travaux ultérieurs devaient confirmer. Quant aux causes qui avaient pu déterminer un accident aussi général, elles furent attribuées à un dégagement extraordinaire du grisou, résultant d'une baisse barométrique.

Des études minutieuses ont été faites dans le bassin de Mons, un des plus éprouvés par les accidents causés par le grisou, et ces études établissent que les plus graves doivent être attribués à des dégagements instantanés.

Au midi de Dour, à une profondeur de 468 mètres et dans un chassage qui suivait la couche dite *Six-Paumes*, à 45 mètres seulement du puits d'extraction, le gaz fait irruption avec une telle violence, que les ouvriers sont renversés au milieu d'un torrent de poussière qui envahit les excavations voisines. Cette poussière, chassée avec le grisou, sort par le puits d'extraction, qui était un puits d'entrée d'air, en renversant ainsi le courant d'aérage, et prend feu au jour.

Le feu s'est propagé de haut en bas jusque dans le chassage qui était resté encombré de houille pulvérulente. On a supposé que cette houille pulvérulente remplissait une poche avec le grisou comprimé; elle fut évaluée par M. Devaux à plus de 100 mètres cubes.

A la suite d'une enquête faite à Mons, à Charleroi et à Liége, M. Devaux recueillit une vingtaine d'exemples analogues; les ouvriers travaillant à l'avancement des voies ont subitement démasqué des fissures dans lesquelles étaient accumulés sous pression des gaz inflammables, ces gaz étant le plus souvent mélangés à des charbons pulvérulents.

A l'exception de quelques cas spéciaux, l'historique de tous les accidents, constatés dans les houillères du pays de Mons, présente jusque dans les détails, une identité frappante. Des exploitations dans lesquelles les conditions de l'aérage étaient normales, et souvent plus favorables qu'ailleurs, ont été presque subitement envahies par le grisou; l'air est devenu détonant dans de vastes espaces; une circonstance inconnue a suffi pour déterminer l'explosion.

Après une explosion récente, on a pu reconnaître qu'une portion de la couche exploitée, derrière laquelle le gaz devait se trouver accumulé sous pression, avait été dérangée et poussée en avant. Un dégagement lent et normal de grisou n'aurait pu produire qu'une explosion locale, mais l'envahissement avait été si rapide qu'une grande partie de la galerie avait été remplie par le mélange explosif.

Quelle conclusion tirer de ces accidents douloureux imposés aux exploitations houillères?

Multiplier les précautions que peuvent fournir les courants d'aérage; adopter les lampes Boty pour les voies de roulage, et Mueseler pour les tailles;

N'employer aux avancements dans les charbons failleux, qu'un personnel restreint et composé d'ouvriers expérimentés;

Redoubler de précautions lorsque le baromètre est en baisse notable; prohiber les allumettes en permettant seulement aux maîtres mineurs d'en avoir sur eux;

Enfin disposer près des puits d'entrée d'air, des réservoirs d'eau, avec la possibilité d'en projeter immédiatement en cas de besoin, de manière à rétablir le courant d'aérage.

A ces conclusions, il faut en ajouter une autre : avoir pour les voies d'aérage, et surtout les voies de retour, les plus grandes sections possibles.

Le principe des grandes sections a été posé par tous les ingénieurs qui se sont occupés de la construction des ventilateurs; il n'y a pas de bon aérage possible, si les voies ne sont pas de section suffisante.

Du reste, les mines à grisou sont aujourd'hui les mieux ventilées de toutes, précisément parce qu'elles sont menacées, et un ingénieur des plus autorisés, M. Harzé, a pu dire qu'il était à regretter que toutes les mines ne continssent pas un peu de grisou. On a compris, en effet, qu'il y avait un grand intérêt à maintenir dans toutes ces mines un courant d'aérage salubre; l'ouvrier s'y porte mieux, il échappe à l'anémie et à l'emphysème; son effet utile est plus grand. Mais les progrès réalisés ne consistent pas seulement dans le perfectionnement des ventilateurs, ceux qui résultent de l'agrandissement et de la régularisation des voies ont été les plus efficaces.

« On se ferait illusion, disent MM. Hamal et Schorn, si l'on croyait, au moyen d'un ventilateur suffisamment fort et d'une dépression suffisamment élevée, pouvoir augmenter d'une manière illimitée le volume d'air qui circule dans une mine, sans augmenter en même temps les sections des puits et des galeries. En effet, il existe pour chaque mine un maximum de dépression que l'on n'aurait pas avantage à dépasser, parce que l'excédant servirait presque uniquement à augmenter les filtrations d'air. »

Cette hypothèse de filtrations de l'air par les portes ou

par les remblais, ne semble même pas toujours suffisante pour expliquer un fait constaté par des expériences nombreuses : la déperdition rapide que subit le courant d'aérage. Ainsi, dans une même galerie, qui n'est croisée par aucune autre, le courant d'air est de 5 mètres cubes à l'entrée; à une distance de 600 mètres, il n'est plus que de 3 mètres cubes.

Ces déperditions sont toujours en raison des obstacles que rencontre le courant : rétrécissements, coudes, etc., et aussi en raison des exutoires apparents ou non, tels que portes, cavités, fissures, remblais plus ou moins pénétrables, conduits par lesquels il peut s'établir des pertes et des contre-courants.

Les précautions à prendre pour l'aérage ont été résumées en Belgique, par une instruction administrative dans les termes suivants :

ARTICLE 1er. Dans toute exploitation souterraine, l'assainissement de tous les points de travaux accessibles aux ouvriers sera assuré par un courant actif et régulier d'air pur.

La vitesse et l'abondance de ce courant, ainsi que la section des galeries, qui doivent être facilement accessibles dans toutes leurs parties, seront partout réglées en raison du nombre des ouvriers, de l'étendue des travaux et des émanations naturelles de la mine.

ART. 2. La ventilation sera déterminée et entretenue par des moyens efficaces et exempts de tout danger.

ART. 3. Tout courant d'air notablement vicié par le mélange de gaz délétères ou inflammables, sera soigneusement écarté d'un atelier quelconque et des voies fréquentées.

L'étendue des divers ateliers de travail sera limitée, au besoin, de manière à soustraire les ouvriers, placés sur le retour du courant, aux effets nuisibles d'une trop grande altération de l'air.

ART. 4. Les remblais établis tant pour soutenir les roches que pour séparer les voies de roulage des voies d'aérage correspondantes, seront partout rendus aussi serrés et entretenus aussi imperméables que possible.

ART. 5. Ces remblais seront avancés en tout temps, à une petite distance des fronts de travail des ouvriers (taille), de manière à empêcher, vers ces points, le ralentissement du courant d'air et la stagnation des gaz nuisibles.

ART. 6. Les travaux seront disposés de manière à se passer, autant que possible, de portes pour diriger ou pour partager le courant d'air.

Toute porte destinée à la répartition de l'aérage sera munie d'un guichet dont l'ouverture sera réglée en raison des besoins.

ART. 7. Dans les mines à grisou, l'exploitation aura lieu, autant que possible, par tranches prises successivement en descendant. Sauf les exceptions autorisées par l'administration, l'ensemble et toutes les parties des travaux seront disposés de manière à ne pas forcer à descendre un air plus ou moins chargé de gaz inflammables.

Art. 8. La sortie de l'air aura lieu par un puits spécial, affecté exclusivement à cet usage, et isolé des autres puits par un massif de roche suffisant.

L'appel y sera provoqué soit par des moyens mécaniques, soit par échauffement, à l'exclusion des *toque-feux* ou foyers alimentés par l'air sortant de la mine.

On prendra, à la surface, les précautions nécessaires pour éloigner de tout foyer, le grisou qui sort de la mine.

Art. 9. Les voies d'entrée et de retour de l'air seront séparées par des massifs assez épais pour qu'une explosion ne puisse les endommager.

Art. 10. Les royons et kernés ne pourront être tolérés qu'exceptionnellement, seulement pour des travaux préparatoires et de reconnaissance.

ACCIDENTS RÉSULTANT DES POUSSIÈRES DE HOUILLE.

Pendant longtemps on a subi les accidents résultant des explosions du grisou, sans en étudier les détails ; les ingénieurs étaient convaincus que les lampes de sûreté et l'aérage mécanique étaient les seules précautions à opposer à ce fléau. Aujourd'hui on a pu recueillir des documents plus complets et plus précis, et par suite ajouter d'autres précautions à celles que nous venons de résumer et qui sont partout mises en pratique.

Depuis quinze ans, l'étude des grands accidents attribués à l'explosion du grisou, a toujours conduit à considérer le plus grand nombre comme provenant d'une irruption rapide de ce gaz dans un chantier d'avancement. On était obligé d'admettre que le gaz avait envahi ce chantier presque subitement, puisque dans aucune autre partie de la mine on n'avait constaté la présence du grisou. L'activité des courants d'aérage, le grand nombre des ouvriers qui circulaient dans les galeries avec des lampes qui sont des indicateurs certains de la présence du gaz, les inspections des maîtres mineurs et des ingénieurs, ne permettaient pas de supposer une quantité notable de grisou, ailleurs que dans le chantier où l'explosion s'était produite.

Admettons l'envahissement subit ou simplement rapide dans une galerie d'avancement, dont la section serait d'environ 4 mètres carrés.

AÉRAGE

Les deux ouvriers qui travaillent dans ce chantier, ont des lampes Mueseler, qui ont la propriété de s'éteindre dans un mélange détonant, c'est-à-dire chargé de 1/16 de grisou. En supposant que ces ouvriers ne voient pas sur leurs lampes les premiers signes de la présence du gaz, il faut admettre que l'extinction du feu aurait été pour eux un signal obligé de retraite. Mais le gaz s'accumule vers le plafond et le mélange explosif n'a pu atteindre les lampes que lorsqu'il s'étendait déjà en arrière sur une distance notable; si, cependant, nous supposons 4 mètres cubes de grisou mélangés à 60 mètres cubes d'air, les lampes n'auront certainement pas pu échapper au mélange gazeux qui remplirait, dans ce cas, 15 à 16 mètres de la galerie.

Pour déterminer une explosion, il faut encore faire intervenir une hypothèse : il faut qu'un des ouvriers qui se trouvent dans ce fond de galerie, ou bien un rouleur qui arrive, commette un acte complet d'imprudence et qu'il mette le feu au mélange, soit en ouvrant sa lampe, soit avec une allumette pour fumer, soit en tirant un coup de mine; on n'a pu guère trouver d'autre hypothèse.

Dans ce cas, une explosion terrible se produira. Son intensité sera égale à celle d'un baril de poudre; ses effets seront rendus des plus meurtriers par suite de la section étroite des galeries et tous les ouvriers placés à sa portée seront renversés et brisés comme dans le cas de l'explosion d'une poudrière. Après les accidents immédiats de cette action violente, tout danger aura à peu près disparu, les 4 mètres cubes de grisou auront en effet produit par l'explosion environ 4 mètres cubes d'acide carbonique, soit à peu près son volume; plus, environ six litres d'eau qui se condense en grande partie.

Il est vrai que si la combustion du gaz n'a pas été complète il y aura moins d'acide carbonique et plus d'oxyde de carbone qui pourra aggraver les effets du mélange asphyxiant : 5 à 6 mètres cubes de gaz délétères seront substitués au grisou; de plus ces gaz dilatés par une haute température, occuperont dans la galerie où l'explosion s'est produite un espace considérable qui, cependant, ne pourra dépasser notablement le volume qu'occupait dans la galerie l'atmosphère explosive.

Les faits observés n'ont en réalité aucune concordance avec ces hypothèses.

Le plus souvent, l'explosion a été faible; les accidents déterminés par chocs, n'ont été constatés que sur quelques points. Au lieu d'être instantanés et locaux, comme ceux qui peuvent être attribués à une explosion telle que nous venons de la définir, ces accidents ont un caractère de propagation suivant une marche progressive. Les gaz asphyxiants au lieu d'être en faible quantité, concentrés et stagnants sur un point, ont envahi successivement toutes les galeries de la mine et c'est par centaines de mètres cubes qu'on peut en évaluer la masse. Beaucoup d'ouvriers ont été brûlés par des tourbillons de flammes qui ont parcouru certaines galeries, le plus grand nombre a été asphyxié par les gaz carboniques produits par ces flammes.

Quelle est la nature de ces flammes? on n'est peut-être pas encore complétement fixé sur ce point, mais les ingénieurs qui ont recueilli tous les témoignages relatifs aux grands accidents, sont d'accord pour admettre que ce n'étaient pas les flammes du grisou qui ont parcouru les galeries. Ce sont des flammes jaunes ou rouges; les ouvriers qu'elles ont surpris et qui ont pu échapper à leur action, affirment les avoir vues arrivant sous forme d'un tourbillon rouge; ce tourbillon a passé, imprégnant toutes les surfaces exposées à son action, de poussières de houille plus ou moins carbonisées que l'on retrouve collées en plaquettes, plus ou moins épaisses, sur les bois et sur les victimes de leur passage. A ce tourbillon a succédé une stagnation complète d'un air lourd et brûlant, surchargé d'une énorme quantité de gaz carboniques qui ont asphyxié la plupart des victimes.

Dans une occasion récente, deux mineurs, travaillant à l'approfondissement d'un bure en plein charbon, dans une des mines de Blanzy, avaient préparé un coup de mine qui ne prit pas feu ; pour utiliser le trou foré, une seconde cartouche avait été placée au-dessus de la première. Les deux ouvriers se retirèrent après avoir mis le feu à la mèche ; ils étaient à 12 mètres de distance du coup de mine : 6^m, 70 en verticale et 5^m, 30 horizontalement. Ils entendirent deux détonations très-rapprochées, et à la suite de la seconde une flamme bleu-jaunâtre arriva sur eux, en sens inverse du courant d'air, avec une vitesse assez grande pour éteindre plus loin, à 30 mètres, une lampe Davy. Ajoutons qu'avant cet accident, aucune trace de grisou n'avait jamais été observée dans ces charbons, et qu'il en fut de même après. L'ingénieur M. Petitjean a expliqué de la manière suivante ce coup de feu si semblable, dans ses apparences et ses effets, à un coup de grisou :

« La première cartouche avait chassé la bourre et mis en mouvement toutes les poussières déposées en assez grande quantité sur les cadres du boisage de la cheminée ainsi que sur les parois, parce qu'on y avait monté le charbon avec une panière en osier qui avait produit l'effet d'un tamis. La seconde cartouche, ne trouvant plus de bourre devant elle, a fourni sans doute un jet de flamme très-long, qui a déterminé l'inflammation des fines poussières déjà en suspension dans l'air et augmentées par l'intensité du mouvement. On se rend compte de cette explication, lorsque l'on jette dans un foyer ardent une poignée de fines poussières des charbons à gaz de la première couche de Sainte-Marie ou de Sainte-Eugénie; l'inflammation est subite et l'effet produit est analogue à celui de la poudre. »

Il est à remarquer qu'il existait, en effet, sur ce point, de grandes quantités de poussières sèches, et que l'on a trouvé sur les bois des croûtes de poussières carbonisées, comme après toutes les explosions du grisou.

Cette intervention des pulvérins de houille, qui semblent jouer ici le rôle de pulvérins de poudre, expliquerait des circonstances généralement attribuées au grisou et restées incompréhensibles; elle a été admise par les ingénieurs des mines MM. Jutier et Chosson, dont le rapport s'exprimait ainsi :

« En raison de leur composition chimique, les poussières de ce charbon s'enflamment avec une extrême facilité. L'accident survenu paraît démontrer que l'inflammation peut produire absolument les mêmes effets que les explosions de grisou, et que cette inflammation peut avoir lieu en l'absence de tout gaz, sous la seule influence d'un coup de mine mal bourré. Cette explosion, qui a causé la mort de l'un des deux ouvriers brûlés par la flamme, s'est heureusement arrêtée à une faible distance de son point de départ, parce que probablement il ne se trouvait pas, dans les galeries, assez de poussières pour propager la combustion. Celles qui ont pris feu devaient provenir exclusivement de la cheminée où était foncé le coup de mine, cheminée dans laquelle on avait monté le charbon au moyen d'une panière qui avait dû laisser filtrer une grande quantité de poussières. On peut donc supposer, sans trop s'écarter de la vérité, que si un accident semblable s'était produit dans une voie de roulage très-sèche et constamment parcourue par les hommes et les chevaux, il aurait pu avoir des conséquences bien plus désastreuses. On aurait naturellement été réduit à faire des hypothèses sur le point de départ de la détonation, que l'on aurait certainement attribuée à la présence du grisou, et cela avec d'autant plus de raison que cette première couche a déjà été aux puits Sainte-Marie et Sainte-Eugénie le théâtre de graves accidents. »

Ces conclusions sont d'ailleurs conformes aux propriétés

de la houille, qui n'est point un minéral en proportions définies. Les phénomènes de décomposition spontanée et d'échauffement des houilles très-chargées de matières volatiles, prouvent que la dissociation des éléments constituants est très-facile ; elle le sera encore plus lorsque la double condition d'état pulvérulent et d'inflammation par une cause quelconque vient aider cette dissociation.

Que l'on suppose une grande quantité de houille à l'état de pulvérins à peine discernables, tenus en suspension dans l'atmosphère ; que l'on suppose la température de cette atmosphère subitement élevée au rouge ou au blanc par un phénomène tel que l'inflammation d'une petite quantité de grisou : immédiatement l'atmosphère s'enflamme et la décomposition subite des pulvérins détermine une véritable explosion par les gaz qu'elle dégage.

Qu'une cause quelconque imprime un mouvement violent à l'air qui remplit un réseau de galeries sèches, dont le sol, les parois, les boisages surtout, sont chargés des pulvérins de houille les plus ténus et les plus facilement inflammables ; ces pulvérins sont immédiatement enlevés, entraînés et mélangés à l'air, qui par ce seul fait devient inflammable et explosif.

C'est pour cela qu'on est toujours amené à conclure qu'un coup de feu étendu et meurtrier a dû résulter de l'irruption soudaine d'une très-grande quantité de grisou ; tandis qu'en réalité une petite quantité a suffi pour mettre en mouvement et enflammer des tourbillons de pulvérins.

C'est par les mêmes motifs qu'après un coup de grisou, on voit sur le sol, une couche de pulvérins qui s'y sont déposés et dont les grains, dépouillés de leur gaz, ont évidemment éprouvé une calcination. Ces pulvérins se trouvent partout sur le sol des galeries, sur les bois et jusque sur les malheureux qui ont été brûlés par les gaz.

Ces premières études ont conduit à des précautions importantes. D'abord, débarrasser les voies de roulage des poussières de charbon qui les encombrent souvent ; en second lieu, projeter de l'eau sur les boisages, de manière à ne pas laisser les pulvérins s'y accumuler. Les galeries maintenues constamment humides et même boueuses, par le lavage des parois, ne présenteront plus les dangers que nous venons de signaler, et sous ce rapport les observations constatées à Montceau-les-Mines, ont ajouté un élément de plus pour atténuer les dangers que présente l'exploitation des houilles chargées de gaz.

Le rôle des pulvérins de houille dans les explosions avait été constaté depuis longtemps.

Deux rapports de M. du Souich, en date de 1855 et de 1861, sur un coup de grisou survenu dans les mines de Firminy et sur la grande explosion du Treuil, parlent des poussières comme ayant aggravé les effets de l'inflammation des gaz.

Après l'explosion de décembre 1867, dans les travaux du puits Cinq-Sous, l'influence des poussières ne manqua pas d'être discutée ; une correspondance s'engagea entre M. Verpillieux et M. de Reydellet, ingénieur en chef de la Compagnie de Blanzy. M. Verpillieux leur attribuait une importance capitale, et l'un des premiers, au moins en France, avait appelé l'attention sur ce sujet ; il avait dit notamment, à l'occasion d'une explosion à Rive de Gier : la poussière fine répandue dans les galeries d'exploitation ouvertes dans les charbons gras, est la *poudre inflammable et explosive;* le grisou n'a été que l'*amorce* qui a mis le feu à cette poudre.

Ces observations ont déterminé à Saint-Etienne des communications importantes. M. Baretta a cité deux explosions de poussières, sans présence de grisou :

Depuis 22 ans que dure l'exploitation de la grande couche du puits Montmartre n° 1, on n'a jamais observé, dit-il, la moindre trace de grisou. A l'intérieur, deux accidents ont eu lieu en 1869, dans deux chantiers différents, par suite de l'inflammation de poussière. Ces deux chantiers, dont la température n'excédait point 18°, étaient très-secs et tracés dans un charbon réduit à l'état de pulvérins (on était en 9° et en 10° tranche). Les garnissages étaient, comme dans beaucoup d'autres chantiers, faits en palplanches jointives à joints soigneusement garnis de foin.

Une épaisse fumée, provenant de la suspension dans l'air des particules les plus ténues des poussières, remplissait le chantier pendant le travail des piqueurs et longtemps après. Cette fumée, désagréable à l'odorat, produisait rapidement à la gorge une sécheresse pénible, au point que les piqueurs ne pouvaient guère travailler plus de dix minutes, et allaient ensuite respirer de l'air pur et se reposer au pied du chantier, dans le niveau du roulage. Les lampes, à feu nu, étaient à 1^m, ou 1^m,50 du front de taille.

A un moment donné, survint, du massif où travaillaient les piqueurs, une coulée de menu de faible importance, mais assez forte pour occasionner un remous dans l'air du chantier. Les poussières s'enflammèrent aux lampes, il se produisit une petite détonation, et l'embrasement des poussières eut lieu sur 7 ou 8 mètres de longueur; la flamme était rouge.

A l'extérieur, sur le plâtre du même puits, a eu lieu, en 1871, une inflammation des poussières charbonneuses, produite par le contact de celles-ci avec le foyer d'une grille placée à 4 mètres d'un crible sur lequel on venait de verser une benne. Un trieur a eu quelques légères brûlures aux mains et à la figure.

A ces faits, M. Baretta a ajouté la déposition d'un gouverneur qui précédemment était boiseur dans la même mine : « Toutes les fois que l'on m'envoyait boiser dans les tranches supérieures, dont le charbon est à l'état de poussières, je me faisais brûler, légèrement il est vrai. J'étais obligé de faire les pottes avec un couteau ou avec une *crosse*, car, dès que je me servais du fer boiseur, j'ébranlais le boisage au moindre choc, et je faisais tomber des poussières qui s'enflammaient aussitôt à ma lampe, sur un rayon variant de $0^m,50$ à 1^m, et qui m'ont brûlé bien des fois. La flamme était toujours rouge. »

Une autre explosion s'est produite en octobre 1874, à l'extérieur du puits Montmartre, sous les estacades de chargement. Au moment où on versait sur un crible une benne de charbon très-fin, la poussière, entraînée par un léger courant d'air, alla s'enflammer à une petite grille allumée, placée à $1^m,50$ du pied du crible; une explosion eut lieu, et la flamme, une flamme rouge, brûla aux mains un trieur de pierres placé à 1 mètre plus loin.

Mentionnons encore le dire de M. Pinel au sujet d'une explosion qui s'est produite aux mines de la Béraudière, dans l'exploitation de la couche dite 2me *brûlante*; cette couche est inclinée de 30° à 35°, et sa puissance est de 5 mètres. On avait exploité une série d'étages superposés, d'une hauteur verticale totale de 63 mètres. On prenait la dernière tranche du dernier étage, situé au-dessus de tous les précédents. Cette couche n'avait jamais dégagé de grisou. Un ouvrier fut brûlé par une explosion à la suite d'un coup de mine dans une remonte ; il avait chargé son coup de mine de 250 grammes de poudre, charge assez forte, mais fréquemment employée, puis s'était retiré dans le niveau du roulage de l'étage, à 12^m du front de son chantier, dont il était séparé par trois coudes à angle droit. Il a été brûlé grièvement; ce qu'on ne peut attribuer à la flamme de la poudre, ni au grisou, mais aux poussières seules. La flamme s'est même étendue plus loin que le point où se trouvait l'ouvrier.

M. Vital, ingénieur des mines à Rhodez, a fait un rapport remarquable sur l'explosion du 2 novembre 1874, dans la mine de Campagnac (Aveyron).

Il y a dans la mine de Campagnac, une région qui dégage du grisou, mais la région où s'est produit l'accident n'en dégage point. Le chantier avait le charbon massif au-dessous; au-dessus, des étages complétement remblayés, dont il n'était séparé que par une mince croûte de charbon qu'on enlève au rabatage. Le chantier était aéré par diffusion, mais cet aérage était bon. L'absence de grisou avait été constatée à deux reprises, un instant avant l'accident. Un coup de mine qui avait raté, a été rechargé et allumé par le chef du chantier, qui se servait d'une lampe ordinaire, bien que les lampes Mueseler fussent réglementaires; ce coup était à la base du front de taille, et peu incliné sur l'horizontale. L'explosion du coup de mine fut accompagnée d'une détonation très-forte et d'un dégagement de flammes rouges qui vinrent brûler, à 35 mètres de distance, et dans le courant d'air, les trois ouvriers du chantier qui sont morts quelques jours après.

M. Vital résume ainsi les causes de cet accident : « Certains poussiers de houille extrêmement ténus et très-riches en éléments gazeux (35 pour cent), prennent feu lorsqu'ils sont soulevés par l'explosion d'un coup de mine; la houille se décompose de proche en proche, et donne naissance à des mélanges détonants. Dans le cas particulier de Campagnac, un coup de mine chargé de plus de 250 gr. de poudre, tiré au sol d'un chantier sec et poussiéreux, fait canon, jette dans la galerie des gaz enflammés, soulève des tourbillons de poussières, qui s'enflamment, et une explosion se produit. Les flammes rasent le sol et ne s'élèvent que peu à peu vers le toit du chantier; arrivant au courant d'air, elles atteignent, en ce point, leur maximum d'intensité : c'est là que les ouvriers sont brûlés.

Les poussières de charbon, ajoute M. Vital, sont une cause de danger pour les chantiers secs, attaqués à la poudre; dans les travaux bien aérés, ils peuvent, à eux seuls, occasionner des désastres; dans les travaux à grisou, ils augmentent les chances d'explosion, et, en cas d'accident, ils aggravent les conséquences du coup de feu. Le nettoyage soigneux du front de taille et l'arrosage du sol de la galerie peuvent écarter ou diminuer le danger ; les charges trop fortes de poudre doivent être interdites, et les coups de mine être placés de manière à éviter le soulèvement des poussières. »

A ces témoignages ajoutons celui de M. Legrand, ingénieur en chef des mines d'Anzin, au sujet de diverses explosions de poussières qui se sont produites récemment dans les travaux du puits du Chauffour, pendant l'exploitation de Grande veine, couchant, niveau de 630 mètres, sous l'action de coups de mine, et sans la présence d'aucune trace de grisou.

« Il n'y avait pas de dégagement de grisou ni de grisou accumulé aux endroits où les coups de mine ont déterminé la flamme signalée : ce n'est donc pas au gaz qu'on doit attribuer cette inflammation.

« La Grande veine fournit une grande quantité de poussières de charbon qui, entraînées par le courant d'air, se déposent sur les voies et principalement vers les fronts de taille. Il y a lieu de supposer que ce sont ces poussières qui s'enflamment lors de l'explosion de la mine, et qui déterminent les flammes.

L'explosion qui s'est produite le 5 février 1876, au puits Jabin, à Saint-Etienne, et qui a coûté la vie à 200 personnes, paraît devoir être attribuée en grande partie à l'intervention des poussières. De 2 heures du matin à 2 heures de l'après-midi, le baromètre était tombé de $0^m,729$ à $0^m,716$, la mine était sujette au grisou et cette baisse de $0^m,013$ devait par conséquent en avoir facilité le dégagement.

La détonation survint à la fin du poste, à 3 heures, c'est-à-dire au moment où l'air des galeries était chargé de poussières. Elle ne paraît pas avoir été très-forte et cependant les flammes s'étendirent à plus de 800 mètres de distance du point où elle eut lieu. Dans les galeries parcourues par les flammes on trouva une grande quantité de poussières calcinées et demi-cokées, soit sur le sol, soit plaquées en croûtes, spongieuses sur les bois exposés au courant.

M. Mathet, ingénieur en chef à Blanzy, visita la mine après l'explosion, et fit analyser ces cokes spongieux qui ne contenaient plus que 17,50 parties volatiles, tandis que le charbon en contient 23,63. Les poussières avaient donc subi une distillation qui avaient éliminé plus de 6 pour cent des gaz les plus inflammables. 1000 kilogrammes de poussières ont pu fournir $61^k,30$ de ces gaz, soit 84 mètres cubes à la température ordinaire, et plus de 400 à la température des gaz en ignition.

Or il a certainement pu exister plus de 1000^k de poussières calcinées, car indépendamment des poussières restées dans la mine, le ventilateur qui n'a pas cessé de marcher avec un débit de 20 mètres cubes par seconde, a projeté dans l'air pendant dix minutes après l'explosion, des fumées complétement opaques, c'est-à-dire surchargées des poussières les plus légères qu'il entraînait. Il a donc pu se dégager par l'inflammation des poussières, des gaz explosifs en quantités suffisantes pour expliquer les désastres de cet accident.

Nous pourrions multiplier encore le nombre des faits et des observations relatives au rôle des poussières dans les explosions attribuées au grisou. En présence de ceux qui sont déjà constatés et des observations produites par les ingénieurs les plus compétents, il est essentiel de placer en première ligne parmi les précautions qui doivent être organisées dans les mines sujettes au grisou :

1° L'*arrosage* organisé des boisages et des anfractuosités des parois où se déposent les poussières les plus ténues et par conséquent les plus dangereuses. Ces arrosages faits avec une pompe à incendie montée dans une bâche roulante, doivent être assez fréquents pour que les parois soient maintenues toujours humides.

2° La suppression de l'emploi de la poudre pour le percement des traçages soit pour le dépilage dans les charbons à gaz, sujets au grisou. On substituera à l'emploi de la poudre celui des *aiguilles à coins*.

3° L'institution de chercheurs de grisou, ouvriers chargés uniquement de rechercher le grisou soit aux chantiers d'avancement, surtout lorsqu'ils se trouvent dans des terrains failleux, soit dans les galeries montantes, dans les cloches et les trémaillis. Ces ouvriers ont à leur disposition de petits ventilateurs à bras, à l'aide desquels on peut vider l'air chargé de grisou sur tel point et le rejeter dans le courant d'aérage. Leur présence est d'ailleurs pour les ouvriers mineurs, soit en taille soit même au rocher, un avertissement constant qui leur rappelle les précautions à prendre.

CHAPITRE VI

AIR COMPRIMÉ

MATÉRIEL MÉCANIQUE DES MINES.

L'art des mines doit son grand développement aux machines spéciales dont le travail s'adjoint au travail manuel des ouvriers. Ces machines ont permis de concentrer et d'étendre l'action des travaux souterrains, d'atteindre des profondeurs toujours croissantes, et d'obtenir d'un siége d'exploitation des extractions considérables de manière à réduire les frais généraux de la production. La plupart de ces machines spéciales consacrées aux services de l'extraction, de l'exhaure et de l'aérage, sont extérieures ; aujourd'hui, les machines souterraines et l'intervention encore toute nouvelle de l'air comprimé comme moteur, paraissent les moyens les plus actifs pour les progrès de l'avenir.

La perforation, l'abatage des roches, la traction des wagons sur voies horizontales ou ascendantes, la mise en mouvement d'appareils intérieurs pour les divers services, s'obtiennent par l'air comprimé.

Ce moteur convient spécialement à tous les travaux des mines qui peuvent être exécutés par des forces mécaniques. L'air comprimé en s'échappant des appareils moteurs, contribue, en effet, à l'aérage et à l'assainissement des chantiers ; tandis que l'emploi souterrain de la vapeur exige l'établissement d'une canalisation d'un entretien très-difficile et un puits spécial pour l'émission de la vapeur. Ajoutons que l'air comprimé peut être transmis dans toutes les parties d'une mine, par une canalisation de tuyaux dont l'entretien est presque nul et qui conserve parfaitement la pression; tandis que les conduites de vapeur sont onéreuses par les fuites, les refroidissements et pertes de pression.

L'application de l'air comprimé au percement du Mont-Cenis a permis d'apprécier les avantages de l'air comprimé comme moteur dans les travaux souterrains. Les appareils de M. Sommeiller sont aujourd'hui remplacés par d'autres, plus perfectionnés, mais c'est à lui qu'appartient le fait essentiel, démontré d'abord par des expériences et ensuite par la pratique : la possibilité de transporter par l'air comprimé les forces mécaniques développées à plus de 8 kilomètres de distance.

Le matériel employé dans les mines comprend deux parties très-distinctes :

1° Les *compresseurs*; appareils établis à la surface, destinés à produire l'air comprimé et à l'emmagasiner dans des réservoirs.

2° Les appareils *mécaniques* employés dans les travaux souterrains et mis en action par l'air comprimé.

COMPRESSEURS.

La construction des appareils compresseurs a subi des transformations diverses d'où se sont dégagés deux types différents : le compresseur *Sommeiller* et le compresseur *direct*. Nous ferons abstraction des autres appareils qui n'ont pu prendre rang dans la pratique, tels par exemple que les compresseurs hydrauliques à choc qui furent d'abord établis au Mont-Cenis.

Le premier compresseur rationnel établi par M. Sommeiller pour le percement du Mont-Cenis, consiste en un cylindre horizontal dont le piston se meut dans une masse d'eau. L'eau, poussée par les deux oscillations du piston en mouvement, monte et descend dans deux cylindres verticaux. Lorsqu'elle monte, l'air comprimé s'échappe par une soupape supérieure et se rend aux réservoirs ; lorsqu'elle descend, l'air extérieur est aspiré par des soupapes placées latéralement.

Des appareils types construits par les ateliers de Seraing ont été montés sur un grand nombre de points. Les *planches* XLIII et XLIV représentent un de ces appareils établi à Montceau-les-Mines.

Il se compose de deux compresseurs, de $0^m,45$ de diamètre et $1^m,20$ de course, recevant le mouvement direct de deux cylindres à vapeur de $0^m,50$ de diamètre, conjugués sur le même arbre portant le volant.

Les colonnes d'eau oscillantes aspirent l'air et le refoulent sous la pression réglée par les soupapes des réservoirs. A chaque oscillation, l'air comprimé est expulsé par la surface de l'eau qui monte un peu au-dessus de la soupape supérieure, de manière à déverser chaque fois avec l'air, un peu d'eau qui s'écoule dans les réservoirs. On évite ainsi les espaces nuisibles.

L'eau expulsée avec l'air et refoulée dans les réservoirs, est remplacée à chaque oscillation, par une quantité correspondante, introduite dans les petites bâches qui entourent les soupapes latérales d'aspiration. Les tuyaux qui versent cette eau dans les bâches, partent du fond des réservoirs d'air comprimé ; c'est par conséquent, la même eau expulsée par le refoulement qui est ramenée dans les compresseurs après une circulation qui en a déterminé le refroidissement. L'alimentation des compresseurs est ainsi obtenue sans appareil spécial.

Les premières compagnies minières qui firent usage de l'air comprimé, trouvèrent dans le système Sommeiller tel qu'il est défini par la planche XLIV, un appareil suffisant pour les premières applications. On pouvait obtenir ainsi près de 2 mètres cubes par minute, d'air comprimé à 3 ou 5 kilog. de pression, quantité qui pouvait alimenter la perforation mécanique de deux galeries.

Mais lorsqu'il s'est agi d'appliquer l'air comprimé à des haveuses et à des appareils de traction mécanique, les compresseurs Sommeiller ont été insuffisants. On ne peut, en effet, ni accélérer leur vitesse ni beaucoup augmenter leur diamètre. Dans le premier cas, l'eau mise en mouvement trop rapide est projetée avec l'air à travers les soupapes, de telle sorte que la vitesse des pistons compresseurs se trouve limitée à $0^m,50$ par seconde. Dans le second cas, l'augmentation de la section des compresseurs et des masses d'eau mises en mouvement, nécessiterait un ralentissement encore plus sensible de la vitesse des pistons.

Un assez grand nombre d'appareils compresseurs construits en Allemagne, notamment par les ateliers Humbolt, nous présentent une autre disposition du système Sommeiller. Ils sont représentés *planche* XLV, fig. 1 et 2.

Ce sont des pistons plongeurs à simple effet, agissant dans des masses d'eau d'une section beaucoup plus grande, de manière à diminuer l'amplitude des oscillations de l'eau. Ces pistons sont doubles et déterminent par conséquent, une action à double effet. Trois de ces doubles pistons, attelés à un arbre à trois manivelles calées à 120 degrés, constituent un appareil compresseur qui peut être mis en mouvement par une machine à vapeur quelconque, le volant se trouvant ramené aux conditions ordinaires.

La question d'une grande quantité d'air comprimé à fournir, fut posée presque simultanément pour le percement du Saint-Gothard et pour les mines de Blanzy. Elle amenait à chercher les dispositions de compresseurs dont les pistons pourraient marcher à des vitesses de 1 mètre à $1^m,50$ par seconde.

Cette question avait été déjà étudiée en Belgique. Aux charbonnages de Sars-Longchamp, M. Cornet a placé un cylindre compresseur dont le piston refoule directement l'air, et qui est plongé dans une bâche où l'on entretient la circulation d'un courant d'eau fraîche de manière à en refroidir tous les organes. Cet appareil représenté *planche* XLV, fig. 3, se composait d'un seul cylindre compresseur de $0^m,90$ de diamètre et de $1^m,50$ de course; on voit d'après ce plan, que toutes les dispositions ont été prises pour y réduire les espaces nuisibles, les clapets étant des volets de caoutchouc battant sur des grilles.

Malgré le courant d'eau disposé pour assurer un refroidissement extérieur aussi complet que possible, la vitesse de ce compresseur est limitée à moins d'un mètre, par l'échauffement de l'air et du piston.

Il est donc évident que pour imprimer une grande vitesse au piston compresseur, les moyens de refroidissement doivent non-seulement agir sur les organes extérieurs, mais atteindre l'air en compression dans l'intérieur même du cylindre. Ainsi le refroidissement est obtenu dans les appareils Sommeiller, parce que l'eau agit intérieurement et surtout parce que la vitesse ne dépasse pas $0^m,50$ par seconde; mais lorsque cette vitesse se trouve doublée ou triplée il faut évidemment *injecter* l'eau dans le cylindre, en quantité suffisante pour obtenir le refroidissement de l'air en compression.

Ce procédé se trouvait indiqué dès que l'on avait à comprimer de grandes quantités d'air chaud, par son application au refroidissement de la vapeur dans les condenseurs; aussi a-t-il été appliqué dès 1859 à l'époque de la construction du pont de Kehl. M. Maréchal, ingénieur chargé d'exécuter la fondation des piles au moyen de l'air comprimé, employa plusieurs compresseurs directs (qu'il désigne sous la dénomination de machines soufflantes), afin de soutenir dans les sas à air des pressions constantes de 3 kilog. Les inconvénients de la haute température de l'air, au point de vue de la conservation des pistons et des clapets, se manifestèrent immédiatement ; cette température ayant dépassé 40 degrés ; M. Maréchal établit des pompes d'injection qu'il mit en mouvement par un prolongement de la tige du tiroir. Un mémoire, publié en 1861, sur les détails et incidents de ce travail, indique l'injection de l'eau comme ayant résolu la question du refroidissement de l'air comprimé, moyen naturel que M. Maréchal assimile à l'injection dans les condenseurs et qu'il ne considère nullement comme une invention.

Tel fut aussi le procédé adopté par la compagnie des mines de Blanzy, ainsi que par M. Colladon qui a établi les compresseurs pour le percement du Saint-Gothard.

Le système Colladon établi au Saint-Gothard, se compose de trois cylindres, dont les pistons de $0^m,46$ de diamètre et de 0^m45 de course, ont pour vitesse normale 1^m35 par minute ; trois cylindres compresseurs, montés sur le même bâti et mis en mouvement par un arbre à trois manivelles, constituent un groupe. A chaque entrée du tunnel on a établi quatre de ces groupes, soit en totalité 12 cylindres compresseurs mis en mouvement par des turbines.

Chaque groupe fournit 4^{m^3}, 380 par minute à une pression maximum de 6 atmosphères, soit environ 15 mètres cubes d'air comprimé à chaque entrée du tunnel. On vient de monter un cinquième appareil qui portera le nombre des compresseurs à quinze et le produit à 19^{m^3} par minute.

Dans le compresseur Colladon, le refroidissement de l'air est déterminé : 1° par une circulation qui environne le cylindre et pénètre jusque dans l'intérieur du piston creux, au moyen d'une tige creuse, disposée de telle sorte que le mouvement alternatif détermine la circulation ; 2° par une injection d'eau projetée dans l'intérieur même des cylindres, à l'état de division pulvérulente.

Si l'on ajoute à cette disposition, que l'on a au Saint-

Gothard de l'eau toujours très-fraiche, on voit que le refroidissement de l'air est obtenu dans les meilleures conditions.

La compagnie des houillères de Blanzy organisait en même temps les applications de l'air comprimé sur l'échelle la plus large. Son programme était : Création d'un établissement central pouvant envoyer 30 mètres cubes d'air comprimé par minute, à cinq siéges d'exploitation, c'est-à-dire à des distances de 2 et 3 kilomètres ; en second lieu, d'un second établissement fournissant 12 mètres cubes.

Le principe adopté fut qu'il fallait employer des compresseurs puissants et en nombre réduit ; le type principal fournissant 12 mètres cubes, devant être répété trois fois. On ajoutait à ces trois appareils, les deux compresseurs Sommeiller dont on disposait déjà.

La première pensée fut de construire les nouveaux compresseurs sur le système Sommeiller. On chercha donc à déterminer les vitesses maximum qu'il pouvait comporter. A 16 tours par minute, la marche était déjà très-défectueuse, ainsi que l'atteste le diagramme, *planche* XLI, fig 8. On était d'ailleurs conduit à l'adoption de très-grands diamètres et par conséquent, à mettre en mouvement des masses d'eau qui auraient exigé des vitesses encore plus réduites.

Les études conduisirent au compresseur direct avec injection dans l'air en compression, et l'on adopta les dimensions suivantes :

Course, $1^m,60$; diamètre des pistons compresseurs, $0^m,552$. Diamètre des pistons à vapeur, $0^m,65$; détente variable.

Le volume engendré par la course du piston est de 383 litres ; le volume vide du compresseur, y compris le jeu du piston et les espaces nuisibles déterminés par les soupapes, étant de 401 litres.

Sous une pression de 3 atmosphères effectives, le volume se trouve réduit à 133 litres ; soit, pour les quatre cylindrées d'un tour de machine, 532 litres, dont on doit déduire environ 10 pour 100, soit 54 litres, pour les pertes de toute nature. Reste un volume expulsé de 478 litres.

Si l'on suppose une marche de 25 tours par minute, le volume débité serait de 11 950 litres.

La marche à 25 tours par minute, soit une vitesse de $1^m,232$ par seconde pour les pistons, pourrait être encore augmentée dans les moments où la pression baisse dans les réservoirs, c'est-à-dire lorsqu'il y a moins de 3 atmosphères de pression effective, mais dès que la pression dépasse 3 atmosphères on doit au contraire marcher plus lentement.

Cet appareil peut fournir 12 mètres cubes d'air par minute et monter au besoin la pression au delà de 3 atmosphères effectives. Cette pression, une fois dépassée dans les réservoirs, le débit diminue, conformément à la loi de Mariotte.

Dans ces conditions de construction, l'appareil représenté *planche* XLVI satisfait aux conditions précitées. Il est peut-être regrettable que la course ait été limitée par la considération, d'ailleurs importante, du prix considérable de l'appareil ; une course de 2 mètres aurait permis d'augmenter encore la vitesse des pistons et de réduire l'influence des espaces nuisibles.

La *planche* XLVII, fig. 1, représente le cylindre d'un compresseur direct avec les détails du piston, des soupapes, de la circulation d'eau dans l'enveloppe et l'injection dans l'axe du cylindre ; cette eau est projetée sous une pression énergique de manière à déterminer un jet divisé. Le jet placé dans l'axe, sur le couvercle du fond, est disposé de l'autre côté, auprès de la tige du piston, fig. 2. Cette coupe indique à chaque extrémité du cylindre les deux soupapes ouvertes, ou fermées en même temps, afin de permettre d'apprécier plus facilement les espaces nuisibles qu'on s'est appliqué à réduire autant que possible.

En dernier lieu, M. Colladon a employé des soupapes en bronze, de section circulaire, guidées et appliquées par des ressorts sur les fonds des cylindres compresseurs. Cette disposition paraît préférable aux soupapes à charnières sous le double rapport de l'entretien et de la réduction des espaces nuisibles.

En résumé, le choix d'un compresseur résulte principalement du but qu'on se propose. Le compresseur Sommeiller se présente tout d'abord, mais si l'on examine au point de vue industriel, une machine aussi limitée dans sa vitesse, on sera conduit à la considérer comme très-coûteuse. Un double compresseur, comme celui qui est représenté *planches* XLIII et XLIV, de $0^m,45$ de diamètre et de $1^m,20$ de course, mis en mouvement par deux cylindres à vapeur, conjugués et de $0^m,50$ de diamètre, coûtera, comme appareil mécanique, chaudières, réservoirs d'air, fondations et constructions, environ 150 000 francs; il produira à peine 3 mètres cubes d'air par minute, sous la pression de 2 1/2 à 3 kilogrammes, dépense excessive pour un si faible résultat.

Dès que l'on doit produire de grandes quantités, les systèmes directs à grande vitesse s'imposent.

Une machine à air comprimé doit d'ailleurs marcher à des vitesses très-variables. Placé loin des points nombreux où se dépense la force emmagasinée dans les réservoirs, le mécanicien qui la conduit a pour guide le manomètre à air. S'il voit la pression stable à 4^k, il marchera doucement de manière à soutenir cette pression; dès qu'il s'aperçoit d'un abaissement sensible, il accélère la marche et au besoin, lancera les machines à toute vitesse.

EFFET UTILE DE L'AIR COMPRIMÉ.

L'air comprimé est évidemment le moteur qui convient le mieux aux divers services des mines, mais une fois ce principe admis, il importe d'apprécier et de préciser les conditions de son emploi.

Les compresseurs sont, ainsi qu'on vient de le voir, des cylindres dont les pistons compriment l'air à la pression voulue, cette compression augmentant progressivement suivant la loi de Mariotte, depuis zéro, jusqu'au chiffre déterminé par la charge des soupapes; l'air comprimé emmagasiné dans les réservoirs, est ensuite envoyé dans la mine par une canalisation qui doit parcourir le puits et les galeries; conduit à grandes distances, il est employé par des machines spéciales. Ces conditions d'établissement entraînent des déperditions de force multiples et considérables. Les déperditions de force résultent :

1° De ce que la machine qui sert à la compression de l'air ne produit qu'un effet utile d'environ 80 pour 100, le complément étant absorbé par les frottements, résistances et pertes des organes mécaniques;

2° Des déperditions inévitables de tout compresseur, et notamment de celles qui résultent des espaces nuisibles dans les cylindres et boîtes à soupapes;

3° De l'échauffement de l'air par la compresssion qui, malgré les moyens de refroidissement, atteint, dans les cylindres compresseurs, une température telle que, pour obtenir un volume d'air déterminé à une pression fixe dans les réservoirs, il faut, en réalité, comprimer un volume supérieur;

4° Des frottements dans les tuyaux et dans les soupapes ou robinets de distribution, qui exigent un excès de pression nécessaire pour amener l'air comprimé des réservoirs sur les pistons moteurs des machines souterraines;

5° Du refroidissement de l'air comprimé par l'expansion dans les cylindres moteurs, refroidissement qui, pour les hautes pressions et dans le cas de détente, détermine la congélation de l'eau sur les parois et réduit le volume de l'air agissant sur les pistons;

6° Enfin des résistances des appareils mécaniques mis en marche par l'air comprimé, appareils qui sont en général, de petites dimensions, et par conséquent donnent lieu à des frottements notables.

A ces causes nous n'ajoutons pas les fuites qui peuvent exister dans la canalisation depuis les compresseurs jusqu'aux appareils mis en mouvement, parce que ces fuites peuvent être évitées par un montage précis et par un bon entretien.

En résumé, la force motrice employée pour comprimer l'air, sera égale à la force motrice que pourrait produire cet air avec une détente complète qui le ramènerait à la pression atmosphérique, conformément au tracé de la loi de Mariotte ; plus le travail supplémentaire résultant de la chaleur développée pendant la compression ; plus le travail absorbé par les résistances passives et les frottements de la machine et des appareils compresseurs ; plus le travail correspondant à la perte de pression nécessaire pour faire passer l'air comprimé dans les réservoirs, et de là, dans les conduites qui le mènent jusqu'aux machines souterraines.

Toutes ces causes complexes se réunissent pour réduire l'effet utile obtenu, à tel point qu'en prenant pour point de départ la vapeur produite au jour par les générateurs, on arrivera à un effet utile de 0, 30 à 0, 25.

Ce résultat est faible, mais si l'on tient compte des avantages et des simplifications qui résultent de l'emploi de l'air comprimé dans les mines, comparativement à celui de la vapeur, on n'hésitera pas à lui donner la préférence.

Les conditions dans lesquelles peut être établie la compression de l'air, compensent en partie, les déperditions d'effet utile que l'on doit subir. On peut établir à la surface, des machines à vapeur à détente très-développée et à condensation, c'est-à-dire qui consommeront moins de 2 kilogrammes de charbon par heure et par force de cheval. Or, on accepte aujourd'hui pour beaucoup d'usages des machines qui consomment 5 kilogrammes ; la perte d'effet utile n'est donc pas aussi grande qu'elle paraît. Ce qui arrêtera la généralisation de l'air comprimé, c'est plutôt le prix élevé des installations et la nécessité d'y consacrer un capital considérable, lorsqu'on veut en obtenir des applications assez nombreuses pour réagir sur les conditions du travail.

Les conditions d'emploi et de production de l'air comprimé se réunissent pour recommander la moindre pression possible, soit au plus 4 ou 5 atmosphères ; en second lieu, pour limiter la détente à moitié de la course dans les cylindres qui l'utilisent. On évite ainsi l'échauffement excessif des compresseurs et le refroidissement jusqu'à congélation d'eau dans les cylindres-outils.

M. Cornet, dans l'exposé de son installation à Sars-Longchamps, a évalué à 40 pour 100, la force effective qui peut être obtenue par une machine souterraine à air comprimé avec détente, établie en tête d'un plan incliné, dans les conditions spécifiées par la *planche* XLV. Si l'on supprime la détente, la proportion tombe à 32 pour 100.

En résumé : dans tous les compresseurs, il existe des espaces nuisibles à l'extrémité des courses, entre le piston et les fonds du cylindre, soit autour des soupapes; espaces nuisibles qui réduisent l'effet utile. Ces espaces sont très-réduits dans l'appareil Sommeiller par l'intervention de l'eau; mais la mise en mouvement de masses d'eau considérables et la nécessité de remonter l'eau qui traverse les soupapes de refoulement et est entraînée dans les réservoirs, représentent une condition onéreuse à peu près équivalente.

Dans les deux cas, le volume effectif des cylindrées n'est pas exactement égal au volume théorique, en ce sens que les clapets d'aspiration, par leur résistance, déterminent pour la cylindrée aspirée une tension un peu moindre que celle de l'air ambiant.

Pour les appareils les mieux construits, la perte résultant de ces diverses causes est évaluée de 5 à 7 pour 100, qu'il faut d'abord retrancher du volume théorique de l'air comprimé.

La perte la plus considérable résulte de l'échauffement de l'air par le fait de la compression. L'échauffement théorique peut se calculer, mais il est réduit par les moyens de refroidissement employés et précédemment indiqués pour les divers systèmes de compresseurs, de telle sorte qu'il n'y a lieu de tenir compte que du fait de la dilatation produite par l'échauffement réel.

Les pertes qui résultent des moteurs mus par l'air comprimé, se trouvent encore augmentées par le refroidissement que subit l'air comprimé en se détendant. Ce refroidissement est d'autant plus grand, que la pression est plus élevée et la détente plus développée. Que l'on prenne de l'air à 6 ou 7 atmosphères et qu'on le détende à trois ou quatre fois son volume primitif, l'humidité dont il est chargé est immédiatement congelée; la glace se forme dans les cylindres moteurs et obstrue leurs lumières au point de rendre la marche impossible. De telle sorte qu'il reste démontré que l'air comprimé ne doit pas être employé à plus de 4 ou 5 atmosphères ni à plus de demi-détente. M. Cornet a mis ce principe en évidence, par un tableau comparatif du travail total que représente 1 mètre cube d'air comprimé depuis 1 jusqu'à 7 atmosphères et du travail restitué, sans tenir compte des pertes de travail résultant des différences de température.

Pression en atmosphères.	Travail total.		Effet utile	
			à pression pleine.	à demi-détente.
1	7 750	kilogrammes.	0,66	1,00
2	13 778	—	0,50	0,81
3	19 370	—	0,40	0,66
4	24 804	—	0,33	0,55
5	30 131	—	0,28	0,48
6	35 428	—	0,25	0,42
7	40 693	—	0,22	0,37

D'où il résulte qu'il convient d'employer l'air à la moindre pression possible.

L'air se refroidit très-rapidement dans les tuyaux et dans

les réservoirs qui, par conséquent, n'emmagasinent que le volume indiqué par la loi de Mariotte.

La quantité perdue par l'échauffement de l'air, ou la différence entre le diagramme, suivant la loi de Mariotte et les diagrammes réels, sera :

```
Pour 1 kilogramme..................................  8 p. 100
  —  2      —      ..................................  15  —
  —  3      —      ..................................  20  —
  —  4      —      ..................................  23  —
  —  5      —      ..................................  26  —
```

Mais la machine qui mettra en mouvement les compresseurs ne rendra qu'un effet utile d'environ 80 pour 100, condition dont il faut encore tenir compte pour avoir la force réelle du moteur.

Les appareils Sommeiller établis à Montceau-les-Mines, *planche* XLIII et XLIV, ont été l'objet d'expériences variées et très-suivies par M. l'ingénieur Graillot ; les deux expériences citées ci-après, ont eu pour but d'apprécier l'effet utile des appareils dans des conditions de marche différentes.

PREMIÈRE EXPÉRIENCE. — GRANDE PRESSION ET PETITE VITESSE.

```
Pression effective de l'air comprimé................  4ᵏ,40
Nombre de tours par minute.........................      10
Eau injectée par cylindrée du compresseur..........  0ˡ,56
Diagramme pris sur le cylindre à vapeur............  4361ᵏᵐ,60
Diagramme pris sur le compresseur, travail total..  3620ᵏᵐ,88
Différence représentant les frottements de l'appareil.  740ᵏᵐ,72
Coefficient d'effet utile...........................  0,83
```

Le travail total A, B, C, D, indiqué par le diagramme du compresseur, fig. 2, se compose, en kilogrammètres, de la manière suivante :

```
Travail pour la compression........................  1571ᵏᵐ,46
Travail pour l'expulsion de l'air..................   422   ,60
Travail utilisable sans détente....................  1601   ,37
Travail d'expulsion de la tranche d'eau............    25   ,45
                         TRAVAIL TOTAL.....  3620ᵏᵐ,88

Surface comprise entre la courbe du diagramme et
  celle de la loi de Mariotte, ou perte due à l'échauf-
  fement de l'air..................................   393ᵏᵐ,76
```

Le rapport du travail utilisable de l'air comprimé envoyé dans les réservoirs au travail brut de la vapeur est par conséquent $\frac{1601,37}{4361,68} = 0,36$.

Si l'on prend pour terme de comparaison le travail utile de la vapeur, déduction faite des frottements de l'appareil, c'est-à-dire 0,83 du travail brut, on obtient $\frac{1601,37}{3620,88} = 0,44$.

Mais l'air comprimé doit être envoyé dans la mine par une canalisation complexe, de longueur et de sections variables; il doit ensuite être appliqué à des machines perforatrices, haveuses ou autres, qui sont des machines à grande vitesse. On considère l'effet utile définitif comme réduit à 0,60 du travail utilisable, $1601,37 \times 0,60 = 960,85$, c'est-à-dire que le travail définitivement obtenu serait $\frac{960,84}{4361,60} = 0,22$ du travail brut de la vapeur, ou 0,26 du travail utile du moteur.

SECONDE EXPÉRIENCE. — MARCHE A FAIBLE PRESSION ET PETITE VITESSE.

Pression effective de l'air comprimé....................	$2^k,50$
Nombre de tours par minute.........................	10
Les quantités d'eau injectées dans les mêmes conditions que précédemment.	
Diagramme pris sur le cylindre à vapeur, fig. 7.........	$3234^{km},80$
Diagramme pris sur le compresseur, travail total $a\,b\,c\,d$.	$2575^{km},44$
Différence représentant les frottements de l'appareil.....	659 ,36
Coefficient d'effet utile de la vapeur....................	0,83

Le travail total A, B, C, D, indiqué par le diagramme du compresseur fig. 3, se compose de la manière suivante :

Travail pour la compression............................	$963^{km},40$
Travail pour l'expulsion de l'air.......................	271 ,76
Travail utilisable sans détente.........................	1326 ,53
Expulsion de la tranche d'eau........................	13 ,75
TRAVAIL TOTAL............	$2575^{km},44$
Surface comprise entre la courbe du diagramme et celle de la loi de Mariotte, ou perte due à l'échauffement....	$210^{km},23$

Le rapport du travail utilisable de l'air comprimé envoyé

dans les réservoirs, au travail brut de la vapeur, est donc $\frac{1326,53}{3234,80} = 0,41$.

Si l'on prend pour terme de comparaison le travail utile de la vapeur, déduction faite des frottements de l'appareil, c'est-à-dire du travail brut, on obtient $\frac{1326,53}{2575,44} = 0,51$.

Appliquant de même le coefficient de 0,60 aux machines souterraines, l'effet utile définitif est : 0,24 du travail brut, et 0,32 du travail effectif de la vapeur.

Aux expériences qui précèdent, M. Graillot en a joint une troisième pendant laquelle, la pression étant portée à $4^k,45$, on a soutenu la plus grande vitesse que comporte l'appareil, c'est-à-dire de 13 à 15 tours.

Les résultats de ces expériences sont consignés dans le tableau *ci-après*, qui résume la série des divers essais suivis pendant 13520 coups de piston.

Ce tableau ne tient pas compte des avantages que l'on peut obtenir en appliquant la détente de l'air comprimé dans les cylindres moteurs, ce qui est possible lorsque ces cylindres ont une certaine importance. Ces avantages ont été définis par les expériences de M. Cornet pour une détente 1/2, limite que l'abaissement de la température ne permet pas de dépasser.

On voit, d'après ce qui vient d'être dit au sujet des applications de l'air comprimé, que les consommations pourront atteindre des chiffres considérables dans une mine qui l'emploiera à la fois à la perforation mécanique, au havage et à la traction mécanique.

Chaque affût de quatre perforateurs consomme, en moyenne, $1^{m3},56$ par minute; chaque affût de deux perforateurs, $0^{m3},78$. Chaque haveuse, quand elle est en marche, consomme 3 mètres cubes par minute. Les machines motrices de traction mécanique dépensent des quantités qui peuvent s'élever à 2 et 3 mètres cubes.

EXPÉRIENCES SUR LES COMPRESSEURS SOMMEILLER.
A MONTCEAU-LES-MINES.

	1ᵉʳ CAS. PRESSION, 4,40 VITESSE, 10 à 11 TOURS.	2ᵉ CAS. PRESSION, 2,50. VITESSE, 10 A 11 TOURS.	3ᵉ CAS. PRESSION, 4,45. VITESSE, 13 à 15 TOURS.
Diagramme de la vapeur................ Puissance.	4321ᵏᵐ,60	3234ᵏᵐ,80	4460ᵏᵐ,00
Diagramme de l'air comprimé............ Résistance.	3620 ,88	2575 ,44	4029 ,00
Travail correspondant à la période de compression...	1571 ,46	963 ,40	1655 ,64
Travail pour l'expulsion................	422 ,60	271 ,76	788 ,40
Travail emmagasiné dans les réservoirs.......	1601 ,37	1326 ,53	1560 ,11
Travail d'expulsion de l'eau.............	25 ,45	13 ,15	25 ,45
Travail perdu par l'échauffement de l'air.......	393 ,76	210 ,23	797 ,16
Quantité d'air refoulé par coup de piston......	44 ,53	66 ,25	54 ,00
Quantité d'air comprimé à la température ordinaire	35 ,23	54 ,40	35 ,30
Travail brut produit par la vapeur..........	46ᶜʰᵉ,50	34ᶜʰᵉ,50	47 ᶜʰᵉ,60
Travail effectif rendu par le moteur.........	36 ,75	27 ,50	43 ,00
Travail utilisable emmagasiné par les réservoirs...	17 ,10	14 ,15	16 ,67
Travail rendu dans la mine au coefficient de 0,60...	10 ,25	8 ,50	10 ,00
Rapport du travail utilisable au travail brut.....	0, 410	0 408	0,350
Rapport du travail utilisé au travail brut......	0, 220	0 245	0,209

CANALISATION DE L'AIR COMPRIMÉ.

Envoyer la force à de grandes distances, au moyen de l'air comprimé circulant dans une série de tuyaux, était une entreprise toute nouvelle lorsqu'on s'occupa du percement des Alpes. On procéda en conséquence à des expériences et à des calculs, en vue de déterminer le diamètre des tuyaux convenables et les pertes de force qui devaient en résulter.

Il est intéressant de se reporter à cette époque (1856), et de voir comment la question fut étudiée.

Une conduite de tuyaux en plomb de 301 mètres de longueur et de $0^m,06$ de diamètre intérieur, fut disposée en 76 spires de $1^m,10$ de diamètre environ, suivant la forme qu'on leur donne pour le transport. Cette conduite se terminait par 98 mètres de tubes en caoutchouc de même dimension, serpentant en 23 courbes douces avec 18 joints qui réduisaient le diamètre à $0^m,053$. Deux manomètres étaient placés vers les deux extrémités de l'ensemble.

Les expériences furent faites avec une série d'ajutages de diamètres différents, successivement appliqués à l'extrémité du tube en caoutchouc. La différence des indications manométriques constatées : depuis l'entrée, jusqu'au réservoir d'air comprimé, donnait les pertes de pression. Le trajet total d'un manomètre à l'autre était de 389 mètres.

Outre les observations manométriques, on notait la vitesse de sortie et le volume de l'air comprimé sorti des réservoirs, ainsi que les volumes qu'ils contenaient au commencement et à la fin de chaque expérience.

Des données ainsi obtenues, il était facile de déduire la vitesse du passage de l'air dans le tuyau, et de comparer cette vitesse avec les pertes de pression.

Admettant qu'à égalité de vitesse initiale, la perte de pression soit en *raison directe* de la longueur du tuyau et en *raison inverse* de son diamètre, on a pu déduire un tableau indiquant les pertes de pression pour des tubes de 1,000 mètres de longueur, et de 10, 15, 20, 25 et 30 centimètres de diamètre, en supposant successivement que la vitesse de l'air affluent soit de 1, 2, 3, 4, 5 et 6 mètres par seconde à l'origine de la conduite.

Les diamètres employés dans les mines, pour les conduites principales, sont ceux de $0^m,10$, $0^m,15$ et $0^m,20$; ces diamètres ont donné lieu à des pertes de pression résumées ci-après en millimètres de mercure.

DIAMÈTRE DES CONDUITES.	VITESSES A L'ORIGINE PAR SECONDE.					
	1 mètre	2 mètres	3 mètres	4 mètres	5 mètres	6 mètres
	PERTES DE PRESSION.					
0,10	0,006	0,026	0,062	0,108	0,167	0,233
0,15	0,004	0,018	0,042	0,072	0,112	0,156
0,20	0,003	0,013	0 031	0,054	0,084	0,117

D'après ce tableau, dont les chiffres ont été, depuis, confirmés par la pratique, on peut employer des conduites d'un diamètre assez réduit. Les conduites principales à la surface, pour des distances de 2 à 3 kilomètres, ont été établies avec des tuyaux en fonte de $0^m,20$, les bifurcations ayant $0^m,14$; les descentes verticales dans les puits sont réduites à $0^m,12$; ces tuyaux sont en fonte. Dans les travaux souterrains, les tuyaux en fer sont préférés ; les diamètres sont : $0^m,10$ pour les conduites principales ; $0^m,08$ pour les premières bifurcations, et $0^m,056$ pour les secondes.

En résumé la canalisation qui paraissait au premier abord une grande difficulté, ne détermine pas une perte de plus de 5 à 6 pour cent. Elle est d'un entretien facile, les tuyaux n'étant soumis à aucune variation de température, les joints une fois bien faits avec rondelles en cuir, se maintiennent presque indéfiniment.

PERFORATION MÉCANIQUE.

On doit placer en première ligne, comme application de l'air comprimé aux travaux souterrains, la perforation mécanique des galeries.

Le service rendu à l'industrie des mines par ce mode de perforation, ne consiste pas dans une réduction du prix de revient; ce prix est toujours plus élevé. Mais la rapidité de l'avancement et la simplification du personnel sont, dans beaucoup de cas, des services bien supérieurs à ceux que pourrait rendre une réduction du prix de revient.

L'avancement d'une galerie *en terrain* dur, par l'air comprimé, peut être évalué de deux à quatre fois ce qu'il est par le travail à la main. Ces chiffres résultent de comparaisons nombreuses des galeries en percement dans des grès houillers quartzeux et massifs (grattes, querelles, etc.); dans des grès stratifiés en bancs multiples; dans des alternances de grès et de schistes houillers; dans des schistes durs (rocs). L'avantage obtenu par l'air comprimé est d'autant plus marqué que le terrain est plus dur et plus tenace.

Quant à la simplification du personnel, elle résulte de ce que dans une galerie en percement urgent et conduite à trois postes, il faut au moins six ouvriers mineurs et trois manœuvres; tandis que pour la perforation mécanique, ces trois postes exigeront seulement trois mineurs et six manœuvres. On libère ainsi par galerie la moitié des mineurs habiles qui peuvent être reportés sur les autres travaux et remplacés pour la perforation mécanique par de simples manœuvres.

Le matériel d'un atelier de perforation mécanique comprend un affût pouvant porter, suivant les besoins, deux, trois ou quatre perforateurs; ces perforateurs sont raccordés à la conduite d'air comprimé par autant de tuyaux en caoutchouc.

Le perforateur *Dubois-François*, dont l'emploi est très-répandu en France et en Belgique, est un perfectionnement du système Sommeiller. Il est représenté *planche* XLVIII.

Ce perforateur se distingue du système Sommeiller par deux particularités : la distribution sur le piston percuteur et le mouvement de rotation imprimé à l'outil.

Le piston percuteur, mis en communication en dessus et en dessous avec l'air comprimé, est lancé en avant, en vertu de la surface du piston dont le diamètre est 0,070. Il est ramené en arrière dès qu'il y a échappement de l'air comprimé qui a rempli la capacité arrière du cylindre, en vertu de la pression qui s'exerce sur la zone à l'avant du piston. Pour déterminer ce double mouvement, un tiroir supérieur se meut dans l'air comprimé, à l'aide d'un piston placé à l'avant, et d'une soupape fermée par un ressort. Ce ressort est serré, et la soupape d'échappement est ouverte, chaque fois que le levier coudé qui la gouverne est rencontré par un bourrelet situé sur la tige du percuteur.

Grâce à ces mouvements sûrs et instantanés, la distribution est rapide, et l'appareil en marche normale, peut donner plus de deux cents coups par minute.

Quant au mouvement de rotation, il est déterminé par deux petits pistons latéraux A, A, alternativement soulevés par l'air comprimé, et imprimant à la tringle AR une rotation régularisée par un rochet.

Les perforateurs sont placés sur un affût disposé de manière à leur donner toutes les positions convenables. Pour les dimensions habituelles des galeries de mine, un affût en peut porter deux, trois ou quatre.

Un affût portant trois machines perforatrices Dubois-François, est représenté *planche* XLIX.

Chaque perforateur est attaché aux arbres verticaux

filetés de l'arrière, au moyen de colliers qui reçoivent un boulon transversal; la hauteur de ces colliers étant réglée par les écrous inférieurs. L'autre extrémité du perforateur est reçue sur des supports dont la position se règle par les arbres verticaux filetés de l'avant, de telle sorte que l'on peut régler la hauteur et l'inclinaison des machines perfectoratrices dans le plan vertical; quant à leur direction dans le plan horizontal, elle s'obtient facilement au moyen de la rotation des colliers de l'arrière. On voit sur les *planches* XLIX et L que les supports permettent de manœuvrer dans leurs rainures deux fourches mobiles, dont les crochets inférieurs portent les traverses sur lesquelles on appuie l'extrémité des machines perforatrices, de manière à percer des trous jusque vers la partie inférieure de la galerie. Les mêmes fourches sont disposées de manière à recevoir les perforatrices dans leurs positions les plus élevées, et l'on peut ainsi, dans une certaine limite, donner aux trous de mine les positions et les inclinaisons favorables au travail.

L'affût porte une boîte à raccords, pour l'adduction de l'air comprimé; sur cette boîte viennent s'ajuster les tuyaux en caoutchouc alimentés par la conduite. Il porte également une tubulure pour l'introduction de l'eau dans les trous en perforation, cette introduction étant produite au moyen d'une caisse en tôle remplie d'eau sur laquelle on met la pression de l'air comprimé, de telle sorte qu'on obtient une injection énergique qui ramène à l'extérieur les sables et les boues résultant de l'action du fleuret.

L'examen de la *planche* L, qui représente l'affût et les trois machines perforatrices en activité, complète la description de ces appareils mieux qu'on ne pourrait le faire par des explications.

La forme des fleurets et de leurs taillants, étudiée et définie par une longue pratique, est indiquée *planche* XLIII, fig. 5 et 6. Pour les grands diamètres, les tranchants croisés du fleuret en *bonnet de prêtre,* donnent de bons résultats dans les roches qui s'égrènent, telles que les grès, les gneiss ou les granites. Pour les diamètres usuels de $0^m,35$ ou $0^m,40$, le fleuret bizelé avec épaulements latéraux est d'un usage plus avantageux.

Le corps du fleuret est à section octogone, afin de diminuer la tendance de certaines roches broyées à l'empâtement et de faciliter le nettoyage du trou.

Dans les rochers très-durs, on creuse vers l'axe de la galerie des trous de *dégagement* de $0^m,07$ à $0^m,10$ de diamètre qui servent en quelque sorte de havage et déterminent des lignes de moindre résistance. Ces trous, qui ne sont pas chargés, sont entourés d'un certain nombre de trous de $0^m,04$ de diamètre, chargés de dynamite ou de poudre comprimée; l'explosion des trous voisins produit un trou central autour duquel des trous forés vers le périmètre achèvent l'excavation.

Les trous ont habituellement 1 mètre de profondeur en roche dure et tenace; $1^m,50$ et 2^m en roche traitable. En général, une journée de travail suffit pour effectuer une passe d'excavation, pour le déblai des roches abattues et l'affranchissement des parois.

Aujourd'hui les résultats obtenus pour le percement des galeries sont tels, que le procédé par l'air comprimé doit être considéré comme partie intégrante de l'outillage des mines. Les ouvriers habitués à ce travail prennent les percements à forfait.

Le perforateur Dubois-François s'est maintenu dans le matériel pour le percement des grandes galeries; au Saint-Gothard, il est appliqué avec un succès remarquable pour la galerie d'avancement; mais au point de vue des travaux courants des mines pour lesquels on n'est pas disposé à sacrifier l'économie à la vitesse, il présente des inconvénients qui ont nécessité des recherches nouvelles.

Il est pesant et difficile à manier, de même que les affûts; il ne peut percer que des trous horizontaux ou peu inclinés d'où résultent de grandes consommations de poudre ou de dynamite; enfin l'entretien en est coûteux par suite du trop grand nombre de pièces qui le composent.

On s'est donc appliqué à chercher des perforateurs plus légers, de construction plus simple, pouvant percer des trous sous toutes les inclinaisons et même verticaux.

Il en existe aujourd'hui plus de vingt, parmi lesquels nous ne citerons que ceux qui nous paraissent avoir le mieux réalisé le programme ci-dessus.

Le perforateur *Darlington-Blanzy* nous paraît avoir atteint le but : 1° par la simplicité du mouvement de distribution qui s'obtient sans aucune pièce mobile, au moyen de trous percés dans l'épaisseur du cylindre devant lesquels se présentent les diverses parties du piston; 2° par la sûreté du mouvement de rotation malgré l'empâtement du trou, ce mouvement étant déterminé d'une manière sûre par l'action d'une bielle intérieure.

Ces divers moyens mécaniques sont exprimés par les coupes représentées *planche* LI.

Le perforateur ainsi construit marche à la pression de $2^{at}5$ à 3^{at} et consomme $0^l\,538$ par coup de piston.

	litre
Pour la marche en avant..............................	0,318
Pour le retour en arrière.............................	0,220
TOTAL.............	0,538

Il peut battre 500 coups par minute avec une course de 105 millimètres.

On voit d'après le plan, qu'il se compose d'un cylindre en fonte à sa partie supérieure, muni d'un conduit d'arrivée d'air sur toute sa longueur. Cette chambre est mise en communication avec l'intérieur du cylindre par des trous pratiqués dans la paroi qui sépare la chambre d'air du cylindre. Sous ce même cylindre, d'autres trous existent aussi pour laisser échapper l'air qui a servi.

Le piston est en fer forgé. Il porte sur 0^m40 de sa longueur une enveloppe en fonte, évidée à l'intérieur jusqu'à la portée ou embase avec laquelle se fait son assemblage sur la tige du piston. Cette enveloppe est solidement clavetée avec le piston de telle sorte que la solidarité entre les deux pièces soit parfaite. De plus, elle porte six petits cercles en acier répartis symétriquement par rapport à l'axe transversal. Ces cercles sont disposés de telle manière que l'air peut être admis sur l'une ou l'autre face du piston, ou s'échapper dans l'atmosphère, suivant la position qu'occupe le piston dans le cylindre.

Des trous sont pratiqués les uns près des autres sur la paroi de la chambre d'air et sur celle de l'enveloppe du piston, de telle façon que pour un très-petit déplacement du piston en avant ou en arrière, le mouvement commence.

Le mouvement d'avancement du perforateur qui doit suivre la pénétration du fleuret dans le rocher, est obtenu au moyen d'une vis placée au-dessous du cylindre. Cette vis qui dépasse un peu l'arrière, est mue par une manivelle ; son écrou fixé au bâti en tôle, oblige l'ensemble à marcher dans un sens ou dans l'autre. On peut obtenir ainsi en tournant la manivelle, un avancement de 0^m60 sans changer le fleuret.

Quant à la rotation du piston et par conséquent du fleuret, elle est obtenue d'une manière sûre, au moyen d'un carré claveté sur la tige du piston, à l'arrière. Ce carré solidaire du piston, porte un rochet en acier, sur lequel agit un cliquet poussé contre le rochet par deux petits ressorts. Ce cliquet est enfermé dans une boîte, armée d'une boule qui est saisie par la tête d'une petite bielle dont l'autre extrémité oscille autour d'un point fixe placé sur le côté du cylindre ; le fond mobile du cylindre facilite au besoin la visite de ce mouvement de rotation.

La longueur de la bielle et la position du point fixe sont déterminées de sorte que, dans la position arrière, la bielle soit normale à la tige du piston et que la tête dépasse de 9 millimètres l'axe de la tige. Lorsque le piston marche en avant pour frapper le roc, la boule restant à la même distance du point fixe puisqu'elle est reliée à ce point fixe par la bielle, se rapprochera d'abord de l'axe et le dépassera, plus ou moins, suivant que le fleuret fera plus ou moins de course avant d'atteindre le rocher. La boîte du cliquet a évidemment participé au mouvement de la bielle à partir de sa position primitive ; mais le cliquet empêchant la boîte de tourner sur le rochet, fait tourner tout l'ensemble, piston et fleuret.

Ce perforateur se distingue de tous les autres par la simplicité de son mécanisme et la solidité de tous ses organes, sans pour cela avoir un poids bien considérable.

La longueur totale est de 0^{m}70 ; sa plus grande dimension en hauteur, sans son support, duquel il est indépendant, à volonté, est de 0,25.

Il se compose de vingt-sept pièces en fer, fonte et acier, et d'une vingt-huitième en cuir embouti qui forme le joint à l'avant. Les seules pièces importantes sont le cylindre, le piston et la tige.

Le poids total est de 87^k dont 75^k pour l'appareil sans son support et 12^k pour le support.

Les outils employés sont de dimensions ordinaires. Ils ne diffèrent des burins en acier en usage pour le travail à la main que par leur longueur.

Ce sont des barres d'acier, de 25$^{m/m}$ de diamètre, à section hexagonale, dont une extrémité vient s'adapter à la douille ménagée à l'extrémité d'avancement du piston ; l'autre extrémité constitue le taillant.

Les poids de ces fleurets sont :

Pour une longueur de	0^m,600	2^k,300
— —	1^m,000	3 ,850
— —	1 ,400	5 ,400
— —	1 ,800	7 ,000
— —	2 ,000	8 ,075

Ces petits perforateurs sont, selon la rapidité avec laquelle on veut pousser le travail en galerie ou en fonçage de puits, au nombre d'un, de deux ou de trois, et même quatre sur un même affût.

La *planche* LI représente la disposition des affûts. Dans ces conditions, le perforateur est un outil maniable, auquel le mineur peut donner toutes les inclinaisons dans le plan horizontal et dans le plan vertical, de manière à percer uniquement les trous dans les positions qu'il choisirait s'il les perçait à la main. Il en résulte une économie de poudre et de dynamite comparativement aux perforateurs qui opèrent par coups droits.

Cette économie est considérable; elle varie de 0,30 à 0,50 pour cent, mais la vitesse du percement n'est plus la même, les outils deviennent, en effet, dans les mains des mineurs, un moyen d'action mécanique qui se combine avec une proportion de travail à la main, de telle sorte que le point de vue de l'économie prime celui de la rapidité.

Ces perforateurs peuvent agir verticalement; ils sont appliqués pour le percement des galeries, des descenderies, et dans plusieurs occasions on les a utilisés pour des fonçages de puits en adoptant pour l'affût la disposition indiquée figure 5.

Au point de vue de l'emploi comme perforateur vertical, nous pouvons citer le système *Mac-Kean* appliqué au Saint-Gothard pour le creusement des cunettes. Sa construction a reçu quelques modifications de manière à être employé sur les affûts concurremment avec le perforateur Dubois.

Depuis 1874 on emploie aussi le *perforateur Ferroux*, créé dans les ateliers de Gœschenen, et qui ne nous parait présenter d'avantage notable sur le Dubois.

Le point de vue qui fait adopter tel perforateur dans un travail de cette nature est d'ailleurs tout différent de celui auquel se place le mineur. Au Saint-Gothard, tout est sacrifié à la célérité du percement, on ne craint ni le poids, ni les frais d'entretien, ni les grandes consommations de poudre qui résultent des coups droits.

Nous avons dit qu'il existait en Angleterre au moins vingt perforateurs plus ou moins employés dans les mines, les carrières ou les travaux de percement de tunnels. Presque tous se recommandent par des qualités spéciales et des dispositions ingénieuses. Le perforateur Turettini nouvellement essayé au Saint-Gothard est disposé de manière à avancer automatiquement sur le bâti. On supprimerait ainsi la vis d'avancement et la manœuvre des appareils serait simplifiée.

Aux perforateurs par percussion, dérivés plus ou moins directement du perforateur Sommeiller, il convient d'ajouter le perforateur diamant, agissant par rotation, qui fut appliqué par l'ingénieur Leschot au percement de quelques tunnels, et depuis imité par une société qui l'emploie pour faire des trous de sonde.

Tous les appareils à diamants ont pour pièce principale, un tube portant à son extrémité une virole en acier sur laquelle sont *sertis*, aussi solidement que possible, des diamants noirs.

Ce tube, appliqué sur la roche avec pression, est animé par un mécanisme spécial d'un mouvement de rotation. Les diamants usent la roche dont les détritus sont entraînés hors du trou par un jet d'eau injecté dans l'intérieur du tube.

La roche entamée par la zone cylindrique du tube, laisse dans l'intérieur, des cylindres témoins que l'on retire lorsqu'ils ont une longueur suffisante.

Les perforateurs à diamants sont jusqu'à présent des outils de construction trop complexe qui n'ont pu prendre place dans l'outillage pratique, mais qui pourront être perfectionnés par la suite, de manière à accélérer encore le percement des trous dans les roches très-dures. Pour traverser des quartz compactes très-puissants ces perforateurs sont les outils les plus rationnels, puisqu'ils attaquent ces roches avec un corps plus dur qu'elles.

Le *fonçage des puits* par l'air comprimé est le corollaire obligé du percement des galeries, mais la disposition des appareils doit nécessairement être modifiée.

Les machines perforatrices doivent satisfaire à deux conditions : être disposées de manière à forer des trous verticaux ou très-inclinés; en second lieu, pouvoir être enlevées rapidement lorsque, les trous étant forés, il s'agit de les charger et de mettre le feu aux mines.

Plusieurs puits ont été forés en Allemagne avec le perforateur Osterkamp, dont l'ensemble est représenté *planche* XLVIII, fig. 3. Ce perforateur est porté sur un trépied, avec branches, à rallonges, de telle sorte qu'il puisse être placé dans les positions droites ou inclinées, et rapproché des parois du puits.

Peu importent d'ailleurs les dispositions mécaniques des perforateurs; il est évident que l'on peut forer, sur le fond d'un puits, un grand nombre de trous que l'on fera partir par volées successives, ainsi qu'on l'a fait pour les galeries.

Au lieu d'employer des perforateurs sur trépieds toujours d'un placement difficile sur les inégalités du fond d'un puits, il est préférable de placer les perforateurs sur un châssis, que l'on descend avec le câble d'extraction et qui se cale contre les parois du puits à l'aide de vis placées aux extrémités du croisillon, comme il est indiqué *planche* LI. On peut ainsi percer tous les trous jugés utiles, puis enlever à la fois tout l'appareil, châssis et perforateurs, afin de procéder au sautage des mines et au travail du fonçage.

Quoi que l'on fasse, ces manœuvres feront perdre beaucoup de temps et le fonçage mécanique des puits ne présentera d'intérêt que dans les roches dures et tenaces. On peut, d'ailleurs, se borner à forer mécaniquement les coups de fond placés vers l'axe du puits, de manière à obtenir une excavation centrale qui rend l'achèvement du travail beaucoup plus facile.

Les perforateurs à diamant ont été récemment appliqués au fonçage des puits en Pensylvanie, dans des conditions toutes particulières : le fond du puits a été percé de trous verticaux de petit diamètre, destinés à servir de trous de mine d'une grande profondeur, de manière à faciliter l'abatage des roches par tranches successives. On a évité ainsi, la mise en place et l'enlèvement entre chaque explosion, des machines perforatrices.

On a foncé simultanément deux puits à 200 mètres de distance, devant avoir une profondeur de 420 mètres. Pour la section du premier, on perçait 25 trous, pour le second 35. Ces trous avaient $0^m,045$ de diamètre et étaient forés au diamant avec des machines à air comprimé. On mettait sur une double poutre-affût, cinq perforateurs activés par une machine, et d'un seul coup on forait cinq trous. Puis on déplaçait l'affût pour l'exécution d'une seconde série de cinq trous.

Quand on avait percé le rocher d'une série de trous jusqu'à 75 et 90 mètres de profondeur, sur toute la section du puits, on enlevait les appareils et l'on remplissait les trous de sable. On procédait alors au sautage du rocher. Pour cela, on enlevait avec une petite pompe le sable d'un groupe de trous au centre (9 par exemple), jusqu'à une profondeur de 1 mètre à 1 m. 20. On damait au fond un tampon d'argile de $0^m,15$ à $0^m,30$ de longueur, et l'on plaçait au-dessus une cartouche de *dualine* (nitroglycérine et sciure de bois), puis on bourrait avec de l'argile. Les cartouches étaient réunies à des fils conducteurs aboutissant à une petite machine d'induction, à l'aide de laquelle on les faisait éclater simultanément. Cette explosion produisait une cavité au centre du puits, jusqu'au niveau où affleurait le bas des cartouches; on enlevait les débris des rochers, puis l'on chargeait et faisait partir les trous restants, mais ceux d'un seul côté à la fois. Les parois du puits étaient alors nettement coupées, et il y avait peu de travail supplémentaire à faire pour le régulariser. On continuait ainsi de mètre en mètre, jusqu'au fond des trous. Alors, on réinstallait au fond les machines pour en percer de nouveaux.

LA PERFORATION MÉCANIQUE AU SAINT-GOTHARD.

Étant donné un matériel de perforateurs, d'affûts, etc., avec les compresseurs assez puissants pour les alimenter, reste encore à faire l'étude du mode de travail. Pour cette appréciation, nous ne pouvons mieux choisir que la marche adoptée pour le percement du St-Gothard ; M. Ribourt, ingénieur de ce grand travail, nous a communiqué quelques documents qui précisent les conditions de l'avancement des divers chantiers d'abatage, dans les roches qui ont été successivement traversées.

La galerie d'*avancement*, du côté de Gœschenen, a 2^m 50 de hauteur sur 2^m 80 de largeur ; elle comprend, en moyenne, 6, 5 mètres cubes de roches par mètre courant. Les postes de la perforation mécanique sont de durée variable, suivant la nature du rocher et réglés en général à 1 m. d'avancement ; au maximum 1 m. 30. La profondeur des trous est toujours supérieure de 0 m. 10 à l'avancement correspondant.

Les roches traversées depuis le commencement du travail (novembre 1872), ont été du côté de Gœschenen :

Gneiss granitique, plus ou moins dur, suivant qu'il contenait plus de quartz ou qu'il devenait plus talqueux.

Eurite dure et compacte.

Micaschistes et gneiss schisteux ;

Calcaires schisteux d'Andermatt, recoupés à 2,602^m d'avancement.

Calcaires avec gypse, amenant une source d'eau de 1,350 litres par minute.

Schistes ébouleux recoupés à 2,771^m, nécessitant un blindage très-solide.

Le nombre des trous de mine a varié suivant la dureté des rochers : il était de 24 dans les gneiss, de 28 dans l'eurite, de 18 dans les micaschistes de dureté moyenne, de 14 dans les plus tendres et dans les calcaires schisteux.

On ne travaille plus qu'à la main dans les schistes ébouleux.

Les dimensions de ces trous sont : 0^m,045 à l'entrée; 0^m,030 au fond dans les roches dures, et 0^m,025 seulement dans les plus dures, à cause de l'usure rapide des fleurets.

Les trous étaient percés par 6 perforateurs (syst. Dubois ou Ferroux), sous une pression d'air de 2^k,50. Le nombre des burins employés était de 90 par poste dans les roches moyennement dures, de 40 dans les roches tendres, et s'élevait à 200 dans les roches les plus dures.

Le sautage des roches se fait, dans tous les cas, avec la dynamite n° 1 de Nobel. La quantité employée a été : de 35 kilog. par mètre courant, dans les gneiss; elle descend à 16 kilog. pour les micaschistes tendres, et s'élève à 55 kilog. pour les roches les plus dures. Le départ des mines est réglé de façon à ce que les trois coups du centre forment, en partant simultanément, une première cavité; les autres coups partent en deux volées successives, en allant du centre à la circonférence, ainsi que l'indique la figure 8, *planche* LI. Les coups de pied forment une quatrième volée, après le déblaiement des rochers abattus par les précédentes. L'allumage se fait avec les fusées Bickford, les cartouches étant munies de capsules Gevelot. Au moment du départ des mines, l'affût a été reculé dans une gare latérale pratiquée à cet effet à une centaine de mètres du front d'attaque.

Il est à remarquer que l'on a supprimé dans les roches dures de St-Gothard, le grand trou dit de *dégagement*, de $0^m,08$ à $0^m,10$ de diamètre, que l'on perçait au mont Cenis afin d'assurer l'efficacité des trois premières mines.

Cette suppression a été avantageuse sous le double rapport du temps et de l'entretien des perforateurs.

L'année 1873 n'a produit qu'une moyenne d'avancement de $1^m,591$ par jour. On avait, en effet, à former le personnel et perfectionner les détails de l'outillage; mais dès le mois de décembre, on avait obtenu un avancement de $79^m,80$ pour 31 jours de travail.

Pendant l'année 1874, l'avancement moyen fut de $2^m,84$ par jour, pour 365 jours de travail.

L'avancement moyen de 1875, pour 360 jours de travail, fut de $3^m,257$ par jour, et pourtant l'avancement de novembre était tombé à 67 mètres, et celui de décembre à $38^m,50$ par suite de la rencontre des schistes ébouleux.

Les courbes d'avancement tracées par M. Ribourt, font ressortir : 1° que la perforation mécanique permet d'atteindre le maximum de l'avancement dans les terrains assez solides, pour ne pas exiger de boisage; c'est ainsi que dans le gneiss schisteux tendre, on a pu obtenir le chiffre de $127^m,70$ en septembre 1875, pour 30 jours de travail; 2° que cette vitesse ne se ralentit pas en proportion de la dureté, les avancements ayant été de $82^m,90$ et de $86^m,50$, en novembre et décembre 1874, dans les gneiss compacts les plus durs, dits eurites; 3° mais qu'elle tombe à 38 et 34 mètres en novembre et décembre 1875, dans les schistes ébouleux qui exigent un blindage solide, et pour lesquels le travail à la main est le seul convenable.

Dans un travail comme ces grands percements de tunnels à travers les roches solides, la galerie d'avancement est le point essentiel. Si l'on se reporte à la *planche* XVII, qui représente, fig. 4 et 5, la disposition successive des chantiers d'abatage, on voit que la disposition de ces chantiers permet de suivre l'avancement de la galerie supérieure n° 1. Pour le percement de la cunette, la perforation mécanique et le déblai ont pu être organisés d'une manière très-efficace à l'aide des perforateurs Mac-Kean. Quant aux deux gradins latéraux de chaque côté de la cunette, ils sont attaqués par la perforation mécanique toutes les fois que la roche est dure et massive.

Si l'on n'a pu obtenir dans les mines, les avancements de 3 et 4 mètres par jour, qui sont réalisés au St-Gothard, c'est uniquement parce qu'on n'y a pas organisé le travail sur les mêmes bases, c'est-à-dire à 3 et 4 postes par jour ; c'est surtout parce qu'on ne sacrifie pas le point de vue d'économie à la vitesse d'avancement.

Un percement urgent, exécuté en traverse dans des grès massifs de Montceau-les-Mines, fut organisé avec *trois* perforateurs Dubois, ainsi qu'il est indiqué *planche* L, première différence avec la galerie du St-Gothard où le nombre des perforateurs est de *six*. Le travail fut organisé par *deux* postes, il en eût fallu *trois*.

Malgré ces causes d'infériorité, on obtint un avancement de $1^m,80$ par jour, en employant une marche un peu différente de celle du St-Gothard. Afin de perdre moins de temps pour les manœuvres de l'affût, les trous étaient percés à la profondeur de 2 mètres. Ces trous étaient ensuite bourrés avec du foin jusqu'à $0^m,65$, profondeur à laquelle on plaçait les cartouches, et l'on opérait un premier sautage qui enlevait une tranche correspondante, on débourrait ensuite le foin jusqu'à $1^m,30$ et l'on procédait à un second chargement et au sautage de la seconde tranche. Pour la troisième, les trous étaient complétement débourrés et chargés à fond. On réduisait ainsi à une seule par jour, la manœuvre de l'affût et sa réinstallation.

Nous avons indiqué précédemment, comment ce procédé de trous profonds que l'on utilise pour enlever les roches par tranches successives, a été appliqué à des fonçages de puits en Pensylvanie.

Une considération importante pour les mines, est celle de la poudre employée. La dynamite est coûteuse et ne doit être employée que dans les cas où l'économie est sacrifiée à la vitesse. On préfère, en général, employer la poudre, et, notamment, la poudre comprimée qui rend le chargement facile et évite tout détournement.

A la suite d'expériences suivies, faites dans un même rocher, avec diverses poudres, M. Petitjean est arrivé aux chiffres suivants pour comparer leur effet utile.

Poudre ordinaire		1 »
Poudre comprimée		1 06
Dynamite de Vouges	n° 1	1 92
	n° 2	1 10
	n° 3	0 96

Ces résultats comparatifs ont été obtenus en employant successivement les diverses matières explosives indiquées, pour le percement d'une galerie dans les grès houillers massifs du Montceau. Si l'on met en regard des résultats de cette comparaison, le prix de la poudre comprimée qui revient à 2 fr. 85, et celui de la dynamite n° 1 qui revient à 7 fr. 50, on comprendra que la préférence ait été donnée dans les mines, à l'emploi de la poudre.

HAVEUSES MÉCANIQUES.

L'air comprimé peut être appliqué à l'abatage, en permettant de pratiquer des havages mécaniques.

La faculté de percer rapidement des trous de grand diamètre, est déjà un moyen de havage très-efficace. Dans des expériences faites en août 1873, aux mines de Blanzy, on fit percer ainsi, sur 2 mètres de hauteur, une série de trous de grand diamètre et presque contigus, suivant l'axe vertical d'une galerie en charbon très-dur; vers chaque paroi verticale, des trous de mine espacés furent ensuite percés et chargés. Ces trous avaient 1m,50 de profondeur. Un travail continu de six heures a suffi pour exécuter cette série d'opérations et pour le déblai de 6 mètres cubes de charbon très-dur et même consolidé par une barre de rocher de 0m,20 d'épaisseur. L'avancement obtenu fut de 1m,50.

Ce mode de havage, exécuté verticalement ou horizontalement à l'aide de trous contigus, est simple et n'exigerait pas d'autre matériel que celui des galeries avec lequel les ouvriers mineurs sont déjà familiarisés, mais il ne convient qu'au percement des *galeries de traçage*, c'est-à-dire au travail au *massif*.

On cherche depuis longtemps à disposer des *haveuses* spéciales, pouvant pénétrer de 0m,80 à 1 mètre dans la houille et y tracer un havage continu sur tout le front d'une taille.

En taille ou en dépilage, le travail le plus difficile et le plus pénible pour le mineur est, en effet, le havage. Ce havage doit être aussi profond que possible, mais peu élevé, parce que la houille pulvérulente qui en résulte est perdue; il se fait le plus souvent à la base de la couche, c'est-à-dire vers le mur, ce qui nécessite pour les haveurs, des positions fatigantes.

Il y a quelques années, la *haveuse Lewick* fut employée dans le pays de Galles avec un certain succès. C'est un pic dont les chocs successifs sur la ligne à haver, sont déterminés par un cylindre à air comprimé, avec des dispositions mécaniques ingénieuses pour rendre automatiques le mouvement alternatif de l'outil et l'avancement de l'appareil. Cependant cette haveuse, appliquée aux minerais de fer de la Moselle et essayée par quelques charbonnages, n'a pas encore pris place dans l'outillage des mines. Le mouvement alternatif et les chocs y présentent, au double point de vue de la manœuvre et de l'entretien de l'appareil, des inconvénients qui ont conduit à chercher la solution dans le mouvement circulaire des outils à rotation.

Parmi les divers systèmes de haveuses qui ont été successivement construites et essayées en Angleterre, il en est deux qui semblent devoir convenir tout particulièrement aux houillères.

La *haveuse Winstanley* est celle qui paraît la plus apte au travail de havage de la houille, et la plus simple dans ses organes. C'est une sorte de scie circulaire dont la description peut être suivie sur la *planche* LII, qui représente l'ensemble de la haveuse en plan et en élévation, avec le détail des parties les plus intéressantes.

Cette haveuse se compose d'un fort bâti en fer forgé ayant 1^m,60 de longueur sur 0^m,50 de largeur, porté sur des roues à gorge de 0^m,15 de diamètre qui permettent à l'appareil de rouler sur un chemin de fer, à rails Vignole ou à barres méplates, la largeur de la voie devant être celle de la mine. Les coussinets des essieux sont disposés de manière à faire varier la hauteur du châssis au-dessus des rails, afin de pouvoir changer le niveau du plan suivant lequel on veut pratiquer la coupure ou havage.

La hauteur totale de l'appareil est de 0^m,55 au-dessus de la voie. A peu près au centre du châssis se trouve l'arbre moteur coudé, qui reçoit son mouvement de deux cylindres dont les axes font entre eux un angle de 90 degrés.

Ces deux cylindres, dans lesquels la distribution de l'air comprimé se fait comme dans les machines à vapeur, sont réunis par une forte plaque d'acier qui les recouvre ; c'est entre eux et sous cette plaque de protection que se trouve placé le tuyau d'arrivée d'air comprimé.

A l'extrémité inférieure de l'arbre, entre le dessous du châssis et le dessus des rails, est calé un pignon qui transmet le mouvement à une grande roue d'engrenage dont les dents sont armées de couteaux.

La roue mise en mouvement exécute le havage. Trois de ses dents consécutives sont munies de couteaux de formes différentes. Le premier, très-aigu, fait le passage dans le charbon ; le second, qui a une largeur double, attaque à droite et à gauche du vide fait par le précédent ; enfin le troisième, qui a environ $0^m,07$ de largeur, achève la coupure. De sorte que si la roue a 21 dents, il y a sept armatures dans les conditions indiquées par la figure 3.

Les dents du pignon sont assez longues et assez espacées pour que les dents armées de la grande roue puissent se loger dans les intervalles, sans gêner le mouvement (fig. 4).

Le diamètre de la roue permet de faire un havage maximum de $0^m,90$ de profondeur. Son axe est porté sur un bras formé de deux flasques en tôle d'acier, et l'ensemble peut tourner autour d'un point fixe adapté au châssis. Son extrémité porte vers l'intérieur du bâti un secteur denté dans lequel vient engrener une vis sans fin, manœuvrée à la main au moyen d'un petit volant, de telle sorte que l'ouvrier conducteur de la machine peut attaquer le charbon avec la haveuse, sous tous les angles, depuis zéro jusqu'à 90 degrés ; puis, le havage terminé, ramener la roue haveuse sous le bâti de la machine, entre les rails.

Un homme placé à la distance que comporte le chantier où s'exécute le havage, manœuvre un petit treuil sur lequel s'enroule une chaîne fixée par son autre extrémité au bâti de la machine, de manière à lui faire parcourir le front de la taille.

Les cylindres à moteurs ont un diamètre intérieur de $0^m,227$ et une course de $0^m,015$. En marche normale, la machine fait de 100 à 160 tours par minute avec une pression effective d'air comprimé de $2^k,1$.

Dans ces conditions de vitesse et de pression, la machine peut, en moyenne, haver un front de 20 mètres en une heure, dans un charbon très-dur, sur $0^m,80$ de profondeur, y compris les temps d'arrêt que l'opération nécessite toujours, pour la pose des bois d'étai.

Le menu qui provient du havage par la machine, représente seulement 25 à 30 pour 100 de la quantité produite par le havage à la main.

La vitesse de la roue de havage varie suivant la nature plus ou moins dure des charbons et des barres traversées; dans les charbons durs et barrés, la vitesse de 160 tours est en réalité normale et nécessaire, tandis qu'en charbon de faible dureté celle de 90 tours suffira.

A 90 tours, la machine dépense $36^l,4$ d'air comprimé par seconde ; soit $2^{m3},184$ par minute.

A 160 tours, elle dépense $64^l,80$, soit par minute $3^{m3},888$; c'est-à-dire plus que ne peut fournir le compresseur double *planche* XLIII.

Les conditions de marche de la haveuse Winstanley peuvent se résumer comme suit :

Nombre de tours par minute de l'arbre à manivelles.....	100 à 160
Nombre de tours de la roue des couteaux...............	25 à 40
Vitesse des couteaux par seconde......................	$1^m,48$ à $2^m,35$
Volume d'air dépensé par minute......................	2400 à 3830^l
Puissance développée................................	10 à 17^{chev}

D'où il résulte que, pendant sa marche, cette petite haveuse absorbe à peu près la force totale d'une machine à vapeur à deux cylindres conjugués de $0^m,50$ de diamètre et de $1^m,40$ de course.

La *haveuse Baird,* expérimentée aux mines de Gartsherrie, en Écosse, a une certaine analogie avec la précédente. Le havage est obtenu par un bras rigide, composé de deux flasques qui portent à chaque extrémité des roues dentées sur lesquelles roule une chaîne à la Vaucanson. Cette chaîne, composée de très-gros maillons, est armée de couteaux d'acier dont l'action opère le havage; sa disposition est détaillée par la *planche* LIII.

La haveuse Baird a été très-préconisée, mais les spécimens introduits et expérimentés en France ne paraissent pas réaliser les espérances de l'inventeur. Son exécution défectueuse par le constructeur est probablement pour quelque chose dans son insuccès. En général, les appareils destinés aux travaux souterrains doivent être ajustés avec le plus grand soin, précisément parce que les conditions de surveillance et d'entretien y sont rendues très-difficiles par l'obscurité des mines et l'exiguïté des galeries.

Les haveuses ne marchent que par intermittences éloignées ; il faut dix fois plus de temps pour les opérations qui lui succèdent : l'abatage, le déblai, le boisage et le remblai, puis enfin le rétablissement des rails et la mise en place de l'appareil. Pendant qu'elles marchent, elles consomment de grandes quantités d'air comprimé, de telle sorte que leur intervention augmente d'une manière considérable la puissance à donner aux compresseurs; mais l'intermittence de leur marche est telle, qu'on ne peut les employer que dans le cas où l'air comprimé est en même temps appliqué à beaucoup d'autres usages.

TRACTIONS MÉCANIQUES.

L'air comprimé est destiné à des applications nombreuses pour les transports souterrains dans les mines du continent. Dans ces mines, le réseau des galeries généralement sinueuses et de sections réduites, se prête difficilement à l'emploi des machines à vapeur ; l'air comprimé y facilite le fractionnement et l'application des moteurs.

L'utilité de la traction mécanique de l'air comprimé dans nos houillères, a été mise en évidence par une première application qui eut lieu en Belgique, pour un cas spécial qui s'est présenté au charbonnage de Sars-Lonchamps, près la Louvière, dans le Centre belge.

Au-dessous du faisceau des veines exploitées, les terrains sont aquifères; on doit éviter d'y pénétrer. Après avoir exploité tout l'amont-pendage à partir de la recoupe par les puits, il fallait donc exploiter en vallée ou foncer de nouveaux puits sur l'aval-pendage. Les terrains inférieurs étant très-aquifères, on ne pouvait approfondir les puits existants sans amener dans la mine des quantités d'eau considérables. M. Cornet, ingénieur de cette exploitation, pensa qu'il y avait lieu d'exploiter en vallée, et fit à cette occasion une étude attentive des exploitations anglaises. A la suite de cette étude, le roulage mécanique fut appliqué à Sars-Lonchamps pour remonter les charbons sur la pente des couches exploitées, en employant l'air comprimé comme moteur.

Après avoir visité plusieurs mines en vallée, avec traction mécanique, M. Cornet signale la houillère de Pendleton, dans le Lancashire, comme un des meilleurs spécimens de l'installation des appareils. Cette houillère exploitait par deux grandes vallées inclinées à 19 degrés, l'une de 750 mètres de longueur, et l'autre de 450 mètres. Les convois sont de six chariots, remorqués par deux machines à vapeur de 30 chevaux, placées au sommet de ces plans inclinés. L'extraction totale par les deux plans inclinés était de 1,000 à 1,200 tonnes par jour.

L'appareil de compression établi à Sars-Lonchamps, se compose d'un seul cylindre mis en mouvement par l'arbre du volant d'une machine à vapeur, les deux manivelles étant calées dans une position telle, que le maximum de l'effort du piston de la machine (diamètre, 0,90) corresponde au maximum de la résistance du piston compresseur (diamètre, $0^m,60$). La course est de $1^m,50$ pour les deux cylindres. L'air est comprimé à 3 atmosphères et demie.

Nous avons déjà cité le cylindre compresseur, représenté planche LXV. Quelques détails sur son emploi permettront d'apprécier l'utilité de l'air comprimé comme moteur pour les tractions mécaniques.

Le débit théorique de ce cylindre à la vitesse de $1^m,50$ étant de $5^{m3},655$, le débit effectif a été de $5^{m3},228$, à cause des espaces nuisibles, malgré les précautions prises, et indiquées par la coupe, pour les réduire au minimum.

Ce volume d'air, comprimé à 3 atmosphères et demie, représente 531 101 kilogrammètres par minute, soit 8 856 par seconde, ou 118 chevaux. La dépense de vapeur appliquée à ce travail représente 145 chevaux.

L'air comprimé descend jusqu'au bouveau inférieur, à la profondeur de 274 mètres, par une conduite de $0^m,12$ de diamètre intérieur ; là il se bifurque dans les chassages ouverts de chaque côté, par deux conduites de $0^m,085$ de diamètre et d'environ 900 mètres de longueur. Il alimente deux machines, l'une pour la traction sur un plan incliné en vallée, l'autre pour l'épuisement des eaux du fond.

L'air refroidi et condensé restitue dans les cylindres moteurs une force évaluée à 41 chevaux, lorsqu'on l'emploie sans détente, et à 68 chevaux lorsqu'on l'emploie à la détente de moitié ; chiffres qui représentent l'effet utile de 145 chevaux-vapeur dépensés pour la compression.

Il ne faut pas perdre de vue que, cette force étant appliquée par des moteurs qui sont eux-mêmes chargés d'effectuer un travail, soit en remorquant des chariots, soit en faisant mouvoir des pompes, un nouveau coefficient de perte est à subir pour le calcul de l'effet utile définitif. Ce coefficient sera d'autant plus élevé que les moteurs intérieurs sont souvent imparfaits.

En évaluant le coefficient de perte par les moteurs intérieurs au chiffre de 33 pour 100, le travail effectué à distance serait ainsi de 28 chevaux sans détente et de 45 chevaux avec détente. Ce serait, pour le cas le plus avantageux, un peu moins du tiers de la force vapeur développée au jour.

Le peu d'effet utile obtenu dans ce cas où toutes les conditions de l'installation avaient été étudiées avec tant de soin, parut une objection sérieuse à l'emploi de l'air comprimé. Il en eût été autrement si l'on avait établi la comparaison avec une machine à vapeur établie dans les mêmes conditions, en tenant compte non-seulement des pertes de pression, mais des frais onéreux résultant de l'entretien de la canalisation, tandis que celle de l'air comprimé ne coûte presque rien.

On a su apprécier les avantages de l'air comprimé au point de vue du percement des galeries, bien que ce procédé soit loin d'être économique; or lorsqu'on possède dans l'intérieur d'une mine, une canalisation qui conduit l'air comprimé jusqu'à l'extrémité des travaux, il y a grand avantage à l'utiliser non-seulement pour la perforation, mais pour tout autre service.

Nous verrons en examinant les tractions mécaniques dans le chapitre suivant, que les tracés de nos mines se prêtent peu à l'établissement des grandes tractions imitées des mines Anglaises; mais dans beaucoup de cas, on emploie avec avantage des treuils à air comprimé, pour les transports partiels, soit pour les services de descenderies ou de bures.

Depuis quelques années on a construit des locomotives mues par l'air comprimé qui dans beaucoup de cas conviennent aux transports souterrains. Le mécanisme de ces locomotives est identique à celui des locomotives employées sur les chemins de fer, la chaudière étant remplacée par un réservoir dans lequel on a refoulé l'air comprimé.

Ce réservoir ne pouvant dépasser certaines dimensions, et par conséquent recevoir un très-grand volume d'air, il importe de comprimer cet air à une pression aussi élevée que possible, 10 kilog. par exemple par centimètre carré. Or les compresseurs établis sur les mines ne compriment habituellement qu'à 4 kilog.

Une locomotive souterraine pourrait être alimentée à chaque station par un compresseur spécial recevant de la conduite principale l'air à 4 kilog. et le comprimant dans le réservoir à 10 kilog.

Cette locomotive ainsi approvisionnée remorquerait un convoi de 20 wagons sur 1 kilomètre de longueur, ce qui suffit pour les conditions ordinaires du service. Elle trouverait à chaque station, les conduites de la mine qui permettraient d'abord de recharger à 4 kilog. le réservoir tombé à 2 k.; puis de mettre en activité le compresseur spécial de petite dimension, qui en 8 ou 10 minutes, porterait la pression de 4 à 10 kilog.

La traction par locomotives à air comprimé établie dans le tunnel de Saint-Gothard a donné toute satisfaction et, bien que ces locomotives soient trop fortes et trop pesantes pour être introduites dans les mines, il reste démontré qu'on peut en construire de plus légères qui seront une solution nouvelle et heureuse des questions relatives à la traction mécanique par l'air comprimé.

Dans quelques cas on s'est servi de l'air comprimé comme moyen d'aérage. Ainsi, les ouvriers qui percent les galeries, ouvrent presque toujours les robinets de la conduite d'air comprimé pour rafraîchir l'air du chantier ou pour expulser les fumées des coups de mine. Ce moyen d'aérage est très-coûteux et l'on aura grand avantage à se servir de l'air comprimé comme ventilateur, en l'employant dans un injecteur Giffard, Friedmann ou autre, de manière à prendre l'air dans la voie de roulage et à le refouler au fond de la galerie en percement.

CHAPITRE VII

TRANSPORTS SOUTERRAINS.

Les transports souterrains sont une des grandes difficultés de l'exploitation, surtout pour les substances de peu de valeur que l'on doit produire en grandes quantités, telles que les minerais de fer, les minerais pauvres dont le triage ne peut se faire dans la mine, le sel gemme et surtout les combustibles minéraux.

Ces transports sont généralement effectués par l'homme ou le cheval, sur le sol des galeries ou sur des voies perfectionnées consistant en chemins à rails de bois ou de fer.

Les conditions du roulage souterrain résultent du tracé des galeries dans lesquelles il doit s'effectuer. Ce tracé a été indiqué pour les méthodes précédemment décrites, mais il est généralement beaucoup moins régulier que ne le comportent les conditions théoriques de ces méthodes.

Les éléments qui déterminent les conditions de construction du matériel sont la *longueur,* les *pentes* et la *section* des galeries.

La longueur est un élément très-variable dans une mine. Lorsque, par exemple, une exploitation est à son début, les points d'abatage sont rapprochés du puits d'extraction, mais ils s'en éloignent progressivement ; de telle sorte qu'un roulage souterrain doit être toujours organisé en prévision des distances les plus longues. Quant aux longueurs auxquelles on arrive, on peut dire que celles de 500 mètres sont dans les conditions moyennes, et que celles qui dépassent 1 000 mètres sont les plus longues.

Les pentes doivent être, autant que possible, dans le sens du transport, c'est-à-dire aider au roulage des wagons pleins, dans des conditions telles que la remonte par les wagons vides exige un effort à peu près égal à celui de la descente des pleins.

Les plus longues galeries du roulage sont les galeries d'allongement qui servent en même temps à recueillir et conduire vers le puits les eaux d'infiltration. On leur donne en conséquence de même qu'aux galeries de traverse, une pente d'environ $0^m,005$ par mètre, qui satisfait à la double condition de maintenir le sol asséché et de faciliter les transports.

Ces galeries peuvent être conduites jusqu'au pied des ateliers d'abatage lorsqu'on exploite des couches fortement inclinées; mais, pour l'exploitation des plateures, on est obligé de suivre des voies inclinées ou diagonales dites *tiernes* ou *sur quartier*, dont les pentes sont en général de 5 à 10 degrés. Ces voies, difficiles à remonter, sont même difficiles à descendre parce que les chariots y prendraient une accélération dangereuse; on est donc obligé d'enrayer les roues et de descendre les wagons pleins par glissement.

C'est par suite de cette différence d'inclinaison des voies que le transport souterrain était autrefois divisé en deux parties distinctes: le traînage, qui partait des tailles et allait verser ses produits dans les galeries d'allongement ; et le roulage, qui s'effectuait dans ces galeries et dans les bouveaux jusqu'au puits d'extraction.

Les galeries inclinées de 15 à 30 degrés ne peuvent être parcourues rationnellement qu'à l'aide de plans inclinés automoteurs, si la charge doit être descendue; à l'aide de plans ascendants avec treuils de manœuvre, si la charge est en remonte, par exemple, lorsqu'on exploite en vallée.

On pourrait descendre les pentes par un traînage sur le sol des galeries ; mais, outre que la remonte des bennes de traînage est très-pénible, ce mode de transport nécessiterait un transbordement lorsqu'on arriverait à la galerie d'allongement.

Sur les pentes supérieures à 33 degrés, les produits de l'abatage peuvent glisser par leur poids et l'on se sert de plans automoteurs seulement dans le cas où l'on veut ménager les matières abattues, soit qu'il s'agisse de minerais précieux que l'on craint de perdre, soit que l'on exploite des combustibles minéraux qu'on ne veut pas briser.

Lorsque les matières abattues doivent être remontées sur des pentes aussi rapides, on emploie des plans inclinés ascendants avec treuil à bras, manége à chevaux ou machine à vapeur : l'appareil rentre alors dans ceux qui sont employés pour l'extraction.

Dans les mines dépourvues de matériel, on a recours au portage à dos : le sol de la descenderie ayant été taillé en forme d'escalier, des mineurs y remontent la charge dans des sacs. Ce moyen, tout primitif qu'il puisse paraître, est cependant susceptible d'être employé avec avantage pour les gîtes de peu d'importance ; on en fait usage pour les attaques en exploration, parce qu'on évite ainsi les appareils mécaniques dont l'installation exige toujours du temps et des dépenses considérables.

Dans l'exploitation des mines, tout travail doit en effet être proportionné au but qu'on se propose, et les moyens les plus grossiers sont quelquefois ceux qui doivent être préférés, parce qu'ils évitent des frais d'installation que ne compenseraient pas les produits.

Ce principe de proportion entre les travaux préparatoires et le but, s'applique même à la section des galeries.

Un bouveau important, une grande galerie d'allongement destinée à desservir des transports considérables auront nécessairement de grandes dimensions : les chiffres de 1^m,75 de hauteur sous bois, sur 1^m,80 de largeur, peuvent être considérés comme des dimensions nécessaires à la circulation des chevaux qui seront employés au roulage, nécessaires également au point de vue de l'aérage.

En résumé, les procédés à employer pour les transports souterrains, se lient d'une manière intime au tracé et à la section des galeries à parcourir. L'ingénieur, au moment où il commence ses travaux, a donc déterminé les procédés qu'il emploiera; mais, comme il doit souvent organiser les roulages dans des voies qui ont été créées par ses devanciers, il cherche dans ce cas à tirer le meilleur parti possible de ces voies, quels que soient leur section et leur tracé. Cependant, si la section des voies était insuffisante, on devra se décider à les élargir.

Dans la plupart des mines, l'homme est le moteur le plus employé : suivant les voies qu'il doit parcourir, il agit comme *porteur*, chargé de sacs ou de hottes; comme *brouetteur*, en roulant devant lui à l'aide de brouettes; comme *traîneur*, en poussant ou tirant des traîneaux à patins; enfin comme *rouleur, sclauneur* ou *hercheur*, en poussant ou tirant des chariots soit sur le sol même de la galerie, soit sur des voies perfectionnées.

Nous examinerons successivement ces divers modes de transport, en nous appuyant sur les tableaux statistiques d'effets utiles obtenus, parmi lesquels nous citerons d'abord ceux qui ont été établis d'après les documents recueillis par M. Gervoy dans les mines de la Loire. Ces tableaux sont très-anciens, mais le portage, le brouettage et le traînage, dont ils spécifient les conditions, sont devenus aujourd'hui tellement rares dans l'organisation des transports souterrains, qu'il ne serait guère possible d'en établir d'aussi exacts.

PORTAGE A DOS.

Le *porteur* n'est employé que dans les voies étroites dont l'inclinaison ou les sinuosités rendent le parcours difficile. Il porte la charge dans un sac, qu'il maintient sur ses épaules.

Ce mode de transport, lent et pénible, est d'un usage très-répandu dans les mines de l'Amérique méridionale, où les voies de roulage sont souvent étroites et sinueuses; il est très-rare dans les mines de l'Europe, et n'a été conservé que pour les galeries courtes et inclinées conduisant des tailles aux voies de traînage et de roulage. Les voies consacrées à la circulation des porteurs doivent avoir au moins 1^m,50 de hauteur sur 1 mètre de largeur.

Suivant les pentes des galeries et leur section, la charge d'un porteur variera de 46 à 60 kilogrammes. La pente maximum devra être de 45 degrés; mais dans le cas de forte pente, il est indispensable, pour qu'on puisse y circuler, que le sol soit taillé en escalier; cette précaution est même avantageuse à partir de 15 degrés. Pour des pentes qui excèdent 20 degrés, le transport à la descente est aussi pénible qu'à la montée; les pentes de descente ne sont avantageuses que jusqu'à 12 degrés. Enfin il faut éviter, autant que possible, de faire dépasser aux relais des porteurs une longueur de 60 à 80 mètres.

Dans les meilleures conditions, lorsque les galeries sont à grande section et les pentes faibles, un bon porteur, chargeant 60 à 75 kilogrammes dans un sac ou dans une hotte légère, produira dans sa journée un effet utile de 300 kilogrammes transportés à 1 kilomètre de distance.

Sur des inclinaisons de 20 degrés, cet effet utile se réduira à 190 kilogrammes transportés à 1 kilomètre.

On appréciera les diverses circonstances du portage par le tableau suivant :

Tableau de l'effet utile des porteurs dans les mines de la Loire.

NOMS DES MINES.	DISTANCES.	INCLINAISONS.	CHARGES EN HOUILLE.	VOYAGES.	TRANSPORT à 1 kilomètre.	OBSERVATIONS.	
						HAUTEUR des galeries.	ÉTAT des chemins.
	m.		kil.				
Monrambert	150	45° sur 100 m / 0 — 50	40	32	192	1m,60	Bon
Quantin....	64	40 — 48 / 0 — 16	50	62	198	1 ,30	Assez bon.
Charles.....	66	5	50	6	198	2	Mauvais.
Palle.......	130	8	50	3	208	1 ,60	—
Salomon....	80	26 sur 50 / 0 — 30	55	50	220	1 ,60	Assez bon.
Palle.......	80	0	50	60	240	1 ,30	Mauvais.
Brulé.......	120	— 10	53	40	254	2	Assez bon.
Breuil......	54	9	60 à 75	80	289	à ciel ouvert.	Très-mauvais
Roche-la-Molière...	45	20 sur 24 / 0 — 21	50	135	304	1m,30	Très-bon.

Le portage à dos disparaît chaque jour des habitudes des exploitations et ne doit plus être considéré que comme un moyen de transport accidentel, employé dans quelques galeries basses et inclinées. Nulle part il n'a été plus répandu que dans les mines de lignite des environs de Marseille, où l'usage était de pénétrer dans les couches suivant l'inclinaison par des descenderies dont le sol était au besoin taillé en escaliers. Le montage se faisait à dos : soit par des enfants de dix à quatorze ans, qui arrivaient dans leur poste de travail à un effet utile de 48 kilogrammes transportés à 1 kilomètre; soit par des ouvriers porteurs habitués dès leur enfance à ce travail, et dont l'effet utile s'élevait à une moyenne de 300 kilogrammes transportés à 1 kilomètre. Aujourd'hui on a introduit dans la plupart de ces mines des moyens de transport plus perfectionnés.

Le portage est devenu un moyen tellement exceptionnel, qu'il ne doit plus être considéré que comme un trait de l'histoire des mines qui met en relief le progrès des méthodes et des procédés d'exploitation; mais, sous le rapport historique, il présente un véritable intérêt. Lorsqu'on vient à rencontrer des exploitations anciennes, comme, par exemple, les mines de cuivre du Temperino en Toscane, on voit que l'on pénétrait dans les vastes excavations des travaux par une descenderie dont la vaste ouverture est restée béante. Cette voie, inclinée de 20 degrés environ, se ramifiait dans de vastes chambres communiquant les unes avec les autres par des descenderies irrégulières, où l'on ne pouvait circuler qu'à l'aide de marches ou d'échelles.

Comment les anciens avaient-ils pu, sans l'aide de la poudre, creuser des roches si dures et si tenaces? et quel immense travail représentaient ces vides qui avaient rejeté dans le vallon 3 à 400 000 mètres cubes de déblais, tandis que, dans les vallées voisines, une quantité bien supérieure de scories attestaient une étendue souterraine des travaux d'exploitation, encore plus grande!

Tous ces déblais, tous ces minerais fondus dont on retrouve les scories, représentent non-seulement l'exploitation, mais un portage à dos qui avait probablement exigé des siècles d'un travail persévérant.

C'est par les mêmes procédés que furent exploitées les mines du Potose, et tant d'autres dans les Cordillères du Pérou et du Mexique, où les difficultés de circulation souterraine étaient devenues telles, que l'on était obligé d'attacher les sacs remplis de minerai autour du corps des porteurs, afin de leur laisser toute liberté de mouvement.

BROUETTAGE ET TRAINAGE.

Le *brouettage* est, en quelque sorte, le second degré des transports; c'est un mode que l'on emploie encore aujourd'hui avant d'en établir un plus perfectionné.

Avec la petite brouette, roulant sur le sol des galeries et chargeant 60 kilogrammes, l'effet utile d'un brouetteur atteint facilement 500 kilogrammes transportés à 1 kilomètre pour un travail de huit à dix heures.

Dans une mine de Rive-de-Gier, vingt brouetteurs faisant le service des transports, prenaient une charge de 100 kilogrammes et faisaient trente-six voyages ayant 200 mètres de distance moyenne. L'effet utile de chacun d'eux était ainsi de 720 kilogrammes transportés à 1 kilomètre. Ce chiffre est le plus élevé qu'on ait atteint par le brouettage sur le sol des galeries. Lorsque le sol est mauvais, l'effet utile du brouetteur tombe à 300 kilogrammes.

Dans certaines mines, on a établi des voies régulières avec des longrines et des plateaux en bois dur; on a pu ainsi porter l'effet utile d'un brouetteur à 1 000 ou 1 100 kilogrammes transportés à 1 kilomètre.

Ce mode de transport n'est d'ailleurs praticable qu'avec de très-faibles inclinaisons; au-delà de quelques degrés, l'ouvrier ne pourrait plus circuler qu'avec désavantage; la brouette pèserait trop sur lui dans les montées et l'entraînerait dans les descentes. Ces difficultés ont réduit l'usage de la brouette aux mines métalliques où les transports sont peu considérables; dans les mines qui donnent lieu à de grands transports, l'usage en a été généralement abandonné.

Appliqué à des transports partiels, le brouettage peut être quelquefois préférable à tout autre système. On profite d'ailleurs de la construction des brouettes pour obtenir le mesurage des quantités transportées; celle qui est le plus souvent employée dans les houillères a une capacité de 110 ou 105 litres comptés pour 1 hectolitre.

Le *trainage* s'exécute au moyen de bennes montées sur des patins, auxquelles les traîneurs sont attelés par des bricoles. Le poids ordinaire de ce véhicule est de 33 à 40 kilogrammes; l'on y charge de 60 à 80 kilogrammes dans les galeries basses qui n'ont guère plus de 1 mètre de hauteur, et 120 à 160 kilogrammes dans les galeries élevées.

Ce mode de transport convient mieux que le brouettage

dans les galeries inclinées. Il comporte une inclinaison de 16 degrés; mais, pour remonter les pentes, on commence à 12 degrés à faire aider le traîneur pour un enfant pousseur. Les distances ou relais sont, en moyenne, de 100 mètres.

L'effet utile d'un traîneur est très-variable : il sera de 250 à 300 kilogrammes tramportés à 1 kilomètre pour les galeries basses dont le sol est mauvais; il sera de 500 kilogrammes dans les galeries élevées; il atteint jusqu'à 800 et 1 000 kilogrammes dans des galeries élevées et pour les meilleures conditions de la voie.

Le tableau suivant résume les principaux résultats du traînage dans les mines de la Loire à une époque déjà reculée où ce système était souvent employé.

Tableau de l'effet utile des traîneurs dans les mines de la Loire.

NOMS DES MINES.	DISTANCES.	INCLINAISONS.	CHARGE EN HOUILLE.	VOYAGES.	TRANSPORT à 1 kilomètre.	OBSERVATIONS.
	m.		kil.			
Les Prêcheurs	60	0°	60	56	201	Galeries de 0^m,80.
Couzon	62	0	80	50	248	— de 1 mètre.
La Chana	102	— 16 sur 85^m / 0 — 17	110	35	39 3	— de 1^m,60. Mauvais chemins.
La Roche	210	12 — 47 / 0 — 163	90	28	529	
Le Brûlé	140	— 14	120	32	338	Galeries de plus de 1^m,60 — Chemins à divers états d'entretien.
La Chaux	150	6	130	33	663	
Soleil	197	0	119	30	703	
Gagne-Petit	150	6	110	44	726	
Genets	120	0	115	55	759	
Côte-Thiolière	178	0	123	37	810	
Treuil	100	0	120	85	1020	Galeries de 1^m,50. — Chemins excellents. Transports à l'entreprise.

Le traînage se fait aussi au moyen de chevaux attelés soit à une benne double, soit à deux bennes; on les emploie de préférence à l'homme dans les grandes voies de roulage lorsque les distances à parcourir dépassent 150 mètres.

Les deux méthodes sont ordinairement combinées, de telle sorte que les traîneurs amènent les bennes par les petites galeries sur les voies principales, où elles sont prises deux à deux par les chevaux, dont la charge est ainsi de 66 kilogrammes en poids mort et de 250 à 300 kilogrammes en poids utile.

Le chiffre de l'effet utile du cheval varie de 800 à 1000 kilogrammes transportés à 1 kilomètre, pour les voies dont le sol est en mauvais état, et de 1500 à 2 500 pour les voies en bon état.

Le tableau suivant indique l'influence de l'état de la voie et de son horizontalité sur l'effet utile de ce moyen de transport, à une époque où il était très-fréquemment employé dans les houillères de la Loire.

Tableau de l'effet utile des chevaux appliqués au traînage dans les mines de la Loire.

NOMS DES MINES.	DISTANCES.	INCLINAISONS.	CHARGES EN HOUILLE.	VOYAGES.	TRANSPORT à 1 kilomètre.	OBSERVATIONS.
Martoret	m. 100	— 0°	kil. 200	36	720	Mines du bassin de Rive-de-Gier, à sol mobile, dont les chemins étaient en général assez mauvais et mal aérés.
—	200	0	200	22	880	
—	300	0	200	19	1140	
Grand'-Croix	150	— 3	200	51	930	
—	200	— 5	200	28	1120	
Salomon	160	0	220	50	1760	
Côte-Thiolière	215	2	240	36	1858	Mines de Saint-Étienne, mieux aérées et à chemins meilleurs que les précédents.
Brûlé	150	— 3	450	28	1890	
Gagne-Petit	150	— 6	440	32	2112	
—	350	— 6	440	18	2772	

Lorsque la pente d'une galerie dépasse 8 degrés et va jusqu'à 25, le cheval doit toujours être utilisé en descendant. On lui fait remonter la charge au moyen d'une poulie de renvoi, et de cette manière on obtient un effet utile bien supérieur à celui qu'il rendrait en remontant directement les bennes. Sur des pentes supérieures, il faut faire glisser les bennes pleines et remonter les vides au moyen d'un treuil ou bien avoir recours aux plans automoteurs, si le transport se fait en descente.

Lors donc qu'on voudra organiser un service de transports sur le sol des galeries d'une mine, on déterminera les moyens à employer d'après les sections des galeries et leurs conditions de pente et de longueur. Ces moyens adoptés, on appréciera, d'après l'état des voies de service, l'effet utile qu'on peut attendre des hommes et des chevaux, et l'on pourra prescrire à l'avance la tâche à exiger de chacun. Pour les passages à forte pente, 12 ou 15 degrés par exemple, on calculera les longueurs pour le triple de ce qu'elles sont réellement, et on ajoutera en outre, à chaque relai, un pousseur de renfort.

Le service des transports se fait ordinairement par les ouvriers les plus jeunes; on y emploie même les enfants à partir de quatorze ans.

Les chevaux doivent être choisis petits et bien portants; leur écurie sera placée près des puits et préservée de l'humidité. Les galeries où ils circuleront devront avoir au minimum $1^m,70$ de hauteur et $1^m,60$ de largeur, afin qu'ils puissent se retourner; elles devront être maintenues, ainsi que l'écurie, dans de bonnes conditions d'aérage.

Les transports sur le sol des galeries nécessitent un entretien de la voie d'autant plus coûteux que le sol est plus humide et moins résistant.

Lorsqu'on doit effectuer des transports actifs et des trajets au delà de 100 mètres, cet entretien conduit presque toujours à adopter les voies perfectionnées. Dans les mines métallifères, la nature de la roche, souvent très-dure, et dont la surface inégale ne peut se prêter au traînage, oblige à construire immédiatement ces voies perfectionnées, soit en bois, soit en bois et fer; il en est de même toutes les fois que le sol est formé de roches tendres et facilement défoncées par le traînage.

ROULAGE.

Les voies en bois sont composées de madriers formant la voie, sur lesquels sont clouées deux lignes de longrines, de manière à produire un rebord de chaque côté ; les roues des chariots sont maintenues sur la surface des madriers par ces rebords latéraux.

Les voies en bois et fer se composent soit d'une bande de fer clouée sur longrines, soit de barres méplates maintenues sur champ, soit de véritables rails avec traverses placées de distance en distance.

Dans les mines métallifères, où les chemins de bois sont d'un usage fréquent, les chariots sont faits sur un modèle particulier, qu'on appelle *chien de mine*.

La voie est formée par deux lignes de madriers laissant un petit intervalle entre eux, cet intervalle servant à recevoir un guide qui maintient les roues du chariot ou *chien* sur les madriers.

Le chien de mine se compose d'une caisse posée sur un train à quatre roues ; la caisse est fixe et s'ouvre sur le devant, la face correspondante étant mobile au moyen de charnières placées à la partie supérieure. Cette caisse repose sur un train formé de deux essieux carrés, fixés en travers d'une large flèche, portant quatre roues à jantes plates qui tournent sur les fusées. Les roues de devant sont plus petites que les roues de derrière, de sorte que tout le système incline vers l'avant ; enfin la direction du train est maintenue par une barre de fer placée verticalement devant la flèche et engagée dans le vide que laissent entre eux les deux madriers de la voie. Cette pièce, appelée *le clou*, peut être armée d'une petite roulette horizontale qui en diminue les frottements latéraux. Lorsqu'on fait rouler un chien sur sa voie, le clou maintient le chariot dans sa position normale ; il a permis de supprimer les longrines qui dans le principe étaient disposées de manière à former les rebords latéraux de la voie.

La charge des chiens de mine varie de 150 à 250 kilogrammes; avec cette dernière charge, un rouleur, aidé d'un enfant, produit dans son poste un effet utile de 1 400 à 1 500 kilogrammes transportés à 1 kilomètre. Les relais sont de 80 à 100 mètres. Dans les croisements de voie, le rouleur soulève l'arrière de manière à faire pivoter le train sur les roues de l'avant.

On a construit, dans quelques mines, des chiens contenant jusqu'à 500 kilogrammes de minerai ; et, pour de bonnes conditions de voie, des rouleurs ont pu atteindre 2 000 kilogrammes d'effet utile.

Aujourd'hui, la facilité presque générale de se procurer des barres de fer méplates, si ce n'est de véritables rails, a fait substituer dans presque toutes les mines l'emploi des chemins de fer à celui des chemins de bois.

Le type du chemin de fer de mine se composait autrefois de barres de fer méplat posées de champ et maintenues par des coins dans des traverses entaillées. Ces fers ont l'avantage de se courber facilement suivant les inflexions des voies. Les dimensions le plus ordinairement adoptées étaient : pour le rail, $0^m,014$ d'épaisseur sur une hauteur de $0^m,07$; pour les traverses, $0^m,11$ d'équarrissage, en les espaçant de $0^m,63$. Les entailles pour recevoir les rails ont $0^m,035$ de profondeur. L'écartement de la voie est en moyenne de $0^m,50$.

Dans ces conditions de construction, le prix des chemins de fer peut être évalué, suivant les dimensions des rails et de la voie, de 5 à 7 francs le mètre courant.

Sur des chemins ainsi établis, les chariots descendent seuls sur des pentes de $0^m,006$ par mètre; dans les mines boueuses, il faut $0^m,01$ de pente. Pour les croisements de voie, on ne met pas ordinairement d'aiguilles : on dispose une plaque de fonte avec des entrées de voies, et les rouleurs soulèvent l'arrière du chariot pour engager les roues de devant dans la voie qu'ils veulent suivre.

Le grand avantage des chemins de fer ainsi construits est d'abord d'être en harmonie avec les dimensions de toutes les galeries et de convenir également aux diverses parties d'une mine ; en second lieu, de pouvoir se démonter et se remonter rapidement, de manière à faciliter le déplacement des voies à mesure que les chantiers d'abatage avancent et se déplacent.

Ces chemins de fer économiques conviennent pour les percements et pour les mines métalliques ou autres qui n'ont à effectuer que des transports peu importants. Mais dans une exploitation dont les transports atteignent un chiffre élevé, le point de vue change d'une manière complète. L'économie ne doit plus être cherchée dans les frais de premier établissement, mais dans les frais d'entretien. Dès lors, la voie doit être établie plus solidement.

Les rails les plus en usage pèsent de 6 à 9 kilogrammes, leur forme est exactement celle des rails employés pour les chemins de fer du jour. Pour les houillères, on préfère des rails en acier.

Les traverses, en bois ou en fer, sont établies dans les conditions qui peuvent présenter les meilleures garanties de stabilité, conditions que l'on met en première ligne. Un roulage qui s'élève seulement à 100 tonnes exige, en effet, le passage de deux à trois cents wagons par jour, avec retour à vide, et la traction de ce matériel ne peut être régulière et économique que si la voie conserve la précision de pose qu'on a cherché à obtenir.

Les formes des rails et des traverses sont d'ailleurs des éléments tellement connus aujourd'hui, que nous renverrons aux traités spéciaux ; les chemins de fer de mine ne se distinguent en réalité, de ceux qui sont établis à la surface, que par leur voie réduite.

Dans les galeries les plus étroites et pour de faibles transports, la voie est de 0^m,50; elle est ordinairement de 0^m,60 dans nos mines du Nord. Dans quelques exploitations du Centre, où les galeries sont larges, on la porte à 0^m, 80.

La principale difficulté de l'application des chemins de fer dans les mines résulte des courbes qui souvent ne peuvent avoir que quelques mètres de rayon pour le croisement des galeries; c'est par la construction des chariots qu'on s'est efforcé de surmonter cette difficulté.

Il y a dans les wagons de mine deux parties très-distinctes : la caisse et le train.

La caisse, en bois ou en tôle, détermine la charge, qui varie entre 300 et 600 kilogrammes.

Dans les mines où l'on se sert encore de bennes d'extraction, le wagon est quelquefois un simple *truc* ou plate-forme qui reçoit une ou plusieurs bennes.

Ce dernier mode a précédé l'usage des wagons ou berlines que l'on élève jusqu'au jour; il avait déjà l'avantage d'éviter les transbordements, qui, outre les frais qu'ils occasionnent, donnent souvent lieu, pour la houille par exemple, à un notable déchet.

Peu importe, d'ailleurs, le mode de construction adopté pour les caisses ou les plates-formes, les dispositions qui ont pour but la circulation dans les courbes ne devant porter que sur la construction du train.

Ce train est composé de quatre roues en fonte ou en fer, avec rebord intérieur. Leur diamètre moyen est de 0^m,25 à 0^m,30 et la saillie du rebord de 0^m,02.

Lorsque les roues sont calées sur des essieux qui tournent dans des boîtes, comme dans les grands chemins de fer, il faut, pour franchir aisément des courbes de 2 à 3 mètres de rayon, que l'écartement des essieux, mesuré d'axe en axe, ne passe pas 0^m,40. Cet écartement peut être porté à 0^m,70 si les roues tournent sur les essieux, ou bien si elles sont calées sur quatre essieux, chaque roue ayant un essieu particulier, de telle sorte que, dans l'un et l'autre cas, les roues puissent prendre des vitesses différentes.

Le jeu entre le rail et le rebord doit être de $0^m,005$. Dans ces conditions, les essieux fixes, convenablement espacés, peuvent être adaptés à presque tous les cas de circulation souterraine.

Quand il s'agit d'établir un transport actif, une des questions les plus importantes est le rapport du poids mort au poids utile. On sait que, dans les voitures de terre, ce rapport varie de 0,27 à 0,38 du poids total; dans le traînage des mines, il est ordinairement de 0,25.

Pour les divers cas de roulage souterrain, il a été établi dans les conditions suivantes :

	Poids mort.	Poids utile.	
Plates-formes portant 4 bennes.	345	600	kilogrammes.
2 —	340	400	—
Wagons à caisse fixe............	180	500	—
— à bascule...............	355	750	—

Le poids mort est donc, pour ces divers cas, 0,37, 0,45, 0,28, 0,32 du poids total.

Dans la construction des wagons de mine, on s'efforce de réduire les dimensions des bois et des fers au strict nécessaire, mais cependant il importe de conserver les conditions d'une grande solidité.

Les chemins de fer souterrains sont placés généralement dans des bouveaux ou dans des galeries d'allongement dont les pentes sont peu sensibles. Lorsqu'on veut les employer dans les galeries qui suivent l'inclinaison et qui offrent des pentes de 10,20 degrés et au delà, on doit les établir sous forme de *plans automoteurs*.

Les wagons circulent sur ces plans au moyen d'un câble passant sur une poulie, ce qui permet de remonter un wagon vide en faisant descendre le wagon plein. Sur l'axe de la poulie, est placé un frein qui permet à l'ouvrier de régler la vitesse de la descente.

Pour faire remonter de fortes pentes à des wagons pleins, cas fort rare en dehors de l'exploitation en vallée, on peut se servir de chevaux marchant sur une galerie de niveau et tirant la charge au moyen d'une poulie de renvoi; l'effet utile du cheval n'est ainsi diminué que dans une faible proportion.

La forme et les détails de construction des wagons ont une influence marquée sur l'effet utile obtenu ; aussi tous les détails de leur construction doivent-ils être étudiés avec un soin spécial.

La forme détermine la capacité du wagon, ainsi que la répartition de la charge, qui rend les déraillements plus ou moins rares; les détails de construction influent sur la facilité du roulage, sur sa rapidité, sur la facilité de tourner partout où cela est nécessaire, de charger et de vider le charbon, enfin sur la durée et les réparations.

Les formes et conditions de construction des wagons de mine sont sujettes à de grandes variations, chaque ingénieur ayant fait construire son wagon d'après ses idées personnelles. Aucune règle ne fixe, par exemple, la capacité de la caisse, et par conséquent le poids transporté, bien que la pratique ait conduit à des conditions peu différentes.

Théoriquement, un wagon doit être aussi grand que le comportent la voie et les dimensions des galeries, afin que le poids mort se trouve aussi réduit que possible.

Pratiquement, il faut que le wagon chargé reste maniable par un seul rouleur; il faut que sur les plaques de virage, le rouleur puisse le faire tourner; qu'à l'envoyage et à la recette il puisse être rapidement encagé ou décagé; il faut enfin que, dans le cas d'un déraillement, il puisse être facilement remis sur la voie.

On trouvera dans les atlas du *Matériel des houillères* cet historique des wagons de mine et tous les détails de construction par lesquels ont passé les ingénieurs; nous nous contenterons de donner ici les types les plus actuels auxquels ils ont été conduits.

A Anzin, une commission d'ingénieurs spécialement chargée d'étudier les wagons employés en France, en Belgique, en Angleterre et en Allemagne, a conclu en faveur du wagon dessiné *planche* LIV.

La caisse est en tôle, rectangulaire, d'une longueur de $1^m,10$, sur une largeur de $0^m,78$ et une profondeur de $0^m,57$; elle jauge 5 hectolitres.

Les essieux, en fer fin grain, cémenté, sont droits; ils tournent dans des coussinets en acier qui laissent beaucoup de jeu dans tous les sens. Ces coussinets sont maintenus par deux cornières transversales qui, en même temps, consolident le fond de la caisse.

Chaque essieu porte une roue *folle* tournant sur l'essieu et une roue *fixe* clavetée; ces roues sont alternées, de telle sorte qu'on évite tout glissement dans les courbes à petit rayon que ces wagons doivent parcourir; les deux roues d'un même essieu peuvent en effet prendre des vitesses différentes.

On a fait, à cette occasion, l'essai des roues en fer. Ces roues, figurées sur le dessin, sont plus légères que les roues en fonte et moins exposées à casser; pour les dimensions indiquées, de $0^m,28$ de diamètre à la jante, elles pèsent 8 kilogrammes, tandis que les roues en fonte pèsent 13 kilogrammes. Aujourd'hui on emploie même des roues en acier.

Le poids total du wagon d'Anzin est de 210 kilogrammes avec roues en fonte, et de 190 kilogrammes avec roues en fer. Leur prix de revient est de 96 francs avec roues en fonte et de 102 francs avec roues en fer.

Le graissage se fait à la brosse, avec une graisse semi-fluide.

Le tableau ci-après complète les détails de la construction, précisés par la *planche* LIV.

BERLINES DE 5 HECTOLITRES.

Capacité métrique : 484 litres.
Épaisseur des tôles : { Fond, 0^m,004.
{ Parois, 0^m,002.
Cornières : poids, 3 kilogrammes le mètre courant.
Fer du cadre supérieur : 3^k,850 le mètre courant.
Coussinets et broches en acier.
Roues en fer forgé, étampé, d'une seule pièce, pesant 8 kilogrammes l'une.
Poids total de la berline avec roues en fer, 190 kilogrammes.
Ruils Vignoles, de 6 kilogrammes le mètre courant, fixés par des crampons sur des traverses en bois.

Les berlines construites dans ces conditions et mises en service ont donné toute satisfaction.

Il est à remarquer que la compagnie d'Anzin, après une longue expérience, a été amenée à renoncer aux roues *patent*, ces roues étant plus coûteuses, sous le double rapport de la construction et de l'entretien.

Dans les houillères du Pas-de-Calais, on préfère généralement la caisse en bois, qui est plus facile à réparer; elle pèse 110 kilogrammes et charge environ 400 kilogrammes.

Dans le bassin de la Loire, beaucoup d'exploitations ont conservé la *benne à roulettes*. La *planche* LIV représente celle qui a été adoptée par M. Max. Evrard à la Chazotte, avec quelques perfectionnements introduits dans le train.

Ces perfectionnements résultent de l'adoption des roues *patent* dites *roues Pagat*, détaillées figure 5.

Ces roues, en fonte, sont trempées à la jante, au moyen d'une coquille spéciale dont l'action réfrigérante ne s'exerce que sur la partie indiquée comme devant être trempée, de telle sorte que la roue, bien que de très-petite dimension, ne se brise pas au retrait.

La boîte à graisse contient une rondelle tournée, placée à l'avance dans le moule. Lorsqu'on monte la roue, l'essieu traverse cette rondelle que l'on maintient en place au moyen d'une goupille introduite par les trous de graissage. Ces trous sont grands et bouchés simplement au moyen de bouchons en liège qui y sont forcés à l'aide d'un petit appareil identique à celui qui est employé pour boucher les bouteilles (fig. 4).

Le graissage se fait à la graisse concrète, introduite au moyen d'un injecteur. L'essieu, en s'échauffant un peu, fond la graisse, qui se débite ensuite avec lenteur, de telle sorte que le graissage peut, sans inconvénient, n'être fait que deux fois par semaine.

D'après les chiffres communiqués par M. Evrard, la boîte Pagat, une fois remplie de graisse, suffit pour un parcours de 16 kilomètres. Chaque roue renferme 128 grammes de graisse, ce qui porte la consommation par roue et par kilomètre à 8 grammes, soit pour les quatre roues d'un chariot, à 32 grammes; cette graisse coûte 52 francs les 100 kilogrammes; les frais de graissage par tonne et par kilomètre sont par conséquent, de 0 fr. 0455.

La *planche* LIV précise les détails de construction de ce système, ainsi que ceux de la benne roulante, qui n'a d'ailleurs pour elle que la simplicité et l'économie de sa construction; la charge est trop faible pour que les rouleurs puissent obtenir un grand effet utile.

Aux mines de Blanzy, lorsqu'on renonça aux bennes roulantes de 12 hectolitres, l'étude du wagon dut être faite et expérimentée *à priori*, sans qu'aucun précédent pratique vînt recommander tel ou tel mode de construction. Cette étude conduisit au type représenté *planche* LV, la voie de $0^m,80$ ayant été conservée.

La caisse est rectangulaire, avec une légère rentrée pour les roues ainsi qu'il est indiqué; elle charge 600 kilogrammes de charbon et pèse 230.

Les roues tournent sur les essieux avec graissage à l'huile, et les essieux tournent eux-mêmes dans des boîtes-empoises fixées sur la caisse, de telle sorte que dans les courbes et dans le cas d'un graissage défectueux des fusées, la traction se fasse toujours aussi facilement.

On remarquera sur les détails du train (fig. 11 et 12) la forme ovale des boîtes-empoises fixées sur la caisse, forme qui permet aux roues de rester sur les rails, quelles que soient les inégalités de la voie et les positions inclinées que peut prendre le train.

Des rondelles mobiles et graissées règlent l'écartement des roues, en laissant cependant une certaine élasticité à cet écartement.

Il résulte de ces dispositions que les déraillements, si fréquents sur les voies souterraines qui sont souvent irrégulières et ondulées, ne se produisent que rarement dans les mines de Blanzy.

L'élévation de la charge à 600 kilogrammes a été facilement obtenue, à cause de la largeur de la voie ($0^m,80$) et des grandes dimensions des galeries de roulage.

Cette charge est un maximum pour les wagons-berlines. Elle est évidemment favorable aux conditions du roulage souterrain, car, malgré les perfectionnements qu'une longue pratique avait permis d'apporter à la construction des bennes roulantes de 12 hectolitres, l'effet utile obtenu par les berlines représentées *planche* LV avec charge de 600 kilogrammes, a été notablement supérieur à ce qu'il était avec des charges de 1,000 kilogrammes.

TRACTION SUR LES CHEMINS DE FER SOUTERRAINS.

Les moteurs généralement employés sont l'homme ou le cheval. Il y a vingt-cinq ans, la traction était faite d'une manière presque exclusive par des ouvriers spéciaux dits *rouleurs*, surtout par les jeunes gens de quinze à dix-huit ans, dits *hercheurs* dans les mines du Nord.

Il en résultait, vu les distances à parcourir, un personnel très-nombreux affecté à ce service.

Ainsi, dans les mines du Nord, pour un personnel de

100 mineurs ou piqueurs à la veine et de 27 mineurs au rocher, on employait, en 1840, 156 hercheurs; c'est-à-dire un personnel plus considérable que celui qui était employé à l'abatage.

Cette proportion déjà énorme tendait à s'accroître par les longueurs de plus en plus considérables que l'on donnait aux chassages, et le recrutement des hercheurs serait devenu impossible, lorsqu'on eut l'idée d'appliquer les chevaux sur les grandes lignes de traction en costresses ou bouveaux, laissant les hercheurs pour le service des voies secondaires.

Aujourd'hui, pour le même nombre de mineurs, 100 à la veine et 27 au rocher, on emploie 40 hercheurs, 5 chevaux et 5 conducteurs.

Cette simplification du personnel a été l'origine d'une véritable transformation, et la production d'un même puits d'extraction se trouvant dégagée des difficultés du transport, a pu être immédiatement plus que doublée.

Les chevaux sont généralement employés à traîner des convois de quinze à vingt wagons, sur des parcours de 500 à 1,000 mètres.

A l'époque de cette nouvelle organisation, des essais nombreux ont été faits pour apprécier les conditions économiques du roulage souterrain et comparer l'effet utile des hommes et des chevaux. Le tableau ci-joint indique les résultats obtenus par M. de Bracquemont pour le roulage qu'il organisa dans les mines de Vicoigne.

Les chevaux destinés au service des mines, surtout pour les houillères du Nord dont les galeries sont généralement basses, doivent être choisis dans les plus petites races, de manière à passer facilement sous les chapeaux du boisage fixés à $1^m,75$ au plus au-dessus de la voie; il faut tenir compte de cette taille très-réduite des chevaux, pour bien apprécier les chiffres d'effet utile mentionnés dans le tableau de M. de Bracquemont.

Comparaison des effets utiles obtenus par les chevaux et les hercheurs

POUR LE TRANSPORT SOUTERRAIN DANS LES MINES DE VICOIGNE.

1	2	\multicolumn{6}{c}{TRANSPORT INTÉRIEUR EFFECTUÉ AVEC UN CHEVAL.}	\multicolumn{7}{c}{TRANSPORT PAR HERCHEURS.}
		\multicolumn{3}{c}{POUR LA JOURNÉE DE TRAVAIL D'UN CHEVAL.}	\multicolumn{2}{c}{PENDANT UN MOIS DE TRAVAIL.}	EFFET UTILE		\multicolumn{4}{c}{POUR LA JOURNÉE de travail d'un hercheur}			
LONGUEUR DU PARCOURS en mètres.	CHARGE par voyage pour un cheval en kilogrammes.	NOMBRE de voyages.	ESPACE EN M. parcouru à charge.	NOMBRE de bennes roulées.	NOMBRE de bennes roulées.	DÉPENSES de son cheval et conducteur.	EFFET UTILE du cheval en kilog. transportés à 1000 m. par journée de travail.	NOMBRE de tiernes de 35 m. ou 40 m.	NOMBRE de hercheurs employés pour rouler par jour le nombre de bennes indiqué.	NOMBRE de voyages.	NOMBRE de bennes roulées.	ESPACE EN M. parcouru à charge.	COUT du transport par mois pour rouler, par hercheurs, le nombre de bennes indiqué.	EFFET UTILE par jour d'un hercheur en kilog. transporté à 1000 m.	DIFFÉRENCE en économie réalisée par mois avec un cheval, en comparant son travail au même travail fait par des hercheurs.
100	(232 k. 70 de charbon) Total, 2780 k. La benne d'extraction contenant 7 h. 80, chaque voyage en représente 3. 75. Onze chariots d'une capacité de 2 h. 66	26	2600	97,50	2535	130f 10 Cheval...... 2 fr. 50 par jour. Conducteur, 2 fr. 30 Le dimanche 1 fr. 15	7 228	2,86	4,00	74,40	24,47	7346	217f 35	1 132	777 95
150		24	3600	90,00	2340		9 808	4,28	5,50	49,05	16,35	7356	300 30	1 856	160 90
200		21	4200	78,75	2047		11 676	571	6,42	36,48	12,26	7356	350 70	1 858	211 30
250		20	5000	75,00	1950		13 900	7,14	7,54	29,43	9,81	7356	417 58	1 858	278 18
300		19	5700	71,25	1872		15 846	8,17	9,17	24,93	8,31	7356	481 32	1 858	341 93
350		18	6300	67,50	1755		17 314	10,00	9,64	21,00	7,00	7356	522 47	1 858	386 07
400		17	6800	63,75	1657		17 904	11,42	10,40	18,39	6,13	7356	567 65	1 858	428 05
450		16	7200	60,00	1560		20 017	11,42	11,00	16,35	5,45	7356	601 23	1 858	461 83
500		15	7500	56,25	1462		20 850	12,83	11,47	14,70	4,90	7390	626 74	1 858	487 34
600		14	8400	52,50	1365		23 352	14,28	11,37	13,98	4,66	8400	614 25	1 858	474 85
700		13	9100	48,75	1267		25 298	15,00	12,19	12,00	4,00	8400	665 17	2 122	525 77
800		12	9600	45,00	1170		26 688	17,50	12,85	10,50	3,50	8400	701 82	2 122	562 42
900		11	9900	41,25	1072		27 529	20,00	13,26	9,33	3,11	8400	723 40	2 122	584 00
1000		11	11000	41,25	1072		30 580	22,50	13,45	8,40	2,80	8400	803 77	2 122	664 37
1200		11	13200	41,25	1072		36 696	25,00 30,00	17,70	6,99	2,33	8400	964 54	2 122	825 14

Pour apprécier les conditions économiques des transports tels qu'ils sont définis par ce tableau, on tiendra compte des observations suivantes :

Le service d'extraction se faisait à cette époque par bennes de $7^h,80$; le service de roulage par petits wagons d'une capacité de $2^h,66$.

Jusqu'à 525 mètres les hercheurs étaient payés par tâche dite *tiernes*, à raison de 2 fr. 10 par relais de 35 mètres, pour rouler le contenu de soixante-dix bennes de la capacité de $7^h,80$. Au-delà de 525 mètres, les relais étaient de 40 mètres l'un, sur toute la longueur du parcours.

Le roulage se faisait partie par chevaux et partie par hercheurs; sur 800 mètres de parcours, on donnait, par exemple, 500^m aux chevaux, 300 aux hercheurs. Les hercheurs roulaient sur ces 300 mètres la tâche ordinaire. Cependant à la fosse n° 1 on avait dû mettre les tiernes à 30 mètres, pour neuf tailles à desservir sans plans inclinés; tandis qu'à la fosse n° 2, où il y avait seize tailles, les hercheurs roulaient sur neuf relais avec 35 mètres, et gagnaient leur journée en neuf heures.

Aujourd'hui, avec des wagons de plus grande capacité, on peut obtenir des chevaux un effet utile encore supérieur à celui qui est indiqué par le tableau de M. de Bracquemont; mais ces chiffres, établis au moment de la substitution des chevaux aux hercheurs, ont l'avantage de mieux mettre en évidence l'économie et la simplification qui furent réalisées à cette époque.

Les chiffres qui précisent l'effet utile des rouleurs ou hercheurs varient dans des limites très-étendues, ces différences résultant du tracé des voies. Ainsi, lorsque les transports s'effectuaient par des hommes, sur les grandes lignes en chassages ou en bouveaux, des hommes vigoureux entreprenaient la traction et arrivaient à obtenir, sur des voies bien tracées et bien entretenues, un effet utile de 5,000 et 5,500 kilogrammes transportés à 1 kilomètre.

Aujourd'hui les rouleurs ne sont plus employés que sur les lignes accessoires qui mènent aux plans inclinés, et sur les petits bouveaux qui raccordent les tailles prises dans différentes couches. Bien que ces galeries soient tracées sans contre-pentes, elles sont souvent étroites et sinueuses, la voie n'y est pas très-solide et l'on n'y emploie que des jeunes gens de quatorze à dix-huit ans. L'effet utile doit nécessairement baisser proportionnellement aux difficultés qu'elles présentent.

Cet abaissement est encore bien plus considérable lorsqu'il existe des voies inclinées.

Ainsi, dans la méthode montoise, les voies *tiernes* ou sur *quartier* qui, des tailles, conduisent à la voie de roulage inférieure, sont souvent inclinées de $0^m,10$ par mètre. Cette inclinaison est dans le sens des wagons pleins; mais, pour les descendre, le rouleur, dit *sclauneur*, est obligé d'enrayer une ou deux de ses roues, de manière à les faire glisser sur les rails. Au retour, il doit déployer des efforts considérables pour remonter son wagon vide sur ces pentes rapides. Dans ces conditions, bien que le sclauneur soit pris parmi les ouvriers les plus vigoureux, l'effet utile tombe à moitié de ce qu'il est pour les hercheurs employés suivant la méthode des gradins en chassages.

C'est en comparant les conditions si diverses des roulages qui conduisent les produits de l'abatage depuis les tailles jusqu'aux voies à chevaux, que l'on peut apprécier les différences qui existent entre les méthodes d'exploitation applicables à une même couche.

A Charleroi, par exemple, les roulages sont faits sur des voies droites, dont la pente est d'environ $0^m,005$ en faveur de la charge, par des jeunes filles hercheuses dont l'effet utile atteint facilement 1,500 kilogrammes transportés à 1 kilomètre; à Mons, un homme vigoureux a de la peine à atteindre ce chiffre.

Dans nos mines du Centre et du Midi, les chiffres d'effet utile sont très-variables, suivant que dans les trajets à parcourir, les voies sont horizontales ou à faibles pentes dans le sens de la charge, ou bien suivant qu'il existe de fortes pentes et quelquefois même, des contre-pentes.

En prenant des conditions moyennes, les chiffres d'effet utile peuvent être appréciés d'après le tableau suivant :

DÉSIGNATION.	HERCHEUR à Anzin.	ROULEUR à Blanzy	ROULEUR à la Chazotte	SCLAUNEUR à Mons.	CHEVAL rouleur à Anzin.
Poids du wagon (poids mort).....	180	230	175	105	18 w. de 180 3240
Charge (poids utile)...............	500	600	340	270	9000
Parcours moyen...................	253	150	130	233	746
Nombre de voyages...............	18	32	40	18	6,50
Parcours totale de la charge.....	4454	4800	5200	4194	4849
— du wagon (aller et retour)........................	9108	9600	10400	8388	9698
Total du poids utile transporté...	9000	19200	13600	4860	58500
Effet utile du rouleur à 1 kilom..	2277	2880	1768	1132	43641

VOIES INCLINÉES.

Le tracé des voies de roulage est généralement étudié et établi de telle sorte que les galeries de direction ou costresses des différents niveaux, soient raccordées entre elles, par des voies inclinées qui suivent le pendage du gîte. Les wagons chargés descendent ces voies inclinées au moyen de *plans automoteurs*.

Lorsque l'inclinaison est faible, les wagons doivent être retournés en haut et en bas du plan, pour être engagés sur les voies, mouvements qui se font sur des aires couvertes de plaques de fonte.

Lorsque l'inclinaison est forte, on évite cette manœuvre en recevant le wagon à descendre sur un *porteur*, sorte de *truc* en bois ou en fer, dont la base suit l'inclinaison du plan, tandis que la surface présente des rails horizontaux. Le wagon est reçu sur ce *truc-porteur* et descendu devant les rails de la voie inférieure sans avoir besoin d'être retourné.

Cette disposition permet de simplifier et d'accélérer les manœuvres ; elle est indispensable pour les plans où les transports doivent être très-actifs.

Lorsque l'inclinaison dépasse 45 degrés, les porteurs sont disposés en forme de cages dans lesquelles les wagons sont encastrés de manière à ne pouvoir en sortir pendant la manœuvre.

Toutes ces dispositions et constructions sont des plus simples, et, pour en éviter les détails trop minutieux, nous renvoyons aux atlas du *Matériel des houillères*.

Dans quelques cas, on est amené par les conditions des travaux, à effectuer les transports automoteurs verticalement, au moyen de bures spéciaux.

Les voies de fer sont alors remplacées par une *balance*, c'est-à-dire par le mouvement alternatif de deux cages, le wagon plein entraînant le wagon vide et le mouvement étant régularisé par un frein.

Une balance fonctionne dans des conditions convenables jusqu'à la profondeur de 50 et 60 mètres, qui est en général la hauteur d'un étage. Au-delà, le poids des câbles rend la manœuvre difficile et incertaine. Le poids du wagon plein étant progressivement surchargé à la descente par la pesanteur du câble qui se déroule, il devient de plus en plus difficile de maîtriser l'accélération de la descente et d'éviter les chocs et les accidents qui peuvent en résulter pour les trop grandes profondeurs.

En résumé, les transports souterrains sont toujours combinés de telle sorte que les différences de niveau soient rachetées par des *plans automoteurs* ou par des *balances automotrices*, et l'on doit éviter autant que possible tout transport en remonte.

Supposons cependant, dans une couche de houille faiblement inclinée, une costresse horizontale d'une grande longueur. On peut embrancher sur cette costresse, une voie inclinée descendante qui découpera dans la partie inférieure un triangle très-allongé représentant un massif à exploiter. Ce massif pourra être enlevé avec la seule condition onéreuse de remonter par chevaux tous les produits de l'abatage sur la voie inclinée.

Ce massif triangulaire une fois exploité, on pourra en enlever un second, à l'aide d'une seconde voie de roulage prise en arrière ou en avant de la première ; et ainsi de suite, en procédant par des voies parallèles descendantes et sur quartier.

Un cheval remontera assez facilement une pente de $0^m,05$ par mètre, qui au bout de 100 mètres ne dégagerait encore qu'une zone de 5 mètres de hauteur verticale jusqu'à la costresse supérieure. Il faut dans ce cas une distance de 200 mètres pour obtenir une taille de 10 mètres.

Les voies descendantes, dans des couches peu inclinées, peuvent ainsi dégager les massifs à exploiter, mais il ne faut pas se dissimuler qu'au point de vue des transports, le travail du cheval sera pénible et mal employé.

A Sarrebruck, la faible inclinaison et la régularité des couches permettent de lancer ainsi des galeries diagonales en descente à plus de 1 kilomètre, de manière à dégager des tranches assez étendues. On a donc fait un grand usage de ce mode de traction, qui, se développant de plus en plus, a conduit à l'adoption des roulages mécaniques.

Le mode d'exploitation *en vallée* par galeries diagonales ou par descenderies suivant l'inclinaison devient plus rationnel au moyen de ces roulages mécaniques, parce qu'il diminue l'étendue des galeries à entretenir.

C'est ainsi que dans beaucoup de houillères en Angleterre, une machine à vapeur, placée en tête d'une descenderie, remonte les trains de wagons formés dans les costresses qui y débouchent.

Il n'est guère possible d'indiquer aucune proportion entre les galeries desservies par les hercheurs, les plans inclinés automoteurs et les galeries desservies par des chevaux.

Le transport d'un chariot, d'une taille à l'accrochage, est un transport complexe; la proportion des divers éléments y est déterminée par l'allure du gîte et par la méthode d'exploitation. Le prix de revient sur ces voies diverses comprend les hercheurs, les manœuvres, les chevaux avec leurs conducteurs et palefreniers.

Pour calculer les frais d'un transport souterrain, il suffit donc de calculer les frais de main-d'œuvre et les dépenses du matériel en frais immédiats et amortissement.

Nous avons présenté ce calcul complet dans le supplément au *Matériel des houillères* (1865) pour deux fosses du charbonnage dit *Nord de Charleroi;* les conditions de ces roulages sont résumées par le tableau suivant :

	Effet utile des hercheurs à 1 000 mètres.	Coût d'une tonne transportée à 1 000 mètres.	Effet utile des chevaux	Coût d'une tonne transportée à 1 000 mètres.
Puits n° 3...	2 702 kilog.	0f,67	30 268 kilog.	0f,233
— n° 4...	2 269 —	0 ,79	27 694 —	0 ,210

On voit que les prix de revient de l'ensemble du service par chevaux et hercheurs, sont très-différents pour ces deux puits bien que l'exploitation procède par la même méthode.

A la fosse n° 3 — la proportion des divers modes de transport étant : 37,7 pour 100 par hercheurs; 6,8 pour 100 par plans inclinés; 55,5 pour 100 par chevaux — le transport total a coûté 0 fr. 614 par tonne et par kilomètre;

A la fosse n° 4 — la proportion des divers modes de transport étant : 20 pour 100 par hercheurs; 2,5 pour 100 par plans inclinés; 77,5 pour 100 par chevaux — le transport total coûtait 0 fr. 350 par tonne et par kilomètre.

Ainsi, malgré un effet utile sensiblement moindre pour les hercheurs et les chevaux, ce qui tenait à la différence du matériel, le prix kilométrique des transports était cependant de 40 pour 100 inférieur à la fosse n° 4, comparativement à la fosse n° 3.

Cette différence s'explique d'abord par la plus grande proportion des voies à chevaux dans la fosse n° 4 et en second lieu par le plus grand nombre de plans inclinés au n° 3. En effet, il existait à la fosse n° 3 de nombreux plans inclinés, ayant en moyenne 55 mètres de longueur, tandis qu'au n° 4 tout le service était fait par deux plans ayant chacun 44 mètres de longueur.

Cette comparaison met en évidence les avantages des transports par chevaux et l'importance de la réduction des plans inclinés au strict nécessaire, le service d'un plan exigeant toujours au moins deux manœuvres et un entretien coûteux, que le transport y soit actif ou non.

ROULAGE MÉCANIQUE.

La traction mécanique sur plans inclinés ascendants ou sur voies de niveau peut être organisée en prenant pour moteur :

1° Une machine à vapeur extérieure, placée vers l'orifice du puits, donnant le mouvement à un tambour sur lequel s'enroulent et se déroulent successivement les câbles qui descendent dans le puits, de manière à imprimer un mouvement d'aller et de retour à un train. Les câbles, guidés par des poulies de renvoi et par des galets conducteurs, peuvent prendre toutes les directions des travaux souterrains;

2° Une machine à vapeur intérieure avec chaudières placées soit dans l'intérieur même de la mine, soit à l'extérieur, suivant les convenances locales. Ces machines, placées en tête des lignes qu'elles doivent desservir, sont pourvues de tambours sur lesquels s'enroulent les câbles de traction. Ce système est celui qui est le plus souvent employé en Angleterre; il est appliqué dans beaucoup d'autres mines, notamment dans le bassin de la Sarre;

3° Une machine à air comprimé, dont les conditions de construction se trouvent spécifiées *planche* XLV. Ces machines ont le grand avantage de pouvoir être multipliées et placées au point précis où elles peuvent présenter les meilleures conditions de fonctionnement; elles évitent l'échauffement considérable des travaux qui résulte de l'emploi de la vapeur. Ce qu'elles peuvent perdre comme effet utile est plus que compensé par la simplicité des installations et la sûreté des manœuvres.

La disposition des câbles, leur renvoi, leur guidage, etc., doivent être l'objet d'une étude minutieuse, car de l'exactitude de ces détails dépend la précision du service. Ces câbles sont toujours en fils de fer ou d'acier.

Lorsque la manœuvre se fait sur une seule voie, le câble est double et sans fin, attaché au premier wagon en tête du train et au dernier qui est en queue. Des poulies placées vers le faîte de la galerie servent de guide à la *corde-queue* attachée au dernier wagon.

Lorsque le train des wagons pleins est arrivé, on lui substitue dans le câble sans fin, un train de wagons vides, qu'un mouvement inverse ramène à destination. Il faut donc dans ce cas une double manœuvre par train amené.

Lorsqu'on peut avoir deux voies, condition indispensable pour les plans inclinés, un train vide descend sur l'une de ces voies, pendant que sur l'autre un train de pleins est remonté; la manœuvre complète exige par conséquent moitié moins de temps.

Le développement du roulage mécanique dans les houillères anglaises est l'expression la plus marquée de la supériorité des conditions naturelles des gîtes ; il faut en effet, pour pouvoir établir ces roulages, une grande régularité d'allure sur toute l'étendue du champ d'exploitation, et des terrains solides qui permettent d'y établir de larges galeries avec chemins de fer stables. Or, ces conditions, ordinaires dans les bassins de Newcastle, du Lancashire, du Yorkshire, du pays de Galles, sont exceptionnelles dans la plupart de nos bassins houillers ; les gîtes accidentés, les fortes inclinaisons, les plis et les failles, les roches brisées et ébouleuses qui forment si souvent le toit des couches, sont des obstacles presque insurmontables pour l'établissement des voies solides et par conséquent des systèmes funiculaires qu'exige le roulage mécanique. Cependant les ingénieurs belges et français ont étudié ces roulages et beaucoup ont cherché l'occasion de les appliquer.

Lorsqu'on veut comparer le roulage mécanique au roulage ordinaire de nos mines, on prend presque toujours pour terme de comparaison, celui qui est effectué par des hommes. C'est cependant commettre une erreur. Les roulages de 500 à 1,000 mètres pour lesquels on peut songer à l'application des machines, sont partout desservis par des chevaux, dans des conditions avantageuses ; et pour que les machines y soient utiles, il faut qu'elles puissent obtenir une économie nouvelle sur ce service.

Or il est une autre condition qui joue ici un rôle important, c'est le tonnage que l'on peut faire passer sur la voie. En Angleterre, les chantiers qui communiquent avec une galerie à roulage mécanique, peuvent en général produire des quantités bien plus considérables qu'en France. Les roulages mécaniques sur voies de niveau, sont, par cette seule considération, écartés dans le plus grand nombre de nos mines ; l'intérêt réel est dans l'application de la traction mécanique aux exploitations en vallée.

On trouve dans les mines anglaises des exemples de traction mécanique dans des galeries sinueuses ou même croisées à angle droit, sur des pentes variables interrompues par des lignes horizontales. Les câbles sont conduits suivant ces lignes sinueuses ou brisées par des poulies de renvoi, et l'on a pu citer dans les houillères de Hetton, Hilda, etc., des lignes de traction de 2 kilomètres. Les trains sont composés de trente à soixante wagons, dont la capacité varie de 4 et demi à 7 hectolitres ; les vitesses obtenues sont de 2 à 4 mètres par seconde.

Pour obtenir le mouvement sur ces grandes lignes, on emploie des câbles en fil de fer ou d'acier de $0^m,02$ à $0^m,025$ de diamètre.

La *planche* IX indique le tracé d'une traction organisée à Eppleton-Colliery. La voie mère est une vallée à laquelle aboutissent des costresses horizontales.

Nous chercherons à spécifier les détails de construction des systèmes de traction mécanique employés dans les divers bassins de l'Angleterre.

Ces systèmes de traction, au nombre de trois, sont :

1° Le système de Newcastle ;

2° Le transport par corde sans fin ;

3° Le transport par chaîne flottante.

Le premier système de traction, d'un emploi général dans le bassin de Newcastle, est celui qui s'adapte le mieux aux conditions ordinaires des voies souterraines dans nos houillères.

En France, les voies principales des mines, soit en bouveaux, soit en chassages, sont généralement tracées avec de faibles pentes dans le sens du transport ; elles sont raccordées par des courbes à petit rayon et présentent elles-mêmes, surtout lorsqu'elles sont prises en direction, des ondulations et par conséquent des courbes assez nombreuses. Leur largeur ne permet que l'établissement d'une seule voie, la nature ordinairement peu solide du toit nécessitant des boisages renforcés et d'un entretien coûteux, toutes les fois qu'il est nécessaire d'établir une seconde voie pour croisement ou garage.

Dans ces conditions d'établissement des voies, supposons un train de vingt ou trente wagons chargés, formé à l'extrémité d'un chassage et devant être traîné vers l'accrochage du puits d'extraction. Un tambour, convenablement disposé et mis en mouvement, pourra opérer cette traction à l'aide d'un câble en fil de fer ou d'acier, d'environ 0 ,02 de diamètre. Ce câble sera conduit suivant les sinuosités des galeries à l'aide de galets et de poulies de renvoi qui le guideront partout où cela sera nécessaire ; il est désigné sous la dénomination de *corde-tête*.

Mais le train de wagons pleins, une fois rendu à destination, c'est-à-dire amené sur une voie spéciale, dans la gare de l'accrochage, doit être remplacé par un train de wagons vides qui sera renvoyé dans la gare de formation. C'est alors qu'intervient le second câble ou *corde-queue*.

Ce second câble, enroulé sur un tambour spécial et attaché à la queue du train, en a suivi le mouvement en se déroulant ; il est de même guidé et soutenu par des roulettes et des poulies de renvoi. A la gare de l'accrochage, il est décroché du train des pleins et attaché en queue des trains vides. Il en est de même de la *corde-tête*, qui est détachée du train arrivé et attachée en tête du train des vides.

Le mouvement étant renversé, le tambour de la *corde-queue*, qui était débrayé du moteur et avait simplement obéi au mouvement de déroulement, est embrayé et devient tambour moteur ; tandis que le tambour de la *corde-tête* est à son tour débrayé et devient fou. Le mouvement inverse est donc obtenu et le train des vides est ramené par la corde-queue en gare de formation, d'où les wagons sont distribués et conduits vers les tailles par les rouleurs.

Les trains pleins ou vides sont ainsi mis en mouvement

alternatif, soit par la corde-tête, soit par la corde-queue; ils sont placés successivement entre les deux câbles, dont l'un s'enroule pendant que l'autre se déroule, tantôt dans un sens, tantôt dans l'autre.

La construction du moteur destiné à déterminer ces mouvements de traction est d'ailleurs très-simple. Une machine motrice, soit à un cylindre, soit à deux cylindres conjugués, active dans le sens convenable deux tambours successivement embrayés et débrayés.

La seule difficulté est l'agencement des câbles, qui suivent toutes les inflexions des galeries en restant maintenus par leurs guides. On doit en outre avoir prévu et facilité les manœuvres d'attache et de détachement de ces câbles, pour le changement des trains.

Le service de ce double transport se trouve assuré par la disposition du train et des deux câbles, dont l'ensemble constitue, ainsi qu'il vient d'être indiqué, une corde sans fin, entraînée tantôt dans un sens, tantôt dans l'autre.

Le câble qui se déroule doit être livré avec une certaine résistance, afin de rester toujours tendu ; pour cela chaque tambour, lorsqu'il devient fou, est soumis à la pression d'un frein, pression toujours faible, qui n'a d'autre effet que d'empêcher l'accélération du déroulement.

Dans la galerie, la corde-tête est placée près du sol, tandis que la corde-queue est de préférence relevée vers le faîte. Les poulies-guides, disposées de distance en distance et très-rapprochées dans les courbes, seront fixées solidement et la voie pourvue de contre-rails. Les éléments principaux de cette construction sont indiqués *planche* LIX.

Un moteur peut être disposé de manière à opérer la traction sur deux voies différentes, de telle sorte qu'il puisse desservir deux transports simultanés.

Pour cela, il suffit de disposer ce moteur de telle sorte qu'il donne le mouvement à deux tambours de corde-tête et à deux tambours de corde-queue. Lorsqu'on veut obtenir le mouvement simultané des deux transports, les diamètres des tambours devront être calculés de telle sorte que ces deux transports se trouvent exécutés par le même nombre de révolutions du moteur.

C'est ainsi que, dans certaines houillères du bassin de Newcastle, le même moteur remonte sur une voie descendante un train de wagons pleins jusqu'au croisement du bouveau, et conduit un autre train de pleins de ce point jusqu'à l'accrochage. La machine est alors placée vers le point d'intersection du bouveau et de la descenderie.

Dans d'autres exploitations, le moteur est placé près de la gare de l'accrochage, et de là exécute les transports mécaniques sur tout le réseau des voies principales. Nous donnerons quelques détails sur l'application de ce système de traction en citant un exemple.

Le rapport anglais cite comme un des principaux types l'installation de North-Hetton, dont les voies de transport forment deux lignes distinctes : l'une comprenant 4 520 mètres, l'autre 2 660 mètres de voies.

La vitesse moyenne des trains est de 4 mètres par seconde. La machine est à deux cylindres conjugués de $0^m,30$ de diamètre et $0^m,61$ de course. Elle met en mouvement quatre tambours de $1^m, 22$ de diamètre.

La voie a $0^m,71$ de largeur, le rail pesant $10^k,9$ par mètre. Le wagon, *planche* LVII, fig. 1, pèse 254 kilogrammes et charge 410 kilogrammes de charbon.

Les wagons sont employés par *rames* ou trains de trente à soixante, suivant les conditions des voies et suivant les besoins du service. Ce service exige vingt-deux ouvriers.

Le transport n° 1 se compose d'une voie principale avec cinq embranchements; les courbes de raccordement ont, au minimum, 20 mètres de rayon. Le transport n° 2 comprend trois embranchements, deux parallèles suivent à des niveaux différents la direction de la couche; l'autre, suivant une direction demi-tierne ; ce transport est tracé avec courbes de 60 mètres de rayon.

A l'extrémité de chaque embranchement se trouve une gare à deux voies, l'une pour les chariots pleins, l'autre pour les vides.

Les cordes, de 1^m,12 de diamètre, ont 11 110 mètres de longueur. Elles sont guidées par 1 390 roulettes et 14 poulies de renvoi de 1^m,22 de diamètre.

Lorsqu'une corde doit croiser la voie, on la fait passer en dessous des rails.

Les roulettes-guides sont placées de manière à maintenir les cordes-tête près du sol et les cordes-queue plus en l'air et sur beaucoup de points relevées vers le faîte. Ces roulettes (indiquées *Planche* LVII) sont espacées de 6^m,40. Dans les changements de direction, la corde-tête seule suit la courbe, la corde-queue étant déviée par une poulie de renvoi de 1^m,22 de diamètre.

Une condition essentielle est de pouvoir décrocher et accrocher vivement les trains, de manière à perdre le moins de temps possible. Pour cela on emploie divers crochets à charnières avec fermeture par goupilles.

Lorsque la traction doit se faire sur des plans inclinés d'une certaine importance, comme pente et comme longueur, on cherche généralement à prévenir tout accident qui pourrait arriver par suite de rupture de câble. Un train abandonné sur un plan ascendant serait, en effet, précipité et brisé. On dispose à l'arrière du train un arrêt par levier oscillant dit *pied-de-biche;* ce levier est maintenu en l'air tant que la corde-queue est tendue; si elle vient à se détendre par suite d'une rupture de la corde-tête, il retombe aussitôt, s'appuie sur le sol et prévient tout mouvement de recul.

Traction par corde sans fin. — Le système de traction des mines de Newcastle, dit *par corde-queue*, représente, ainsi qu'il a été dit, une corde sans fin, dont fait partie le train intercalé, l'accrochage et le décrochage des trains s'effectuant à la gare de départ ainsi qu'à la gare d'arrivée.

Le système de *corde sans fin* consiste en un câble *continu*, et véritablement sans fin, suivant les deux axes d'une *double voie;* ce câble est enroulé au point de départ, sur une poulie motrice, puis renvoyé, à la station extrême, par une poulie qui le maintient à l'état de tension.

Supposons un câble ainsi tendu, sur une double voie et soutenu suivant l'axe de chacune d'elles par des roulettes convenablement espacées. On pourra accrocher sur le câble des wagons isolés ou réunis en trains, de telle sorte que les pleins soient entraînés dans un sens sur la voie d'appel, et les vides sur la voie de retour.

Pour organiser ce système de transport, on devra déterminer : 1° le câble; 2° le moteur; 3° les moyens d'attache et de dégagement des wagons.

Le câble est un fil de fer ou d'acier, de $0^m,02$ de diamètre, soutenu par des roulettes à gorge, placées à 10 mètres environ de distance. Il est renvoyé à l'extrémité des stations, par des poulies de $1^m,20$ de diamètre.

Le moteur est une poulie horizontale, sur laquelle le câble fait un tour ou deux, de manière à éviter tout glissement; mais de préférence une poulie de *Fowler*, dite *clippulley*, ou poulie à mâchoires.

Cette poulie porte, en effet, une série de mâchoires, disposées de telle sorte que la pression du câble le serre avec d'autant plus de force qu'elle est elle-même plus énergique. La poulie Fowler est représentée *planche* LV, fig. 1, 3 et 4. Son diamètre est $1^m,22$.

Les parties mobiles des mâchoires sont appuyées par le câble sur les parties fixes, de manière à opérer le serrage et à empêcher tout glissement. Cet effet de préhension est généralement augmenté par le croisement du câble indiqué figure 5.

Les poulies Fowler peuvent d'ailleurs être appliquées à toutes les tractions par câbles, et notamment au système de corde-queue; elles ont sur les tambours l'avantage de ne pas déterminer des superpositions de câbles qui changent les diamètres d'enroulement.

Le moteur proportionné au développement des voies, à leurs pentes et au nombre de wagons à traîner, doit naturellement être aussi puissant que pour la traction par corde-queue; ainsi à Shiroaks, dans le Nottinghamshire, un système de cordes sans fin est établi avec un moteur identique à celui de North-Hetton : machine à deux cylindres conjugués de $0^m,30$ de diamètre et $0^m,61$ de course.

Le mouvement est transmis à la poulie horizontale par une paire de roues d'angle, ainsi qu'il est indiqué par la figure 2. Dans cet exemple le mouvement a été disposé de manière à être activé par un système de poulies à friction substitué aux embrayages ordinaires.

Pour attacher et détacher les wagons, on procède généralement par trains. Le conducteur, partant d'une station, saisit subitement le câble avec une pince ou tenaille et maintient la fermeture à l'aide d'une cheville qu'il retire lorsqu'il est arrivé à destination, de manière à ouvrir la tenaille et lâcher la corde au moment convenable.

La manœuvre se fait ainsi d'une manière sûre et par trains de trente wagons au moins, confiés à un conducteur.

Pour le service des plans inclinés, on ne conduit pas les wagons par trains, on les attache isolément avec de simples crochets, dans des boucles ficelées sur la corde tous les 12 ou 15 mètres, ainsi qu'il est indiqué figure 6. Le décrochage se fait très-facilement lorsque le wagon, arrivant sur le palier horizontal, cesse de tendre, par son poids, la chaîne d'attache.

On monte ainsi d'un côté un chapelet de wagons isolés, pleins, tandis que les vides descendent de l'autre côté, et l'on peut obtenir un service régulier et très-actif.

L'emploi de la corde sans fin n'exige pas nécessairement deux voies. On peut opérer avec une seule voie, mais dans ce cas le moteur doit changer le sens du mouvement, suivant que l'on veut amener le train des pleins à l'accrochage ou renvoyer le train des vides aux chantiers d'abatage ; les manœuvres sont à peu près identiques à celles du système de Newcastle, le mode d'attache des trains sur la corde constitue la seule différence.

Dans le cas d'une voie simple, la corde sans fin perd sa raison d'être, d'autant plus qu'elle se prête difficilement aux tracés qui exigent des courbes.

On emploie dans le district de Wigan des cordes sans fin, fortement tendues, en dessous desquelles on place les chariots attachés par deux bouts de chaîne. La corde repose ainsi sur les chariots engagés isolément ou par deux ; et, comme elle peut se déplacer latéralement, les chariots peuvent franchir des courbes très-prononcées, d'autant plus facilement que la vitesse est très-faible. Ce système est une transition au procédé par chaîne flottante. La vitesse de $0^m,50$ à $0^m,60$ par seconde facilite le service des deux chapelets de wagons ; celui des pleins généralement ascendant sur faibles pentes, celui des vides, en descente.

Traction par chaîne flottante. — Les systèmes de corde sans fin ont si peu d'applications, qu'ils peuvent être considérés comme des essais pratiques dans quelques localités, plutôt que comme des systèmes d'un emploi général, comparable à celui de Newcastle. Il n'en est pas de même de la *chaîne flottante*, dont les applications tendent à se multiplier toutes les fois qu'on peut établir deux voies.

Une chaîne est substituée à la corde sans fin. Elle est enroulée sur une poulie motrice horizontale, calée sur l'arbre moteur, avec débrayage. En général, la chaîne fait deux tours sur cette poulie et va passer sur une poulie de renvoi, placée à l'extrémité de la station. Les arbres verticaux qui soutiennent ces poulies sont assez élevés pour que les wagons puissent passer en dessous du câble qui, par sa flexion, vient se poser sur les bords supérieurs des caisses, *planche* LV, fig. 7.

Supposons la chaîne en mouvement et les pentes peu considérables, l'adhérence qui résulte de la pesanteur de la chaîne sur les wagons suffit pour les entraîner, de telle sorte qu'en plaçant un wagon sous la chaîne tous les 15 ou 20 mètres, le mouvement du chapelet s'effectuera, dans un sens pour ramener les wagons pleins à destination, et dans le sens contraire pour ramener les wagons vides au point de départ.

Pour obtenir ce transport simultané des pleins et des vides, il faut nécessairement que les galeries permettent l'établissement d'une double voie.

Dans beaucoup d'exploitations, la chaîne flottante employée au fond est également appliquée pour les transports du jour; la longueur d'une section pouvant dépasser 1 kilomètre.

Dans l'un et l'autre cas, il faut que le service de transport soit assez actif et assez régulier pour que le nombre des wagons soit tel que la chaîne ne puisse jamais porter sur le sol et y être traînée. Cette condition, souvent obtenue dans les houillères anglaises, est rarement possible dans celles du continent.

Lorsque les chemins de fer à desservir par une chaîne flottante, présentent des pentes trop fortes pour que le poids de la chaîne sur les wagons suffise à les entraîner, on dispose sur les cadres en fer qui bordent la partie supérieure des caisses, des fourches qui empêchent la chaîne de glisser. Cet accrochage se défait naturellement lorsque le wagon s'approche de la poulie qui relève la chaîne.

La vitesse des chaînes *flottantes* employées dans les mines varie de $0^m,75$ à $1^m,50$ par seconde.

Les chariots sont toujours isolés, la distance entre eux variant de 10 à 30 mètres.

A Hampton-Valley, exemple cité par la commission des ingénieurs, la chaîne, pesant environ $6^k,50$ par mètre courant, était fabriquée avec des fers de $0^m,015$ à $0,016$ de diamètre. Sa durée a été de douze années, son développement total sur les doubles voies étant de 5 860 mètres. Le transport journalier était en moyenne de 378 tonnes.

Le moteur employé pour les chaînes flottantes est, comme pour les cas précédemment cités de la corde-queue et de la chaîne sans fin, une machine à vapeur à deux cylindres conjugués, de $0^m,31$ de diamètre et de $0^m,61$ de course.

A Saint-Helens, près Liverpool, les transports par chaîne flottante sont continués au jour où ils ont été organisés sur un chemin d'environ 1 400 mètres de parcours desservant deux puits d'extraction. Les dispositions représentées *planche* LV par les figures 8 à 14, indiquent les cas qui peuvent se présenter dans un tracé du fond comme à la surface.

Les wagons (fig. 8) étaient de 5 hectolitres et contenaient 400 kilogrammes de charbon ; ils conduisaient une extraction journalière de 1 200 tonnes, pour les deux puits, à un prix qui ne s'élevait pas à plus de 0 fr. 05 par tonne kilométrique. Ces wagons portent une agrafe qui permet au besoin de les fixer à la chaîne, lorsque, par exemple, il s'agit de les faire monter sur une pente.

Les figures 13 et 14 indiquent la disposition de la chaîne flottante simple ; la figure 15 représente leur ascension sur une estacade de versage.

Lorsque les wagons arrivent à destination, la chaîne est soulevée par un galet (fig. 12), de telle sorte qu'ils s'arrêtent au point convenable.

Le système des chaînes flottantes a surtout été appliqué en France et en Belgique aux transports du jour pour des distances de 500 à 2000 mètres ; nous réservons la description de ces applications au chapitre spécial relatif aux transports et manutentions à la surface.

Les transports par chaînes flottantes s'appliquent beaucoup mieux à la surface que dans les travaux souterrains, à cause de la nécessité des deux voies. En Angleterre, on les emploie surtout pour les plans inclinés à faibles pentes qui existent dans les houillères et dont les longueurs, souvent considérables, sont la conséquence des méthodes d'exploitation *en vallées*.

Prix de revient des tractions mécaniques. — Un grand nombre d'expériences ont été faites et suivies par la commission des ingénieurs anglais, pour déterminer la force développée par la traction mécanique, les prix de revient, et pour comparer entre eux les divers systèmes. Les prix de revient ont été calculés par tonne et par kilomètre, en tenant compte de la main-d'œuvre, de l'usure des câbles ou des chaînes, de l'entretien de la voie et du charbon consommé; mais sans faire intervenir l'amortissement.

On a évalué les frais de premier établissement des voies et des machines, et l'on en a déduit le prix du kilomètre de voie pour les divers systèmes.

Ces divers éléments ont été disposés en un tableau comparatif, pour un exemple type de chacun des quatre systèmes indiqués.

On peut, en étudiant les chiffres du tableau ci-après, se faire une idée exacte des avantages relatifs des divers modes de traction, et apprécier les prix de revient immédiats de la traction.

En comparant ces chiffres, on voit que le prix de revient varie, suivant le système employé et surtout suivant les conditions du tracé. Les variations sont comprises entre 0 fr. 0886 et 0 fr. 1922 par tonne et par kilomètre, soit en nombres ronds, de 0 fr. 10 à 0 fr. 22, en tenant compte des frais d'entretien des wagons et autres frais généraux.

Le prix de revient des tractions par chaînes flottantes, dépend principalement des pentes.

ROULAGE MÉCANIQUE

DÉSIGNATION.	TRANSPORT PAR JOURNÉE DE DOUZE HEURES.	DISTANCE MOYENNE FRANCHIE PAR LES CHARIOTS.	INCLINAISON MOYENNE, RAMPE POUR LES CHARIOTS PLEINS.	TRAVAIL ABSORBÉ.	FRAIS JOURNALIERS DE MAIN-D'ŒUVRE.	PRIX DE REVIENT DE LA TRACTION PAR TONNE ET PAR KILOMÈTRE.					FRAIS DE PREMIER ÉTABLISSEMENT.		
						Cordes ou chaînes.	Entretien de la voie.	Charbon.	Main-d'œuvre	TOTAL.	Voie.	Machines et générateurs.	Prix du kilomètre de voie.
	tonnes	mètres	millim. par mèt.	chevaux	fr. c.	centimes	centimes	centimes	centimes	centimes	francs	francs	francs
Traction par corde-queue.....	483	1949	4,7	113,15	34,74	1,77 / 15 %	2,97 / 24 %	3,59 / 30 %	3,75 / 31 %	12,08	85 863	25 863	11 308
Traction par corde sans fin....	390	483	20,8	63,11	22,37	1,69 / 13 %	3,48 / 26 %	1,52 / 12 %	6,55 / 49 %	13,24	37 804	14 059	12 902
Traction par corde sans fin, système de Wigan...........	450	777	27,8	29,40	37,92	1,62 / 9 %	4,65 / 24 %	2,07 / 11 %	10,88 / 56 %	19,22	58 522	24 522	13 983
Traction par chaîne sans fin..	458	1270	16,9	20,47	16,37	1,52 / 6 %	3,02 / 34 %	1,65 / 19 %	3,67 / 41 %	8,86	6749	6947	14 820

La traction mécanique a déjà reçu en France des applications assez nombreuses pour que l'on puisse penser qu'elle deviendra par la suite un moyen de développement de nos exploitations souterraines.

L'application la plus importante est celle qui a été faite aux mines d'Anzin, à la Fosse-Thiers (*planche* LVII).

Une machine à vapeur, dont le système et le détail de construction sont indiqués *planche* LIX, a été placée au niveau de 300 mètres, à proximité du puits d'extraction, en tête d'une bowette de 900 mètres de longueur. Cette machine à deux cylindres conjugués de $0^m,508$ de diamètre et $1^m,016$ de course, donne le mouvement aux deux tambours sur lesquels s'enroulent la corde-tête et la corde-queue.

Le traînage mécanique est alimenté par trois chassages. Le premier, dans la veine n° 1, est à 300 mètres de l'entrée du bouveau ; la poulie de retour étant placée à 200 mètres en chasse, le développement du traînage était de 500 mètres. Le second chassage est ouvert dans une veine à 700 mètres de l'entrée du bouveau ; la poulie de retour étant placée à 920 mètres en chasse, le développement du traînage était de 1620 mètres. Enfin un troisième chassage était ouvert du côté de l'ouest, dans une veine située à 900 mètres de l'entrée du bouveau.

Le rayon des courbes à l'entrée des chassages est de 17 à 18 mètres.

Les trains sont formés de 40 berlines d'une contenance de 5 hectolitres qui forment un train dont la longueur totale est de 63 mètres et dont le poids moyen peut être évalué à 25 tonnes, dont 17,000 pour la charge utile.

Dans ces conditions le traînage mécanique a ramené au puits pendant l'année 1875 : 116,849 tonnes de houille provenant des divers chantiers d'exploitation.

Le travail utile effectué a été pour cette année 1875, de 220,838 tonnes kilométriques.

La machine à vapeur de la Fosse-Thiers a été importée d'Angleterre où la plupart des mines préfèrent aujourd'hui les installations intérieures à celles qui étaient établies avec un moteur extérieur.

Le plan de cette machine est accompagné des diagrammes qui indiquent la force developpée; *Planche* LIX. L'un de ces diagrammes a été pris pour la traction d'un train chargé; l'autre pour le retour d'un train vide.

Plus récemment, on a établi aux mines d'Aniche des tractions mécaniques en plaçant les machines à l'extérieur du puits. Les câbles doivent dans ce cas descendre verticalement dans le puits et être dirigés sur les lignes de roulage par des poulies et des galets dont la *planche* LVII indique les conditions principales. Ce procédé, dont les premières applications n'avaient pas réussi, a repris une valeur réelle par celles qui viennent d'être faites dans les mines d'Aniche.

CHAPITRE VIII

APPAREILS D'EXTRACTION.

L'organisation des appareils mécaniques pour extraire d'un puits non-seulement les produits de l'exploitation, mais les roches qui proviennent des excavations de toute nature, est un des problèmes les plus intéressants posés à l'ingénieur.

Ce problème se complique dans certains cas, par la nécessité de pourvoir, par les mêmes appareils : à la remonte et à la descente des ouvriers, à la descente des matériaux de construction, bois, et surtout des remblais, à l'épuisement des eaux par tonnes ou caisses.

Les conditions de l'extraction varient dans les limites les plus larges : les profondeurs, par exemple, peuvent varier de 100 à 700 mètres et au-delà; les produits à extraire, de quelques dizaines de tonnes à 500 et 1,000 tonnes. En général, les dispositions sont prises pour un maximum que l'on atteint rarement, mais que l'on doit pouvoir atteindre. Il suffit de voir manœuvrer les énormes câbles d'extraction dans un puits profond, pour comprendre qu'il y a là un problème des plus intéressants à résoudre, non pas seulement au point de vue des efforts qui doivent être déployés, mais à cause des grandes variations de ces efforts, et des conditions de rapidité et de précision auxquelles on doit satisfaire.

Lorsqu'il s'agit d'extractions peu considérables, le problème est sans importance, parce que la solution ne présente aucune difficulté. Ainsi le premier appareil d'extraction est un simple manége ou *vargue* que l'on établit en général sur un puits en fonçage.

Le second degré est la machine à vapeur donnant le mouvement par un engrenage, à l'arbre portant des bobines ou tambours pour l'enroulement des câbles.

Sous cette forme, l'appareil d'extraction présente une série de forces, depuis les petites machines de 8 à 10 chevaux, dites *de fonçage,* jusqu'aux machines de 60 et 80 chevaux; il peut donc être appliqué à peu près à tous les cas, mais il est limité sous le rapport de la vitesse.

Le troisième degré appliqué toutes les fois qu'on a besoin de vitesse, et c'est aujourd'hui le cas ordinaire pour les exploitations houillères, comprend des machines de 100 à 400 chevaux. Dans ces machines, on supprime l'engrenage, et l'arbre des bobines ou tambours est attaqué directement par deux cylindres conjugués.

La vitesse est devenue une condition presque générale, parce qu'il y a tout avantage à réduire le poids des masses enlevées en multipliant les manœuvres. Les câbles n'ont pas besoin d'être aussi forts et les accidents qui peuvent résulter de leur rupture, sont plus rares.

La pratique du Hartz a, sous ce rapport, devancé celle des houillères. Une benne-wagon, contenant de 300 à 500 kilogrammes de minerai, était suspendue à un câble en fil de fer à peine tordu, et pesant environ 3 kilogrammes le mètre; et, des profondeurs de 5 à 600 mètres, cette benne, guidée par des roulettes, était enlevée avec une vitesse qui atteignait 8 mètres par seconde. Les moteurs étaient des roues hydrauliques, placées en contre-bas de la surface.

Ces faibles charges, extraites à grande vitesse par des câbles en fil de fer, ont été un enseignement qui est aujourd'hui mis à profit dans tous les pays de mines.

CAGES GUIDÉES. — UNITÉ DE CHARGE.

Les transports souterrains se terminent aux puits d'extraction, à leur intersection avec les galeries, points désignés sous les dénominations d'*accrochage* ou d'*envoyage*.

Là se constitue l'*unité de charge* que le câble d'extraction doit saisir et amener au jour, unité comprenant à la fois le poids mort et le poids utile.

L'ancien procédé consistait à vider le contenu des wagons de roulage dans une tonne ou benne d'extraction. Cette manutention pénible pour les rouleurs du fond, avait en outre l'inconvénient d'en exiger une autre qui l'était encore plus : c'était le vidage des bennes au jour.

Pour les combustibles, il résultait de ce double transbordement non-seulement une dépense, mais un bris ou déchet préjudiciable à la valeur de l'extraction.

Les bennes ne pouvaient pas avoir une grande vitesse dans le puits d'extraction ; cette vitesse se trouvait en effet très-notablement réduite par la nécessité de ralentir le mouvement au milieu du puits, au moment de la rencontre de la benne descendante avec la benne ascendante. Pour activer l'exploitation, il fallait nécessairement augmenter la capacité de ces bennes, et l'on en était arrivé, en 1840, à avoir des bennes contenant 20 et 24 hectolitres, dites *cuffats*, que l'on était obligé de vider sur le sol de la halde par une manœuvre de la machine; puis enfin, il fallait reprendre le contenu à la pelle, pour le jeter sur les cribles ou le charger sur les wagons d'expédition.

Les difficultés et les lenteurs qui résultaient de ces manutentions conduisirent à extraire les wagons de la mine, en les disposant dans des cages guidées. Ces cages furent construites de manière à recevoir deux ou quatre wagons, quelquefois plus, de telle sorte que l'unité de charge se trouve composée : 1° du poids de la cage ; 2° du poids des wagons ; 3° de la charge qu'ils contiennent.

Les cages à quatre wagons sont à deux ou à quatre étages ; les cages à deux wagons sont à deux étages ou à un seul.

Les étages ne sont multipliés dans les cages d'extraction que dans le cas où les puits sont à petite section, comme la plupart des puits anciens ; dans les nouvelles installations, on les réduit à deux ou à un seul.

La multiplicité des étages complique en effet les manœuvres, et l'on se borne, autant que possible, à n'en avoir qu'un seul, de telle sorte que la cage, une fois enlevée au jour, puisse être immédiatement débarrassée de ses deux wagons pleins, qui sont rapidement remplacés par deux wagons vides. Lorsqu'on est obligé d'adopter des cages à deux étages, on peut disposer deux planchers pour le service de réception des wagons ; on obtient ainsi une plus grande rapidité de manœuvres.

La planche LVI représente la cage à un seul étage de Montceau-les-Mines. La *planche* LX représente une cage à deux étages portant 8 wagons, employée à Lens.

Cette cage est très-solidement construite et, au premier abord, son poids, qui est de 1,500 kilogrammes, pourrait être réduit d'un tiers ; mais les chocs auxquels les cages sont exposées lorsqu'on les enlève, et surtout lorsqu'on les pose sur les taquets des clichages, expliquent l'excès de solidité qu'on leur donne.

Le principe d'une force exubérante étant posé pour la construction des cages, notamment pour les fers principaux qui les composent, pour les armatures qui les consolident et les attaches qui servent à l'enlevage, il est facile de les disposer suivant les dimensions et les formes exigées par les puits. Nous ajouterons seulement quelques explications sur les parachutes qui les complètent.

Les parachutes à griffes, qui, par l'effet de ressorts, s'implantent dans les guides lorsque le câble vient à casser, dérivent tous du parachute *Fontaine* décrit dans le *Matériel des houillères*. Depuis, ce parachute a été modifié dans quelques détails de construction. Le type actuellement adopté est représenté *planche* LXII.

On voit que les bras du parachute ne sont pas liés directement aux leviers poussés par le ressort lorsqu'il se détend. Un intervalle de $0^m,02$ à $0^m,03$ détermine un retard, de telle sorte que les griffes, qui s'implantaient souvent dans les guides lorsque, par exemple, la cage descendant avec rapidité cessait, par l'effet des oscillations, de peser suffisamment sur le ressort, ne peuvent agir, avec la disposition actuelle, que dans le cas où il y a rupture du câble.

La *planche* LXII représente une imitation du parachute Fontaine avec ressort à lames, appliquée dans la Rhur au puits de la mine Constantin. Une addition a été faite au parachute Fontaine, celle d'un levier spécial pouvant être manœuvré par l'ouvrier, de sorte qu'il puisse arrêter la descente au point précis qu'il désire. Dans certains cas, cette innovation peut être utile, notamment lorsque l'ouvrier placé dans la cage, est chargé de vérifier l'état d'un puits et d'y faire les réparations d'entretien.

La cage de Montceau-les-Mines, représentée *planche* LVI, est pourvue d'un parachute à *excentriques* déjà fort ancien, puisqu'il figurait à l'exposition universelle de 1855, et qui a reçu la consécration de vingt années d'expérience. Quelques perfectionnements apportés dans les détails de sa construction en ont rendu le fonctionnement tout à fait certain. Telle est, en effet, la sûreté de ce parachute, que la descente et la remonte journalières de plus de deux mille ouvriers qui travaillent dans ces mines n'ont donné lieu, dans les puits où il est appliqué, à aucun accident qui puisse être imputé à son fonctionnement.

On voit, par les détails spécifiés figures 5, 8, 9 et 10, que la marche de ce parachute est assurée par deux ressorts énergiques qui servent en même temps à amortir les chocs qui se produisent à l'*enlevage*.

Toutes les parties ont été étudiées avec le plus grand soin comme force, forme et disposition, et l'appareil est complété par un *crochet de sûreté*, qui lie la cage au câble et qui est disposé de manière à s'ouvrir et à lâcher la cage toutes les fois que cette cage est enlevée jusqu'aux molettes. A ce moment, quatre taquets spéciaux, placés à la partie supérieure du guidage, et qui ont laissé passer la cage, se sont refermés au-dessous pour la recevoir, dans le cas où les guides resserrés ne l'auraient pas retenue.

Ces détails, dont nous pourrions multiplier les exemples, indiquent combien sont complètes et minutieuses les précautions prises pour éviter les accidents de toute nature. La plupart ont pris naissance dans les houillères françaises.

Nous ferons remarquer que sur la planche LV la cage de Montceau-les-Mines est représentée avec deux chariots à remblais, chariots à bascule, destinés à prendre les remblais à l'extérieur et à les descendre dans l'intérieur des travaux.

Si nous cherchons à apprécier l'unité de charge résultant des dispositions de cages recevant deux ou quatre wagons, nous trouvons les poids ci-après dans plusieurs installations nouvellement établies :

Anzin.		Anzin.	
Deux berlines.........	420	Quatre berlines........	840
Cage..................	1 580	Cage..................	1 845
Charge...............	900	Charge	1 800
	2 900		4 495
Blanzy.		Nord de Charleroi.	
Deux wagons.........	600	Quatre chariots........	580
Cage..................	1 500	Cage..................	1 480
Charge...............	1·200	Charge...............	1 400
	3 300		3 400

On voit que les cages augmentent d'une manière sensible le poids mort à enlever.

Ainsi, pour les cages à deux wagons, le poids utile ne va pas au tiers du poids total de l'unité de charge, et pour celles qui contiennent quatre wagons, la proportion n'est guère que des deux cinquièmes.

Mais cette surcharge en poids mort se trouve largement compensée par la simplicité et la rapidité des manœuvres, qui déterminent nécessairement l'économie. Telle est cette rapidité, que, depuis leur adoption, la faculté d'extraction d'un puits a plus que triplé.

Au jour les wagons sont reçus et directement roulés aux points de déchargement.

Les cages guidées donnent toute facilité pour monter et descendre le personnel, condition qui rend la surveillance bien plus facile et qui a transformé les mines en les mettant en communication rapide et permanente avec le jour.

Un puits d'extraction doit, en moyenne, descendre et remonter deux à trois cents ouvriers pour le poste de jour, et cent à cent cinquante pour le poste de nuit. La descente et surtout la remonte par les échelles, ne sont réellement admissibles que pour les petites profondeurs; lorsque ces profondeurs dépassent 100 ou 150 mètres, il n'est plus possible de maintenir un mode de circulation aussi fatigant qui doit être réservé pour les cas accidentels. Les cages d'extraction sont, en conséquence, disposées de manière à recevoir dix ou douze ouvriers, et les parachutes dont elles sont munies, deviennent alors un préservatif précieux contre toute chance d'accident.

La construction des puits d'extraction doit être complétée par un guidage qui assure la circulation rapide des cages. Les guidages ont été souvent établis au moyen de câbles en fil de fer fortement tendus du haut en bas du puits; mais ce procédé n'est réellement applicable qu'aux puits de faible profondeur; on ne doit considérer comme normal que le guidage établi par des longuerines en bois de chêne, boulonnées sur des madriers transversaux scellés dans les parois du puits.

Les *planches* XXVII et XXVIII indiquent diverses dispositions adoptées pour ce guidage. Ces dispositions sont les plus usitées, mais pour les puits à petite section on a quelquefois préféré la disposition indiquée *planche* LXI.

Cette disposition permet de reculer les guides jusque vers la circonférence du puits, les madriers étant encastrés aussi près que possible; les guides opposés sont soutenus par la même pièce encastrée suivant le diamètre. On utilise ainsi toute la section du puits pour le passage des cages qui se trouvent guidées latéralement au lieu de l'être par bouts.

Cet exemple nous permettra de compléter par quelques détails, les conditions de la construction et de l'assemblage des guides à Montceau-les-Mines.

Les *guides* de $0^m 15$ sur $0^m 16$ sont en bois de chêne, débités à vives-arêtes; leur longueur est de 4 mètres, et ils s'assemblent bout à bout par des entailles à *mi-bois*.

Ces guides sont supportés par des madriers en chêne, de $0^m 20$ sur $0^m 22$, encastrés dans le muraillement et placés à 2 mètres de distance d'axe en axe, de telle sorte que chaque guide est porté par trois de ces madriers dits *moises*.

Les joints des *abouts* portent toujours sur une moise. Habituellement ils se font par des boulons qui traversent les guides et la moise ; les têtes de ces boulons étant noyées dans l'épaisseur des guides de telle sorte qu'aucune saillie ne puisse accrocher les *mains* fixées sur les cages.

Au Montceau, on a adopté pour l'assemblage des guides, un mode d'encastrement avec coins à double pente qui fixent les guides beaucoup plus solidement que les boulons. Les figures 4, 5 et 6 de la *planche* LXI expliquent les détails de cet assemblage mieux qu'on ne pourrait le faire par une description.

Le guidage une fois établi dans toute la hauteur du puits,

on conçoit que les cages guidées et maintenues de chaque côté par une double main courante, peuvent être enlevées à toute vitesse et arriver au jour avec leur charge sans que l'on ait à se préoccuper d'autre condition que celles de la société des câbles qui enlèvent la charge et de la force du moteur qui enroule les câbles.

Les guides adoptés pour les puits d'Anzin ont en général $0,13 \times 0,20$; les moises ou *bois de guides* $0,20 \times 0,20$ ou $0,15 \times 0,15$, selon leur longueur. L'écartement de ces moises, d'abord de 2^m 50, a été réduit successivement à 2^m et 1^m 50 (à Haveluy il est de 1^m 50); aujourd'hui même on tend à les placer à 1^m de distance, à cause du poids croissant du matériel d'extraction et de l'emploi du parachute Fontaine.

Le prix de revient de l'installation du guidage du puits d'Haveluy, a été de 27,329 fr. pour 500 mètres, soit environ 55 fr. par mètre. Il se décompose comme suit :

Moises et guides....................................	41 20
Boulons, coins, divers.............................	2 37
Pose...	9 50
Transports et dépenses diverses................	1 60
Total...............	54 67

La pose a marché sur le pied de 10 mètres par jour.

Les frais d'entretien courant, non compris les réparations d'accidents, sont de 3.060 francs par an, comprenant les appointements d'un *porion de guides,* payé 1,600 fr. par an, et d'un *maître-mineur de guides,* payé 4 fr. par jour. C'est une dépense de 6 fr. 12 par an et par mètre courant. On estime à 20 ans la durée d'un guidage comme celui d'Haveluy, non compris les accidents. Pendant ce temps, il aura servi à une extraction de 3.500.000 tonnes.

Les puits d'extraction sont les voies de communication entre le fond et le jour, ils ont suivi pour tous les détails de leur organisation, le même mouvement de progrès que les voies de communication établies à la surface.

Un puits guidé représente en effet un chemin à rails verticaux, et les cages qui parcourent ce chemin avec la vitesse de 8 à 10 mètres par seconde justifient cette comparaison. Nous pouvons citer un puits du nord de Charleroy, de 300 mètres de profondeur, dont les cages marchent depuis vingt ans plus de 20 heures par jour, pour extraction et épuisement à une moyenne de 30 ascensions par heure : c'est un parcours moyen de 240 kilomètres par jour.

Le puits de Comberigol, dans le bassin de la Loire, est guidé jusqu'à la profondeur de 603 mètres, on y fait 200 cordées par jour, de telle sorte que l'on y obtient pour les cages le même parcours de 240 kilomètres. Ce chiffre ne représente pas le maximum de ce qui peut être obtenu dans les puits bien guidés.

CABLES D'EXTRACTION.

Pour obtenir le mouvement alternatif des deux bennes ou cages consacrées au service de l'extraction, le premier élément à déterminer est le câble.

L'unité de charge est précisée; elle peut varier dans des limites très-larges, le maximum étant en général 4000 kilogrammes; la profondeur du puits intervient ensuite pour la détermination du câble, qui doit non-seulement porter l'unité de charge, mais se porter lui-même.

Les câbles sont ronds lorsqu'ils ne dépassent pas certaines dimensions qui ne leur permettraient pas de s'enrouler sur les diamètres usuels; les plus forts sont plats et composés de quatre ou six, quelquefois huit câbles ronds, dits *aussières*, juxtaposés et cousus ensemble.

Ces câbles sont en chanvre ou en aloès. Dans les deux cas, ils sont calculés d'après deux règles pratiques :

1° Celle de Demot : les câbles d'extraction doivent supporter au maximum 80 kilogrammes par centimètre carré de section ;

2° Celle de Cabany : la charge des câbles ne doit jamais dépasser 1 000 kilogrammes par kilogramme du poids au mètre courant.

Supposons un câble devant supporter 7 à 8 000 kilogrammes. S'il est rond, son diamètre serait de 0ᵐ,095, dimension qui ne pourrait être enroulée que sur des diamètres de 6 mètres au moins. Un câble *plat* formé de six câbles de 0ᵐ,035, juxtaposés et solidement cousus, aurait une force supérieure et pourrait facilement s'enrouler sur un diamètre de 3 mètres. Les câbles plats se sont donc imposés pour les puits profonds, par la plus grande facilité de leur enroulement.

Un câble, quelle que soit sa forme, doit pouvoir non-seulement enlever l'unité de charge en poids mort et poids utile, mais aussi se porter lui-même; pour une grande profondeur, les parties supérieures doivent ainsi résister aux tractions les plus considérables. Dès lors un câble n'aura pas besoin d'avoir une section aussi forte à la partie inférieure, et si l'on voulait établir une relation exacte entre la section du câble et les tractions auxquelles il doit résister, on serait obligé de modifier la section de mètre en mètre, condition difficile à réaliser dans la fabrication.

Les fabricants de câbles ont tourné la difficulté en composant le câble de mises successives, décroissant d'un demi-kilogramme toutes les fois que la charge se trouve suffisamment réduite. Il suffit pour cela de réduire dans cette proportion la force des torons qui composent les aussières. Le nombre de ces aussières restant le même, la largeur et l'épaisseur du câble se trouvent réduites de distance en distance; c'est pourquoi ces câbles sont dits *coniques*.

Ainsi un câble de 375 mètres de longueur, devant enlever une unité de charge de 4000 kilogrammes au maximum, a été composé de trois mises de 125 mètres de longueur, dans les conditions suivantes, en appliquant la règle Cabany :

Longueur des mises.	Poids du mètre courant.	Poids porté par l'extrémité inférieure par 1 kilogramme du poids.	Poids porté par l'extrémité supérieure par 1 kilogramme du poids.
125 mètres	5ᵏ,50	727 kil.	852 kil.
125 —	6 ,00	750 —	906 —
125 —	6 ,50	812 —	961 —

Le câble ainsi composé pesait :

Première mise...............	688 kilogrammes.
Deuxième mise...............	750 —
Troisième mise...............	812 —
	2250 kilogrammes.

Si l'on avait adopté une section constante, le câble aurait pesé 8 kilogrammes par mètre, soit 3 000 kilogrammes, la charge étant à la partie supérieure de 875 kilogrammes par kilogramme au mètre courant et de 500 kilogrammes seulement à la partie inférieure.

L'économie de 750 kilogrammes n'est pas indifférente, car elle représente pour les deux câbles 1 500 kilogrammes à 1 fr. 50 ; soit 2 250 francs pour environ dix-huit mois de service. De plus, la machine est sensiblement moins chargée au départ et les efforts qu'elle doit développer sont plus réguliers.

Pour des profondeurs très-considérables, on est obligé de diminuer la longueur des mises, afin de rester dans la règle Cabany ; mais l'économie qui en résulte est plus sensible à mesure que la longueur du câble augmente. On arriverait cependant à des poids énormes, si l'on ne cherchait dans ce cas, à réduire l'unité de charge au strict nécessaire, afin d'éviter des conditions qui deviendraient ruineuses.

Supposons, par exemple, une profondeur qui approche de 1 000 mètres ; que sera le câble ?

Pour cette profondeur il serait prudent de réduire la charge utile à 1 000 ou 1 200 kilogrammes et l'unité de charge à 2 500 environ ; le câble, calculé d'après la règle Cabany, serait, dès lors, dans les conditions suivantes :

Longueur des mises.	Poids du mètre courant.	Poids des mises.	Effort supporté par k. à la partie supérieure.
100	3,50	350	814
125	4,00	500	835
125	4,50	563	869
125	5,00	625	907
125	5,50	688	960
100	6,00	600	970
75	6,50	488	971
75	7,00	525	977
75	7,50	563	988
75	8,00	600	937
1 000		5 502	

Ce câble coûterait 8 250 francs, soit 16 500 francs pour les deux. Il durerait dix-huit mois, ce qui déterminerait une dépense annuelle de 12 000 francs? non compris les vérifications et les entretiens.

Mais si l'on voulait construire un câble de section constante, on se trouverait arrivé à la limite où le câble ne pourrait que se porter lui-même. Ainsi un câble de 10 kilogrammes au mètre courant et de 1 000 mètres de longueur pèserait 10 000 kilogrammes ; il se trouverait ainsi chargé de 1 000 kilogrammes par kilogramme du mètre courant, sans qu'il fût possible d'y ajouter aucune charge.

La construction des câbles coniques est donc une nécessité, et tout perfectionnement apporté à leur confection sera un progrès. La décroissance par demi-kilogramme peut, dans certains cas, être trop subite, et les câbles coniques peuvent être fabriqués par mises de 75 à 30 mètres de longueur avec des réductions de 250 grammes.

A l'exposition de 1867 figurait un câble régulièrement conique, de 50 mètres de longueur, dont une extrémité commençait à $0^m,28$ de largeur avec une épaisseur de $0^m,04$, et finissait à $0^m,16$ avec une épaisseur de $0^m,03$; ce câble avait été fabriqué par M. Stiévenart à Lens.

On peut donc en fabrique, confectionner des câbles à section plus régulièrement décroissante que le système suivi jusqu'à présent, et ces perfectionnements doivent être appliqués pour les puits profonds, parce qu'ils détermineront une économie sensible.

Quel serait le service des câbles ainsi composés pour une profondeur de 1,000 mètres? On pourrait, avec les vitesses actuellement adoptées, obtenir vingt-cinq ascensions par heure; admettons qu'on se réduise à vingt. Ce serait un rendement de 20 tonnes par heure ou de 240 tonnes en douze heures d'extraction, produit déjà considérable.

S'il fallait augmenter ce produit, on pourrait porter la charge à 1,600 kilogrammes de poids utile, ce qui porterait le poids total du câble à 7,500 kilogrammes, poids encore admissible avec l'organisation actuelle. La puissance d'extraction serait dès lors, de 32 tonnes par heure, soit 384 tonnes en douze heures, extraction qui répondrait à toutes les exigences d'une exploitation à cette profondeur.

Le système actuel des câbles d'extraction satisfait donc aux besoins du présent et de l'avenir, et les doutes qui ont été quelquefois émis à ce sujet, sont d'autant moins justifiés, qu'outre les câbles en chanvre ou en aloès, l'exploitant a encore à sa disposition les câbles en fils de fer ou d'acier.

On fabrique des câbles ronds ou plats en fils de fer de divers numéros, particulièrement avec les suivants :

Numéros	Diamètres en millimètres.	Sections en millimètres.	Charges de rupture.
18	3,4	9,07	585 kilogrammes.
16	2,7	5,72	371 —
14	2,2	3,79	244 —
12	1,8	2,54	165 —
10	1,5	1,70	114 —

Des câbles ronds ou plats fabriqués avec ces fils, présentent des conditions de résistance théorique bien supérieures à ce qui paraît exigé pour le service des mines; mais il est évident que le *câblage* diminue cette résistance dans une proportion considérable.

La position oblique des fils, les défauts de fabrication qui peuvent exister, sont des conditions dont il est difficile de fixer le coefficient. En Belgique, on admet comme chiffre de traction normale pour les câbles plats, un *sixième* de la résistance théorique. Pour les câbles ronds on admet une moindre réduction; on les emploie au *quart* de la charge de rupture.

Les règles posées en France pour calculer les câbles de mine ont été confirmées en 1872 par une circulaire de l'administration des mines de la Rhur, qui a prescrit les formules ci-après :

Pour les *câbles en fil de fer* : P étant l'unité de charge en kilogrammes, c'est-à-dire comprenant la cage, les wagons et le poids utile, poids auquel s'ajoute ensuite le poids du câble lui-même; n étant le nombre des fils, d étant leur diamètre : $P = 7,31 \, nd^2$.

Cette formule permet de calculer le nombre des fils composant le câble, dès que leur diamètre a été choisi;

Pour les *câbles en aloès*, la section étant d en centimètres carrés : $P = 110 \, d$;

Mais la section d'un câble neuf étant difficile à apprécier à cause des inégalités que présente la surface, cette formule est contrôlée par la suivante : $P = 942 \, G$; G étant le poids d'un mètre courant de câble exprimé en kilogrammes;

Pour les *câbles en chanvre*, $P = 985 \, G$.

Lorsque les câbles en chanvre ou en aloès sont goudronnés, le poids se trouvant augmenté sans profit pour la résistance, on remplace, dans les formules qui précèdent,

$$d \text{ par } 0,80 \, d,$$
$$G \text{ par } 0,84 \, G.$$

Il est facile de voir que ces formules, prescrites par l'administration de Dortmund, sont la reproduction sous une forme algébrique, des règles posées par Demot et par Cabany.

Après de nombreuses applications, les câbles plats en fils

de fer ont été abandonnés dans le plus grand nombre des bassins houillers de la France et de la Belgique; mais cet abandon est résulté uniquement de la forme plate dont le câblage et la couture sont difficiles. Les câbles ronds ont l'avantage de ne pas se déformer, de telle sorte qu'après avoir subi un allongement assez considérable, ils se conservent longtemps, les fils travaillant dans des conditions évidemment meilleures.

Les difficultés d'enroulement qui semblaient devoir faire repousser les câbles ronds pour les puits profonds, ont été résolues par l'emploi des tambours spiraloïdes et des machines à détente, de telle sorte qu'une réaction s'est produite depuis quelques années en faveur des câbles ronds en fils de fer ou d'acier.

Les câbles en fils d'acier permettent de sortir des conditions difficiles qui résultent de la profondeur des puits.

D'après les expériences faites dans les ateliers de câblage de M. Larivière d'Angers, un fil d'acier de $0^m 0021$ de diamètre pesant $0^k,021$ par mètre ne rompt que sous une charge de 269 kilogrammes, ce qui donne comme charge de rupture 77 kilogrammes par millimètre carré, soit en service d'extraction 13 kilogrammes. Ces chiffres avaient été annoncés dès l'année 1860 par les expériences de M. Demot, faites à Gosselies, en présence des ingénieurs des mines. Mais la forme des câbles plats paraît avoir neutralisé dans le principe, les avantages que l'on pouvait tirer des fils d'acier; non-seulement le câblage altère leur solidité, mais cette forme détermine des inégalités de traction telles, que la supériorité des éléments constituants n'est plus appréciable.

Le câble rond est au contraire dans des conditions d'unité favorables à l'emploi et à la durée, et si l'on veut tirer bon parti des fils de fer ou d'acier, il faut nécessairement revenir à cette forme.

M. Havrez, dans une visite des houillères anglaises, a

constaté l'emploi des câbles ronds en fils d'acier : 1° à Clifton-Hall, où le câble porte par kilogramme du mètre courant, 1,700 kilogrammes de charge, soit $14^k,9$ par millimètre carré; 2° à la California-Pitt, où il porte 1,500 kilogrammes de charge, ou $13^k,10$ par millimètre carré.

Pour les puits profonds le câble rond doit être à section décroissante. M. Havrez propose en conséquence de composer, comme l'indique le tableau ci-après : un câble rond, en fils d'acier, décroissant de 100 mètres en 100 mètres, sur 700 mètres de longueur, et pouvant porter 3,100 kilogrammes de charge totale. Il admet, pour composer ce câble conique, que 1 kilogramme de câble par mètre courant peut porter 1,500 kilogrammes à la partie supérieure de chaque mise. Pour rendre plus frappants les avantages de ce câble comparativement au câble en chanvre et en aloès, il compare le calcul d'un câble conique en aloès devant satisfaire aux mêmes conditions. Il ajoute cependant une réserve, c'est que les câbles en aloès sont recommandés par la pratique, tandis que les câbles en fil d'acier sont encore à l'état d'essai.

LONGUEUR DES MISES.	CABLE ROND EN FILS D'ACIER.		CABLE PLAT EN ALOÈS.	
	POIDS du mètre courant.	POIDS des mises.	POIDS du mètre courant.	POIDS DES MISES.
mèt. 100	kilogr. 2,218	kilogr. 221,0	kilogr. 4,77	kilogr. 477,0
100	2,273	237,3	5,503	550,3
100	2,543	254,3	6,35	635,0
100	2,725	272,5	7,237	732,7
100	2,919	291,9	8,47	874,0
100	3,125	312,5	9,753	975,3
100	3,348	334,8	11,254	1125,4
TOTAL. 700	MOY. 2,750	TOTAL. 1925,1	MOY. 7,63	TOTAL. 5340,7

TAMBOURS ET BOBINES.

Les tambours à diamètre constant peuvent être employés pour des charges légères et des profondeurs de 200 mètres au plus. Dans ce cas, la pesanteur du câble ne détermine pas de grandes inégalités dans les moments ; mais à mesure que la profondeur augmente, le poids du câble suit la même loi, et ce poids peut même devenir supérieur à la charge, de manière à transformer le moment positif en moment négatif.

Supposons un tambour de 6 mètres de diamètre, sur lequel s'enroule un câble rond de 400 mètres (profondeur du puits), pesant 7 kilogr. le mètre ; supposons une charge utile de 1,500 kilogrammes et un poids mort de 2,000.

Le moment au départ sera (1 500 + 2 000 + 2 800) 3 — (2 000) 3, soit 12 900 kilogrammes.

A l'arrivée, ce moment serait (1 500 + 2 000) 3 — (2 000 + 2 800) 3 = — 3 900 kilogrammes.

C'est-à-dire que si la force motrice nécessaire à l'*enlevage*, n'était pas remplacée par un frein puissant, la cage vide se trouverait entraînée par le poids du câble, soit par une force croissante qui à l'*arrivée au jour* s'élèverait à 3 900 kilogrammes. Il faudra donc, vers la fin de l'ascension, que le mécanicien marche à contre-vapeur, et de cette irrégularité résultent des chances d'accidents.

Il résulte encore de ces conditions, un moment de résistance excessif au départ, et par conséquent la nécessité d'employer des machines beaucoup plus fortes que celles qui seraient nécessaires si les moments étaient régularisés ou du moins si les différences étaient moindres.

Les câbles *ronds* en fils de fer ou d'acier, sont d'un emploi plus avantageux que les câbles en chanvre ; on peut en obtenir plus de légèreté et plus de durée, aussi l'application de ces câbles enroulés sur tambours, a-t-elle pris une grande extension, surtout en Allemagne.

La *planche* LXIV indique les détails de construction des tambours et des molettes pour câbles ronds en fils de fer ou d'acier.

Ce système a été appliqué au puits Robiac, à Bességes; les conditions de cette installation ayant été réglées comme suit par M. Chalmeton pour une profondeur de 400 mètres : 1° tambour cylindrique de $3^m,60$ de diamètre; 2° molettes de même diamètre, mobiles, et se déplaçant graduellement au moyen d'un pas de vis sous l'action de leur propre mouvement de rotation, de manière à déterminer un enroulement juxtaposé et régulier; 3° poids enlevé; 1 850 kilogrammes dans une cage de 1 800, total, 2 750 kilogrammes; 5° câble vertical, 402 mètres, rond et conique, en fils de fer, composé de trois mises égales : la première, de 48 fils n° 17, pesant $3^k,05$ le mètre; la seconde, de 54 fils, pesant $3^k,43$; la troisième, de 60 fils, pesant $3^k,81$ le mètre; total pour les trois mises, 1 379 kilogrammes. Ce câble est composé de six torons avec âmes en chanvre.

Le travail de ces câbles a été calculé au *quart* de l'effort de rupture.

Dans ces conditions, les *moments* de la résistance présentent les chiffres suivants :

Au départ (enlèvement du câble)...............	2 500
A l'enlevage de la charge......................	5 835
A la rencontre des cages.....................	3 358
Au dépôt de la cage vide au fond.............	880

Le nombre des tours du tambour est de 35.

Les conditions de la mise en mouvement de cet appareil sont normales, en ce sens qu'il n'y a pas d'effort négatif à l'arrivée; mais il est à remarquer que le poids des câbles, pour une charge de 4 600 kilogrammes à l'enlevage, est en réalité très-faible, et que les conditions seraient tout autres si l'on avait appliqué la règle Cabany pour en déterminer les dimensions, ainsi qu'on l'a fait pour les câbles plats en fils de fer.

Pour obtenir une régularisation sinon parfaite, du moins approximative, de telle sorte que les moments ne présentent pas de trop grands écarts, il faut nécessairement faire varier les rayons d'enroulement et construire des tambours coniques. Mais les variations de ces rayons doivent être telles, qu'on est obligé d'employer des moyens spéciaux et d'adopter une construction *spirale* analogue à celle des tambours du puits Skalley à Duttweiler.

Ce tambour spiral est représenté *planche* LXII.

Les conditions de l'extraction étant supposées de 1 500 kilogrammes en poids utile, 2 000 en poids mort; le câble pesant 2 800 kilogrammes; le premier rayon d'enroulement est réduit à 2 mètres, puis augmente progressivement de $0^m,18$, par tour, de manière à s'élever après les dix premiers tours à $3^m,64$, rayon qui se continue ensuite sur un tambour de diamètre constant.

Il résulte de ces conditions spéciales de construction, que le rayon d'enroulement augmente progressivement jusque vers la rencontre des cages, qui a lieu sur le rayon maximum de $3^m, 64$. Ce rayon reste ensuite constant pour la cage montante, tandis que la cage descendante parcourt successivement les diamètres décroissants.

Si l'on compare les moments extrêmes du départ et de l'arrivée, on trouve pour le moment de l'enlevage : $(1\ 500 + 2\ 000 + 2\ 800)\ 2 - (2\ 000)\ 3,6 = 5\ 400$; et à l'arrivée $(1\ 500 + 2\ 000)\ 3,6 - (2\ 000 + 2\ 800)\ 2 = 2\ 800$.

Ainsi le moment reste positif, la différence étant telle qu'elle facilite au contraire les manœuvres d'arrivée. D'autre part, le moment à l'enlevage est réduit de plus de moitié, ce qui diminue dans la même proportion la force dépensée et par conséquent la dépense de vapeur, ainsi que les frais de premier établissement.

La conclusion n'est pas douteuse. Les tambours à diamètre constant ne peuvent être employés que lorsque, le poids à enlever étant faible, le câble a lui-même peu de poids, ou bien dans les cas où le peu de profondeur du puits réduit encore l'importance de ce poids.

L'enroulement des câbles plats sur des *bobines* offre un autre moyen pour faire varier les rayons d'enroulement. La *planche* LXIII indique par plusieurs exemples, le mode de construction de ces bobines qui permettent d'enrouler un *câble plat* sur lui-même; la *planche* LXV précise les conditions de l'enroulement.

Le câble s'enroulant sur lui-même, le rayon varie à chaque tour de l'épaisseur du câble, qui est de $0^m,03$ à $0^m,04$. On obtiendra des variations de $0^m,30$ à $0^m,40$, sur les rayons par dix tours; le nombre étant par exemple de trente, les différences s'élèveront de $0^m,90$ à $1^m,20$, différences qui s'obtiennent à la fois *en plus* sur la bobine qui enroule, et *en moins* sur celle qui déroule.

Ce mode d'enroulement ne laisse pas cependant toute latitude pour régulariser les moments : la différence des rayons n'est pas toujours suffisante pour cela; mais dans la pratique on se contente d'amener la charge au jour avec un moment très-faible, la seule question considérée comme importante étant d'éviter le moment négatif.

Quelques exemples permettront d'apprécier dans quelles limites on se tient en général pour les rayons d'enroulement et les moments qui en résultent.

Le puits n° 4 de Sars-les-Moulins, près Charleroi, est monté avec des bobines dont les estomacs ont un diamètre de $2^m,60$. Une fourrure de câble en provision portait le rayon initial de l'enlevage à $1^m,87$.

La profondeur du puits étant de 240 mètres, la partie du câble en chanvre développée dans le puits pesait 1 680 kilogrammes: ce câble amenait la charge en dix-huit tours avec un rayon final de $2^m,52$.

La cage, recevant quatre wagons, pesait 1 480 kilogrammes; les quatre wagons pesaient 580 kilogrammes; la charge utile était de 1 400.

Calcul fait d'après ces données, le moment au départ est $+$ 4 420 et à l'arrivée $+$ 1 725.

A la fosse n° 3 du même charbonnage, la profondeur du puits est de 360 mètres.

Le câble développé dans le puits pèse 2 880 kilogrammes. Il monte la charge en vingt-huit tours sur un rayon initial de $1^m,54$, qui arrive au jour à $2^m,64$.

Le matériel en poids mort et poids utile étant le même que pour l'autre puits, le moment au départ est $+$ 3 325, et à l'arrivée $+$ 1 527.

C'est-à-dire que les conditions normales ont pu être conservées dans ce second cas, grâce à une réduction sensible du rayon initial. Mais il faut considérer que le chiffre de $1^m,50$ est la limite, et que, le puits s'approfondissant, l'inégalité des moments va devenir rapidement plus grande.

Supposons, en effet, l'exploitation transportée à 500 mètres. Le poids du câble se trouvera porté à 4 100 kilogrammes. Partant, avec le rayon de $1^m,50$ et un moment de $+$ 5 130, on arrivera au jour avec un moment réduit à $+$ 570.

L'épaisseur des câbles plats en fil de fer n'est pas moitié de celle des câbles en chanvre; il en résulte que les différences des rayons d'enroulement sont moins grandes et moins aptes à régulariser le mouvement. Nous citerons comme exemple les conditions de la fosse n° 8 du Martinet, à Charleroi, conditions ainsi spécifiées par M. Scohy :

La profondeur du puits étant de 468 mètres, le câble plat en fil de fer, composé de deux mises, l'une de $9^k,53$ et l'autre de $8^k,34$ le mètre courant, présente une épaisseur moyenne de $0^m,0158$ et pèse 4 165 kilogrammes.

Le rayon initial est de $1^m,39$; le rayon final, après quarante-trois tours, est de $2^m,07$.

Le poids à enlever se composait d'une cage de 1 847 kilogrammes, de quatre wagons vides pesant 800 kilogrammes, et d'une charge en charbon de 1 520 kilogrammes.

Ces conditions donnent pour le moment du départ $+$ 6 074, et pour l'arrivée un moment *négatif* de $-$ 884.

Ce moment négatif était très-adroitement compensé par le machiniste qui coupait la vapeur dès l'avant-dernier tour, de telle sorte, que l'élévation de la charge était achevée par la vitesse acquise des *masses en mouvement*.

Les moments de la résistance varient dans une proportion très-notable, pour un même appareil, suivant que les câbles sont vieux ou neufs. Pour un câble neuf, l'épaisseur est toujours plus considérable, d'au moins un dixième; de plus, le rayon initial est plus grand, parce qu'on a enroulé environ 50 mètres de longueur en plus, qui doivent être dépensés pendant sa durée, pour changer à la fois l'attache de la cage et le pli d'enrayage sur la molette, c'est-à-dire la partie qui reçoit le choc à l'enlevage.

Ainsi les mesures prises sur des câbles près de leur fin, comparées aux mesures prises après la pose des câbles neufs, ont donné les résultats suivants :

	Vieux câbles.	Câbles neufs.
Moments au départ	$+$ 2 800	$+$ 3 480
— à l'arrivée	$+$ 1 200	$+$ 950

Le rayon initial était, dans le cas des vieux câbles, de $1^m,45$; pour les câbles neufs, il était de $1^m,64$.

Lorsqu'on établit un système de bobines, la première question qui se présente est celle du *diamètre initial* qu'elles doivent avoir.

1° Le diamètre initial le plus favorable au point de vue de la durée des câbles sera le plus grand possible; il en résultera moins de fatigue, surtout pour le câble d'*en dessous*, successivement ployé dans les deux sens;

2° Le diamètre initial le plus petit et l'emploi des câbles en chanvre seront, dans le cas des puits profonds, les éléments les plus avantageux pour régulariser les moments de la résistance, le nombre des tours d'enroulement étant d'autant plus grand que le diamètre d'enroulement est plus réduit.

Lorsqu'on passe en revue les installations nouvellement établies et, par conséquent, les mieux étudiées, on trouve que les rayons d'enroulement sont en général compris, au point de départ, entre $1^m,50$ et 2 mètres.

Avec des câbles en chanvre et un rayon initial de $1^m,50$, on peut enlever des poids utiles de 1 500 kilogrammes et conserver un moment positif jusqu'à la profondeur de 500 mètres; mais passé cette profondeur, le moment devient négatif.

Avec des câbles en fil de fer dont l'épaisseur n'est pas moitié de celle des câbles en chanvre, la différence des rayons au départ et à l'arrivée est beaucoup moindre, et l'on arrive promptement au moment négatif, d'autant plus que, pour ces câbles, on doit adopter de préférence un rayon initial de 2 mètres au moins.

Dès l'origine, les ingénieurs anglais ont adopté une solution radicale des difficultés résultant de la grande variation des moments de la résistance; ils ont pris des rayons d'enroulement de 3 mètres et au-delà, et régularisé les moments par des contre-poids variables.

Ces contre-poids sont obtenus au moyen de chaînes à gros maillons attachées sur une poulie spéciale. Ces chaînes se déposent au fond d'un puits spécial, ou bien elles sont suspendues, de manière à déterminer un *moment* qui se retranche du poids du câble déroulé.

Ainsi, les deux cages étant à la rencontre, les deux moitiés de câbles s'équilibrent et la chaîne contre-poids est complètement déposée au fond du puits.

Dès qu'un des câbles se déroule vers le fond, la chaîne est soulevée et vient retrancher le moment de son poids du moment qui résulte du poids du câble. On peut ainsi, sinon obtenir l'égalité des moments de résistance, du moins leur maintenir une valeur largement positive.

Cette solution répond aux irrégularités déterminées par le mouvement alternatif des câbles, et pourtant après quelques essais, elle a été écartée, en France et en Belgique.

C'est que dans une machine d'extraction, la simplicité et la sûreté des manœuvres doivent passer avant toute autre considération. Or, un contre-poids de 50 à 60 mètres de hauteur, incessamment soulevé et déposé au fond d'un puits, est un organe de plus à surveiller et à entretenir. Cet entretien est d'ailleurs une dépense, et dans ce cas ne vaut-il pas mieux laisser de côté l'économie de vapeur qui peut en résulter, et préférer le système le plus simple?

Les visites multipliées faites dans les houillères anglaises, où les bobines à grands diamètres sont d'un usage presque général, ont conduit nos ingénieurs à l'essai des diamètres de 6 à 7 mètres, qui ont l'avantage évident de moins fatiguer les câbles. Ces essais ont démontré que dans ce cas il faudrait faire usage de contre-poids, et d'autre part on n'a pu apprécier d'une manière positive l'économie réalisée pour les câbles. Ainsi, lorsque les grandes bobines sont très-rapprochées du puits et que la partie horizontale ou inclinée des câbles est par suite très-courte, le ressort qui en résulte se trouvant supprimé ou très-amoindri, les câbles durent moins longtemps que s'ils étaient enroulés sur des bobines de diamètre réduit, placées à 20 ou 25 mètres de distance. Si l'on supprime les contre-poids destinés à régulariser les moments de la résistance, le chiffre très-élevé du moment à l'enlevage, les chocs et les tensions qui en résultent, détruisent les câbles très-rapidement, et l'heureuse influence des grands enroulements disparait alors d'une manière complète. Nous mettrons le fait en évidence en comparant les conditions de deux systèmes de bobines récemment étudiés pour un puits de 325 mètres de profondeur.

	Premier projet.	Second projet.
$r =$	1,75	3,56
$R =$	2,67	4,23
$e =$	0,0408	0,0408
$l =$	325	325
Moment à l'enlevage $=$	+ 5130	+ 12996
— à l'arrivée $=$	+ 250	− 3548
Nombre de tours	23	16

En comparant ces deux projets, on ne peut hésiter à donner la préférence au premier. Le diamètre initial de 3^m,50 est suffisant pour assurer aux câbles des conditions normales d'enroulement; le nombre de vingt-trois tours, qui correspond à une vitesse des pistons de 1^m,53 par seconde pour une ascension effectuée en quarante secondes et pour des cylindres de deux mètres de course, suffit largement au service d'extraction; le moment de la résistance reste toujours positif et celui de l'enlevage peut être surmonté avec une pression de 3 atmosphères dans les chaudières.

L'adoption des grands rayons d'enroulement de 6 à 7 mètres aggraverait inutilement les conditions de la marche.

Ainsi se trouvent expliqués les diamètres de 2^m,50 à 3^m,50 adoptés par la plupart des constructeurs de France et de Belgique, qui ont cessé de se préoccuper de la régularité des moments de la résistance et se bornent à éviter les moments négatifs à l'arrivée.

La construction des bobines d'extraction comporte certaines dispositions qui sont expliquées par la *planche* LXIII.

Des deux bobines calées sur un même arbre, l'une est fixe et de construction très-simple; l'autre est *folle*, c'est-à-dire fixée par des clavettes ou des boulons, sur un manchon calé sur l'arbre. La *planche* XLIV représente le système de bobine folle, clavetée, qui a été adopté par le Creusot (fig. 4 et 5), et celui qui a été construit en dernier lieu dans les ateliers de Montceau-les-Mines (fig. 6, 7 et 8), dans lequel la jonction des deux pièces est obtenue par des boulons coniques.

En enlevant les clavettes ou les boulons, on peut faire tourner ces bobines folles, de manière à régler les longueurs relatives des deux câbles sans être obligé de les dérouler, opération toujours longue et difficile. On règle ainsi avec précision les deux longueurs, de telle sorte que les cages se présentent simultanément l'une à l'accrochage du fond, l'autre à la recette du jour.

Cette planche représente également le système de construction d'une bobine anglaise (fig. 1, 2 et 3). Cette bobine, de 6 mètres de diamètre, porte latéralement une jante sur laquelle manœuvre le frein.

L'appareil d'enroulement des câbles reçoit le mouvement d'une machine à vapeur dont les dispositions doivent être telles que sa marche soit assurée, malgré l'irrégularité des moments de la résistance, sa force étant calculée pour le *moment maximum*.

Les câbles *ronds* en fils de fer ou d'acier, sont aujourd'hui recommandés par beaucoup d'ingénieurs, qui espèrent y trouver à la fois des conditions de légèreté avantageuses pour les puits de grande profondeur, et une économie importante en faveur du service de l'extraction.

La question de l'enroulement de ces câbles est des plus intéressantes, parce qu'elle conduit à discuter les conditions auxquelles doit satisfaire le moteur. On se trouve en effet en présence de deux solutions très-différentes, l'enroulement sur un tambour spiraloïde qui permettra de régulariser le moment de résistance, et par conséquent d'obtenir un effort régulier de la machine ; ou bien l'adoption de tambours simples, la différence des moments de la résistance étant compensée, pour le moteur, par l'emploi d'une détente variable.

La partie la plus forte du câble rond, en fils d'acier, calculé par M. Havrez et détaillé par le tableau page 396, pèse 3ᵏ348 le mètre courant, poids qui correspond à une section de $\frac{3,348}{7,8} \times \frac{8}{9} = 381^{mm2}$. Cette section peut être rationnéllement composée de 8 torons avec âme en chanvre, tressés autour d'une cordelette formant âme centrale. Chacun de ces torons étant formé de 8 fils, le câble présenterait un total de 64 fils de $2^{mm},75$ de diamètre, numéro très-employé pour les câbles de mine.

M. Havrez admet que le rayon initial pour enrouler ce câble doit être de 3 mètres, afin d'assurer les meilleures conditions de conservation; dans ce cas, R $= 1,85\ r$ atteindrait $5^m,55$ et le moment moyen de la résistance serait : 6849 kilogrammètres.

Ces grandes dimensions paraissent réalisables pour des tambours spiraloïdes, la dépense qui doit en résulter étant largement compensée par l'économie résultant de l'enroulement des câbles sur ces grands diamètres.

Le rayon initial de 3 mètres étant jugé nécessaire, on est conduit à admettre, pour l'hypothèse du diamètre constant, des tambours qui auraient 6 mètres. Dans ce cas, on devrait employer la détente, dont on pourrait d'ailleurs facilement régler les conditions, le moment étant : 19695 kilogrammètres au départ, et 4 893 à l'arrivée.

Au point de vue théorique, la solution par un tambour spiraloïde qui régulariserait les moments, serait évidemment meilleure; au point de vue pratique, on sera bien tenté de donner la préférence à l'emploi simultané des tambours simples et de la détente variable, en profitant ainsi de la légèreté des câbles en fils d'acier qui réduit sensiblement la différence des moments de résistance.

Une troisième solution se présente, d'autant plus naturelle, qu'elle concilie les deux extrêmes et qu'elle est consacrée par plusieurs applications en Angleterre et en Allemagne : elle consiste à employer un tambour mixte, spiraloïde pour la moitié des enroulements, l'autre moitié du câble étant accueillie sur une partie cylindrique.

Cette solution par le tambour-spiral-mixte, est représentée *planche* LXII par l'application qui en a été faite à Dutweiller.

Plusieurs appareils en voie de construction pour les houillères d'Anzin et de Mariemont apporteront prochainement de nouveaux éléments d'appréciation pour l'emploi et l'enroulement des câbles en fils d'acier *plats* sur bobines et *ronds* sur tambours à diamètre constant.

MACHINES D'EXTRACTION.

Après avoir déterminé l'unité de charge, les câbles et les conditions de leur enroulement, c'est-à-dire les moments de la résistance, il reste à établir la machine motrice.

Cette machine doit être calculée, non-seulement en proportion du *moment maximum* de la résistance, mais suivant la *vitesse* que l'on veut obtenir pour l'ascension des cages.

Pour les faibles charges et les faibles vitesses : par exemple, 5 à 600 kilog. de poids utile avec une vitesse de 2 mètres par seconde, la machine se composera d'un seul cylindre à vapeur, donnant le mouvement à un pignon qui fera tourner une roue d'engrenage calée sur l'arbre portant les bobines ou le tambour.

Ces machines, dont la force varie suivant le poids à enlever, suivant la vitesse qu'on veut obtenir et surtout suivant la profondeur du puits, ont souvent été portées jusqu'à 80 et 100 chevaux. Elles sont pourvues d'une distribution qui permet de renverser le mouvement, et d'un frein assez puissant pour déterminer un arrêt aussi prompt que possible. Ce frein est placé sur l'arbre qui porte le tambour ou les bobines sur lesquelles s'enroulent les câbles.

Nous avons indiqué dans le *Matériel des houillères* la disposition des types les plus employés ; ces types sont restés tels qu'ils y ont été décrits. La distribution par tiroirs ou par soupapes permet d'obtenir avec précision toutes les manœuvres.

Les études se sont portées aujourd'hui, sur les machines puissantes, de 100 à 400 chevaux, destinées à enlever des charges de 1 000 à 2 000 kilogrammes, avec des vitesses de 8 à 12 mètres par seconde, de profondeurs qui généralement dépassent 200 mètres et vont à 5 et 600.

Quelles que soient la force et la disposition du moteur, l'appareil des bobines est la partie spéciale et caractéristique de la machine d'extraction. Cet appareil doit être d'une solidité exceptionnelle, non-seulement pour résister à toute éventualité, mais pour servir de masse intermédiaire, amortissant tous les chocs et préservant ainsi la partie fragile des machines, c'est-à-dire les cylindres et leur distribution.

Pour assurer ces conditions de masse et de solidité, on a été jusqu'à donner aux arbres en fer forgé portant les bobines des diamètres de $0^m,45$; les masses calées sur ces arbres, telles que estomacs des bobines et poulies de frein, étant en proportion. Ainsi, pour une machine de 300 chevaux à deux cylindres conjugués, récemment construite, nous trouvons les poids suivants :

Arbre des bobines en fer forgé............	5 400	kilogrammes.
Bobine fixe.............................	6 600	—
— folle............................	8 500	—
Bras et cercles des bobines..............	2 500	—
Poulie de frein.........................	8 000	—
Ensemble.................	31 000	kilogrammes.

Cet ensemble constitue une véritable enclume, sur laquelle viennent s'amortir les chocs considérables auxquels l'appareil est exposé, non pas dans sa marche normale, mais par les accidents violents qui se produisent dans des machines lancées à toute vitesse, avec des masses en mouvement dont le total est toujours très-élevé.

Nous citons ces poids comme étant forts et devant être réduits à mesure que décroissent les masses en mouvement et la force des machines.

L'expression la plus complète et la plus perfectionnée de l'appareil d'extraction est la machine à *deux cylindres*, dont les pistons *conjugués* sont directement attelés sur l'arbre des bobines. Les conditions auxquelles doivent satisfaire ces appareils peuvent être définies dans les termes suivants :

Enlever la charge avec facilité et sans chocs ; imprimer aux câbles une vitesse croissante jusqu'à 10 et 12 mètres par seconde ; ralentir, puis arrêter le mouvement ascensionnel avec précision ; déposer la charge, doucement et sans choc, sur les taquets du clichage.

Toutes ces manœuvres doivent, en effet, être exécutées par le mécanicien avec facilité, c'est-à-dire sans qu'il ait à développer de grands efforts, condition essentielle pour la sûreté et la précision.

Pour obtenir l'enlevage facile, il faut une force qui sera toujours exubérante, cette force étant précisée par le moment de la résistance à l'enlevage. Or, dans ces machines, lorsqu'un des deux pistons est au point mort, un seul peut agir pour démarrer. Ce cas se présente souvent, parce que l'arrêt est surtout obtenu lorsqu'une des deux manivelles arrive au point mort. Un seul cylindre doit donc enlever la charge ; c'est pourquoi on est arrivé à employer des cylindres de $0^m,60$, $0^m,70$, $0^m,80$ et 1^m de diamètre. Mais, après un quart de tour, le second cylindre est venu ajouter son effort au premier ; l'accélération du mouvement sera donc obtenue avec une facilité d'autant plus grande que les moments de la résistance décroissent en général assez rapidement.

Le diamètre du cylindre sera déterminé dans ces conditions en tenant compte de l'obliquité de la bielle, et multipliant la surface du piston par la pression *effective* de la vapeur et par le coefficient 0,95.

Dès que le second piston agit, la force ne se trouve pas doublée, car les manivelles prennent des positions obliques et l'effort total est alors exprimé par la surface d'un piston multipliée par la pression de la vapeur dans les cylindres et par le coefficient 1,40.

Dès que la machine dépasse la vitesse d'une révolution par deux secondes, le mécanicien la modère; arrivé à 60 ou 50 mètres du jour, un signal l'avertit de fermer la vapeur; l'ascension s'achève sous l'impulsion d'un orifice réduit ou de la force vive des masses en mouvement. Un second signal indique l'arrivée de la cage au jour, et le mécanicien, renversant la vapeur, met la pression du côté opposé, de manière à obtenir l'arrêt immédiat sans avoir recours au frein. Il a élevé la cage un peu trop haut et un léger mouvement pour laisser la contre-vapeur s'échapper permet de la déposer doucement sur les taquets.

Pendant toutes ces manœuvres, le mécanicien, tenant d'une main le régulateur d'admission et de l'autre le levier de manœuvre, sent, par les trépidations de ces organes, les résistances s'accroître ou diminuer; il arrive à une appréciation tellement nette des mouvements à exécuter, que l'on voit la charge lui obéir avec la plus grande précision.

On admet en principe, pour la détermination des rayons d'enroulement, que, tout en acceptant une certaine irrégularité des moments de résistance, on doit cependant arriver au jour avec un moment encore positif et d'une certaine valeur, 1 000 kilogrammes par exemple.

Cependant, si l'on a adopté un rayon initial un peu grand, $2^m,50$ ou 3 mètres; si l'on emploie des câbles en fil de fer, dont l'épaisseur peu considérable détermine peu de différences dans les rayons, on ne peut éviter un moment négatif à l'arrivée. L'expérience démontre qu'en réalité les inconvénients qui en résultent sont de peu d'importance, si ce moment négatif est faible.

Un moment négatif moindre de 1 000 kilogrammes ne suffirait pas pour entraîner la machine; dès lors, le mécanicien arrive facilement à reconnaître qu'en fermant l'admission de vapeur à tel tour, l'ascension continue en vertu de la force acquise par les masses en mouvement. La vitesse décroît, et au dernier tour la contre-vapeur mise sur les pistons arrête la cage au point convenable.

Sans doute on a dû dépenser un excès de vapeur pour surmonter les moments maximum de l'enlevage et des premiers tours; mais une partie de cette dépense est restituée après la fermeture de l'admission par les forces vives des masses en mouvement. On comprend d'ailleurs que les avantages de la rapidité des manœuvres puissent compenser un excédant de dépense du combustible.

Les grandes extractions exigent, dans les conditions actuelles, l'enlèvement de charges de 1 000 à 2 000 kilogrammes en poids utile, de profondeurs de 200 à 500 mètres, avec une vitesse telle qu'on puisse obtenir trente ou quarante ascensions par heure.

En résumé, les conditions d'une extraction étant précisées, on en déduit les dimensions des câbles, les moments de résistance et les vitesses. Quant au moteur, on a la faculté de faire varier certains éléments. Ainsi, pour obtenir les vitesses déterminées, on peut employer des rayons d'enroulement très-différents. Une même machine peut, par exemple, être attelée à des bobines de 1 ou de 2 mètres de rayon initial, le second cas exigeant une vitesse des pistons moitié moindre que le premier.

Un calcul de transaction, appliqué de manière à éviter à la fois les rayons trop petits qui détruisent les câbles, et les rayons trop grands qui déterminent des moments négatifs, a été pendant longtemps le seul procédé en usage pour calculer les dimensions d'une machine d'extraction; les *diagrammes* obtenus par l'*Indicateur de Watt* sont venus démontrer qu'il fallait prendre en considération un troisième élément : la *vitesse des pistons*.

Les plus grandes déperditions de force sont en effet causées par les vitesses exagérées souvent imprimées aux pistons.

Les vitesses de $1^m, 50$ à $1^m, 60$ peuvent être considérées comme les plus grandes qu'on puisse admettre sans inconvénients; les vitesses de plus de 2 mètres donnent lieu non-seulement à des chocs et à des vibrations de tous les organes mécaniques, mais à des pertes considérables résultant de l'étirage de la vapeur à l'admission, et des contre-pressions à l'échappement.

Ainsi telle machine d'extraction avec cylindres de $0^m, 80$ de diamètre fait son service, pour une profondeur de 400 mètres, en 25 tours; telle autre en 45 tours. Comme ces deux nombres de tours doivent être obtenus dans le même temps, en 40 secondes par exemple, la première machine réalise tous les avantages de la marche lente, tandis que la seconde subira les inconvénients précités d'une marche trop rapide.

La machine devant être disposée de manière à marcher lentement et sûrement, considération qui doit passer avant toute autre, ne serait-il pas avantageux d'adopter de grandes bobines avec des chaînes contre-poids analogues à celles des machines anglaises? Tous les essais faits en ce sens ont prouvé que les avantages de ces contre-poids n'en compensaient pas les inconvénients. Une chaîne contre-poids est un organe de plus à faire marcher et à entretenir; cet organe n'a que l'apparence de la simplicité, et il reste démontré que les avantages qui peuvent en être obtenus sont loin de compenser les inconvénient et les frais qu'il occasionne.

Au lieu de chercher l'économie de la vapeur dans la régularisation de l'effort à produire, n'aurait-on pas certitude d'en obtenir une plus importante encore en adoptant la condensation? Cependant la condensation appliquée dans les premières installations a été abandonnée pour les machines d'extraction, uniquement parce qu'il en résulte des complications mécaniques que personne ne veut subir. Par le même motif, l'inégalité des *moments* doit être franchement acceptée toutes les fois qu'il en résulte une plus plus grande simplicité des appareils.

APPLICATION DE LA DÉTENTE.

Les diagrammes pris sur les grandes machines à deux cylindres conjugués de $0^m,80$ de diamètre et pour des vitesses variant de 7 à 44 tours par minute, ont démontré :

1° Que les contre-pressions augmentent énormément avec la vitesse ;

2° Que le travail absorbé par les résistances nuisibles, frottements, etc., augmente avec la vitesse ;

3° Que ces augmentations deviennent telles que la machine étant lancée à 44 tours, *à vide*, les deux câbles enroulés et fixés sur les bobines constituant un véritable volant, dépensait encore une quantité de vapeur correspondante à 225 chevaux.

Une série d'expériences faites sur des machines à tiroirs, sans avance pour l'échappement, ont en effet accusé, pour des vitesses de pistons de $1^m,80$ par minute, vitesse qui peut être considérée comme maximum, des contre-pressions de $0^k,40$ à $0^k,45$ par centimètre carré. Pour des vitesses de $2^m,50$, ces contre-pressions dépassaient $0^k,65$; elles peuvent, il est vrai, être réduites par une avance convenable des tiroirs d'échappement, mais restent toujours très-élevées et par conséquent onéreuses.

Ces contre-pressions tendent surtout à réduire l'effet utile aux moments de grande vitesse, lorsque la vapeur n'est livrée aux cylindres qu'avec un étirement qui en réduit la pression effective, étirement accusé sur les diagrammes par une forte inclinaison de la ligne d'admission.

Supposons une charge utile de 1 500 kilogrammes. Cette charge, élevée à la vitesse de 5 mètres par seconde, représente déjà une force de 100 chevaux. A la vitesse de 10 mètres qu'elle acquiert au milieu de l'ascension, elle représente 200 chevaux. La vapeur dépensée dans les premiers tours à faible vitesse est en général bien utilisée, et fournit 80 pour 100 d'effet utile; mais à grande vitessse cet effet utile tombe à 50 pour 100, c'est-à-dire que la dépense représente 400 chevaux.

La seule conclusion à tirer de ces faits, c'est qu'il est important de rechercher un moyen qui puisse réduire ces dépenses excessives de vapeur. Ce moyen est actuellement trouvé : c'est l'application de la *détente* aux grandes machines d'extraction.

La question d'une détente applicable aux machines d'extraction est depuis longtemps à l'ordre du jour, et l'on a essayé sans succès tous les systèmes de détente fixe. Il faut en effet pour les machines d'extraction que la détente soit variable; qu'elle soit nulle par exemple pour le premier tour et qu'elle puisse être développée au quart, à moitié, aux trois quarts de la course, à mesure que la charge s'élève dans le puits. Il faut, en un mot, que l'action de la détente puisse être substituée à l'étirage de la vapeur par le régulateur.

Lorsqu'une question de cette nature se trouvé posée, il y a toujours un grand nombre d'ingénieurs qui s'en occupent, et plusieurs en trouvent la solution sans qu'il soit possible de signaler celui qui a précédé les autres. C'est ce qui est arrivé pour la détente appliquée aux machines d'extraction; mais les systèmes étant différents les uns des autres, peu importe la priorité.

Les ingénieurs Guinotte à Mariemont et Scohy à Montceau-Fontaine, ont appliqué des détentes à tiroirs ; l'ingénieur Audemar est l'inventeur d'une détente à soupapes, appliquée à toutes les machines d'extraction de Blanzy, l'ingénieur Kraft de Seraing a également appliqué une détente à soupapes à de nombreuses machines en Belgique et en France.

Les détentes par soupapes ont un avantage spécial, c'est de couper instantanément la vapeur, sans laminage préalable, et de laisser la détente produire tout son effet. Cet avantage a décidé la compagnie de Blanzy à appliquer la détente à toutes ses fortes machines.

Le mécanisme de cette détente, représenté *planches* LXVII, LXVIII et XLIX, consiste en une soupape à double siége, placée sur l'arrivée de vapeur entre les soupapes d'admission. Par son ouverture et sa fermeture en temps utile, cette soupape produit l'admission et l'expansion de la vapeur dans le cylindre.

Une came animée d'un mouvement de rotation donné par l'arbre de la machine, fait mouvoir la soupape de détente par l'intermédiaire d'un levier et d'un galet qui frotte sur sa surface. C'est de la forme spéciale de cette came, pouvant glisser sur un arbre, que dépend le fonctionnement de tout le système. Son mouvement de glissement étant solidaire de celui de la coulisse Stephenson a lieu par le même levier, et la position que l'on fait occuper à ce dernier détermine la détente de la machine, la variation de cette détente ou sa suppression complète.

Cette came est *double*, c'est-à-dire composée de deux cames semblables opposées bout à bout. L'une servant pour la marche à l'avant; l'autre pour la marche à l'arrière : *planche* LXIX.

Ses deux extrémités ont des profils saillants qui embrassent toute la circonférence et maintiennent la soupape ouverte quand ce sont eux qui la commandent. Les profils, tout en conservant la même saillie, vont ensuite en diminuant de longueur, jusqu'à se réduire à un point de la circonférence au milieu de la came, qui correspond à la fermeture de la soupape. Tous les degrés intermédiaires de détente se trouvent ainsi répartis sur cette demi-longueur.

Dans le fonctionnement, lorsque le levier du machiniste est vertical, la came et la coulisse occupent leur position moyenne et toute introduction de vapeur est fermée. Pour effectuer le départ, le machiniste doit pousser son levier à fond de course; l'extrémité de la came qui vient alors commander la soupape, la maintient constamment ouverte; en même temps, la coulisse qui vient à fond de course, opère la distribution.

La machine se trouve alors entièrement sans détente et dans les conditions d'une distribution ordinaire. Pour faire agir la détente, il suffit d'éloigner le levier des extrémités de sa course, d'une quantité d'autant plus grande que la détente devra être plus considérable. On arrête ce levier au cran voulu, que l'on fixe d'après la détente à laquelle on veut régler la machine; ou bien, ce qui est plus conforme à une bonne utilisation de la vapeur, on le tient à la main et l'on maintient par la seule variation du degré de détente, l'allure que l'on désire. Ces effets, à cause de la double came et du renversement du mouvement par la coulisse, se produisent aussi bien dans la marche en avant que dans la marche en arrière.

D'après ce qui précède, on voit que, si la liaison de la came et de la coulisse était directe, on n'obtiendrait de grandes détentes qu'en rapprochant cette dernière de son point moyen et par suite en réduisant beaucoup l'ouverture des orifices de distribution. Aussi cette liaison a été faite pour la machine indiquée, par l'intermédiaire de secteurs dentés, dont l'un, celui de la came, décrit un très-petit angle, tandis que l'autre décrit à peu près une demi-circonférence. La coulisse se déplace alors comme la projection verticale du bouton de manivelle qui la conduit, c'est-à-dire très-lentement vers les extrémités de sa course, tandis que la came, dont le mouvement est proportionnel à l'angle décrit, se déplace beaucoup plus vite.

Il en résulte que les orifices du tiroir conservent une

très-large ouverture, tandis que la came a déjà assez cheminé pour produire d'assez grandes détentes.

Les résultats obtenus pratiquement, ne s'éloignent pas beaucoup de ceux qu'indique la théorie. Ce fait semble d'abord anormal, car par leur nature même, les machines d'extraction ont à faire un grand nombre de mouvements qui doivent être exécutés avec pleine admission de vapeur; mais on se l'explique par deux circonstances qui sont indiquées sur les diagrammes.

Si l'on compare en effet entre eux le tracé du diagramme sans détente et celui du diagramme avec détente, tous deux pris dans les mêmes conditions de travail, on voit que dans ce dernier, la ligne de contre-pression de l'échappement se rapproche davantage de la ligne atmosphérique : Il y a donc derrière le piston une contre-pression plus faible qui s'explique aisément, puisque le poids de la vapeur qui s'échappe est moindre.

A cette première source d'économie, vient s'en joindre une seconde qui résulte de la plus grande pression à laquelle travaille la vapeur pendant l'admission. Cette pression est nécessairement supérieure à celle qui existe lorsque la machine fonctionne sans détente, et chacun sait que l'avantage qu'on en recueille peut être très-important.

Les chiffres obtenus ont été de 35 pour 100 d'économie pour la détente au demi et de 25 pour 100 pour la détente pendant le tiers de la course. Ces chiffres ont été relevés sur les carnets de consommation de six mois et non déduits des diagrammes, qui accusent des économies beaucoup plus considérables.

Les soupapes de détente représentées *planche* XLIX sont du système Hornblower.

M. Kraft, ingénieur des ateliers de Seraing, a donné une forme plus simple à la détente par soupapes en supprimant la soupape spéciale.

Les deux soupapes d'admission de vapeur, sont directement gouvernées par deux cames doubles. Ces deux cames sont mobiles et commandées par le levier de mise en marche, de telle sorte que les cames convenables pour la marche en avant ou en arrière, gouvernent l'admission avec détente plus ou moins développée.

Les machines marchent donc à détente variable, condition déjà signalée comme préférable aux détentes fixes déjà réalisées par l'emploi des tiroirs.

La détente Kraft est représentée *planches* LXXII et LXXIII par son application à la machine du puits n° 5 de Lens.

On voit sur le plan et sur l'élévation de cette machine, les deux soupapes d'admission gouvernées par la rotation des deux cames doubles, dont les bossages déterminent la levée plus ou moins grande.

Le levier de mise en marche, règle l'avancement de ces bossages de telle sorte que le mécanicien peut, en variant la détente, activer ou ralentir le mouvement.

DÉTENTE GUINOTTE.

Le système de détente par tiroirs, imaginé par M. Guinotte, directeur des mines de Mariemont, a été étudié de manière à régler exactement et automatiquement, la dépense de vapeur, en variant la détente proportionnellement à la variation des moments de résistance.

Pour atteindre ce but, M. Guinotte a employé un tiroir de détente superposé au tiroir distributeur, le mouvement de ce tiroir étant gouverné par des curseurs dont les mouvements sont déterminés par la rotation de l'arbre des bobines.

L'appareil Guinotte a subi une série de transformations qui ont eu pour but la simplification des organes. La dernière disposition adoptée est représentée *planche* LXXIV, telle qu'elle a été appliquée aux machines d'extraction récemment construites par M. Petau.

Le mouvement de rotation de l'arbre des bobines est transmis par la manivelle M, à la roue d'angle qui commande un pignon P. Ce pignon fixé à l'extrémité de la vis, lui imprime un mouvement de rotation en vertu duquel deux curseurs h et h' parcourent successivement dans un sens ou dans l'autre la longueur de la vis V.

Ces deux curseurs agissent sur deux leviers dits *sabres* ss' dont les positions successives indiquées fig. 2, mettent en fonction le mécanisme de transmission aux bielles qui commandent le tiroir de détente. Les bielles ainsi actionnées, se déplacent progressivement dans leurs coulisses respectives de manière à modifier les conditions de l'admission de la vapeur dans les cylindres.

Les variations de la détente déterminées par le mouvement de l'arbre des bobines, sont obtenues automatiquement, à mesure de l'enroulement et du déroulement des câbles, c'est-à-dire, par chaque tour, proportionnellement aux variations des moments de la résistance.

La dépense de vapeur d'une machine marchant à *pression pleine*, à *détente fixe*, à *détente variable*, a été discutée et établie par M. Guinotte sur les données suivantes :

L	profondeur du puits	400 mèt.
p''	poids de six chariots vides	1200 kilog.
p'''	poids de la cage et de son parachute . . .	1400 —
p	poids total mort ($p'' + p'''$)	2600 —
p'	poids de la houille contenue dans les six chariots.	1900 —
P	charge totale ($p + p'$)	6500 —
Q	poids du câble en fil de fer sur 400 mètres.	2600 —
e	épaisseur uniforme du câble.	$0^m,02$
E	extraction à effectuer en dix heures	500 tonnes.

Si avec ces données on détermine, au moyen des formules connues, les conditions relatives à l'égalité des moments, on trouve $1^m,122$ pour le rayon initial d'enroulement des cordes, $1^m,951$ pour le grand rayon, et 41, 45 pour le nombre de tours qu'exige l'ascension.

DÉTENTE GUINOTTE

L'expérience ayant prouvé que les machines de la force de celle dont il s'agit, ne peuvent pas faire plus de 30 tours par minute, et que la recette de six chariots dure à peu près 30 secondes, il en résulte, puisque l'ascension exige 41 tours et demi, que l'extraction de chaque charge durera 2 minutes 9 secondes.

Or, pour extraire 500 tonnes par charges de 1 900 kilogrammes, il faudra effectuer 263 voyages; par conséquent, la durée de l'extraction totale sera de neuf heures et demie; et comme d'ordinaire on y consacre dix heures, il semble que les conditions soient remplies.

Cependant, l'appareil ainsi proportionné serait insuffisant, par la raison que jamais l'arrivée des wagons au pied du puits n'a la régularité que suppose le calcul; le service éprouve parfois des retards qu'on ne peut compenser qu'en accélérant notablement l'ascension à d'autres moments. Si donc il arrivait, dans les conditions indiquées, qu'il fallût l'accroître seulement de moitié, il faudrait que la machine marchât à raison de 50 révolutions par minute, ce qui n'est pas possible.

Pour rentrer dans les conditions d'une bonne pratique, il faut nécessairement réduire le nombre de tours qu'exige une ascension. Il a été fixé, pour le cas dont il s'agit, à 25 seulement. En déduisant de ce chiffre les rayons d'enroulement des cordes, on trouve $2^m,297$ pour le petit et $2^m,797$ pour le grand. Naturellement les moments ne sont plus égaux; ils sont même très-différents, car celui du départ a pour valeur 9 037 kilogrammètres, tandis que le dernier est seulement de 642; ce qui correspond à des travaux de 55 712 et 5 100 kilogrammètres, présentant une variation dans le rapport de 10 à 1.

Si le moment de la résistance est variable, celui de la puissance l'est pareillement, car dans les machines à deux cylindres une manivelle peut se trouver au point mort à l'origine du mouvement; il faut donc, pour assurer le fonctionnement, que le moment *minimum de la puissance* égale le moment *maximum de la résistance.*

Ayant égard à cette condition et admettant un coefficient de $0^m,65$, on trouve qu'avec une pression initiale de 4 atmosphères, avec une contre-pression de 1 atmosphère et un rayon de manivelle de $0^m,75$: les pistons de la machine dont il s'agit doivent avoir $0^m,873$ de diamètre.

Mais cette machine sera trop forte à tout autre moment que celui des manœuvres où se présentent les circonstances qui ont déterminé ses dimensions; il faudra donc l'affaiblir en diminuant la pression dans les cylindres par l'action du modérateur ; et puisqu'on peut calculer le travail qu'elle aura à produire tour par tour, on peut déduire la pression pour chacun d'eux, et par suite le poids de vapeur dépensée pour une ascension. C'est ce qu'a fait M. Guinotte, et il a trouvé, pour la marche à pression pleine, un poids total de 112 kilogrammes de vapeur : *diagramme* fig. 1.

Supposant ensuite la machine pourvue d'un système quelconque de détente fixe, il détermine le degré d'admission qu'on pourra adopter d'après le travail à produire au troisième ou quatrième tour des bobines, pour que la machine recevant de la vapeur à la pression initiale, développe une puissance égale. Mais, comme cette puissance est encore supérieure à celle qu'exigeront les tours suivants, la nécessité d'avoir recours au modérateur existe encore, et l'on peut calculer, comme précédemment, la pression à laquelle la vapeur devra être admise successivement dans les cylindres, puis en déduire le poids nécessaire à une ascension. M. Guinotte a trouvé, pour degré de la détente fixe que comporte la machine précitée, $0,466$, et par suite, pour poids de la vapeur dépensée, $82^k,84$: *diagramme* fig. 2.

Enfin, passant au cas de la détente variable, qui présente certaines difficultés de calcul, M. Guinotte arrive, par des moyens de simplification, à déterminer également le poids de vapeur qu'exigera l'élévation d'une charge. Il le trouve de

DÉTENTE GUINOTTE 423

Machine d'extraction à deux cylindres.

Diamètre, 0^m,873. Course, 1^m,500.

DIAGRAMMES THÉORIQUES DANS LES DEUX CYLINDRES POUR CHACUN DES 25 TOURS DE L'ASCENSION.

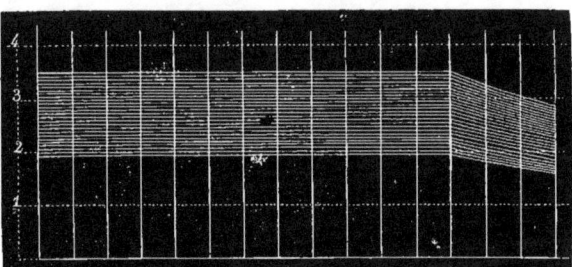

Fig. 1. — Pression pleine, soit une admission de 0,80 de la course.

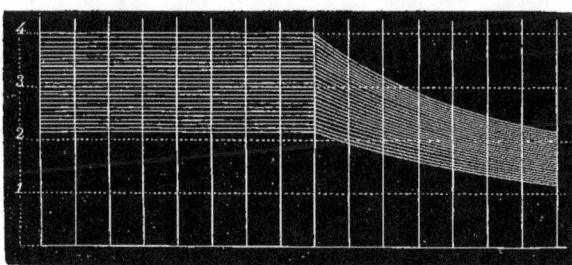

Fig. 2. — Détente fixe, admission de 0,533 de la course.

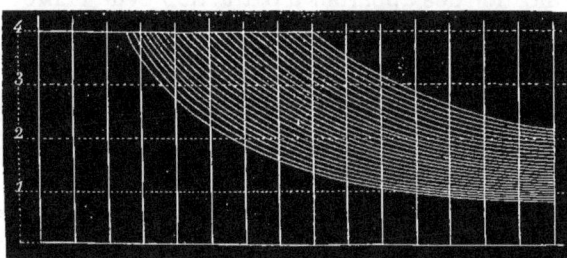

Fig. 3. — Détente variable.

$65^k,43$ seulement : *diagramme* fig. 3 ; ce qui s'explique très-bien, puisque, au lieu de rester constante, la détente varie de 0,205 à 0,745.

On voit par ces résultats, que si l'on représente par 100 la dépense de vapeur qu'occasionne pendant une ascension, la machine considérée marchant à pression pleine : sa dépense sera réduite à 74 si elle marche à détente fixe ; à 58 seulement, si on lui applique la détente variable.

En d'autres termes, l'économie qui résulterait de l'application de la détente fixe, au cas supposé, est de 26 pour 100 par rapport à la machine marchant à pleine admission. Celle qu'on obtiendrait en appliquant la détente variable, est de 21,75 pour 100 par rapport à la détente fixe, et de 42 pour 100 par rapport à la marche à pression pleine.

Ces chiffres n'ont certainement rien d'absolu ; cependant ils permettent d'apprécier l'importance de l'introduction de la détente dans les machines d'extraction. Les diagrammes théoriques que fournirait, tour par tour, la machine fonctionnant dans les trois conditions supposées, confirment la comparaison qui vient d'être faite, en exprimant comment la variation de puissance est obtenue à pression pleine, à détente fixe et à détente variable.

La détente introduite dans les machines d'extraction doit produire une économie d'autant plus considérable, que le degré qu'elle y pourra atteindre sera plus élevé. De là une conséquence importante au point de vue de la grande simplification des appareils d'extraction et de l'enroulement des câbles.

ÉTUDE DES DIAGRAMMES. — CALCUL DES CYLINDRES.

Le poids total des masses en mouvement est tellement considérable dans les grands appareils d'extraction, que le poids utile élevé au jour n'y a pas l'importance qu'on suppose au premier abord.

Dans la plupart des cas, une machine dépensera à peu près autant de vapeur pour monter une cage vide que si cette cage était chargée ; une faible économie résultera seulement d'une série plus ou moins nombreuse des derniers tours, qui se continueront en vertu des forces vives, après fermeture de la soupape d'admission. Cette condition résulte non-seulement du poids des masses mises en mouvement, mais de l'excès de force des machines comparativement à l'effet utile produit.

Un excès de force est *nécessaire*, parce qu'une machine, ainsi qu'il vient d'être dit, doit être assez forte pour exécuter telle manœuvre d'effort maximum, qui se présentera rarement, mais qui doit être exécutée.

Ainsi une machine doit pouvoir enlever un seul câble portant cage et charge maximum, cette manœuvre étant quelquefois nécessitée par des circonstances spéciales. Or, dans ce cas, le câble d'équilibre se trouvant supprimé, le moment atteint un chiffre plus élevé que dans les conditions de marche normale, et pourtant il doit être enlevé au départ par un seul piston, l'autre étant supposé au point mort.

Dans un exemple récent, un moment de 13 000 kilogrammes devait être enlevé par une machine à deux cylindres conjugués de $0^m,80$ de diamètre et de 2 mètres de course. La manivelle étant égale à 1 mètre, la surface du piston à $5024\ c^2$; la charge fut enlevée sous une pression effective de 3 atmosphères qui représentait 14 072 kilogrammes. La faible différence entre le poids soulevé et la force soulevante a suffi pour déterminer le mouvement parce que la vitesse était très-faible.

La manœuvre des cages est soumise à des irrégularités dont il importe de tenir compte dans le calcul des moments de résistance que doit dominer la machine ; ces irrégularités résultent de ce que la solidarité entre les deux câbles, admise par le calcul des moments de résistance, n'existe pas toujours.

Ainsi, quand la machine est mise en mouvement pour une manœuvre, les deux cages étant posées sur leurs taquets, l'une au jour, l'autre à l'accrochage du fond, le mécanicien doit d'abord soulever la cage du jour, de telle sorte que les taquets puissent être relevés pour lui donner passage à la descente. Le moment est alors $QR - clr$. La descente commençant, le câble développé dans le puits est tendu, l'enlevage a lieu et le moment est $(P + Q + cl) r - QR$.

A l'arrivée au jour, la cage du fond est d'abord posée sur ses taquets; la cage du jour doit être élevée d'une quantité notable au-dessus du clichage, afin que le receveur puisse fermer les taquets. Il en résulte que pendant un instant, toute la charge est enlevée par le grand rayon, l'équilibre n'ayant lieu sur le petit que par le poids du câble développé, au-dessus de la cage du fond, qui est posée sur les arrêts; le moment est $(P + Q) R - clr$. Ce moment est en général inférieur à celui de l'enlevage; mais dans quelques cas exceptionnels, lorsque la charge est considérable et le câble très-léger, comme il arrive quelquefois pour les câbles en fils de fer, il peut être plus considérable. La manœuvre pourrait dès lors présenter quelques difficultés, d'autant plus que l'ascension qui vient d'avoir lieu, a eu pour effet d'abaisser la pression de la vapeur; le cas est rare, mais il est utile d'en prévoir la possibilité en inscrivant sur la liste des moments, à surmonter par l'action d'un seul piston, la valeur de $(P + Q) R - clr$.

Les machines d'extraction à deux cylindres conjugués fonctionnèrent longtemps à pleine pression, sans qu'on se rendît compte des conditions de leur marche; on eut cependant l'idée de leur appliquer l'indicateur de Watt et l'on fut alors étonné des faits exprimés par les *diagrammes*.

Des contre-pressions considérables paralysent en partie, l'effort de ces machines, dès que les pistons atteignent des vitesses de $1^m,60$ à 2 mètres. La dépense de vapeur est alors telle, qu'elle ne semble plus avoir aucun rapport avec le calcul des moments et de l'effet utile. Une machine à deux cylindres de $0^m,80$ de diamètre et $1^m,75$ de course, lancée à 25 et 30 tours par minute et marchant à vide, les câbles ayant été enroulés et fixés sur les bobines, exigeait, ainsi qu'il a été dit précédemment, une dépense de vapeur de plus de 200 chevaux ; et cependant on n'avait à surmonter que les frottements et les résistances de l'appareil moteur, sans tenir compte des frottements et des résistances des câbles et des cages.

On ne saurait admettre que les frottements de ces machines absorbent réellement de pareils efforts. Il existe évidemment une cause spéciale de déperdition, et cette cause résulte des contre-pressions. Les grands diamètres des deux cylindres qui dépensent la vapeur et le diamètre toujours insuffisant des tuyaux d'adduction, produisent un étirage qui diminue la pression sur les pistons ; tandis que la masse de vapeur lancée par les échappements doit parcourir des orifices sinueux et rétrécis qui déterminent la contre-pression. Tels sont les faits signalés par les diagrammes lorsque les machines sont sans détente.

Dans les machines à détente, les tuyaux adducteurs forment un réservoir de vapeur; le volume pris par cylindrée se trouvant réduit, de moitié par exemple, l'adduction et l'échappement se feront dans des conditions toutes différentes. L'expérience a confirmé cette pensée, à tel point qu'avec une détente de moitié et une vitesse des pistons de $1^m,50$ par minute, les contre-pressions des échappements sont presque négligeables.

Un fait remarquable mis en évidence par la série des diagrammes, *planches* LXX et LXXI, est la variation de la pression initiale dans les cylindres à vapeur, suivant que l'on marche sans détente, ou bien avec une détente plus ou moins développée.

Si la détente est nulle, la pression étant de 4 et demi dans les chaudières est seulement de 2 un quart dans les cylindres, lorsque les pistons ont leur vitesse normale. Cette grande déperdition de pression (diagramme de Sainte-Marie), est la conséquence évidente de la différence qui existe entre les sections des pistons (0^m,80 de diamètre) et celle des tuyaux adducteurs (0^m,18 de diamètre).

Mais dès que la détente est appliquée, la pression initiale monte à 4 atmosphères dans les cylindres, parce que la conduite de vapeur constitue un réservoir dans lequel la pression a eu le temps de s'élever.

Les diagrammes de la détente nous montrent en effet la pression de 4 atmosphères, décroissant à mesure que la résistance diminue par l'enroulement du câble ascendant, cette décroissance suivant une courbe qui, de la pression maximum, descend à la pression atmosphérique.

En comparant ces diagrammes, dont les surfaces sont proportionnelles aux efforts développés, on est surpris de voir que leurs surfaces sont loin de décroître en proportion des efforts réels déterminés par le calcul des moments de résistance. C'est qu'on doit faire intervenir la constante qui résulte de la résistance de la machine marchant à vide, constante qui, pour les grandes vitesses, s'élève à des chiffres très-élevés. On pourra s'en rendre compte en examinant les conditions de *conduite* des machines à détente.

La détente variable peut remplacer le régulateur d'adduction de vapeur pour les manœuvres de la machine. Ainsi, le moment de la résistance diminuant progressivement à chaque tour, à mesure que la charge s'élève, le mécanicien peut faire marcher la machine dans trois conditions distinctes :

1° Sans détente, en réduisant progressivement la section de l'adduction de vapeur ;

2° Avec détente, en laissant cette section toute grande

ouverte, mais diminuant le temps de l'adduction et développant progressivement la durée de la détente ;

3° Il peut enfin régler la détente à un point fixe, la moitié de la course par exemple, et gouverner la vitesse par la soupape d'adduction.

La marche sans détente doit être écartée toutes les fois qu'une machine a un diamètre plus grand qu'il n'est nécessaire pour l'effort à développer. La marche avec détente variable, le régulateur restant tout grand ouvert, est la plus rationnelle et la plus économique, mais elle exige une grande attention de la part du mécanicien.

La marche avec détente fixe, les variations étant déterminées par le régulateur, est au contraire d'une conduite facile et suffisamment économique. Tel est le mode adopté pour les machines de la compagnie de Blanzy.

Pour comparer ces divers modes d'action, on doit avoir recours à l'indicateur de Watt; on peut ainsi apprécier l'effort développé par la machine, et, ce qui est plus important, régler la distribution avec certitude.

Dans la plupart des machines, cette condition essentielle de règlement est en effet laissée aux soins des monteurs, qui ne s'inquiètent pas de l'avance à donner à l'admission ou à l'échappement.

L'indicateur de Watt précise ce qui doit être fait à cet égard. La pression doit être vive et marquée sur le diagramme, par une ascension presque verticale du crayon ; elle doit se soutenir pendant l'adduction, par une ligne horizontale qui atteste une action constante. Quant au règlement de l'échappement, il est indiqué par la contre-pression, qui doit être réduite autant que possible.

Enfin ces diagrammes marquent avec précision le point de la détente et la marche décroissante de la pression.

Quel développement doit-on donner à la détente? Les expériences faites à Montceau-les-Mines démontrent que pour conserver les grandes vitesses on doit rarement aller au delà de moitié. Le levier de distribution a été pourvu en conséquence d'un cran qui la fixe à ce point, le mécanicien réglant ensuite ses manœuvres par le régulateur d'admission.

Les *planches* LXX et LXXI représentent une série de diagrammes pris sur les machines de Montceau-les-Mines, de manière à mettre en évidence les diverses applications de la détente.

Le diagramme n° 1, pl. LXXI, indique les conditions de marche de la machine du puits Sainte-Marie, le moment de la résistance étant d'environ 6000 kilogrammes : Le premier tour se fait avec une détente presque nulle, l'adduction de vapeur ayant eu lieu pendant les trois quarts de la course. Le second tracé représente le troisième tour, le moment de la résistance ayant à peine varié, mais l'adduction de vapeur ayant été réduite au quart de la course.

Les surfaces de ces deux diagrammes sont sensiblement égales ; mais elles sont obtenues par des conditions toutes différentes. La comparaison des lignes démontre que le développement de la détente a eu pour effet d'augmenter la pression initiale et de réduire la contre-pression.

Le diagramme n° 2 indique une marche complète, de 18 tours, pendant laquelle le levier de commande est resté placé au cran de la détente à moitié ; la force développée étant supérieure au moment de résistance à partir des premiers tours, le régulateur a été successivement fermé, de manière à réduire la pression par l'étirage de la vapeur. Les diagrammes indiquent la succession des efforts décroissants.

On voit que cet étirage de la vapeur a pour effet d'allonger la courbe supérieure, en laissant une certaine indécision sur le point où la vapeur est coupée par la soupape de détente. Ce point est, ainsi que nous l'avons dit, sur la moitié de la course.

Le diagramme n° 3 représente une manœuvre pendant laquelle, la soupape d'adduction ayant été ouverte en grand, la détente a été successivement développée de manière à maintenir une vitesse normale. Quatre tours équidistants, deuxième, huitième, douzième, seizième ont été tracés de manière à mettre en évidence l'action progressive de la détente avec admission à 0^m, 75, 0^m, 43, 0^m, 27, 0^m, 21 de la course.

On voit, pour le dernier, que la contre-pression est à peu près nulle, et que la pression initiale de la vapeur s'est élevée à près de 4 atmosphères, cette pression étant de 4 et demi dans les chaudières.

Une manœuvre complète, exécutée dans ces conditions, est représentée par la figure 4 de la *Planche* LXXI, où les 18 diagrammes sont tracés.

L'intérêt que présentent ces diagrammes résulte de ce qu'ils indiquent dans tous leurs détails les conditions de l'action et de la dépense de la vapeur. On peut y mesurer la pression moyenne pendant la course et par conséquent la force dépensée, de manière à la comparer à l'effort théorique et à obtenir l'effet utile.

Dans la manœuvre complète n° 4, on voit qu'il existait un léger retard à l'admission, défaut de la distribution qui a dû être rectifié. On voit en outre que, pour les derniers tours, le régulateur a été successivement fermé, et que la raréfaction de la vapeur a déterminé un vide partiel.

Le moment de la résistance est pourtant encore positif pendant ces derniers tours, mais la manœuvre s'achève sous l'influence de l'impulsion des masses mises en mouvement.

Les diagrammes pris sur une manœuvre complète peuvent encore servir pour apprécier l'effet utile des appareils d'extraction. On peut en effet prendre la pression moyenne indiquée par chaque courbe, déduction faite de la contre-pression, et obtenir l'expression de la force développée sur les pistons. En comparant ensuite l'expression de cette force au travail utile, c'est-à-dire au poids utile qui est monté, on obtient un coefficient qui fixe les conditions de la marche des machines.

En procédant à cette appréciation sur diverses machines, on arrive à constater que l'effet utile est très-variable, et que plus la résistance est considérable eu égard aux dimensions des pistons, c'est-à-dire plus la machine travaille à sa force, plus cet effet utile est élevé. Ce principe a été mis en évidence par des expériences répétées sur les deux types de machines à cylindres conjugués qui sont employés à Montceau-les-Mines.

Le premier type est une machine à deux cylindres horizontaux conjugués, dont les pistons ont $0^m,55$ de diamètre et 2 mètres de course.

Une de ces machines, celle du puits Saint-Pierre, extrayait des caisses d'eau contenant 1500 litres, de la profondeur de 260 mètres; le poids du câble développé était de 1820 kilogrammes et le poids de la caisse à eau de 960.

Le rayon initial étant $1^m,45$, le rayon final était $2^m,13$, la machine ayant fait 23 tours complets.

Le moment de la résistance à l'enlevage était $+4120$ kilogrammes; le moment à l'arrivée était $+1250$.

Dans ces conditions, la pression du manomètre étant 4 atmosphères, deux séries d'expériences furent faites. Dans le premier cas, diagramme 1, *planche* LXX, la détente ne fut appliquée que pendant un tiers de la course, la machine étant gouvernée par le régulateur. La pression moyenne sur les pistons fut $1^k,57$ pendant les 4 premiers tours; elle tomba à la moyenne de $1^k,30$ pendant les 18 tours suivants et la vapeur fut supprimée pendant le vingt-troisième tour.

Dans ces conditions, en multipliant la *surface des pistons* par la *pression moyenne effective* et par le *chemin parcouru*, on a pour les 4 premiers tours avec détente au tiers :

ÉTUDE DES DIAGRAMMES

$$2365\ c^2 \times 1,46 \times 40^m = 139\,000 \text{ km.}$$

pour les 17 tours avec détente de moitié ;

$$2365\ c^2 \times 1,07 \times 136^m = \underline{344\,000 -}$$
$$\text{Total.} \ldots \ldots 480\,000 \text{ km.}$$

Le travail utile : 1500 kilogrammes d'eau montés d'une profondeur de 260 mètres, représente 390 000 kilogrammètres. L'effet utile atteindrait donc 80 pour 100 ; mais il faut tenir compte de la contre-pression indiquée par le diagramme, qui représente une perte de force et réduit l'effet utile réel à 64 pour 100.

Ces chiffres ont paru satisfaisants et après avoir constaté que les 23 tours pouvaient être obtenus en une minute avec la détente de moitié, mais que la vitesse diminuait rapidement dès qu'on essayait d'augmenter la détente, on fit un essai pour la réduire. Les résultats de cet essai sont exprimés par le diagramme n° 2.

La détente ayant été réduite à un tiers pendant toute la manœuvre, l'ascension fut obtenue en cinquante secondes.

La pression moyenne obtenue sur les pistons pour les 4 premiers tours de la manœuvre fut de $1^k,57$ et pour les 18 tours suivants $1^k,30$. La vapeur a été supprimée pendant le vingt-troisième tour.

Appliquant les mêmes calculs pour l'effort développé, on arrive au chiffre de 561 545 kilogrammètres, qui donnerait une proportion de 69 pour 100, proportion réduite par la contre-pression à un effet utile de 60 pour 100.

De la comparaison de ces diagrammes il résulte que le développement de la détente, jusqu'à limite du possible, est avantageux au point de vue de l'effet utile ; c'est la question de vitesse qui limite ce développement.

Un effet utile de 60 pour 100, dans un travail où il y a tant d'irrégularités, de chocs et de frottements, est certainement un résultat aussi avantageux qu'on peut l'espérer, mais il s'en faut que ce soit le régime ordinaire de ces machines. Les conditions de la machine qui a fourni ces diagrammes sont en effet favorables, en ce sens que la force est complétement employée. Mais, dans beaucoup de cas, les machines, établies dans les prévisions d'un développement futur des travaux en profondeur, sont beaucoup plus fortes qu'il ne le faut pour le travail courant ; leur effet utile s'abaisse alors dans une proportion considérable. Nous prendrons pour exemple une machine à deux cylindres de $0^m,80$ de diamètre et de 2 mètres de course.

La machine Sainte-Marie, appliquée à extraire 1 200 kilogrammes de poids utile d'une profondeur de 230 mètres, effectuait cette manœuvre en quarante minutes; l'effort produit était de 92 chevaux. Pour ce travail, effectué en 18 tours, la pression sur les pistons a été de $1^k,15$ et la force développée égale à $1,15 \times 5024 \, c^2 \times 144^m = 832 000$ kilogrammètres en quarante minutes, soit 277 chevaux. C'est un effet utile de 33 pour 100 seulement, qui démontre combien il est essentiel de proportionner les machines aux résistances qu'elles doivent surmonter et, dans le cas où ces machines sont trop puissantes, d'appliquer les détentes les plus développées.

Après l'examen des diagrammes obtenus par les machines à deux cylindres conjugués, on peut se demander si les machines à un seul cylindre, avec engrenage réduisant la vitesse de l'arbre des bobines, ne sont pas les plus aptes pour obtenir un bon emploi de la vapeur. Ce bon emploi ne peut être obtenu, pour les machines d'extraction, qu'à la condition d'une marche lente, avec une vitesse des pistons qui serait par exemple de 1 mètre par seconde. Une machine à engrenage dont le piston serait lancé à des vitesses de $1^m,50$ et 2 mètres par seconde n'utiliserait pas mieux la vapeur qu'une machine à deux cylindres conjugués.

Nous avons eu l'occasion de faire cette comparaison d'une manière exacte, par la substitution d'une machine à deux cylindres, au lieu et place d'une machine à un seul cylindre avec engrenage ; ces deux machines ayant été successivement appliquées au même travail.

La machine à engrenage avait un cylindre de $0^m,583$ de diamètre et une course de 1 mètre. Elle faisait 75 révolutions et dépensait 150 cylindrées de vapeur à la pression de 3 atmosphères et quart dans le cylindre, pour extraire de la profondeur de 310 mètres une charge en poids utile de 1 360 kilogrammes.

Cette machine avait extrait pendant le dernier mois de son fonctionnement :

Charbon.	4816 tonnes.
Terres.	1314 —
Eau.	5820 —
Total	11950 tonnes.

La consommation avait été de 275 tonnes de charbon, soit 9483 kilogrammes par jour ; soit $\frac{3}{10}$ pour 100 des matières extraites.

Une nouvelle machine à deux cylindres conjugués fut montée en face de l'autre, de manière à opérer la substitution dans le plus bref délai. Les cylindres avaient $0^m,70$ de diamètre et $1^m,70$ de course. Cette machine, appliquée au même service, donna les résultats suivants, la pression dans les cylindres étant de 2 atmosphères et quart.

L'ascension de 310 mètres a été obtenue en 25 tours, soit par 50 cylindrées de vapeur par cylindre et 100 pour les deux. Le premier mois de sa mise en train, la machine fonctionna pendant vingt-deux jours pour extraire 2 691 tonnes de charbon, 660 tonnes de rochers et 6254 d'eau ; ensemble 9605 tonnes. La consommation de charbon fut de 232 tonnes, soit 10500 kilogrammes par jour, proportion peu différente comparativement aux matières extraites.

On voit que le résultat fut sensiblement le même, malgré l'excès de force de la machine, ce défaut s'étant trouvé compensé par la moins grande vitesse des pistons. Cette vitesse est d'environ 1^m,50 par minute, l'ascension de la profondeur de 310 mètres étant exécutée en quarante-cinq à cinquante secondes.

Pour le choix d'une machine, comme pour les dimensions des diverses parties de l'appareil d'extraction, le principe essentiel est de proportionner l'appareil au travail à effectuer. Une machine de 300 chevaux, appliquée à un travail moyen de 100, conduira toujours à une marche onéreuse.

Les installations les plus modestes ont leur raison d'être, aussi bien que les plus puissantes. Ce que l'on ne doit pas perdre de vue, c'est que pour les installations modestes, toutes les questions d'appropriation mécanique, de manœuvre rapide et précise, doivent être étudiées avec le même soin que pour les plus puissantes. Quelle que soit l'échelle d'exécution, on doit rechercher les mêmes conditions de précision et d'effet utile.

DISPOSITION DES MACHINES D'EXTRACTION.

La disposition la plus usitée, pour les machines d'extraction à cylindres conjugués, est le *système horizontal.*

Deux cylindres, placés horizontalement, attaquent directement les manivelles perpendiculaires de l'arbre des bobines. Cet arbre porte en même temps la poulie du frein.

Le mécanicien, placé entre les deux cylindres, a sous la main :

1° L'organe mécanique d'admission de vapeur ;
2° Celui du changement de marche ;
3° Celui qui gouverne le frein.

Ces machines sont pourvues d'un avertisseur qui met constamment sous les yeux la position relative des cages et dont la *sonnerie* annonce, 50 mètres à l'avance, l'arrivée au jour de la cage ascendante. Le mécanicien doit en outre être placé de manière à voir le clichage du puits et les câbles sur lesquels sont disposés des indicateurs qui lui précisent les points d'arrêt pour le service des divers accrochages qui peuvent exister dans le puits.

La disposition horizontale de toutes les pièces mécaniques dans une même salle, les met à la portée du mécanicien pour tous les détails du graissage et de l'entretien. Pendant les interruptions du service, il peut vérifier ces détails, serrer un boulon, une clavette, en un mot prendre tous les soins que nécessite un entretien minutieux. Enfin, en cas de réparation et de changement de pièce, la position peu surélevée de ces pièces facilite les manœuvres nécessaires.

Les ateliers du Creusot, ceux de Revollier et Bietrix à Saint-Etienne, de Quillacq à Anzin, et d'autres encore, ont construit ces machines d'après l'étude pratique de tous les détails, étude pour laquelle ils ont été secondés par les ingénieurs qui dirigent les mines.

Les machines établies diffèrent par leur force et par la distribution de vapeur.

Comme force, on peut distinguer trois types, dont les cylindres ont $0^m,50$, $0^m,70$ et $0^m,80$ de diamètre. On commence à en construire qui ont $0^m,90$ et 1 mètre de diamètre. Quant aux courses, elles varient de $1^m,50$ à 2 mètres ; on préfère en général les grandes courses.

Les distributions sont à tiroirs ou à soupapes.

Les lumières d'échappement de vapeur doivent être très grandes, et, par suite, les tiroirs ont de grandes dimensions. Pour que le mécanicien puisse les manœuvrer avec facilité, il faut donc que les tiroirs soient équilibrés; ou bien, il faut séparer les tiroirs d'échappement de ceux d'admission qui seuls subissent la pression.

Les soupapes employées sont celles d'Hornblower à double recouvrement ; ce sont les plus faciles à manœuvrer.

Beaucoup de constructeurs se sont préoccupés des moyens de rapprocher le mécanicien du clichage, condition évidemment désirable, mais difficile à réaliser. Pour faire un pas utile dans ce sens, il existe deux moyens : placer la machine en sens inverse de la disposition la plus habituelle, c'est-à-dire en mettant les cylindres du côté du puits ; en second lieu, exhausser cette machine de manière à diminuer l'inclinaison des câbles et, par suite, la distance qui sépare les bobines du puits.

Telles sont les dispositions qui ont été récemment adoptées par la compagnie d'Anzin, pour la fosse Saint-Mark, dispositions qui avaient été déjà appliquées à la fosse la Réussite, et qui, par conséquent, avaient été recommandées par une expérience d'environ dix années.

On a pu en effet réduire ainsi à 11 ou 12 mètres la distance du mécanicien à l'axe du puits, en le plaçant dans une position surélevée, de sorte que rien ne puisse lui masquer les manœuvres. Les planches qui représentent les dispositions prises aux fosses Saint-Mark, d'Haveluy et de Nœux, mettent en évidence le rapprochement obtenu.

Dans le type des machines de Montceau-les-Mines, la distance du mécanicien à l'axe du puits est d'environ 20 mètres, mais il voit ses manivelles, condition nécessaire pour la sûreté des manœuvres, et qui n'est obtenue dans le cas précédent qu'à l'aide d'une glace.

Le soin minutieux avec lequel tous ces détails sont examinés et discutés, en démontre l'importance. Dans une machine d'extraction rien n'est indifférent, car toute fausse manœuvre peut déterminer des accidents tellement graves, que le prix de la machine est une considération presque nulle en présence des conséquences qui peuvent résulter d'un détail mal étudié ou mal exécuté.

Les dispositions mécaniques subissent l'influence de certaines modes établies par les constructeurs. Il y a trente ans, le système oscillant fut ainsi prôné et établi sur un certain nombre de puits. Ce système ne pourrait être recommandé que dans le cas où l'on manquerait de place, l'expérience a démontré qu'en dehors de cette considération on devait l'éviter, les conditions de distribution de la vapeur étant toujours défectueuses.

Le *système vertical* se présente aujourd'hui dans des conditions souvent justifiées ; il domine presque exclusivement en Angleterre. Il offre les meilleures conditions d'équilibre général des pièces pour les deux pistons conjugués ; évite l'usure des cylindres et de leurs tiges par le poids des pistons ; permet d'élever l'arbre des bobines à une grande hauteur, de manière à diminuer l'inclinaison des câbles. Le mécanicien, placé à une plus grande hauteur au-dessus du clichage dont il est plus rapproché, suit plus directement le détail des manœuvres.

Ce qui manque peut-être à la disposition verticale, c'est l'étude et l'expérience qui ont conduit les constructeurs à un type presque uniforme pour le système horizontal, résultat qui n'est pas encore obtenu pour le système vertical. On a voulu souvent introduire de l'économie dans les poids en simplifiant les pièces, et l'on n'a pas donné aux pièces qui supportent l'axe des bobines, la solidité nécessaire ; ou bien les détails ont été defectueux, lorsqu'on a, par exemple, placé les guides des tiges des pistons sur les couvercles des cylindres.

La disposition verticale exige des entablements et des colonnes d'une grande solidité, dont le prix doit être ajouté à celui de la machine proprement dite ; mais cette considération est de peu d'importance pour les cas où cette disposition sera jugée avantageuse.

Parmi les machines verticales, nous citerons comme type, celle du puits Monterrad à Firminy, étudiée et exécutée par MM. Revollier et Bietrix, constructeurs à Saint-Étienne.

La machine de MM. Revollier et Bietrix, représentée par

les *planches* LXXVI et LXXVII, est à deux cylindres verticaux, conjugués, de 0^m,70 de diamètre et 2 mètres de course, avec changement de marche par coulisses Stephenson.

Elle est disposée de telle sorte que le mécanicien, placé à l'étage supérieur et regardant le puits, puisse manœuvrer sans se déplacer :

1° Le levier de changement de marche ;

2° Le volant qui manœuvre la soupape régulatrice de la vapeur ;

3° Le levier de distribution du cylindre qui donne le mouvement au frein à vapeur ;

4° L'arrêt de cages.

Le machiniste a en outre, en face de lui, une sonnerie mécanique commandée par l'arbre des bobines, au moyen d'engrenages, et mettant en mouvement une vis sur laquelle se trouve monté un écrou curseur au-dessus de deux échelles graduées. Ce curseur indique à tout instant de la marche, la position respective des cages dans le puits ; il met aussi en mouvement deux sonnettes disposées de façon à éveiller l'attention du machiniste avant l'arrivée des cages à la recette.

L'arrêt de cages est disposé de telle sorte, qu'au moment où il est mis en mouvement par la cage elle-même, lorsqu'elle s'approche des molettes, il ouvre l'admission de la vapeur dans le cylindre du frein, ferme l'arrivée de vapeur aux cylindres de la machine et ouvre aussi les purgeurs de ces cylindres.

On a disposé, en effet, pour la purge du bas des cylindres à vapeur, des soupapes qui se lèvent aussitôt que la pression intérieure des cylindres dépasse celle à laquelle les machines doivent fonctionner. On évite ainsi les accidents qui pourraient résulter d'un manque de purge par le fait d'un oubli. Ces soupapes sont renfermées dans une boîte spéciale qui conduit dehors, au moyen d'un tuyau, l'eau et la vapeur qui peuvent sortir par le tuyau d'échappement général de la machine. L'emploi de cette boîte empêche d'ailleurs la vapeur de monter dans la salle de la machine et d'oxyder les pièces polies.

Les conduites de vapeur sont disposées de telle sorte que toutes les eaux résultant de la condensation soient amenées dans un purgeur automoteur placé à cet effet sur la longueur de la conduite et près des cylindres.

Les échappements des cylindres de la machine et du cylindre de frein qui reçoivent les eaux de tous les purgeurs sont ausi combinés de telle sorte que toute l'eau de condensation se rendant dans la conduite générale d'échappement soit amenée dans l'un des égouts de l'installation.

Les cylindres sont à double orifice d'introduction, afin d'obtenir :

1° De grands passages pour l'arrivée de la vapeur, et, par suite, des machines très-vives ;

2° Peu de course pour les tiroirs, afin d'avoir des coulisses de changement de marche, courtes, et, par suite, mettre à la disposition du machiniste un grand bras de levier, tout en lui faisant parcourir peu d'espace.

Cette combinaison exigeant des tiroirs de distribution d'une grande surface, on a dû, pour faciliter la manœuvre du changement de marche, ajouter au grand bras de levier mis à la disposition du machiniste, des contre-poids d'équilibre des pièces mises en mouvement. On a d'ailleurs adopté un système de tiroir équilibré réduisant à une très-faible surface la partie soumise à la pression de la vapeur, et réduisant, par suite, dans une très-forte proportion, le frottement du tiroir contre la table du cylindre.

Le levier du frein est mis en mouvement par un cylindre à vapeur de $0^m,70$ de diamètre, sur lequel on a mis un orifice d'introduction d'une section représentant un quatre-vingtième seulement de la surface, afin que l'arrêt de la machine, qui est d'ailleurs assuré par la puissance des différents organes du frein, ne puisse pas être trop instantané.

Les bobines sont fixes, chacune en deux morceaux et à dix brassières ; elles ont un estomac de 3 mètres de diamètre et de 0,28 de largeur. Les extrémités des brassières, en bois de chêne, sont reliées par des segments en fonte de 5 mètres de diamètre, solidement fixés par des boulons et munis de contre-poids calculés et calés pour équilibrer le poids des bielles, des manivelles, etc.

On pourrait penser, en considérant les perfectionnements apportés aux machines d'extraction, en voyant les soins avec lesquels on a prévu et facilité tous les détails des manœuvres à effectuer, qu'il ne reste plus d'améliorations possibles. Il en reste cependant une essentielle : l'économie combustible.

Cette question a d'abord été traitée assez légèrement; on construisait ces machines pour les houillères et peu importait la consommation. Cependant on arrive à constater que pour brûler les charbons de qualité inférieure, il en coûte beaucoup, non-seulement parce que ces charbons ont encore une valeur, mais parce que la main-d'œuvre des chauffeurs, les transports des charbons et des crasses, et surtout l'usure des chaudières, constituent des dépenses dont la progression est rapide.

Nous avons indiqué, en exposant les divers systèmes de détente, les inconvénients qui pouvaient résulter d'une détente trop développée : ce sont les chocs produits par l'affluence subite de la vapeur à haute pression sur les pistons; c'est en outre le vide qui se produit toutes les fois que l'on dépasse la faculté de détente de la vapeur au-dessus de la pression atmosphérique. Le système Woolf permettrait d'éviter ces inconvénients en augmentant la détente sans nuire à la régularité de la marche.

MM. Colson et Renz, constructeurs à Gand, ont construit

des machines à cylindres conjugués horizontaux, d'après le système de Woolf. Les doubles cylindres sont placés sur le même axe, en prolongement l'un de l'autre, disposition qui allonge encore l'ensemble des machines horizontales, mais sans leur ôter le caractère de solidité qui paraît leur assurer la préférence, et si, pour des machines d'extraction construites sur ce système, il résulte plus de complication et de dépense, l'économie journalière du combustible et la simplification du service des chaudières seraient une ample compensation.

Le débat élevé entre les machines horizontales et les machines verticales est loin d'être vidé, et parmi les installations nouvelles dont notre atlas contient plusieurs exemples, on trouve les deux systèmes également employés.

Les machines verticales, de date beaucoup plus récente, coûtent plus cher, et cependant obtiennent souvent la préférence; il importe donc d'examiner les motifs qui ont pu justifier cette préférence, d'après les conditions où se trouve placée une machine d'extraction.

La machine verticale présente, ainsi qu'il a été dit précédemment, deux avantages : elle permet d'exhausser l'arbre des bobines et de diminuer l'inclinaison des cordes, condition qui amoindrit une partie des inconvénients de l'enroulement, surtout pour le câble dit *d'endessous*; enfin elle place le mécanicien plus près du clichage.

Cette dernière considération a paru décisive à quelques ingénieurs, d'après lesquels la presque totalité des fausses manœuvres et des accidents qui en résultent, proviennent de ce que le mécanicien n'est pas en contact assez immédiat avec le clichage. Les avertissements de toute nature et les porte-voix, sont sans doute des moyens excellents, mais quelquefois insuffisants parce que l'attention du mécanicien s'émousse au bout d'un certain temps; il finit par obéir si machinalement aux signaux, qu'il arrive à commettre des distractions souvent inexplicables. Mettez ce mécanicien en contact immédiat avec le clichage, et il en devient le coopérateur le plus direct ; on lui donnerait même un faux signal qu'il n'y obéirait pas et exécuterait la manœuvre normale.

M. Quillacq a modifié le type général des machines à deux cylindres conjugués, horizontaux, par des dispositions nouvelles qui ont donné des résultats satisfaisants aux mines d'Aniche. Les *planches* LXXIX, LXXX et LXXXI indiquent les conditions générales de construction de ce nouveau type et en détaillent les traits essentiels.

La nouvelle disposition diffère d'abord des machines connues, par les conditions d'attache sur les fondations. Au lieu de fixer sur la pierre de taille dans toute leur longueur, les bâtis sur lesquels s'ajustent les cylindres, les coulisseaux, les paliers moteurs et le mouvement de distribution, ces constructeurs ont donné à leur nouveau type la forme des machines du système Sulzer. Les paliers solidement fixés ainsi que les cylindres aux pierres de fondation, sont reliés entre eux par une seule pièce en fonte dont une partie sert de guide aux coulisseaux.

Cette machine d'extraction emprunte également à M. Sulzer, le mécanisme de *détente variable par le régulateur*. Elle a été créée dans le but d'obtenir des appareils d'extraction consommant peu de vapeur, se mouvant plus facilement et pouvant dans la limite de puissance dont elle est capable, se prêter à un travail quelconque, c'est-à-dire, extraire à diverses profondeurs et de plusieurs accrochages avec des diamètres d'enroulement et des charges variables, sans qu'il soit nécessaire de modifier aucun de ses organes.

Pour marcher dans ces conditions variables, on fait varier la détente de telle sorte que le travail de la puissance soit proportionné à chaque moment au travail de la résistance. Pour que cette variation de tous les instants soit réglée avec toute la précision voulue et nécessaire au plus grand effet utile possible, on la détermine automatiquement au moyen d'un régulateur à force centrifuge, appareil qui paraît, en effet, devoir répondre à toutes les exigences du service. On le règle pour un nombre de tours déterminé, d'après la vitesse moyenne des cordes et d'après les diamètres d'enroulement, et on marche avec la valve d'admission complétement ouverte.

Ce règlement de vitesse est d'ailleurs chose facile et à la disposition constante du mécanicien, car le régulateur employé, est muni d'un contre-poids suspendu à une tige le long de laquelle il est mobile; ce contre-poids variant à volonté permet d'obtenir ainsi un bras de levier variable et modifie, quand besoin est, le nombre de tours de la machine.

Quand la machine a atteint sa vitesse de régime, le régulateur agit pour la maintenir, comme dans toutes les machines motrices. Les manœuvres ne présentent aucune difficulté, car elles se font toujours à une vitesse inférieure à celle du régime; le régulateur alors est complétement abaissé et la détente se supprime d'elle-même.

Le mode de distribution qui a paru le plus convenable aux constructeurs est celui par soupapes équilibrées dont le détail est indiqué *planche* LXXXI.

A chaque extrémité des cylindres, se trouvent une soupape à double siége pour introduction et une soupape d'évacuation. Le mouvement est produit comme dans la plupart des machines à changement de marche par deux excentriques et une coulisse.

Les soupapes d'introduction sont ouvertes par un taquet en connexion avec la coulisse, de telle sorte que la durée de l'ouverture varie suivant la position des boules du régulateur. Les soupapes d'échappement sont également commandées par la coulisse, mais elles sont en dehors de l'action du régulateur et elles restent ouvertes pendant tout le temps nécessaire, quelle que soit la vitesse de la machine.

Ce mécanisme permet de marcher en avant et en arrière et d'employer la détente dans les limites les plus étendues. Pour fonctionner à contre-vapeur, l'air aspiré par les soupapes d'échappement et emprisonné dans le cylindre, est évacué par des soupapes de sûreté maintenues fermées par des ressorts capables d'équilibrer la plus forte tension de la vapeur employée.

M. Reumeaux, ingénieur des mines de Lens, a fait établir au puits n° 5 une machine horizontale, remarquable par ses proportions et par sa distribution; *planches* LXXII et LXXIII.

Cette machine à deux cylindres conjugués, de 1^m de diamètre et 1^m,80 de course, avec distribution à détente du système *Kraft*, met en mouvement les cages détaillées *planche* LX, qui contiennent huit berlines. L'unité de charge comprend donc :

Poids d'une cage..................................	2412 kilog.
Poids des 8 berlines.............................	5352
Poids de la charge................................	3400
Ensemble...........................	7165 k.

Les câbles coniques ont à la partie supérieure, 0^m,2825 de largeur et 0^m,0565 d'épaisseur, soit un poids de 15 kilogr. par mètre; à la partie inférieure, 0^m,230 de largeur et 0,046 d'épaisseur, soit un poids de 10 kilogr. par mètre.

Cette puissante machine est complétée par un essai de condensation de la vapeur.

Des dimensions analogues ont été adoptées pour les nouvelles machines verticales de Mariemont et d'Anzin, représentées *planche* LXXVIII.

Ces machines ont des cylindres de 1 mètre de diamètre et de 1^m,50 de course, avec détente Guinotte. Les deux élévations suffisent pour en préciser les dispositions, remarquables par la solidité des organes. Les appareils d'enroulement n'ont pas été indiqués, le choix pouvant se porter sur des bobines avec des câbles plats, ou des tambours avec câbles ronds en fils d'acier qui seront calés sur les parties libres de l'arbre moteur (fig. 2). L'élévation (fig. 1) fait surtout ressortir la disposition du frein à vapeur, afin d'obtenir une action immédiate et énergique.

Amené à discuter les deux systèmes de machines pour la Compagnie de Montrambert, M. Devillaine a basé sa préférence pour le système vertical, sur des considérations spéciales. L'inclinaison des couches exploitées est forte, et les mouvements qui se produisent à la surface atteignent les machines d'extraction, malgré l'investison laissée autour des puits; il importe de choisir, dans ce cas, les machines qui donnent le moins de prise aux mouvements qui peuvent en déranger le montage. Or, une machine à deux cylindres conjugués verticaux, de $0^m,80$ de diamètre et 2 mètres de course, n'occupe qu'une surface de $7^m \times 4 = 28^{m2}$ tandis que la machine à cylindres horizontaux occupe une surface de $7^m \times 10^m$. L'installation des cylindres verticaux, plus ramassée, sera donc moins exposée à des dérangements, et, dans le cas où ces dérangements se produiraient, cette machine sera plus facilement redressée.

CONDUITE DES MACHINES.

La salle d'une machine d'extraction doit être l'objet d'un soin tout particulier. Elle sera parfaitement éclairée et ordonnée de telle sorte que la moindre imperfection ou altération des pièces mécaniques frappe aussitôt la vue. Les organes principaux du mouvement seront polis et toujours entretenus de manière à être facilement détaillés par le regard. Pour que cet entretien soit possible, il faut que les câbles et les bobines qui sont le plus souvent mouillés, soient isolés de la salle par une cloison, ainsi qu'il est indiqué pour les machines de Lucy et du Magny.

Une machine isolée des projections d'eau des câbles et des poussières provenant du clichage est facilement entretenue et surveillée de manière à présenter les garanties désirables sous ce rapport.

Les constructeurs de machines ont tous adopté des dispositions particulières pour les organes nécessaires aux diverses manœuvres; ce qui est regrettable, car il faut en quelque sorte une éducation spéciale pour la conduite de chacune de ces machines. Il est à souhaiter que l'on s'entende pour adopter une disposition uniforme, et nous croyons devoir recommander, à ce point de vue, celle qui est appliquée aux mines de Blanzy.

1° La place choisie pour le mécanicien. Elle est près des bobines, de manière à le rapprocher autant que possible du clichage, sans l'empêcher cependant de voir les organes essentiels de la distribution. Cette position lui permet, pendant les temps d'arrêt, de donner les soins nécessaires au graissage de ces organes et d'examiner l'état des boîtes à étoupes, des articulations, leviers, etc. ;

2° Le régulateur ou soupape d'admission de la vapeur. Il consiste en une roue horizontale à douze poignées, manœuvrant une vis qui permet de lever plus ou moins une soupape *Hornblower*. Cette soupape est la plus sensible de toutes, parce que c'est celle qui exige le moins de levée pour une grande issue et le moins de force pour la manœuvre. Le volant qui la gouverne, peut être lancé de manière à obtenir rapidement la fermeture complète ou l'ouverture en grand. L'efficacité de cette construction du régulateur est aujourd'hui démontrée ;

3° Le levier de changement de marche placé à la droite du mécanicien, qui y tient constamment la main. Ce levier gouverne les coulisses des excentriques et détermine dans ses positions extrêmes la marche en avant ou en arrière. La position verticale supprime le mouvement de la distribution, les positions intermédiaires déterminant l'étranglement plus ou moins prononcé des orifices par la réduction de la course. Ce levier peut donc suffire à la rigueur pour manœuvrer la machine ; il a surtout l'avantage de pouvoir déterminer immédiatement le renversement de la vapeur, c'est-à-dire d'opposer la contre-vapeur à un mouvement trop lancé de l'appareil ;

4° Le levier du frein, placé à gauche du mécanicien, ouvre l'accès de la vapeur dans le cylindre qui commande le frein. Cet organe ne doit être employé qu'accidentellement, lorsque la machine est trop lancée ou lorsqu'un accident nécessite un arrêt aussi prompt que possible.

Il ne faut pas se dissimuler que les arrêts subits obtenus par le frein, sont eux-mêmes des accidents qui peuvent déterminer des fractures de pièces ; aussi ne doit-on en faire usage que dans les cas où l'on ne peut faire autrement.

Le frein est encore nécessaire dans les mouvements à petite vitesse pour arrêter à un point fixe. Ainsi, lorsqu'on répare le tube d'un puits, les ouvriers sont placés sur un plancher suspendu au câble, et c'est le frein qui permet de les arrêter aux points désignés. Dans ce but, le frein est également gouverné par une vis à main, indiquée sur le plan. Cette vis est serrée toutes les fois que l'arrêt doit durer un certain temps. On obtient ainsi des conditions de stabilité que le serrage par la vapeur ne pourrait pas conserver ;

5° A ces organes de manœuvre, on en a quelquefois ajouté d'autres, pour purger les cylindres, soit pour manœuvrer une soupape spéciale dans le cas où l'on descend un fardeau, soit enfin pour gouverner une détente. Il faut être sobre de ces additions, le mécanicien étant déjà très-occupé par les organes précités. C'est pourquoi la condition essentielle d'un appareil de détente est d'être manœuvré par le levier de changement de marche, sans qu'il en résulte aucun organe supplémentaire. Il en est de même pour la soupape destinée à empêcher les rentrées d'air dans les cylindres, lorsqu'on marche à contre-vapeur ; on a disposé cette soupape de telle sorte qu'elle soit automotrice et se ferme d'elle-même par l'appel de l'air, afin d'éviter un supplément de manœuvre.

Une fois l'appareil d'extraction établi avec tous les détails qui peuvent en assurer la marche, cet appareil est confié à un mécanicien chargé d'exécuter toutes les manœuvres. Un porte-voix, établi près du clichage et aboutissant dans la salle des machines, permet à l'ouvrier clicheur de transmettre toutes les demandes exigées par le service : *En avant; En arrière; Arrêtez;* et tous les détails, tels que : *Un peu en avant; Un peu en arrière; Doucement,* etc.

Les signaux sont transmis des accrochages par des marteaux dont le nombre de coups indique le mouvement exigé. On a généralement renoncé à la télégraphie électrique, qui exige trop d'entretien et dont la suspension fortuite arrête tout le service.

Le mécanicien doit non-seulement connaître tous les détails de construction de sa machine, mais avoir été exercé à la manœuvrer par un certain temps de noviciat et d'épreuve : il tient en effet dans ses mains la sécurité du service et celle du personnel qu'il doit remonter et descendre.

Pour lui faire apprécier l'importance de sa mission, non-seulement la machine est pourvue des *avertisseurs* par sonneries, mais un *tableau-réduction* du puits lui montre constamment la position relative des cages. Ce petit appareil est mis en mouvement par des cordes enroulées sur un axe de diamètre réduit, placé à l'extrémité de l'arbre des bobines, de manière à annoncer à la *vue* l'arrivée de la cage au jour, dans le cas où l'*ouïe* n'aurait pas perçu le *son* de l'avertisseur.

Enfin à ces précautions on ajoute encore celle de repères fixés sur les câbles. Ce sont ordinairement des tampons de paille, attachés sur les points qui signalent l'arrivée des cages à telle distance du jour ou des accrochages intérieurs. Le mécanicien, prévenu par le passage de ces indicateurs, ralentit le mouvement de manière à l'arrêter ensuite avec précision au point voulu.

Un signal spécial annonce, de l'accrochage, que des hommes vont monter; le clicheur transmet l'ordre en y ajoutant l'avertissement : *Attention aux hommes!*

On comprend qu'un mécanicien qui resterait dix ou douze heures à un pareil service ne pourrait plus prêter aux manœuvres qu'une attention émoussée ; aussi, dans ce cas, le poste est-il confié à deux mécaniciens dont les relais sont réglés.

Un bon mécanicien n'est pas seulement celui qui est exact et attentif, il doit encore avoir sa machine en main avec sûreté et précision. Certains indices l'avertissent qu'il faut donner ou retirer de la vapeur. C'est, par exemple, le sifflement de la vapeur à travers le régulateur ; c'est la résistance et la trépidation des leviers de manœuvre ; c'est l'appréciation exacte de la vitesse imprimée aux câbles. Ces indices parlent et indiquent les mouvements et corrections.

On ne doit pas faire usage du frein pour les manœuvres. Le frein ne doit en effet être employé que pour les cas imprévus : pour arrêter une fausse manœuvre ; pour assurer l'immobilité de la machine lorsqu'une cage doit être tenue en suspension ; pour arrêter court en cas d'accident.

Les indices qui parlent au mécanicien, lui tiennent lieu d'avertissement ; il sent à l'enlevage que la cage est très-chargée, peu chargée ou vide ; il en conclut immédiatement, par avance, que la vapeur devra être diminuée ou supprimée plus ou moins tôt. Le tact et les vibrations de ses leviers et des câbles lui disent ce qui se passe et l'avertissent de ce qui doit être fait. Il enlève la charge sans choc, accélère graduellement la vitesse, la ralentit de même et dépose doucement la cage sur ses arrêts.

Malgré toutes les précautions prises, il arrive cependant des accidents.

L'accident le plus fréquent est l'envoi d'une cage aux molettes, pendant que celle du fond, trop rapidement lancée, va frapper les arrêts de l'accrochage. Il n'est pas besoin d'insister sur les désordres qui résultent de pareils accidents et sur la nécessité d'employer toutes les précautions qui peuvent les atténuer.

Les précautions les plus usitées sont :

1° Rapprocher graduellement les guides des cages, à l'approche des molettes, de manière à serrer et arrêter la cage montante avant qu'elle touche ;

2° Placer, à l'approche des molettes, un appareil qui décroche les cages et les fait retomber sur des taquets qui les ont laissé passer, mais se sont refermés ;

3° Établir un système de leviers et de tiges qui font agir le frein avant que la cage atteigne la molette.

Cet ensemble de mesures atténue les accidents sans les supprimer tout à fait. Le câble lancé vers les bobines pourrait, d'ailleurs, pénétrer dans la salle de la machine ; dans cette prévision, on dispose des madriers qui reçoivent et amortissent le choc.

En cas d'accident, le mécanicien est passible d'une amende ; mais, en général, cette éventualité est compensée par une prime qui lui est allouée toutes les fois qu'un mois de service est passé sans qu'il s'en soit produit.

MACHINES POUR LA DESCENTE DES REMBLAIS.

Il arrive souvent que, pour l'exploitation des grandes couches, on doit descendre de grandes quantités de remblais qui sont substitués à la houille enlevée dans les chantiers d'abatage.

On a bien cherché à se passer des remblais pris au jour, en créant dans l'intérieur même des mines, des chambres d'éboulement pour s'en procurer ; mais ce moyen revient en général plus cher et fournit des remblais pierreux, perméables au gaz par les interstices qui subsistent lorsqu'ils ont été mis en place. Les roches décomposées, sablonneuses ou argileuses, prises à la surface sont bien préférables. Quant à jeter les remblais du haut en bas dans un puits, au bas duquel on les reprend, les essais qui ont été faits ont prouvé qu'il en résultait des bourrages adhérents aux parois du puits, et que d'ailleurs les frais de reprise étaient tels, qu'il était beaucoup plus avantageux de descendre les wagons chargés de remblais, de manière à pouvoir conduire directement ces wagons aux chantiers où ils doivent être versés, relevés et bourrés. La *balance* se présente tout d'abord comme l'appareil par excellence pour cette descente.

Une balance composée de deux cages guidées, l'une recevant les wagons pleins à la partie supérieure du puits, de manière à faire monter par l'excédant de poids les wagons vides placés dans la cage inférieure, est en effet un appareil automoteur dont l'installation et la manœuvre semblent des plus simples.

Employée à 30 mètres, et jusqu'à 50 ou 60 mètres de profondeur, une balance se manœuvre en effet très-facilement ; mais au delà, le poids des câbles devient un obstacle d'autant plus grand que les poids à descendre sont plus considérables. Les câbles étant eux-mêmes très-pesants, il faut des mesures spéciales pour régulariser le mouvement : on devra, par exemple, réunir le fond des cages par une chaîne qui équilibre en montant le poids du câble descendant ; ou bien employer dans le même but, un système de bobines avec câbles plats, enroulés de manière à réduire les moments du poids descendant.

Ces dispositions ont permis d'atteindre des profondeurs de 100 mètres ; mais au delà les difficultés de la régularisation du mouvement par le frein deviennent telles, que les accidents se multiplient.

Lorsqu'il s'agit de descendre des remblais à des profondeurs de plusieurs centaines de mètres, le frein est tout à fait impuissant pour maîtriser la vitesse, et la cage peut se briser sur les taquets inférieurs.

Nous parlons ici des balances destinées à descendre des poids de 600 à 1200 kilogrammes, ainsi qu'il est d'usage pour le service des remblais dans l'exploitation des grandes couches. Plus le poids à descendre est réduit, plus le poids du câble est lui-même diminué ; de telle sorte que l'on peut descendre à de plus grandes profondeurs.

L'essai le plus complet d'une balance à grande profondeur a été tenté à Montceau-les-Mines, pour descendre les remblais à 225 mètres.

Ce service était fait par deux cages guidées, la charge se composant de deux wagons à bascule qui contenaient 1200 kilogrammes de remblais. Les deux cages étaient suspendues à des câbles ronds en fils de fer, pesant 7 kilogrammes le mètre, enroulés sur un tambour gouverné à l'aide d'un engrenage par une machine de 30 chevaux. On espérait dominer par cette force additionnelle les irrégularités produites par le câble, qui, déroulé dans le puits, pesait environ 1600 kilogrammes.

L'appareil, muni d'un frein puissant, semblait aussi complet que possible et prêt à dominer toutes les conditions de la descente. Il n'en fut pas ainsi dans la pratique. D'une part, la machine de 30 chevaux, marchant à contre-vapeur, n'était pas assez forte pour maîtriser l'accélération de la chute d'un poids de 1 200 kilogrammes porté progressivement à 2 800 par le développement du câble ; d'autre part, le frein n'était pas assez maniable.

Le frein doit en effet être sensible et agir graduellement. Un frein à vapeur est trop brusque : il peut arrêter le mouvement et ne peut le régler. Un frein à main, pour être énergique, exige de la part du levier ou de la vis qui sert à le gouverner, un parcours trop considérable, et par suite une perte de temps pendant laquelle l'accélération de la chute prend le dessus.

Cet essai conduisit à cette conclusion : les remblais doivent être descendus à grande profondeur, par une machine marchant à contre-vapeur ; cette machine doit, en réalité, être aussi forte pour descendre une charge déterminée, que s'il s'agissait de l'extraire.

Cette conclusion une fois adoptée, les machines à descendre les remblais furent organisées sur le modèle des machines d'extraction, mais pourvues, dans leur distribution, de dispositions spéciales destinées à faciliter la *marche à contre-vapeur*.

Les locomotives emploient la marche à contre-vapeur pour descendre les rampes à fortes pentes ; il est donc naturel d'avoir recours aux mêmes procédés.

Dans le cas de marche à contre-vapeur, si aucune précaution spéciale n'a été prise, les pistons, faisant l'office de pompes, aspirent l'air par le tuyau d'échappement et le refoulent dans les chaudières ; il en résulte le soulèvement des soupapes de sûreté et un échauffement rapide des organes de la machine par suite de la compression de l'air. Cet échauffement finirait par altérer et brûler les garnitures des boîtes à étoupes.

Sur les chemins de fer à fortes pentes, lorsque la locomotive doit modérer la vitesse d'un train en agissant à contre-vapeur, on injecte de la vapeur dans la cheminée par un tube spécial placé près du tuyau d'échappement ; les cylindres aspirent cette vapeur, qui est condensée par la compression des pistons et l'on prévient ainsi l'échauffement des cylindres.

Les machines d'extraction ont été souvent pourvues des mêmes précautions. La plupart de celles de Montceau-les-Mines, rejettent la vapeur dans de petites galeries souterraines d'où l'air se trouve expulsé, et les machines marchant à contre-vapeur ont pu, comme les locomotives, y aspirer la vapeur qui les remplit et marcher à contre-vapeur sans échauffement des cylindres.

Un moyen plus efficace est depuis longtemps appliqué à plusieurs machines construites par les ateliers du Montceau, dans le but spécial de descendre des remblais : il consiste à fermer l'échappement par une soupape placée dans le tuyau d'émission, de telle sorte que les pistons font le vide derrière eux. Ce vide bien qu'imparfait, est une force qui s'ajoute à celle de la contre-vapeur.

Dans ces conditions tous les inconvénients sont évités, et l'on peut calculer la force et la dépense d'une machine à descendre les remblais, exactement comme on le ferait pour une machine d'extraction.

La *planche* LXVI représente une coupe transversale de la machine du Magny, à laquelle cette soupape a été appliquée à la partie supérieure du tuyau d'échappement; le mécanicien la ferme dès qu'il veut marcher à contre-vapeur. L'expérience a démontré qu'avec ces conditions de construction, les mécaniciens négligent souvent de fermer la soupape supplémentaire, de telle sorte qu'il en résultait un échauffement des cylindres qui comprimaient l'air et une altération rapide des garnitures.

Pour la machine du puits Lucy, n° 4, de construction plus récente, une autre disposition fut prise : elle est indiquée *planche* LXVIII.

Le tuyau d'échappement de cette machine est fermé par une soupape presque verticale, très-facilement ouverte lorsque la machine fonctionne pour l'extraction et que la vapeur est rejetée dans l'atmosphère, mais qui se ferme hermétiquement dès que, marchant à contre-vapeur, il se produit la moindre aspiration d'air. L'appareil est par conséquent automoteur et la marche s'exécute normalement, quel que soit le mode d'action de la machine, sans imposer au mécanicien aucune manœuvre spéciale.

FAHRKUNST.

Les échelles mobiles ou *fahrkunst* ont été considérées pendant longtemps comme devant être, dans l'avenir, le moyen normal de circulation des ouvriers mineurs, soit pour remonter d'un puits, soit pour y descendre. Les constructions ingénieuses de MM. Warocquié et Hanrez semblent avoir résolu le problème (voir le *Matériel des houillères*).

Tous les appareils auxquels on peut donner le nom de *farhkunst* sont construits sur le même principe : imprimer un mouvement alternatif à deux échelles verticales, juxtaposées. L'ouvrier, passant de l'une à l'autre, sera descendu ou remonté à sa volonté, sans autre fatigue que le mouvement de translation latérale qu'il doit effectuer après chaque oscillation.

Les premières fahrkunst furent établies dans les puits du Hartz. Elles consistaient en deux tiges de bois, verticales, équilibrées entre elles et suspendues à deux balanciers solidaires, recevant un mouvement inverse et transmettant ce mouvement alternatif aux tiges oscillantes, assez rapprochées pour que l'ouvrier puisse facilement passer de l'une à l'autre. A Andreasberg, l'appareil fut composé de deux échelles formées avec des câbles en fil de fer, ces échelles ayant été successivement prolongées jusqu'au delà de 500 mètres.

A Andreasberg, comme à Clausthal, la course était d'environ 2 mètres ; dans les appareils belges, construits avec des tiges en fer, cette course fut portée à 3 mètres.

La course de 3 mètres, adoptée par la plupart des appareils, paraît avoir donné satisfaction à ce service et beaucoup de puits sont ainsi desservis. Mais le mouvement imprimé, il y a dix ans, à la construction des fahrkunst, s'est beaucoup ralenti : des accidents s'y produisent, et les ouvriers préfèrent en général le service des cages pour descendre ou remonter, service qui n'exige de leur part aucun travail et aucune attention.

Le soin avec lequel les câbles des machines d'extraction sont surveillés et entretenus, le perfectionnement des parachutes adaptés aux cages, paraissent d'ailleurs donner à ce mode de circulation au moins autant de sécurité que l'emploi des fahrkunst.

Les calculs produits afin de démontrer les économies qui résultent du service des fahrkunst ont toujours été établis en comparant ce service à celui des échelles. Mais si l'on établit cette comparaison avec le service par les cages, tous ces avantages disparaissent.

Il arrive d'ailleurs aux fahrkunst ce qui a été observé dans tous les appareils qui exigent la mise en mouvement de très-grandes masses. Pendant les premières années, les frais d'entretien des tiges oscillantes sont de peu d'importance, toutes ces masses étant bien équilibrées et exactement montées; mais, au bout de quatre ou cinq ans, les conditions se sont modifiées, toutes les pièces ont pris du jeu, les fers altérés sont devenus grenus et cassants, les accidents se multiplient et les frais d'entretien croissent avec une progression rapide.

Les fahrkunst étaient à peine expérimentées que la pensée venait à plusieurs ingénieurs d'employer les tiges oscillantes pour faire monter et descendre les wagons. M. Mehu, ingénieur à Anzin, créait cet appareil et l'établissait d'abord au puits Davy, et plus tard à l'un des principaux puits d'extraction de Ronchamps.

Deux tiges oscillantes doubles étaient mises en mouvement avec une course de 10 mètres, par l'enroulement et le déroulement alternatifs d'une chaîne à la Vaucanson.

Ces tiges doubles saisissaient les wagons par le dessous à l'aide de taquets, les enlevaient et les déposaient sur des paliers où ils étaient repris à l'oscillation suivante, de manière à descendre ou monter par courses successives de 10 mètres.

L'appareil Mehu était la réalisation de l'idée tant de fois produite, d'une chaîne sans fin qui, d'un côté, monte les wagons pleins, et de l'autre, descend les wagons vides.

L'application ne fut pas heureuse, et l'on ne peut s'imaginer les difficultés qu'il fallut surmonter pour la réaliser. Malgré ses aptitudes mécaniques et malgré son activité laborieuse, Mehu devait succomber à la tâche qu'il s'était imposée. Les deux appareils, après divers accidents, furent définitivement démontés, et bien que plusieurs projets ingénieux aient été présentés, l'idée de l'application des fahrkunst à l'extraction n'a plus été reprise.

CHAPITRE IX

APPAREILS D'EXHAURE.

L'exhaure est l'épuisement des eaux qui tendent à remplir les mines.

Le plus grand obstacle qui s'oppose à l'extension des mines est, en effet, celui des eaux que rencontrent les travaux, et dont la quantité augmente progressivement : telle mine qui, depuis nombre d'années, avait pu se contenter d'épuisements locaux par les machines d'extraction ou par des machines spéciales de peu d'importance, est aujourd'hui contrainte de centraliser son exhaure et d'établir des appareils d'une puissance exceptionnelle. Il en est résulté que, pour bon nombre de nos exploitations, ces grands appareils d'exhaure sont devenus une condition vitale, et que tous les perfectionnements apportés à l'économie et à la régularité de leur marche sont de la plus grande importance pour l'industrie des mines.

Dans presque tous les terrains, même ceux qui paraissent formés de roches imperméables, les eaux s'infiltrent, soit par le tissu plus ou moins poreux des roches, soit par les fissures qui les sillonnent. Ces eaux tendent par conséquent à envahir les excavations des mines.

Le contact et l'action des eaux tendent aussi à détruire les travaux souterrains ; elles pénètrent les roches, les font gonfler et ébouler ; de telle sorte que tous les travaux nécessaires à l'exploitation et que l'on veut conserver doivent être constamment maintenus à sec par des appareils spéciaux dits *appareils d'exhaure*.

Les eaux descendent en général avec les travaux en coulant sur le mur du gîte, dans les descenderies et à travers les *staples* ou travaux anciens plus ou moins éboulés ou remblayés ; elles descendent dans les costresses inférieures, en suivant les pentes, et se réunissent dans les puisards, où l'on peut apprécier la quantité totale qui constitue ce que l'on appelle *la venue d'eau*.

Dans quelques mines, les eaux des niveaux supérieurs peuvent être captées et rassemblées derrière des batardeaux ; elles remplissent des réservoirs.

Les appareils d'exhaure ont pour mission de prendre les eaux dans les puisards et les réservoirs et de les rejeter à la surface.

Tant que la venue d'eau est peu considérable, on l'épuise par les machines d'extraction. Une galerie dite *réservoir* ou *rapuroir*, est percée à 1 ou 2 mètres au-dessus du fond du puisard, de manière à emmaganiser la venue pendant au moins vingt-quatre heures. On peut dès lors, aussitôt que le service d'extraction est terminé, prendre celui des caisses à eau pour l'épuisement.

La puissance d'exhaure est limitée par ce moyen. En supposant par exemple un puits de 3 à 400 mètres de profondeur, on pourra faire au plus quarante manœuvres d'épuisement par heure. Avec des caisses de 2 mètres cubes, ce sera 80 mètres cubes par heure, soit **640** mètres cubes pour huit heures de travail, temps maximum qu'une machine d'extraction peut consacrer à l'exhaure. Nous avons décrit, dans le *Matériel des houillères*, les détails de construction des caisses d'épuisement et tous les moyens mécaniques qui peuvent en accélérer le service.

Les appareils d'exhaure récemment construits sont capables d'épuiser 2000 et 4000 mètres cubes; mais dans beaucoup de cas, et pour des venues moins considérables, on est amené à se demander s'il ne vaudrait pas mieux établir l'exhaure d'une mine avec des câbles qu'avec des pompes.

Jusqu'à présent la pratique s'est toujours prononcée en faveur des pompes. Cette préférence est motivée, car l'exhaure a toujours été commencée par les câbles, et l'on n'est passé, en général, à l'usage des pompes que lorsqu'on s'est trouvé dans l'impossibilité de suffire à la venue d'eau par le premier moyen.

Les motifs de cette préférence sont évidents. Avec les câbles, chaque manœuvre exige l'attention et la précision du mécanicien; les accidents par ruptures de câbles et par l'envoi des caisses aux molettes, sont d'autant plus à redouter que les manœuvres sont plus continues, plus rapides et plus multipliées. L'usure des câbles, plus active que pour l'extraction du charbon, grève le service d'un entretien d'autant plus onéreux que la machine d'extraction est, par les conditions mêmes de l'irrégularité des moments de résistance et des conditions d'emploi de la vapeur, une machine d'un entretien très-coûteux.

Les avantages que l'on recherche dans les appareils d'exhaure sont précisément: la marche continue, régulière et économique que les câbles ne peuvent assurer.

Un appareil d'exhaure se compose de deux parties distinctes:

1° La *colonne d'épuisement*, comprenant les corps de pompes et les tuyaux depuis le fond du puisard où les eaux sont prises, jusqu'à la partie supérieure par laquelle se fait l'écoulement;

2° Le *moteur*, comprenant, outre la machine proprement dite, toutes les transmissions et les pièces mises en mouvement dans le puits, c'est-à-dire les tiges et les pistons.

POMPES.

Les deux systèmes de pompes employés dans les appareils (pompes élévatoires et pompes foulantes) sont représentés *planches* LXXXII et suivantes, par les exemples les plus récents : les appareils d'exhaure de Fiennes (Pas-de-Calais), du Creusot, de Mariemont, etc.

Le caractère spécial qui distingue les pompes élévatoires des pompes foulantes, consiste en ce que les premières élèvent l'eau lorsque le piston monte, tandis que les secondes élèvent, au contraire, l'eau lorsque le piston descend.

La pompe *élévatoire* de Fiennes est remarquable par la disposition de ses clapets. Ce sont de simples plateaux dont la course ascensionnelle dégage une zone annulaire pour le passage de l'eau. Pour le piston, dont la construction est toujours difficile, cette zone est égale à la moitié de la section ; quant au clapet d'aspiration, la zone est encore plus large. Ce système de clapets est simple et donne peu de prise aux dérangements ; il est aujourd'hui d'un usage assez répandu.

La pompe de Fiennes, *planche* LXXXIII, de $0^m,60$ de diamètre avec 4 mètres de course, est surmontée d'une colonne de tuyaux droits, dans laquelle la tige descend jusqu'au corps travaillant ; c'est une véritable pompe d'avaleresse.

Le piston s'enlève directement avec la tige lorsqu'il doit être changé. Pour l'examiner et faire quelques réparations de détail, on le relève simplement de $0^m,50$ au-dessus du corps travaillant, de manière à le placer dans une chapelle, vis-à-vis un regard fermé par un tampon ovale. Il en est de même du clapet d'aspiration, placé dans une chapelle de même modèle.

Lorsque ce clapet doit être changé, on l'enlève en descendant un crochet qui saisit facilement l'anneau supérieur.

On sait que, pour faciliter ces manœuvres, la colonne de tuyaux a un diamètre supérieur d'environ $0^m,02$ à celui du corps travaillant.

Les pompes élévatoires de Sainte-Marie, à Montceau-les-Mines, sont construites d'après un principe tout différent.

Le piston et le clapet sont du *système Letestu ;* la tige, guidée à la partie supérieure de la colonne, passe dans une boîte à étoupes, et l'eau se déverse latéralement.

Deux pompes sont placées l'une à côté de l'autre, de telle sorte que la colonne est double. La section ainsi réduite permet d'avoir des pistons et des clapets plus faciles à entretenir et à changer. Le changement s'opère par une haute chapelle placée au-dessus du clapet d'aspiration, et dans laquelle on peut faire descendre le piston.

On connaît les avantages du système Letestu, pour les pistons surtout. Le passage ouvert à l'eau est la moitié de la section; le clapet en cornet laisse passer les sables, les éclats de bois qui se trouvent souvent dans l'eau des mines, et sa durée est considérable lorsqu'on a soin de séparer le cuir du clapet de celui qui forme la garniture du piston. Les détails de construction sont indiqués *planches* LXXXII et LXXXIII, sur lesquelles on remarquera plusieurs perfectionnements, comparativement aux clapets déjà décrits. Le cuir embouti de la garniture du piston est double et solidement encastré; quant à celui du clapet, ses mouvements sont limités par une plaque supérieure en cuivre rouge, percée de trous, qui empêche une trop grande déformation du cornet.

Les pompes d'avaleresses sont toutes élévatoires, et les détails que nous avons donnés sur celles qui ont été employées à Anzin, à Rhein-Elbe et dans la Moselle (*Matériel des houillères*) nous dispensent de rien ajouter aux détails de leur construction.

Les pompes élévatoires sont celles qui donnent le plus grand effet utile. Lorsqu'elles sont en bon état d'entretien, leur débit dépasse souvent le produit théorique. Ce fait résulte du mouvement simultané de l'aspiration et de l'élévation. Toute la colonne d'eau se trouve ainsi mise en mouvement ascensionnel, et lorsque le piston s'est arrêté, la vitesse imprimée à la colonne d'eau est telle, que les clapets ne se ferment pas immédiatement et qu'il passe encore une certaine quantité d'eau, qui se déverse à la partie supérieure. Cet excédant de débit a été souvent jaugé et évalué à 8 ou 10 pour 100 du débit théorique.

Malgré cet avantage, les pompes élévatoires que l'on place habituellement à la base des colonnes d'exhaure, ont presque toujours, $0^m,01$ ou $0^m,005$ de diamètre de plus que les pistons foulants, parce que leur entretien est plus difficile et leur bon fonctionnement moins durable.

L'habitude de placer une pompe élévatoire dans le puisard comme première pompe d'une colonne, s'explique par la faculté que présentent ces pompes de marcher noyées, et de pouvoir même être réparées. On peut, en effet, retirer le piston par le haut et le remettre en place ; on peut agir de même pour le clapet, qui est pourvu d'un anneau et que l'on retire en plaçant un crochet à l'extrémité de la tige.

Enfin, cette pompe n'ayant pas besoin d'être attachée sur fondations, on peut au besoin l'enlever elle-même et la remplacer.

La première pompe d'une colonne étant élévatoire, il reste encore à en déterminer la hauteur d'action.

En général, cette hauteur est seulement de 30 à 40 mètres. Ce n'est pas qu'on se trouve précisément limité à 40 mètres, mais ce genre de pompe avec piston creux résiste mal aux grandes pressions. A 70 ou 80 mètres, on se trouve arrêté d'une manière absolue par l'usure rapide des garnitures et la fréquence des réparations.

On ne porte pas, dans une avaleresse, la hauteur d'action à plus de 70 mètres. Malgré les embarras qui résultent de l'établissement d'une *reprise* dans un puits en fonçage, on préfère ces embarras à ceux qui sont imposés par l'entretien du piston et du clapet.

Dans le cas du fonçage d'une avaleresse profonde, la reprise est établie par une seconde pompe élévatoire. On ne trouverait pas dans un puits en fonçage, des points d'appui assez solides pour soutenir une pompe foulante. La pompe élévatoire n'a besoin, au contraire, que d'une fondation très-légère et peut même être simplement suspendue par des tiges ou des chaînes.

Pour faciliter cette suspension et les mouvements de la descente à mesure que l'avaleresse s'approfondit, on construit les tuyaux supérieurs en tôle.

La simplicité de la construction des pompes élévatoires, leur prix peu élevé, la légèreté des supports et fondations nécessaires pour les recevoir, enfin leur débit supérieur au débit théorique, lorsque leur hauteur d'action n'est pas considérable, 30 ou 40 mètres par exemple, semblent conduire à cette conclusion : le meilleur système à adopter pour une colonne d'exhaure est une série de pompes élévatoires.

Telles furent en effet les premières colonnes d'exhaure établies pour des puits de 100 à 200 mètres. Les tiges de piston étaient en bois platinées de fer, de telle sorte que leur poids, en grande partie neutralisé par l'eau déplacée, n'avait que l'excédant nécessaire pour redescendre avec une vitesse convenable. Le mouvement était donné à toutes ces tiges latérales, par une maîtresse tige, placée dans toute la hauteur du puits, le poids de cette maîtresse tige étant équilibré par un ou plusieurs contre-balanciers. La machine n'avait donc qu'à enlever cet attirail pour soulever la colonne d'eau; arrivé à l'extrémité de la course, l'attirail abandonné à lui-même, redescendait lentement, jusqu'à ce que la maîtresse tige fût retombée sur ses appuis.

Les conditions de marche d'un système d'exhaure établi dans ces conditions, sont naturellement indiquées : un départ vif surmonte l'inertie des masses et les enlève ; les clapets d'aspiration, violemment ouverts, livrent passage aux colonnes d'eau mises en mouvement ; à moitié de la course, la vitesse diminue graduellement jusqu'à l'extrémité, de manière à s'arrêter avec précision. L'attirail équilibré, arrivé en haut de sa course est ensuite abandonné à lui-même, de telle sorte que cette descente s'effectue lentement, sans accélération ni choc.

Ces conditions de mouvement, facilement obtenues par les machines à détente et à simple effet, doivent être analysées au point de vue des pistons et des clapets.

Un clapet d'aspiration est ouvert en vertu du vide qui est produit au-dessus, déduction faite de la hauteur d'eau de l'aspiration ; avec cette distinction, que le vide agit sur la section totale de la partie supérieure du clapet, dont le diamètre sera mesuré sur le cercle extérieur du contact, tandis que la contre-pression n'agit que sur cette section diminuée de la surface de la zone de contact.

Le choc éprouvé par le clapet d'aspiration est donc très-énergique pour les pompes à grands diamètres ; c'est pourquoi on divise alors la surface en plusieurs clapets. Pour le diamètre de $0^m,50$, lorsqu'on emploie des clapets à charnières, on divise la surface au moins en deux ; pour les diamètres de $0^m,70$ employés dans les avaleresses, on a divisé cette surface en cinq et six clapets. Le choc, ainsi réparti sur des surfaces réduites, ne tend pas à détruire les charnières.

A mesure que les puits se sont approfondis, les maîtresses tiges ont dû avoir des dimensions rapidement croissantes, et leur poids est devenu tel que les pompes foulantes ont dû nécessairement intervenir dans la composition ses colonnes. Ces pompes élèvent l'eau par le refoulement, lorsque le piston descend; elles constituent donc de véritables contre-poids pour équilibrer l'attirail des tiges. Elles ont encore un autre avantage, c'est que l'ascension de l'eau se fait à la descente pendant l'oscillation la plus lente, en donnant lieu à des frottements moindres; enfin, la force motrice employée pour vaincre l'inertie des masses, n'ayant pas à s'exercer sur la colonne d'eau, rencontrera moins de difficultés.

Ajoutons enfin que si les pompes foulantes sont coûteuses, leur hauteur d'action peut être considérable et au moins double de celle des pompes élévatoires, de telle sorte que, leur nombre étant moindre, la considération du prix disparaît.

Les *pompes foulantes* sont à plongeurs, et se rapportent à deux types de construction :

Dans le premier, le plongeur laisse un très-faible jeu autour du corps de pompe; le refoulement se fait à la base, entre les deux clapets d'aspiration et de refoulement; telle est la pompe foulante de Fiennes, *planche* LXXXIII.

Dans le second type, on laisse dans le corps de pompe, autour du plongeur, une zone libre dont la section est égale à celle du plongeur; le refoulement se fait par la partie supérieure du corps de pompe. Telle est la pompe foulante du Creusot, *planche* LXXXIV.

Cette dernière disposition a l'avantage de supprimer l'influence de l'espace nuisible qui, dans la précédente, existe entre le piston et le corps de pompe, et qui nécessite un moyen de purger l'air qui s'y trouve logé. Ce détail n'est pas sans importance, et suffit pour justifier la préférence donnée au modèle adopté par le Creusot.

Les plongeurs sont en général en fonte, par économie. Dans le cas où les eaux sont corrosives, ils doivent nécessairement être en bronze.

Lorsqu'on met en train, on doit amorcer les pompes.

Dans ce but, on se borne en général à jeter de l'eau sur les clapets de refoulement, en comptant sur les fuites qui peuvent y exister pour que l'eau passe dans la chapelle et la remplisse en partie.

Les pompes étant étagées en relais successifs dans le puits, chacune doit être alimentée par la pompe inférieure. Il faut donc établir à chaque relai une bâche, dans laquelle l'eau est amenée pour être aspirée à la remonte des pistons.

On laisse en général 1 ou 2 mètres de hauteur pour l'aspiration, et même aujourd'hui on met en charge le clapet d'aspiration, en plaçant le niveau d'eau de la bâche plus haut que ce clapet. On obtient ainsi un remplissage plus sûr et plus complet du corps de pompe, et la petite perte de travail qui résulte de cette disposition est largement compensée par un débit plus complet et plus assuré.

La hauteur d'action des pompes foulantes peut être considérable, 70 à 80 mètres au minimum ; dans certains cas on a pu la porter à 130 mètres et au delà.

Si maintenant nous analysons les détails de la pompe du Creusot, nous pourrons examiner les questions qui se trouvent posées dans une construction de ce genre.

1° *Diamètre et course.* — Le volume d'eau que doit fournir une pompe résultant de la venue d'eau de la mine, ces deux dimensions deviennent solidaires, et en raison inverse. Mieux vaut un petit diamètre avec la plus grande course possible. Une grande course assure mieux le jeu des clapets et la sûreté de la marche. Les petites machines d'exhaure, celles qui correspondraient par exemple à une venue d'eau de 1.000 mètres cubes par jour, ont environ 2 mètres de course ; pour 2 000 mètres cubes, le minimum de la course serait 3 mètres ; pour 3 000 et au delà (c'était la donnée du Creusot), on a choisi 4 mètres. Une grande course coûte toujours assez cher, parce que les balanciers d'équilibre et toutes les pièces de la machine ont des dimensions plus grandes ; mais cette condition est favorable à la marche et à l'entretien des pompes, considération qui doit toujours être décisive.

2° *Plongeur et corps de pompe.* — Les dimensions une fois calculées pour un débit effectif des neuf-dixièmes du débit théorique, on préfère pour le piston la forme de plongeur, parce que le joint par stuffing-box est le plus facile à surveiller et à entretenir. Le grand diamètre des pompes nécessite des précautions spéciales pour ce genre de joints. Ainsi, en introduisant dans la garniture des cercles de caoutchouc, on est arrivé à obtenir d'excellents joints. Le piston doit, en général, être en bronze; c'est pourquoi son épaisseur a été réduite au strict nécessaire, $0^m,04$.

Le corps de pompe du Creusot, *planche* LXXXIV, est à zone annulaire avec tubulure à la partie supérieure. Le diamètre du piston étant $0^m,50$, soit 1 963 c^2 de section, le corps de pompe a un diamètre de $0^m,71$, soit une section de 3 960 c^2 ; différence, 1197 c^2. Cette section de la zone annulaire est suffisante, vu le petit parcours de l'eau. L'épaisseur du corps de pompe est de $0^m,065$.

3° *Hauteur d'action, clapets.* — Ces deux questions sont solidaires, car la hauteur d'action d'une pompe foulante n'est réellement limitée que par la crainte de compromettre la bonne marche des clapets.

Ce qui a été dit précédemment au sujet des clapets d'aspiration des pompes élévatoires, s'applique aux clapets d'aspiration de toute pompe foulante. Pour les pompes du Creusot, l'aspiration étant en charge par la surélévation du niveau d'eau dans le réservoir juxtaposé, on a réduit le tuyau adducteur au diamètre de $0^m,37$, et le siége de la soupape à celui de $0^m,50$. On a divisé la section de ce siége en deux parties recouvertes par deux clapets à charnières de cuir. L'épaisseur du siége et de la cloison réduit la section libre de la grille à $0^{m2},10$; la section libre des clapets est de $0^{m2},088$. Le volume moyen engendré par seconde, étant admis de $0^{m3},195$, la vitesse d'écoulement est de $1^m,95$, conditions admises comme normales.

Pour les clapets de refoulement, d'après les considérations précédemment citées, le diamètre du siége a été porté à $0^m,68$, et la surface divisée en cinq compartiments triangulaires recouverts par cinq clapets à charnières de cuir.

La vitesse de la maîtresse tige étant moindre à la descente, le volume moyen engendré par seconde est évalué à $0^{m3},098$. La section libre des grilles étant $0^{m2},138$, la vitesse d'écoulement pourrait être réduite à $0^m,710$; mais, la section libre à travers les clapets n'étant évaluée qu'à $0^{m2},0668$, la vitesse réelle d'écoulement est de $1^m,465$.

La hauteur d'action des pompes foulantes établies dans la colonne est variable, parce qu'on a été obligé de choisir leur emplacement dans des roches suffisamment résistantes. La moyenne est de 80 mètres, la distance la plus haute étant de 92 mètres.

Considérant cette hauteur maximum de 92 mètres, nous trouvons, d'après le détail de construction des clapets de refoulement, *planche* LXXXII, fig. 6 et 7 : que la section libre du siége est de 1 380 c^2. Mais le recouvrement porte la surface comprimée des clapets à 2 720 c^2, d'où résulte que le poids total à soulever est de 15 024 kilogrammes. Cette résistance doit être surmontée par la pression exercée en dessous des clapets, sur la surface de 1 380 c^2. C'est une pression de $10^k,88$ par centimètre carré, soit un peu moins de 11 atmosphères, pression nécessaire pour soulever les 15024 kil. et qui devra être déterminée par le plongeur.

Cette condition a été vérifiée par l'application de manomètres sur les pompes ; ces manomètres ayant toujours indiqué au moyen de la descente des foulants, des pressions supérieures d'environ 2 atmosphères et demie à la pression de la colonne d'eau sur les clapets.

Les pressions, par unité de surface, sont inversement proportionnelles aux deux surfaces inférieure et supérieure d'un clapet de refoulement; par conséquent, dit M. Bochkoltz dans une étude spéciale, la pression par unité de surface qui doit agir au-dessous du clapet pour le faire ouvrir, doit être plus grande que celle à laquelle la surface supérieure est exposée, et cela dans le rapport inverse des deux surfaces respectives.

Le rapport de ces deux surfaces n'est pas toujours le même, il varie pour chaque cas particulier; les auteurs qui ont voulu établir des règles pour déterminer les proportions des clapets diffèrent également entre eux : les uns prennent le plus grand diamètre D égal à 1,2 fois le petit diamètre d; d'autres prennent la largeur du recouvrement du clapet, c'est-à-dire $\frac{D-d}{2} = 4 + \sqrt{d}$, les dimensions étant exprimées en millimètres; d'autres enfin font $D = 8 + 1,15\, d$, les dimensions étant également exprimées en millimètres.

D'après la première de ces règles, le rapport des deux surfaces du clapet serait constant et égal à 1 : 1,44; d'après les deux autres règles, ce rapport varie avec les diamètres, et diminue quand le diamètre augmente. Il serait difficile de préciser les limites entre lesquelles ce rapport est compris; les cas sont assez rares où le rapport n'est que 1,25 à 1,31; on trouve, au contraire, assez souvent des rapports atteignant 1,50 à 1,55 et même au delà. Lorsqu'on fait usage des clapets à doubles siéges, connus sous le nom de *soupapes Hornblower*, le rapport dépasse même 1,80, comme cela a lieu entre autres aux machines d'épuisement du Bleyberg. C'est ce rapport défavorable que l'on reproche à ce genre de soupapes; malgré les avantages qu'elles présentent d'autre part, cette cause a empêché la généralisation de leur emploi.

Parmi les nombreux types de clapets employés pour les

pompes de mine, nous citerons le clapet du grand Hornu, *planche* LXXXII, fig. 8.

Ces clapets, de $0^m,50$ de diamètre, sont doubles. Leur position inclinée augmente l'espace libre pour une levée d'une faible amplitude. Le dessin indique en outre les dispositions prises pour caler le clapet dans sa chapelle, le décaler et faciliter l'enlevage; la porte de la chapelle est en fer forgé, afin d'être plus large et facile à manœuvrer.

Aux mines d'Altenberg (Vieille-Montagne), on a fait usage pour le refoulement, du clapet à double joint, imité de la soupape d'Hornblower. On voit sur la figure 5, représentant ce clapet en coupe et en plan, que les deux zones de recouvrement sont très-écartées, condition nécessaire pour que la cloche puisse être soulevée. L'effort soulevant s'exerçant sur la zone comprise entre la circonférence intérieure du grand cercle et la circonférence extérieure du petit cercle, se calcule d'après la pression exercée sur la projection horizontale de cette zone.

Dans l'exemple figuré, la zone soulevée par le refoulement est $50^2 - 40^2 = 707\ c^2$, la surface comprimée par la pression est $54^2 - 38^2 = 1156\ c^2$. Supposons, pour comparer cette construction à celle du clapet du Creusot, une pression de 92 mètres d'eau, la pression totale à soulever, de 10 625 kilogrammes, exigera un effort de 15 atmosphères. Il y a donc un désavantage marqué pour ce système de soupapes qui est en outre plus coûteux et d'un entretien plus difficile.

La soupape d'aspiration employée à Altenberg, *planche* LXXXII, fig. 4, présenterait au contraire l'avantage d'un effort moins considérable et par conséquent d'un moindre choc à la levée du piston, mais cet avantage est acheté par une construction compliquée.

Le siége est un cylindre dont la surface présente deux zones percées de trous, fermées par deux bagues de caoutchouc dont la base est cerclée par des fils métalliques. La surface supérieure est également percée de deux zones de trous en forme d'anneaux coniques, ces zones étant fermées par deux bagues-cornets en caoutchouc. Les quatre zones donnent un vaste passage à l'eau pour un mouvement faible et facile des fermetures, et sous ce rapport le principe nouveau de cette construction peut être recommandé.

Le calcul des pompes se lie aux conditions de construction de la machine motrice, dont la vitesse réglera le nombre de coups de piston par minute.

On doit compter une certaine perte pour le débit effectif des pompes foulantes, comparativement au volume théorique de l'espace parcouru par les foulants. On admet, en général, 1 dixième de perte.

La vitesse normale des machines motrices, à simple effet, de 4 mètres de course, peut être calculée comme suit :

Levée.	4 secondes.
Descente	7 —
Repos.	5 —
Total	16 secondes.

Soit un maximum possible de quatre coups de piston par minute.

Le repos est une constante, de telle sorte que, pour une course moitié moindre, soit de 2 mètres, on devrait compter :

Levée.	2 secondes.
Descente	4 —
Repos	5 —
Total	11 secondes.

Soit un maximum de 6 coups de piston par minute.

D'où il résulte que dans le premier cas l'espace utile parcouru par les pistons foulants sera de 16 mètres, et dans le second cas, de 12 mètres seulement.

On doit admettre également que les pertes subies par coup de piston sont les mêmes, dans les deux cas, pour un piston d'un diamètre donné ; de telle sorte qu'il y a un avantage évident à adopter de grandes courses. Ainsi, des pistons de $0^m,50$ auraient un débit théorique de $3^{m3},156$ par minute avec une course de 4 mètres; tandis qu'avec une course de 2 mètres, ce débit tomberait à $2^{m3},352$.

Pour des pistons de $0^m,30$, le débit de $1^{m3},120$ par minute pour la course de 4 mètres, tomberait à $0^{m3},840$ dans le cas d'une course de 2 mètres.

On a fait grand usage en Allemagne, depuis dix ans, de la pompe de Rittinger, dérivée du système déjà appliqué en Belgique, par l'ingenieur Colson.

Ce système se compose d'un corps de pompe fixe, avec soupape d'aspiration placée à la base, et d'un piston creux, portant à sa partie supérieure une soupape qui s'ouvre de bas en haut comme la soupape d'aspiration.

Le piston et la soupape supérieure contenue dans une boîte qui porte elle-même deux soupapes de sûreté placées latéralement, ne forment qu'une seule pièce solidement réunie à une colonne de tuyaux en forte tôle. Cette colonne de tuyaux qui donne le passage à l'eau, est en même temps la tige mise en mouvement alternatif par le moteur.

Il est facile de voir que, dans les conditions de construction indiquées sur la *planche* LXXXIII, fig. 4, il suffira d'imprimer un mouvement alternatif au *tuyau-tige*, pour que l'eau monte suivant l'axe de la pompe.

L'avantage de cette pompe est d'éviter toute déviation de la colonne d'eau et de la monter suivant l'axe en reduisant les frottements au minimum.

Les inconvénients assez nombreux ont empêché le système Colson-Rittinger de se propager ; le principal résulte de la difficulté de construire le tuyau-tige assez solidement pour que la hauteur d'action puisse dépasser 60 mètres.

Les tuyaux en forte tôle, placés bout à bout, de manière à former la colonne, sont réunis par des cylindres extérieurs en fer, rivés aux deux extrémités, mais les rivets cisaillés par les chocs du mouvement alternatif ne forment point un joint durable pour les grandes hauteurs d'action. Il est probable qu'en Allemagne comme en Belgique, ce système ne sera appliqué que pour de faibles hauteurs.

TUYAUX.

Les tuyaux qui composent les colonnes d'élévation ou de refoulement des eaux, sont généralement en fonte ; quelquefois on les fait en tôle pour le service des pompes élévatoires dans les avaleresses, service qui exige la plus grande légèreté possible. Dans les conditions ordinaires, la tôle, lors même qu'elle est galvanisée, s'oxyde et se détruit trop rapidement dans les puits de mine où les eaux sont presque toujours un peu acides et corrosives ; c'est pourquoi l'on préfère l'emploi de la fonte.

Les tuyaux en fonte sont toujours à brides ; on leur donne de 3 à 5 mètres de longueur, et on les soumet à un essai de 10 ou 20 atmosphères, suivant la pression qu'ils doivent supporter. Ces tuyaux doivent être coulés debout ou fortement inclinés, afin d'éviter autant que possible les soufflures intérieures. On leur donne des épaisseurs toujours supérieures à celles qui sont théoriquement nécessaires pour résister à la pression des eaux, et de distance en distance, cette épaisseur est, en outre, renforcée par de larges cordons. La partie de ces tuyaux qu'il importe d'étudier avec le plus de soin est l'assemblage et, par conséquent, les joints qui les réunissent.

Les tuyaux à brides doivent être fondus avec des portées saillantes à leurs extrémités, portées que l'on dresse au tour, de sorte que le plan d'assemblage soit toujours bien perpendiculaire à l'axe. Les brides sont percées de trous, espacés d'environ 0^m,10 ; elles sont raccordées au tuyau par un congé qui leur donne une forte adhérence ; si elles sont très-larges, leur résistance doit être augmentée par des nervures formant consoles. Enfin, on donne à ces brides une épaisseur un peu plus grande que celle du tuyau.

Les boulons d'assemblage doivent être d'un diamètre plus que suffisant, à écrous tournés, avec un filet large et solide.

Ces principes posés, il reste à déterminer quelle est la substance la plus convenable pour faire le joint. Le plus souvent on emploie une rondelle de plomb, après avoir eu le soin de creuser sur chacune des portées des tuyaux à assembler, une ou deux rigoles circulaires de 1 à 2 millimètres de profondeur. Le plomb, serré entre les deux portées, est refoulé dans les rigoles et forme ainsi un joint qui a l'avantage de pouvoir être maté s'il venait à fuir. Les saillies formées par la pénétration du plomb dans les rigoles empêchent le plomb d'être chassé par la pression des eaux.

On a quelquefois substitué aux cercles de plomb des bagues en cuivre rouge qui sont plus résistantes et forment des joints plus durables, mais qui ont l'inconvénient d'exiger une précision beaucoup plus grande dans le montage. Souvent aussi on emploie des cercles en fer, mais en ayant soin de les recouvrir d'une substance compressible, par exemple de chanvre goudronné.

Pour des joints soumis à une pression exceptionnelle (plus de 30 atmosphères), on a employé avec succès des rondelles de cuir, emprisonnées dans une cannelure creusée dans la bride inférieure.

M. de Bracquemont, ayant dû établir dans un puits de mines de Vicoigne une colonne dans laquelle se trouvait un jeu foulant de 122 mètres de jet, a employé avec succès la glu marine.

Il fallait trouver pour les joints des tuyaux, une substance qui, tout en se solidifiant parfaitement, de manière à résister à une pression supérieure à 12 atmosphères, conservât assez d'élasticité pour se prêter au mouvement vibratoire de la colonne. Dans ce but, on fit des essais comparatifs avec le brai, la glu marine, etc. La dernière substance donna seule des résultats satisfaisants, en résistant, sans donner lieu à aucun suintement, à une pression de 25 atmosphères.

Pour employer la glu marine, on la fait fondre au bain-marie, dans du chlorure de zinc qui bout à 125 degrés, température qui est précisément celle qui est nécessaire, et qui ne doit pas être notablement dépassée. On enduit de cette glu les rondelles en fer entourées de chanvre qui doivent servir pour les joints. Les collets des tuyaux sont également chauffés au jour, de sorte qu'en arrivant à destination ils aient conservé la température nécessaire pour fondre la glu des rondelles ; on boulonne ensuite le joint jusqu'à refus. Lorsque les collets n'avaient pas la température convenable, on les chauffait à l'aide d'un réchaud portatif, sans dépasser la température de 150 degrés. Les joints faits dans ces conditions ont parfaitement résisté.

Lorsque les eaux d'une mine sont très-corrosives, on garnit les tuyaux à l'intérieur d'un revêtement en bois goudronné ; ce revêtement se compose de douelles minces en sapin, que l'on juxtapose à l'intérieur et que l'on serre les unes contre les autres à l'aide d'une *douelle-clef*, formée de deux fragments en forme de coins triangulaires. Inutile de dire que le tuyau a été préalablement goudronné à l'intérieur et que l'on goudronne ensuite le revêtement en bois, de manière à le rendre aussi durable et aussi imperméable que possible.

Une colonne d'épuisement se compose d'une série verticale de tuyaux qui monte d'une pompe à la pompe supérieure ; à chaque relai, la colonne se termine par un déversoir, qui verse l'eau montée dans une bâche en bois, en fonte ou en tôle, dans laquelle aspire la pompe supérieure.

On remplace quelquefois les bâches par une hauteur supplémentaire de tuyaux. Une pompe aspire alors par une tubulure latérale dans la colonne prolongée.

Les tuyaux d'une colonne sont soutenus dans le puits, par des moises placées de distance en distance. Ces moises, en bois de chêne et de section rectangulaire, sont posées sur champ et solidement encastrées dans les entailles ou *potelles* creusées dans le rocher. Elles doivent être posées de sorte que leur surface affleure à environ $0^m,15$ au-dessous des brides d'un joint ; la colonne, fortement serrée entre elles par des boulons, se trouve ainsi soutenue, le soutènement étant complété par des cales placées au-dessous des brides. Ce calage est d'ailleurs disposé de telle sorte qu'il ne puisse empêcher le démontage des boulons et la réparation des joints.

TIGES. — ÉQUILIBRE.

Les maîtresses tiges destinées à transmettre le mouvement sur toute la hauteur du puits aux pompes foulantes et élévatoires sont, en général, formées de pièces de bois platinées, c'est-à-dire consolidées par des bandes ou *clammes* de fer, boulonnées sur toute leur longueur.

Les dimensions dépendent à la fois du diamètre des pompes à manœuvrer et de la profondeur du puits. Il faut en effet, non-seulement que les tiges soient aptes à donner le mouvement aux pompes, sans flexions ni vibrations, mais qu'elles se portent elles-mêmes dans toute la hauteur du puits. Ces tiges forment donc, comme les câbles d'extraction des puits profonds, un système conique, c'est-à-dire à section décroissante, depuis la partie supérieure jusqu'à l'extrémité inférieure.

Plusieurs considérations ont conduit à donner aux tiges de très-fortes dimensions :

1° La colonne d'eau d'une pompe foulante doit toujours être manœuvrée par une tige dont le poids sera supérieur au sien de plus d'un dixième ;

2° La descente d'une pompe foulante doit être déterminée, sinon en totalité, du moins en grande partie, par le poids des tiges qui se trouvent en contre-bas.

D'où il résulte que la partie supérieure d'une maîtresse tige, depuis le jour jusqu'au premier jeu foulant, aura toujours un excédant de poids à équilibrer, et que cet excédant s'augmentera d'une addition nouvelle à chaque relai de pompe foulante.

On ne redoute nullement ces grands excédants de poids qui sont une garantie de solidité et que l'on peut facilement équilibrer ; d'autant qu'ils favorisent, pour le moteur à vapeur, l'application de la détente en augmentant les masses mises en mouvement.

Ces principes posés, nous pouvons prendre comme type de construction les tiges du grand Hornu et du Creusot.

Au puits Saint-Laurent du Creusot, pour une profondeur de 420 mètres, les relais de pompe et les tiges sont organisés dans les conditions suivantes :

Le dessus du premier sommier du premier jeu foulant est à.	92^m,30
Le dessus du second sommier.	85 ,54
Le dessus du troisième sommier.	85 ,54
Le dessus du quatrième sommier, dont la position est forcée à cause d'une faille.	85 ,54
Le dessus du cinquième sommier	46 ,54
Total de la hauteur occupée par les cinq jeux foulants. . . .	393^m,48
Deux pompes élévatoires, depuis l'extrémité inférieure des aspirants jusqu'au-dessus du cinquième sommier	21^m,11
Puisard pour recevoir les boues, etc.	1 ,54
Total égal.	418^m,10

La maîtresse tige, composée de deux longrines jumelles

jusqu'à la profondeur de 356^m,49, est établie avec des pièces dont les dimensions sont les suivantes :

Chêne d'Amérique	12 longrines de 12^m,155	et de 0^m,36 de côté.		
Sapin du Nord ou de Riga.	14 —	12 ,220	— 0 ,29	—
— —	14 —	12 ,220	— 0 ,26	—
— —	3 —	11 ,900	— 0 ,22	—
— —	14 —	12 ,240	— 0 ,21	—
— —	4 —	7 ,650	— 0 ,21	—
— —	4 —	10 ,800	— 0 ,16	—

La maîtresse tige part en conséquence du jour, avec une section : de 36 × 72, en bois de chêne.

Elle passe successivement aux sections de 29 × 58; 26 × 52; 22 × 44; 21 × 42, en sapin du Nord.

Ces tiges ont dû être platinées avec des clammes doubles sur la longueur et quadruples aux joints.

D'abord réunies en une seule, les tiges jumelles se dédoublent en arrivant aux pompes, leur écartement étant maintenu par des entretoises en fonte qui en établissent la solidarité. Ces dispositions sont indiquées *planche* LXXXIV.

Le poids de la maîtresse tige ainsi composée, est d'environ 115 000 kilogrammes.

Nous disons environ, parce qu'il est très-difficile de se rendre compte du poids réel d'une maîtresse tige en bois. On pose en général les tiges au moment où les bois sont secs, et dans le puits ils ne tardent pas à se saturer d'eau.

Or une pièce de chêne d'Amérique, si elle est très-sèche, peut peser moins de 750 kilogrammes le mètre cube ; saturée d'eau elle pèse 914 kilogrammes. La différence est encore plus prononcée pour le sapin, qui est amené au poids de 700 kilogrammes le mètre cube. Les tiges du puits Saint-Laurent, au Creusot, comprenant 39 mètres cubes de sapin et 22 mètres cubes de chêne, on arrive à un poids de 62946 kilogrammes qui, au moment du montage, pouvait présenter une différence en moins de 5 à 6000 kilogrammes. De plus, il est difficile de tenir un compte exact de toutes les pièces ajoutées pendant le montage.

On admet qu'une maîtresse tige, pour descendre avec une vitesse convenable en actionnant les pompes foulantes, doit avoir un excédant de poids égal au moins à un dixième du poids de la colonne d'eau refoulée. Cet excédant est considéré comme nécessaire pour déterminer l'ouverture des clapets et pour vaincre toutes les résistances résultant des frottements des tiges et de l'eau.

Cette formule empirique ne peut être considérée que comme un point de départ très-incertain ; nous réservons la question au moment de l'étude des moteurs.

Toujours est-il qu'il faut, dans tous les cas, équilibrer une partie notable du poids des tiges et des masses abandonnées à elles-mêmes au moment où le moteur cesse d'agir. Cet équilibre peut être obtenu soit par des contrebalanciers chargés de poids qui font en général partie de la machine motrice, soit dans le puits même par des colonnes d'eau, dites *colonnes d'équilibre*.

Une colonne d'eau d'équilibre se compose simplement d'une pompe foulante sans clapets ; la charge d'eau que l'on met sur le piston exerce une action constante. La *planche* LXXXIV, représentant l'installation des tiges dans le puits Saint-Laurent au Creusot, indique la disposition d'une de ces colonnes d'équilibre. Il en existe deux sur la hauteur du puits.

Ce moyen d'équilibre a l'avantage de fournir dans le puits, des contre-poids peu embarrassants et que l'on règle avec la plus grande facilité et la plus grande précision. Il suffit, en effet, de verser de l'eau dans la colonne d'équilibre, ou d'en soutirer, pour faire varier le contre-poids graduellement et dans les limites exigées pour la régularité de la marche.

Les tiges du Creusot peuvent être considérées comme les plus légères qui aient été faites pour un exhaure aussi important. La machine motrice étant du système de Woolf, on s'est peu préoccupé au point de vue de la détente, du chiffre des masses mises en mouvement.

Au grand Hornu, pour un exhaure analogue, la maîtresse tige est composée, au départ, de quatre pièces de $0^m,242$ d'équarrissage, réunies et platinées par huit lignes de clammes. Cette maîtresse tige se dédouble en deux tiges jumelles de $0^m,242 \times 0^m,484$, platinées chacune par quatre lignes de clammes de $0^m,024$ d'épaisseur.

Ces dimensions décroissent après chaque jeu foulant, mais le poids de la tige est, pour toutes les sections, supérieur à celui de la colonne d'eau. Le poids total s'élève à plus de 250 000 kilogrammes.

L'excédant à équilibrer est de 180 000 kilogrammes.

Deux énormes contre-balanciers en tôle, de $11^m,50$ de longueur et de 3 mètres de hauteur à l'axe, chargés de 90 000 kilogrammes chacun, établissent cet équilibre. Ces contre-balanciers sont placés symétriquement au jour, de chaque côté de la tige, à la partie inférieure de la machine motrice dont ils font partie.

Les conditions des tiges et de leur équilibre tendent à se modifier par l'adoption des tiges en fer.

Ces tiges composées de fers d'angle et de fers méplats, assemblés et rivés, ont des qualités de rigidité et de résistance qui leur permettent d'agir à la fois pour la traction et pour le refoulement.

Les tiges en fer sont construites avec des fers spéciaux, ainsi qu'il est indiqué par les figures 1 et 2, *planche* LXXXII, qui représentent divers modèles de tiges récemment adoptés par les mines de la Ruhr.

La forme rectangulaire, obtenue en assemblant et en rivant quatre fers spéciaux, est généralement préférée. Elle est rigide et facile à guider ; l'assemblage des bouts, détaillé par les figures 1 et 2, présente d'ailleurs toutes garanties de solidité.

Dans plusieurs installations nouvelles on a adopté un système de tiges formé de deux largets placés à 0^m,20 ou 0^m,25 de distance, rendus solidaires et contre-ventés par des largets placés en zigzag et fortement rivés.

Cette disposition, adoptée pour la machine de Kladno, est représentée *planche* LXXXX.

Pour transmettre le mouvement aux pompes, les tiges en fer sont encastrées et clavetées dans une pièce de fonte (fig. 3, *planche* LXXXII), au-dessous de laquelle se boulonne le plongeur. La tige se dédouble de chaque côté de la pompe en deux tiges en fer rond, clavetées latéralement et rejoignant une pièce similaire placée au-dessous de la pompe.

Les tiges en fer avec leurs contre-plaques d'assemblage, dont les planches précitées indiquent le mode de construction, ne pèsent guère que 150 à 200 kilogrammes le mètre courant. Elles sont donc beaucoup plus légères que les tiges en bois, ce qui tend à apporter une perturbation complète dans les conditions de poids et d'équilibre précédemment définies.

Il en résulte en effet, si l'on emploie ces tiges avec des moteurs du système Cornwall, que le poids des masses mises en mouvement se trouve trop faible pour le développement de la détente, de telle sorte que l'on est obligé d'y ajouter des masses additionnelles.

Tel est le cas de la machine de Fiennes (Pas-de-Calais). On voit, *planche* LXXXXI, que la maîtresse tige est surmontée d'une masse considérable de fonte, dont le but est d'augmenter le poids des masses en mouvement, de manière à régulariser la marche de la machine à détente.

Fixer des masses additionnelles sur la tige, pour les équilibrer ensuite par autant de contre-poids placés sur des contre-balanciers, paraîtra une condition coûteuse et difficilement acceptable; c'est une question que nous devons réserver pour l'étude des machines motrices.

La légèreté et la rigidité des tiges en fer construites sur le système de la Ruhr, a déterminé des modifications importantes dans les conditions d'équilibre. Pourquoi ne pas les employer à refouler en les faisant mouvoir non plus par des machines à simple effet, mais par des machines à double effet ? On pourrait ainsi éviter les contre-balanciers, dont l'attirail est à la fois coûteux et encombrant. Plusieurs essais sur lesquels nous reviendrons en décrivant les applications, semblent justifier cet ordre d'idées.

MACHINES A SIMPLE EFFET.

La condition la plus ordinaire d'une colonne d'exhaure, en ce qui concerne le moteur, est de soulever l'attirail des tiges et de l'abandonner ensuite à lui-même : c'est la machine à simple effet.

L'historique de ces machines remonte à celle de Newcomen, à laquelle succéda le type du Cornwall, aujourd'hui remplacé par le type à traction directe qui tend à se compléter par l'application du système Woolf.

La machine du Cornwall tant de fois décrite (voir le *Matériel des houillères*) a fourni tous les éléments du système à traction directe, aujourd'hui préféré. Nous avons cité en première ligne, comme type de ce système, la machine du grand Hornu et celle de Grisœuil au couchant de Mons, dont les diverses parties occupent trois étages distincts.

L'étage supérieur est occupé par le cylindre à vapeur dont le piston est directement attelé à la maîtresse tige, et par sa distribution comprenant trois soupapes : la soupape d'*admission*, par laquelle afflue la vapeur en dessous du piston ; la soupape d'*exhaustion*, qui met le dessus de ce piston en relation avec le condenseur ; la soupape d'*équilibre* qui, après la fermeture des deux autres, met en communication le dessus et le dessous du piston et laisse la tige retomber dans le puits en vertu de l'excédant de poids qu'on lui a laissé.

Ces trois soupapes sont à double recouvrement, du système Hornblower; elles sont manœuvrées par une ou deux cataractes..

L'étage intermédiaire est consacré aux condenseurs. Pour les fortes machines, on en établit ordinairement deux, de manière à assurer en marche normale le vide le plus parfait possible et à faciliter les réparations des pompes à air, la machine pouvant marcher avec un seul.

L'étage inférieur est principalement occupé par les contre-balanciers, dont la fonction est non-seulement d'équilibrer la maîtresse tige, mais de transmettre le mouvement aux condenseurs, aux cataractes et à la distribution.

Dans la machine du grand Hornu, tous les attirails placés dans le puits, tiges et pistons, ont, au moment de la descente, un *poids libre* évalué à 119 tonnes; de plus, les contre-poids d'équilibre placés sur les deux contre-balanciers sont de 180 tonnes; de sorte qu'on peut évaluer le *poids total* des tiges balanciers, contre-poids et pistons à 500 tonnes.

Les masses mises en mouvement peuvent être calculées comme suit, pour l'ascension de la maîtresse tige :

La maîtresse tige, dont le poids moyen brut est de....................	300 000	kilogrammes.
Les deux contre-poids, pesant ensemble....	180 000	—
Les deux balanciers à contre-poids, dont le poids équivalent, rapporté aux extrémités, peut être supposé de..............	5 700	—
Les colonnes d'eau aspirées et soulevées, pesant en moyenne ensemble............	12 651	—
Les colonnes d'eau qui, outre les précédentes, se trouvent dans les corps de pompes foulantes et dans leurs chapelles; on peut supposer qu'en moyenne la hauteur des colonnes dans les corps de pompe est de 2 mètres, et dans les chapelles environ de 1 mètre, de sorte que pour les huit pompes ces colonnes auront un poids égal à $8 \times 0{,}1963 \times 3 \times 1\,000 =$..	4 711	—
Ensemble............	503 062	kilogrammes.

A la descente, les masses mises en mouvement comprendraient, comme précédemment :

La maîtresse tige, ses contre-poids et leurs balanciers ;

Plus les colonnes d'eau refoulées, dont le poids moyen est évalué à 78 520 kilogrammes; plus les colonnes d'eau dans les huit corps de pompe et dans la partie des tuyaux situés au-dessus des clapets de refoulement, évaluées à 6 280 kilogrammes.

Dans ces conditions de construction, la machine du grand Hornu a pu donner quatre coups de piston par minute, et obtenir de la vapeur un effet utile de 65 pour 100, mesuré d'après l'eau élevée. La consommation en combustible a été constatée de 2 kilogrammes par heure et par force de cheval de l'effet utile.

Ce résultat est un peu inférieur à ceux qui ont été signalés pour les machines de Cornwall; mais nous avons tout lieu de croire que les chiffres de consommation indiqués en Cornwall sont rarement exacts : ils sont fournis par les constructeurs, qui se contentent, en général, de les calculer d'après le débit théorique des pompes.

Aujourd'hui, la disposition de la machine du grand Hornu peut être considérée comme classique et comme le point de départ de toute construction analogue.

Nous prendrons pour exemple de la discussion d'une étude de ce genre la machine du puits de la Providence, établie aux mines de Fiennes (Pas-de-Calais) par Quillacq, postérieurement aux constructions de Grisœuil et du grand Hornu. Cette machine est représentée *planche* LXXXXI.

MACHINE D'EXHAURE DE FIENNES.

Données. Extraire 5 000 mètres cubes d'eau en vingt heures de travail, d'une profondeur de 400 mètres. Le diamètre des pompes adoptées est 0ᵐ, 60; la course, 4 mètres; le volume engendré par la pompe, 1^{m3},1280.

La colonne est composée de six pompes foulantes espacées en moyenne de 63 mètres, refoulant les eaux dans des tuyaux de 0ᵐ,50 de diamètre; d'une pompe élévatoire de 0ᵐ,63 de diamètre; placée à la base, élevant les eaux de 25 mètres dans un tuyau de 0ᵐ,66. Les détails de construction de ces pompes sont indiqués *planche* LXXXIII.

La maîtresse tige se compose, dans toute la longueur, de deux tiges en fer, chacune d'elles à section rectangulaire et formée de quatre bandes en fers plats et fers d'angle rivés; ces deux tiges sont écartées de 1ᵐ,50 d'axe en axe et entretoisées de distance en distance.

Ces conditions, une fois posées, le calcul de la machine représentée *planche* LXXXXI a été établi de la manière suivante :

En supposant que le volume d'eau élevé par les pompes soit égal au volume engendré, ce qui a lieu à très-peu près quand les pompes et les conduites sont en bon état, le travail mesuré en eau élevée serait par coup de piston :

$$1,128 \times 100 \times 400 = 451\,200 \text{ kilogrammètres.}$$

Admettant le coefficient de 0,65, le travail que devra développer la vapeur sera, *pour chaque coup de piston* :

$$\frac{451\,200}{0.65} = 695\,000 \text{ kilogrammes.}$$

Le travail de la vapeur dans le cylindre d'une machine est exprimé d'une manière suffisamment exacte pour la pratique, par la formule :

$$T = 10\,330\, p\, V \left(1 + log.\ hyp.\ \frac{p}{p_1} - \frac{p'}{p_1}\right)$$

T, représente le travail de la vapeur en kilogrammètres;

p, la pression de la vapeur sous le piston avant la détente, en atmosphères;

V, le volume engendré par la course de piston pendant la pleine pression, en mètres cubes;

p_1, la pression de la vapeur après la détente, en atmosphères;

p', la pression dans le condenseur, en atmosphères.

D'où valeur de :

$$V = \frac{T}{10\,330 \times p\,(1 + log.\ hyp.\ \frac{p}{p_1}) - \frac{p'}{p_1}}.$$

Si l'on admet que l'introduction de la vapeur ait lieu pendant la moitié de la course, que la pression $p = 3^{\text{atm.}}, 75$, que la contre-pression du condenseur $p' = 0^{\text{atm.}}, 125$, on obtient $V = 11$ mètres cubes.

La course totale étant de 4 mètres, le diamètre correspondant est $2^m,65$.

A l'exécution, le diamètre du cylindre a été $2^m,66$ et la course possible $4^m,10$.

La vapeur doit être admise à la pression de 3 athm., 75. La détente commençant à la moitié de la course, l'espace nuisible étant supposé égal à un vingtième du volume engendré par le piston pendant l'admission, le travail théorique de la vapeur dans le cylindre est de 633 chevaux de 75 kilogrammètres.

En admettant que le volume d'eau élevé soit égal à 0,9 du volume engendré par les pistons, et comptant quatre coups par minute, le travail utile sera de 362 chevaux.

Le rapport du travail utile au travail moteur est donc $\frac{362}{633} = 0,572$.

Les expériences faites sur des machines de ce genre, au grand Hornu entre autres, ont démontré qu'en réalité la valeur de ce coefficient était environ 0,65.

En supposant que la vapeur soit produite dans les chaudières à la pression de 4 atmosphères, le poids de vapeur dépensée sera, par coup de piston, $24^k,332$, soit par heure et par cheval mesuré en eau élevée $\frac{24,332 \times 240}{362} = 16^k,2$. La consommation de combutible sera donc :

1° Pour une production de 6 kilogrammes de vapeur par kilogramme de houille, $\frac{16,2}{6} = 2^k,700$;

2° Pour une production de 7 kilogrammes de vapeur par kilogramme de houille, $\frac{16,2}{7} = 2^k,310$ par heure et par cheval mesuré en eau élevée.

Ces résultats sont moins avantageux que ceux que l'on obtient en pratique, par la raison que le coefficient de 0,57, admis pour l'effet utile, est évidemment trop faible.

Il reste à calculer le poids des masses qu'il est nécessaire de mettre en mouvement pour régulariser la vitesse des tiges pendant la course ascendante, en appliquant la détente. Pour cela, il faut déterminer l'excès du travail de la puissance motrice sur celui des résistances jusqu'au point où ces forces se font équilibre.

Le moyen le plus simple consiste à représenter graphiquement par un diagramme, le travail variable de la puissance et le travail équivalent, mais uniforme, des résistances utiles ou passives. Ce diagramme, *planche* LXXXXI, démontre qu'avant le point de la course du piston où ces forces se font équilibre, il y a du côté de la puissance un excès de travail de 72 000 kilogrammètres, correspondant à un excès égal du côté des résistances pendant la seconde partie de la course.

La vitesse des tiges étant fixée à $1^m,75$, au point d'équilibre, on a supposé les masses nécessaires à la régularisation du mouvement placées sur les tiges et sur deux balanciers à bras égaux, de manière que toutes ces masses soient animées de la même vitesse que les tiges. Dans ces conditions, le poids des masses en mouvement, y compris les tiges et la colonne d'eau de la pompe élévatoire, est donné par la formule $T = \frac{PV^2}{2g}$, qui devient $P = \frac{2gT}{V^2} = \frac{19,62 \times 72\,000}{1,75^2} = 465\,800$ kilogrammes.

Les masses en mouvement sont en conséquence composées ainsi qu'il suit :

Colonne élévatoire : diamètre, 66 centimètres ; longueur, 20 mètres.	6 800 kilogrammes.
Piston, tige de piston, crosse et tige d'attelage.	16 500 —
Plongeurs des pompes foulantes (3 000 kilogrammes l'un).	18 000 —
Maîtresse tige en fer.	232 000 —
Tige et piston de pompe élévatoire	2 500 —
Contre-poids	189 200 —
Total	465 000 kilogrammes.

Pour simplifier le calcul, on n'a pas tenu compte du poids des balanciers; le centre de gravité de chacun de leurs bras étant animé d'une vitesse beaucoup moins grande que celles des autres masses, le travail qu'ils sont susceptibles d'emmagasiner est relativement peu important. Cette omission, du reste, est à l'avantage du résultat pratique.

La pression exercée par l'eau sous les plongeurs des pompes foulantes est 106 600 kilogrammes. Le poids de la maîtresse tige devra vaincre, outre cette résistance, celle due au mouvement des clapets et aux frottements de toute nature; pour cela, son poids devra être environ de 145 000 kilogrammes.

Il y aura lieu alors de répartir les contre-poids de la manière suivante :

Du côté des tiges.	32 600 kilogrammes.
Du côté opposé aux tiges.	156 600 —

La maîtresse tige a été composée, dans toute sa longueur, de deux tirants en fers plats et cornières, écartés de

$1^m,50$ d'axe en axe. Son poids total peut se décomposer de la manière suivante :

Premier jeu	52 000 kilogrammes.
Deuxième jeu.	47 000 —
Troisième jeu.	41 500 —
Quatrième jeu	36 000 —
Cinquième jeu	30 500 —
Sixième jeu	25 000 —
Total.	232 000 kilogrammes.

Ce qui frappe le plus dans cette étude des conditions de construction de l'appareil de Fiennes, c'est le chiffre considérable des masses mises en mouvement : 232 tonnes de tiges en fer d'une part, et, d'autre part, 189 tonnes de contre-poids forment les principaux éléments de ces masses. Il y aurait avantage évident à réduire ce chiffre.

Les masses additionnelles placées sur la tige sont nécessaires pour régulariser le mouvement et l'action de la détente. Mais il ne faut pas dissimuler qu'il en résulte une dépense onéreuse au double point de vue de la construction et de l'entretien.

Que l'on se reporte aux conditions de la marche de ces machines.

Le piston étant au repos, la soupape d'exhaustion est ouverte la première et détermine une tension générale des organes mécaniques prêts à se mettre en mouvement. La soupape d'admission est ensuite ouverte en grand et la vapeur afflue sur le piston par de larges orifices ; le choc qui en résulte lance violemment la maîtresse tige, et lorsque cet énorme volant a reçu le mouvement, la course ascendante s'achève sous l'influence du condenseur et par la pression décroissante de la détente.

Les chocs violents qui déterminent le mouvement, sont obtenus par les grandes dimensions des tuyaux et des soupapes de la distribution ; ils ébranlent progressivement les organes mécaniques et les assemblages. Si quelques clavettes, boulons ou tourillons ont pris du jeu, ce jeu s'augmente rapidement par les oscillations saccadées ; toute pièce est dans ce cas exposée à se briser, et alors même qu'il n'y a pas rupture, les chocs deviennent tels qu'il y a bientôt lieu à refaire une partie des assemblages.

Au bout de quelques années de marche, on s'aperçoit en effet que les assemblages, autrefois jointifs et solides, ont pris du jeu et commencent à ferrailler. Si l'on se décide à une réparation, la révision successive met en évidence la nécessité de généraliser cette réparation, d'où résultent une dépense notable et un chômage.

De nombreux cas de rupture ont mis en évidence les périls du système. La rupture d'un organe essentiel, tel par exemple que la tige ou ses attaches, peut en effet déterminer les désordres les plus graves. Le piston, abandonné à lui-même, va frapper le fond du cylindre, qui sera brisé. La maîtresse tige retombe violemment sur les appuis, en ébranlant toute la construction de la colonne. Il est même arrivé, pour des machines à balancier, qu'une partie du balancier, venant à tomber dans le puits, brise les moises, les cloisons et les tiges. De là l'origine de divers perfectionnements dont nous exposerons successivement les principes et les applications.

MACHINE A SIMPLE EFFET DE KLADNO, EN BOHÊME.

M. Bochkoltz, ingénieur des mines en Autriche, a ouvert une voie nouvelle au perfectionnement des machines d'exhaure, en discutant dans les plus grands détails les conditions de l'équilibre des maîtresses tiges. Ses études ont été publiées dans la *Revue universelle* de Liége, et ses conclusions ont été appliquées par une machine construite par M. Quillacq d'Anzin, d'abord pour les mines de Kladno en Bohême, et plus récemment pour celle du Nord de Charleroy. *Planche* LXXXX.

Dans le système Bochkoltz, le contre-balancier est à trois bras ; le bras inférieur, perpendiculaire à l'axe du balancier, porte un contre-poids qui s'élève lorsque le piston monte, et ajoute au poids de la maîtresse tige, lorsqu'elle est abandonnée à elle-même. Mais, passé la moitié de la course, ce contre-poids monte de l'autre côté de la verticale et change de signe ; il ajoute, par conséquent, au contre-poids d'équilibre.

La disposition de ce contre-poids additionnel est indiquée par la *planche* LXXXX, qui représente l'ensemble de la machine. Ce contre-poids supplémentaire est utile à plusieurs points de vue.

Le but principal est de fournir, lorsqu'il se trouve en haut de la course, au moment de la descente de la maîtresse tige, l'excédant de poids que doit avoir cette maîtresse tige pour ouvrir les clapets de refoulement des pompes ; puis, ce travail accompli, d'emmagasiner l'excédant de force développé par la chute de la maîtresse tige, excédant qui se trouve employé à relever le contre-poids de l'autre côté de la verticale.

Le *contre-poids pendule*, ainsi placé à droite de la verticale, tend à relever la maîtresse tige, s'ajoute à la puissance du moteur et restitue à ce moment la force emmagasinée. C'est ce qui l'a fait désigner, par l'inventeur, sous le nom de *régénérateur*.

Si l'on se reporte à ce qui a été dit précédemment sur les efforts nécessaires pour ouvrir les clapets de refoulement, on voit que l'on pourra calculer, d'après le nombre, la forme et les dimensions de ces clapets et la hauteur de la colonne d'eau refoulée, l'excédant de pression nécessaire pour leur ouverture. Mais cette ouverture exige un temps très-court, c'est un choc produit sur la face inférieure des clapets comprimés par la colonne d'eau ; une fois l'ouverture obtenue, la maîtresse tige se trouve donc trop pesante et retomberait avec violence si l'on ne modérait la vitesse de cette chute par un moyen quelconque.

Le moyen ordinairement employé est d'ouvrir très-peu la soupape d'*équilibre*, qui permet à la vapeur contenue dans le cylindre, en dessous du piston moteur, de passer au-dessus, et de laminer cette vapeur de manière à ralentir la chute. On ferme en outre cette soupape un peu avant la fin de la descente, de manière à emprisonner et comprimer une certaine quantité de vapeur au-dessous du piston. Cette vapeur forme un coussin élastique qui remplit les espaces nuisibles et dont la réaction s'ajoutera ensuite à l'action de la vapeur d'admission pour enlever la tige. Ce moyen généralement appliqué, n'est en réalité qu'un palliatif, qui dissimule la perte de force résultant de la chute de l'excédant de poids de la maîtresse tige. Le contre-poids pendule utilise cette force et régularise le mouvement.

On peut, en outre, grâce au contre-poids pendule, obtenir une descente plus rapide de la maîtresse tige. On ne craint plus, en effet, les chocs qui pourraient résulter de cette accélération ; le contre-poids remonte dans une position où chaque centimètre accroît considérablement sa résistance. Il en résulte donc la possibilité de marcher plus vite, condition précieuse, puisqu'un coup de piston de plus par minute ajoute 15 ou 20 pour 100 au débit effectif de la colonne.

Enfin, l'emploi du régénérateur permet de réduire le poids de la maîtresse tige aux conditions nécessaires pour sa solidité, et dès lors les chances d'usure, d'accident, se trouvent diminuées dans une proportion notable.

M. Bochkoltz s'est donc décidé à faire construire la machine de Kladno, en Bohême, dans les conditions indiquées par la *planche* LXXXX. Cette machine de la force de 300 chevaux est établie de la manière suivante :

> Quantité d'eau à élever : 3ᵐ³,840 par minute ;
> Profondeur du puits : 350ᵐ,87 ;
> Pression absolue maximum de la vapeur : 6 atmosphères ;
> Admission dans le cylindre : 3/4 de la course.

La colonne se compose de cinq pompes foulantes dont les conditions sont :

> Diamètre des plongeurs : 0ᵐ,527 ;
> Section : 2 181 centimètres carrés ;
> Course : 3ᵐ,16.

Les résistances passives de toute nature de la machine et de ses pompes sont évaluées à 0,2 du poids utile des colonnes d'eau.

Les pompes sont disposées de manière à ne pas aspirer, les clapets étant en charge.

L'effort à exercer au commencement de la course descendante, pour vaincre la résistance due au recouvrement des clapets de refoulement, est évalué à 0,4 du poids utile des colonnes d'eau.

L'effort à exercer au commencement de la course ascendante pour ouvrir les clapets d'aspiration est évalué pour chaque pompe à 1 atmosphère — $\frac{1^{atm}}{1,4} = 0^{atm},285$,
soit : $0,285 \times 1,033 \times 2181 = 640$ kilogrammes,
soit pour les cinq pompes : 3,200 kilogrammes.

Le poids total de la colonne d'eau à soulever est 76 500 kilogrammes.

Dans ces conditions, le calcul conduit à un cylindre à vapeur de 2 mètres de diamètre.

La maîtresse tige, d'après le devis de construction, doit peser environ 110 000 kilogrammes.

On admet que, pour refouler la colonne d'eau et vaincre les frottements, le poids libre moyen de la maîtresse tige doit être environ un huitième plus fort que le poids utile de la colonne d'eau, soit 86 000 kilogrammes. Il y aura donc lieu d'équilibrer 24 000 kilogrammes au moyen d'un contre-poids placé sur le contre-balancier.

Ce balancier est du système Bochkoltz, ainsi que l'indique la *planche* XC, et l'on admet que, si ce système n'avait pas été employé, l'excédant du poids de la maîtresse tige aurait dû être $76\,5000 \left(\frac{9}{8} + 0,40\right) = 116\,500$ kilogrammes.

En résumé, le balancier Bochkoltz est une innovation heureuse, qui tend à régulariser la marche des machines d'épuisement, qui permet de réduire le poids des tiges et dont l'avantage principal est la faculté d'augmenter la vitesse des oscillations, surtout à la descente, de manière à augmenter le nombre des coups de piston qu'une machine peut fournir en marche normale.

Le contre-poids régénérateur du balancier a été calculé d'après l'évaluation de l'effort pour soulever les clapets supposée de 0,40 du poids utile de la colonne d'eau ; soit $76\,500 \times 0,40 = 30\,600$ kilogrammes.

La longueur du bras du balancier étant $4^m,24$ et la course $3^m,16$, la flèche $0^m,30$, le poids régénérateur sera :

$$\frac{30\,500\,(4,24 - 0,15)}{1^m,58} = 79\,000.$$

Reste à déterminer la vitesse à laquelle pourra marcher la machine. Pour cela, on doit calculer la vitesse moyenne des tiges pour la montée et pour la descente, et ce calcul a été présenté de la manière suivante par M. Bochkoltz :

Nous supposerons, dit-il, la course divisée en douze parties égales et nous calculerons pour chaque point de division le travail produit par la vapeur, par le poids régénérateur, et le travail absorbé par les résistances, en observant que ce dernier n'est pas uniforme, parce que le poids effectif de la maîtresse tige varie suivant que les plongeurs sont plus ou moins immergés.

Nous en déduirons l'excès de travail de la puissance et la vitesse correspondante pour chaque douzième de la course, cette vitesse étant donnée par la formule $V = \sqrt{\frac{T + 19,62}{M}}$, dans laquelle T représente le travail correspondant à la vitesse V, et M le poids des masses mises en mouvement, ramenées à la vitesse V.

M comprend :

Le poids moyen de la maîtresse tige	110 000	kilogrammes.
Le contre-poids d'équilibre	28 500	—
Le poids régénérateur	79 000	—
Le poids du balancier 20 000 kilogrammes, en supposant que le centre de gravité de chaque branche en mouvement se trouve à 2 mètres du centre	4 460	—
Poids approximatif de l'eau en mouvement dans les pompes et les chapelles	5 040	—
Total	227 000	kilogrammes.

Le résultat des calculs de la course ascendante se résume ainsi :

Course	Travail de la vapeur.	Travail du régénérateur.	Travail de la puissance.	Travail de la résistance.	Excès de la puissance.	Vitesse.
1/12 0,263	25 000	7 100	32 000	23 750	8 350	0,840
2/12 0,526	50 000	13 400	63 400	47 580	15 820	1,171
3/12 0,790	75 000	18 200	93 200	71 490	21 710	1,370
4/12 1,050	100 000	21 300	121 300	95 470	25 830	1,493
5/12 1,310	125 000	22 900	147 900	119 520	28 380	1,565
6/12 1,580	150 000	23 700	173 700	143 630	30 050	1,730
7/12 1,840	175 000	22 900	197 900	167 860	30 040	1,730
8/12 2,100	200 000	21 300	221 300	192 140	29 160	1,585
9/12 2,370	225 000	18 200	243 200	216 490	26 710	1,520
10/12 2,630	249 000	13 400	262 400	240 920	21 480	1,360
11/12 2,890	268 000	7 100	275 100	265 420	9 680	0,913
12/12 3,160	290 000	»	290 000	290 000	»	»

La moyenne de toutes les vitesses indiquées est 1,29.

Le temps nécessaire pour la montée sera donc $\frac{3,16}{1,29} = 2'' \frac{45}{100}$.

Pour la descente, un tableau analogue indique, pour chaque douzième de la course, le travail produit par la descente de la tige, par le poids régénérateur, ainsi que le travail des résistances, qui comprend le travail employé à élever l'eau et le travail des résistances passives.

MACHINE DE KLADNO, EN BOHÊME

Le travail produit par la tige n'est pas uniforme, parce que le poids diminue à mesure que les plongeurs s'immergent.

Le travail nécessaire pour élever l'eau est uniforme, puisqu'il n'y a pas d'aspiration.

Le travail des résistances passives se compose du travail nécessaire pour ouvrir les clapets de refoulement, lequel se produit dans le premier douzième, et d'un travail uniforme qui se produit pendant toute la durée de la course.

La valeur de M se compose de tous les éléments qu'elle comprenait dans la montée, augmentée du poids de la colonne d'eau refoulée. Nous admettons que l'eau se meut avec la même vitesse que les tiges, c'est-à-dire que le diamètre intérieur des tuyaux est égal au diamètre des plongeurs. On a donc $M = 225\,000 + 76\,500 = 303\,500$. La vitesse calculée pour chaque douzième de la course s'exprime ainsi :

Course	Travail de la tige.	Travail du régénérateur.	Travail de la puissance.	Travail des résistances.	Excès de la puissance.	Vitesse.
1/12 0,263	23 080	7 100	30 180	22 945	7 235	0,684
1/12 0,526	46 080	13 400	59 480	45 580	13 900	0,950
3/12 0,790	69 010	18 200	88 210	68 225	18 985	1,128
4/12 4,150	91 890	21 300	113 170	90 870	22 300	1,202
5/12 1,310	114 650	22 900	137 550	113 515	24 035	1,246
6/12 1,580	137 350	23 700	161 050	136 150	24 900	1,270
7/12 1,840	159 980	22 900	182 880	158 795	24 085	1,250
8/12 2,100	182 540	21 300	203 840	181 440	22 400	1,205
9/12 2,370	205 020	18 200	223 220	204 085	19 135	1,112
10/12 2,630	227 420	13 400	240 820	226 710	14 110	0,955
11/12 2,890	249 750	7 100	256 850	249 355	4 495	0,670
12/12 3,160	272 000	»	272 000	272 000	»	»

La moyenne des vitesses de descente est 0,99.

Le temps de la descente est donc $\frac{3,16}{0,99} =$ . . . . $3''\frac{20}{100}$

La montée étant . . . . $2''\frac{45}{100}$

Supposant les temps d'arrêt, en haut et en bas, de . . . . $2''$

Le temps total pour un coup de piston sera . . . . $7''\frac{65}{100}$

La machine pourra donc donner par minute $\frac{65}{7,65} = 7\frac{8}{10}$ soit 7 coups et demi par minute.

Le volume engendré par les plongeurs étant $0,21812 \times 3,16 = 0^{m3},689$, si l'on compte un rendement de neuf dixièmes, le volume débité sera de 620 litres par coup de piston, soit par minute $4^{m3},650$.

Depuis l'établissement de la machine de Kladno, le système Bochkoltz a reçu une seconde application à la fosse n° 4 du nord de Charleroy, la machine également construite par Quillacq est la reproduction de celle de Kladno sur une échelle réduite, la course n'étant que de $2^m,30$.

Les diagrammes relevés sur les deux faces du piston *planche* XC démontrent un effet utile de 80 pour 100. Ils ont mis en évidence l'usage très-restreint de la vapeur d'équilibre pour modérer la descente du piston, et l'action sensible du contre-poids pour déterminer le départ en remonte de la maîtresse tige.

Le résultat le plus évident et le plus apprécié pour cette seconde application, a été la vitesse sensiblement plus grande de la machine, qui, ayant une course effective de $2^m,30$, donnait régulièrement 7,5 coups de piston par minute, c'est-à-dire que la maîtresse tige parcourait $24^m,75$ de course utile, vitesse que l'on n'obtient même pas des machines qui ont 3 et 4 mètres de course.

C'est un avantage précieux, auquel on doit ajouter que cette machine, pendant quatre années de marche à 7 et 8 coups de piston par minute, n'a donné lieu à aucun choc sur les arrêts, la course se trouvant limitée avec une grande précision par le contre-poids pendule. Ces conditions résultent de la suppression des intermittences si prononcées des machines à simple effet, les arrêts étant tellement réduits, qu'en voyant fonctionner cette machine on croit, au premier abord, sa marche régularisée par un volant.

APPLICATION DU SYSTÈME DE WOOLF.

Il résulte des expériences faites sur les principales machines d'exhaure construites depuis vingt ans, que l'emploi d'un seul cylindre limite beaucoup l'application de la détente, et qu'il est bien rare que la proportion de cette détente puisse dépasser moitié de la course. Encore faut-il, pour faire agir une détente de moitié et conserver les conditions d'une marche régulière, porter les masses mises en mouvement à un chiffre très-élevé. L'exemple de la machine de Fiennes vient de le démontrer.

Si par exemple on voulait porter la détente aux trois quarts ou aux quatre cinquièmes de la course, on devrait augmenter la pression initiale de la vapeur dans la même proportion. Le choc à l'admission devient alors tel, que des ébranlements inquiétants se produisent dans toutes les parties de l'appareil. Cette expérience a été faite sur toutes les machines, et toujours la pratique a ramené les détentes vers la limite de moitié.

On peut, il est vrai, augmenter encore le poids des masses mises en mouvement; mais plus on augmente ces masses déjà si considérables, plus on augmente l'intensité du choc au départ, et par suite les frais d'entretien et les chances d'accident.

N'est-il pas préférable de donner au contraire le plus grand développement possible à la détente, en employant le système de Woolf, c'est-à-dire en employant deux cylindres directement attelés à la maîtresse tige, le plus petit recevant la vapeur à toute pression, le plus grand recevant, pour la détendre, la vapeur du petit, ainsi que l'action directe du condenseur?

En 1825, les machines de Woolf étaient en grande faveur en France, par suite des constructions d'Edwards dans les ateliers de Chaillot. Une machine d'exhaure du système de Woolf, à balancier, fut même construite pour les mines d'Anzin, mais ne fut jamais montée.

En Cornwall, le système de Woolf avait été appliqué vers 1820 par Hornblower, mais ces machines n'existaient plus en 1830. On avait jugé, à cette époque, que, vu la grande masse de tiges à mettre en mouvement, il était plus simple de détendre la vapeur dans le cylindre d'admission.

En 1862, l'ingénieur Karl Kley établit deux machines de ce système à Altenberg, pour les mines de la Vieille-Montagne, et fut conduit par une étude nouvelle à des dispositions analogues à celles des machines d'Hornblower, sans cependant avoir eu connaissance de ses plans.

M. Karl Kley a publié une excellente description de ses machines d'Altenberg. Il a fait ressortir, dans cette description, l'avantage d'otenir une marche régulière sans avoir à charger les maîtresses tiges de poids additionnels, les laissant ainsi telles qu'elles résultent de l'économie et de la simplicité de la construction.

La dernière machine d'Altenberg a des dimensions moyennes : le grand cylindre ayant $1^m,70$ de diamètre et $2^m,98$ de course. La capacité du petit cylindre est de $1^m,685$ celle du grand cylindre étant $6^m,755$, et, malgré la faible profondeur du puits d'exhaure, la régularité de la marche n'a rien laissé à désirer.

La disposition générale de cette machine est représentée *planche* XCII, d'après les dessins de M. Karl Kley. On y retrouve toutes les conditions ordinaires de la machine à traction directe, dont elle se distingue par les attelages solidaires qui réunissent les tringles du grand et du petit piston à la maîtresse tige et au balancier d'équilibre.

On voit, d'après la coupe, que le grand piston est directement attelé à la maîtresse tige, qui est elle-même reliée par deux bielles latérales, au contre-balancier d'équilibre. Le petit piston dont la tige prolongée commande la pompe à air, est lui-même attelé par deux bielles, au balancier qui devient balancier-moteur. Les plans de cette machine ont été publiés par M. Kley et forment un atlas qui en spécifie tous les détails.

Pour suivre dans tous les détails l'application du système Woolf, nous prendrons pour exemple la construction plus récente de la machine d'exhaure du puits Saint-Laurent aux mines du Creusot.

MACHINE DU PUITS SAINT-LAURENT, AU CREUSOT.

Nous venons d'indiquer quelle était la situation des études relatives aux machines d'exhaure, lorsque fut posée la question d'un épuisement central pour les houillères du Creusot. Une machine de cette importance, mise à l'étude dans ce foyer de science et d'expérience mécanique, devait conduire à une œuvre de premier ordre.

L'appareil du puits Saint-Laurent peut en effet être considéré comme un type remarquable par la logique de sa conception et par la perfection de tous les détails. Cette machine est un modèle précieux pour les houillères françaises, et nous sommes heureux de pouvoir, grâce aux communications des ingénieurs du Creusot, présenter les documents qui ont servi de base à l'étude et les plans qui spécifient les caractères généraux de la disposition adoptée.

La forme générale du gîte du Creusot, est celle d'un fond de bateau, dont la branche nord est en général relevée sous de très-fortes inclinaisons, celle du sud s'enfonçant sous les grès bigarrés, après avoir formé le monticule sur lequel la ville est bâtie, puis se trouvant interrompue par une faille importante au delà de laquelle on ne l'a pas encore retrouvée. Ces deux branches laissent entre elles plus ou moins de largeur en fond de bateau, la couche de houille s'y trouvant dans des positions ondulées et sous des inclinaisons très-variables.

Depuis l'affleurement ouest du charbon sur le terrain de transition qui forme son mur, jusqu'au point où il disparaît sous la grande faille des grès rouges, à l'est, la longueur, suivant le thalweg du fond de bateau, est de 3 390 mètres.

La ligne de fond de ce thalweg présente une inclinaison moyenne vers le sud-est de $0^m,18$ par mètre. Mais vers la hauteur du puits 13, soit à 1850 mètres de l'extrémité ouest, l'enfoncement est plus rapide vers l'est. Il y a, en effet, $333^m,36$ de dénivellation sur 1 540 mètres, soit une pente de $0^m,216$ par mètre.

On a profité de cette disposition naturelle et d'un étranglement de la couche qui existe à 120 mètres à l'est du puits 13, pour diviser le bassin du Creusot, sous le rapport de l'exhaure, en deux parties : le bassin supérieur ou du puits 13 et le bassin inférieur ou du puits Mamby.

Cet étranglement part de l'extrémité ouest et s'arrête à une ligne d'investison située à 120 mètres à l'est du puits 13, cette investison n'étant d'ailleurs complète que lorsque les eaux ne s'élèvent pas à plus de 7 mètres au-dessus du sol des réservoirs. Si, par suite d'un accident grave à la pompe ou par suite de crues extraordinaires, l'eau du bassin supérieur dépasse ce niveau, elle franchit sa digue et s'écoule sur le bassin inférieur.

Le district supérieur donne une venue d'eau moyenne de 276 000 mètres cubes d'eau par année, avec des maximum de 3 200 à 3 600 mètres cubes par jour. Il est desservi par une machine de 100 chevaux à balancier, à haute pression et à condensation dont la course est de $2^m,37$, la pompe ayant $0^m,50$ de diamètre. Cette machine prend l'eau à 102 mètres et l'amène au jour avec une pompe élévatoire et une seule foulante.

Le bassin inférieur, limité à l'est par un réservoir situé à 244 mètres, va des puits guidés Saint-Pierre et Saint-Paul au puits Mamby, sur lequel se trouve une machine d'exhaure de 150 chevaux, du même système que celle du puits 13, mais sans condensation. Sa course est de 2^m,37 ; elle donne sept coups par minute, et les pompes ont 0^m,50 de diamètre. Trois foulantes et deux élévatoires élèvent les eaux de 244 mètres.

Quoique le bassin hydrographique desservi par cette pompe soit relativement faible, il n'est pas moins très-mouillé, parce qu'il comprend l'usine, dont les services nécessitent un mouvement d'eau très-considérable. Les fissures causées par l'exploitation souterraine y introduisent rapidement et constamment une grande quantité d'eau.

Ainsi, on doit annuellement élever au jour une venue d'eau moyenne de 712 000 mètres cubes, avec des jours maximum de 2 600 à 2 800 mètres cubes. La pompe Mamby n'en pouvant extraire que 545 000, il restait 167 000 mètres cubes à élever au moyen de caisses à eau par les deux grands puits guidés Saint-Pierre Saint-Paul, dont le service est déjà très-chargé ; cet exhaure se faisait par conséquent au détriment de l'extraction et des remblais.

Les étages inférieurs pouvaient donc se trouver envahis par les eaux. De plus, le puits Mamby, après avoir traversé la couche, avait atteint le terrain de transition et laissait encore 276 mètres de couche vierge à exploiter en aval pendage, et presque partout en contact avec la grauwacke ; celle-ci, très-fortement relevée au fond et par conséquent brisée, peut donner subitement passage à de très-grandes quantités d'eau, comme cela est arrivé en 1858 au puits de la Gaulière (1).

Il fallait donc créer au point le plus profond du bassin, un moyen d'épuisement qui pût suffire aux exigences actuelles, permettre le développement des travaux en direc-

---

(1) Source donnant 1 257 mètres cubes d'eau par vingt-quatre heures, rencontrée en plein terrain de transition.

tion et en profondeur, en toute sécurité ; parer à toutes les augmentations d'eau qui peuvent se produire dans les conditions spéciales du gisement du Creusot, et assurer un exhaure économique pendant une période d'au moins cinquante ans.

C'est en plaçant à l'orifice du puits Saint-Laurent, qui a 420 mètres de profondeur et $3^m,70$ de diamètre, une machine de Woolf à deux cylindres, conduisant cinq pompes de $0^m,50$ de diamètre et 4 mètres de course, qu'on a réalisé toutes les conditions précédemment énumérées.

Le puits Saint-Laurent, d'abord foncé pour la recherche de l'aval pendage de la couche, a été utilisé et destiné uniquement à l'exhaure futur de toutes les eaux du bassin inférieur de la mine.

Ce puits a traversé $293^m,50$ de grès bigarré solide, $36^m,41$ de grès bigarré brisé ; à $329^m,91$, il est entré dans le terrain houiller.

La grauwacke, qui sert de base au terrain houiller, a été rencontrée à $417^m,64$ de l'orifice.

Toute la partie solide des grès bigarrés n'est pas maçonnée, mais la hauteur de 54 mètres correspondant à la faille et aux terrains brisés a été revêtue d'une maçonnerie de briques de $0^m,50$ d'épaisseur, en matériaux de premier choix. Le reste du muraillement jusqu'à la grauwacke n'a que $0^m,25$ d'épaisseur.

Cette inégalité dans la solidité des parois a obligé, comme on le verra plus loin, à donner aux jeux des pompes foulantes des hauteurs différentes. On ne pourrait, en effet, placer des sommiers dans les parties des terrains bouleversées par la faille.

Ces données étant posées, la machine a été construite dans les conditions suivantes, qui nous ont été communiquées par M. Mathieu, ingénieur en chef des ateliers. Ces conditions se trouvent expliquées par les *planches* LXXXV,

LXXXVI, LXXXVII, LXXXVIII et LXXXIX. On peut les résumer ainsi :

Machine à deux cylindres, dite *de Woolf*, à traction directe, simple effet, détente variable et condensation.
Profondeur de l'épuisement, 420 mètres.
Quantité d'eau à extraire par heure, 150 mètres cubes.
Pompes élévatoires placées au fond du puits et pompes foulantes étagées dans le puits.
Chaudières cylindriques à bouilleurs avec réchauffeur d'alimentation et réservoir de vapeur surchauffé.
Timbre des chaudières : 5 atmosphères.
Quantité d'eau à élever par seconde à la hauteur de :

$$420^m = \frac{150^{m3}}{3\,600} = 0^{m3},041\,666.$$

Travail utile en eau montée,

$$\frac{0^{m3},041666 \times 420}{0,075} = 233^{chev.},33.$$

Rendement supposé des pompes, 95 pour 100.
Travail utile produit par les pompes,

$$\frac{233,33 \times 100}{95} = 245^{chev.},05.$$

Effet utile de la machine, $245,65 \times 1,22 = 300$ chevaux.

Base des calculs des cylindres. — Course du piston du cylindre d'expansion et des pistons des pompes, 4 mètres.
Nombre de coups par minute, 3 1/2.
Course du piston du cylindre d'admission, 2 mètres.
Rapport des volumes des deux cylindres, 4.
Admission pendant toute la durée dans le petit cylindre et détente pendant toute la course dans le grand.
Durée d'un coup de piston, $\frac{60}{3,5} = 17$ secondes.
Soit : durée de la levée, 4 secondes ; durée de la chute, 8 secondes ; repos, 5 secondes.
Vitesse moyenne du grand piston par seconde, à la chute, $0^m,50$.
Vitesse moyenne du grand piston par seconde, à l'ascension, 1 mètre.
Vitesse moyenne du grand piston par seconde, en supposant un travail continu,

$$\frac{3^m \times 3\,1/2}{60} = 233 \text{ millimètres.}$$

Rapport du volume de vapeur admis au volume détendu, 4.
Soit : détente au quart du volume du grand cylindre.
Pression initiale sous le petit piston, $4^{atm}.25$.
D'après Claudel, le travail produit sous les pistons est représenté par

$$Tm = vhk\left(1 + log\left(\frac{z}{z^0}\right) \times 2,3026 - \frac{h'}{h} \times \frac{z}{z^0}\right);$$

$Tm = 300 \times 0,075 = 22\,500$ K.M;
$k = 0\,75$;
$h = 43^m,9$;
$h' = 2$ mètres ;
$\frac{z}{z^0} = 4$;
log de $4 = 0,602$.

Remplaçant les lettres par les valeurs dans la formule, on a :

$$22\,500 = v \times 43,9 \times 0,75 \times \left(1 + (0,602 \times 2,3026) - \frac{2}{43,9} \times 4\right);$$

d'où $\qquad\qquad v = 0^{m^2},308$.

et diamètre du grand cylindre, $2^m,600$;
 — du petit cylindre, $1^m,850$.

L'introduction dans le cylindre d'admission peut varier entre les 70 centièmes et toute la course du piston, suivant le degré de tension de la vapeur en pression initiale sous le petit piston.

Pompes. — Il est établi au fond du puits, un jeu double de pompes élévatoires élevant l'eau à la hauteur de 20 mètres et au-dessus, cinq jeux de pompes foulantes élevant l'eau chacun à une hauteur moyenne de 80 mètres.

Diamètre des pompes élévatoires jumelles . . .	$0^m,38$
Diamètre des plongeurs des pompes foulantes. .	$0\,,50$
Course commune aux deux systèmes de pompes.	$4\,,00$
Diamètre des colonnes ascensionnelles.	$0\,,50$
Résistance totale à vaincre pendant la chute pour le refoulement de l'eau dans les conduits et les résistances provenant des guidages des maîtresses tiges.	88 000 kilogrammes.
Poids total : des maîtresses tiges des plongeurs avec leurs attaches, des diverses pièces de machines rapportées au centre des pompes et de l'eau dans les colonnes des pompes élévatoires	148 000 —

Deux pompes d'équilibre, placées aux étages supérieurs dans le puits, et un contre-poids appliqué sur le balancier à l'extrémité opposée aux pompes, ont pour but de contre-balancer la différence entre le poids total ci-dessus et la résistance au refoulement de l'eau.

Pression totale exercée sous les deux plongeurs d'équilibre.	34 000 kilogrammes.
Contre-poids du balancier.	26 000 —
Total.	60 000 kilogrammes.

Soit, pour l'équilibre des masses :

$$148\,000 = 88\,000 + 60\,000.$$

Masses mises en mouvement :

$$148\,000 + 26\,000 - 7\,000 = 167\,000 \text{ kilogrammes.}$$

Chaudières. — Appareil évaporatoire composé de quatre groupes de deux corps de chaudières chacun.

MACHINE DU PUITS SAINT-LAURENT, AU CREUSOT

Six chaudières seulement sont en fonction et deux en réserve pour rechange. Surface de chauffe totale de six corps de chaudières avec les bouilleurs, 360 mètres carrés ;

Soit : surface par cheval nominal, $\frac{360}{300} = 1^{m2},2$.

Surface de grille pour six corps de chaudières, 12 mètres carrés.
Section de la cheminée à l'orifice, 2 mètres carrés.
Hauteur de la cheminée, 55 mètres.

Les *planches* LXXXVIII et LXXXIX donnent les dimensions et les dispositions de ces chaudières.

Treuil de service. — Machine verticale à deux cylindres, détente fixe, sans condensation, transmission par engrenage et bobines avec câbles plats.

La *planche* LXXXV indique la disposition de cette machine dans les conditions suivantes :

Puissance effective maxima, 50 chevaux.
Résistance maxima à vaincre, les charges étant à la profondeur de 400 mètres, c'est-à-dire au niveau du dernier jeu foulant.

Corps de pompe.	6 500 kilogrammes.
Gros câble.	4 000 —
Petit câble.	3 000 —
Amarrages.	500 —
Total.	14 000 kilogrammes.
Diamètre des cylindres	$0^m,40$
Course des pistons.	$0^m,55$
Nombre de tours moyen de la machine par minute.	50
Nombre de tours des bobines à 50 tours de machine.	$1^m,68$
Vitesse moyenne ascensionnelle des câbles par seconde.	$0^m,30$

Un frein à vapeur agissant directement sur l'arbre des bobines est susceptible de tenir en suspension les plus lourdes charges à un étage quelconque du puits.

Le montage de la machine du puits Saint-Laurent et de ses chaudières, commencé le 28 mai 1868, a été terminé le 1er septembre suivant, soit en trois mois.

En partant du jour, la profondeur totale du puits est de 420 mètres.

L'eau est livrée par la pompe à $1^m,90$ au-dessus de l'orifice.

La machine Saint-Laurent est ainsi complétée par le treuil de manœuvres, qui est une véritable machine d'extraction à deux cylindres conjugués. Ce treuil est disposé de manière à descendre ou monter ensemble deux câbles, de telle sorte que l'on puisse saisir toutes les pièces de la colonne. Les plus lourdes de ces pièces pèsent 6 500 kilogrammes; le poids des deux câbles développés montant à peu près au même chiffre.

La machine Saint-Laurent, mise en train au commencement de 1869, marche sans choc. Il ne s'y produit aucun de ces coups de vapeur qui, au départ, ébranlent toutes les masses et les maîtresses tiges.

La consommation de charbon est évaluée $1^k,70$ de charbon par heure et par cheval utile.

La série des planches permet d'apprécier toutes les conditions générales de la construction. Nous y avons ajouté l'installation des chaudières, installation bien étudiée au point de vue du bon emploi du combustible et pouvant également être appliquée aux machines d'extraction.

Le bâtiment qui abrite la machine remplit les conditions de simplicité et de solidité que l'on doit rechercher dans les constructions des mines.

MACHINES A DOUBLE EFFET

Il résulte des conditions de construction précédemment spécifiées des machines d'exhaure, que pour élever des quantités d'eau de 3 000 à 4 000 mètres cubes par jour, de profondeurs de 300 à 400 mètres (problème qui se trouve souvent posé dans les mines actuelles), il faut mettre en mouvement des maîtresses tiges de 200 000 à 300 000 kilogrammes, si la détente se fait dans le même cylindre. Si la détente se fait par le système de Woolf, le poids des tiges et pistons s'élèvera encore à plus de 130 000 kilogrammes, tout en supprimant les masses additionnelles et réduisant les dimensions des tiges au strict nécessaire.

Une modification importante, appliquée à plusieurs machines du bassin de la Ruhr, consiste, en conservant le mouvement rectiligne sans rotation, à employer la vapeur à double effet, de manière à faire travailler la maîtresse tige dans les deux sens. Nous avons précédemment indiqué le système de construction de ces tiges en fer, composées de différents fers profilés, rivés entre eux et assemblés bout à bout par des éclisses.

Dans les appareils ainsi organisés, le poids des tiges est habituellement égal à la moitié du poids de la colonne d'eau à soulever; le surplus est fourni par la pression de la vapeur. La vapeur presse sur la tige; ce que l'on avait toujours évité par crainte de flexion et de rupture. Une expérience assez prolongée a démontré que ces sortes de maîtresses tiges pouvaient travailler avec sécurité dans les deux sens, grâce à leur forme et à un guidage parfait, établi de 20 mètres en 20 mètres.

M. Colson, autrefois ingénieur des ateliers de Haine-Saint-Pierre, a fait plusieurs applications de machines de rotation pour l'exhaure. Ces machines, à double effet et à grande détente, donnent le mouvement alternatif à un balancier auquel sont suspendus d'un côté la maîtresse tige et de l'autre les contre-poids nécessaires à l'équilibre.

Cet équilibre peut d'ailleurs être réglé sans s'imposer la condition de faire travailler la tige autant par la traction de son mouvement ascendant que par la pression de la descente.

Les avantages de ce système sont d'obtenir une marche plus régulière, en évitant les chocs, de manière à obtenir le maximum d'économie du combustible; enfin de réduire les poids des masses mises en mouvement et en même temps les frais d'établissement.

Une machine à double effet a été construite pour le puits Tuhan, à Kladno, par les ateliers Quillacq.

Cette machine, à double effet, est du système Woolf; la *planche* XCIII en indique la disposition générale.

Les deux pistons placés l'un au-dessus de l'autre, n'ayant qu'une même tige, conservent l'unité de la traction directe. M. Quillacq a calculé de la manière suivante les conditions générales de l'appareil :

La colonne d'exhaure est de 350 mètres; cinq pompes foulantes de $0^m,658$ de diamètre, prennent l'eau au niveau de 335, le jeu élévatoire du fond ayant 15 mètres de hauteur. Le point de déversement étant de $1^m,50$ au-dessus du sol et l'aspiration des pompes foulantes étant de $0^m,50$, la hauteur totale du refoulement est de 334 mètres et le poids de la colonne à refouler $\frac{0,658}{4} \times 3,14 \times 334 \times 1\,000 = 113\,500$ kilogrammes.

L'effort pour vaincre les résistances de toute nature, pendant la descente de la maîtresse tige, étant évalué à un dixième de ce poids, soit 11 350 kilogrammes, l'effort total à exercer à la descente sera 124 850 kilogrammes.

La course des plongeurs étant de $3^m,16$ le travail pour refouler l'eau pendant la descente des pistons est $124850^k \times 3^m,16 = 395\,000$ kilogrammètres.

Pour la remontée des tiges, le travail se compose :

De la colonne d'eau élévatoire . . . . 5 450^k
Des frottements de la pompe évalués à. 367
Du poids des colonnes aspirées par les pompes foulantes. 850
Des frottements évalués de même qu'à la descente. . . . 11 350
    Soit ensemble 18 017 kilogrammes.

Le travail est donc, à la remonte : $18017 \times 3^m,16 = 57000$ kilogrammètres;

Et le travail total pour la double oscillation est 452000 kilogrammètres. Soit par cylindrée, la machine étant à double effet, 226000 kilogrammètres.

On a calculé par la formule habituelle le volume de vapeur correspondant à ce travail d'une cylindrée, et fixé en conséquence le diamètre du petit cylindre à 1 mètre et celui du grand cylindre à 2 mètres.

La maîtresse tige est double; chaque tirant est une poutre creuse, formée de deux fers plats de $8^m,35$ de largeur, réunis par deux fers en U de $0^m,25$ de largeur. L'épaisseur des fers plats décroît successivement du haut en bas. Le poids total est de 124 000 kilogrammes. Au poids de cette tige pour le refoulement de la colonne d'eau il faut ajouter : le poids des cinq plongeurs, avec leurs traverses et heurtoirs, 20 000 kilogrammes pour les pistons et tiges des pompes élévatoires et pour vingt-quatre garnitures de guidonnages; c'est un total de 161 200 kilogrammes.

L'effort moyen de la vapeur, correspondant à un travail de 226 000 kilogrammètres par oscillation, est $\frac{226\,000}{3^m,16} = 71\,500$ kilogrammes.

L'effort, pendant la descente de la tige, sera donc 161 200 + 71 500 = 232 700 kilogrammes; la résistance évaluée précédemment étant 124 850; la différence, soit environ 108 000 kilogrammes, devra être équilibrée par contre-poids.

Pendant la montée de la tige, l'effort est 161 200 + 18 017 = 179 217; l'effort moyen de la vapeur étant égal à 71 500 kilogrammes, le contre-poids de 108 000 kilogrammes déterminera l'ascension.

Un contre-poids de 108 000 kilogrammes, avec course de $3^m,16$, n'est pas facile à établir; pour l'obtenir, une caisse de fonte de 2, 50 de côté a été placée à l'extrémité d'un contre-balancier de 12 mètres de longueur.

Ce balancier est la pièce la plus importante de la machine : il est composé de flasques en tôle rivée, avec armatures en fer, et pèse 30 000 kilogrammes; son axe en fer forgé a un diamètre de $0^m,50$ et $0^m,45$ aux collets.

L'ensemble de toutes les pièces de ce balancier, y compris le contre-poids, représente un volant à mouvement alternatif de 138 000 kilogrammes.

La coupe générale *planche* XCIII indique suffisamment le mode de construction et la disposition de toutes les pièces de cette machine : les deux cylindres superposés et leur distribution; le condenseur et les deux pompes à air; le balancier et son attelage à la maîtresse tige, ainsi que les heurtoirs qui limitent la course de $3^m,16$.

MACHINE A DOUBLE EFFET DE TRAZEGNIES.

Une machine établie dans les conditions de la nouvelle machine de Kladno, ne peut fournir plus de 5 coups de piston par minute, et refoulera par conséquent $15^m,80$ de la colonne d'eau, soit 15 mètres, en tenant compte de 5 pour 100 de perte. L'énorme balancier-volant nécessaire pour régulariser la marche des deux oscillations, conduit à penser que cette machine aurait un effet utile plus considérable, si elle était franchement transformée en une machine de rotation.

Cette transformation vient d'être réalisée aux mines de Mariemont, en Belgique.

Une machine d'épuisement a été construite à Trazegnies (Centre belge) avec des dispositions nouvelles qui méritent toute attention ; les plans sont dus à M. Guinotte, directeur des charbonnages de Mariemont et Bascoup, la *planche* C représente l'élévation de l'ensemble.

Depuis vingt-cinq ans, on a cessé de construire des machines d'exhaure à balancier ; la machine de Trazegnies revient à ce système. Elle est à double effet, la colonne d'exhaure étant disposée à l'aide de pompes foulantes renversées qui ont été indiquée précédemment *planche* LXXXIII, dans des conditions telles, que la maîtresse tige agisse toujours par traction.

Les résistances devant être égales dans les deux sens, un système particulier de contre-poids est suspendu à la tige du piston, au moyen de quatre tringles, de manière à régler l'équilibre. Enfin, la machine, devant être à rotation continue, est attelée à deux volants mis en mouvement par deux bielles attachées à la traverse de la tige du piston ; l'arbre qui porte ces deux volants passe sous le cylindre moteur.

Une machine d'exhaure, dit M. Guinotte, est une grande

machine à élever l'eau, dont les difficultés sont plus grandes, uniquement parce que les dimensions sont plus grandes. Elle doit être traitée au même point de vue, et il est naturel d'avoir recours à une machine à rotation continue, gouvernée par des tiroirs, système qui permettra d'obtenir le maximum de vitesse que comporte la marche des pompes.

La limite de la vitesse est due aux chocs qui se produisent au moment de l'ouverture et de la fermeture des soupapes d'aspiration et de refoulement, c'est-à-dire aux extrémités de la course. Il faut donc s'attacher à rendre aussi faible que possible la vitesse aux points morts et se préoccuper très-peu de la vitesse maxima au milieu de la course. Une machine à un seul cylindre donne à cet égard plus de latitude qu'une machine de Woolf.

Ces bases posées, M. Guinotte a donné la préférence à une machine à un seul cylindre avec la détente la plus développée par exemple pendant les neuf dixièmes de la course. La vitesse sera irrégulière, cette irrégularité venant, dit-il, donner la solution du problème cherché.

Les résultats visés par la machine de rotation de Trazegnies ont été obtenus en pratique et les diagrammes indiqués *planche* C démontrent que, grâce aux dispositions adoptées, la détente a pu recevoir un développement encore supérieur à celui qui est obtenu par le système Woolf.

La course de la machine est de 3 mètres, et l'on a obtenu sans nuire au débit des pompes, une vitesse de 10 coups de piston par minute, de telle sorte que les pompes ont pu débiter une hauteur d'eau de 30 mètres, condition qui n'avait pas encore été réalisée.

Parmi les détails de construction exprimé par l'élévation de cette machine, on remarquera la disposition des volants composés de courbes superposées, de telle sorte qu'on puisse en faire varier la masse suivant les conditions variables de l'exhaure.

MACHINES SOUTERRAINES A DOUBLE EFFET.

Les machines souterraines sont employées depuis très-longtemps dans les houillères de Blanzy, pour refouler les eaux d'un seul jet, à la surface.

Ce système a l'avantage de supprimer l'attirail des tiges dans le puits d'exhaure; il ne présente de difficulté que sous le rapport de la construction des pompes foulantes qui doivent supporter de très-grandes pressions.

Dès l'année 1845, on avait établi à la mine de Lucy près Blanzy une machine d'exhaure, souterraine et à double effet, refoulant les eaux d'une profondeur de 100 mètres à la surface. Les chaudières, d'abord établies dans la mine, furent ensuite placées à la surface.

A la mine de la Carrière, la hauteur de refoulement fut portée à 120 mètres et plus tard une machine plus forte fut montée à Lucy, refoulant sur une hauteur de 150 mètres.

Cette dernière machine activait une pompe de $0^m,12$ de diamètre et de 1 mètre de course, à 20 tours par minute en marche normale et à 30 tours en marche pressée.

Le débit effectif à 30 tours par minute et pour une hauteur de refoulement de 100 mètres, a été de $32^{m3},011$ par heure, c'est-à-dire une perte de 1/5 sur le débit théorique.

A 20 tours, le débit effectif est de $24^{m3},048$ par heure, soit une perte de 1/12 seulement.

La hauteur du refoulement a été ensuite portée à 150 mètres, sans perte notable sur le débit, et la pratique de ces machines a démontré que pour des conditions plus considérables comme débit d'exhaure et comme hauteur d'action, ce système était préférable dans certains cas.

Il s'agissait en 1867 d'établir au centre du Montceau une machine d'exhaure capable de donner une venue de 30,000 hectolitres par jour, d'une profondeur de 325 mètres; la *planche* XCIV indique le projet qui fut fait à cette époque et qui comprenait l'établissement de deux compresseurs.

Cette machine fut exécutée et établie en 1870, avec les dispositions indiquées *planches* XCV et suivantes.

Elle est placée à la profondeur de 300 mètres et élève l'eau du niveau de 325 par deux pompes élévatoires dans un réservoir établi pour la réception et l'épuration des eaux livrées aux pompes foulantes. La *planche* XCVIII indique les dispositions et les dimensions des chambres creusées dans les roches du mur de la couche, pour l'établissement de la machine qui fait mouvoir ces pompes élévatoires et les pompes à double effet qui refoulent l'eau à la surface.

La construction de pompes refoulant directement les eaux dans une colonne de 300 mètres de hauteur présentait deux difficultés principales : les joints et les soupapes.

Les joints fixes, comme ceux des tuyaux, sont faits avec des rondelles de cuir emprisonnées. Ces joints ont été considérés comme les plus sûrs pour soutenir les pressions d'eau froide. Des expériences faites sur les pièces des plus grands diamètres de cette machine, $0^m,50$ et $0^m,60$, ont démontré, en effet, que ces joints résistaient facilement à des pressions de plus de 100 atmosphères.

Pour les pistons plongeurs, c'est-à-dire pour les joints des parties mobiles, la solution était plus difficile.

La garniture des stuffing-box a fait de très-grands progrès par l'introduction de bagues en caoutchouc; on pouvait donc employer ce moyen. On donna la préférence aux cuirs emboutis, dont on avait l'expérience pratique dans les fabriques d'agglomérés, pour des pressions qui vont jusqu'à 600 atmosphères avec des pistons de $0^m,41$ de diamètre. Les cuirs emboutis employés sur les surfaces lisses et d'un facile entretien qu'on peut obtenir avec le bronze, non-seulement déterminent des joints parfaitement étanches, mais plus durables que ceux qui peuvent être obtenus par le serrage des boîtes à étoupes.

Pour assurer le succès de ces joints, le diamètre des pompes a été calculé de telle sorte que leur vitesse normale ne dépasse pas sensiblement la vitesse imprimée aux pistons compresseurs des presses hydrauliques agissant à 600 atmosphères, et reste bien au-dessous de celle qui est imprimée aux pistons des accumulateurs de pression agissant sous une pression de 45 atmosphères.

La construction des clapets présentait aussi des difficultés.

Ces clapets doivent, en effet, être soumis à des pressions de 30 atmosphères, plus le surcroît de pression à exercer pour soulever les clapets de refoulement.

En supposant pour ces clapets, une zone de recouvrement ou battue de $0^m,03$ de largeur, les soupapes de $0^m,240$ de diamètre intérieur, cette zone aurait à supporter 835 grammes par millimètre carré, pression qui en peu de temps déterminerait l'écrasement du bronze; et cependant la pression à exercer dans le corps de pompe pour soulever cette soupape serait encore de 47 atmosphères.

D'où l'on peut conclure que des soupapes en bronze de $0^m,240$ de diamètre intérieur devraient avoir un peu plus de $0^m,03$ de recouvrement et exigeraient 47 atmosphères de pression pour être soulevées.

Ce surcroît de pression, nécessaire pour soulever les clapets de refoulement, ne représente pas un travail réel? Le temps nécessaire pour qu'une soupape quitte son siége est extrêmement court, il n'y a réellement pas de chemin parcouru par les pistons sous cette pression. C'est donc un *choc*, plutôt qu'un travail susceptible d'être apprécié et calculé.

Cependant il ne faut pas se dissimuler que ces chocs ne soient des éléments très-actifs de destruction des joints et des soupapes elles-mêmes, et l'on s'est décidé à les faire exécuter en acier fondu.

L'emploi de l'acier fondu et forgé permet, en effet, de réduire la largeur de la zone de battue, sa résistance à l'écrasement étant bien plus considérable que celle du bronze.

Ainsi une zone de battue de $0^m,01$ de largeur aura à supporter $1^k,97$ par millimètre carré et pourrait en supporter 3. Or, avec cette battue réduite et la pression de 30 atmosphères, le clapet sera soulevé par une pression de 35 atmosphères dans le corps de pompe.

La différence de 5 atmosphères ne peut plus déterminer que des chocs de peu d'importance. On a pensé d'ailleurs que cette zone de $0^m 01$ serait encore trop large, et l'on a fait construire la battue bombée, de telle sorte que le clapet ne pose sur son siége que par une seule ligne. Le forgeage du métal par le fonctionnement de la soupape déterminera lui-même la zone de battue strictement nécessaire pour soutenir la pression.

Les conditions générales de l'établissement de la machine du puits Sainte-Marie sont indiquées par les *planches* XCV, XCVI et XCVII.

Les conditions de détail sont précisées par les données suivantes :

Diamètre des pistons foulants.	210 millimètres.
Course des pistons foulants.	$1^m,10$
Nombre de pistons foulants	4
— de tours de la machine par minute	18
— de coups de pistons foulants id.	72
Volume théorique d'un corps de piston foulant.	$38^{lit},100$
— — total refoulé par seconde.	45 ,720
— — par heure.	164592 litres.
— — par vingt heures.	32920 hectolitres.
— pratique par journée de vingt heures.	32000
Hauteur verticale des jeux foulants	300 mètres.
— des jeux élévatoires	30 mètres.
— totale	330 —
Diamètre des pistons élévatoires.	320 millimètres.
Course des pistons élévatoires (variable).	$0^m,96$ à $1^m,10$
Volume théorique élevé par seconde.	$46^{lit},25$ à 53 litr.
Nombre de pistons élévatoires.	2
— de coups de pistons élévat. par minute	36
Diamètre des conduites foulantes.	200 millimètres.
— — élévatoires.	340
Longueur développée des conduites foulantes.	340 mètres.
— — — élévatoires.	55 —

APPAREILS D'EXHAURE

Epaisseur des tuyaux de la colonne.

Épaisseur à 300 mètres.....................	35 millimètres.
— à 246 —	30 —
— à 186 —	25 —
— à 118 —	20 —
— à 90 —	18 —
— au jour.....................	16 —
Nombre de joints de compensation.............	2

Machines motrices.

Diamètre des pistons à vapeur...............	850 millimètres.
Nombre de pistons à vapeur.................	2
Angle de calage des manivelles...............	90 degrés.
Course des pistons à vapeur.................	$1^m,10$
Détente fixe...............................	1/2
Travail utile en eau montée.................	207 chevaux.
— de frottement de l'eau..............	$4^{chev.},38$
— brut de la machine.................	325 chevaux.
Coefficient de rendement adopté.............	0,65
Vitesse moyenne du piston à vapeur...........	66 centimètres.
— des pistons foulants............	66 —
— des pistons élévatoires.........	66 —
Diamètre du volant........................	6 mètres.
Poids du volant...........................	12000 kilogram.
Vitesse moyenne de la couronne du volant.....	$4^m,90$
Vitesse maxima — —	5 ,08
Vitesse minima — —	4 ,72
Variation possible de vitesse.................	7 pour 100
Dimension des orifices d'admission de vapeur.....	1/20 de la s. du p.
Diamètre des conduites de vapeur.............	200 millimètres.
Épaisseur — —	20 —
Longueur développée des conduites de vapeur......	365 mètres.
Nombre de joints de dilatation................	7
Diamètre des soupapes des jeux foulants.........	250 millimètres.
Levée de ces soupapes......................	20 —
Poids des soupapes des jeux foulants...........	21 kilogrammes.

Dépense de vapeur.

Volume de vapeur (théorique) par seconde.......	$368^{lit},88$
— des espaces nuisibles...............	19 ,55
— dépensé par seconde................	388 ,43
Pression de la vapeur pendant l'admission.......	$4^{atm},75$
Pression de la vapeur nécessaire aux chaudières...	5 ,80
Perte de pression due aux étranglements, orifices, etc.	0 ,50
Perte de pression par les frottements de la colonne...	0 ,55
Timbre des chaudières.....................	7 atmosphères.
Poids de la vapeur dépensée par seconde.......	955 grammes.
Pression effective pendant l'admission..........	$3^{atm},75$
— — à la fin de la détente..........	1 ,45
— moyenne effective par centimètre carré....	$3^k,142$
Pression moyenne sur le piston à vapeur.........	17 600 kilogram.
Poids de vapeur dépensée par heure...........	3436 —
— condensée dans les conduites par heure.	410 —
Poids total de vapeur à produire par heure......	3846 —
Poids de charbon brûlé par heure.............	600 —
— par cheval utile et par heure......	$2^k,900$

Vitesse de l'eau aux différents passages.

	Moyenne	Maxima
Dans les conduites élévatoires (mouvements alternatifs).	0^m,52	0^m,81
A travers les orifices des pistons élévatoires (mouvements alternatifs).	1 ,75	2 ,72
Dans les corps de pompes élévatoires (mouvements alternatifs).	0 ,66	1,035
Dans les tuyaux conduisant aux jeux foulants (mouvements alternatifs).	0 ,46	0 ,73
Près des soupapes d'aspiration (mouvements alternatifs).	0 ,11	0 ,18
Au passage des soupapes d'aspiration (constante).	2^m,75	
Dans les corps de pompes foulantes (mouvements alternatifs).	0^m,55	0^m,86
Au passage des soupapes de refoulement (constante).	2^m,75	
Entre les pompes et le réservoir d'air (mouvements alternatifs).	0^m,55	0^m,86
Dans la colonne du réservoir d'air (mouvement continu).	0^m,935	
Dans les colonnes ascendantes de refoulement de l'eau jusqu'au jour (mouvement continu).	1 ,46	
Pression sur les soupapes de refoulement.	30 kil. par cent. car.	

Pression dans le corps de pompe pour la levée des soupapes.

Les soupapes étant neuves.	32 kil. par cent. car.
— à demi usées.	35 kilogrammes.
— usées.	38 —

Pression par millimètre carré du métal des soupapes sur leur siége.

Les soupapes étant neuves.	3^k,90
— étant à demi usées	2 ,02
— étant usées.	1 ,41
Volumes formant réservoir d'air de refoulement.	1^{m3},980
Volume d'air à la pression de 300 mètres d'eau.	66 litres.

Les dispositions de la machine d'exhaure du puits Sainte-Marie démontrent la nécessité de calculer les cylindres à vapeur, non par les formules générales et d'après l'effort moyen qu'ils doivent produire, mais d'une manière directe, d'après la somme des résistances qui s'opposent au mouvement.

Ainsi l'effet utile en eau montée doit être de 207 chevaux, d'où l'on pourrait conclure qu'avec une machine de 275 chevaux on pourrait satisfaire aux conditions voulues; la machine ainsi calculée serait pourtant trop faible.

Le mouvement est direct et la pression sur le piston foulant opposé au piston à vapeur est de 10 400 kilogrammes. La colonne élévatoire à soulever par le même mouvement étant supposée de 2 400 kilogrammes, le poids de l'eau à mettre en mouvement peut être évalué au maximum de 13 000 kilogrammes.

Mais il faut ajouter à cet effort la pression nécessaire pour soulever les soupapes de refoulement, soit 2 à 3000 kilogrammes, plus les frottements de l'eau et des organes mécaniques, aussi n'a-t-on pas jugé trop considérable une pression initiale de 21 280 kilogrammes sur les pistons des cylindres moteurs, pression obtenue par une pression de 3 kilo. 75, soit un effort moyen de 17 600 kilogrammes en tenant compte de la détente 1/2.

La pression à l'extrémité de la course ne doit plus être que de 8 228 kilogrammes en admettant la détente à moitié, mais un volant de 12 000 kilogrammes assure la régularité du mouvement.

Les pompes élévatoires, qui élèvent les eaux de 30 mètres, depuis le niveau inférieur d'exploitation jusqu'aux réservoirs d'alimentation des pompes foulantes, ne présentent pas les mêmes garanties de durée ; les cuirs s'usent plus ou moins rapidement, suivant que les eaux sont plus ou moins chargées de sables ou de limons ; des incrustations formées sur les pistons et les clapets nécessitent des visites et des réparations fréquentes. On a dû, par conséquent, construire ces pompes avec un soin particulier; la *planche* XCVII représente tous les détails de cette construction.

Les pistons du système Letestu sont percés de trous ronds, à parois amincies sur les bords ; la tige est surmontée d'un poids de 150 kilogrammes au moyen d'un renflement, de telle sorte que par son poids elle puisse descendre avec une vitesse normale ; à la partie supérieure, des vis de rappel fixées sur les balanciers permettent de régler la course de manière à obtenir le débit convenable.

Le piston, en cas de réparation, est retiré par le haut.

Quant au clapet, comme il peut se trouver noyé par l'ascension des eaux, il porte à la partie supérieure un double crochet qui permet de le saisir avec une *cloche* spéciale, et de le remplacer rapidement.

La machine du puits Sainte-Marie, depuis sa mise en marche (en octobre 1871), a été l'objet d'une série d'expériences et de vérifications qui ont porté :

1° Sur le débit effectif de l'eau et le fonctionnement des pompes foulantes ;

2° Sur la production de la vapeur au jour, sa conduite à 300 mètres de profondeur et les pertes de pression qui en résultent ;

3° Sur la marche des machines motrices et l'effet utile obtenu.

Volume d'eau monté. — Il résulte du calcul que, pour 1 tour de machine, on doit refouler au jour $152^k,40$. L'eau élevée a été reçue dans un bassin jaugé avec soin et une série d'expériences faites sur des nombres de tours variables de 12 à 17 par minute n'a pu constater de différence notable entre le volume théorique et le volume débité.

Ce résultat extraordinaire, comparativement à celui des grandes pompes foulantes à simple effet, qui perdent environ un dixième, doit être attribué à deux causes : d'abord la précision de tous les joints, faits avec des cuirs emprisonnés ; en second lieu la marche lente et régulière des pistons plongeurs, la suppression des chocs et des grandes variations de vitesse. L'eau monte lentement, elle est prise *en marche* par les plongeurs, de telle sorte qu'il n'y ait jamais de temps perdu ; on entend fonctionner les clapets sans hésitation ni chocs, et l'on peut admettre, en voyant marcher les pompes avec cette régularité, d'autres causes de déperdition d'eau que celles qui pourraient résulter des fuites.

Le jeu des clapets, et surtout des clapets de refoulement, sur une pression de 30 atmosphères, soulevait des questions importantes; un manomètre avait été disposé en conséquence pour mesurer la pression dans les pompes foulantes.

Ces clapets sont en acier, leur surface de recouvrement étant préparée entre un siége fixe horizontal et une surface courbe qui d'abord ne touchait le siége que par une circonférence linéaire. La battue de ces clapets devait forger l'acier et déterminer la surface de la zone de contact, avec la largeur nécessaire pour soutenir les chocs sous pression.

Ces chocs semblent peu intenses, car on entend à peine la battue des clapets; ils ont suffi cependant pour forger la zone de contact, dont la surface s'est d'abord réglée entre $0^m,004$ et $0^m,005$ de largeur. L'usure a continué ensuite d'une manière plus rapide qu'on ne l'avait pensé, mais sans que la différence qui existe entre la surface supérieure d'un clapet de refoulement sur laquelle s'exerce la pression de 30 atmosphères de la colonne d'eau, et la surface inférieure sur laquelle s'exerce la pression développée par le piston pour soulever le clapet, parût sensiblement augmentée. Le manomètre indique toujours des pressions qui oscillent entre 35 et 36 atmosphères, pressions qui représentent, outre la résistance des 30 atmosphères de la colonne d'eau, la totalité des frottements et des résistances supplémentaires.

On a pu remarquer que, dans le cas où l'air du réservoir se trouvait insuffisant, les chocs augmentaient sensiblement et que la pression, au moment de la levée des clapets, dépassait 40 atmosphères. On a pris alors des précautions toutes spéciales pour maintenir de l'air dans ce réservoir, et l'on a disposé de petits clapets d'aspiration d'air, de quelques millimètres de diamètre, qui, à chaque coup de piston, injectent un peu d'air dans l'eau aspirée. Ce moyen suffit pour fournir l'air au réservoir.

Dans ces conditions, la détente étant à moitié course, l'appareil d'exhaure marche avec la même douceur de mouvement et sans plus de bruit qu'une machine de filature. Les clapets ne s'entendent que si l'on prête l'oreille avec attention ; le seul bruit perçu est celui du passage de la vapeur dans les lumières.

Circulation de la vapeur. — La vapeur produite au jour, à une pression de 6 à 7 atmosphères, est conduite aux machines par des tuyaux de $0^m,20$ de diamètre, dont le développement est environ 400 mètres. Ces tuyaux, garnis d'une enveloppe en paille tressée, sont recouverts d'une seconde enveloppe en bois. Les brides laissées à découvert sont capuchonnées par des tubes en zinc.

Dans ces conditions, la vapeur, les ayant une fois échauffés, arrive aux cylindres dans un état suffisamment sec, avec une perte de pression qui, en marche, à la vitesse de 16 tours, est restée constamment de cinq à six dixièmes d'atmosphère. Cette perte de pression est moindre que celle qui avait été constatée par la machine du puits Lucy, placée à 153 mètres de profondeur, ce qui résulte principalement du diamètre mieux proportionné des tuyaux et d'un meilleur système d'enveloppe. Il reste démontré que l'on pourrait, sans sortir des conditions d'emploi normal, envoyer la vapeur à des profondeurs et à des distances encore plus considérables.

La quantité d'eau condensée pendant la marche des machines, recueillie au pied de la colonne par un purgeur Pougault, est en moyenne de 150 litres par heure en marchant à 7 atmosphères, et de 140 litres seulement lorsqu'on marche à $4^{atm},75$.

Lorsque la machine ne marche pas, la vapeur stationnant dans les tuyaux avec toute sa pression, la quantité d'eau condensée paraît constante et de 150 litres par heure.

Machines motrices. — Les deux cylindres conjugués

de 0m,80 de diamètre et 1m,10 de course, qui donnent le mouvement à l'appareil d'exhaure, sont munis d'une détente variable à la main. On a reconnu que la détente la plus favorable était celle de moitié. Avec une détente des deux tiers, les machines éprouvent des secousses sensibles.

La détente étant fixée à demi-course, on a pris nombre de fois des diagrammes sur les deux faces de chaque piston, et ces diagrammes ont présenté constamment les mêmes dessins.

Un seul élément de variation exprimé par les diagrammes, pris sur les quatre faces des pistons *planche* XCVII indique combien est exact et sensible ce mode d'appréciation des efforts produits par la vapeur.

On voit en effet, en comparant ces diagrammes, que les ordonnées sont plus considérables sur les faces *avant* des pistons que sur les faces *arrière*. Or, si l'on se reporte aux plans de la disposition générale de l'appareil, on voit que la face avant doit en effet mener l'élévation des pompes soulevantes.

Ces pompes prennent l'eau au niveau le plus bas de 330 mètres lorsque les eaux sont à plat, tandis qu'au commencement de la marche d'un poste elles sont à 306. Les contre-poids placés sur le volant ne peuvent équilibrer cette différence de travail, qui se trouve dès lors exprimée par les diagrammes des cylindres moteurs.

Dans l'expérience à laquelle correspondent ces diagrammes, la profondeur des eaux était à 307 mètres, et le débit effectif par tour de machine de $152^l,4$; le travail était par conséquent :

$$152,4 \times 307 = 46\ 787\ \text{km}.$$

Les diagrammes, exactement mesurés pour un tour complet, ont donné :

Cylindre de droite. . . . . $\begin{cases} 13\,895^{km} \\ 16\,045 \end{cases}$

— de gauche. . . . . $\begin{cases} 14\,300 \\ 12\,350 \end{cases}$

Total. . . . . 56 590^{km}

Le rapport du travail utile en eau élevée au travail développé par la vapeur dans les cylindres a donc été $\frac{46\,787}{56\,590}$ = 0,829.

La *planche* XCVIII représente l'usure progressive des soupapes de refoulement et l'on voit que les zones de contact ont pris par cette usure des largeurs considérables. Cependant le manomètre n'indique pas une augmentation de pression correspondante à cette augmentation de surface, cette pression n'a jamais atteint le chiffre de 40 atmosphères. Cela paraît résulter de ce que le contact est imparfait sur ces zones devenues très-larges, de telle sorte que la zone d'adhérence est toujours restée à peu près dans les mêmes conditions.

Depuis l'établissement de la machine Sainte-Marie, à Monceau-les-Mines, MM. Revollier et Bietrix ont construit à Saint-Etienne, pour la Compagnie de Firminy, une machine d'exhaure établie à la profondeur de 200 mètres et refoulant l'eau directement au jour.

Cette machine est représentée en plan et élévation *planche* XCIX.

On voit qu'elle se compose de deux cylindres moteurs, conjugués, activant au moyen d'un engrenage deux pompes foulantes à double effet. Cet engrenage constitue une différence avec la disposition de la machine Sainte-Marie, puisqu'elle établit une différence considérable dans la vitesse des pistons des pompes comparativement à celle des pistons à vapeur.

Les pompes à double effet refoulent l'eau par les deux

faces d'un piston autoclave, à 200 mètres environ de hauteur, dans une conduite de $0^m,210$ de diamètre. Ces pompes de $0^m,800$ de course, donnent 20 coups doubles par minute, tandis que les pistons à vapeur en donnent 6. Le débit est d'environ 100 mètres cubes à l'heure.

Les cylindres moteurs ont $0^m,600$ de diamètre et $0^m,700$ de course; leur distribution est à détente. Les chaudières sont établies à la surface.

Des essais qui ont été faits par les ingénieurs de la Compagnie de Firminy, il est résulté :

1° Que la vapeur arrive dans les cylindres à une pression inférieure d'environ une demi-atmosphère à celle qui existe dans les chaudières;

2° Que le rendement des pompes en eau montée varie de $0^m,90$ à $0^m,95$ du volume engendré par les pistons;

3° Que le rapport de la quantité d'eau vaporisée par les chaudières à la quantité d'eau refoulée par les pompes à la hauteur de 200 mètres, est d'environ $0^m,035$.

4° Qu'en supposant une vaporisation de 6 kilogrammes d'eau par kilogramme de houille brûlée, le rapport entre le poids de charbon brûlé et le poids d'eau élevée à 200 mètres de hauteur est de $0^m,006$; la quantité de charbon brûlé étant d'environ 600 kilogrammes par heure de marche.

En voyant se multiplier ainsi les appareils d'exhaure, on se rend compte des difficultés croissantes que les eaux opposent à l'exploitation des mines. Non-seulement la masse des eaux augmente en vertu de l'étendue des surfaces exploitées, mais, à mesure que les mines s'approfondissent, elle descend dans les niveaux inférieurs, de telle sorte que l'exhaure devient de plus en plus onéreux.

Pour arrêter la progression onéreuse de ce service, il est nécessaire de retenir les eaux à chaque niveau où cela est possible, en les emmagasinant au-dessus de l'étage du fond, dans des réservoirs où elles seront épuisées directement. Le système des machines intérieures convient mieux que tout autre pour ces exhaures étagés.

Les eaux superficielles qui s'infiltrent dans les terrains décomposés et fissurés de la surface sont quelquefois en grande proportion dans l'exhaure d'une mine, et dans beaucoup de cas, ces eaux peuvent être captées par un système de galeries, recueillies dans un réservoir et épuisées directement d'une faible profondeur.

Le cas s'est présenté à Montceau-les-Mines pour le puits *Sainte-Elisabeth*.

La partie supérieure du terrain houiller, altérée et même remaniée postérieurement, constitue un filtre qui s'arrête à environ 40 mètres, profondeur à laquelle le terrain a repris ses conditions normales d'imperméabilité. Il se rassemble ainsi, au niveau de 40 mètres, une nappe d'infiltration dont les eaux descendaient dans le puits jusqu'à plus de 300 mètres.

Cette nappe a été captée par des galeries et la venue d'eau rassemblée dans des réservoirs spéciaux creusés à 40 mètres de profondeur.

La venue d'eau superficielle est épuisée par un appareil qui est représenté *planche* CI.

La pompe est à double effet, composée d'un piston creux, élévatoire, de $0^m,191$ de diamètre, surmonté d'un plongeur de $0^m,135$. La course est de $0^m,30$. Cette pompe, mise en mouvement, élève par conséquent 10 litres d'eau lorsque le piston monte, et 10 litres par le plongeur lorsqu'il descend; total 20 litres d'eau, par double oscillation correspondant à un tour de la manivelle motrice.

Ce mode d'action est suffisamment expliqué par les plans, coupes et élévations représentés *planche* CI.

L'arbre qui commande la pompe étant supposé faire 12 tours par minute, le volume élevé par heure est de 144 hectolitres; soit un exhaure effectif de 130 hectolitres.

La tige de la pompe est chargée d'un poids suffisant pour que le plongeur refoule l'eau ; reste à régler l'équilibre. Cette tige en fer, assemblée ainsi qu'il est indiqué, est équilibrée par un petit contre-balancier établi dans une excavation latérale ; les contre-poids placés sur ce contre-balancier sont réglés de telle sorte que la tige présente les mêmes résistances dans les deux sens.

Pour activer cette tige, on a employé une machine à grande vitesse dite *trotteuse;* l'arbre du volant de la machine, étant réuni à l'arbre moteur de la tige par un engrenage dans le rapport de 1 : 6, et faisant environ 72 tours par minute.

En principe, nous ne saurions recommander le choix des machines à grandes vitesses pour transmettre le mouvement à des appareils d'exhaure qui doivent marcher à des vitesses beaucoup moindres ; lorsqu'il s'agit surtout de services de mines, nous préférons les machines marchant à leur vitesse normale. Cependant, pour un exhaure de peu d'importance et régulier, ce genre d'installation peut très-bien fonctionner et présente quelquefois l'avantage d'utiliser un matériel disponible.

L'exhaure pendant le fonçage des puits, l'assèchement d'une exploitation en vallée ou tout autre épuisement partiel qui ne sera pas destiné à durer, peut être obtenu par des éjecteurs plus ou moins rapprochés du système de l'injecteur Giffard et notamment par l'*éjecteur Friedman.*

Une installation mécanique exige en effet des fondations solides, des transmissions de mouvement souvent complexes et d'un entretien coûteux ; l'éjecteur travaillera dans des conditions plus onéreuses comme dépense de vapeur, mais il est d'une installation rapide, économique et conviendra surtout aux exhaures accidentels ou intermittents.

Il suffira d'avoir à sa disposition une prise de vapeur

pour refouler les eaux à une hauteur proportionnée à la pression dont on dispose. Ainsi, par exemple, dans une vaste carrière à remblais formant un bassin de réception, les eaux des pluies persistantes ou des grands orages déterminaient une sorte d'inondation qui, ne trouvant aucune issue, tombait dans le puits à 250 mètres de profondeur où elles devaient être reprises par les machines.

La profondeur maximum de la carrière était de 17 mètres, et l'on aurait dû établir, pour l'exhaurer, une machine à vapeur spéciale, que l'on aurait fait marcher vingt ou trente fois par an, à des intermittences quelquefois assez longues. Un éjecteur établi au fond même de la carrière a donné cette faculté, avec une dépense de premier établissement très-réduite.

Dans les deux cas, il fallait établir un tuyau adducteur de vapeur et un tuyau pour le refoulement de l'eau; mais une machine de 10 chevaux avec pompe et transmission nécessaire pour épuiser l'eau dans un temps convenable, a pu être remplacée par un éjecteur. Cet appareil peu coûteux, est toujours prêt, même après un long chômage, sans exiger ni garnitures, ni réparations. Dans le cas précité il est largement suffisant; il a satisfait au débit prévu, en suréchauffant l'eau d'environ 14 degrés.

La faculté d'élever les eaux dans l'intérieur des mines, d'un niveau inférieur à un étage supérieur, soit à l'aide d'une machine à air comprimé, soit à l'aide d'un éjecteur ou d'une série d'éjecteurs, peut, dans certains cas, déterminer des économies notables dans les frais d'exhaure.

MACHINES A COLONNE D'EAU.

Toutes les fois qu'on a la faculté de faire entrer dans une mine des eaux dont le niveau est supérieur à celui d'une galerie d'écoulement, on peut ainsi créer une force motrice pour épuiser les eaux des niveaux inférieurs à celui de la galerie.

Le moteur employé pourra être une roue hydraulique à laquelle on attellera des pompes, moyen fréquemment employé dans les mines du Hartz. Mais, lorsqu'il s'agit de créer un épuisement central et important, la *machine à colonne d'eau* a, sur tout autre moyen hydraulique, une supériorité marquée.

Le meilleur type de machine à colonne d'eau est dû à Reichenbach, qui en a établi en Bavière, en Hongrie, au Hartz, etc.

En France, le type des machines Reichenbach a été importé, pour le service d'exhaure, dans les mines du Huelgoat en Bretagne.

Pour qu'il y ait lieu d'établir une machine à colonne d'eau, il faut d'abord qu'on puisse rassembler des eaux dans une colonne de tuyaux d'une certaine hauteur, et leur donner une issue après avoir mis à profit la pression à laquelle cette eau est soumise à la base de la colonne. On peut utiliser ainsi des chutes de 100 mètres et au delà, en obtenant l'économie qui résulte de l'emploi des forces hydrauliques comparativement aux machines à vapeur.

La machine établie aux mines de Huelgoat a été décrite dans le plus grand détail par M. Junker et nous ne pouvons que renvoyer à ce mémoire, publié dans les *Annales des Mines*.

La disposition de ces machines à double ou à simple effet est tout à fait comparable, comme ensemble, à celle des machines à vapeur. Les détails diffèrent uniquement parce que les résistances que l'eau éprouve dans les tuyaux d'adduction et d'émission, ainsi que dans les appareils de distribution, nécessitent pour tous ces organes des sections bien plus considérables. Cette section a été portée pour la machine de Huelgoat au quart de la section du cylindre moteur.

L'emploi des machines à colonne d'eau peut s'étendre à tous les usages des exploitations minières qui se trouvent généralement en pays de montagne et peuvent, par conséquent, permettre d'établir des colonnes de pression par conduites inclinées.

L'application qui en a été faite il y a plus de quarante ans pour le service des salines situées au sud de la Bavière, à Reichenhall et Berchtesgaden, est une des plus hautes conceptions de l'art de l'ingénieur. Ces salines, exploitées par dissolution, fournissent des eaux chargées de sel, qui ne peuvent être vaporisées dans le pays où le combustible manque. Mais le combustible existait en abondance, dans des forêts éloignées de 25 lieues et situées sur des plateaux très-élevés.

M. de Reichenbach a conçu et exécuté le projet d'envoyer les eaux saturées de sel, à travers une contrée montagneuse, sur quatre points avantageusement situés pour la fabrication et les débouchés, entre la Salza et l'Inn, en leur faisant remonter les pentes d'une contrée profondément accidentée.

A cet effet, il a dû élever les eaux salées à 1035 mètres de hauteur, en quatorze reprises ; cette ascension étant effectuée par neuf machines à colonne d'eau et cinq roues à augets. La plus puissante des machines à colonne d'eau, celle d'Ilsang, est mue par une chute d'eau de 100 mètres de hauteur ; elle élève d'un seul jet les eaux salées à 355 mètres. Les eaux salées parcourent environ 110 000 mètres de tuyaux et conduits, pour arriver aux usines évaporatoires.

La machine d'Ilsang est celle qui a servi de modèle pour celle qui fut établie aux mines du Huelgoat.

Dans plusieurs cas, notamment dans les salines de Varangeville, on a établi dans les mines des machines à colonne d'eau, à double effet, qui ont également donné de bons résultats.

CHAPITRE X

ÉTABLISSEMENT D'UN SIÉGE D'EXTRACTION.

Un siége d'extraction comprend, en général, deux ou trois puits qui doivent être agencés de manière à satisfaire à tous les services de l'exploitation, descente et remonte du personnel; extraction des produits de l'abatage; descente des bois, matériaux et remblais; aérage; exhaure.

Les conditions particulières à chacun de ces services ont été précédemment définies, il ne reste qu'à indiquer celles de leur groupement et surtout les dispositions à prendre en prévision des versages, triages et chargements.

Toutes ces manutentions des minerais ou combustibles fournis par une exploitation, exécutées à l'aide de machines et apparaux, constituent une véritable usine dont les dispositions peuvent être économiques ou onéreuses, suivant que les conditions de leur établissement auront été plus ou moins bien étudiées.

Les ingénieurs se sont appliqués à l'étude et à l'exécution de ces installations du jour, de telle sorte qu'on peut citer plusieurs types qui ont satisfait aux conditions de simplicité, de rapidité, de précision et d'économie. Rien n'a été négligé, lorsque les puits ont une richesse telle que le travail s'y trouve assuré pour longtemps, afin de donner à ces installations un cachet de stabilité, de solidité et d'élégance, aussi bien que celui de bon fonctionnement.

L'architecture a, en effet, son importance pour toutes les usines, et particulièrement pour celles des houilleurs. Les mineurs tiennent à leur métier, et pour eux, l'établissement de la fosse représente l'atelier qui fournit le pain de chaque jour; c'est là que sont les apparaux qui opèrent la descente et la remonte; ceux qui amènent et versent au jour les produits du travail. Lorsque tout a été étudié et combiné pour faciliter les conditions de ces travaux, lorsque l'ouvrier sait qu'il y trouve le salaire aussi bien garanti que possible et les aises qu'on peut lui procurer, il s'attache à ces établissements comme le marin à son navire; il en connaît les divers aspects; le profil des molettes et de leur chevalement qui domine les constructions, reste dans sa mémoire comme le clocher de son village.

Dans une fosse, la moitié des ouvriers du poste de jour fut frappée, il y a quelques années, par un coup de grisou. Cet accident jeta la consternation dans le pays et lorsqu'il s'est agi de rentrer dans les travaux, une répulsion générale semblait devoir en écarter tout le monde. Ce furent, au contraire, les ouvriers qui avaient été sauvés de ce désastre qui demandèrent à descendre et à reprendre les nouveaux chantiers.

Il n'est donc pas étonnant que les ingénieurs et les architectes aient souvent cherché à donner à leurs constructions un caractère spécial.

Cette recherche d'architecture pour l'établissement des puits d'extraction se retrouve dans toutes les contrées minières. Les modestes installations du Hartz étaient surmontées de girouettes élégantes toutes les fois que l'exploitation était avantageuse; lorsque le puits cessait de produire des bénéfices et entrait en travaux préparatoires et onéreux, on leur supprimait ces ornements.

Dans chaque pays, les constructions des siéges d'extraction s'individualisent par des caractères particuliers, les conditions se modifiant suivant les convenances ou les nécessités de chaque localité.

L'importance des établissements se mesure en général d'après la puissance du gîte, son étendue, sa durée et d'après les produits qu'on en attend.

Il n'en est pas de plus splendides que ceux qui sont construits sur le bassin houiller de la Ruhr. D'une part, les morts-terrains à niveaux, superposés aux terrains houillers, rendent très-coûteux l'établissement d'un puits ; d'autre part, les exigences du Bergamt ont obligé les exploitants à élever leurs molettes d'extraction à plus de 20 mètres. Ils ont dû construire, en conséquence, des tours d'une hauteur correspondante, qui ont reçu pour ornements des créneaux, des tourelles et tous les attributs des constructions féodales. Ces constructions peuvent paraître anormales au point de vue industriel, mais elles donnent aux installations un caractère tout spécial d'importance et de stabilité.

Les types d'installations, qui de la Ruhr ont été récemment étendues aux bassins de Sarrebruck, d'Ibbenbueren, etc., coûtent des sommes considérables ; mais les gîtes houillers sont puissants, réguliers et rémunérateurs ; ils justifient les sacrifices faits pour le matériel et les installations du jour. Le climat est rude; dès lors toutes les manutentions se font à couvert, et l'on voit les grands wagons de 6 et 10 tonnes entrer vides dans ces vastes bâtiments et en sortir chargés, sans qu'on puisse apercevoir les manœuvres et les apparaux qui ont effectué les classifications et les chargements.

Ces grandes et coûteuses installations contrastent avec les habitudes de calcul et d'économie que l'on trouve dans la plupart des mines, et ce contraste est la meilleure démonstration de l'utilité d'un certain luxe dans les établissements houillers, condition qui commande, en quelque sorte, le bon entretien des apparaux, la précision des manœuvres et par suite leur économie.

Les installations des houillères anglaises ont en général un tout autre caractère ; rien n'est donné au luxe extérieur ni au confortable du travail. A l'exception de quelques établissements nouveaux, la condition normale des manutentions est de se faire en plein air, ou bien sous des appentis et des hangars en planches.

Dans quelques bassins, par exemple ceux du pays de Galles et de l'Écosse, l'économie pour les machines, apparaux et constructions est poussée à ses dernières limites. L'aspect négligé et souvent sordide qui résulte de cette économie, ferait penser que les manutentions du charbon s'exécutent à des conditions coûteuses. Il n'en est rien : toutes les fois qu'une manœuvre spéciale doit être exécutée, les moyens mécaniques ont été établis avec le sens pratique qui caractérise l'industrie anglaise. Ajoutons d'ailleurs que dans les bassins où les puits sont coûteux, par exemple dans les bassins de Newcastle, du Lancashire et du Staffordshire, on a construit des installations remarquables par leurs proportions, leur ensemble et leur caractère architectural ; nous pouvons ajouter par la bonne tenue et l'ordre qui en sont la conséquence.

Les installations trop primitives du pays de Galles et de l'Écosse, résultent de la trop grande facilité des conditions d'exploitation et du système d'amodiation des mines qui est presque partout appliqué en Angleterre. Ce ne sont pas les propriétaires des houillères qui exploitent, ce sont des fermiers amodiataires qui manquent souvent de capitaux, ou qui n'ont pas des baux assez longs pour faire les sacrifices nécessaires à de grandes installations.

La transformation qui se poursuit en Angleterre, des

établissements primitifs en installations largement conçues et exécutées, est une démonstration de ce qu'on a le tort d'appeler *le luxe des établissements,* qui est justifié par l'ordre, la bonne tenue et la précision qui en résultent. Il en est de ce luxe comme de celui des machines ; une machine grossièrement faite et mal entretenue est la source de frais onéreux, tandis qu'une machine sur laquelle on a fait quelques frais pour ce que l'on appelle *le luxe,* c'est-à-dire pour tout ce qui peut faciliter l'accès et l'entretien des pièces, ainsi que la surveillance, a compensé en moins d'un an l'excédant du prix qu'elle a coûté.

Les installations dominantes en France et en Belgique tiennent en quelque sorte le milieu entre les établissements grandioses de l'Allemagne et les installations par trop utilitaires de l'Angleterre. On est arrivé à un genre d'architecture qui présente deux types.

Le plus simple a pris naissance à Anzin, alors que les travaux du jour étaient dirigés par l'ingénieur Mehu. Il consiste à établir un grand chevalet à quatre piliers pour supporter les molettes, en utilisant ce chevalet comme charpente pour couvrir le puits.

Le chevalet a une hauteur de 10 à 14 mètres ; il est supporté par un soubassement en maçonnerie de 4 à 6 mètres de hauteur, subdivisé en salles ou *places* pour les ouvriers, qui y trouvent des armoires pour serrer leurs vêtements et un feu constant pour se sécher. On y a ménagé en outre une lampisterie et une forge.

Un clichage est établi au niveau du sol pour l'expédition au fond des bois, fers et matériaux de toute espèce ; le clichage de réception des charbons et des rochers étant au niveau supérieur, c'est-à-dire 4 ou 6 mètres plus haut, de manière à faciliter les versages, criblages, triages et chargements.

Un bâtiment placé à la distance convenable du chevalet couvert, renferme la machine motrice. Les câbles sortent de ce bâtiment et passent sur les molettes, en restant découverts, ce qui a été souvent critiqué, mais ne paraît pas cependant présenter d'inconvénient bien sensible.

Le type d'Anzin s'est propagé dans les houillères du Centre et du Midi; on l'a même appliqué en Belgique, où celui qui domine présente cependant des caractères différents.

Le type belge consiste à comprendre sous la même toiture et dans un même bâtiment tous les puits, machines et appareils consacrés aux divers services du siége d'exploitation. On trouve à cela deux avantages : d'abord celui de couvrir les câbles qui n'ont plus à supporter, du moins au même degré, les effets des gelées; en second lieu, celui de tout réunir dans un même bâtiment, ce qui facilite à la fois les signaux, les manœuvres et la surveillance.

En résumé, si l'on compare les divers types d'installation des siéges d'exploitation, on voit qu'il y en a trois assez distincts.

1° Le type d'Anzin, qui domine dans tous les bassins de la France et consiste à couvrir le puits par un chevalet à quatre piliers, lequel sert lui-même de charpente pour couvrir le puits et soutenir les abris, la machine étant placée à distance dans un bâtiment spécial.

2° Le type belge, qui consiste à couvrir les puits et les machines en les réunissant sous un même bâtiment, de manière à constituer ainsi une véritable usine, dans laquelle se trouvent souvent réunis les ateliers, magasins et bureaux. Le chevalement compris dans ce bâtiment reste, en général, isolé et indépendant.

3° Le type de la Ruhr, dans lequel les molettes, placées à une hauteur que les chevalets ne sauraient atteindre, sont supportées par un pont jeté sur les murs d'une tour carrée;

ce grand bâtiment se reliant lui-même aux constructions latérales qui abritent les machines et magasins.

Ces divers types ont leur raison d'être, suivant les conditions des appareils et des manutentions; on ne saurait en déclarer un préférable aux autres d'une manière générale.

En examinant divers exemples de chaque type on appréciera les éléments qui sont de nature à guider le choix des ingénieurs.

FOSSE LE BRET, A DENAIN.

Le type de la disposition d'Anzin est représenté *planche* CII, par la fosse Le Bret.

Un soubassement en maçonnerie, de 5 mètres d'élévation et de 21 mètres de côté, contient toutes les distributions du service, savoir :

1° Une grande salle centrale par laquelle le clichage du niveau du sol communique avec l'extérieur et reçoit tous les matériaux et bois nécessaires aux travaux du fond.

2° La salle des mineurs, d'environ 100 mètres carrés de surface, autour de laquelle sont les coffres et armoires numérotés, contenant les effets des mineurs; tandis qu'au centre un feu toujours allumé leur permet de sécher leurs vêtements.

3° La lampisterie, qui permet à chaque mineur de recevoir sa lampe fermée et allumée, et de la rendre lorsqu'il remonte.

4° Les annexes, magasins et ateliers nécessaires au service, ainsi que les cabinets des porions.

L'étage supérieur est consacré au clichage et au mouvement des wagons. Le chevalet à quatre piliers, de $12^m,50$ de base et $10^m,50$ de hauteur, occupe le centre. Il supporte les molettes et le pavillon qui les couvre.

Un quadruple appentis complète les abris du puits, qui comprennent ainsi une surface de 400 mètres carrés.

Le clichage supérieur est entouré de plaques de fonte qui permettent de rouler et virer les wagons dans tous les sens et de leur faire prendre les voies convenables qui rayonnent autour du bâtiment; la hauteur de 5 mètres permet de faire les versages et criblages, ainsi que les chargements sur wagons ou charrettes.

L'axe des bobines est placé à 29 mètres de l'axe du puits, distance considérable qui a nécessité l'addition d'un support de câbles avec rouleaux.

La plupart des siéges d'exploitation du Nord et du Pas-de-Calais sont établis dans des conditions analogues, les fosses consacrées à l'aérage et à l'exhaure spécial se trouvant ainsi séparées du puits d'extraction.

Cette construction, placée au milieu d'un terrain plan d'environ 1 hectare, que l'on désigne suivant les localités sous les dénominations de *halde, carreau, plâtre* ou *dommage* du puits, permet de verser les wagons d'extraction sur le sol, ou d'en transborder le contenu sur les wagons du jour.

En général, on établit des voies divergentes autour du soubassement; ces voies, exhaussées, forment des estacades qui permettent d'opérer toutes les manutentions, transbordements ou magasinages.

FOSSE BELLEVUE, A JUMET.

Comparons de suite au type d'installation d'Anzin celui qui domine en Belgique et dont la fosse Bellevue, du charbonnage d'Amercœur, nous présente un spécimen à la fois commode et élégant, construit par M. Cador, architecte à Charleroi.

Le bâtiment principal a une longueur totale de 32 mètres sur 11 mètres de largeur; un bâtiment annexe, moins élevé, contient la machine d'extraction; dans une aile en retour, se trouvent placés d'un côté le ventilateur et de l'autre des bureaux.

Le soubassement, de 5 mètres de hauteur, renferme toutes les distributions du service, salle de clichage, salle des hommes, salle des femmes, lampisterie, forge et atelier, salle des porions et marqueurs. L'étage supérieur est entièrement consacré au clichage des wagons, aux versements et manutentions.

La hauteur totale du bâtiment est de 17 mètres jusqu'aux sablières, les molettes étant au-dessus dans la charpente.

Si l'on compare les deux types ainsi rapprochés, *planche* CII, on trouve que cette installation, sous un même bâtiment de fosse, met les câbles à couvert et les empêche de geler en hiver; que les communications entre le mécanicien et le clichage sont plus directes et plus sûres, ce qui est une garantie pour la précision des manœuvres. Ces deux conditions sont considérées comme une compensation avantageuse d'une plus grande dépense dans les constructions.

On peut répondre que dans la disposition d'Anzin, l'espace libre autour du clichage est beaucoup plus grand et plus commode; que la couverture des câbles n'en prolonge réellement pas la durée, attendu que les extrémités mouillées ne restent pas à l'air; qu'en ce qui concerne les manœuvres, elles se font toutes au porte-voix, au moyen d'un tube qui met en communication le mécanicien et le préposé au clichage, dans des conditions de précision telles, que les craintes manifestées sont chimériques.

D'où l'on peut conclure que les deux constructions, d'ailleurs assez différentes dans leur ensemble, ont leurs avantages et leurs inconvénients, que toutes deux sont logiques et que les conditions de l'application pourront toujours justifier la préférence donnée à l'une ou à l'autre.

La comparaison de ces deux installations permet d'apprécier les conditions générales auxquelles doit satisfaire un bâtiment d'extraction. Quant aux détails relatifs aux machines, cages et clichages, d'autres exemples préciseront les dispositions diverses qui peuvent être adoptées. Le projet d'un bâtiment de fosse n'est pas seulement un projet de construction; il fournit l'occasion d'étudier les détails de tous les services et de déterminer la série des manutentions qui suivent l'extraction et qui donnent à ces établissements le caractère d'une usine spéciale.

PUITS SAINTE-BARBE, A BEZENET.

L'exposition de la compagnie des houillères de Bezenet comprenait, en 1867, les plans détaillés d'une installation nouvellement établie sur le puits Sainte-Barbe. Les études de M. Baure sur toutes les questions relatives aux installations des puits d'extraction, donnaient à cet établissement un intérêt tout particulier; nous lui devons la communication de ces plans et de tous les documents qui permettent d'en apprécier les détails.

Le puits Sainte-Barbe de la houillère de Bezenet centralise à la fois l'extraction de la houille et l'épuisement. Il sert, en outre, à la descente des bois et à l'extraction des déblais qui pourraient s'enflammer ou qu'il n'est pas possible d'entasser économiquement dans les dépilages. Deux étages sont en exploitation, les accrochages étant alors situés à 161 mètres et 185 mètres. On a depuis approfondi le puits et organisé l'exploitation des étages inférieurs.

L'installation extérieure du puits Sainte-Barbe est indiquée par l'élévation longitudinale, *planche* CIII. La figure 2 représente l'élévation des balances automotrices qui servent à descendre les charbons aux niveaux inférieurs.

M. Baure a, pour ainsi dire, mis en action le service des receveurs, de manière à en faire saisir tous les détails.

L'orifice du puits est enveloppé de maçonneries voûtées

qui s'élèvent jusqu'au niveau de la recette. La chambre qui se trouve à l'intérieur de ces maçonneries sert de magasin pour les caisses à eaux et les cages à charbon; elle fournit un moyen commode et rapide pour remplacer les cages d'extraction par les caisses à eau, et *vice versa*. A cet effet, le sol de la chambre présente des voies ferrées convenablement disposées en travers du puits.

Les quatre guides du puits forment les montants de portes mobiles qui peuvent se déplacer avec la plus grande facilité; il suffit de faire tourner un pignon agissant sur des espagnolettes à crémaillères. Un chariot qui s'avance sur le puits, reçoit et enlève la cage; un second chariot amène la caisse à eau et dès que le câble est attaché, les guides reprennent leur position normale.

La charpente à molettes présente les particularités suivantes :

1º Elle est arc-boutée par un pan de bois qui s'appuie sur la façade même du bâtiment de la machine. Les longues poutres qui forment contre-forts sont terminées de chaque côté par des sabots en fonte;

2º Ainsi que l'indique l'élévation longitudinale, le chevalement proprement dit présente les dimensions strictement nécessaires pour contenir la partie supérieure du guidage. Par suite, les molettes se trouvent en partie en dehors de la charpente. Ce chevalement est étudié de manière à présenter une grande solidité et maintient avec beaucoup de rigidité les guides supérieurs; ces guides sont resserrés de manière à arrêter les cages lorsqu'elles dépassent la position la plus élevée.

Les cages à charbon sont à deux planchers et contiennent quatre bennes, de 5 hectolitres, placées deux à deux à la file sur la même voie ferrée.

On leur a donné une hauteur suffisante pour pouvoir, si on en reconnaissait l'utilité, établir un plancher intermédiaire et élever six bennes à la fois.

En arrivant à l'orifice du puits, les cages sont reçues sur des supports inclinés, dits *anglais*, supports solides et d'un entretien facile. Les quatre bennes pleines sont chassées et remplacées en même temps par quatre bennes vides roulant sur des voies ferrées. Cette dernière manœuvre se fait en cinq ou six secondes.

Le classement et le chargement des houilles se faisant dans une estacade placée à une certaine distance du puits Sainte-Barbe, on a dû établir un service de balances pour descendre au niveau du sol les bennes des deux recettes à charbon. Ainsi que l'indique la figure 2, deux balances ont été groupées de manière à occuper peu de place et à faciliter ces manœuvres. Les cages des balances portent chacune deux bennes placées sur la même voie; au bas, comme aux recettes du puits, deux bennes vides poussent deux bennes pleines et prennent leur place.

Au niveau de la recette à charbon inférieure sont disposées latéralement deux caisses à fonds inclinés, dans lesquelles se déversent les eaux extraites du puits.

Les caisses à eau sont construites entièrement en tôle; elles sont de forme rectangulaire, ce qui permet de les guider par les angles dans les faux guides des recettes et des accrochages.

La soupape qui donne écoulement à l'eau, s'ouvre par le jeu d'un levier qui vient heurter un taquet mobile d'un poids convenable. Ces caisses ont une capacité de 40 hectolitres (elles élèvent, en réalité, 38 à 39 hectolitres).

Chaque accrochage intérieur présente deux galeries débouchant dans le puits en face l'une de l'autre, desservant chacune un étage de la cage.

La machine à vapeur se compose de deux cylindres horizontaux conjugués, commandant directement l'arbre des bobines. Les pistons moteurs ont $0^m,70$ de diamètre et $1^m,90$ de course.

Les cercles en fonte qui forment l'estomac des bobines

ont 3ᵐ,50 de diamètre. Le rayon minimum d'enroulement est donc de 1ᵐ,75 pour une bobine; il est plus grand pour l'autre bobine qui dessert l'étage le plus profond.

Le frein est mis en mouvement par un cylindre à vapeur spécial.

Un évite-molettes agit dès que la cage dépasse sa position supérieure. Il ferme le tuyau d'arrivée de vapeur, et en même temps, fait fonctionner le frein et ouvrir les robinets purgeurs des cylindres moteurs. Comme le montre la coupe, un levier coudé, que soulève la cage, met en mouvement tout l'appareil. Grâce à cet évite-molettes, on a pu prévenir un accident d'une grande gravité : une cage montant à toute vapeur vers les molettes s'est arrêtée entre les derniers guides; elle a pu reprendre son service une heure après. Par suite d'une disposition particulière, le machiniste, en faisant jouer une simple pédale, peut manœuvrer sa machine comme si l'arrête-cage n'avait pas fonctionné.

Les cages à charbon pèsent 1 900 kilogrammes (1 600 kilogrammes fer, 300 kilogrammes planchers en bois). Ainsi qu'il a été dit, elles ont été construites pour porter six bennes. Si on ne conservait que la hauteur strictement nécessaire pour élever quatre bennes, le poids de la cage ne serait que de 1 650 kilogrammes environ.

Quatre bennes en tôle pèsent à vide 960 kilogrammes et contiennent 20 hectolitres de houille pesant 1 600 kilogrammes; le poids mort est par conséquent de 1 650 + 960, soit 2 600 kilogrammes.

En marche ordinaire, l'ascension d'une cage dure en moyenne vingt-sept secondes. Les manœuvres consistant à placer la cage sur les taquets, à remplacer les quatre bennes pleines par des bennes vides, à élever la cage au-dessus des taquets et à l'abaisser un peu pour tendre les câbles, exigent en moyenne dix-huit secondes. Durée totale, quarante-cinq secondes en moyenne. Comme il y a toujours un peu de temps perdu, on extrait pratiquement 4 bennes par minute, soit 240 bennes par heure, et 2 400 bennes en dix heures de travail effectif. L'expérience a montré qu'on pourrait facilement et régulièrement extraire 2 000 bennes, soit 10 000 hectolitres par poste de dix heures.

Les deux câbles étant réglés pour desservir deux étages distants de 24 mètres, l'épuisement se fait avec une seule caisse à eau et n'occupe cependant qu'une partie de la nuit. La quantité d'eau extraite varie entre 6 000 et 10 000 hectolitres. Ce dernier chiffre est dépassé au moment des grandes pluies.

Les câbles ont $0^m,23$ de largeur et $0^m,042$ d'épaisseur; ils sont cousus avec des fils de fer enveloppés de chanvre, couture qui réunit solidement les six aussières.

PUITS SAINT-LOUIS, A SAINT-ÉTIENNE.

Le puits Saint-Louis est ouvert dans la concession de Méons, appartenant à la Société des houillères de Saint-Etienne; son installation est représentée *planche* CVIII.

Ce puits étant considéré comme d'un grand avenir, les conditions de son installation exigeaient par conséquent une étude toute spéciale. La profondeur était de 280 mètres. Il exploite, à cette cote, les couches neuvième, dixième, onzième et douzième du système inférieur de Saint-Etienne. La richesse houillère de ces quatre couches, dont la puissance moyenne est de 4 mètres, est évaluée à 3 millions de tonnes. On a la certitude qu'en approfondissant ce puits de 120 mètres, on rencontrera la grande couche de Méons (treizième), dont la puissance est de 5 mètres, ce qui correspond à une quantité de houille de 3 500,000 tonnes. Enfin il est probable qu'on rencontrera plus tard, aux cotes de 480 et 600 mètres, les quatorzième et quinzième couches du système inférieur; la puissance moyenne de ces deux couches est de 3 mètres, qui représenteraient 2 000 000 de tonnes de houille. Toutes ces richesses houillères existent sous une superficie de 700 000 mètres carrés et peuvent s'exploiter par le puits Saint-Louis, à raison de 150 000 tonnes par an.

Les projets d'installation ont donc été étudiés sur ces éléments, c'est-à-dire comme devant suffire à une production de 200 000 tonnes par an, pendant trente à quarante ans, avec une profondeur variable de 280 à 600 mètres.

On a donné au puits un diamètre de $3^m,40$, diamètre suffisant pour recevoir des cages d'extraction de $2^m,40$ de longueur et $1^m,05$ de largeur. Ces cages, qui pèsent 1 350 kilogrammes, sont à deux étages superposés et distants de $1^m,15$ (*planche* CVIII, fig. 4 et 5).

Chaque étage peut recevoir deux bennes en tôle ayant chacune $1^m,15$ de longueur et 1 mètre de large, et contenant 6 hectolitres de houille (fig. 6).

Chaque cage est guidée verticalement par deux mains courantes sur guides en chêne d'une section de $0^m,20$ sur $0^m,15$.

Ces guides sont fixés, au moyen de boulons en fer à double écrou, sur des moises en chêne de $0^m,15$ sur $0^m,20$, encastrées dans les parois du puits et distantes entre elles de 2 mètres.

Au niveau des recettes inférieures et supérieures, les guides sont interrompus, afin de permettre l'entrée et la sortie des bennes; sur ces points ils sont remplacés par d'autres guides placés aux quatre angles des cages.

Un grand portail existe à la recette supérieure; il permet d'entrer et de sortir les cages, quand celles-ci doivent être remplacées. Cette manœuvre est facilitée par un petit chemin de fer placé en travers du puits et dont les rails sont disposés de manière à ne pas gêner la circulation des cages.

Des chariots porteurs peuvent ainsi, lorsque le portail

est ouvert, s'avancer sur le puits et recevoir les cages qu'on veut remplacer.

Les recettes inférieures se composent de deux galeries ayant chacune 3 mètres de largeur et 2 mètres de hauteur ; ces galeries sont établies en face l'une de l'autre, avec une différence de niveau égale à la distance des deux plafonds des cages.

Cette disposition permet d'entrer et de sortir les quatre bennes qui composent le chargement d'une cage, sans manœuvre de la machine motrice.

La différence de niveau, qui n'est que de $1^m,15$, est rachetée par des pentes de $0^m,01$ données aux deux galeries, qui viennent se rejoindre à 50 mètres du puits.

Cette disposition est très-simple, elle ne comporte pas de galerie à grande section, et elle évite l'établissement des écluses sèches intérieures.

La double galerie qui en résulte aux abords du puits a cet avantage, que l'encombrement des bennes se trouve ainsi beaucoup diminué.

Au jour, l'écluse sèche, ne présentant aucun inconvénient, a été adoptée pour les manœuvres extérieures.

Le clichage sur lequel reposent les cages en arrivant au jour, se compose d'un verrou qui glisse horizontalement dans un manchon en fonte, évidé en son milieu. A ce point, il est relié par une solide articulation à un fort loquet sur lequel se pose la cage. Ce loquet, tout en participant au mouvement horizontal du verrou, est disposé de manière à se soulever, si, par oubli, le receveur a laissé le clichage fermé au moment où les cages arrivent au jour. L'accident, qui dans ce cas serait inévitable avec le verrou ordinaire, se trouve ainsi évité.

Les recettes supérieures sont fermées par quatre barrières mobiles qui sont soulevées par les cages d'extraction quand elles arrivent au jour. D'autres barrières latérales sont soulevées par les caisses qui servent à l'épuisement de l'eau ; par leur poids, ces barrières mobiles agissent sur les soupapes de ces caisses, l'eau tombe dans un double fond, et de là s'écoule par un orifice latéral dans un réservoir placé à côté du puits.

Les caisses à eau sont en tôle ; elles pèsent, vides, 1 350 kilogrammes et contiennent 23 hectolitres d'eau.

Les cages d'extraction et les caisses à eau sont enlevées par des câbles plats en aloès, à six aussières et à section décroissante ; leur largeur varie de $0^m,24$ à $0^m,15$.

Une vitesse de 10 mètres par seconde est imprimée à ces câbles par une machine horizontale à deux cylindres de $0^m,80$ de diamètre et 2 mètres de course, timbrés à 5 atmosphères. Cette machine, qui sort des ateliers du Creusot, est pourvue d'un frein à vapeur. Le diamètre initial d'enroulement des câbles est de $4^m,50$.

La vapeur est fournie par trois chaudières de $1^m,40$ de diamètre et 15 mètres de longueur, munies d'un réchauffeur de 1 mètre de diamètre et 13 mètres de longueur. La surface de chauffe de chaque chaudière est de 75 mètres carrés. La surface de grille de chaque foyer est de 3 mètres carrés.

Deux chaudières sont à la fois en feu, la troisième servant de rechange.

Les poulies sur lesquelles passent les cordes, ont $3^m,50$ de diamètre. Elles sont portées par une charpente métallique composée de fers spéciaux demi-ronds, assemblés avec des fers à T.

Cette charpente, qui a 12 mètres de hauteur, pèse environ 20 000 kilogrammes et a coûté 11 000 francs. Elle a été calculée en admettant seulement un coefficient de 1/10 de la charge de rupture, à cause des vibrations et des chocs auxquels elle est soumise.

Les recettes supérieures sont abritées par une charpente métallique qui couvre une superficie de 400 mètres carrés ; les intervalles entre les piliers de ce hangar sont garnis de briques posées à plat, qui peuvent se remplacer facilement, si des mouvements du sol se produisent par le fait de l'exploitation.

Les motifs qui ont engagé les ingénieurs de la Société à employer le fer pour le chevalement, sont les dangers d'incendie qui sont à craindre avec les charpentes en bois, et aussi la durée de quarante ans qu'on s'est proposé d'obtenir, d'après la période probable de l'exploitation.

Le prix d'une installation telle que nous venons de la décrire est d'environ 170 000 francs répartis comme suit :

Bâtiment de la machine en briques et pierres de taille.	15 000 francs.
Machine motrice.	45 000 —
Cheminée, bassin d'alimentation et massif en briques des chaudières.	25 000 —
Chaudières, tuyaux de conduite, appareils de sûreté et injecteur Giffard.	25 000 —
Poulies.	3 000 —
Charpente métallique qui supporte les poulies.	11 000 —
Fondations, briques et toiture du hangar.	4 000 —
Charpente métallique du hangar.	8 000 —
Guidage en bois.	20 000 —
Ecluse sèche.	2 000 —
Clichage.	2 000 —
Trois cages d'extraction et trois bennes à eau.	6 000 —
Imprévu.	4 000 —
Total.	170 000 francs.

La durée de l'ascension d'une cage amenant quatre wagons au jour, de la profondeur de 270 mètres, est de 1 minute 10 secondes, se décomposant ainsi.

Ascension.	30 secondes.
Ralentissement au départ et à l'arrivée	20 —
Manœuvre.	20 —
Total.	70 secondes.

On peut donc faire 50 manœuvres par heure, soit 500 en dix heures de travail.

Chaque voyage produisant $4 \times 6 = 24$ hectolitres, l'extraction pourrait s'élever à 12 000 hectolitres si elle était alimentée par l'exploitation.

PUITS MONTERRAD N° 2, A FIRMINY (LOIRE).

Les houillères du bassin de la Loire sont en voie de transformation, et tous les ans on peut citer des installations nouvelles. Nous avons déjà cité le puits Saint-Louis, dont les dispositions sont analogues au type d'Anzin ; le puits Monterrad n° 2, à Firminy, en diffère d'une manière notable et se rattacherait plutôt au type allemand.

Nous avons décrit précédemment les machines verticales construites pour ce puits par MM. Revollier et Bietrix.

La *planche* CXII représente l'ensemble du bâtiment d'extraction en coupe et en élévation.

Un chevalement à quatre piliers verticaux, avec poussards, supporte les molettes à 20 mètres au-dessus du sol et à 11 mètres au-dessus du clichage supérieur ; les piliers sont formés de pièces assemblées dans les deux planchers intermédiaires.

La machine, de 2 mètres de course, exhaussant l'axe des bobines à 9 mètres au-dessus du sol, cet axe se trouve au niveau du clichage supérieur, et le mécanicien est placé sur le même plancher, à 21 mètres de distance.

La disposition de tout l'ensemble sous un même toit et dans une même salle, facilite les communications du clichage à la machine, d'autant plus que le mécanicien, placé au-dessus des cylindres, n'est pas distrait par le sifflement de la vapeur dans les lumières et dans les tuyaux de distribution, non plus que par les bruits du mécanisme.

La grande hauteur du clichage supérieur permet l'installation des criblages et classifications exécutés au-dessus du clichage inférieur, situé à 5 mètres en contre-bas. Le clichage inférieur, placé lui-même à 4 mètres au-dessus du sol, sert à la réception du gros, du rocher, etc., et aux chargements directs.

La variété que présentent les divers exemples déjà cités

dans le seul bassin de la Loire, met en évidence un fait incontestable, c'est que le problème de la bonne installation d'un puits d'extraction peut être résolu de plusieurs manières. La solution dépend, en effet, de circonstances variables et locales, qui justifient les différences signalées par les plans.

PUITS LUCY N° 4, A MONTCEAU-LES-MINES.

La compagnie des mines de Blanzy a complétement réorganisé, depuis vingt ans, tous les siéges d'extraction de ses houillères; elle a adopté le type de construction d'Anzin.

Les dimensions des chevalets, la hauteur de molettes au-dessus du clichage, la disposition des versages et criblages, ont été l'objet d'études et d'essais, de telle sorte que les dispositions finales auxquelles on s'est arrêté présentent un intérêt tout particulier, au point de vue des dimensions généralement supérieures à celles qui sont adoptées pour les mines du Nord, et des espaces plus considérables consacrés aux manutentions.

Parmi les derniers puits organisés, qui semblent par conséquent la conclusion des études faites, nous pouvons citer le puits Lucy n° 4, *planche* CXII.

Le chevalet, à quatre piliers, a une base de 14 mètres de côté et sa hauteur est de 14 mètres. Il est couvert d'un parquet en voliges à points de Hongrie, avec appentis couverts en tuiles vernies. Chaque côté reste ouvert avec des divisions qui permettent de fermer ceux qui donnent accès aux vents les plus gênants.

Un chevalet de cette dimension exige :

Bois de chêne, 6^{m3},50.	715	francs.
Gros bois de sapin, 42 mètres cubes.	3 360	—
Petits bois pour couverture, 50 mètres.	4 000	—
Fer et fonte ajustés, 3 400 kilogrammes.	3 400	—
Couvertures en zinc.	500	—
Deux molettes, 5 825 kilogrammes.	2 412	—
Paliers, 1020 kilogrammes.	510	—

Dépenses auxquelles il faut ajouter la peinture à deux couches de 2 200 mètres carrés à 0 fr. 85 le mètre. Le prix total du chevalet couvert, s'élève dans ces conditions au prix de 18 000 francs; c'est 75 francs par mètre carré de surface couverte, en supprimant le prix des molettes qui font partie de l'appareil mécanique.

Les siéges d'extraction de Montceau-les-Mines comprennent en général deux puits : l'un, consacré à l'extraction, l'autre plus spécialement à la descente des remblais. Un troisième est quelquefois occupé par les appareils d'exhaure.

En ce qui concerne les chargements, les dénivellations naturelles du sol permettent de supprimer le soubassement en maçonnerie et de faire les versages latéralement, d'abord par une rangée de verseurs livrant le tout-venant sur une aire inférieure où se fait le triage ; en second lieu, traversant un pont, par d'autres verseurs placés au-dessus de deux cribles qui séparent les qualités en peras, gailletteries et fines.

Le triage du tout-venant, la classification et le triage des qualités, se font ainsi de chaque côté du chemin de fer, de telle sorte que l'on a simultanément deux trains en chargement. Un grand emplacement est ici nécessaire à cause de la grande proportion de rochers et de charbons impurs qui doivent être écartés par le triage.

Les plans de cette installation indiquent une multitude de détails de construction, qui ont un caractère d'utilité parce qu'il résulte de l'expérience pratique de nombreuses installations, dans lesquelles on a toujours cherché à augmenter les garanties de solidité aussi bien que la facilité des manutentions.

PUITS DU MAGNY, N° 2, A MONTCEAU-LES-MINES.

La *planche* CXI, qui représente l'élévation longitudinale du Magny, est le complément de celle du puits de Lucy. Elle présente en effet les versages et les chargements dans un sens perpendiculaire, de telle sorte que l'on peut y voir la disposition des verseurs et des cribles.

Le versage a lieu 6^m, 40 au-dessus des rails d'expédition et 5 mètres au-dessus des plans de triage qui se trouvent au niveau de la partie supérieure des wagons, de manière à faciliter les chargements. Le plan des tout-venant a une longueur telle, qu'un train complet de quinze wagons puisse trouver place à quai, de telle sorte que le personnel consacré au triage puisse être aussi nombreux que possible.

Le chevalement de ce puits présente une modification notable ; les piliers du chevalet, qui a seulement 9^m, 50 de hauteur, sont contenus sur un soubassement en maçonnerie de 4^m, 50, les axes des molettes étant à 14 mètres au-dessus du clichage.

Le soubassement en maçonnerie fait ainsi partie du chevalet, son but ayant été d'éviter les causes d'altération des parties inférieures qui tendent à en diminuer la durée. Les murs d'enceinte sont percés sur les quatre faces de larges portes qui facilitent la circulation et le service des wagons ; les angles étant fortifiés par de solides éperons qui soutiennent les chocs et les poussées.

Les détails de cette construction, ceux de la couverture appliquée sur le chevalet, avec fenêtres et persiennes pour l'aérage, montrent que ces établissements, si simples en principe, peuvent encore être étudiés et variés au point de vue de l'architecture.

Quant à la construction des chevalets en usage aux mines de Blanzy, elle se fait, quelle que soit la hauteur, toujours suivant le type déjà spécifié. Elle présente, comme caractères particuliers : l'application d'armatures en fer aux quatre sommiers qui soutiennent les molettes ; l'emploi de goussets en fonte boulonnés de manière à compléter l'assemblage des piliers avec le cadre supérieur ; enfin les pièces diagonales faisant fonction de poussards intérieurs, de manière à soutenir les chocs de l'enlevage.

Les pièces du guidage sont soutenues, à l'intérieur des piliers, par un système de traverse, qui complète leur solidarité.

FOSSE SAINT-MARK, A DENAIN.

Nous avons indiqué les conditions de construction du type de bâtiment de fosse dominant à Anzin, Saint-Saulve, Denain, etc., type qui a servi de point de départ pour la plupart des installations du centre de la France. Pour les fosses nouvellement organisées, la compagnie d'Anzin semble avoir aujourd'hui une tendance à s'en écarter, ainsi que l'indiquent les deux installations de Saint-Mark, d'Haveluy.

La fosse Saint-Mark, ainsi nommée pour conserver le souvenir de la direction de Mark Jennings, est ancienne et n'a que $2^m,60$ de diamètre.

Pour l'établissement des appareils d'extraction, *planche* CVII, on s'est inspiré d'une disposition déjà expérimentée au puits de la Réussite, disposition qui avait été motivée par l'exiguïté de l'emplacement disponible. L'expérience qui en a été faite date de quinze années ; elle a été jugée avantageuse, parce qu'elle rassemble, dans l'espace le plus circonscrit possible, le moteur et le clichage.

A la fosse Saint-Mark, la machine horizontale, composée de deux cylindres directement conjugués sur l'arbre des bobines, a été retournée de manière à rapprocher le mécanicien du clichage. L'axe des bobines se trouve placé à $17^m,30$ de l'axe du puits, et le mécanicien placé près des cylindres en est à 10 mètres seulement.

Le rapprochement de l'axe des bobines eût été trop grand au point de vue des câbles, si on avait dû placer la machine au niveau du sol ; on a évité les inconvénients qui pouvaient en résulter et obtenu pour les molettes une hauteur convenable, en exhaussant les fondations de la machine de 11 mètres.

Le soubassement des fondations et des murs d'enceinte a été établi de manière à fournir toutes les salles nécessaires pour les ouvriers et les magasins, de telle sorte qu'il n'y a pas trop de regret à avoir pour l'excédant des constructions résultant des dispositions adoptées. Ces constructions sont indiquées par les coupes longitudinale et transversale, *planche* CVII.

L'installation de la fosse Saint-Mark, demandée spécialement par les ingénieurs du fond et habilement disposée par M. Parent, mérite l'attention des ingénieurs par son application à un puits de $2^m,60$ de diamètre.

On creuse aujourd'hui les puits d'extraction sur un grand diamètre, $3^m,80$ au moins, 4 mètres et $4^m,25$. Ces grands diamètres ont pour but de pouvoir y établir des cages à deux étages au plus, qui permettent d'obtenir des manœuvres simples et rapides aux envoyages et aux clichages, de manière à accélérer l'extraction.

Mais il n'est pas toujours possible d'exécuter des puits d'un aussi grand diamètre. La traversée des terrains à niveaux d'une grande épaisseur, tels par exemple que les morts-terrains qui recouvrent les combles nord du bassin de Mons, tels que ceux qui recouvrent le terrain houiller du centre belge, au bois du Luc, etc., se fera d'une manière bien plus sûre avec des diamètres réduits au chiffre de $2^m,60$, qui suffit à Saint-Mark.

La fosse Villars, qui a produit pendant plus de quinze ans une moyenne de 1 million d'hectolitres par année, est elle-même de petite section. On n'a donc pas songé à refaire la fosse Saint-Mark, et cependant on se propose d'en obtenir des produits considérables.

Pour satisfaire aux conditions du service d'extraction, on

a adopté des cages à quatre étages, dont la manœuvre s'exécute en deux clichages seulement à l'aide d'un plancher intermédiaire.

Ce plancher ou pont fixe, indiqué sur la coupe longitudinale, se trouve à 2 mètres au-dessus du clichage; les berlines pleines, prises à ce niveau supérieur, sont descendues au niveau du versage par deux balances à contre-poids qui servent en même temps pour remonter les berlines vides.

Au moyen de cette disposition, on reçoit d'abord sur les deux planchers les berlines 1 et 3, puis, après une manœuvre de la machine, on prend les berlines 2 et 4.

Les berlines 1 et 2 sont ainsi reçues au niveau de la recette 3 et 4 au niveau du palier supérieur.

Les balances permettent ensuite de descendre les berlines du niveau supérieur de manière à ramener tous les versages au même niveau.

FOSSE D'HAVELUY.

La fosse d'Haveluy, installée il y a dix ans par la compagnie d'Anzin, dans une région houillère entièrement vierge, présentait des conditions toutes différentes de celles de la fosse Saint-Mark. Là, tout était nouveau, le champ était libre pour les ingénieurs, de telle sorte que le type auquel ils ont été conduits présente l'intérêt d'un projet pour lequel aucune condition particulière n'était imposée. Cet établissement est représenté en plan et en élévation, par les *planche* CV et CVI.

L'installation d'Haveluy comprend deux puits, qui ont tous deux 4 mètres de diamètre. L'un est exclusivement consacré à l'extraction; l'autre est disposé pour l'aérage, pour la descente et la remonte des ouvriers, ainsi que pour l'épuisement des eaux par cages guidées.

Le puits d'extraction est armé d'une machine à deux cylindres conjugués, verticaux, de 0^m,70 de diamètre, avec 2 mètres de course.

Les cages contiennent chacune quatre berlines de 5 hectolitres du modèle d'Anzin ; elles portent, par conséquent, 20 hectolitres de poids utile.

Les berlines sont disposées deux à deux, sur deux paliers espacés de 2 mètres. Le service des deux étages se fait *successivement*, par une manœuvre de la machine, mais la place est réservée pour l'établissement d'un plancher avec balances, qui permettrait de faire ce service *simultanément*, si les besoins de l'extraction venaient à l'exiger. Ce plancher serait disposé comme celui qui vient d'être décrit à la fosse Saint-Mark, avec balances pour descendre les berlines du niveau supérieur au niveau du versage.

Le chevalet est en fer, les piliers et poussards sont formés de poutres creuses en tôle assemblées sur cornières. Les pièces d'entretoisement sont en fer double T.

La hauteur de la recette au-dessus du sol est de 7 mètres.

Le service du second puits a été organisé à l'aide d'un chevalet en bois et d'une machine à engrenage de la force de 50 chevaux. Les cages sont à deux étages, disposées de manière à pouvoir servir pour la descente des ouvriers, ainsi que pour la descente des bois, fers et matériaux de construction. Les manœuvres se font à niveau de carreau ; cependant une recette supérieure a été établie 5 mètres au-dessus de ce niveau, afin de pouvoir extraire au besoin des terres et même du charbon.

Une petite machine de 10 chevaux est placée près de celle de 50 ; elle est principalement destinée à l'alimentation des chaudières, mais elle a été disposée de manière à mettre à volonté en mouvement une bobine spéciale, placée de telle sorte qu'elle puisse monter ou descendre dans chacun des deux puits un siége de brondisseur, appareil qui a son importance au point de vue du bon entretien du cuvelage.

Nous avons choisi cet exemple d'Haveluy pour présenter le plan d'une disposition générale d'un siége d'exploitation, *planche* CI.

Sur ce plan, sont projetés tous les appareils précités comme concourant au service de la fosse; on y remarquera, en outre, le ventilateur du système Lemielle qui aspire l'air de la mine par un compartiment spécial, comprenant la moitié de la section du puits n° 2, du diamètre de 4 mètres. La salle des générateurs contient quatre chaudières à bouilleurs, dont l'alimentation normale est assurée par un retour d'eau, cette eau ayant été préalablement chauffée par l'échappement des machines.

FOSSE N° 4, DE NŒUX.

M. de Bracquemont, ingénieur en chef des houillères de Vicoigne (Nord) et de Nœux (Pas-de-Calais), a conquis une réputation justement méritée dans les travaux exécutés depuis trente ans dans les mines du Nord et du Pas-de-Calais; l'organisation qu'il a établie il y a six ans, à la fosse n° 4 de Nœux, a donc une importance réelle. Elle résume en quelque sorte ses études pour l'appropriation de tous les détails aux exigences du service.

Cette installation est représentée *planche* CIV.

Les trois points principaux qui ont motivé l'agencement des différentes parties des constructions sont :

1° L'élévation notable des cylindres au-dessus des prises de vapeur, afin d'avoir une conduite constamment ascendante, de manière à prévenir l'entraînement d'eau et faciliter, pendant les moments d'arrêt, le retour de la vapeur condensée vers les chaudières;

2° La plus petite distance possible entre le machiniste et la recette du puits;

3° Une hauteur d'estacade suffisamment grande pour permettre d'installer plus tard, si les besoins de la vente l'exigent, différents systèmes de criblage, et pouvoir accumuler sur le sol un magasin de charbon considérable.

La fosse, creusée au diamètre de $4^m,20$, est divisée en deux compartiments : l'un, pour le retour d'air, qui a une flèche de $1^m,29$, et une section de $3^m,40$; l'autre, pour l'extraction, dans lequel est installé un guidage très-solide. Les guides ont $0^m,20$ sur $0^m,16$ pour les dimensions transversales et 3 mètres de longueur. Ils sont placés bout à bout et assemblés au moyen d'éclisses posées sur les faces antérieure et postérieure. Ces guides sont supportés par des traverses en chêne de $0^m,15$ sur $0^m,12$.

L'extraction se fait par cages longues à deux étages, recevant chacun deux berlines d'une contenance de 5 hectolitres. Les cages pèsent 1700 kilogrammes environ. Elles sont munies d'un parachute à griffes.

Le chevalement en chêne est très-spacieux à la base, de manière à inscrire toute la recette. Il comprend un rectangle de $11^m,30$ sur $8^m,80$, au centre duquel se trouve l'ouverture du compartiment d'extraction. Il a une hauteur de $10^m,70$ en dessous de l'axe des molettes et permet aux cages de monter jusqu'à 9 mètres, si, par suite d'une fausse manœuvre, le machiniste leur fait dépasser notablement la recette. Au dessus, afin d'éviter les accidents résultant d'une ascension aux molettes, ou tout au moins pour en diminuer les suites fâcheuses, les guides se rapprochent peu à peu dans la partie supérieure, de manière à produire un coinçage énergique de la cage et amortir ainsi la force vive des masses en mouvement.

La machine verticale, à deux cylindres conjugués de $0^m,50$ de diamètre et $1^m,80$ de course, se trouve à $12^m,50$ de l'axe du puits. La base des cylindres est au même niveau que la recette, élevée elle-même de 6 mètres au-dessus du sol.

L'arbre des bobines est à 7^m, 41 au-dessus de la recette. Il est supporté par des paliers reposant sur deux entablements longitudinaux en fonte, s'appuyant par le milieu sur des colonnes placées de chaque côté des cylindres, et aux extrémités sur des murs de 1 mètre d'épaisseur, en maçonnerie très-solide. A la partie antérieure, ces entablements sont reliés entre eux par une forte pièce en fonte, contre laquelle viennent s'arc-bouter deux poutres en chêne qui ont pour but de rendre complétement solidaires la machine et le chevalement. En outre, le mur qui sépare la chambre de la machine et la recette est consolidé par deux contreforts en maçonnerie qui s'élèvent du niveau du sol et se terminent au-dessus des entablements.

Le machiniste, placé dans l'axe de la machine, voit parfaitement les cages d'extraction. Une sonnerie à cadran, placée à proximité, lui indique immédiatement toutes les circonstances de la marche dans le puits, telles que profondeur des accrochages, points de rencontre, de ralentissement, etc. Il a sous la main un grand volant pour le changement de marche pour la manœuvre du modérateur, rendue très-douce par l'emploi d'une soupape Hornblower, et enfin le levier de commande du frein à vapeur.

Afin d'enlever à cette position du machiniste tous les inconvénients et les dangers reconnus dans les machines verticales rapprochées du clichage, notamment ceux qui peuvent résulter des ruptures de câbles, et pour préserver le mécanicien des mouvements de l'air occasionnés par la rotation rapide des bobines, on a établi, au niveau de la partie supérieure des cylindres, un plancher en tôle avec poutrelles en fer, qui ne gêne en rien la vue des divers organes de la machine.

Le frein, du système du Creusot, agit sur un volant placé sur l'arbre et en dehors des bobines.

Des escaliers de service sont disposés symétriquement à

l'arrière et dans les angles de la salle, de manière à faciliter la visite et l'entretien de la machine.

Les massifs en maçonnerie qui supportent la machine d'extraction sont reliés à la partie supérieure, par une voûte; ils forment en dessous une petite chambre dont le sol est au niveau supérieur des chaudières. Cet espace de 2^m,60 de largeur sur 5^m,20 de longueur et 2^m,90 de hauteur sous clef, a été réservé pour la machine alimentaire actionnant une pompe de puits qui tire l'eau d'une profondeur moyenne de 30 mètres, et deux petites pompes alimentaires à double effet, dont une de secours.

Près de la machine alimentaire se trouve la bâche à eau chaude, dans laquelle se rend la vapeur après sa sortie des cylindres. On obtient ainsi le double avantage d'avoir la bâche de condensation en dessous de la machine d'extraction de manière à éviter le séjour de l'eau dans les conduites, et en contre-haut de la pompe alimentaire, dont le fonctionnement est toujours assuré malgré la haute température de l'eau à introduire dans les chaudières.

Au même niveau et dans un bâtiment contigu se trouve un ventilateur Guibal de 7 mètres de diamètre et 1^m,70 de largeur, actionné par une machine verticale dont le cylindre a 0^m,50 de diamètre et 0^m,50 de course.

Dans un autre bâtiment symétrique sont disposés cinq générateurs à deux bouilleurs. Les dimensions principales de ces générateurs sont les suivantes :

Longueur du corps cylindrique..	9^m,60
Diamètre	1 ,30
Longueur des bouilleurs	10 ,75
Diamètre	0 ,80

Chaque bouilleur est réuni au corps cylindrique par des communications rivées, de 0^m,40 de diamètre et

$0^m,50$ de hauteur. Chaque chaudière est surmontée d'un dôme de 1 mètre de hauteur et $0^m,80$ de diamètre, où se fait la prise de vapeur de la machine d'extraction.

Le bâtiment où se trouve le ventilateur comprend en outre une baraque de 9 mètres sur $8^m,50$ pour les ouvriers, une lampisterie, un bureau pour les porions et un magasin, soit au besoin une forge.

Sous le sol se trouvent diverses galeries : l'une va du goyau à la chambre d'air du ventilateur ; l'autre se détache de celle-ci et se rend à la grande cheminée des générateurs pour l'aérage de la mine, en cas d'arrêt momentané du ventilateur. Enfin, quelques conduites mettent la cheminée en communication avec les foyers de la recette, de la baraque, etc.

Les estacades sont à 6 mètres au-dessus du sol. Elles sont formées de poutrelles en fer à double T reposant sur des colonnes. Le chargement du charbon en wagon s'opère dans la partie la plus rapprochée du bâtiment ; le dépôt, pendant les moments de chômage, se fait au delà, soit pour la vente au détail par voitures, soit pour la reprise ultérieure (au moyen d'un monte-charge à vapeur), et la mise en wagons.

FOSSE DES VALLÉES, A CHARLEROI.

Le type adopté par un grand nombre des houillères de la France a été appliqué en Belgique, où dominaient les grands bâtiments rectangulaires couvrant à la fois le puits et les machines ; on l'a considéré comme une simplification. Une de ces installations, établie aux charbonnages du Centre de Gilly, à Charleroi, sur la fosse dite *des Vallées*, nous a paru tout à fait remarquable dans son ensemble et ses détails.

L'élévation, *planche* CIX, comparée à celles du puits du Magny, du puits Lucy, de la fosse Lebret, etc., fait voir combien une même donnée peut être interprétée différemment par l'exécution.

L'installation de la fosse des Vallées n'est pas seulement remarquable sous le rapport de l'ensemble ; les détails du chevalet, indiqués par la coupe longitudinale, *planche* CX, mettent en évidence une étude toute spéciale des conditions du service pour le versage et la classification des diverses qualités de charbon.

Les cages, qui sont à deux étages, peuvent présenter les wagons dont elles sont chargées à quatre planchers de réception. Le service de réception des berlines pleines et de leur remplacement par les vides est donc simultané ; mais, grâce à cette disposition des quatre planchers équidistants, la cage peut être reçue aux étages supérieurs, inférieurs ou moyens, de telle sorte que les wagons, suivant la qualité des charbons qu'ils contiennent, seront conduits à volonté sur telle ou telle estacade de versage.

Il existe, en effet, sur le carreau, quatre estacades avec voies ferrées, correspondant à chacun des planchers 1, 2, 3 et 4. Les estacades les plus élevées servent à verser les charbons sur les grilles de classification, les estacades inférieures servent au déchargement des houilles ou gros à la main.

Grâce à ce système, les chargeurs du fond peuvent séparer à l'avance les qualités qui doivent être séparées sur les carreaux, de telle sorte que les signaux de l'accrochage préviennent au jour que la cage qui va monter doit être reçue sur tel ou tel clichage. Aussitôt les receveurs montent par des échelles sur les planchers où ils doivent opérer, et la réception se fait avec la plus grande rapidité, comme avec la précision désirable pour les classifications.

Pour les houillères qui ont à exploiter par une même fosse un grand nombre de couches, les classifications peuvent en effet être très-complexes. On devra, par exemple, verser sur des points différents les charbons gras propres à la fabrication du coke, les demi-gras pour usages de grille et les charbons maigres pour usages de chaufournerie et briqueterie.

Les dispositions indiquées *planches* CIX et CX permettent de faire toutes ces séparations.

FOSSE DE RHEIN-ELBE (RUHR).

Nous avons indiqué d'une manière générale les conditions de l'établissement des siéges d'exploitation en Allemagne. Les types de Dudweiler (bassin de Sarrebruck) et d'Oberhausen (bassin de la Ruhr), dont les plans ont été publiés dans les atlas du *Matériel des houillères*, donnent idée de l'importance des constructions auxquelles a conduit le principe de la surélévation des molettes.

Des installations aussi coûteuses ne peuvent convenir à nos siéges d'exploitation, du moins à celles qui ne présentent pas les mêmes garanties de stabilité. Cependant on peut obtenir les conditions recherchées en Allemagne, sans faire des constructions aussi considérables, et nous prendrons pour exemple l'installation de la fosse Rhein-Elbe, établie par M. Detillieux à Gelsenkirchen (Ruhr).

La *planche* CXIV indique les conditions générales de cette installation.

Les axes des molettes sont soutenus à 22 mètres au-dessus du sol, soit à 18 mètres au-dessus du clichage supérieur, cette élévation étant obtenue au moyen d'une tour rectangulaire, dont les murs supportent les poutres armées sur lesquelles sont fixés les paliers des molettes.

L'arbre des bobines est lui-même exhaussé au moyen d'une machine à cylindres conjugués verticaux, de sorte que l'inclinaison des câbles n'est pas par trop forte. Cette inclinaison ne paraît pas d'ailleurs présenter d'inconvénients sérieux. Aux yeux de la plupart des ingénieurs allemands, les dispositions adoptées dans le but de la réduire ne leur paraissent pas suffisamment justifiées : mieux vaut, dans leur opinion, subir les inconvénients de l'inclinaison des câbles que ceux d'un trop grand éloignement du clichage du puits.

Malgré la simplicité des constructions de la fosse Rhein-Elbe, le cube des maçonneries exigé par les murs reste un élément onéreux. N'est-il pas plus logique, même lorsqu'on a besoin d'une grande hauteur, de l'obtenir en conservant le principe d'un chevalet intérieur indépendant du bâtiment qui l'abrite ? La construction à la fois solide et élégante du puits Monterrad, dans la Loire, nous semble répondre affirmativement.

FOSSE JOSEPH PÉRIER.

Lorsqu'on ouvre un siége d'exploitation sur un gîte dont on connaît déjà l'importance, on fonce en général deux puits, afin de satisfaire à tous les services : extraction, aérage, exhaure. Au lieu de placer ces deux puits à 50 ou 100 mètres de distance, on les rapproche souvent, de manière à les couvrir par le même bâtiment, afin de réunir ainsi tous les moteurs qui sont alimentés par le même groupe de chaudières. Cette réunion facilite la surveillance et réduit les frais généraux.

La fosse Joseph Périer, n° 6 de la société du Nord de Charleroy, a été organisée sur ce système.

La *planche* CXV en représente l'élévation.

Cette fosse comprend deux puits placés à 10 mètres de distance et abrités par une même halle. Les deux puits sont guidés et organisés pour l'extraction, de telle sorte qu'ils puissent se suppléer lorsque l'un d'eux est en fonçage.

Le clichage est à 5 mètres au-dessus des rails du chemin de fer d'expédition.

Les deux machines sont établies dans un même bâtiment situé en arrière du bâtiment des fosses, les axes des bobines étant à 22 mètres de distance de l'axe des puits.

Les deux chevalets d'extraction et les câbles se trouvent projetés les uns sur les autres dans l'élévation.

Une même batterie de chaudières active ces deux machines d'extraction ainsi que celle d'un ventilateur à force centrifuge de 9 mètres de diamètre.

Sous le rapport de l'organisation du service de l'extraction et des manutentions du charbon, la fosse Joseph Périer ne présente aucune condition qui n'ait été déjà décrite.

Pour l'aérage, le ventilateur aspire l'air de la mine dans un des puits dont l'orifice est bouché par des clapets du système Briart. Ces clapets sont soulevés par les cages, à leur arrivée au jour; ils laissent passer les câbles par des boîtes rectangulaires fixées sur des glissières horizontales qui permettent tous les mouvements latéraux que nécessitent leurs oscillations, de telle sorte que ces câbles guidés par ces boîtes ne s'y usent pas sensiblement.

On remarquera sur l'élévation *planche* CXV, que le niveau du clichage correspond exactement au niveau du plancher des machines, condition considérée comme favorable à l'entente des mécaniciens et des manœuvres du clichage.

Les bâtiments de la fosse Joseph Périer ont un caractère spécial résultant de leurs dispositions et de leurs dimensions, et surtout de la grandeur des ouvertures qui laissent pénétrer partout la lumière, et satisfont à la fois aux conditions de clôture, d'aérage et de salubrité. M. Cador, architecte à Charleroy, dont nous avons déjà cité plusieurs études spéciales pour les bâtiments de fosse, nous paraît avoir obtenu d'une manière heureuse toutes ces conditions. Les lignes des bâtiments de la fosse Joseph Périer ont une apparence architecturale en harmonie avec leur destination et le bien trouvé de ces lignes nous paraît pouvoir dans beaucoup de cas servir de modèle aux ingénieurs.

PUITS JUMEAUX.

Puits de la Maugrand au Montceau.

Puits Devillaine à Montrambert.

On désigne, sous la dénomination de *puits jumeaux*, deux puits de section réduite, destinés à un seul service d'extraction. En conséquence, ces deux puits sont rapprochés et disposés de telle sorte que chacun d'eux reçoive une benne libre ou bien une cage guidée.

Autrefois, ce système était très-fréquemment employé dans le centre de la France; il avait surtout pour but de faciliter le soutènement. On obtenait ainsi au moyen de deux puits de 2 mètres de diamètre, une section équivalente à celle d'un puits de $3^m,30$ et des conditions de stabilité bien supérieures. De plus, le service d'extraction par bennes y était plus actif, par la suppression du ralentissement obligé au moment de la rencontre des deux bennes dans un même tube. Enfin les conditions de l'aérage étaient bien plus certaines et plus efficaces, que celles qui pouvaient être obtenues par l'établissement d'une cloison dans un puits à grande section.

Les *planches* CXVI et CXVII représentent le chevalement et les constructions des deux puits jumeaux de la Maugrand à Montceau-les-Mines.

Ce siége d'extraction, un des plus anciens du bassin, se compose de deux puits de $1^m,85$ de diamètre, placés à la distance de 5 mètres, d'axe en axe.

Ces deux petits puits successivement approfondis jusqu'à 300 mètres ont été guidés; le service d'extraction s'y fait par des cages à deux étages et ils ont pu suffire à des extractions parfois aussi actives que celles des grands puits. Leur organisation a subi récemment une transformation complète.

La *planche* CXVI représente le nouveau chevalement de

14 mètres de hauteur qui vient d'y être établi, il est disposé de telle sorte que les câbles se dirigent sur les molettes avec un écartement suffisant.

Le chevalement, de 14 mètres de hauteur au-dessus du clichage, a servi de charpente pour une couverture en tuiles vernies et la *planche* CXVII indique les formes assez élégantes de cette construction. Les dispositions pour le criblage et le chargement des charbons s'y trouvent indiquées.

Les puits de la Maugrand employés depuis 40 ans, soit pour l'extraction des charbons, soit pour la descente des remblais, n'ont presque rien coûté comme frais de soutènement et d'entretien, et semblent une recommandation en faveur du système des puits jumeaux. On peut répondre que les terrains qu'ils traversent sont consistants, mais ce point de vue fournit un argument de plus en leur faveur. Plus les terrains seront difficiles à traverser et plus on trouvera des garanties de succès et de solidité en réduisant la section des puits.

Cet argument prend encore plus de force lorsqu'on voit le temps et les capitaux consacrés à établir des puits cuvelés à travers les terrains à niveaux. Ne serait-on pas bien plus assuré du succès en établissant deux puits de $2^m,50$ qu'un seul puits de 4 mètres? C'est surtout en présence des avaleresses manquées, que la pensée des puits jumeaux se présente comme la solution la plus rationnelle des difficultés qui n'ont pu être surmontées.

M. Devillaine, appelé à établir une nouvelle fosse au charbonnage de Montrambert, a donné la préférence au creusement de deux puits jumeaux. Pour satisfaire aux exigences de l'extraction, il devait opter entre un grand puits de $4^m,60$ de diamètre ou deux puits jumeaux, de 3 mètres de diamètre, consacrés chacun au service d'une cage.

Le fonçage et le muraillement des deux puits jumeaux

étaient évidemment plus coûteux ; mais les terrains à traverser étant fissurés et en partie ébouleux, ces deux puits de diamètre réduit présentaient de meilleures garanties pour la solidité de leurs tubes et des nombreux accrochages qui devaient les recouper. Cette considération était, à elle seule, de nature à justifier la préférence à leur donner ; mais d'autres intervenaient encore à l'appui.

Les conditions d'aérage devenaient plus faciles et plus sûres avec deux tubes. M. Devillaine a introduit en outre, dans cette comparaison, une considération nouvelle qui est importante, c'est l'indépendance des deux lignes de guidage. Cette indépendance est telle qu'on peut continuer l'extraction dans un tube lorsque l'autre sera en réparation ; tandis que la solidarité des deux lignes de guidage, juxtaposées dans un seul tube sur les mêmes moises, entraîne celle des accidents, qui sont bien plus graves et paralysent tout le service.

Au point de vue des travaux d'approfondissement, les deux puits jumeaux présentent encore des avantages évidents, puisque ces approfondissements peuvent s'exécuter successivement dans chaque tube pendant que l'autre est maintenu en activité d'extraction.

La planche CXVIII représente les dispositions générales de l'installation du puits Devillaine à Montrambert.

Les deux puits ont été placés à 14 mètres de distance, afin d'établir l'appareil d'extraction entre les deux. L'arbre des bobines a été exhaussé de manière à réduire autant que possible l'inclinaison des câbles ; les machines verticales exhaussées laissent libre la communication entre les deux puits, condition qui a été obtenue en élevant les recettes à 7 mètres de hauteur. Le chevalement nécessité pour le service des deux puits est établi au niveau de la recette et construit entièrement en fer. Il se compose de huit colonnes de $9^m,50$ de hauteur et de $0^m,40$ de diamètre, solidement entretoisées ainsi que l'indique la *planche* CXVIII, de manière à présenter un ensemble rigide et stable.

Cette installation détaillée par M. Devillaine dans l'*Industrie minérale* de Saint-Étienne, est un type qui sera pris en considération toutes les fois que la nature des terrains, ébouleuse ou aquifère, rendra les fonçages difficiles. La sécurité qui résulte des puits jumeaux pour le guidage est, en outre, un élément des plus importants. Lorsqu'un puits est exposé à des mouvements qui dérangent les guides, les chômages qui résultent des réparations sont tellement onéreux que la différence du prix des fonçages se trouve bientôt compensée.

FOSSE RENARD, A DENAIN.

Les types d'installation que nous venons de décrire, démontrent que, suivant les données spéciales, l'établissement d'un siége d'extraction comporte des dispositions et des moyens bien différents.

Il n'y a pas, en effet, de problème industriel plus complexe et qui soit susceptible de solutions plus diverses. Si, par exemple, on examine les conditions successives par lesquelles a passé, depuis cinquante ans, un siége d'extraction dans la même contrée et pour l'exploitation des mêmes gîtes houillers, on sera frappé des transformations qui ont été imposées par le progrès et les nécessités de l'industrie. Sous ce rapport, les houillères d'Anzin présentent un historique des plus instructifs.

Après 1830, le progrès était représenté, pour les puits profonds, par une machine de 30 chevaux, à balancier, détente et condensation, du système Woolf-Edwards, donnant le mouvement à l'arbre des bobines, par un engrenage, et déterminant, dans le puits, le mouvement alternatif de deux bennes de 10 hectolitres. La vitesse moyenne des câbles était de 1 mètre par seconde, de sorte que pour des puits de 4 à 500 mètres de profondeur, comme il en existait déjà à cette époque, la puissance d'extraction en

12 ou 14 heures de travail, était limitée à 6 ou 800 hectolitres.

Cela suffisait encore en 1835, mais plus tard, ce type avait disparu. Il était remplacé par des machines de 50 à 80 chevaux, sans condensation, imprimant des vitesses de 2 mètres par seconde aux bennes d'extraction dont la capacité fut successivement augmentée autant que le permettait la force des machines.

La production d'un puits fut ainsi augmentée dans une proportion considérable, et l'on put apprécier tous les avantages de la vitesse dans le service de l'extraction. L'introduction des chevaux dans les mines vint encore faire ressortir ces avantages, de telle sorte que le sens du progrès clairement indiqué était, dès cette époque, la diminution du nombre des siéges d'exploitation par le développement de la puissance des installations mécaniques.

La question fut bientôt résolue par le guidage des puits, la suppression des machines à engrenages, et l'emploi des machines à deux cylindres conjugués, appliqués directement à l'arbre des bobines et imprimant aux câbles d'extraction des vitesses de 8 à 12 mètres d'extraction. Les premières machines furent des cylindres de $0^m,50$ de diamètre, et successivement on s'éleva aux diamètres de $0^m,70$, $0^m,80$ et même 1 mètre.

Lorsqu'on voit une de ces installations puissantes, il semble que tous les moyens employés sont simples et qu'ils se sont présentés tout naturellement. Il n'en est pourtant pas ainsi et il a fallu passer successivement par bien des essais pour arriver aux types perfectionnés que l'on voit fonctionner aujourd'hui.

Le guidage était la condition première, et dès l'année 1843, la fosse Saint-Louis d'Anzin était guidée avec des câbles en fils de fer.

En 1849, la fosse du Chauffour fut guidée par des rails en forme de T.

En 1853, la fosse Tinchon était guidée par longrines en bois de chêne, et les cages employées pour élever les berlines du fond, étaient munies du parachute Fontaine.

En 1853, un progrès essentiel fut obtenu ; la première machine directe, à deux cylindres conjugués de $0^m,51$ de diamètre et $2^m,20$ de course, était établie à la fosse Saint-Louis. Elle y fonctionne encore aujourd'hui.

Ces dates sont essentielles, parce qu'elles montrent la compagnie d'Anzin toujours au premier rang dans la marche progressive de l'art d'exploiter. Ce fut elle en effet, qui la première en France, est arrivée dès l'année 1860 à extraire d'un seul puits plus d'un million d'hectolitres par année.

Dans la même période, les houillères du Pas-de-Calais, découvertes en 1851, se développèrent, prenant successivement à Anzin ses types d'installation. Cette imitation leur porta bonheur et doit certainement être comptée parmi leurs éléments de succès. Le Pas-de-Calais profitait, en effet, de toutes les études faites, sur le matériel des houillères, et trouvait un concours précieux dans le personnel des ingénieurs et maîtres mineurs du Nord.

Aujourd'hui l'expression du progrès à Anzin, est un puits de $4^m,25$ de diamètre, guidé en longrines de chêne maintenues par des moises placées à $1^m,50$ de distance, avec des cages à section longue pouvant recevoir sur chaque palier deux berlines bout à bout, et portant 4 ou 6 de ces berlines chargées chacune de 500 kilog. de poids utile. Le mouvement est donné à ces cages par des câbles en fils d'acier qui peuvent porter pratiquement 12 kilog. de charge par millimètre de section utile. Ces câbles légers permettent d'atteindre des profondeurs de 5 à 700 mètres et de faire le service avec des vitesses de 10 à 12 mètres par seconde de manière à produire 10 à 12,000 hectolitres par jour. Telles sont les conditions de la fosse Renard n° 2, à Denain, mise en activité en juin 1876.

La Fosse Renard n° 2 est munie d'une machine à deux cylindres conjugués verticaux, du type de Mariemont *planche* LXXVIII. Les cylindres de 1^m de diamètre et 1^m,50 de course, pourvus de la détente Guinotte, peuvent développer une force de plus de 400 chevaux.

Le chevalement, composé de poutres rondes en tôles, porte des molettes de 6 mètres de diamètre.

Ainsi qu'il a été dit, les cages en acier peuvent porter à volonté 4 ou 6 berlines du modèle d'Anzin (*planche* LIV) chacune pouvant contenir au maximum, 500 kilog. de charbon, soit 2000 ou 3000 kilog. de poids utile.

Ces berlines sont placées bout à bout suivant l'axe des cages, de manière à être manœuvrées aussi rapidement que possible.

Les cages guidées sont mises en mouvement par des câbles en fils d'acier de 0^m,095 de largeur et 0^m,019 d'épaisseur, pesant 6 kilog. 50 le mètre courant pour les 500 premiers mètres; de 0^m,110 de largeur et 0^m,019 d'épaisseur; pesant 7 kilog. 50 le mètre courant, pour les 200 mètres supplémentaires qui doivent être ajoutés afin de desservir le puits jusqu'à la profondeur de 700 mètres.

Toutes ces dispositions établies dans les plus grandes proportions, sont précisées par les *planches* CXIX, CXX, CXXI et CXXII, qui représentent les plans et coupes de l'installation.

On voit que le caractère spécial et nouveau de cette installation, résulte principalement de l'emploi des câbles en acier et des grands enroulements sur bobines aussi bien que sur molettes, ces enroulements ayant à la fois pour but la conservation de ces câbles et la grande vitesse à imprimer aux cages.

Les conditions du travail sont indiquées par le tableau ci-après.

MINES D'ANZIN. — FOSSE RENARD. — PUITS n° 2.

Conditions d'équilibre à divers accrochages. (Câbles en fils d'acier.

CONDITIONS	ÉTAT ACTUEL (PROVISOIRE) Cages et accessoires. 2050ᵏ / 4 Berlines vides.. 900 / Charbon, soit... 2000		ÉTAT FUTUR (DÉFINITIF) Cages et accessoires. 2700 / 6 Berlines vides.. 1350 / Charbon..... 3000	
PROFONDEUR....	Accr. 376ᵐ 1	Accr. 476ᵐ 2	Accr. 476ᵐ 3	Accr. 700ᵐ 4
Section brute du câble....	95 × 19	95 × 19	95 × 19	110 × 19
— utile —	833ᵐ/m²	833ᵐ/m²	933ᵐ/m²	961ᵐ/m²
Poids par mètre courant...	6ᵏ,50	6ᵏ,50	6ᵏ,50	7ᵏ,50
— du câble suspendu...	2540	3190	3190	5360
— Total maximum.....	7500	8150	10240	12400
Effort par m/m2 de section utile.	9ᵏ »	9ᵏ,75	12ᵏ,30	12ᵏ,90
Rayon initial..........	2ᵐ,905	2ᵐ,760	2ᵐ,760	2ᵐ,300
— final..........	3,280	3,250	3,250	3,095
Minimum des moments (arrivage.)............	+ 423	— 696	+ 3093	+ 362
Moment de la cage vide au fond (celle du jour sur taquets)..	15977	16940	20300	21600
Pression effective sous l'un des pistons(l'autre au point mort).	2ᵏ,70	2ᵏ,87	3ᵏ,45	3ᵏ,65
Nombre d'enroulements....	19,8	25,7	25,7	41,8
— de tours de la machine.	38	40	40	45
Vitesse des pistons......	1ᵐ,90	2ᵐ,00	2ᵐ,00	2ᵐ,25
— moyenne du câble...	12ᵐ,50	12ᵐ,75	12ᵐ,75	12,50
Durée d'une ascension.....	31″	38″	38″	56″
— des manœuvres.....	40″	40″	40″	40″
— d'un voyage......	71″	73″	78″	96″
Nombre de voyages à l'heure.	50	46	46	37
Extraction en 1 heure.....	900 Q.	830 Q.	1240 Q.	1000 Q.
— 10 heures....	9000 Q.	8300 Q.	12400 Q.	10000 Q.

Obs. — Pour les moments, la charge utile a été comptée à raison de 500ᵏ par berline. Le poids réel à l'extraction est seulement 450ᵏ —

On a résumé par le tableau ci-joint les conditions diverses du mouvement, d'abord pour les niveaux actuellement exploités, en second lieu pour l'approfondissement que l'on prévoit devoir être porté à 700 mètres.

La surface d'un piston étant de 7853 C^2, si l'on suppose une pression effective de 2 kil., l'effort serait à l'enlevage, de 15706 kil., par conséquent suffisant. La machine une fois mise en marche, les deux pistons fourniraient un effort moyen de 15706 × 1,40 soit 21988 kil. qui, à la vitesse de 2 mètres, normale avec la détente, représenterait un effort beaucoup trop considérable de 580 chevaux. La détente pourra par conséquent recevoir tout son développement de manière à obtenir le meilleur effet utile de la vapeur.

Le plan et l'élévation mettent en évidence une addition importante. C'est une petite machine de sauvetage pour les cas d'accident, et de service pour l'entretien et les réparations du puits.

Cette machine, établie au rez-de-chaussée, peut envoyer ses câbles sur deux petites molettes de $0^m,60$ de diamètre, dont les axes mobiles à l'aide de crémaillères, peuvent être rapidement amenés vis-à-vis des bobines. En moins d'un quart d'heure, les câbles de sauvetage peuvent être amenés dans le puits, les bennes de service accrochées et mises en mouvement.

Au point de vue de l'organisation des chaudières et de l'économie du combustible, la fosse Renard présente encore des perfectionnements intéressants.

On exploite sur le territoire de Fresne et de Vieux-Condé des charbons maigres dont le prix de revient est de beaucoup inférieur à celui des charbons gras. Depuis longtemps la Cie d'Anzin s'est appliquée à développer l'usage de ces charbons, en disposant les foyers des générateurs avec tirage forcé par de petits ventilateurs. Ces foyers sont employés pour les machines de la compagnie sur toute l'étendue de ses concessions, et les charbons maigres sont transportés sur les fosses à charbons gras où ils alimentent l'extraction.

A la fosse Renard, les chaudières sont à double foyer intérieur et l'on a substitué à l'action des ventilateurs le tirage d'une cheminée puissante. Cette cheminée a 52 mètres de hauteur et $2^m,65$ de diamètre intérieur, à la partie supérieure.

On voit en résumé, que la question si souvent agitée de l'exploitation à grandes profondeurs est complétement résolue à la fosse Renard, par l'emploi des câbles en fils d'acier. Ces grandes profondeurs n'excluent pas les chiffres de production les plus élevés, et l'on peut conclure que les exploitations actuelles pourront être successivement développées jusqu'à des profondeurs de 7 et 800 mètres, sans qu'il en résulte une aggravation sensible des prix de revient.

Dans les conditions actuelles, il se produit, il est vrai, un moment négatif à l'arrivée de la cage au jour (accrochage de 476), par suite du grand rayon initial, mais ce moment est si faible qu'il n'y a pas à s'en préoccuper : en fermant à l'avance la vapeur, le mouvement d'ascension s'achèvera sous l'influence des masses en mouvement.

Au-delà de 700 mètres le moment négatif s'accroîtra en raison du câble qui s'ajoutera ; mais d'une part on pourra réduire le diamètre d'enroulement, d'autre part il est bien probable que l'on se familiarisera progressivement avec les moments négatifs à l'arrivée et que le progrès des organisations mécaniques conduira à les accepter dans une mesure plus large qu'on ne le fait aujourd'hui.

CABESTAN LOCOMOBILE. — INSTALLATIONS PROVISOIRES

Les compagnies d'exploitation qui ont un grand nombre de puits consacrés à l'extraction ou à l'exhaure, sont exposées à avoir besoin d'exécuter dans ces puits, des manœuvres de force ou des réparations. Une colonne d'exhaure a besoin d'un changement de pièces ; une machine d'extraction est arrêtée par la rupture subite de son arbre ; il faut retirer à la hâte les chevaux ; enlever, dans les cas d'accidents, les câbles et cages tombés au fond ; dans une autre occasion, c'est le personnel qu'il faut amener au jour, sans pouvoir disposer de la machine d'extraction.

Pour satisfaire à toutes ces éventualités, il faudrait, sur chaque puits isolé, avoir une machine de secours.

Le cabestan locomobile à vapeur, construit par MM. Revollier et Biétrix, pour les mines de Montrambert, répond précisément à ces divers cas.

Ce cabestan pèse 11000 kilogrammes ; il est monté sur un essieu avec roues en acier, de manière à pouvoir être transporté sur tel puits où il devient nécessaire.

L'appareil se compose, *planche* CXXIII, d'un bâti en tôle supportant tous les organes mécaniques. La machine est à deux cylindres conjugués, inclinés et donnant le mouvement à un arbre placé à la partie inférieure du bâti.

L'arbre moteur porte deux pignons avec embrayages qui permettent d'imprimer deux vitesses différentes à l'arbre du treuil. Les pignons, calés sur cet arbre moteur, donnent le mouvement à un tambour sur lequel s'enroulent des câbles en fil de fer. Ce tambour porte en son milieu une roue de frein.

La *planche* CXXIII indique la disposition et les principaux détails des organes mécaniques de cet appareil qui, pour les divers cas précités, est appelé à rendre de grands services.

Le cabestan locomobile peut encore être employé comme machine de fonçage.

Il peut au besoin être monté dans l'intérieur de la mine, pour le service d'un plan ascendant ou telle autre fonction des transports souterrains. Il suffit pour cela d'enlever les roues, l'essieu et le timon et de poser la machine sur le sol en calant le bâti.

L'appareil ainsi établi occupe un espace de $3^m,40$ sur $2^m,50$ avec une hauteur de $0^m,80$.

Considéré comme machine d'extraction, le treuil locomobile pourrait, dans beaucoup de cas, être appliqué à l'exploitation des mines métalliques. Cette exploitation nécessite le plus souvent, des puits assez rapprochés et de peu de profondeur. Lorsqu'un de ces puits est foncé et commence à produire, on ne peut savoir si cette production peut être considérée comme avantageuse et, par conséquent, comme stable; il y a donc nécessité de faire usage d'installations provisoires et peu coûteuses. Les appareils locomobiles sont les plus naturellement applicables pour le fonçage et les premières exploitations de ces puits d'essai.

Les types d'installation précédemment décrits peuvent être considérés comme spécifiant les conditions diverses des grandes installations minières. Presque tous supposent que l'on doit extraire des quantités considérables.

Mais pour les siéges d'extraction comme pour les machines et pour les apparaux, il importe de proportionner un établissement au but auquel il doit satisfaire. Une installation comme celles de nos grandes houillères, dont les produits journaliers se chiffrent par milliers d'hectolitres, serait très-déplacée si elle était appliquée à une mine métallique qui en produirait seulement quelques centaines.

Dans ce cas de faible extraction, des machines de 8 à 12 chevaux suffisent amplement au travail; souvent même on n'a besoin que d'un simple vargue ou manége à molettes, mû par un ou deux chevaux.

Au Hartz, ce sont les roues hydrauliques placées en contre-bas du sol des haldes, qui font mouvoir les appareils d'extraction et d'exhaure. La coupe du filon de Bockwiese (pl. III, fig. 2) fournit un exemple de ces installations, et la planche IV, qui représente une coupe générale des mines de Clausthal, nous montre cinquante roues hydrauliques disposées de manière à opérer l'extraction et l'exhaure de vingt siéges d'exploitation.

Cette coupe résume les travaux de plus d'un siècle; elle indique les principaux traits de l'aménagement des eaux destinées au service mécanique de ces mines, aménagement qui est un des monuments les plus expressifs de la persévérance dont le travail des mines fournit tant d'exemples.

Le système du Hartz, particulier aux mines métalliques qui généralement se trouvent en pays de montagnes, a permis de développer successivement les appareils mécaniques en les proportionnant suivant le développement progressif des travaux souterrains.

Quelle que soit la nature des mines lorsqu'il ne s'agit que d'exploiter de faibles quantités, les questions relatives à l'établissement des siéges d'extraction perdent leur importance; cependant les documents qui précèdent peuvent encore guider pour des installations sur une petite échelle. En appliquant à l'extraction, des machines d'une force convenable pour le travail à exécuter, proportionnant les constructions à ce travail réduit, on ne doit pas moins chercher toutes les conditions qui peuvent faciliter les manœuvres et rendre le service économique. Les types précédemment décrits restent donc des guides utiles à consulter.

CHAPITRE XI

PORTS SECS ET RIVAGES. — TRAVAIL DES BUREAUX.

Les *ports secs* sont les emplacements destinés à emmagasiner les produits des mines, à proximité des chemins de fer de grande communication, pour les expédier ensuite à la consommation.

Les *rivages*, placés sur les bords des canaux et rivières ou sur le littoral de la mer, doivent satisfaire aux mêmes conditions, recevoir les quantités produites chaque jour, et les expédier par voie d'eau.

La fonction des ports secs et des rivages est donc de décharger les wagons expédiés des mines, de former des tas plus ou moins élevés, de reprendre au moment voulu les charbons ou minerais emmagasinés et de les recharger dans les wagons ou dans les bateaux.

La production d'une exploitation, minerais ou combustibles, est un chiffre à peu près constant chaque jour. La régularité de cette production est une condition d'économie pour les mines, comme pour toutes les fabrications industrielles. Les expéditions varient, au contraire, dans les plus larges limites. Pour les combustibles, par exemple, elles sont très-actives de septembre à avril; très-réduites pendant le reste de l'année. Les minerais s'expédient au contraire pendant la belle saison, d'avril en octobre, les usines constituant alors leurs approvisionnements; tandis que dans la saison des pluies elles évitent autant que possible les transports et consomment leurs stocks.

La classification des charbons et leur triage ont surtout pris une importance considérable pour les exploitations houillères.

Les consommateurs mis en rapport, par les voies navigables ou par les chemins de fer, avec plusieurs bassins, accordent leur préférence aux charbons les plus purs et à ceux qui leur sont présentés sous les formes les plus commodes pour les emplois auxquels ils les destinent.

D'autre part, les grandes industries, et notamment les industries métallurgiques, ont modifié leurs procédés, et pour satisfaire elles-mêmes aux conditions de leur fabrication, elles ont besoin de charbons purs, de qualité déterminée et convenablement préparés.

Il est donc naturel de voir la plupart des charbonnages organiser des installations spéciales pour cribler, trier et classer les charbons; d'autant plus que toutes les manutentions exigées par ces préparations seraient ruineuses si elles ne s'opéraient mécaniquement et dans les conditions les plus économiques.

Beaucoup de puits déversent journellement 4 et 600 tonnes de charbon, du moins pendant une partie de l'année, et les manutentions qui s'exercent sur de pareilles quantités exigeraient un personnel considérable, si elles n'étaient facilitées par les moyens mécaniques.

Ces moyens se lient d'ailleurs d'une manière intime à ceux qui sont employés soit pour les chargements sur bateaux ou chemins de fer, soit pour les mises en dépôt en attendant ces chargements. Or, sous tous ces rapports, les houillères françaises ont, il faut le dire, beaucoup à faire encore, pour se trouver au niveau de ce qui existe en Angleterre.

Pour prendre les charbons à leur arrivée, les mettre sur voiture et les camionner à quelques kilomètres, il en coûte, en général, 1 fr. 50 à 2 francs par tonne. Ce chiffre donne une idée de ce que pourraient coûter sur un port ou rivage les doubles manutentions de la mise à terre et de la reprise, si l'on n'avait établi les moyens convenables pour opérer d'une manière plus économique.

Les ports de l'Angleterre offrent des types d'installations remarquables, pour tous les cas qui peuvent se présenter dans la manutention des charbons.

Sur les quais de la Tyne, les charbons du bassin de Durham arrivent à des niveaux assez élevés au-dessus du pont des navires qui doivent les recevoir. Dans ce cas, les charbons fins sont versés dans des *spouts*, couloirs inclinés, pourvus à la partie inférieure de soupapes et de tabliers qui règlent l'écoulement dans le bateau.

Quant aux charbons criblés, les wagons arrivant des mines sont reçus sur des *drops*, plateaux guidés et équilibrés qui les descendent au niveau convenable pour la mise à bord de leur chargement, et ramènent ensuite les wagons vides au niveau de départ.

Ces chargements se font en moyenne à 0 fr. 20 par tonne.

Les *drops* sont d'un usage fréquent pour le service des expéditions aux environs de Newcastle et Sunderland. Il existe plusieurs types de construction dont le plus répandu est représenté *planche* CXXIX. Cette disposition classique est celle qui a servi de modèle pour toutes les autres variétés de drops.

Le wagon plein, amené sur le plateau, descend en vertu de son excédant de poids. A mesure que le cadre oscillant qui le soutient s'abaisse vers le navire en chargement, le moment de cet excédant de poids augmente rapidement; il est compensé par le développement ascensionnel de deux grosses chaînes déposées au fond de deux petits puits et attachées en dessous des contre-poids qui s'augmentent ainsi dans les proportions voulues.

Dès que la charge a été vidée, ces contre-poids ramènent le plateau et le wagon vide à la partie supérieure.

Les drops sont employés pour le chargement des charbons criblés; quant aux charbons menus, on les charge avec encore plus d'économie, à l'aide des spouts en bois ou tôle, inclinés à 35 ou 40 degrés, qui reçoivent les charbons à la partie supérieure, et dont la partie inférieure les débite dans les bateaux amenés à quai. Pour amortir l'effet de la chute, on ferme les conduits par une vanne mobile, de telle sorte qu'ils peuvent être remplis jusqu'à leur partie supérieure, et qu'on peut régler la sortie du charbon à mesure de surcharge. Enfin, le niveau de l'eau étant variable et les bateaux qui viennent charger étant plus ou moins hauts de bord, au commencement de leur chargement; les charbons doivent, dans tous les cas, être conduits dans leur fond pour arriver ensuite au niveau supérieur. Dans ce but, on ajoute à l'extrémité du spout une caisse mobile en tôle qui permet d'abaisser ou de relever le niveau du versage.

Sur les quais de Cardiff, les charbons du pays de Galles arrivent à niveau du sol, et, pour être mis à bord, ils doivent être exhaussés de 2 à 4 mètres. Des grues à vapeur et des monte-charges hydrauliques sont organisés pour cette manœuvre, et les chargements ne coûtent pas beaucoup plus que ceux qui sont effectués automatiquement par les drops.

Lorsque les manutentions se font à niveau de quai, il faut élever les charbons pour faire des tas qui, suivant les qualités, ont de $1^m,50$ à 4 mètres de hauteur; il faut ensuite procéder au chargement lorsque la consommation demande ces charbons.

Pour cette double manutention, les *monte-charges hydrauliques* sont d'une application très-fréquente, car dans la plupart des ports, les ponts des navires sont plus élevés que les quais.

La *planche* CXXX représente la disposition d'un de ces monte-charges à Concordia (Ruhr), pour surélever les wagons de la mine au niveau d'un chemin de fer en remblai.

On voit, d'après ce tracé, que le diamètre du piston et la pression de l'eau détermineront l'ascension du plateau chargé d'un wagon plein ; c'est un calcul très-simple :

Pour obtenir une ascension rapide, les pompes de compression envoient l'eau sous le piston d'un réservoir de pression, surmonté d'une caisse chargée de poids.

La pression, qui peut être facilement de 30 à 40 atmosphères, s'emmagasine dans le réservoir de pression dit *accumulateur*, de telle sorte que le robinet de communication étant ouvert, le piston du monte-charges s'élève rapidement, tandis que le piston de l'accumulateur s'abaisse. Un seul réservoir de pression peut alimenter plusieurs ascenseurs.

L'adduction et l'évacuation de l'eau motrice sont déterminées par un seul robinet manœuvré à la surface, et le plateau superposé permet d'élever un ou plusieurs wagons au niveau convenable pour le versage.

Ces moyens de chargements définis, nous indiquerons, d'après quelques exemples, les manutentions qui s'effectuent sur les ports secs ou rivages.

Le port de Montceau-les-Mines est une création nouvelle exécutée par la compagnie de Blanzy sur le canal du Centre. Une dérivation de ce canal passe sous la route et conduit à deux vastes bassins de chargement qui présentent une longueur de 800 mètres, soit plus de 1 600 mètres de quai.

Les chargements se font à niveau de quai, et les tas sont disposés sur une surface d'environ 10 hectares, au moyen d'un réseau de chemin de fer dont la voie est élevée de 4 mètres au-dessus des quais. Les tas sont faits par des wagons à bascule pour les menus et les tout-venant. Les gailletteries sont préparées au moyen de six cribles avec tables de triage.

La *planche* CXXVIII montre les dispositions prises pour amener les wagons sur un de ces cribles. Les charbons sont versés sur une aire plane où ils subissent un premier triage. Les pérats sont enlevés et descendus sur le port au moyen de deux glissières ; les tout-venant sont poussés sur le crible, où ils se classent en gailletteries, braisettes et fines.

Du côté opposé, les charbons qui ne doivent pas être classés sont versés en tout-venant, sur le quai de chargement, où ils sont alignés en longs tas rectangulaires.

Les manœuvres des wagons, suffisamment expliquées par le plan, sont faites au moyen de plaques tournantes portant à leur centre une saillie circulaire qui est laissée entre les roues, de manière à obtenir les virements sans tâtonnements ni cales d'arrêt.

Ce vaste port est en outre pourvu d'un quai d'embarquement sur wagons dont le développement est d'environ 1500 mètres.

Le port de Montceau-les-Mines expédie annuellement 7 000 000 d'hectolitres de houille, dont on a séparé environ 700 000 hectolitres de rochers ou de charbons impurs. C'est une manutention d'environ 8 millions d'hectolitres.

Le réseau de chemin de fer qui réunit le port aux puits d'extraction a un développement de 40 kilomètres ; il est à la voie de $0^m,80$ et desservi par sept locomotives à la voie de $0^m,80$, dont le poids est de 6 tonnes.

Les rivages d'Anzin et de Denain exécutent leurs chargements à niveau de quai, sur l'Escaut et ses dérivations. Les wagons qui amènent les charbons sont des trucs portant trois caisses de 1 500 kilogrammes chacune ; ces caisses sont enlevées par une grue à vapeur à grande volée, élevées au niveau convenable pour la mise en tas, puis basculées.

Pour les tout-venant et pour les fines qui constituent la masse principale des expéditions, un nouveau mode de chargement a été successivement établi à Anzin et à Denain.

Le but de ce mode de chargement est d'éviter la reprise à la pelle pour le chargement soit à la brouette, soit au panier, tel qu'il se pratique habituellement. Les quais ont en conséquence été disposés en *quais à tiroirs*, conformément à la coupe indiquée *planche* CXXIX.

L'aire des rivages, magasins ou quais, au lieu de présenter une surface plane, forme une série de surfaces prismatiques comme des toits à deux versants.

Ces surfaces sont parallèles entre elles et séparées par des galeries ou *tiroirs* dans lesquels peuvent circuler, sur une voie ferrée, des chariots ou wagonnets destinés à recevoir la houille.

Ces galeries sont en contre-bas de toute la hauteur des chariots par rapport à l'arête inférieure des prismes, et cette même arête est garnie d'une sablière, posée en encorbellement au-dessus des faces latérales des chariots, de sorte que les sablières de deux prismes consécutifs laissent entre elles une fente longitudinale un peu plus étroite que la largeur des chariots.

Cette fente est recouverte par des planches transversales, simplement juxtaposées et suffisamment jointives, pour qu'il n'y ait pas tamisage dans les galeries.

Les choses étant ainsi disposées, c'est-à-dire les fentes des galeries étant recouvertes par les planches, les charbons sont déposés, à l'aide des grues à vapeur, sur toute la surface ondulée du magasin ou rivage.

Les charbons en tas couvrent les faces inclinées de l'aire et le dessus des galeries, dont le plafond est fermé par les planches jointives qui reposent sur les sablières. Les chariots, circulant dans ces galeries, peuvent dès lors être remplis avec la plus grande facilité ; il suffit d'enlever les planches successivement et une à une, en commençant par la partie la plus rapprochée des bateaux ou wagons à charger. Les charbons glissent alors doucement dans les chariots par la fente longitudinale, leur éboulement étant facilité par les pentes convergentes de droite et de gauche, de sorte qu'il ne faut guère faire usage de la pelle que pour régler cet éboulement, qui se fait comme dans une trémie.

Les chariots portent à leur partie supérieure des hausses évasées qui se logent sous les sablières et qui empêchent les matières de tomber sur la voie ferrée.

Ces chariots se composent d'une caisse rectangulaire de capacité uniforme, montée sur deux essieux et quatre roues placées extérieurement aux caisses. L'essieu d'avant est presque dans la verticale passant par le centre de gravité de la caisse. Celle-ci peut donc basculer autour de cet essieu comme autour d'un axe, sans qu'il soit besoin d'un grand effort ; à cet effet, la face d'arrière est pourvue de deux poignées qui servent à l'ouvrier pour soulever la caisse.

La face d'avant est une porte montée à charnières s'ouvrant de bas en haut et du dedans au dehors de la caisse ; elle est maintenue fermée par deux crochets placés vers le bas, qui se manœuvrent de l'arrière au moyen de petites manivelles et de leviers articulés.

Le chariot étant rempli par éboulement, comme nous venons de l'indiquer, il ne reste qu'à le basculer dans le bateau ou dans le wagon.

Le mouvement nécessaire est obtenu par le prolongement de la voie au-dessus des bateaux ou wagons, avec recourbement des rails pour former arrêt.

Ajoutons que, s'il est besoin de peser la charge du chariot avant de la verser, on fait passer ce chariot sur une bascule placée à la sortie du tiroir.

Les quais à tiroirs du système Anzin et à Denain, ont rendu de très-grands services au point de vue de la rapidité et de l'économie des chargements. Les tiroirs étant placés à 5^m,50 de distance, trois ou quatre de ces tiroirs peuvent être simultanément affectés au chargement d'un même bateau, de sorte qu'un bateau de 300 tonnes est facilement chargé dans la journée. La dépense dépasse à peine 5 centimes par tonne, tandis que le chargement à la brouette coûtait 20 centimes.

Les exploitations anglaises ont sur les nôtres de grands avantages : les charbons sont plus purs; ils peuvent, dans beaucoup de cas, être chargés directement pour l'expédition sans passer par les mises à terre, les triages et les manutentions qui grèvent les nôtres. Aussi, toutes les fois qu'un progrès est réalisé dans nos installations, ce progrès peut être considéré comme un pas fait vers le rétablissement d'un équilibre bien désirable pour les conditions de la production.

Le moyen le plus simple et généralement employé pour le criblage et la classification, est de verser les charbons sur une série de grilles disposées de manière à être successivement parcourues, de telle sorte que les classifications soient obtenues par des tamisages qui se succèdent. La première grille, dont les barreaux seront serrés, par exemple, à 0^m,02 et 0^m,03, sépare les menus; une seconde, qui laissera passer les fragments jusqu'à 0^m,05, fournira les gaillettins ou chatilles; une troisième, à l'écartement de 0^m,10 ou 0^m,15, laissera passer la gailletterie et retiendra les petits gros, qui seront enlevés à la main, sur cette dernière grille.

Ce programme, qui paraît d'abord des plus simples, est cependant résolu de manières très-diverses.

Les quais de chargement de Denain ont été complétés par une série de glissières destinées au criblage des charbons.

Cette glissière, représentée *planche* CXXV, se compose d'un plan incliné dont l'extrémité inférieure verse les charbons criblés dans le bateau et les fines dans un wagon. Elle est encadrée par des rebords de hauteur suffisante pour maintenir les charbons qui la parcourent ; sa largeur à la partie supérieure est double de celle de la partie inférieure, le rétrécissement se faisant d'une manière progressive.

L'inclinaison moyenne est de 25 degrés, cette inclinaison étant de 4 à 5 degrés plus forte dans le haut que dans le bas. Pour favoriser le glissement des charbons, les surfaces qui ne sont pas occupées par les grilles sont garnies de tôle.

Les caisses apportées par les wagons-trucs sont élevées par les grues et vidées, ainsi qu'il est indiqué, sur la partie supérieure de la glissière, dont la surface peut être pourvue de grilles, de manière à satisfaire à toutes les conditions du programme précité.

Ainsi la partie supérieure est munie d'une grille à l'écartement de $0^m,02$ ou $0^m,03$, qui tamise les fines reçues dans une trémie.

Les gros et gailletteries glissant sur le plan incliné sont arrêtés par les planchettes C et D, de sorte que les ouvriers placés sur des planchers latéraux aient le temps de trier les pierres. Ces planchettes sont mobiles, de telle sorte que, le triage terminé, elles sont enlevées et laissent glisser les charbons. La grille E arrête les petits gros et les houilles, que l'on enlève et charge à la main.

La vanne F forme un nouvel arrêt qui permet de compléter le nettoyage et d'interrompre la chute des charbons pendant que le bateau change de place pour répartir également la charge sur ses fonds. Cette vanne est manœuvrée au moyen du levier I.

La trémie G, manœuvrée par un treuil, est mobile sur son axe ; en la relevant on peut modérer ou arrêter le mouvement des charbons et, dans une limite restreinte, les diriger sur différentes parties du fond de chargement.

En résumé, les glissières de Denain permettent : 1° de régler la chute des charbons ; 2° de les nettoyer par un triage aussi complet que possible ; 3° de les cribler suivant les demandes ; 4° de recueillir à part les gros charbons.

On arrive à charger, avec une seule glissière, jusqu'à 3600 hectolitres, soit un bateau de 300 tonnes, pendant une journée de dix heures de travail effectif.

Le personnel affecté à ce chargement comprend : un machiniste pour la grue à vapeur ; un manœuvre pour accrocher les caisses pleines ; un second pour les vider sur la glissière ; un troisième pour les replacer sur les trucs ; un gamin pour le levier de la vanne ; plus le personnel nécessaire pour le triage, personnel qui est variable suivant la pureté plus ou moins grande des charbons.

En faisant abstraction de ce personnel de triage, que l'on devra proportionner à la quantité de pierres mélangées au charbon, on évalue de la manière suivante les frais de chargement d'un bateau jaugeant 3 000 hectolitres :

Mode de chargement.	Manœuvre à la grue et mise à terre.	Frais de chargement et nombre d'ouvriers.	Durée du chargem.
Au panier ou à la brouette.	10f,50	12 ouvriers. 90 francs.	2 jours 1/4.
Aux quais à tiroirs.	10, 50	6 ouvriers. 15 francs.	3/4 de jour.
A la glissière.	10, 50	1 enf. manœuvre. 1f,50	3/4 de jour.

Les manutentions des charbons ont été organisées, par la compagnie d'Anzin, principalement à l'aide de grues qui servent soit à élever les charbons pour les mises en tas, soit à les reprendre pour les chargements sur wagons ou bateaux. Ces grues, simples ou doubles, manœuvrent des caisses de 15 hectolitres, qui sont apportées par groupes de trois sur des wagons-trucs.

On voit, *planche* CXXIX, que ces caisses sont également

employées pour élever et verser les charbons à la partie supérieure des glissières qui servent au criblage, au triage et au chargement.

Les grues en bois sont remplacées sur plusieurs points par des grues en fer dont la portée est de 12 mètres ; celle qui est représentée *planche* CXXIV est établie à Denain. Elle a été construite par M. Quillacq, qui nous a transmis, avec ce dessin, la note explicative suivante :

> La grue est faite pour lever 2000 *kilogrammes* avec une flèche de 12 *mètres de portée*. Elle doit charger 500 à 600 tonnes de charbon par journée de travail, au moyen de caisses culbutantes contenant chacune 15 hectolitres.
> Elle décharge dans le même temps un navire de 500 à 600 tonnes de houille, et la chaudière, pendant cette manœuvre, consomme 2 hectolitres et demi de houille.
> La voie qui porte la grue, d'une largeur de $4^m,70$, permet l'établissement de deux voies de circulation entre les rails de la grue.
> Ainsi que l'indique le plan, cette grue est disposée pour être supportée sur un système de charpente qui élève le plancher du mécanicien à $6^m,50$ au-dessus du sol. Cette disposition permet de déposer sur les quais, de chaque côté des rails, des tas de charbon de $5^m,50$ de hauteur, et, ainsi qu'il a été dit plus haut, les deux voies établies en dessous de la grue assurent la libre circulation des wagons.
> Afin d'éviter la dépense des plaques tournantes pour voies de $4^m,70$, les paliers des roues ont été disposés pour permettre à celles-ci de décrire chacune un quart de cercle, de telle sorte qu'en soulevant légèrement tout l'appareil au moyen de crics, on peut poser indifféremment les roues sur telle ou telle voie qu'il convient.
> La chaudière à tubes est horizontale ; cette disposition permet, mieux que dans le système vertical, la visite et le remplacement des tubes. Elle a 12 mètres de surface de chauffe.
> La machine a un cylindre à vapeur de $0^m,25$ de diamètre et une course de piston également de $0^m,25$.
> L'emploi d'un câble en fil de fer donne une grande douceur dans le mouvement de l'élévation de la charge. La descente de cette charge s'opère par le frein à main.
> Deux pignons coniques permettent de faire pivoter la charge à droite ou à gauche.
> La flèche est faite en treillis, avec du fer spaté de $0^m,0033$ d'épaisseur et de 0,05 de largeur, et avec des fers cornières de $0^m,055$ de côté. Sous une forme très-légère, elle présente une grande solidité.
> L'appareil complet pèse 15,000 kilogrammes.

Les habitudes de classification des charbons diffèrent sensiblement dans le bassin de la Loire, de ce qu'elles sont dans les bassins du Nord.

Les gros ou *pérats* sont recueillis et séparés à la main,

sur les plâtres mêmes des puits; les tout-venant, comprenant les *grêles* et les *fines*, sont criblés sur des grilles d'environ 0^m,03 d'écartement, les menus devant être soumis au lavage. Les grêles obtenus par ce criblage sont triés à la main et expédiés.

Les charbons menus sont très-souvent lavés, mais pour cela, il faut leur faire subir un nouveau criblage qui les débarrasse des fines poussières, de manière à ne déverser sur les grilles des lavoirs que les charbons grenus, sur lesquels le lavage est efficace et rapide.

Les procédés de lavage ont été poussés à un point de perfection des plus remarquables, dans le bassin de la Loire.

La plupart des charbons de ce bassin présentent en effet, au lavage, des difficultés particulières, qui résultent de poussières très-fines dites *mourres*, intimement mélangées. Ces mourres se délayent dans l'eau et deviennent visqueuses, de manière à empêcher les mouvements de séparation des parties plus ou moins denses.

On est cependant arrivé à laver les poussières fines, notamment les boues de lavages. Pour laver les poussières, M. Évrard commence par les démourrer à l'aide d'un courant d'eau qui enlève les mourres et va les déposer dans les charbons lavés destinés à la fabrication des agglomérés. Les mourres sont en effet assez pures, et leur nature visqueuse facilite l'agglomération. Grâce à cette précaution et à ses appareils spéciaux de classification, un appareil établi à la Chazotte par M. Évrard, a pu laver des grains comparables à la plus fine poudre de chasse et en retirer des poussières qui ne contenaient plus que 10 pour 100 de cendres.

Les schlicks de charbon parfaitement classés et purifiés qui sont ainsi obtenus, démontrent que tous les menus de houille peuvent être soumis, comme les minerais, aux divers procédés de la préparation mécanique.

La disposition de l'atelier de criblage et lavage, représentée *planche* CXXVII, fig. 2, est celle du puits Dolomieu, à Roche-la-Molière.

La recette du puits, située à une distance de 250 mètres de cet atelier, est reliée par une estacade établie à 4^m,80 au-dessus du sol.

Les bennes, arrivées sur l'estacade (1), sont reçues par des culbuteurs (2) qui déversent les charbons sur des cribles inclinés (3) ; au bas de ces cribles se font le chargement et le triage des pierres. Les grelassons sont reçus directement dans les wagons d'expédition.

Les menus fins et les chatilles sont reçus dans de grandes trémies (4) alimentant des soles tournantes (5), qui distribuent la charge de norias.

Sur les soles distributrices sont placées des roulettes mobiles qui, par un mécanisme fort simple, permettent d'augmenter ou de diminuer, suivant les besoins du lavage, la quantité de charbon débité enlevée par les norias.

Les norias (6) amènent à leur tour le charbon venant des soles distributrices, sur des classificateurs ou cribles à secousses (7), servant à séparer le menu fin, qui est reçu dans de grandes trémies en tôle (8) et qui, au moyen d'une vanne, est chargé dans des bennes, tandis que les chatilles sont amenées, par le couloir (9), dans le lavoir à charbon (10).

Le lavoir amène les chatilles lavées dans un des compartiments du bac de lavage, puis les pousse dans un deuxième compartiment. Ces chatilles y sont prises par une noria dont la hauteur est suffisante pour pouvoir, au moyen de godets criblés de trous, laisser égoutter l'eau dans le bac, et aussi pour amener, au moyen d'un petit couloir en tôle, les chatilles lavées dans des bennes spéciales, placées sur une voie ferrée. Les pierres sont enlevées par une seconde noria et amenées de la même façon dans des bennes placées sur une seconde voie. Le lavoir employé à ce puits, se trouve détaillé dans le *Matériel des houillères*.

Cette description, quoique bien succincte, permet de voir que toutes les opérations et manipulations par lesquelles doit passer le charbon sortant de la mine, sont exécutées mécaniquement et simplement et, par suite, dans des conditions tout à fait économiques.

La production du puits Dolomieu, auquel appartient cette installation, est d'environ 500 à 600 tonnes par jour.

Chacun des lavoirs peut produire, par journée de travail effectif, 50 à 60 tonnes de chatilles lavées; ils fournissent au besoin la même quantité de menus lavés.

L'installation des versages et criblages établie à Decazeville est représentée *planche* CXXVI.

Les charbons arrivent à la partie supérieure de l'appareil dans des wagonnets de 8 à 10 hectolitres; ils sont versés dans des trémies munies d'une porte à contre-poids P, qui permet d'en régler l'écoulement.

Le criblage produit trois grosseurs : les *gros* charbons, ou plutôt les gailletteries retenues par la première grille; le *petit grêle*, retenu par la grille placée en dessous de la précédente; les *fines*, qui tombent dans un couloir en tôle terminé par une buse avec registre.

La grille qui retient les gailletteries est formée par des plaques de tole perforées de trous de 0^m 053 de diamètre. Celle qui retient le petit grêle et laisse passer les fines est formée de tôles perforées avec trous de 0^m, 026 de diamètre. Ce dernier crible est *mobile*, de telle sorte qu'on puisse accélérer le tamisage par des chocs.

La grille qui retient les gailletteries se continue par des plaques de tôle pleines sur lesquelles se fait le triage. A cet effet, des planchers latéraux sont construits en AA, BB, les trieuses étant placées debout sur ces planchers.

Un couloir mobile permet de conduire les gailletteries usque dans le wagon d'expédition. Si elles ne doivent pas être immédiatement expédiées, on les reçoit par une trappe et un plan incliné DD, dans des wagons de service qui les transportent au lieu de dépôt.

Le wagon C, placé latéralement au crible, reçoit les charbons barrés, destinés à être repris sur un autre point pour être déschistés. Le wagon E reçoit les pierres écartées par le triage.

Le petit grêle retenu par le second crible, tombe sur un plan incliné FF, qui le ramène en arrière sur les plaques de triage PP. A cet effet, une petite porte f, mobile sur charnières, est relevée sur le plan incliné FF, de telle sorte que le charbon suive bien la pente de ce plan. Après le triage sur les plaques PP, le petit grêle s'engage dans le couloir G, qui le conduit dans le grand wagon de chargement.

Ce grand wagon peut également recevoir des fines par le couloir mobile H, afin de constituer une qualité dite *tout-venant composé*.

Dans le cas où le petit grêle ne devrait pas être immédiatement expédié, on renverserait la porte f du côté opposé ; il est reçu par une trémie spéciale à registre, dans un wagon de service qui le porte sur le lieu de dépôt.

Les fines seront aussi reçues le plus ordinairement dans les petits wagons de service, au moyen d'une caisse mobile s'emboîtant sur la base de la trémie. Ces fines, destinées à la carbonisation et aux usages des forges, sont pour la plupart consommées sur place.

On voit que dans les installations de ce genre, lorsqu'on peut obtenir une hauteur suffisante, tout peut être disposé de telle sorte que les mouvements se fassent automatiquement, de manière à éviter l'intervention de moteur.

Dans tous les exemples précités, les criblages sont obtenus par glissement sur plans inclinés, méthode qui exige de la hauteur et de l'espace. Les mêmes résultats peuvent être obtenus par les appareils de rotation dits *trommels*.

L'exemple représenté *planche* CXXVII, fig. 1, est pris au charbonnage Hibernia, dans la Ruhr.

Le trommel double, ainsi qu'il est disposé, reçoit les charbons criblés et débite trois qualités : 1° les fines; 2° les noisettes; 3° les chatilles ou braisettes.

L'emploi des trommels est presque général dans le bassin de la Ruhr; en France et en Belgique, on préfère cribler sur des grilles inclinées, qui sont considérées comme brisant moins les charbons et se prêtant mieux aux diverses opérations du triage.

L'appareil d'Hibernia comprend d'ailleurs une manutention complète. Les charbons sont d'abord versés sur une grille inclinée qui retient le gros et le gros grêle; le trommel produit trois qualités de grains, plus une quatrième rejetée sur une table tournante qui reçoit les petits grêles ou grelassons et permet d'en faire un triage exact.

Ces indications sur les appareils nouvellement établis pour les classifications, le triage et les manutentions des charbons, démontrent encore une fois les efforts faits dans tous les bassins houillers, pour perfectionner ce service et obtenir dans les conditions les plus économiques les diverses qualités demandées par la consommation.

Les transports d'un siége d'extraction au port sec ou au rivage où les produits doivent être déposés ou définitivement rechargés et expédiés, présentent, suivant la configuration du sol, des conditions très-diverses. Les manutentions de la préparation mécanique, du triage, de la classification et du lavage s'interposent d'ailleurs entre les puits et les lieux d'expédition de manière à rendre la série des opérations plus complexe et spéciale à chaque localité.

Chaque année il y a, dans les installations, des études et des moyens nouveaux qui mettent en évidence les perfectionnements dont cette partie importante du travail des mines est encore susceptible.

Les transports et les manutentions de la houille à la surface tendent à se modifier dans les grands charbonnages :

On fait arriver les charbons de plusieurs siéges d'extraction, tels qu'ils sortent, et souvent même dans les wagons du fond, à un établissement *central* dans lequel les opérations de criblage, triage et préparation, sont pratiquées sur une grande échelle et avec tout le soin possible.

Cette méthode permet de faire des mélanges, et de composer ainsi des charbons qui, comme grain et comme qualité, conviennent mieux à tel ou tel usage.

Des installations spéciales permettent d'effectuer toutes les opérations nécessaires et d'expédier les charbons dans les meilleures conditions.

Dans ce cas il faut, par conséquent, diriger vers l'*atelier central* les produits de chaque puits, ce qui peut se faire par des méthodes différentes.

Souvent, on opère à chaque puits d'extraction un premier versage des wagonnets de mine et le transbordement dans des wagons de plus grande capacité, ce qui permet d'écarter par un premier triage les rochers et pierres qu'il est inutile de porter au loin et pour lesquels on trouve plus facilement, autour des puits, des emplacements à remblayer.

Ce premier transbordement permet aussi de séparer les gros charbons ou perats, du tout-venant, et d'écarter par conséquent cette partie de toute préparation ultérieure, en l'expédiant isolément. On sépare, en outre, les charbons impurs ou chauffe pour les machines.

Dans les bassins comme ceux du Nord et de la Belgique, il y a une tendance à expédier immédiatement les wagonnets de la mine vers l'atelier central de versage, triage et classification.

Ce mouvement des wagonnets se fait de deux manières : sur des trucs qui peuvent en recevoir douze ou seize, et par conséquent sur des chemins de fer à grande voie ; ou bien en continuant vers l'atelier central les petites voies sur lesquelles les wagonnets sont livrés à une traction mécanique. Dans ce dernier cas, le mode de traction généralement préféré est celui des *chaînes flottantes*.

Ce mode de traction, depuis longtemps employé en Angleterre, vient d'être appliqué sur la plus vaste échelle pour les houillères de Mariemont. Cinq fosses y sont réunies à un atelier central, par des voies dont l'ensemble représente 8 120 mètres, soit 4 060 de voies doubles. Les tracés en ligne droite suivent les ondulations principales des terrains, avec des pentes qui s'élèvent sur certains points à $0^m,017$ et $0^m,021$ par mètre. Ces chemins de fer à petite section traversent en tunnels les routes et les chemins de fer de grande communication. Deux files de wagons circulent sur chacun d'eux, d'un côté les pleins, et de l'autre les vides, le mouvement étant imprimé par des chaînes sans fin qui posent dans des fourches placées sur chaque wagonnet.

Les chaînes pèsent $4^k,7$ le mètre courant pour les lignes qui ont jusqu'à 1 800 mètres de longueur; pour la plus grande voie, de 2 400 mètres, avec pentes de $0^m,15$, le poids a été porté à 9 kilogrammes. Le poids total des chaînes flottantes pour les 8 120 mètres de voies, aller et retour, est de 64 731 kilogrammes.

Deux machines fixes donnent le mouvement aux poulies motrices de tout le système. L'une, intermédiaire, desservant des lignes d'environ 1 500 mètres de longueur, est de la force de 40 chevaux; l'autre, placée à l'atelier central, desservant 2 500 mètres, est de 80 chevaux.

L'installation des chaînes flottantes à Mariemont place ce système parmi ceux qui doivent être pris en grande considération; plusieurs de nos mines du centre l'ont également appliqué.

Dans chaque localité, les ondulations du sol et les conditions commerciales de classification déterminent des conditions particulières pour le mouvement des charbons, de sorte qu'il ne serait guère possible de préférer d'une manière absolue tel système de transport et de manutention; chaque exploitation a été amenée à adopter un système justifié par les conditions locales.

Lorsqu'il s'agit des outils employés pour les criblages, il est plus facile de se prononcer et nous devons signaler la grille de l'ingénieur Briart comme un crible nouveau, qui rendra de grands services toutes les fois qu'on aura intérêt à ménager le charbon et à augmenter d'une manière notable la proportion des gailleteries.

La grille de criblage est composée de deux séries alternantes de barreaux fixes et mobiles. A l'état de repos, la surface des barreaux présente un plan régulier ; mais les barreaux, mobiles de deux en deux, peuvent être soulevés au-dessus de ce plan et s'abaisser ensuite en reprenant le niveau général.

Pour obtenir ce mouvement, les barreaux mobiles sont fixés dans un cadre supporté à son extrémité inférieure par deux bielles oscillantes, et à son extrémité supérieure par deux excentriques calés sur un même arbre. La série des barreaux mobiles est amenée *au-dessus* des barreaux fixes pendant une demi-révolution de cet arbre et descend *au-dessous* pendant l'autre demi-révolution ; de plus, le mouvement des excentriques transmet à l'ensemble des barreaux mobiles un mouvement de translation vers la partie inférieure de la grille.

Les charbons versés en tête de la grille, sont ainsi soulevés et transportés sur son plan, d'ailleurs très-peu incliné. A chaque révolution, toute la masse soulevée se crible facilement, sans aucun choc tendant à briser les morceaux.

Une grille Briart, montée au charbonnage de Bascoup, mise en mouvement par un cylindre à vapeur de $0^m,15$ de diamètre et $0^m,22$ de course, a exigé un effort d'environ 2 chevaux, à la vitesse de 35 oscillations doubles pour la grille. On y a criblé en dix heures de travail 7 000 hectolitres de charbons.

Des expériences comparatives, faites sur ces grilles et sur les grilles fixes, ont donné pour les mêmes charbons un rendement de 48,98 en gaillettes et gailletteries, au lieu de 44,23 fournies par les grilles fixes ordinaires ; avec une économie sensible de main-d'œuvre.

ORGANISATION DU TRAVAIL DES MINES.

Les transports et les manutentions du jour se font dans des conditions tellement variables, qu'on ne saurait les décrire ; le *Matériel des houillères* renferme à cet égard des détails qui, joints à ceux que nous venons d'ajouter, définissent les installations principales. Ces installations complètent la tâche de l'ingénieur chargé de l'organisation d'une entreprise d'exploitation ; nous ajouterons seulement quelques mots sur l'organisation du personnel.

Dans les mines comme dans toutes les industries manufacturières, la division et la régularité du travail sont une condition essentielle de l'économie. Les ouvriers sont donc spécialisés autant que possible, de telle sorte qu'habitués par une longue pratique à faire un travail, ils puissent fournir le maximum de l'effet utile.

C'est pour ce motif que l'on trouve dans les mines des dénominations si nombreuses appliquées aux ouvriers. Les uns, par exemple, se sont spécialisés comme *fonçeurs* de puits ; d'autres comme *mineurs au rocher* pour le percement des galeries ; tandis que le plus grand nombre comprendra les *piqueurs* ou *mineurs en tailles*, c'est-à-dire appliqués à l'abatage. Il en sera de même pour les services accessoires, qui sont encore subdivisés.

Sans entrer dans les détails de toutes les divisions établies, les ouvriers d'une mine se partagent en deux classes, définies principalement par l'importance du prix de leur journée. Dans la première sont les mineurs au rocher, les haveurs, piqueurs, etc. ; dans la seconde dominent les *her-*

cheurs ou *rouleurs* et les manœuvres. Ainsi nous trouvons pour deux fosses, l'organisation suivante qui indique les proportions habituelles des diverses classes pour les houillères du nord de la France et de la Belgique.

	Fosse A.	Fosse B.
Chefs porions.	1	1
Porions.	3	4
Marqueurs.	1	1
Chefs de place.	1	1
Mécaniciens.	2	2
Mineurs.	112	134
Hercheurs et manœuvres.	166	248
Manœuvres du jour.	45	47
	331	438

Dans ces deux exemples, le poste de jour comprend environ les trois cinquièmes du personnel indiqué, et le poste de nuit les deux cinquièmes.

Le poste de jour fait l'extraction ; le poste de nuit la prépare en disposant les tailles, exécutant les havages difficiles, les avancements de galeries, faisant les remblais, raccommodant les voies, etc.

Le poste de jour commence à six heures du matin ; il est entièrement remonté à six heures du soir, les journées variant de dix à onze heures.

Le poste de nuit descend à sept heures du soir et est entièrement remonté à six heures du matin.

Cette organisation se retrouve dans le plus grand nombre des exploitations houillères du nord de la France et de la Belgique.

Dans la plupart des exploitations du centre, les heures de travail sont différemment réparties et sont combinées de telle sorte que tous les ouvriers passent une partie de leur temps au jour.

Le poste du jour commence à quatre heures du matin et remonte de une heure à deux heures de l'après-midi.

Le poste de nuit descend à trois heures de l'après-midi et remonte de minuit à une heure du matin.

Cette division a l'avantage de permettre à tout ouvrier de passer au jour une partie du temps qui lui reste disponible après son poste.

Dans quelques exploitations où les chantiers d'abatage sont en proportion plus considérable que le nombre des ouvriers, on fixe seulement l'heure à laquelle doit commencer le travail, afin que tous se trouvent réunis en même temps, mais la durée du travail est facultative pour chaque chantier.

Il existe entre toutes les parties du travail des mines une solidarité qui doit toujours être prise en considération. Si les mineurs cessent l'abatage, les rouleurs ne peuvent continuer le leur ; les remblayeurs, boiseurs, etc., ne peuvent également faire que des postes incomplets ; de telle sorte que, dans l'intérêt de la production et de l'économie du travail, il est nécessaire, autant que possible, que la tâche et la durée du travail soient définies pour tous.

Dans les mines, la surveillance est tout à fait impossible, l'ouvrier travaille ou se repose. Il est nécessairement à la tâche et gagne d'après l'avancement obtenu, ou d'après le produit chargé dans des wagons d'une capacité déterminée. Le seul contrôle qui existe résulte précisément de la solidarité de toutes les opérations.

Pour la houille, par exemple, les quantités expédiées, ou l'avancement de la taille, c'est-à-dire le nombre de mètres carrés déhouillés dans la couche ou le cube abattu, serviront de point de départ. Le nombre des wagons chargés et roulés par les hercheurs sera le contrôle du travail effectué dans les tailles. Ces tailles devant se trouver le lendemain matin dans un état défini, comme boisage, raccommodage et remblai, les mineurs de jour constateront eux-mêmes l'efficacité du travail et contrôleront par conséquent le poste de nuit.

Enfin, l'intervention de chaque ouvrier dans son service est constatée, comme présence et travail, par le marqueur, qui dresse chaque jour et chaque nuit les feuilles de présence et qui, d'accord avec les porions, spécifie les tâches accomplies.

Pour les mines où il existe un service de lampes de sûreté, le contrôle peut trouver un auxiliaire précieux dans la lampisterie.

Chaque lampe numérotée se trouve accrochée dans la salle, au-dessous du numéro correspondant; l'ouvrier est porteur d'une médaille qui porte le même chiffre. Lorsqu'il descend dans la mine, il reprend sa lampe et lui substitue sa médaille; lorsqu'il remonte au jour, il reprend sa médaille et laisse sa lampe qu'il retrouvera le lendemain nettoyée et garnie.

La médaille dont l'ouvrier est ainsi porteur peut d'ailleurs indiquer la classe à laquelle il appartient, c'est-à-dire son rang dans la mine. Ce rang résulte du genre de travail et d'une organisation hiérarchique, que l'on trouve dans certains pays de mine où l'habitude est de classer les ouvriers comme dans le service militaire, et d'employer pour les chefs des désignations analogues de *caporal, capitaine,* etc.

TRAVAIL DES BUREAUX.

L'ingénieur qui dirige une exploitation minière doit nécessairement consacrer une partie de son temps au travail des bureaux, qui peut se diviser en deux parties : les *plans* et la *comptabilité*. Ce sont deux éléments essentiels au succès de toute exploitation.

Ces deux éléments ont d'ailleurs un caractère bien différent. En général, un ingénieur commence, dans les mines de la France, par lever les plans; tandis que c'est seulement lorsqu'il est chargé d'une direction et par conséquent chef de service, qu'il doit intervenir dans la comptabilité, dont les appréciations ne pourraient sans sa coopération être complètes et réellement utiles.

Le plan d'une mine est un guide indispensable pour les travaux en cours d'exécution et pour décider ceux qui doivent être entrepris.

On ne peut, en effet, interpréter et traverser un accident, sans avoir tracé sur le plan, les diverses hypothèses de son interprétation. On ne peut joindre un point déterminé par un puits ou par une galerie, sans un plan fait avec précision. S'agit-il d'exploiter, le plan permettra de diviser le champ d'exploitation en massifs, de mesurer le cube que présente à l'abatage chacun de ces massifs, et par conséquent, d'aménager le gîte dans des conditions prévues.

Quant aux conditions économiques, elles ne peuvent être appréciées que par une classification exacte des dépenses, qui permettra de reconnaître si l'exploitation est en perte ou en bénéfice. Le bénéfice étant le but de l'entreprise, il importe que le système adopté exprime à la fin de chaque mois les résultats obtenus. Si le but n'est pas atteint, on pourra du moins reconnaître à quelle distance on en est encore et par quelles mesures il serait possible de s'en rapprocher.

En résumé, le travail de bureau est un complément essentiel du travail actif, et l'ingénieur d'une mine n'aura accompli sa tâche qu'à la condition de consacrer une **partie** de son temps aux plans et à la comptabilité.

LEVER DES PLANS DE MINE.

Lever un plan de surface est une opération simple dont tous les détails se reproduisent lorsqu'il s'agit de lever le plan des travaux souterrains; mais des difficultés spéciales qui résultent de l'obscurité, des sinuosités des galeries, des fortes inclinaisons et des irrégularités fréquentes des montages ont déterminé pour les plans de mine quelques variations dans les méthodes.

Si l'on se reporte aux dispositions **générales des mines**

indiquées par les tracés des méthodes d'exploitation, on voit, en effet, que le lever des plans se borne au tracé des galeries et des montages entre lesquels se trouvent les chantiers et que ces tracés consistent simplement en une succession de lignes d'axe.

Pour déterminer ces lignes d'axe, il suffira de fixer solidement au faîte des galeries des chevilles ou des clous qui deviendront des points de repère à partir desquels on laissera tomber les fils à plomb. Les lignes joignant ces fils à plomb seront les lignes d'axe à droite et à gauche desquelles on pourra, si besoin est, mesurer les largeurs.

Reste à déterminer la direction et l'inclinaison des lignes, ce qui se fait en général avec la *boussole*.

La boussole de mine est ordinairement divisée en 360 degrés. Elle doit être assez grande pour que les demi-degrés soient marqués et nettement appréciables.

360 degrés marque le Nord; 90 degrés l'Est; 180 degrés le Sud; 270 degrés l'Ouest; de telle sorte qu'en lisant sur le limbe, on ne s'occupe pas d'interpréter l'orientation, on se borne à lire un chiffre qui indique la direction.

Les boussoles, divisées en quatre fois 90 degrés, au lieu d'être graduées de gauche à droite, dans le sens normal, sont souvent graduées en *sens inverse*, c'est-à-dire de droite à gauche. Il suffit, pour en apprécier le motif, de faire une opération. Ainsi pour la boussole suspendue comme pour la boussole carrée, la ligne marquée N.-S. est la ligne de la station, l'axe de visée. L'aiguille de la boussole se place, par exemple, à gauche; cela veut dire en réalité que la direction se trouve à l'Est, car la véritable ligne Nord-Sud est celle de l'aiguille et la ligne de visée est à droite.

Les géologues font usage d'une division qui a été quelquefois adoptée dans les mines. Ainsi on peut diviser le limbe de la boussole en 24 heures, ou plutôt en deux fois 12 heures, de telle sorte que, *midi* se trouvant placé au Nord, les 12 divisions descendent de droite à gauche jusqu'au numéro 12, qui marque également le Sud. Les divisions recommencent à droite à partir du Sud pour rejoindre le 12 Nord. De cette manière, les deux extrémités de l'aiguille marquent toujours la même heure. Chaque heure correspondant à 15 degrés, est divisée en 8 parties, qui sont elles-mêmes subdivisées en 4. Sur une boussole ainsi notée, le chiffre de 6 heures marque la ligne E.-O.; celui de 3 heures marque N.-45°-O., et ainsi de suite.

La disposition la plus anciennement adoptée pour la boussole de mine est celle dite *poche de mineur*. Aujourd'hui, on ne l'emploie que dans le cas où il s'agit de lever le plan de travaux peu étendus.

La boîte de cette boussole est suspendue sur un double axe de manière à prendre naturellement la position horizontale. Le support est muni de deux crochets qui permettent de suspendre la boussole sur un cordeau tendu suivant la direction que l'on veut mesurer. Dans cette position, la ligne N.-S. de la boussole coïncide précisément avec la ligne du cordeau, de sorte que, pour en déterminer la direction, il suffit de lire l'angle marqué par l'aiguille de la boussole.

Cette disposition est surtout commode pour les mines très-sinueuses et d'un parcours difficile; elle permet de tendre des cordeaux qui forment les axes repères des vides successifs, et d'en déterminer les directions par des opérations aussi rapides que possible. Des notes et des croquis pris sur les lieux permettent ensuite de fixer la forme des vides autour de ces axes.

La poche de mineur contient un demi-cercle gradué avec crochets de suspension et fil à plomb, à l'aide duquel on détermine l'inclinaison moyenne du cordeau tendu à chaque station. Enfin on complète le lever en mesurant la longueur du cordeau, c'est-à-dire la longueur de la station, avec une chaîne en laiton dont chaque maille est égale à $0^m,10$ ou $0^m,20$, soit de préférence, avec un ruban métallique.

Pour lever un plan de mine, on fait donc une série de stations successives dont on mesure la *direction*, l'*inclinaison* et la *longueur*.

Si l'on suppose, par exemple, que ces stations suivent l'axe d'une galerie sinueuse, il suffira d'ajouter les largeurs prises perpendiculairement aux directions pour avoir tous les éléments du plan.

Afin d'éviter toute chance d'inexactitude, on a un calepin d'observations où sont marqués :

1° Le numéro de la station ;

2° La direction, c'est-à-dire le chiffre indiqué par la pointe bleue de l'aiguille ;

3° L'inclinaison mesurée en degrés et minutes, en indiquant si elle est montante ou descendante ;

4° La longueur de la station exactement chaînée ;

5° Les largeurs à droite et à gauche du cordon, les observations et repères qui peuvent aider à préciser le plan.

Avec ces données, on peut faire les plans ou projections horizontales et verticales. Il suffit de calculer les triangles de manière à obtenir les projections horizontales et verticales des lignes mesurées, projections que l'on porte sur le papier, au bout les unes des autres, en donnant aux lignes les directions déterminées par la boussole.

Pour reporter ces directions, on se sert d'un *rapporteur*, support rectangulaire qui reçoit la boussole, et dont les côtés, formant règle et équerre, présentent des lignes parallèles à la ligne N.-S. et à la ligne E.-O.

On se sert pour rapporter les directions, de la même boussole qui a servi à les déterminer dans la mine.

Les travaux de mines sont aujourd'hui assez réguliers pour que l'on puisse substituer à la poche du mineur une boussole à trépied, munie latéralement d'un demi-cercle pour prendre les inclinaisons.

Cette boussole, dite *carrée*, porte deux niveaux qui permettent de l'établir horizontalement et une lunette adhérente, avec demi-cercle qui mesure l'inclinaison que l'on donne à cette lunette.

L'établissement de la boussole carrée, à chaque station, prend un temps assez long, et l'on emploie en Belgique une disposition due à M. Dehennault qui est évidemment préférable. La boussole est suspendue par deux axes perpendiculaires, de manière à prendre elle-même son niveau, et toutes les petites manœuvres de l'observation y sont étudiées et facilitées, de manière à rendre l'usage de la poche du mineur de plus en plus rare.

Les instruments pour lever les plans de mine ont été perfectionnés par plusieurs ingénieurs et constructeurs, qui ont cherché à en augmenter la précision. Le pantomètre Blanchet, construit par Santi, est recommandé d'une manière toute spéciale par M. Sarran dans son *Manuel du géomètre souterrain*. Cet appareil peut servir comme théodolite, comme boussole carrée et comme niveau d'Égault. On peut ainsi faire toutes les opérations que comporte le lever des plans, sans changer d'instrument, ce qui, dans les travaux souterrains, présente un avantage évident.

Dans beaucoup de cas, il est en effet préférable de procéder à la mesure des angles avec un théodolite, plutôt qu'avec la boussole. Toutes les fois que les lignes d'observation sont d'une grande longueur, on obtient ainsi plus de précision.

L'instrument une fois choisi, on opère toujours de la même manière, et l'on mesure à chaque station : 1° la longueur chaînée, 2° l'inclinaison montante ou descendante et 3° l'angle de direction.

Pour recueillir et classer les mesures successivement prises à chaque station, on doit par conséquent se munir d'un *carnet* qui porte les indications suivantes :

Lever du   1876, à   heures.

STATIONS.	DIRECTIONS.	INCLINAISONS		LONGUEURS	OBSERVATIONS.
		montantes.	descendantes.		
1	α	I	»	L	»
2	α'	I'	»	L'	»
3	α''	I''	»	L''	»
4	α'''	I'''	»	L'''	»

Le carnet doit porter la notation de la boussole, par exemple, 360 degrés, notation inverse. Déclinaison magnétique, 18° 50' Ouest.

Ces mesures étant prises, on les porte sur le registre du lever, qui est composé d'une série de tableaux contenant d'abord toutes les données indiquées par le carnet, plus les colonnes suivantes, placées à la suite des premières :

ANGLES des directions orientées.	PROJECTIONS horizontales.	PROJECTIONS verticales positives ou négatives.	SOMME des altitudes.
α	L cos I	L sin I	»
α'	L' cos I'	L sin I'	»
α''	L'' cos I''	L sin I''	»
α'''	L''' cos I'''	L sin I'''	»

En consignant sur ce tableau toutes les observations qui peuvent servir à désigner les stations, les croisements de galeries, etc., le registre représentera le véritable plan de la mine, que l'on pourra porter à volonté sur le papier en prenant pour point de départ telle station qu'il conviendra de choisir.

En effet, les angles orientés sont des angles plus petits

que 180 degrés, placés à droite ou à gauche du méridien magnétique, suivant qu'ils sont à l'Est ou à l'Ouest.

Les projections horizontales et verticales des longueurs chaînées sont les longueurs réelles à porter sur le papier pour obtenir les plans-projections.

Enfin la somme totale des altitudes tient compte de toutes les inclinaisons montantes ou descendantes, de manière à préciser la hauteur absolue des points extrêmes des stations.

Pour faire le plan, c'est-à-dire pour dessiner la projection horizontale des stations, on prendra, ainsi qu'il a été dit, la boussole avec laquelle on a opéré dans la mine et on la placera dans le *rapporteur*.

Le rapporteur est, suivant la définition précédemment indiquée, un rectangle en cuivre, dont les deux côtés servent de règles graduées. La boussole y est fixée de telle sorte que la ligne *Nord-Sud* soit exactement parallèle à la plus longue de ces deux règles.

On peut donc placer la boussole sur le papier, de manière à faire prendre exactement à l'aiguille toutes les positions qu'elle a successivement occupées aux stations, et par conséquent tracer tous les angles successifs α, α', α'', α''', etc. Le même observateur lisant de nouveau les angles sur la même boussole sera moins exposé à commettre les petites erreurs qui peuvent se produire dans cette opération, lorsqu'elle est faite par un autre.

Les règles latérales permettent de tracer successivement les lignes de projection $L \cos l$, $L' \cos l'$, etc., avec leurs directions α, α', etc., en leur donnant des longueurs proportionnelles, suivant l'échelle adoptée.

Toutes les stations se trouveront ainsi successivement projetées sur le papier, et le plan sera fait en donnant aux galeries et excavations les largeurs mesurées de chaque côté des axes.

La projection verticale reproduira de même toutes les inclinaisons montantes ou descendantes et les longueurs proportionnelles aux altitudes $L \sin I$, $L' \sin I'$, etc.

MÉTHODE DES TROIS PLANS COORDONNÉS.

La méthode de tracé direct des projections horizontales et verticales est suffisamment exacte pour des mines régulières et peu étendues ; mais, pour les mines dont les galeries sont très-longues et sinueuses, elle présente quelques éléments d'erreur dont il importe de tenir compte.

Dans le tracé successif de toutes les stations, on commet involontairement une erreur lorsqu'on place la règle et qu'on tire une ligne. L'angle α n'est pas mathématiquement rapporté.

De même, lorsqu'on prend avec le compas une longueur proportionnelle à $L \cos I$, on commet nécessairement une petite erreur.

Le tracé graphique qui place à la suite les uns des autres tous ces angles et toutes ces longueurs doit cumuler toutes les erreurs du tracé. L'exactitude de la position d'une station ainsi tracée dépend en effet de l'exactitude de toutes celles qui ont précédé. Or un dessinateur a toujours une tendance à commettre ses erreurs de rapporteur, de règle ou de compas dans le même sens. De telle sorte qu'au bout d'une série d'une centaine de stations, l'erreur peut être considérable.

Il est donc essentiel d'éviter les *erreurs graphiques*, et le seul moyen de les éviter, est d'adopter, pour les plans d'une certaine importance, la méthode dite des *trois plans coordonnés*.

Cette méthode consiste à déterminer isolément la position de chaque point de station relativement à trois plans coordonnés, qui sont :

1° Un plan horizontal ;

MÉTHODE DES TROIS PLANS COORDONNÉS.

2° Un plan vertical Nord-Sud, passant par le méridien vrai ou par le méridien magnétique;

3° Un plan vertical Est-Ouest, perpendiculaire aux deux précédents.

Les trois plans se croisent au point de départ, et chaque point est déterminé par sa hauteur ou *altitude*, ainsi que par sa *longitude* et sa *latitude* relativement aux plans coordonnés.

On note comme *positives* : les hauteurs au-dessus du plan horizontal; les longitudes à l'Est du plan méridien; les latitudes au Nord du plan perpendiculaire au plan méridien.

Par contre, on note comme *négatives* : les altitudes au-dessous du plan horizontal; les longitudes à l'Ouest du plan méridien; les latitudes au Sud du plan perpendiculaire.

On a soin d'indiquer le méridien vrai, par deux repères qu'on peut toujours retrouver et qui permettent de négliger les variations diurnes de la boussole.

La feuille de papier sur laquelle on opère étant considérée comme le plan horizontal, on l'orientera et l'on tracera deux axes perpendiculaires entre eux qui représenteront les *traces* des deux plans verticaux Nord-Sud et Est-Ouest.

Que l'on projette sur le papier une station quelconque $L \cos I$, en ayant soin de placer à son extrémité l'origine des coordonnées; la position de cette ligne ou station, sera précisée par les deux ordonnées, prises sur les axes Nord-Sud et Est-Ouest.

L'ordonnée prise sur la ligne Est-Ouest est la *longitude*, et l'ordonnée prise sur la ligne Nord-Sud est la *latitude*. Ces deux ordonnées sont évidemment (puisque le papier est supposé orienté) $L \cos I \cos \alpha$ et $L \cos I \sin \alpha$.

Si à la suite de la première station on en marque une seconde, les ordonnées sont $L' \cos I' \cos \alpha'$ et $L \cos I' \sin \alpha'$, et ainsi de suite.

Il suffira de tracer plusieurs stations à la suite les unes

des autres, pour voir que, si l'on fait la somme algébrique des ordonnées des stations successives, on aura les coordonnées du point extrême.

Il n'est donc besoin de faire aucun tracé graphique pour obtenir ces ordonnées finales, et l'on peut déterminer par un simple calcul, et par conséquent sans erreurs graphiques, la position d'un point.

Quant aux altitudes, rien n'est changé, c'est la somme algébrique de toutes les projections verticales positives ou négatives $L \cdot sin\, I$, $L' \, sin\, I'$, etc.

Avec les mesures qui ont été prises dans la mine, on peut par conséquent joindre aux données recueillies, les éléments indiqués par le tableau suivant :

Angles orientés de 0° à 90°	Projections horizontales.	Longitudes.	Latitudes.	Altitudes.

On peut en outre, dans trois colonnes supplémentaires, joindre les sommes algébriques des longitudes, des latitudes et des altitudes. Ces sommes représentent les coordonnées des extrémités des distances, par rapport aux trois plans fixes qui se croisent au point de départ ou *origine* de la première distance.

Ces éléments successivement inscrits sur un registre, pour chaque niveau d'exploitation, constituent un plan écrit, avec lequel on peut évidemment tracer le plan graphique des travaux souterrains.

On détermine ce plan des travaux souterrains, par la position successive des points de station les uns par rapport aux autres, en les rapportant successivement à l'*origine* des coordonnées.

Les projections verticales, que l'on construit également par ces procédés, constituent des *coupes* transversales que l'on peut faire passer en plusieurs points du plan.

Enfin, on joint aux plans des travaux les tracés géologiques que fournit l'étude du terrain.

Le plan d'une mine obtenu par la méthode des coordonnées, se trouve ainsi représenté par un registre dont les données sont classées ainsi que l'indique le *tableau ci-après*.

Ce tableau est une feuille détachée d'un de ces registres, sur laquelle on a transcrit les chiffres d'un exemple particulier, afin de mieux préciser la marche à suivre pour l'établissement de la méthode.

Les plans et coupes résument toutes les conditions des travaux souterrains, et dans une exploitation de quelque étendue, leur étude est le seul moyen qui permette d'embrasser l'ensemble des conditions.

Quelle est en effet la forme du gîte? quelle est son allure? quels sont ses accidents? Tous les points de repère, toutes les lignes qui peuvent répondre à ces diverses questions sont nécessairement indiqués sur le plan, puisque ces points et ces lignes constituent le résultat le plus immédiat des travaux souterrains. Par quels moyens a-t-on atteint le gîte? quelle est la méthode d'abatage? quel est le système suivi dans l'aménagement? Le plan seul permet de répondre à ces questions d'ensemble, qu'il n'est pas possible d'apprécier en parcourant les travaux. S'agit-il de constater les circonstances du roulage souterrain et de l'extraction, de suivre la circulation de l'aérage, de reconnaître le système d'écoulement et d'épuisement des eaux; ce n'est encore que sur le plan qu'on pourra suivre ces trois courants essentiellement distincts : celui de l'eau, qui circule et se rassemble vers les points d'épuisement; celui de l'air, qui entre pur et sort vicié; enfin celui des matières exploitées, conduites de tous les ateliers vers les points d'extraction.

C'est ainsi que les diverses branches du service concourant vers un but unique, doivent être coordonnées pour que cette extraction soit à la fois sûre et économique.

LEVER DES TRAVAUX

Numéros des distances.	Longueur des distances en mètres.	INCLINAISONS		Angles de direction observés.	Angles avec le plan méridien coordonné.	ANGLES AIGUS avec le méridien coordonné compris dans les quarts de cercle.				PROJECTIONS horizontales des distances.
		Montantes.	Descendantes.			Nord-est.	Sud-est.	Sud-ouest.	Nord-ouest.	

GALERIE DE ROULAGE COORDONNÉE

1	»	»	»	»	»	»	»	»	»	»
2	16,86	1 1/4	»	135 1/2	205°	»	»	25°	»	16,86
3	55,01	2 1/4	»	147 1/4	193 1/4	»	»	13 1/4	»	54,97
4	25,71	1°	»	155 1/8	185 3/8	»	»	5 3/8	»	25,71
5	44,81	1/2	»	156 5/8	183 7/8	»	»	3 7/8	»	44,81
6	14,91	5/8	»	184 1/2	156°	»	»	»	»	14,91
7	14,07	1/4	»	161 3/8	179 1/8	»	»	»	»	14,07

DÉPART DU POINT D'ORIGINE

42	»	»	»	»	»	»	»	»	»	»
44	»	»	»	»	24°24'40''	42°24'40''	»	»	»	157,08
39	»	»	»	»	157°3'20''	»	20°56'40''	»	»	270,28

MÉTHODES DES TROIS PLANS COORDONNÉS

OUTERRAINS.

Coordonnées des extrémités des distances, par rapport à trois plans qui se croisent à l'origine des mêmes distances.						Coordonnées des extrémités des distances, par rapport aux trois plans fixes qui se croisent au point de départ ou origine de la première distance.					
Hauteurs $z.$		Longitudes $x.$		Latitudes y		Hauteurs $\Sigma z.$		Longitudes $\Sigma x.$		Latitudes Σy	
Élév.	Dépr.	Est.	Ouest	Nord.	Sud.	Élév.	Dépr.	Est.	Ouest	Nord.	Sud.
+	−	+	−	+	−	+	−	+	−	+	−

AU POINT D'ORIGINE DE LA TRIANGULATION.

336,73	»	»	»	213,27	109,77	»	»	»	»	»	»
0,37	»	»	7,12	»	»	15,28	337,10	»	»	220,39	94,49	»
2,16	»	»	12,60	»	»	53,50	339,26	»	»	232,99	40,99	»
0,45	»	»	2,41	»	»	25,60	339,71	»	»	235,40	15,39	27,32
0,39	»	»	3,03	»	»	44,71	340,10	»	»	238,43	»	42,94
0,16	»	6,06	»	»	»	13,62	340,26	»	»	232,37	»	57,01
0,06	»	0,21	»	»	»	14,07	340,32	»	»	232,16	»	»

ES CALCULS AU POINT N° 42.

1,774	»	»	»	»	»	»	»	»	»	»	»
,726	»	106,90	»	115,99	»	385,50	»	106,96	»	115,99	»
»	32,380	105,37	»	»	248,90	353.12	»	212,53	»	»	132,91

Le lever des plans à la boussole se complique d'une condition spéciale résultant de la déclinaison de l'aiguille aimantée. Si cette déclinaison était constante pour une même localité, il serait inutile d'y apporter aucune correction ; mais elle subit des variations dont on doit nécessairement tenir compte.

En 1663, l'aiguille aimantée marquait exactement la ligne *Nord-Sud*. La déclinaison avait été à l'*Est* pendant les années précédentes ; mais à partir de cette année elle se plaça à l'*Ouest* et augmenta progressivement jusqu'en 1834, époque à laquelle elle atteignit le chiffre de 22 34′ *Ouest*.

Elle avait donc mis cent soixante et onze ans à faire ce parcours, qui marqua la déclinaison maximum. Depuis, elle rétrograde chaque année et n'est plus que de 18 50′. En cinquante ans elle a rétrogadé de près de 4 degrés, de telle sorte qu'un plan orienté par rapport au Nord magnétique et qui aurait cinquante ans serait très-inexact, s'il avait toujours été continué par le même procédé.

Il est donc indispensable d'orienter les plans levés à la boussole par rapport au Nord vrai, c'est-à-dire de faire la correction des angles.

Le moyen le plus exact pour tracer une méridienne à la surface du sol, est de déterminer l'intersection de cette surface avec un plan vertical passant par l'étoile polaire, au moment où cette étoile passe au méridien. Ce moment est donné par l'*Annuaire du bureau des longitudes*.

Il suffit donc de connaître la longitude du point où l'on se trouve et d'avoir un bon théodolite pour déterminer et tracer une ligne méridienne.

La ligne déterminée, étant piquetée sur le sol, pourra même être marquée dans le bureau des plans.

On peut d'ailleurs déterminer la ligne méridienne sur une étoile quelconque rapprochée de l'étoile polaire : en prenant une hauteur avant la hauteur maximum, c'est-à-dire pendant l'ascension ; puis retrouvant la hauteur correspondante après la culmination et pendant le mouvement de descente. La bissectrice de l'angle parcouru donnera la méridienne. De telle sorte qu'après avoir répété cette opération sur l'étoile polaire et sur plusieurs étoiles parmi celles qui s'en rapprochent, on aura tracé d'une manière certaine, une ligne méridienne suivant le *Nord vrai*.

On peut, après ce tracé, vérifier chaque mois la déclinaison de la boussole ou plutôt des boussoles employées dans la mine et faire immédiatement la correction de tous les angles relevés sur les carnets. De cette manière, les plans orientés par rapport au *Nord vrai* conservent toujours le caractère d'exactitude qu'ils doivent avoir.

Le plan des travaux souterrains est toujours rapporté au plan de la surface établi par une triangulation, de telle sorte qu'on peut suivre le cheminement des galeries et des chantiers d'abatage sous les parcelles et les domaines.

Les opérations qui exigent la plus grande précision dans les mines sont :

1° Recouper un point déterminé par un puits ou par une galerie ;

2° Percer une galerie par tronçons qui doivent se raccorder exactement ;

3° Foncer un puits sous stock, c'est-à-dire en laissant subsister le puisard et venant, au moyen d'un bure intérieur et d'une galerie, au-dessous de ce puisard, prolonger le fonçage, que l'on raccorde ensuite à la partie supérieure en abattant le stock de séparation.

Ces diverses opérations exigent une sûreté d'exécution qui ne peut s'obtenir que par la pratique. Pour se convaincre qu'il est arrivé à cette sûreté, l'opérateur choisira dans la mine un parcours qui lui permettra, en partant d'un point déterminé, de revenir sur ce même point après avoir suivi une série de travaux. Il procédera au lever du plan de ces travaux, et, s'il a bien opéré, il recoupera sa première ligne de station précisément au point de départ.

Le plan d'une mine devra être mis tous les mois au courant des travaux. Il sera fait sur papier maillé ou quadrillé, les carrés principaux devant représenter un espace de 10 mètres et de 100 mètres de côté, division qui facilite les réductions et les levers partiels.

L'emploi de la boussole présente de grandes difficultés dans les galeries où se trouve un chemin de fer. Si l'on tient à une grande exactitude, il faut dans ce cas faire enlever complétement les fers, ou, ce qui est plus simple, procéder avec le théodolite, ce qui identifie le lever du plan d'une mine à ce qu'il serait si l'on opérait à la surface.

Les détails que nécessite le lever des plans souterrains, les précautions à prendre pour l'emploi et la vérification des instruments sont tels que leur description exigerait un traité spécial. Ce traité existe; il a été publié par M. Sarran sous le titre de *Manuel du géomètre souterrain*.

PRIX DE REVIENT.

L'ingénieur d'une mine doit nécessairement fournir aux bureaux les éléments de la comptabilité et en suivre tous les comptes, de manière à connaître ses prix de revient. L'exploitation n'étant normale que si elle obtient des produits rémunérateurs, les méthodes doivent se comparer par leurs résultats économiques; enfin l'entreprise d'un travail est toujours la conséquence d'un calcul qui tend à prouver que ce travail doit être avantageux.

Dans toutes les exploitations, l'organisation est aujourd'hui à peu près identique. L'ingénieur détermine les travaux à entreprendre, fixe les dimensions et formes des puits et galeries, indique les méthodes que doivent suivre les travaux souterrains, arrête toutes les dispositions du matériel. Sa présence est constamment nécessaire pour vérifier les directions, surveiller les ateliers d'abatage et l'exécution des boisages et des muraillements qu'il a prescrits ; surveiller la marche des machines d'extraction et d'épuisement ; recevoir chaque soir les rapports de tous les chefs de service, rapports qui précisent la production du jour et résument toutes les circonstances de l'exploitation. L'ingénieur ne pourrait suffire à un travail aussi complexe, s'il n'était secondé par le personnel des *maîtres mineurs* ou *porions*.

Les maîtres mineurs servent d'intermédiaires entre les ouvriers et la direction. Ils placent les ouvriers à leur poste de travail, assignent les tâches et les mesurent, surveillent le soutènement, les chargements et les transports.

Chaque classe d'ouvriers chargés d'un service spécial doit, en outre, contrôler les autres, jusqu'à ce que les produits arrivent au jour, où ils sont reçus et constatés par un *marqueur* ou *gouverneur*, qui est chargé de la surveillance et de la conduite de toutes les manutentions qui doivent être exécutées sur la *halde* ou *plâtre* du puits.

Le produit une fois versé sur la halde des puits, la comptabilité pourra seule dire si ce produit est rémunérateur. Pour cela, les dépenses de toute nature doivent être réparties dans trois comptes :

1° Le compte de main-d'œuvre, qui est représenté par la feuille de paye, et qui doit solder les travaux faits à la journée ou à la tâche ;

2° Le compte du magasin qui délivre les consommations de toute nature : bois, huile, poudre, câbles, fers, outils, etc. ;

3° Le compte des frais généraux, qui non-seulement s'applique aux dépenses générales telles que les honoraires des employés, consommations diverses, etc., mais qui comprend le solde de certains travaux de recherche ou d'avenir qui ne sauraient être appliqués à l'exploitation proprement dite, ou dont l'amortissement peut être réparti sur plusieurs années.

Le cadre des chiffres une fois arrêté, il est facile chaque mois de dresser un état des recettes et des dépenses, et d'apprécier par conséquent les résultats obtenus.

Pour les mines métalliques, ces résultats ne peuvent être certains que si la valeur des minerais obtenus peut être déterminée, condition quelquefois difficile. La richesse des minerais, c'est-à-dire le véritable chiffre de la production, ainsi que la proportion des travaux préparatoires, sont des éléments tellement variables que le prix de revient a en quelque sorte un caractère spécial pour chaque mine.

A cet égard, il est un préjugé que l'on ne saurait trop signaler, c'est celui de la richesse du minerai. Il semble généralement que quelques échantillons de minerais riches suffisent pour recommander un gîte, et que tout soit résolu lorsque des galeries ont rencontré de beaux blocs. Ce qui fait en réalité la prospérité des mines métallifères, c'est moins la richesse que l'abondance et la régularité des minerais.

Deux exemples anciens et classiques fixeront à cet égard.

La mine d'argent de Himmelfürst, près Freyberg en Saxe, produisait de très-beaux échantillons de minerais, notamment de l'argent sulfuré et de l'argent rouge qui se retrouvent aujourd'hui dans beaucoup de collections; la richesse moyenne des minerais extraits et triés était de 0,0038 à 0,044 d'argent, ce qui est un titre très-élevé.

Cinq cent cinquante mineurs, employés à cette mine, produisaient par année 700 000 kilogrammes de minerai qui représentaient 2 300 kilogrammes d'argent : soit un produit de $4^k,181$ par mineur et par an. La mine payait 200 000 francs de salaires répartis entre les cinq cent cinquante ouvriers et environ cent cinquante manœuvres et enfants. C'était un salaire moyen de moins de 1 franc par jour, et l'entreprise obtenait à peine un produit brut de 900 000 francs par année.

Le produit net, affecté au service du capital d'une mine

importante des environs de Freyberg, qui avait à cette époque des puits de 300 mètres de profondeur, ne représentait réellement pas l'intérêt des sommes engagées. La mine se soutenait néanmoins, parce qu'elle était en produit et qu'elle était englobée dans un ensemble administré avec la plus sévère économie et la plus grande habileté.

Voyons maintenant ce qui se passait à la même époque, dans une des mines d'argent du Mexique, celle de Valenciana, dont le minerai avait un titre moyen qui dépassait à peine la moitié de celui de la mine d'Himmelfürst, mais dans laquelle l'abondance compensait largement cette condition d'infériorité et la cherté de la main-d'œuvre.

La mine d'argent de Valenciana, au Mexique, produisait du minerai dont le titre moyen n'était que de 0, 0025. Dix-huit cents mineurs extrayaient dans l'année 33 129 000 kilogrammes de minerais à ce titre moyen, qui représentaient 82 800 kilogrammes d'argent, soit une production de 46 kilogrammes par mineur.

Cette mine payait dans l'année, 3 400 000 francs à trois mille cent travailleurs, c'est-à-dire 5 à 6 francs par jour, en réalisant un produit net de 3 millions.

La comparaison de ces deux exemples classiques nous paraît résumer avec force ce que nous avons dit précédemment. Ce qui importe dans une mine métallifère, c'est l'abondance du minerai et la régularité du gîte, beaucoup plus que la richesse, qui, dans presque tous les pays, n'appartient qu'à des minerais accidentels, sans suite, et très disséminés dans les roches stériles.

La grande influence des travaux préparatoires sur le prix de revient des minerais, introduit beaucoup d'arbitraire dans le calcul de ce prix. Il faut, en effet, amortir ces travaux, et d'autant plus rapidement qu'ils doivent durer moins de temps, par suite du peu de puissance et de l'instabilité des filons.

Les travaux exécutés au rocher pour l'exploitation des gîtes métallifères peuvent être divisés en deux classes :

1° Les travaux préparatoires, consistant en galeries d'allongement ou de traverse, en descenderies et bures intérieurs, qui ont pour but de dégager un massif et d'en faciliter l'exploitation : ces travaux doivent être soldés par les produits du massif lui-même, et par conséquent être compris chaque mois dans le calcul du prix de revient des minerais;

2° Les travaux de recherche et de premier établissement, tels que puits d'extraction ou d'épuisement, galeries d'écoulement, constructions et matériel, ne peuvent être utiles que pendant un temps limité, et doivent être progressivement amortis par les produits obtenus pendant ce temps.

Une couche de houille présente un champ d'exploitation généralement appréciable et régulier ; on peut définir à l'avance quel doit être cet amortissement. Mais un gîte métallifère, fût-ce le filon en apparence le plus régulier, présente bien moins de garanties pour l'avenir; les galeries et les puits qui sont percés pour le reconnaître peuvent être frappés de non-valeur par les chances défavorables de l'exploitation.

Nous n'avons pas à nous appesantir sur cet ordre d'idées dans un ouvrage purement technique ; nous nous bornerons, par conséquent, à signaler quelques mesures spéciales à prendre dans les mines métallifères, pour arriver facilement à calculer les prix de revient des minerais.

La méthode des prix faits et des adjudications est plus essentielle dans ces mines que dans les autres. On calcule ce qui sort au triage, par mètre cube abattu ou par mètre carré de surface de filon; on peut apprécier ainsi, par la comparaison des dépenses et des produits, quels sont les résultats de l'exploitation.

Un moyen d'arriver à fixer les prix faits, lorsqu'on a des ouvriers timides et peu expérimentés, est de les payer d'abord par décimètre de trou de mine percé sous la surveillance d'un maître mineur, et de calculer l'effet des coups de mine en pesant les roches abattues. Les roches métallifères sont assez généralement des roches dures dans lesquelles on percera 0^m 75 à 1^m, 50 de trous de mine par poste de dix heures, lesquels détacheront 200 à 500 kilog. de roches.

Les exemples de prix de revient abondent, mais ces exemples sont rarement comparables entre eux, parce qu'ils dépendent non-seulement de la section des travaux, de la dureté, de la ténacité de la roche, mais encore des fissures qui s'y trouvent, et d'une multitude de circonstances qu'on ne peut apprécier que sur les lieux.

C'est donc seulement après un certain temps de pratique qu'on pourra établir les bases d'un prix de revient.

Quelques exemples seront cependant utiles pour établir les proportions les plus ordinaires des diverses dépenses.

A Saint-Bel, où l'on exploitait la pyrite de fer mélangée de pyrite cuivreuse, en veines dans des schistes durs, M. d'Hennezel a trouvé sur plus de deux cents prix faits, des moyennes qui se rapportent assez bien aux conditions des filons métallifères faciles, et portent le prix du mètre cube à 8 fr. 60 en galeries et à 6 fr. 19 dans les tailles.

Chaque mineur brûlait en moyenne 1^k,19 de poudre, poids correspondant à trois cartouches, dans des trous de 0^m,40 à 0^m,50 de profondeur; sa consommation en huile était de 0^k,125, et sa dépense en outils de 0 fr. 19 par jour. Le prix de la main-d'œuvre, étant de 1 fr. 60 à la journée, ressortait à 2 fr. 38 à prix fait.

En prenant des moyennes dans neuf exploitations de la Saxe, et portant la poudre au prix de France (2 fr. 10 le kilog.), on trouve que le mètre cube de travail en galerie ordinaire, coûtait, éclairage non compris :

En main-d'œuvre	12 fr.	80
En outils (forge et consommation).	5	94
En poudre, 2^k,07.	4	35
Total.	23 fr.	09
		40

Ce prix doit être augmenté de plus d'un tiers pour la main-d'œuvre, qui est de 0 fr. 90 en Saxe, tandis qu'en France elle descend rarement au-dessous de 2 fr. 50. Soit 30 à 40 francs le mètre cube, y compris l'éclairage. Il reste à calculer les frais de roulage, d'extraction et d'épuisement, calcul facile en appliquant les bases fournies par les exploitations de houille.

Enfin, les données numériques suivantes sur le prix d'abatage, en galerie ordinaire de 2 mètres carrés à 2 mètres et demi de section, des roches le plus souvent métallifères, compléteront cette connaissance préalable, qui a toujours besoin d'être justifiée par la pratique. Ces données sont établies d'après les anciens prix de la Saxe, le prix du poste étant 0 fr. 90, celui de la poudre 1 fr. 70 le kilogramme, la réparation des outils étant comptée à 0 fr. 33 soit pour reforger la pointe de soixante pointeroles, soit pour reforger ou recharger douze fleurets.

PRIX D'ABATAGE DU MÈTRE CUBE EN GALERIE.

	MAIN-D'ŒUVRE	POUDRE.	OUTILS réparés.	OUTILS consommés	SOMME
Quartz dur et tenace.....	24,65	8,18	5,87	2,93	41,63
Gneiss dur...............	20,55	6,84	5,70	2,85	35,94
Schiste argileux dur......	14,35	3,85	2,36	1,18	21,75
Calcaire cristallin	12,70	1,38	1,40	0,70	16,58
Schiste argileux traitable.	9,83	2,28	1,20	0,64	14,03
Schiste argileux facile....	7,38	1,46	1,01	0,50	10,35

Il ne faut appliquer ces données qu'avec beaucoup de réserve, faire la part des différences qui peuvent exister dans les prix de journée, dans celui des consommations, et ne pas oublier que la section des galeries exerce une grande influence sur le prix de revient de l'abatage.

Les incertitudes que présente l'exploitation des gîtes métallifères nécessitent, ainsi que nous l'avons dit, un très-grand développement de travaux préparatoires. Lorsqu'on veut assujettir ces mines à une production régulière, on est obligé d'avoir un grand nombre de massifs dégagés à l'avance, de sorte que l'on puisse choisir et proportionner les chantiers d'abatage suivant l'extraction qu'on se propose d'atteindre. C'est ainsi que l'on procède dans les mines métallifères du Hartz et de la Saxe, dont le budget, dépenses et produits, est réglé chaque année à l'avance d'une manière à peu près fixe.

Cette méthode ne peut guère être suivie par les compagnies d'exploitation qui n'ont que quelques filons en exploitation, et qui poussent les travaux d'abatage aussi vivement que possible en vue du présent. C'est par cette raison que l'on voit souvent des mines donner une année des produits considérables et tomber ensuite à des extractions minimes.

Dans les exploitations qui ont pour base une matière homogène, telle que la houille, il y a assez d'unité dans les prix d'abatage pour que la qualité de la substance et la forme sous laquelle elle se présente, déterminent *à priori* le degré de convenance des travaux à entreprendre et les produits probables de l'exploitation.

Il suffira généralement d'examiner la qualité de la houille pour savoir le prix qu'on pourra en obtenir. Quant au prix de revient, quelques exemples choisis dans les principales mines de houille, fixeront d'une manière assez probable sur les dépenses d'une exploitation.

Supposons une couche régulière, un toit dans des conditions moyennes de solidité, l'élément qui exercera l'action la plus directe sur le prix de revient sera la puissance de la couche.

Cette puissance peut varier dans des limites très-distantes, car on commence à exploiter avec avantage une épaisseur de $0^m,40$; la moyenne des couches exploitées par les charbonnages les plus favorisés du Nord, de la France et du Hainaut belge, est 0ᵐ,70 à 0ᵐ,80; ce que l'on appelle dans cette région *grande veine*, dépasse rarement 1 mètre. Les couches puissantes de 1ᵐ,50 à 10 mètres dans les bassins du centre et du midi de la France fournissent des charbons à des prix peu différents, et la distinction principale résulte, dans ce cas, de la dureté des charbons et des facilités plus ou moins grandes de l'abatage.

Comparant ces divers cas, les chiffres les plus avantageux que l'on puisse espérer pour les frais immédiats d'exploitation, sont résumés par le tableau suivant :

	Couches de 0ᵐ,50 et au-dessous au-delà de 200 m.	Couches de 0ᵐ,70 à une profondeur de 200 m.	Couches de 1 m. à une profondeur de 200 m.	Couches au-dessus de 1ᵐ,25 à moins de 100 m. charbon dur.	Couches au-dessus de 1ᵐ,25 à moins de 100 m. charbon facile.
Exploitation............	0,482	0,285	0,189	0,210	0,152
Consommations.........	0,291	0,221	0,206	0,118	0,110
Frais généraux.........	0,180	0,140	0,125	0,074	0,096
Prix du quintal métrique.	1,055	0,646	0,520	0,402	0,358

Pour obtenir le prix de revient, on aura soin de classer toutes les dépenses en trois comptes, conformément aux indications du tableau ci-dessus.

Ces trois comptes seront, ainsi qu'il a été dit :

1° La feuille de paye de chaque mois qui représente les dépenses de main-d'œuvre de toute nature;

2° Le magasin qui fournit aux divers services toutes les matières premières ou ouvrées, représentant les consommations;

3° Enfin, les frais généraux qui comprennent les dépenses administratives de l'établissement.

Dans les houillères du Nord, du Pas-de-Calais et de la Belgique, lorsqu'une exploitation atteint ou dépasse 100 000 tonnes par année, le compte le plus élevé, celui qui a par conséquent le plus d'influence sur le prix de revient est le compte de la main-d'œuvre : c'est en même temps le chiffre qui varie le plus et, par conséquent, c'est le meilleur terme de comparaison qu'on puisse choisir.

Mais ce compte de main-d'œuvre doit lui-même être détaillé pour qu'on puisse en apprécier tous les éléments.

Le tableau suivant résume par un exemple, les subdivisions qui peuvent être adoptées; il détaille le prix de la main-d'œuvre d'une tonne de houille en prenant pour exemple les chiffres d'une de nos principales exploitations du bassin du Nord :

Abatage.	1f,49
Percement des voies.	0,35
Entretien des voies	0,47
Remblayage	0,58
Roulage.	0,63
Extraction.	0,37
Porions et marqueurs.	0,17
Percements de crains, de plans inclinés, cheminées, rochage.	0,54
Bouveaux et puits.	0,11
Épuisement et travaux d'about.	0,05
Ventilation.	0,06
Total par tonne de houille.	4f,82

Les fournitures de magasin en bois, fers, câbles, huiles, poudre, outils, etc.; les frais généraux de toute nature, frais d'administration, de rivage, de vente, etc., viennent ensuite compléter ce prix de revient; mais il faut encore classer ces dépenses de magasin en les répartissant dans chacune des subdivisions principales.

En général on résume tous les éléments du prix de revient dans un carnet mensuel.

Le tableau ci-après est un exemple des divisions qui peuvent être introduites dans ce carnet, et, pour rendre l'exemple plus complet, nous y mettons les chiffres qui établissent le prix de revient mensuel obtenu dans une houillère de la Belgique dont les conditions étaient des plus favorables.

RELEVÉ DES DÉPENSES CLASSÉES PAR NATURE.				MAGASIN	DÉPENSES.			PRIX de revient.
DÉPENSES DE L'EXPLOITATION.	PROPORTIONNELLES.	PIQUAGE.	Main-d'œuvre............	f.	f. 22 604,25	1 385,99	23 990,24	cent. 25,78
			Entretien des outils de mineurs MAGASIN et éclairage....	1 385,99				
		ROULAGE.	Main-d'œuvre............		7 673,36		11 016,85	11,84
			Frais d'équipages...........		1 016,04			
			Entretien des MAIN-D'ŒUVRE. chem. de fer MAGASIN	345,85	450,30 545,85			
			Entret. des brouettes et chariots.... MAGASIN.	1 331,30	1 331,30			
		EXTRACT.	Consommation de charbon...		741,60		4 032,20	4,35
			Main-d'œuvre............		2 407,00			
			Entretien des machines........ FOURNITUR. DU MAGASIN	589,52	589,52			
			Entretien des bennes et cordages... MAGASIN.	94,08	94,08			
			Amortissement des cordes....		200,00			51 071,48
		BOISAGE.	Main-d'œuvre............		1 013,95		7 654,01	8,23
			Fournitures du magasin.....	6 640,06	6 640,06			
		Dépenses générales de l'exploitation.	Travaux extérieurs. MAIN-D'ŒUVRE.		338,27		5 278,18	5,67
			Dépenses diverses suivant détail.... MAIN-D'ŒUVRE.		4 285,19			
			Consommations... MAGASIN.	118,68	118,68			
			Frais d'équipages pour le service général de l'exploitation.		155,64			
			Frais de service des ateliers..		94,85			
			Triage des rochers........		286,55			
	PERMANENTES.		Frais d'administration de la partie indust.		1 128,00	1 128,03		1,21
		ÉPUISEMENT des eaux.	Consommation de charbon...		369,60		2 134,61	1,08
			Main-d'œuvre............		316,85			
			Graissage et réparations des mach. MAGASIN.	119,63	119,63	1 006,58		
			Entretien des bennes et cordages.. MAGASIN.	100,50	100,50			
			Amortissement des cordes...		100,00			
		TOTAL des dépenses de l'exploitation..					54 486,09	58,14
FRAIS GÉNÉRAUX	PERMANENTS.		Frais d'administ. de la partie comm.....		1 309,25	1 309,95		1,41
		DÉPENSES générales.	Dépenses diverses........ RELEVÉS DES ÉCRITURES. MAGASIN.... CONSOMMAT. DE CHARB..	33,42	313,03 33,42 89,20		3 329,66	2,17
			Entretien et réparations des bâtiments.. MAGASIN. MAIN-D'ŒUVRE.	158,11	158,11 34,97	2 019,71		
			Redevances, impositions et indemnités de terrains.......		260,00			
			Frais d'équipages pour le service de l'administration. ...		307,29			
			3/4 pour 100 sur le montant des salaires, pour la caisse de prévoyance............		434,22			
			1/2 pour 100 pour la caisse de secours..................		289,48			
		TOTAL des dépenses.....			1 687,09		57 435,75	61,72
		FRAIS de recherches.	Main-d'œuvre............		1 687,09	2 464,47	2 464,47	2,65
			Entretien des bennes, cordages et outils ...... MAGASIN.	83,49	83,49			
			Fournitures du magasin.. ..	668,89	693,09			
		TOTAL GÉNÉRAL des dépenses.		11 894,52			59 900,22	64,37

En étudiant ce tableau, on voit que l'on s'est appliqué à distinguer toutes les opérations de l'exploitation et que l'on a séparé : le *piquage* ou *abatage*, le *roulage*, l'*extraction*, le *boisage*, les *dépenses générales* et l'*exhaure*, le tout formant les dépenses *immédiates de l'exploitation*.

Dans la classification des dépenses de chaque chapitre on a eu soin de distinguer toujours la *main-d'œuvre* et le *magasin*.

Vient ensuite la série des dépenses comprises sous la dénomination de *frais généraux permanents,* dans laquelle on a soin de conserver les mêmes distinctions.

Le prix de revient se trouve enfin complété par les *frais de recherches*, c'est-à-dire par tous les travaux préparatoires ou autres qui doivent être soldés immédiatement par les produits.

Pour embrasser les dépenses d'une manière tout à fait complète, il n'y aurait plus qu'à introduire dans ce calcul du prix de revient, le *compte des amortissements*, c'est-à-dire les grands travaux de recherche ou autres, que l'on porte à des comptes spéciaux et dont l'amortissement se règle en général à fin d'exercice.

Les comptes établis de cette manière donnent le prix de revient, mais ne donnent pas encore tous les éléments nécessaires pour apprécier la marche de l'exploitation.

Il faut compléter les chiffres de cette comptabilité par une analyse du prix moyen des journées de chaque classe d'ouvriers et de l'effet utile obtenu en moyenne par chacune de ces classes.

On doit donc faire chaque mois un autre tableau qui rapporte au personnel employé les dépenses et les résultats.

Les chiffres essentiels de ce tableau analytique sont spécifiés par l'exemple suivant :

Nombre des jours de travail. . . . .   26 jours.
Extraction du mois en tonnes. . . . .   12 110 tonnes.

Surface déhouillée, mètres carrés.	16 37 mètres carrés.
Rendement par mètre carré.	742 kilogrammes.
Prix de revient de la main-d'œuvre.	0f,3513.
Prix moyen du mètre carré déhouillé.	0f,784.
Nombre de mètres carrés enlevés par ouvrier en taille et par jour.	5m,40.
Moyenne de la journée de l'ouvrier en taille.	4f,08.
Moyenne de la journée du coupeur de voies.	4f,17.
Moyenne de la journée des hercheurs.	1f,75.
Effet utile de la journée du fond.	907 kilogrammes.
Effet utile de la journée, fond et jour.	617 —

Les chiffres de l'effet utile de l'ouvrier, ainsi déduits de la comptabilité d'une année, sont les meilleurs termes de comparaison pour apprécier les conditions plus ou moins faciles de l'exploitation.

Si par exemple on vient à comparer de cette manière les conditions de la production houillère des diverses contrées de l'Europe, on arrive à préciser les avantages que possèdent certains bassins houillers.

Sous ce rapport, l'Angleterre possède une supériorité que ces chiffres mettent en évidence.

Ainsi, prenant pour expression de l'effet utile la production par année de l'ouvrier, en calculant les *moyennes* d'après les chiffres réunis des ouvriers du fond et du jour, on trouve :

	Production annuelle par ouvrier du fond et du jour.
Angleterre : Newcastle.	315 tonnes.
Allemagne : Ruhr.	215 —
— Sarre.	170 —
Belgique : Charleroi.	147 —
— Mons.	124 —
France : Loire.	200 —
— Nord.	149 —

Dans les exploitations dont les conditions sont régulières et déjà connues par un roulement de plusieurs années, on dresse à l'avance un *tarif* qui spécifie les prix des diverses opérations : abatage, roulage, boisage, extraction, exhaure, frais généraux, etc., en supposant les conditions ordinaires et normales.

Ce tarif de prévisions, comparé aux chiffres fournis par la comptabilité mensuelle, fait immédiatement ressortir les inégalités qui peuvent se présenter et permet de remonter aux causes qui ont pu les produire.

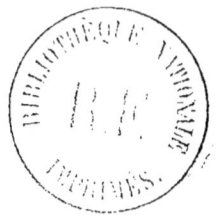

FIN.

TABLE DES MATIÈRES

Introduction.. 1

CHAPITRE I. — Méthodes générales d'exploitation....... 5

Exploitation à ciel ouvert... 8
Travaux souterrains.. 17
Méthodes d'exploitation... 22
Exploitation des minerais... 26
Filons d'une puissance inférieure à 3 mètres, inclinaison comprise entre
    45 degrés et la verticale.. 27
Méthode par gradins droits.. 27
    — par gradins renversés.. 28
Couches d'une puissance inférieure à 3 mètres, inclinaison comprise
    entre 45 degrés et l'horizontale... 34
Méthode par grandes tailles... 35
    — par gradins couchés.. 35
    — par galeries et piliers.. 36
Gîtes d'une puissance supérieure à 3 mètres.................................. 38
Méthode par ouvrages en travers.. 38
    — par galeries et piliers.. 42
    — par éboulements.. 47
    — par remblais... 48

CHAPITRE II. — Exploitation de la houille............ 50

Couches de faible puissance inférieures à 3 mètres........................... 52
Méthode par gradins en maintenages... 54
    — par gradins renversés en chassage..................................... 55
Dépilages sans remblais... 60
Couches peu inclinées, gradins couchés....................................... 60
Tailles montantes... 62
Traçages et dépilages... 63
Méthodes en Angleterre.. 65
Exploitations des couches puissantes... 70
Méthode par traçage sans remblais.. 72
Feux spontanés.. 77
Méthode par tranches horizontales et remblais................................ 83
Méthode par rabatages et remblais.. 92

TABLE DES MATIÈRES

Méthode par tranches inclinées et remblais.................................. 96
Méthodes par tranches verticales... 101
Services des remblais... 108

CHAPITRE III. — PERCEMENT DES GALERIES ET TUNNELS...... 112

Galeries d'écoulement... 113
Percement des galeries dans les terrains ébouleux........................... 120
Percement des tunnels... 134
Tunnel du canal de Bourgogne.. 139
Tunnel de Blaisy.. 141
Tunnels de Saint-Cloud, de Rilly, de Montreuil.............................. 143
Tunnels du canal de Saint-Quentin et du canal de Charleroi.................. 146
Méthode anglaise.. 148
Méthode autrichienne, système Rziha....................................... 154
Conditions générales d'exécution... 157

CHAPITRE IV. — FONÇAGE DES PUITS................. 159

Section des puits, boisage et muraillement................................. 160
Fonçage dans les terrains ébouleux... 163
Puits cuvelés dans le Nord.. 169
Cuvelage en fonte... 179
Avaleresse de Marles. Pas-de-Calais....................................... 182
Avaleresse de Rhein-Elbe (Ruhr)... 186
   —   de Trazegnies... 192
   —   de Rhein-Ruhr... 195
   —   de Chalonnes, air comprimé.................................. 200
   —   de Strepy-Bracquegnies...................................... 204
Creusement des puits par la sonde, cuvelage à niveau plein, procédé
  Chaudron... 209
Profondeur des puits.. 221
Constructions des barrages et serrements.................................. 223

CHAPITRE V. — AÉRAGE DES MINES............... 231

Aérage par foyers... 235
Aérage mécanique.. 238
Ventilateurs à force centrifuge... 249
Pompes pneumatiques rotatives... 258
Appareils pneumatiques à piston... 263
Tracé des courants d'aérage... 265
Accidents résultant du grisou et des poussières de houille................ 277

CHAPITRE VI. — AIR COMPRIMÉ. MATÉRIEL MÉCANIQUE DES MINES. 290

Compresseurs d'air.. 291
Canalisation de l'air comprimé.. 307
Perforation mécanique... 309
La perforation mécanique au Saint-Gothard................................. 320
Haveuses mécaniques... 324
Tractions mécaniques.. 329

CHAPITRE VII. — TRANSPORTS SOUTERRAINS............ 334

Portage... 338
Brouettage et traînage.. 340

TABLE DES MATIÈRES

Roulage sur voies de fer	345
Tractions sur les chemins de fer souterrains	354
Voies inclinées	359
Roulage mécanique	363

CHAPITRE VIII. — APPAREILS D'EXTRACTION ... 380

Cages guidées. Unité de charge	382
Câbles d'extraction	389
Tambours et bobines	397
Machines d'extraction	408
Application de la détente. Détentes par soupapes	414
Détente Guinotte	419
Étude des diagrammes. — Calcul des cylindres	424
Disposition des machines d'extraction	436
Conduite des machines	447
Machines pour la descente des remblais	452
Fahrkunst	457

CHAPITRE. IX. — APPAREILS D'EXHAURE ... 460

Pompes élévatoires et foulantes	463
Tuyaux	476
Tiges. — Équilibre	479
Machines d'exhaure à simple effet	485
Machine de Fiennes	487
Machine de Kladno, système Bochkoltz	493
Application du système Woolf	501
Machine du puits Saint-Laurent au Creusot	503
Machines d'exhaure à double effet	510
Exhaure par machines intérieures à double effet	516
Machines à colonnes d'eau	516

CHAPITRE X. — ÉTABLISSEMENT D'UN SIÉGE D'EXPLOITATION ... 534

Fosse Le Bret, à Denain (Nord)	540
Fosse Bellevue, à Jumet (Charleroi)	541
Puits Sainte-Barbe, à Bezenet (Allier)	543
Puits Saint-Louis, à Saint-Étienne	547
Puits Monterrad, à Firminy (Loire)	552
Puits Lucy n° 4, à Montceau-les-Mines	553
Puits du Magny, n° 2, à Montceau-les-Mines	554
Fosse Saint-Mark, à Denain	556
Fosse d'Haveluy (Nord)	558
Fosse n° 4 de Nœux (Pas-de-Calais)	560
Fosse des Vallées, à Gilly (Charleroi)	564
Fosse Rhein-Elbe (Ruhr)	566
Fosse Joseph Périer, nord de Charleroy	567
Puits jumeaux	569
Fosse Renard à Denain	572
Cabestan locomobile. — Installations provisoires	578

CHAPITRE XI. — PORTS SECS ET RIVAGES. — TRAVAIL DES BUREAUX. 582

Classification des charbons	583
Drops et monte-charges hydrauliques	584

TABLE DES MATIÈRES

Port de Montceau-les-Mines	586
Quais à tiroirs d'Anzin	589
Glissières pour criblage et triage	590
Installation du puits Dolomieu, à Firminy	592
Installation d'Hibernia	597
Organisation du travail des mines	601
Travail des bureaux	604
Lever des plans de mine	605
Méthode des trois plans coordonnés	611
Prix de revient et comptabilité	621

FIN DE LA TABLE DES MATIÈRES.

TABLE DES PLANCHES DE L'ATLAS

MÉTHODES D'EXPLOITATION.

Planche I. — Vue de l'exploitation à ciel ouvert de la couche de houille de Lavaysse près Decazeville (d'après une photographie).

— II. — Coupe de l'exploitation de Lavaysse. — Coupe d'une carrière de grès à Marcoussis. — Coupe de la carrière de Langenberg. — Coupe d'une ardoisière près d'Angers.

— III. — Exploitation d'un filon métallique. — Chantier par gradins droits. — Chantier par gradins renversés.

— IV. — Coupe des galeries d'écoulement au Hartz. — Coupe du filon de Bockswiese. — Disposition des gradins droits et renversés. — Plan d'une exploitation par grandes tailles. — Coupe des voûtes de soutenement à Almaden. — Coupe d'une exploitation par éboulement.

— V. — Coupe générale des travaux ouverts sur l'ensemble de filons de Clausthal au Hartz ; aménagement des eaux motrices.

— VI. — Coupe d'un puits à Anzin. — Méthode d'exploitation par piliers et compartiments appliquée au sel gemme. — Coupe d'une exploitation par tranches horizontales et remblais.

— VII. — Méthodes d'exploitation appliquées aux couches de houille en Belgique : Méthode montoise; — Méthode par voies demi-tiernes ou sur quartier; — Méthode par gradins renversés en chassage ; — Méthode par maintenages.

— VIII. — Méthode des Longs-Walls. — Méthode des Pannels-Works. — Traçage des piliers de Pannels-Works. — Disposition des gradins renversés à Anzin.

— IX. — Méthode par compartiments, Pannels-Works, à Eppleton colliery.

Planche	X.	— Plan et coupe d'une exploitation par tranches horizontales et par remblais à Montceau-les-Mines.
—	XI.	— Exploitation d'une couche de 12 mètres à Montceau-les-Mines, par rabatages; tranches horizontales de 6 mètres de hauteur.
—	XII.	— Tranches inclinées. — Méthode par tranches inclinées à Montceau-les-Mines. — Plan d'une exploitation par tranches horizontales et remblais à Commentry.
—	XIII.	— Plan et coupe d'une exploitation par tranches verticales appliquée à Malpertus (Gard).

PERCEMENT DES GALERIES ET TUNNELS.

Planche	XIV.	— Percement des galeries. — Soutenement des costresses. — Assemblages des cadres.
—	XV.	— Galerie d'Engis, procédé Victor Simon. — Boisage complet. — Percement des galeries dans les terrains ébouleux.
—	XVI.	— Soutenement des galeries en fer. — Soutenement en fonte.
—	XVII.	— Tunnels en terrains consistants. Saint-Gothard.
—	XVIII.	— Galerie muraillée d'Himelfahrt. — Boisage des galeries dans les fondis. — Tunnel du canal de Bourgogne.
—	XIX.	— Tunnel de Blaizy. — Tracé; excavation; soutenement; cintrage et muraillement.
—	XX.	— Tunnel du canal de Charleroi. — Tunnel de Montreuil. — Tunnel Vienne-Trieste. — Tunnel de Rilly. — Boisage et muraillement.
—	XXI.	— Percement des tunnels, méthode autrichienne.
—	XII.	— Profil de la méthode autrichienne. — Cintrage et muraillement.
—	XXIII.	— Tunnel de Saint-Cloud. — Méthode anglaise, tunnel de Blekingley.
—	XXIV.	— Boisage et cintrage du tunnel de Blekingley. — Détails du boisage et du clavage.
	XXV.	— Méthode Rziha, cintrage en fer. — Cintres et voussoirs. — Coupe longitudinale et détail du bouclier. — Bouclier Brunel.

FONÇAGE DES PUITS.

Planche	XXVI.	— Section et disposition des puits. — Nord de Charleroi. — Rhein-Elbe (Ruhr).
—	XXVII.	— Division des puits. — Fosse d'Haveluy. — Fosse des Vallées (Gilly-Charleroi). — Puits du Magny (Montceau-les-Mines).

TABLE DES PLANCHES DE L'ATLAS

PLANCHE XXVIII. — Boisage de l'avaleresse Joseph-Périer. — Cuvelage des puits à huit et dix pans. — A seize pans. — Picotages.

— XXIX. — Boisage et cuvelage de la fosse de Marles. — Reprise du puits Sainte-Elisabeth, à Blanzy.

— XXX. — Fosse de Nœux (Pas-de Calais). — Picotage. — Cuvelage. — Renvoi de niveau.

— XXXI. — Fonçage et cuvelage en fonte de la fosse Rhein-Elbe (Rhur).

— XXXII. — Cuvelage en fonte de la fosse Alma (Ruhr). — Détails des pièces.

— XXXIII. — Fonçage et cuvelage de l'avaleresse de Rhein-Ruhr.

— XXXIV. — Descente du cuvelage à niveau plein de Rhein-Ruhr. — Dragage des sables. — Bétonnage.

— XXXV. — Cuvelage Chaudron ; — boîte à mousse. — Appareil de fonçage à air comprimé et cuvelage de la fosse n° 4, à Chalonnes (Maine-et-Loire).

— XXXVI. — Forage des puits de grands diamètres.

— XXXVII. — Fonçage par la sonde. — Matériel Mauget-Lippman.

VENTILATION DES MINES.

PLANCHE XXXVIII. — Ventilateur à force centrifuge, aspirant ou soufflant, système Guibal.

— XXXIX. — Ventilateur, système Guibal modifié, de la fosse Sainte-Eugénie à Montceau-les-Mines.

— XL. — Ventilateur à force centrifuge du puits de la Maugrand à Montceau.

— XLI. — Ventilateur, système Lemielle.

— XLII. — Ventilateur Harzé. — Caisses à pistons, Mahaux et Nixon. — Vis hydraupneumatique de Guibal.

AIR COMPRIMÉ. — APPAREILS MÉCANIQUES.

PLANCHE XLIII. — Compresseur hydraulique. — Système Sommeiller.
— XLIV. — Machines et compresseurs Sommeiller, à Montceau-les-Mines.

— XLV. — Compresseurs hydrauliques système Siewers. — Compresseur système Cornet à Sars-Longchamps. — Machine à air comprimé.

— XLVI. — Compresseur direct. — Système Révollier-Biétrix.

— XLVII. — Compresseur direct. — Perforateur Ostercamp.

— XLVIII. — Perforateur Dubois-François.

— XLIX. — Appareil et affût, système Dubois-François.

41

PLANCHE L. — Perforation mécanique d'une galerie à Montceau-les-Mines.

— LI. — Perforateur Darlington-Blanzy. — Affûts : pour percement d'une galerie et pour le fonçage d'un puits.

— LII. — Haveuse Winstanley.

— LIII. — Haveuse Baird.

ROULAGE ET EXTRACTION.

PLANCHE LIV. — Berline d'Anzin. — Benne roulante. — Roues Pagat.

— LV. — Wagon de Blanzy. — Cage avec parachute.

— LVI. — Transports mécaniques par corde tête, par câble sans fin, par chaîne flottante.

— LVII. — Traînage mécanique à la fosse Thiers (Anzin).

— LVIII. — Treuil à air comprimé pour le service des plans inclinés.

— LIX. — Traction mécanique à Anzin. — Machine motrice.

— LX. — Cage d'extraction à 8 berlines de la fosse n° 5 à Lens.

— LXI. — Guidage des puits à Montceau-les-Mines.

— LXII. — Cage et parachute de la fosse Constantin. — Parachute Fontaine. — Tambour spiral.

— LXIII. — Bobine folle du Creusot. — Bobine du Montceau. — Bobine anglaise à grand diamètre.

— LXIV. — Tambour conique et molette pour câble rond en fils de fer.

— LXV. — Puits du Magny n° 2. — Enroulement des câbles.

— LXVI. — Machine d'extraction. — Coupe transversale.

— LXVII. — Machine d'extraction à détente variable du puits 4 de Lucy à Montceau.

— LXVIII. — Élévation de la machine de Lucy 4, à détente variable.

— LXIX. — Plan et coupe de la distribution à détente variable. Système Audemar de Montceau-les-Mines.

— LXX. — Application de la détente variable. Diagrammes de la machine Saint-Pierre.

— LXXI. — Application de la détente variable, diagrammes de la machine Sainte-Marie.

— LXXII. — Machine d'extraction à détente variable, système Kraft. Fosse n° 5 de Lens.

— LXIII. — Élévation de la machine d'extraction de la fosse n° 5 de Lens.

— LXXIV. — Détente Guinotte.

TABLE DES PLANCHES DE L'ATLAS

Planche LXXV. — Machine d'extraction du Creusot. — Disposition du frein à Montceau-les-Mines.

— LXXVI. — Machine d'extraction verticale du puits Monterrad, coupe transversale.

— LXXVIII. — Machine d'extraction verticale. — Type de Mariemont.

— LXXIX. — Machine d'extraction Quillacq-Sulzer, à détente variable par un régulateur à force centrifuge. — Plan.

— LXXX. — Élévation de la machine Quillacq-Sulzer.

— LXXXI. — Coupe transversale de la machine Quillacq-Sulzer. — Détails de la distribution, frein à vapeur.

APPAREILS D'EXHAURE.

Planche LXXXII. — Tiges en fer. — Clapets d'aspiration et de refoulement.

— LXXXIII. — Pompe élévatoire. — Pompe foulante de Fiennes. — Pompe Rittinger. — Pompe renversée de Mariemont.

— LXXXIV. — Installation des pompes du Creusot. — Plan et coupe d'une pompe foulante du Creusot.

— LXXXV. — Machine du puits Saint-Laurent, au Creusot. Élévation.

— LXXXVI. — Machine du puits Saint-Laurent. — Élévation latérale.

— LXXXVII. — Bâtiments de la machine d'exhaure du puits Saint-Laurent.

— LXXXVIII. — Installation des chaudières de la machine du puits Saint-Laurent.

— LXXXIX. — Coupe longitudinale d'une chaudière au puits Saint-Laurent.

— XC. — Machine de Kladno, système Bochkoltz.

— XCI. — Machine de Fienne (Pas-de-Calais).

— XCII. — Machine d'Altenberg (Vieille-Montagne), système Woolf.

— XCIII. — Machine à double effet, système Woolf, construite par Quillacq.

— XCIV. — Projet d'une machine souterraine pour l'exhaure et pour la compression de l'air, à Montceau-les-Mines (1867).

— XCV. — Plan et élévation de la machine d'exhaure établie au fond du puits Sainte-Marie à Montceau-les-Mines (1870).

— XCVI. — Coupe transversale et détail de construction de la machine souterraine.

Planche XCVII.	—	Pompes élévatoires de Sainte-Marie. — Diagrammes.
— XCVIII.	—	Conditions générales du montage de la machine du puits Sainte-Marie. — Usure des soupapes.
— XCIX.	—	Machine d'exhaure souterraine, établie à Roche-la-Molière par Révollier et Biétrix.
— C.	—	Machine d'exhaure à double effet, système Guinotte, établi à Trazegnies.
— CI.	—	Pompe Sainte-Élisabeth pour l'exhaure d'un niveau supérieur.

ÉTABLISSEMENT DES SIÉGES D'EXTRACTION.

Planche CII.	—	Fosse Le Bret, à Denain. — Fosse Bellevue, à Charleroi.
— CIII.	—	Installation du puits Sainte-Barbe, à Bezenet (Allier).
— CIV.	—	Fosse de Nœux n° 4 (Pas-de Calais).
— CV.	—	Plan du siége d'extraction d'Haveluy (d'Anzin).
— CVI.	—	Coupe longitudinale par les deux puits d'Haveluy.
— CII.	—	Fosse Saint-Mark, à Denain.
— CVIII.	—	Puits Saint-Louis, à Saint-Etienne.
— CIX.	—	Élévation des bâtiments de la fosse des Vallées (Gilly-Charleroi).
— CX.	—	Coupe longitudinale de la fosse des Vallées.
— CXI.	—	Élévation de la fosse n° 2 du Magny, à Montceau-les-Mines.
— CXII.	—	Élévation de la fosse Lucy n° 4, à Montceau-les-Mines.
— CXIII.	—	Élévation en coupe du puits Monterrad n° 2, à Firminy (Loire).
— CXIV.	—	Fosse Rhein-Elbe (Ruhr).
— CXV.	—	Fosse Joseph Périer. Nord de Charleroi.
— CXVI.	—	Plan et élévation du chevalement des puits jumeaux de la Maugrand à Montceau-les-Mines.
— CXVII.	—	Élévations des puits jumeaux de la Maugrand.
— CXVIII.	—	Coupe des puits jumeaux Devillaine à Montrambert.
— CXIX.	—	Fosse Renard n° 2 à Denain. Élévation.
— CXX.		*Idem.* Plan de la fosse.
— CXXI.		*Idem.* Coupe longitudinale.
— CXXII.		*Idem.* Coupes transversales; par l'axe du puits et par l'axe de la machine.

APPAREILS DIVERS. — RIVAGES ET PORTS SECS.

Planche CXXIII. — Cabestan locomobile. — Révollier et Biétrix.
— CXXIV. — Grue pour mise à terre et chargement.
— CXXV. — Glissière Courtin pour criblage et triage.
— CXXVI. — Criblage et triage à Decazeville.
— CXXVII. — Criblage et triage au puits Dolomieu (à Saint-Étienne); criblage à Hibernia Ruhr.
— CXXVIII. — Port sec et rivage à Montceau-les-Mines.
— CXXIX. — Quais à tiroirs d'Anzin. — Drop de Newcastle.
— CXXX. — Monte-charge hydraulique de Concordia. Ruhr.

Coulommiers. — Typographie ALBERT PONSOT et P. BRODARD.

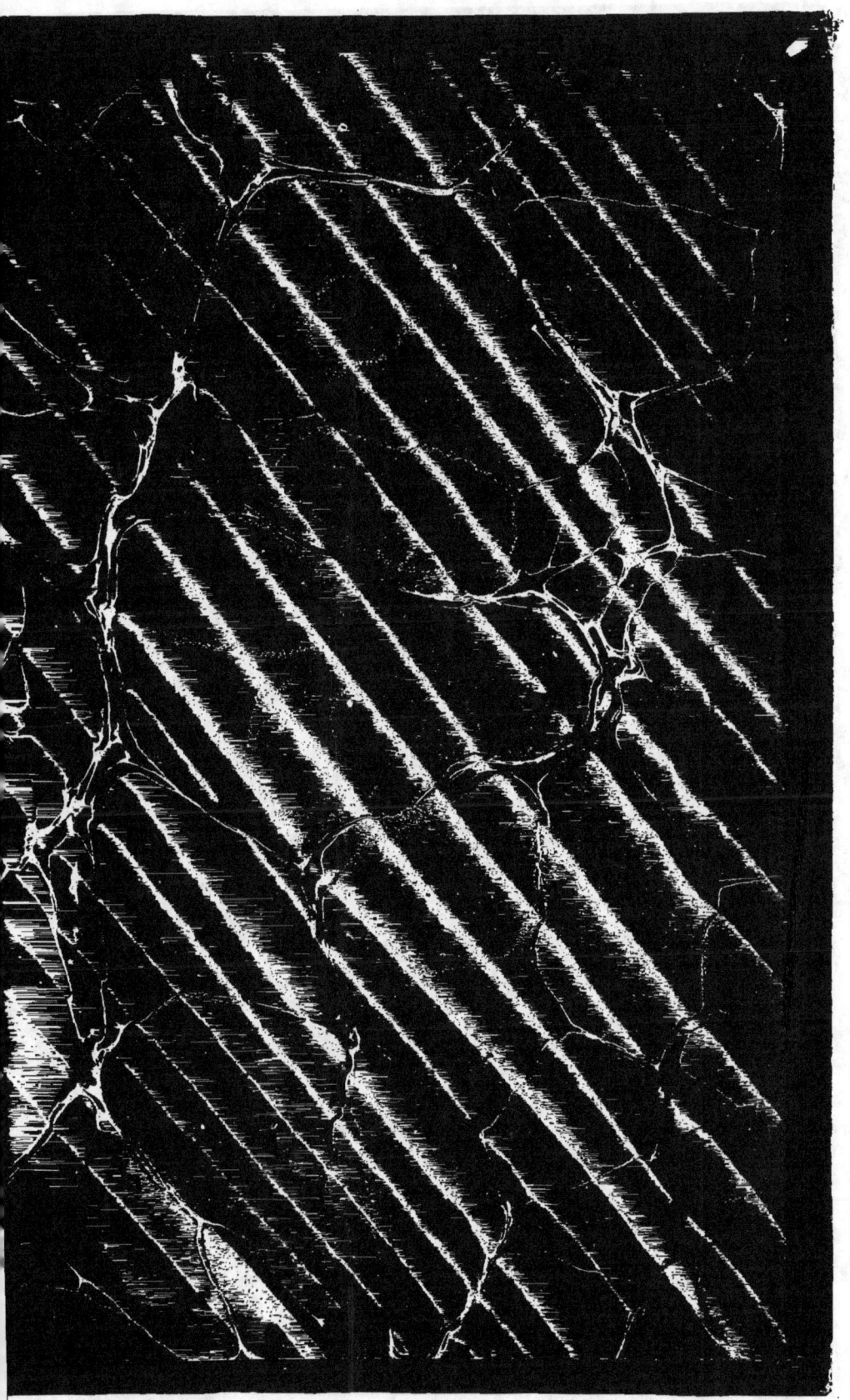